DIE EXPLOSIVSTOFFE

MIT BESONDERER BERÜCKSICHTIGUNG

DER NEUEREN PATENTE

ERSTES HEFT

SCHWARZPULVER UND SPRENGSALPETER

VON

DR. RICHARD ESCALES

MIT ZAHLREICHEN ABBILDUNGEN UND EINER TAFEL

ZWEITE, VÖLLIG UMGEARBEITETE UND ERWEITERTE AUFLAGE

LEIPZIG
VERLAG VON VEIT & COMP.
1914

DIE EXPLOSIVSTOFFE

MIT BESONDERER BERÜCKSICHTIGUNG

DER NEUEREN PATENTE

BEARBEITET

VON

DR. RICHARD ESCALES

ERSTES HEFT

SCHWARZPULVER UND SPRENGSALPETER

ZWEITE, VÖLLIG UMGEARBEITETE UND ERWEITERTE AUFLAGE

LEIPZIG

VERLAG VON VEIT & COMP.

1914

SCHWARZPULVER UND SPRENGSALPETER

VON

DR. RICHARD ESCALES

MIT ZAHLREICHEN ABBILDUNGEN UND EINER TAFEL

ZWEITE, VÖLLIG UMGEARBEITETE UND ERWEITERTE AUFLAGE

LEIPZIG
VERLAG VON VEIT & COMP.
1914

Vorwort.

Das vor zehn Jahren erschienene kleinere Büchlein über Schwarzpulver und ähnliche Mischungen hatte nur einen gedrängten Überblick über die Materie gegeben, so daß entsprechend der Anlage des Gesamtwerkes eine neue Bearbeitung von Band 1 nötig wurde. Inzwischen sind Band 2 (Schießbaumwolle, Nitrozellulosen), Band 3 (Nitroglyzerin und Dynamit), Band 4 (Ammonsalpetersprengstoffe) und Band 5 (Chloratsprengstoffe) erschienen, Band 6 (Nitrokohlenwasserstoffe) ist bereits teilweise fertiggestellt, Band 7 (Initialzündungen) und Band 8 (rauchschwache Pulver) sollen baldmöglichst folgen.

Bei dem vorliegenden Buche über Schwarzpulver und Sprengsalpeter sind nach einem einleitenden geschichtlichen Teil zunächst die Rohstoffe ausführlich behandelt, besonders die Herstellung der Holzkohle eingehend beschrieben. — Es folgen die wichtigen Patente, sodann ein größerer Abschnitt über Fabrikation; hierbei sind die Zerkleinerungsmaschinen mit besonderer Ausführlichkeit behandelt, da diese Maschinen nicht nur bei der Herstellung des Schwarzpulvers, sondern auch bei Fabrikation anderer Explosivstoffe eine wichtige Rolle spielen, so daß deren eingehende Besprechung hier im Zusammenhang zweckmäßig erschien. An den Abschnitt über Fabrikation und Fabrikanlagen schließt sich ein Kapitel über Aufbewahrung und Lagerung des Pulvers. — Im 6. Abschnitt wird die physikalische und chemische, im 7. die ballistische und sprengtechnische Untersuchung mitgeteilt, woran sich ein Kapitel über die Verbrennungsprodukte des Schwarzpulvers anreiht.

Die nächsten Abschnitte behandeln die Verwendung des Schwarzpulvers als Treibmittel, als Sprengmittel, in der Feuerwerkerei, Munitions- und Zündschnurfabrikation. — Von größerer praktischer Bedeutung ist der Sprengsalpeter, ein schwarzpulverähnliches Produkt, das aber mit dem billigeren Natronsalpeter hergestellt ist; überhaupt spielen die schwarzpulverähnlichen, handhabungssicheren Sprengstoffe neuerdings eine wichtige Rolle; auch direkte Sprengstoffe aus Natronsalpeter und organischen Salzen, sog. Weißpulver, kommen in Betracht. Der 12. Abschnitt: Schwarzpulverähnliche Sprengstoffe soll hier einen Überblick bringen. — Die beiden letzten Kapitel enthalten Verkehrsbestimmungen und wirtschaftliche Mitteilungen.

Das erste, historische Kapitel wurde nach meiner Anleitung von Herrn cand. hist. Albert Hausenstein-München bearbeitet; bei den Abschnitten über Rohstoffe und Fabrikation hat Herr Ingenieur Egon Neumann-Darmstadt die Ausarbeitung des maschinellen Teiles übernommen, vielleicht manchmal in etwas zu breit angelegter Form. Beiden Herren sei an dieser Stelle für ihre Unterstützung bestens gedankt.

Dr. R. Escales.

Inhalt.

Erster Abschnitt.

Geschichtliches.

I.

Von allen Erfindungen, die je gemacht wurden, ist zweifellos diejenige des Schießpulvers eine der am meisten umstrittenen, was die Person des Erfinders und die Zeit der Entdeckung anbelangt. Wie jede andere Erfindung hat auch sie ihre Vorgeschichte, aus der sie als notwendiges Ergebnis einer langen Erfindungsreihe erkannt wird.

Zwei sehr wichtige Fragen ergeben sich gleich von vornherein: erstens, welches Volk der Erde darf den Ruhm in Anspruch nehmen, das Schießpulver, d. h. eine Mischung von Salpeter, Schwefel und Kohle zuerst gekannt zu haben, und zweitens, wann und wo kam der Mensch zuerst darauf, eine solche Mischung als Treibmittel für Feuerwaffen zu gebrauchen, mit anderen Worten: in welche Zeit fällt die Erfindung des Schießpulvers und der Feuerwaffen. Denn wir haben es offenbar mit zwei unabhängig voneinander erfolgten Erfindungen zu tun, wie im nachfolgenden bewiesen werden soll.

Als sicher steht fest, daß das Altertum das Schießpulver bei seiner Unbekanntschaft mit dem charakteristischen Bestandteil desselben, dem Salpeter, nicht gekannt hat. Ein arabischer Schriftsteller, Abd Allah, etwa um das Jahr 1200 in der Nähe Malagas geboren, bezeichnet den Salpeter als „Schnee von China“ — bei den Persern finden wir die Benennung „Salz von China“ — und weist damit auf das Ursprungsland dieses wichtigen Pulverbestandteils hin. Dieser Vermerk Abd Allahs, zusammengefaßt mit den Angaben des „Leydener Kriegsbuches“ von 1225, gestattet die Annahme, daß der Salpeter etwa im zweiten Viertel des 13. Jahrhunderts von China aus in den mohammedanischen Ländern bekannt wurde. Weiterhin läßt sich daraus folgern, daß man auch in China erst um diese Zeit die Bekanntschaft des Salpeters gemacht hatte, bzw. letzterer erst damals eine Bedeutung annahm, welche auch die Aufmerksamkeit der Araber auf ihn lenkte. Ohne Zweifel waren die Chinesen ängstlich bemüht, die Salpeterausfuhr zu hintertreiben; aber die Entführung von Seidenraupeneiern z. B. im Jahre 533 n. Chr. in hohlen Pilgerstäben legt nahe, daß man sich in Europa schließlich auch Salpeter trotz der schärfsten Überwachung von seiten der Chinesen zu verschaffen wußte. Endlich sind Nachrichten, nach denen die Chinesen schon im ersten Jahrtausend unserer Zeitrechnung, oder gar noch früher, salpeterhaltige Brandsätze gekannt haben sollen, nur mit größter Vorsicht aufzunehmen.

In den Annalen der chinesischen Dynastie Sung wird uns berichtet: „Im ersten Jahre der Periode Kai-Khing (1259 n. Ch.) stellte man die ‚Lanze des ungestümen Feuers‘ (to-lo-tsi-ang) her. Man legte in ein langes Bambusrohr eine Handvoll Körner und legte Feuer an; eine heftige Flamme brach hervor, und die Körner wurden mit einem Geräusch, wie das eines ‚Paos‘ (gemeint ist eine Steinschleudermaschine) hinausgestoßen und verbreiteten sich bis auf etwa 150 Schritt.“ Vermutlich hat man es hier mit derselben Waffe zu tun, welche etwa 50 Jahre später bei den Arabern als „Lanze, aus der du einen Pfeil hervorgehen lassen kannst, der in des Gegners Brust eindringt“ im Gebrauch war. Die Kopie eines Manuskripts des Arabers Schems Eddin Mohammed aus dem Beginn des 14. Jahrhunderts im Asiatischen Museum in St. Petersburg zeigt uns eine solche Lanze, die man wohl als das Urbild der aus der Feuerwerkerei bekannten „römischen Kerze“ gelten lassen kann.

Mit den Chinesen standen damals schon die Araber in lebhaftem Seehandelsverkehr, bis sie ihn an die Europäer verloren, so daß die Möglichkeit völlig auszuschließen ist, es habe ganzer Jahrhunderte bedurft, bevor die große Erfindung salpeterhaltiger Feuerwerksätze der Chinesen den Weg nach Europa fand. Um das Jahr 1290 schrieb Nedjn-Eddin-Hassan-Alrammah „nach Anleitung seines Vaters, seines Großvaters und anderer berühmter Meister“ eine vollständige Abhandlung über Feuerwerkerei, in welcher der Salpeter bereits eine Hauptrolle einnimmt. Auch der, wohl aus spanisch-arabischen Quellen schöpfende, Philosoph Raymundus Lullus aus Majorka (1235—1315) erwähnt den Salpeter, den er als „Salniter“ (sal nitri) bezeichnet, eine Benennung, die jedenfalls aus einer falsch gedeuteten Stelle bei Plinius stammen dürfte.

Bevor indessen auf irgend eine Art das übrige Europa mit den salpeterhaltigen Feuerwerksätzen bekannt wurde, sollen die Byzantiner schon Jahrhunderte hindurch sich solcher zu Kriegszwecken bedient haben. Sicher ist jedenfalls, daß die Byzantiner vermittels Brandpfeilen und durch ähnliche Waffen, ganz besonders aber durch ein „πῦρ ὑγρόν“ oder „πῦρ θαλάσσιον“ staunenswerte Erfolge erzielten. Dieses „Seefeuer“, das sie in „Feuertöpfen“ oder in „Siphonen“ anwandten — es sind dies nicht etwa Röhren, sondern eine Art von Feuerspritzen —, verhalf ihnen zu manchem bedeutenden Siege, so bei Kyzikos im Jahre 678 n. Chr., wo sie eine arabische Flotte völlig vernichteten. Die Geheimhaltung der Zusammensetzung dieses „griechischen Feuers“ legte der Kaiser Konstantin VII. Porphyrogenetos, der 959 n. Chr. starb, in seinem Buche „De administrando imperio“ seinem Sohne, dem Kronprinzen, sehr angelegentlich ans Herz, da die fürchterlichste Strafe denjenigen Übeltäter treffe, der die Zusammensetzung des „Seefeuers“ verrate. Konstantin Porphyrogenetos hatte aber auch allen Grund, sein Kriegsfeuer hochzuhalten; denn ihm verdankte er im Jahre 941 n. Chr. die Rettung seiner Hauptstadt Konstantinopel vor der drohenden Einnahme durch die Russen unter Igor.

Den ältesten und zuverlässigsten Bericht über die erste siegreiche Anwendung des „griechischen Feuers“ besitzen wir von Theophanes, der unter Konstantin Kopronymos (zwischen 741 und 775) geboren ist und die „Chronographie“ seines älteren Freundes Synkellos fortsetzt. Er erzählt darin, die Araber hätten mit einer großen Flotte einen Überfall auf die byzantinische Hauptstadt geplant; infolgedessen habe der Kaiser (gemeint ist Konstantin Pogonatos) die Ausrüstung von Kriegsschiffen „mit Feuertöpfen und Siphonen“ anbefohlen. Im Frühjahr darauf sei es dann wiederholt zu Kämpfen gekommen, und endlich, nach sieben Jahren, wurden dann die Araber teils durch einen Sturm, teils durch ein künstliches Feuer, das der syrische Architekt Kallinikos aus Heliopolis hergestellt hatte, vernichtet. Dies war die Seeschlacht bei Kyzikos, 678 n. Chr. Jedenfalls hat man auch die „siphones“ schon vor Kallinikos gehabt; durch seine Erfindung aber wurden sie weit wirksamer. Nach Angaben des Marcus Graecus in seinem „Feuerbuch“, dem „Liber ignium ad comburendos hostes“, hat Kallinikos mit seinem „griechischen Feuer“ den „Romäern“ einen nicht unwesentlichen Dienst geleistet. Der Ausdruck „griechisches Feuer“, feu grégois, ist abendländischen Ursprungs und stammt aus der Zeit der Kreuzzüge. Die Griechen selbst nannten ihr Kunstfeuer „πῦρ μηδικόν“, nach Medea, oder „πῦρ ὑγρόν“, meistens aber „πῦρ θαλάσσιον“.

Was nun die Zusammensetzung dieses „πῦρ θαλάσσιον“ angeht, so waren die Hauptsubstanzen, welche Marcus Graecus zur Bereitung desselben vorschreibt: Naphta, Erdöl, Harz, Galbanum (eine syrische Doldenpflanze), Teer, Öl, Pflanzensäfte, Metalle, Eiweiß, Eigelb. Sein Rezept für das gewöhnliche „griechische Feuer" lautet: „Ignem graecum tali modo facies: nimm reinen Schwefel, Weinstein, Sorcocolla (nach Plinius ein zum Farbanrühren gebrauchtes Harz), Pech, Kochsalz, Erd- und Baumöl. Laß es gut zusammen kochen, tränke Werg damit, zünde es an . . . Nur Harn, Weinessig oder Sand vermögen es zu löschen."

Eine ganz ähnliche Mischung gibt die Kaisertochter Anna Komnena in der „Alexias". Diese Mischung entspricht auch im wesentlichen ganz den Vorschriften des Vegetius zur Herstellung von Feuerpfeilen. Etwas Geheimnisvolles liegt indessen durchaus nicht in diesem Rezepte, und man müßte sich über die Geheimtuerei der Byzantiner wundern, mit der sie ihr „griechisches Feuer" vor einer Berührung mit der Außenwelt zu schützen suchten, wenn Marcus Graecus nicht noch ein anderes Feuer erwähnte, das „ignis volans", das „fliegende Feuer". Dieses aber besteht aus Salpeter, Schwefel und Kohle, ist also Schießpulver! Eine solche Mischung lohnte sich allerdings der Geheimhaltung! Marcus Graecus gibt uns ganz genauen Aufschluß über die Zusammensetzung dieses Pulvers und seine Verwendung für Raketen und Kanonenschläge (vgl. lib. ign. ed. Par. p. 5). Den Salpeter gewinnt Marcus Graecus, indem er denselben, so wie er sich wild an Gemäuern und in Kellern vorfindet, sammelt, in siedendem Wasser löst, filtriert und kristallisieren läßt. Die Pulvermischung besteht nach Marcus Graecus aus 2 Teilen Kohle, 1 Teil Schwefel und 6 Teilen Salpeter und entspricht somit ganz demselben Pulver, wenigstens im wesentlichen (22 Kohle, 67 Salpeter, 11 Schwefel!), welches bis zur jüngsten Vergangenheit allgemein für Feldsignalraketen angewendet wurde und zwischen Geschütz- und Sprengpulver die Mitte hielt. Das „Feuerbuch" des Marcus Graecus ist von höchster Bedeutung für die Geschichte pulverartiger Mischungen, und man muß von ihm die Entwicklung der wissenschaftlich erkennbaren Pyrotechnik datieren.

Auch den Indern hat man die Erfindung des Schießpulvers zuschreiben wollen. Aber die beiden Stellen aus dem „Code of Gentoo laws", auf die man sich beziehen zu dürfen glaubte, sind nicht in dem Sinne zu lesen, wie es versucht wurde, und die von Professor Gustav Oppert aus der „Sukraniti" gebrachte Beschreibung von Gewehren, sowie der Zusammensetzung und Herstellung von Schießpulver, ist offenbar viel jüngeren Ursprungs, als er annimmt. Auch der indische Gelehrte Praphulla Chandra

Ray verneint ganz entschieden, daß seine Landsleute schon im 14. Jahrhundert das Pulver gekannt hätten.

Aber auch im Abendlande beginnen nun allmählich um die Mitte des 13. Jahrhunderts vereinzelt Berichte über den Gebrauch von schießpulverähnlichen Mischungen aufzutauchen.

In erster Linie ist es der englische Franziskanermönch Roger Bacon, 1214 zu Ilchester geboren, der, als „Doctor mirabilis" bekannt, eine Verteidigungsschrift schrieb, um sich vom Verdachte der Magie zu läutern: „De secretis operibus artis et naturae et nullitate magiae"; die Abfassungszeit dieser „Epistola" dürfte um das Jahr 1242 anzusetzen sein. Bei ihm finden wir auch zum ersten Male der merkwürdigen Eigenschaft des Salpeters Erwähnung getan, mit brennenden Körpern zu verpuffen. Bacon spricht von dem mit Salpeter gemischten „ignis volans", das Blitz und Donner nachahme und von dem eine geringe Menge ausreiche, um eine Stadt oder ein Heer zu vernichten. Um diesen Stoff zu erzeugen, brauche man außer dem Salpeter auch noch Schwefel und das Anagramm: „Luru vopo vir can utri", in dem angeblich die lateinische Bezeichnung für Kohlenpulver enthalten sei; doch hat man sich, nach Guttmann, bisher vergebens der Mühe unterzogen, einen Sinn in die Formel zu bringen; es ist behauptet worden, das Anagramm müsse uns verstümmelt überliefert worden sein und laute ursprünglich: „Lura nope cum ubre", in dem tatsächlich dieselben Buchstaben enthalten sind, wie in „carbonum pulvere". Nach Auffassung des englischen Oberstleutnants W. L. Hime sagt Bacon in Kapitel XI seines Buches, wie man Pulver herstellen soll, und das Anagramm, wenn seine Buchstaben in Kenntnis des vorhergehenden Kapitels entsprechend geordnet werden, ergibt die folgende Lesart: „R. VII. PART. V. NOV. CORUL. V. ET SULPH." Daraus ergebe sich folgender Satz: „Sed tamen salis petrae recipe vii partes, V. novellae coruli V. et sulphuris" (mit Berücksichtigung des früheren zusammen: „Laß das Gesamtgewicht 30 sein, jedoch vom Salpeter nehme 7 Teile, 5 von jungem Haselholz und 5 von Schwefel, und du wirst so Donner und Zerstörung hervorrufen, wenn du die Kunst kennst"). Danach war Roger Bacon bereits im Jahre 1242 mit einer Pulvermischung bekannt, doch findet sich in seinen Werken keine Anspielung auf den Gebrauch des Pulvers für Feuerwaffen oder auf deren Kenntnis, und es scheint, daß Bacon nur die zerstörende, nicht aber die treibende Kraft des Pulvers kannte.

Um dieselbe Zeit, da den Arabern die Mischung des Schießpulvers bekannt geworden zu sein scheint, wird sie auch schon in Deutschland besprochen, und zwar ebenfalls von einem Ordensgeistlichen, dem Grafen Albert von Bollstädt, dem berühmten Albertus Magnus., welcher im Jahre 1193 geboren wurde und im Jahre 1280 starb. Im Gegensatz zu Roger Bacon, der als kühner Reformator auftritt, ist Albertus Magnus Anhänger des Aristoteles; er scheint das „Feuerbuch“ des Marcus Graecus benutzt zu haben und gibt in seinem Werke: „De mirabilibus mundi“ eine Schilderung des aus Salpeter, Schwefel und Kohle gemischten Pulvers und der merkwürdigen Eigenschaft desselben, petardenartig Blitz und Donner zu bewirken oder die Raketen steigen zu lassen. Alberts Schriften fanden eine außerordentlich rasche Verbreitung und nicht zum mindesten durch ihn selbst, da er auf seinen vielen Reisen durch Deutschlands Klöster seinen Gastfreunden Schriften, besonders seine eigenen, zu hinterlassen pflegte. Er ist also wohl jedenfalls derjenige Mann gewesen, der als der hauptsächlichste Verbreiter der Kenntnis von den Eigenschaften des Salpeters in Betracht kommt.

Nun wäre als dritter in der Reihe der „Pulvermönche“ derjenige zu nennen, dessen Namen als Erfinder des Schießpulvers zwar am häufigsten erwähnt wird und der am landläufigsten ist, der deutsche Franziskanermönch Konstantin Anklitzen oder Berthold Schwarz, über den jedoch, da er unseres Dafürhaltens mehr als Erfinder der Feuerwaffen in Betracht kommen dürfte, weiter unten noch ausführlich zu sprechen sein wird.

II.

Besonders schwierig ist der Nachweis der ersten Anwendung der Treibkraft eines Gemisches von Salpeter, Schwefel und Kohle, also der Erfindung des Schießpulvers oder, mit anderen Worten, der Erfindung und des Aufkommens der Feuerwaffen. Die Schwierigkeit ist darin zu suchen, daß anfänglich die Feuerwaffen dieselben Bezeichnungen führten, wie die alten Wurfzeuge, so daß man oft nur aus den etwa vorhandenen Angaben über die erzielte Wirkung auf erstere schließen kann. Jedenfalls gab die Einführung des Pulvergeschützes, wie dem Kriegswesen überhaupt, so auch der Verteidigung und dem Angriff fester Plätze eine wesentlich veränderte Gestalt und ist somit von höchster kulturgeschichtlicher Wichtigkeit. Unrichtig ist es, daß die alte chinesische Feuerwerkskunst sich weiter ausgebildet habe und daß sie sogar bis zur Konstruktion von wirklichen Feuerwaffen vorgeschritten sei. Dafür zeugt erstens einmal Marco Polos völliges Schweigen über derartige Waffen überhaupt, und zweitens das namenlose Staunen und der panische

Schrecken der Chinesen, als drei „Stücke“ versucht wurden, die ihnen die Portugiesen von Macao geschenkt hatten. Schießpulver selbst hatten die Chinesen nach Marco Polos Angaben bei der Belagerung der Stadt Sianfu im Jahre 1268 noch nicht. Ja, selbst im Jahre 1621 waren Kanonen in China noch unbekannt, als sie bei uns im dreißigjährigen Kriege donnerten.

Thierbach ist zwar der Ansicht, die Chinesen hätten schon 618 v. Chr. unter der Dynastie Taing-Off über größere Feuerwaffen verfügt, welche Kugeln auf weite Entfernungen gegen den Feind warfen; es handelt sich aber hier sowohl als auch in seiner Angabe, die Tataren hätten in der Schlacht bei Liegnitz am 9. April 1241 unter Babu Chan gegen das verbündete schlesisch-polnische Heer sich schon der Feuerwaffen bedient, offenbar um Raketen oder ähnliche Feuerwerkskörper, deren Vorkommen in China sich ja bis ins Jahr 969 n. Chr. zurückverfolgen läßt. Zündkörper aus Bambus- oder Holzröhren schossen die Chinesen allerdings schon im Jahre 1257 und etwas später auch die Araber. Es ist auch keineswegs unmöglich, daß sie durch den Stoß wirkende Geschosse ebenfalls aus solchen Röhren zu schießen versuchten; man stellte ja auch noch in viel späterer Zeit mit Geschützröhren aus Holz und Leder ähnliche Versuche an. Diese Versuche zeigten aber stets, daß sich nur aus Metallrohren Geschosse mit solcher Geschwindigkeit schießen lassen, daß von ihrer lebendigen Kraft eine zerstörende Wirkung zu erwarten ist. Erst derjenige also, welcher metallene Feuerrohre erfand, kann als Erfinder der Feuerwaffen angesehen werden.

Die chinesischen Raketen kamen allmählich in der letzten Hälfte des 13. Jahrhunderts von Osten her auch in Europa auf, gerieten seit Beginn des 18. Jahrhunderts wieder völlig in Vergessenheit, und erst im Jahre 1799 lernten sie die Engländer im Feldzuge gegen Tippu Sahib vor Seringapatam wieder kennen.

Auch aus den Wurfmaschinen wurden jene pulverähnlichen Mischungen geworfen, was wohl zu der irrigen Überlieferung von dem Bestehen von Geschützen schon im 11. Jahrhundert und früher Veranlassung gegeben haben mag. Bis jetzt hat sich aber nur nachweisen lassen, daß der Gebrauch dieser Mischungen zum Forttreiben von Geschossen aus Röhren nicht über den Anfang des 14. Jahrhunderts hinausgeht.

Wir wollen nun chronologisch, unter Zuhilfenahme etwa vorhandener Urkunden, Abbildungen, Schriften u. a., zuerst auf das Aufkommen der Geschütze in Europa, und zwar länderweise, näher eingehen.

Die Entwicklung und Verbreitung der Feuerwaffen ging von

Deutschland aus. Dies dürfte unumstößlich feststehen. In erster Linie wird der Name des „Pulvermönchs" Berthold Schwarz oder Konstantin Anklitzen, des Nigromanten (aus Nekromant = Totenbeschwörer entstanden), als dessen Heimat fast durchweg Freiburg im Breisgau, vereinzelt auch Goslar angenommen wird, mit der Entdeckung der Treibkraft des Pulvers in Zusammenhang gebracht. Viele neuere Autoren wollen ihm diesen Ruhm, die Gigantengewalt des Pulvers oder ähnlicher Mischungen zuerst erkannt zu haben, absprechen, ja, man ging sogar so weit, seine allerdings etwas mysteriöse Persönlichkeit völlig ins Reich der Sage zu verweisen. Nach den gründlichen Forschungen des Freiburger Theologen und Historikers Heinrich Hansjakob gibt es indessen eine ganze Reihe von Momenten, die für Berthold Schwarz als den Erfinder wenn nicht auch des Schießpulvers, so aber doch der Feuerwaffen und für Freiburg als den Ort der Erfindung den unbestreitbaren Ausschlag geben, wie im folgenden dargetan werden soll.

Kurz zusammengefaßt, sprechen für Freiburg als den Ort der Erfindung des Schießpulvers: Vor allem ist es die Sage selbst, die stets einen historischen Hintergrund hat. Zweitens wird in einer Urkunde aus dem Jahre 1245 ein Magister Bertholdus erwähnt, der zwar aus dem Zisterzienserkloster Thennenbach in Baden stammt, aber jedenfalls, wie so viele andere seiner Ordensbrüder auch, von den Ordensregeln von Citeaux zu denen des heiligen Franziskus, der gerade um jene Zeit seinen Orden gegründet hatte, übertrat. Wir haben es in dieser Freiburger Urkunde mit einem „Magister" Berthold, also einem Meister der freien Künste zu tun. Da wir nun einen solchen finden, der gerade in der Zeit und an dem Orte auftritt, da das Schießpulver erfunden worden ist, so dürfte es keine zu gewagte Kombination sein, in diesem Meister Berthold, der in der Kirche Sankt Martin zu Freiburg 1245 als Zeuge erscheint, den Pulvererfinder zu vermuten. — Einen geradezu klassischen dritten Zeugen besitzen wir ferner in dem Dichter eines komischen Trinkliedes aus dem Jahre 1371, der seiner Sprache und Schreibweise nach im Breisgau beheimatet gewesen sein muß. In dem Trinkliede heißt es:

„Die hund tunt den füchsen.
Ich sach uz einer büchsen
Schiessen, daz ez nieman hört,
Siben wachteln zerstört."

Der Dichter spricht also von einer Büchse, die man beim Abfeuern nicht hörte. Er stellt dies absichtlich als Ungereimtheit hin, wie er an anderer Stelle von Fischen spricht, die auf Ästen im Tannenwalde singen. Seine Worte belehren uns aber, daß man zu seiner Zeit wirklich aus Büchsen schoß, daß man Pulver und Schießen kannte.

In demselben Gedichte heißt es dann weiter:

> „Grosser Streit
> Kommt von süssen Worten.
> Wie die Römer schon hörten,
> Daß des Grafen Konrad
> Zu Freiburg Haus stehe.“

Ohne Zweifel ist mit den letzten Worten Graf Konrad I. von Freiburg gemeint und mit dem „Haus“ das Münster, dessen Langhaus und Turm, die Krone des Ganzen, während Konrads I. Regierung und mit seiner großen Beihilfe angefangen wurden und ihrer Vollendung entgegengingen.

Als vierten Beweis führe ich den Familiennamen des Erfinders an. Er hieß mit seinem bürgerlichen Namen Anklitzen, und tatsächlich finden wir zu jener Zeit den Namen mehr denn einmal unter den Einwohnern Freiburgs. Auch der gute Ruf, den die Stadt Freiburg bei den benachbarten großen Städten in bezug auf Herstellung und Montierung von Geschützen schon früh genoß, spricht für Freiburg. Schließlich zeugt das Freiburger Franziskanerkloster selbst für die hier erfolgte Erfindung. Das Freiburger Kloster nämlich erklärt uns von allen Klöstern des gleichen Ordens allein, warum keine Klosteraufzeichnungen über den Franziskaner Berthold vorhanden sind: weil nämlich die Nachfolger der aus Freiburg vertriebenen Mönche die Pergamenturkunden ihrer Vorgänger abschabten, um anderes darauf zu schreiben.

Romocki kann sich nur in einem Punkte mit Hansjakobs Annahmen nicht einverstanden erklären, weil der letztere vom „schwarzen Berthold“ als dem Erfinder der Feuerwaffen und des Schießpulvers spricht, während doch die Erfindung des Schießpulvers in eine bedeutend frühere Zeit zu verlegen ist. Aus diesem Grunde folgert nun Romocki, Roger Bacon sowohl als auch Albertus Magnus hätten ihre Kenntnis des Schießpulvers von dem „schwarzen Berthold“ erhalten; das genaue Gegenteil scheint aber den Tatsachen zu entsprechen. Zweifellos hat Albertus Magnus auf seinen zahllosen Wanderfahrten auch Freiburg, dessen herrlicher Dom damals gerade fertiggestellt ward, besucht, genoß bei dieser Gelegenheit die Gastfreundschaft der Franziskaner und überließ ihnen dann als Gegengeschenk bei seiner Abreise ein Exemplar seines Werkes „De mirabilibus mundi“ oder ein solches von Roger Bacons „Epistola“. Schließlich ist auch ein persönliches Bekanntsein mit Berthold Schwarz nicht ganz von der Hand zu weisen, mit dem er dann über die wunderbaren Eigenschaften der neuen Feuerkünste gesprochen haben mag. Welchen anderen Grund, als einzig und allein die wirkliche Tatsache, könnte endlich die Überlieferung gehabt haben, die Erfindung der Feuerwaffen gerade nach Freiburg zn verlegen?

Die Quelle nun, welche uns über den mutmaßlichen Pulvererfinder Berthold Schwarz, der in alten Urkunden indessen bisweilen auch mit seinem bürgerlichen Namen Konstantin Anklitzen aufgeführt wird, Aufschluß gibt, ist eine im Jahre 1450 verfaßte Streitschrift des Felix Hemmerlin oder Malleolus, eines ebenso gelehrten, freimütigen und charakterfesten, als auch unglücklichen Züricher Mönches. Er erzählt uns in seinem Dialog „Über den Adel und die Bauernschaft" (Kap. 30, S. 117), daß der „schwarze Berthold", ein „allgemein bekannter, feiner Alchymist", das Quecksilber hammerfest machen wollte, damit man es behandeln könne wie reines Silber; er wollte deshalb zunächst den „Basilisken", d. h. das Leben oder den Geist des Quecksilbers, töten. Und da „der Geist dem Feuer feindlich" ist, so stellte er das Quecksilber an das Feuer; aber er konnte es nicht töten. Wohl wissend, daß „Gegensätze einander nicht dulden", brachte er, um auf diesem Wege zu seinem erwünschten Ziel zu gelangen, den von Natur feurigen Schwefel und den kalten Salpeter mit dem Quecksilber in ein ehernes Gefäß zusammen; dieses verschloß er fürsorglich und setzte es über das Feuer. Nun entzündete sich der Schwefel, konnte neben dem kalten Salpeter nicht mehr existieren und zerriß unter furchtbarem Knall die Büchse: hierdurch ward Berthold aufmerksam; er machte weitere Versuche, indem er starke, eiserne Gefäße mit Bändern umgab; aber auch sie flogen in Stücken an die Decke des Laboratoriums. — Und nun heißt es bei Hemmerlin wörtlich weiter: „Da Berthold das sah, machte er durch seinen Erfindungsgeist, zum Staunen aller, die durch einen Zufall erfundenen Gefäße zu dem, was wir jetzt ‚Büchsen' nennen, und da er seine Erfindung von Tag zu Tag verbesserte, so kam es, daß sie alle früheren Kriegsinstrumente übertraf." Hemmerlin schließt mit den Worten: „Es geht aus Schriften hervor, daß die Erfindung innerhalb zweihundert Jahren zum ersten Male bekannt wurde." Daraus ergibt sich, daß der Erfinder um 1250 gelebt haben muß. — Die Angaben über den Zeitpunkt der Erfindung schwanken zwischen den Jahren 1259 und 1354. Auf dieses Schlußergebnis dürfte man nach genauer Prüfung des gesamten zur Verfügung stehenden Quellenmaterials gelangen. Mit allergrößter Wahrscheinlichkeit ist die Erfindung im Jahre 1313 erfolgt.

Oscar Guttmann hat in der Universitätsbibliothek zu Gent die alten Handschriften studiert, welche die Listen der jährlich aufgestellten Schöffen enthalten, während am Fuße der Listen sich häufig wichtige Ereignisse verzeichnet finden. In dem ältesten — wahrscheinlich im Jahre 1400 entstandenen — Manuskript G. 6110, das mit dem Jahre 1301 beginnt, findet sich allerdings beim Jahre 1313 keine Bemerkung über das Pulver, dagegen steht beim Jahre 1393 folgendes: „In dit Jaer is geuonden het gebruick van het buscruit in Duytslant van eenen munninck.“[1] — Ein späteres Manuskript (G. 6100), das im 16. Jahrhundert geschrieben wurde, enthält aber beim Jahre 1313 die Notiz: „Item in dit jaer / was alder erst gheuonden / in duutschland / van eenen Mueninck / het tghebruuck der bussen.“[2] — Das Manuskript G. 6123 verzeichnet die Erfindung sowohl beim Jahre 1313 wie beim Jahre 1393 und die — ebenfalls aus dem 16. Jahrhundert stammende — Handschrift G. 6095 bringt die Erfindung nur bei 1393. — Nach Guttmann kann aber das Jahr 1393 für die Erfindung der Geschütze nicht in Frage kommen, weil eine authentische Abbildung eines solchen aus dem Jahre 1325 und andere frühere verläßliche Nachrichten bekannt sind.

Nach Johann Gottfried Hoyers „Geschichte der Kriegskunst“ berichtet uns vom ersten Geschütz überhaupt Paul von Stetten, nach dessen Angaben sich im Amberger Zeughause eine Büchse, die die Jahreszahl 1303 trägt, befinden soll; dies wäre allerdings ein überzeugender Beweis von dem hohen Alter dieser Erfindung in Deutschland. Allein kein einziger Chronist berichtet uns von dem Vorkommen eines Geschützes aus den beiden ersten Dezennien des 14. Jahrhunderts, so daß wir diese Nachricht wohl ziemlich skeptisch aufnehmen müssen. Über das Geschütz selbst ist Näheres nicht zu ermitteln. Die älteste, zweifellos sichere Nachricht über Geschütze und zugleich die erste zuverlässige Gegenüberstellung von Geschützen (vasa) und Handfeuerwaffen (sclopi) findet sich zwar auf italienischem Boden, dicht an der Grenze der österreichischen Lande vor der Stadt Cividale in Friaul aus dem Jahre 1331; diejenigen aber, welche die Stadt mit Geschütz angreifen, sind zwei deutsche Ritter, von Krusperg und von Spilemberg.

---

[1] „In diesem Jahr ist gefunden der Gebrauch des Büchsenpulvers in Deutschland von einem Mönch.“

[2] „Item in diesem Jahr war zu allererst gefunden in Deutschland von einem Mönch der Gebrauch der Büchsen.“

Nach den „Quellen zur Geschichte der Feuerwaffen", herausgegeben vom Germanischen Museum, befand sich 1344 beim Erzbischof Heinrich III. von Mainz ein „ignis sagittarius videlicet Furschutz", ein Feuerschütze. Bald darauf finden wir, 1346, in den Aachener Stadtrechnungen Ausgaben gebucht für eine „eiserne Donnerbüchse" (busa ferrea ad sagittandum tonitrum) und für Salpeter zum Schießen, und Metz hat 1348 bereits gegossene Geschütze von der Art, wie ein solches, eine kleine geschmiedete Kanone, heute noch im Zeughause zu Bern zu sehen ist. In der Stadt Lübeck läßt sich 1352 ein „Feuerschütze" als Bürger nieder, und vier Jahre darauf, 1356, hatte Nürnberg „bereits eine Menge eiserner und kupferner Büchsen, welche eiserne Kugeln warfen". Auch bezahlte die gleiche Stadt im nämlichen Jahre an Meister Sänger „Lohn für Geschütz und Pulver". 1367 werden zu Nürnberg zwei Büchsen erwähnt, „daraus man Feuer schießt", und im folgenden Jahre, 1368, kaufen die beiden Städte Frankfurt und Nürnberg „Donnerbüchsen". 1371 stoßen wir in den Augsburger Rechnungsbüchern auf Ausgaben für Pulver, Kugeln und Salpeter. Herzog Magnus von Braunschweig schließt 1370 einen Kauf über „Donnerbüchsen" ab. Im gleichen Jahre lassen sich in Köln Ausgaben für „Büchsen" nachweisen. 1372 kauft diese mächtige Handelsstadt eine „forma ad pixides". Im selben Jahre erhält Meister Walther von Augsburg vom Rat dieser Stadt 160 fl. und ein Ehrengeschenk an Tuch, „als er in eines Chorherrn Hof die Büchsen vollendet und die Pulverbereitung überwacht hatte". 1372 sucht die Stadt Speier einen neuen Zeugmeister, „der aber auch mit Büchsen schießen könne". Fünf Jahre später finden, nach Jacobs, die Steinbüchsen in Deutschland Eingang. Augsburg und Regensburg kaufen 1376 „Geschütz und Büchsen", und kurz darauf, 1378, vermehren Nordhausen und Erfurt ihre Vorräte an eisernen und kupfernen Büchsen. Auch die Deutschritter wandten 1382 schon Geschütze an und errichteten zu Marienburg eine Pulverfabrik, während 1401 der Hochmeister des Deutschen Ordens, Konrad von Jungingen, durch den Stückgießer Fränzel zu Marienburg eine Geschützgießerei anlegen ließ. 1414 brach schließlich der erste Hohenzoller die märkischen Raubburgen mit Hilfe der „faulen Grete".

Für die Entwicklung der „Feuerkünste" in Deutschlands Nachbarländern, den Niederlanden, Belgien und der Schweiz, besitzen wir aus dem 14. Jahrhundert ebenfalls zahlreiche Belege, deren wichtigste hier folgen mögen.

In Brügge werden schon 1339 offenbar aus Eisen gegossene

Geschütze genannt. Nach einem vollständig einwandfreien Dokumente des Archivs von Tournay versuchte Peter von Brügge, ein Zinngießer von Beruf, im Jahre 1346 zu Doornik bei Tournay in Gegenwart des Stadtrats eine Kanone. Seine „conoilles", wie er sie nannte, schossen Bolzen, die mit zweipfündigen Bleistücken beschwert waren, zwei Mauern durchschlugen, in das Stadtinnere eindrangen und einen Menschen töteten. Offenbar handelt es sich hier um ein gegossenes Geschütz, denn sonst hätte dieser Peter von Brügge nicht Zinngießer, sondern Schmied sein müssen. Die Abbildung dieses Geschützes zeigt große Ähnlichkeit mit dem Geschütz Millemetes, von dem später noch ausführlich zu reden sein wird.

Auch Gent bezeugt 1347 den Besitz von Geschützen, und 1356 kauft dieselbe Stadt „12 Donnerbüchsen", was Löwen 1370 gleichfalls bewerkstelligt, wie uns der Brabanter Petrus Diräus erzählt. Pontus Heuteurus, ein Holländer, berichtet, daß bei der Belagerung von Ypern im Jahre 1383 „einige wenige Geschütze, welche um das Jahr 1366 erfunden worden seien, obwohl noch roher Art, doch den Einwohnern von Ypern gute Dienste geleistet hätten".

Basel besitzt, laut Zeughausinventar von 1361, noch keine Feuergeschütze, schaffte aber solche nach dem Freiburger Aufstand von 1366 an. In der Schweiz fällt das früheste Beispiel von Feuerwaffen in das Jahr 1371, von welchem Jahr die Stadt Basel mehrere „Donnerbüchsen" nachweist und einen Büchsenmeister anstellt. Die Stadt Bern läßt sich 1403 zu Nürnberg ein Riesengeschütz gießen.

Was die nordischen Länder angeht, so erhielten sie ihre Feuerwaffen wohl ausschließlich von Deutschland. Bereits 1360 ist das Vorkommen des Schießpulvers in Dänemark nachweisbar. 1361 werden in einer Seeschlacht zwischen den Dänen und Hanseaten, wo Herzog Christoph, Waldemars III. Sohn, von einer Bombarde verwundet wird, zuerst Feuerwaffen gebraucht. Die Pulvergeschütze scheinen dann in Dänemark um das Jahr 1372 schon ziemlich verbreitet gewesen zu sein, denn es ward einem Bürger von Ripen, Niklas von Rüne, der Kopf abgeschlagen, weil er dem Feinde auf dem Schlosse Gram zwei Fäßchen mit Schwefel und Schießpulver zugeführt hatte („ . . . duas lagunculas plenas sulfure, dicta Swavel, et salpeter dicta Byss-Krud . . .").

In Rußland ist der Gebrauch von Schießpulver nach der Golizinschen Chronik im Jahre 1389, in Schweden erst 1400 nachweisbar. Die Hansa besetzt 1395 den Stockholmer

Hafen; aber erst 1431 ist von einheimischen Festungsgeschützen die Rede.

In der blutigen Schlacht bei Tannenberg 1410 verfügten die Polen über 60 Geschütze; aber erst im Jahre 1475 lehrte Aristoteles von Bologna die Russen das Gießen der Feuergeschütze.

Der kürzlich verstorbene Londoner Chemiker Oskar Guttmann fand auf der letzten Seite einer prachtvoll illustrierten Handschrift „De officiis regum" des Walter de Millemete aus der Bibliothek von Christchurch in Oxford aus dem Jahre 1325 eine reichverzierte Textumrahmung und an deren unterem Rande die Abbildung eines flaschenförmigen Geschützes, das auf einer Holzbank ruht. Die Form ähnelt der einer antiken Urne; sie ist verschlossen durch einen mit einer Kugel am unteren Ende versehenen Pfeil, und ein Krieger in voller Rüstung ist eben im Begriff, dieses Geschütz mit einer glühenden Stange abzufeuern, um durch den Schuß ein Schloßtor zu sprengen. Dies gibt uns einerseits ein authentisches und zugleich das älteste Datum für den Gebrauch des Schießpulvers und andererseits eine interessante Abbildung der frühesten Geschütze, sowie der Art, wie dieselben abgefeuert wurden. Diese Entdeckung beweist, daß den Engländern der Gebrauch der Feuergeschütze schon sehr früh bekannt gewesen sein muß, wenn nicht überhaupt England den ältesten und sichersten Nachweis, wie Guttmann meint, für diese Waffenart hiermit erbracht hat. Nun wird auch eine Stelle in John Barbours „Leben von Robert Bruce, König von Schottland", das 1375 geschrieben wurde, vollständig glaubwürdig, die man bisher als fabelhaft ansah. Barbour schreibt nämlich vom Jahre 1327, „daß man an dem Tage zwei Neuigkeiten sah, die bisher nicht in Schottland waren, die eine Wappen für Helme und die andere ‚Kriegsgeschütze' (crakys of wer), welche sie nie vorher gehört hatten." Auch enthalten die Kammerrechnungen König Eduards III. von England aus den Jahren 1344 bis 1347, sowie die „Verrechnungen der großen Garderobe" desselben Herrschers von 1345 bis 1349 Eintragungen über Zahlungen für Pulver, sowie Schwefel und Salpeter „für des Königs Kanonen". 1378 ließ Richard II. Geschütz aus Flandern herbeischaffen, und 1386 galt Schießpulver als das wertvollste Beutestück, so daß sogar 1413 Heinrich V. dessen Ausfuhr verbot.

Die Spanier bedienten sich wohl am längsten der maurischen Maschinen mit „griechischem Feuer", und zu ihnen kam das Pulvergeschütz fast hundert Jahre später. So erzählt wenigstens der Schriftsteller de Mayerne Turquet. Demnach beruhten die Nachrichten, in Spanien seien Geschütze schon in der Zeit zwischen 1325 und 1342 bei den Belagerungen von Granada, Alicante, Tarifa und Algeciras zur Anwendung gelangt, auf Irrtum. Hoyer (I, 45) hält sich allerdings für berechtigt, gewisse Stellen des Juan Nunnez de Villasan buchstäblich zu verstehen und demnach anzunehmen, daß die Mauren 1342 vor Algeciras sich der Feuerwaffen bedient hätten, wie ja der Chronist schon aus den Jahren 1312 und 1323 berichtet, daß der maurische König von Granada Abal-Valid-Ismael-ben-Nassar zur Belagerung von Baza eine Reihe von „Maschinen" aufgestellt hatte, die unter großem Donner „Kugeln von Feuer" warfen, welche den Türmen großen Schaden taten. Ebenso wird aus dem Jahre 1331 berichtet, Alicante sei vom Könige von Granada mit einer Maschine beschossen worden, „die Kugeln durch Feuer forttreibt". Vor Algeciras sind 1342 nach Juan Nunnez große eiserne Bombarden verwendet worden. Die Bombarden schießen Kugeln wie Äpfel so groß, die mit Feuer und stinkenden Substanzen gefüllt sind. Sie sollen eine Kraft des Zerschmetterns gezeigt haben, die früher ganz unbekannt war; das „Pulver", womit die Kugeln abgeschossen werden, heißt „donnernde Naphta". Übrigens wendet der König von Tunis in einem Seegefecht gegen den König von Sevilla im selben Jahre Maschinen an, die Blitze werfen. Wohl eine der ältesten und zuverlässigsten Nachrichten über den Gebrauch der Feuergeschütze in Spanien stammt erst aus dem Jahre 1407, aus der Zeit der Belagerung von Balaguer und Setenil.

Was Italien anbelangt, so wird uns allerdings verschiedentlich von einem bronzenen Geschütz berichtet, das aus Mantua stammte und im Besitze des Grafen Arco war, jetzt aber verschollen ist. Diese „Büchse von Arco" soll die Jahreszahl 1322 getragen haben; von den neueren Schriftstellern glaubt indessen besonders Jacobs, diese Waffe für eine geschickte Fälschung halten zu müssen. Aber schon am 11. Februar 1326 befahl die Signoria von Florenz, wenn wir Libri Glauben beimessen wollen, die Beschaffung metallener Kanonen und eiserner Kugeln. Im Jahre 1365 werden die Venezianer bei Claudia fossa von einigen Deutschen unterstützt, „so zwei kleine eiserne Stücklein besaßen", und im folgenden Jahre äußert sich Petrarca in seinem Dialoge: „De remediis utriusque fortunae": „Da ruft der Eine: ‚Ich besitze unzählige Maschinen und Ballisten!‘ Der Dichter antwortet: ‚Es ist ein Wunder, daß du nicht auch jene metallenen Eicheln hast, die ein Flammenstoß unter schrecklichem

Donner entsendet. Es war nicht genug, daß der erzürnte Gott vom Himmel blitzte, auch das Menschlein muß von der Erde donnern! Seine Wut ahmte den Blitz nach, und was sonst aus den Wolken geschleudert wurde, das wirft man nun aus einem hölzernen aber höllischen Instrumente, das nach Einiger Meinung die Erfindung des Archimedes ist. Der aber brauchte es, um seiner Mitbürger Freiheit zu schützen; ihr aber unterdrückt damit freie Völker! Diese Pest war bisher noch so selten, daß man sie wie ein Wunder bestaunte; nun aber ist sie, da man bei den schlechtesten Dingen stets am gelehrigsten ist, so gemein wie jede andere Art von Waffen.'" 1371 lassen sich in Italien Steinbüchsen nachweisen, 1372 erwähnen italienische Geschichtsschreiber die Feuergeschütze, 1374 ist Padua im Besitz von solchen und im Krieg zwischen Genua und Venedig (1377—81) waren beide Teile mit aus Deutschland bezogenem Geschütz versehen. Gegen 1400 bestanden auch in Italien selbst schon einige Pulvermühlen, von denen die venezianischea am berühmtesten war, und italienisches Pulver wird zu einem sehr wichtigen Handelsartikel, der sich bereits 1405 schon jenseits der Alpen, in Bern, findet.

Die ältesten zuverlässigen Beweise für den Gebrauch des Schießpulvers in Frankreich liefern uns die Rechnungen des französischen Kriegskommissärs Barthélémy du Drach aus den Jahren 1338 und 1339. 1338 stellen die Franzosen auch die nötige Menge Pulver zu ihrer beabsichtigten Landung in England her. Pfeile aus eisenbeschlagenen Holzbüchsen schossen die französischen Krieger bereits 1342, und das Pfund Schießpulver kostete damals etwa 30 Mark. Ob aber in der Schlacht von Crécy 1346 Feuerwaffen verwendet wurden, ist trotz der französischen Quelle, die dies behauptet, zweifelhaft; dagegen ist der Beweis erbracht, daß 1347 bei der Belagerung von Calais solche in Tätigkeit traten. Am 17. Mai 1354 wurden (nach Guttmann) auf Johanns I. Befehl in Frankreich Geschütze versucht. Steinbüchsen lassen sich in Frankreich 1374, also etwas früher als in Deutschland und Italien, nachweisen. Selbst 1415, bei Azincourt, scheinen nach Barantes Bericht noch keine Feuerwaffen angewendet worden zu sein.

Was nun die Handfeuerwaffen angeht, so findet sich über dieselben in den ältesten kriegswissenschaftlichen Arbeiten nur wenig, und man gewinnt fast die Überzeugung, als habe man sich mit ihnen anfänglich nicht recht befreunden können. Man ist daher in dieser Hinsicht in der Hauptsache auf die Prüfung etwa überkommener Stücke angewiesen.

Die ältesten erhaltenen Handrohre sind aus Bronze. Erstmals erwähnt werden die Handbüchsen im Jahre 1364, wo die Stadt Perugia 500 Büchsen machen läßt, eine Spanne lang, welche man in der Hand führte und die dennoch so stark waren, daß sie durch jeden Harnisch schossen. Als der Markgraf Friedrich von Thüringen 1365 den Herzog Albrecht von Braunschweig in dem Schlosse Salzderhelden belagerte, konnte er, wie es im „Sächsischen Heldensaal" heißt, den Ort nicht erobern, „weil die Belagerten mit einem Geschütze herausgeblitzt und ihm vielen Schaden zugefügt hätten". Dies war eine Bleibüchse, die den Belagerern solchen Schrecken einjagte, daß sie, obgleich 18000 Mann stark, abzogen. Die rebellischen Freiburger stürmen 1366 das Schloß ihres Grafen, wobei sie, wie die Chronik sagt, imstande waren, „hinaufzuschießen". Bald darauf, 1370, hatte Herzog Magnus von Braunschweig bei seinem Heere „driewende Werke, Armborste, Bussen und Wehre". In den Stadtrechnungsbüchern von Speier fand Lehmann bei dem Jahre 1372 vermerkt: „2 Pfund 13 Schilling 4 Pfennige gab man dem neuen Meister, der Büchsen schiessen kund, und ward viel auf Büchsen und Armbrüst gewendet". Die Straßburger besetzen 1375 ihre Mauern mit „Geschütz und Büchsen". 1381 stellt der Rat der Stadt Augsburg 30 Büchsenschützen mit Handröhren in dem Städtekrieg gegen den fränkischen, bayrischen und schwäbischen Adel; 1388 werden in Nürnberg Handbüchsen erwähnt, und bei der Berennung des Schlosses Tannenberg in Hessen im Jahre 1399 wird ebenfalls der „Faustbüchsen" gedacht. Bei Nachgrabungen in den Ruinen dieser Burg im Jahre 1849 fand man tatsächlich ein kurzes Handrohr, das sich nun im Germanischen Museum in Nürnberg befindet und sicherlich aus der Zeit von 1380 bis 1400 stammt. Auch auf dem Schlosse Hohosterwitz in Kärnten ward ein gußeisernes Handrohr gefunden, das aus derselben Zeit herrührt und sich im Besitze des Oberpostdirektors von Az in Linz befindet. Eine dritte sehr alte Handbüchse, die man 1871 aus dem Kurischen Haff bei Memel herausbaggerte, hat ihren Platz in der Waffensammlung des Rittergutsbesitzers Blell auf Tüngen bei Wormditt. Diese Waffe stammt jedenfalls aus dem Beginn des 15. Jahrhunderts, vermutlich aus der Zeit zwischen 1400 und 1420.

Die ersten Geschützrohre kleinen Kalibers waren geschmiedete Läufe, die größeren wurden aus schmiedeeisernen

Stäben mit darübergetriebenen Reifen wie ein Faß zusammengesetzt; in das eine Ende wurde das Bodenstück, durch welches das Zündloch ging, mit einem Zapfen eingeschraubt.

Erst von bescheidener Größe, wachsen die Geschütze bald zu mächtigen Dimensionen an. Die Geschütze mit kleinerem Kaliber wurden Lotbüchsen, diejenigen, welche Steinkugeln schießen, Steinbüchsen genannt. Bei den Handfeuerwaffen indessen haben wir zu unterscheiden: Luntenbüchsen, Hakenbüchsen, Radschloßbüchsen u. a.

Manche der alten Geschütze führten auch recht absonderliche Namen; z. B. die „Tolle Grete", die „Faule Grete", die „Siegerin", das „Scharfe Tindlein", „Die Taube", die „Zwölf Apostel", die „Böse Else", „Ungnade" usw.

Daß Schiffe mit Feuergeschützen bewehrt wurden, finden wir zuerst mit Bestimmtheit im Jahre 1372, wo die mit den Franzosen verbündeten Spanier vor La Rochelle große Schiffe auffahren ließen, die „Armbrüste und Feuerrohre (canons)" führten. Sechs Jahre später sind Geschütze auf englischen, 1379 auf venezianischen und 1384 auf hanseatischen Schiffen nachweisbar. Das erste Kanonenboot benutzte wohl Karl der Kühne, als er 1474 die Stadt Neuß von der Rheinseite her beschoß, und sozusagen die erste „moderne" Seeschlacht fand 1512 vor Brest statt. Späterhin treffen wir schon eine stattliche Anzahl von Schiffsgeschützen; so war beispielsweise Ludwigs XII. „Charente" mit 200 Kanonen armiert. Garcias von Toledo endlich, ein befähigter Offizier Karls V., gebrauchte 1535 bei der Belagerung Algiers ein Mittel, das er schon früher anläßlich eines Seemanövers bei Messina erprobt hatte: er verfiel auf die „schwimmende Batterie", die aus 8 Belagerungsgeschützen bestand, welche auf zwei flachen Schiffen vor der belagerten Stadt verankert waren.

III.

Endlich sollte das Schwarzpulver, dieses „Teufelswerk", wie es Erasmus von Rotterdam nennt, auch noch auf dem Gebiete des Minenwesens bahnbrechend wirken. Schon in den frühesten Zeiten verstand man es, zu Kriegszwecken unterirdische Gänge anzulegen, um durch diese in einen belagerten Ort einzudringen oder die Stadtmauern durch das Untergraben derselben zum Einsturz zu bringen, wie beispielsweise Saladin, der machtvolle Beherrscher Ägyptens, durch solche Gänge oder Minen die Mauern Jaffas zu Fall brachte.

Aus Unfällen, wie derjenige, der 1360 das Lübecker Rathaus, das man unvorsichtigerweise zugleich als Pulverfabrik benutzte, betraf, mußte man die gewaltigen, zerstörenden Wirkungen größerer Pulvermengen indessen bald erkannt haben. Aber es war wohl in erster Linie die Gefährlichkeit des Stoffes, verbunden mit den zu jener Zeit fast unerschwinglichen Kostenverhältnissen, welche die kriegführenden Parteien vor praktischer Ausnutzung des Pulvers zu Sprengzwecken immer wieder zurückgeschreckt haben dürfte.

Wohl hatten schon im Jahre 1403, wie Buonaccorso Pitti erzählt, die Florentiner, als sie mit den Pisanern im Streit lagen, beabsichtigt, einen unter den Mauern Pisas hindurchführenden, mangelhaft zugemauerten und vergessenen Gang durch ihren Ingenieur Domenico di Matteo mit Pulver anfüllen und durch Entzündung desselben eine breite Bresche legen zu lassen. Als man aber an die Ausführung des Planes gehen wollte, habe man ihn verraten gefunden. Etwa um dieselbe Zeit stellt auch Konrad Kyeser von Eichstätt im 9. Kapitel seines 1405 beendeten „Bellifortis" bereits Sprengminen dar. Der italienische Militärschriftsteller Taccola beschreibt zwischen 1427 und 1449 als erster das Aussehen einer solchen Mine in seinem Buch über „Ingenieurkunst". Die Minenabbildung Taccolas findet sich ganz unverändert auch bei Paolo Santini.

Etwa ums Jahr 1475 kam nun ein genuesischer Ingenieur Francesco di Giorgio Martini (1423—1506), wohl durch die furchtbare Pulverexplosion von Ragusa im August 1459, wobei 25000 Maß Pulver, die in den Kellern der Signoria aufbewahrt waren, sich entzündeten, auf den Gedanken, solche unterirdischen Höhlungen, wie man sie ja bisher im Krieg öfter angewendet hatte, mit Schießpulver anzufüllen und dieses zu entzünden, um so mit dessen Hilfe die schrecklichen Wirkungen des Erdbebens hervorzubringen. Zunächst erprobte er diese Sprengminen, als genuesische Scharen 1487 das florentinische Schloß Sarzanello im Lucchesischen hartnäckig belagerten. Die Angst der eingeschlossenen Florentiner erreichte ihren Höhepunkt, als sie erfuhren, daß die Angreifer mit der Anlage einer gänzlich neuartigen Sprengmine beschäftigt wären. In der Tat erfolgte auch eine gewaltige Explosion, doch war die Mine nicht unter die Festungsmauern zu liegen gekommen, so daß diese unversehrt blieben.

Biringuccio aus Siena bezeichnet Francesco di Giorgio als den Erfinder der Sprengminen, was nach den vorhergegangenen Ausführungen nicht ganz zutreffend ist.

Jedenfalls sind die Minen anfänglich sehr selten benutzt worden.

Mit mehr Erfolg wendete Pedro Navarro die neuerfundene Minenkunst bei Sankt Giorgio auf Kephalenia an (1500). Hier minierte er den Felsen, auf welchem das Schloß stand und sprengte ein Stück desselben mit der Mauer ab. Hierauf nahm er 1503 das Castel Nuovo und dann Castello dell' Uovo bei Neapel durch Sprengminen ein, welch letzteres mitten im Golf auf einem Felsen stand und als uneinnehmbar galt. Gerade diese Leistung war besonders geeignet, überall zur Verwendung von Sprengminen anzuregen, und von diesem Zeitpunkte an ist die Geschichte des Sprengminenwesens kaum noch in einem Punkte zweifelhaft.

Schließlich sei auch noch einer Hinterlist gedacht, die Veit Wulff von Senfftenberg in seinem aus dem 16. Jahrhundert stammenden Werk: „Criegsbuch von mancherley Stratagematibus" in dem Kapitel: „Wie einer seinen feind erschiessen kann, ob er gleich etzlich hundert Meilen von jhm where", empfiehlt. Er erwähnt an genannter Stelle einen Mordbrief voll Sprengmasse, der „etwa durch einen Juden oder Übeltäter zu überbringen" sei. Überhaupt spielen in seinem Buche Sprengkisten und Sprengbriefe eine bedenkliche Rolle.

Die intelligente Beherrschung und Meisterung der Pulverkraft übt aber nicht allein im Kriegswesen ihre Wirkungen, auch im friedlichsten Sinne hat die Gewalt des Pulvers die Bahnen unseres Fortschritts geöffnet und dies hauptsächlich durch die Verwendung des Schießpulvers im Berg- und Straßenbau.

Nachdem das Pulver beinahe drei Jahrhunderte lang fast ausschließlich der Kriegskunst gedient hatte, begann vor etwa 280 Jahren auch sein Gebrauch zum Sprengen in Bergwerken.

Löhneyss spricht noch im Jahre 1617 in seiner Beschreibung des Bergwerksbetriebs nur von Keilhauen, Bergeisen und Handfäusteln. Dadurch wird die Behauptung ziemlich hinfällig, ein gewisser Martin Weigold oder Weigel in Freiberg habe im Jahre 1613 bereits Gesteinsprengungen mittels Schießpulvers vorgenommen, da sonst Löhneyss von einer derartigen Neuerung im Bergbaubetrieb sicherlich etwas hätte wissen müssen. Der Engländer Edward Brown, welcher um 1670 die hervorragendsten Bergwerke des Kontinents bereiste, erzählt in seinem 1673 zu London gedruckten Reisebericht voller Staunen, daß er in dem ungarischen Bergwerk Herrngrund bei Neusohl gesehen habe, „wie man länglichrunde Höhlungen (Bohrlöcher) in das harte

Gestein trieb, mit Schießpulver anfüllte und entzündete; dann sei alles in die Luft geflogen". Erwähnt wird freilich das Schießpulver im bergmännischen Betrieb schon etwa 50 Jahre früher, als Brown davon berichtet, und zwar gibt uns das Schemnitzer Berggerichtsbuch vom 8. Februar 1627 Aufschluß über die erste Verwendung des Schießpulvers zu Sprengzwecken. An diesem Tag hat nämlich ein gewisser Kaspar Weindl aus Tirol im Oberbiberstollen des genannten Bergwerks die erste Sprengung durchgeführt. Diese äußerst wichtige Neuerung im Bergbaubetrieb konnte sich indessen nur sehr langsam einbürgern. Die Furcht vor Einstürzen mag es wohl auch gewesen sein, welche ein Aufkommen der bei weitem wichtigsten bergmännischen Sprengarbeit, des Sprengens des Gesteins von Bohrlöchern aus, so lange verhinderte. Mitbestimmend mag auch der Mangel an geeigneten Bohrwerkzeugen gewesen sein. Von Schemnitz in Ungarn aus gelangte dann die Kenntnis der Gesteinsprengung mittels Pulver nach Böhmen, dann nach dem Harz. 1632 finden wir das Pulver zu Sprengzwecken in Clausthal verwendet, 1645 in Freiberg, 1648 in Falun (Schweden). Um 1700 stand das „Schießen" in den Bergwerken schon in hoher Blüte; doch bleibt selbst dann, im ganzen betrachtet, die Verwendung der Explosivstoffe zu zivilen Zwecken der militärischen gegenüber bis in unsere Zeit hinein völlig im Hintergrund und beschränkt sich im wesentlichen eben auf die bergmännische Sprengarbeit. Deutsche Bergleute brachten dann die neue Erfindung nach England und 1724 treffen wir das Sprengpulver in den Bergwerken von Schweden. 1768 findet es auch in der Saline von Aussee Anwendung. Ungarische Bergleute führten 1749 im Harz den Meißelbohrer ein, der von Henning Hutmann 1863 durch eine Art von Maschinenbohrer abgelöst ward.

Aber auch die Masse der Hochgebirge hat die Kraft des Pulvers gesprengt und durchbohrt, die Felsentore der Berge geöffnet, die gefahrdrohenden Klippen der Ströme, Häfen und Küsten zerschmettert, um den Straßen des Weltverkehrs Raum zu schaffen. Mineralien, Baumaterial, Trinkwasser werden durch Sprengungen gewonnen.

So beginnt man zu Ausgang des 17. Jahrhunderts mit dem Bau von festen Straßen im Hochgebirge mit Hilfe des Sprengpulvers. Es entsteht so 1696 die Albulastraße am Bergünerstein, indem man einen alten Saumpfad, der schon seit undenklichen Zeiten über das Gebirge führte, durch Pulverkraft erweiterte; es folgen 1707 die Sprengarbeiten am Urner Loch am Sankt Gotthard, 1736 am Leukerweg und 1738 in der Via Mala des Splügen. Vollständig nur durch Sprengarbeit entstanden dann in neuerer Zeit die modernen Straßen am Simplon, Mont Cénis u. a.

Daß auch der Flußbau der Sprengkraft des Pulvers die Beseitigung großer Hindernisse verdankt, zeigt sich an unserem Rheine am deutlichsten. Zwischen 1631 und 1647 bemühten sich schwedische und französische Ingenieure wiederholt, die Felsklippen bei Bingen zu beseitigen, die dann endlich 1829 bis 1831 von der preußischen Regierung in der Hauptsache beiseite geschafft wurden.

IV.

Endlich sei noch ein übriges über die Bereitung und Zusammensetzung des Pulvers gesagt.

Betreffend die Herstellung des Schießpulvers in den ältesten Zeiten begnügte man sich damit, die Rohsubstanzen, aus denen das Pulver zusammengesetzt ward, auf gewöhnlichen Mahlmühlen zu zermahlen und hierauf zusammen zu mischen. So bestanden Pulvermühlen bereits 1340 in Augsburg, 1344 in Spandau, 1348 in Liegnitz, 1360 in Lübeck u. a. m. Allein die mit dem Zermahlen in den Pulvermühlen verbundene Gefahr des Entzündens durch das Reiben zwischen den Mühlsteinen führte bald zur Erfindung der Stampfmühlen. Eine Pulvermühle dieser Art stand bereits 1435 vor der Stadt Nürnberg.

Die heutzutage für Salpeter gebräuchliche Benennung „Nitrum“ bezeichnete im Altertum die natürliche Soda. Deshalb sind die Nachrichten über die erste Bekanntschaft mit Salpeter nicht ganz sicher zu verfolgen. Roger Bacon hat ihn im Jahre 1242 ausdrücklich als Bestandteil des Schießpulvers erwähnt und auch die älteste Methode zur Reinigung des natürlichen Salpeters angegeben. Der von den Salpeterern, einer übeln Zunft, von den Mauern abgekratzte oder auf Haufen künstlich erzeugte Salpeter wurde in Wasser aufgelöst oder gekocht und so lange vom Schaum gereinigt, bis die Lösung klar war. Diese ließ man kristallisieren und löste sie wieder in Wasser auf. Die Lösung wurde dann mit zwei ungenannten reinigenden Substanzen gemischt, erhielt einen Zusatz von tierischer Kohle, ward eifrig umgerührt und kristallisierte dabei. Später hat man den Salpeter mit Holzasche gereinigt, was schon Hassan Alrammah im Jahre 1290 bekannt war.

Die Herstellung des zweiten Bestandteils des Schwarzpulvers, des Schwefels, war schon lange im Bergbau bekannt; für Schießpulver ward er überdies schon sehr zeitig geläutert.

Ähnlich verhielt es sich mit der Kohle. Da schon von allem Anfang an Wert darauf gelegt wurde, Kohle aus besonders gewählten Hölzern für die Erzeugung des Pulvers zu verwenden, so konnte man sich nicht der üblichen Meilerkohle bedienen, und bei den sehr geringen Mengen Pulvers, welche zu Anfang benötigt wurden, war das Brennen in Meilern zu umständlich. Man hat deshalb die Kohle immer in Öfen oder Kesseln gebrannt und, wie es den Anschein hat, schon zeitig junge Zweige benützt. In der Wiener Bilderhandschrift befindet sich eine Abbildung, in welcher Arbeiter unter Aufsicht des Meisters im Begriff sind, Holzknüppel in ein offenbar mit Ziegelsteinen ausgekleidetes Holzfaß zu geben.

Was nun die Erzeugung des Schießpulvers angeht, so scheint es, als ob man lange Zeit im Mörser gearbeitet habe; die einzige Verbesserung, die man einführte, war die, daß man den Stössel an einem federnden Holzstück aufhängte, um dem Arbeiter die Last des Hebens zu ersparen. In einem Artilleriebuch aus dem 16. Jahrhundert in der Großherzoglichen Bibliothek in Weimar, welches nach einer Eintragung auf dem ersten Blatt wahrscheinlich einem „Hanns Henntz von Nürnberg, jetziger Zeyt Organyst bey Sankt Martin" gehörte, befindet sich eine derartige Abbildung unter dem Titel: „Ein behend Anrichtung pulfer zemache". Sie wurde im Manuskripte Saint Germain François 1914 der Pariser Nationalbibliothek und nach diesem von Napoléon, Jähns u. a. nachgezeichnet. Das Stampfen des Pulvers in einem Handmörser ist noch in der Pyrotechnie von Hanzelet aus dem Jahre 1630 dargestellt. Die älteste Abbildung eines Mörsers mit federndem Stössel ist aber schon im Codex Germanicus Nr. 600 um etwa 1350 zu sehen.

Die älteste Abbildung einer Stampfmühle ist die im „Rust und feuerwerck buych" aus dem 15. Jahrhundert, in welcher vier Stempel einer offenbar längeren Stampfe dargestellt sind. Je zwei schlagen in ein Stampfloch, und der Wellbaum wurde anscheinend durch ein Rad gedreht. Auf demselben Bilde sieht man auch das Mischen der Materialien in einem Handmörser, gleichfalls mit zwei federnden Stösseln.

In bezug auf das Körnen und Sieben des Schießpulvers finden sich nur wenige alte Abbildungen. Im Heidelberger Codex Palatinus Nr. 126 findet sich ein Sieb dargestellt.

Das Trocknen des Schießpulvers scheint ursprünglich in Töpfen geschehen zu sein, welche in einen Ofen gestellt wurden; wenigstens läßt sich dies daraus schließen, daß sowohl der

Münchner Codex Nr. 600, wie auch die Wiener Bilderhandschrift darauf bezügliche Darstellungen bringen.

Über die Zusammensetzung des Schießpulvers gibt es natürlich eine sehr große Menge von Vorschriften, auf die hier nicht näher eingegangen zu werden braucht. Das älteste abendländische Pulverrezept, welches uns erhalten ist, scheint aus den dreißiger Jahren des 14. Jahrhunderts zu stammen und steht in einer sehr gemischten Handschrift der Münchener Hof- und Staatsbibliothek (Cod. l. m. 4350). Auf der ersten Seite von Blatt 92 steht „an. 1338“ usw.

Auch hinsichtlich der Bezeichnung „Pulver“ läßt sich eine interessante Tatsache feststellen. Während fast alle Sprachen das lateinische Wort „pulvis“ zur Benennung dieses neuen Treibsatzes annahmen, entwickelte sich für „Schießpulver“ in der niederdeutschen Mundart ein eigener Ausdruck: „Kraut (krut, kruyt, kryt“), ein Wort, das, wie das griechische *φάρμακον*, zugleich Heilmittel und Zaubermittel bedeutet. Auch im Dänischen und Schwedischen hat sich bis auf den heutigen Tag das Wort „Kraut“ für Schießpulver erhalten. Merkwürdig ist indessen hinsichtlich der Bezeichnung immerhin auch der Umstand, daß in einem aus dem 13. Jahrhundert herrührenden chinesischen „Feuerbuche“ als Name für einen primitiven Raketenbrandsatz „Yo“ angegeben wird, ein Wort, welches noch heute im Chinesischen mit „Schießpulver“ identisch ist, in früherer Zeit aber die vielumfassende Bedeutung „Kraut“ oder „Drogue“ besaß.

Im 14. und auch noch im 15. Jahrhundert hat man das Schießpulver häufig gefärbt, über welchen Vorgang sich in alten Abbildungen einige wenige Belege finden.

Von einer chemischen Analyse des Pulvers war natürlich im Mittelalter noch keine Rede. Man beschränkte sich lediglich darauf, zu prüfen, ob das Schießpulver nicht feucht sei, und eine übliche Probe war, es in einer Schale zu verbrennen, um zu sehen, ob ein Rückstand bleibe. Es ist interessant, daß auf den meisten alten Bildern, wo Kanonen, Petarden und dergl. abgefeuert werden, der Büchsenmeister eine Hand vor die Augen hält, gewöhnlich noch bei abgewendetem Gesicht. Später hat man die Kraft des Pulvers prüfen gelernt. Gewöhnlich nahm man ein kleines Mörserchen, dessen Deckel beim Auffliegen durch einen gezahnten Bogen mit Feder zurückgehalten wurde. Furttenbach, der berühmte Büchsenmeister, hat im Jahre 1627 in seiner in Ulm erschienenen „Halinitro-Pyrobolia“ eine Pulverprobe abgebildet, von welcher sich ein wohlerhaltenes Exemplar im Wiener K. K. Hofmuseum befindet. Der Deckel des Mörsers wird an einem mit Schraube spannbarem Draht geführt und durch die nach aufwärts nachgebenden Klinken am Fallen verhindert.

Hauptsächlich in den Niederlanden ging man bald daran, das Schießpulver zu verbessern, und zwar durch Herstellung eines reinen Salpeters; gerade die Niederlande unterhielten zur Zeit der Kreuzzüge lebhafte Verbindungen mit Byzanz, während die Grafen von Flandern in den Jahren 1204 bis 1261 den Thron des lateinischen Kaisertums innehatten.

Man sieht also: um die Mitte des 14. Jahrhunderts ist das Pulver überall bekannt, sein Gebrauch ein allgemeiner. Ja, auch die Opfer, welche die Herstellung dieses gefährlichen Stoffes fordert, verschweigt uns die Geschichte nicht. Das erste, von dem sie uns berichtet, ist das Rathaus zu Lübeck, welches 1360 durch eine Pulverexplosion ein Raub der Flammen wurde. Hermann Korner erzählt darüber in seiner Histor. Dan. pag. 1102 folgendes: „. . . consistorium urbis Lubecensis incensum est et combustum per neglegentiam illorum, qui pulveres pro bombardis sive petrariis parabant, secundum Chronicam Lubecensem . . .“

Fassen wir nun zum Schlusse nochmals alles zusammen, so sehen wir, wie die Erfindung des Schießpulvers zur Herstellung von Feuerwaffen führte, durch welche zunächst die unheilvolle Macht des Rittertums, insbesondere des Raubrittertums, gebrochen wurde. Der Gewalt der Kanonen vermochten die alten Burgen nicht zu widerstehen, und damit war der Übermut des Rittertums an der Wurzel angegriffen.

Mit den Fortschritten, welche die europäische Rasse in ihrem Kriegswesen gemacht und darin andere Völker so unendlich überholt hat, bewies dieselbe ihre Überlegenheit und brachte sie zur Geltung. Mit der Feuerwaffe hat sie die neuentdeckten Weltteile betreten und mit bewunderungswürdig raschem Erfolge Land und Leute erobert, um sie der Kultur zu gewinnen.

Außerdem tritt in allen Fällen, wo es gilt, die Trägheit und Kohäsion gewaltiger Massen durch eine augenblickliche Wirkung zu besiegen, das Sprengpulver in sein altes Recht, alle Menschen- und Maschinenkräfte überbietend und dennoch lenkbar durch den menschlichen Willen, begrenzbar in seinen Wirkungen nach Plan und Zweck!

Zweiter Abschnitt.

Rohstoffe und Bestandteile.

A. Salpeter.

1. Allgemeines.

In der Natur stoßen wir vielfach auf Ansammlungen von salpetersauren Salzen, die von stickstoffhaltigen organischen Körpern herrühren; zunächst bildet sich infolge von Zersetzung und Fäulnis der in vegetabilischen und animalischen Stoffen enthaltenen Eiweißstoffe Ammoniak, das durch Nitrifikationsorganismen (mikroskopisch kleine Spaltpilze) in Ammoniumnitrit übergeführt wird; letzteres geht unter Oxydation zu Nitrat und Umsetzung mit den im Erdboden vorhandenen Salzen in Kalium- bzw. Calciumnitrat über; handelt es sich um Zersetzungsprodukte von Meerespflanzen, so bildet sich ausschließlich Natronsalpeter. — In einzelnen Gegenden der subtropischen und tropischen Zonen Asiens und Afrikas ist der Boden oft so reich an Kalisalpeter, daß das Brunnenwasser salzig danach schmeckt; die Ausbeutung salpeterhaltiger Erde wurde in Ostindien früher in großem Maßstabe betrieben, es beschäftigte sich eine besondere Kaste (die Sorrahvallahs) damit; der ostindische Salpeter wird jetzt noch, besonders in der Niederung des Gangesflusses in der Gegend von Bihar (Provinz Lucknow) gewonnen, von wo er nach Kalkutta gesandt wird, um raffiniert und dann exportiert zu werden. — Auch in Vorderasien und in Ägypten wird regelmäßig von der Natur Salpeter produziert; die Überschwemmungen durch die Wässer des Euphrat und Tigris bzw. des Nils verwandeln die anstoßenden Länder förmlich in einen Sumpf; nachdem sich das Wasser verlaufen hat, geht in kurzer Zeit ein so intensiver Verwesungsprozeß vor sich, daß das ganze Land gleichsam von Salpeter durchsetzt wird. — Auch in Rußland (an der Wolga und in der Ukraine), in Spanien, in Ungarn und Galizien wurden früher natürliche Salpeterfelder ausgebeutet. — Neuerdings war davon die Rede, daß in der Wüste Sahara abbauwürdige Salpeterlager gefunden worden seien, die sich in der Gegend des Salzsumpfes von Timinum befinden sollen.

Als gegen Ende des 14. Jahrhunderts die allmähliche Einführung des Schießpulvers begann, war der Bedarf fast hundert Jahre lang ein so geringer, daß er durch den mittels des Levantehandels von Ostindien nach Europa gebrachten Kalisalpeter gedeckt werden konnte. Dann aber — besonders seit der Mitte des 16. Jahrhunderts — trat mit zunehmender Bedeutung des Schießpulvers für das Kriegswesen gesteigerter Salpeterbedarf ein, sowie der Wunsch, sich durch Gewinnung im Inlande vom Import unabhängig zu machen. Trifft man auch — von den eingangs erwähnten größeren Salpeterlagern abgesehen — nur selten größere Fundstätten natürlicher Salpetererde, so finden sich doch überall, wo Tiere und Menschen längere Zeit verweilt haben, und wo stickstoffhaltige organische Stoffe bei Anwesenheit lehmiger oder kalkiger Bestandteile in Zersetzung übergehen, Salpeterbildungen, z. B. Salpeterausschlag an den Mauern, Salpetererde in Ställen, Scheunen und Wohnungen. Fast in allen Ländern Europas wurde daher bis zum Beginne des 19. Jahrhunderts die heimische Salpetergewinnung betrieben; in Frankreich, Preußen, Bayern und anderen Staaten bestand eine eigene, staatlich organisierte Salpeterwirtschaft mit eigener Verwaltung und eigenem Regal. Durch die Regalität erhielt die Salpetergewinnung einen besonderen Charakter und man betrachtete sie in vielen Staaten als ein dem Herrscher allein zustehendes Hoheitsrecht, das sich zu einem hervorragenden Merkmale des Despotismus ausbildete. Die Salpetersieder waren staatliche bzw. fürstliche Lohnwerker, welche den Schrecken der „Untertanen" bildeten; letztere waren nicht nur verpflichtet, die sich auf ihrem Grund und Boden, in ihren Häusern usw. natürlich bildenden Salpeterstoffe den Siedern zu überlassen, sondern mußten auch für den Siedereibetrieb noch Brennholz, Asche, Geschirr, nicht selten sogar eine Hütte zur Verfügung stellen; das Salpeterregal ward zu einer der härtesten Volksbedrückungen. Die Zeiten der Aufklärung und des Liberalismus führten daher zur Beseitigung oder wenigstens Einschränkung des Salpeterwesens; vielfach bemühte man sich, eine rationelle künstliche Salpetergewinnung auszubilden; so führte man in Frankreich und Schweden durch Betrieb von Salpeterplantagen eine Verwendung von allerlei Abfällen in großem Maße durch.[1] — Inzwischen hatte sich aber die Ausfuhr von ostindischem Kalisalpeter sehr entwickelt, und seit dem Jahre 1830 begann der sich bald enorm steigernde Export von natürlichem Natronsalpeter aus Chile, den man durch billige Kalisalze „konvertieren", d. h. in Kalisalpeter überzuführen lernte.

In ein neues Stadium ist die ganze Salpeterfrage getreten durch die mit Erfolg gekrönten Bemühungen, den in der Atmosphäre in so enormen Mengen enthaltenen Stickstoff mit dem

---

[1] Eingehendere Angaben bei Dr. Ottomar Thiele, „Salpeterwirtschaft und Salpeterpolitik". Tübingen 1905.

Sauerstoff der Luft zu vereinigen (in elektrischen Öfen) und auf diese Weise Salpetersäure bzw. Nitrate zu erzeugen; im Jahre 1903 schufen die Norweger Birkeland und Eyde die Grundlagen der synthetischen Salpeterindustrie, an deren Ausgestaltung neuerdings besonders auch die Badische Anilin- und Sodafabrik (Schönherr) sich beteiligten. Neben dieser bereits praktisch in großem Maßstabe durchgeführten Industrie scheint die Oxydation von Ammoniak vorläufig noch weniger Bedeutung zu haben; nachdem aber Professor Haber die Synthese des Ammoniaks aus Stickstoff und Wasserstoff gelehrt hat, könnte auch die Nitratbildung über Ammoniak größere Wichtigkeit erlangen. Es würde zu weit führen, auf die Einzelheiten der neuen Salpetersynthesen hier näher einzugehen und es sei daher auf die Schriften von Prof. Jurisch verwiesen („Salpeter nnd sein Ersatz", Leipzig 1908 und „Über Luftsalpeter", Leipzig 1910), woselbst auch sehr ausführliche Literaturangaben zu finden sind; ferner ist zu empfehlen die Arbeit von Dr. H. Grossmann, „Die Stickstofffrage und ihre Bedeutung für die deutsche Volkswirtschaft", Berlin 1911.

2. Natronsalpeter.

Das salpetersaure Natrium (Natronsalpeter, Natriumnitrat, Chilesalpeter) findet sich in größter Menge in der Küstenregion des westlichen Südamerikas; dieses nahezu regenlose und aus diesem Grunde fast jeder Vegetation entbehrende Gebiet zieht sich vom 4. bis 26. Grad südlicher Breite in einer Ausdehnung von 1300 engl. Meilen (= 2350 km) hin.

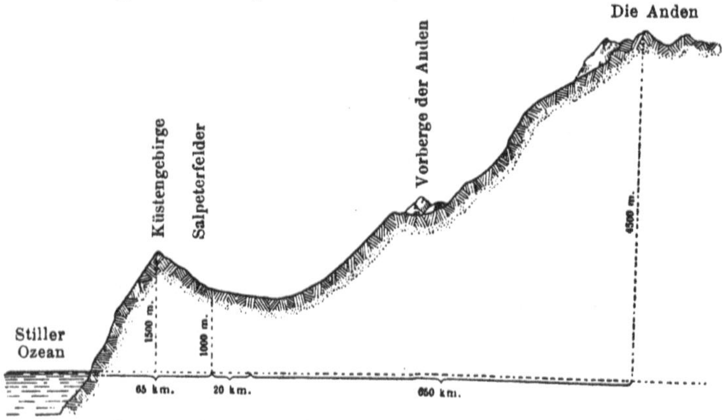

Fig. 1. Aufbau der Küste im nördlichen Teile.

Der Aufbau der Küste im nördlichen Teile, wo sich die Salpeterablagerungen befinden, wird durch die Fig. 1 wiedergegeben; es lassen sich vier deutlich voneinander geschiedene Zonen erkennen, die mit der Küste parallel laufen: die steil bis auf 1500 m ansteigende Küste, darauf folgend eine sich bis in das Hinterland erstreckende Hochebene, die Vorberge der Anden und schließlich die schneebedeckten Anden, welche einen Schutzwall gegen die feuchtwarmen Winde aus dem Gebiet des Amazonas bilden. Vom stillen Ozean her bildet die Feuchtigkeit der Abendbrise nur selten — und dann nur im Winter — leichte Niederschläge, so daß fast täglich über der öden Hochebene sich Nebel oder Wolkenbänke bilden, die aber mit höhersteigender Sonne verschwinden, ohne daß es zu Niederschlägen kommt; hiermit geht Hand in Hand eine starke elektrische Spannung der Luft, durch welche häufig der Telegraphen- und Telephonverkehr unterbrochen wird. — Das Natriumnitrat wird nur in kleinen Mengen in reinem Zustande gefunden, gewöhnlich als eine Mischung dieses Salzes mit Sulfaten und Chloriden sowie mit Erde und Gestein, welches Rohmaterial ohne Rücksicht auf Zusammensetzung und Lagerung als „Caliche" bezeichnet wird. Nachstehende Skizze (Fig. 2) zeigt den Abbau einer typischen Lagerstätte; Chuca ist die obere lose Deckschicht, unter der die Còstra, ein Konglomerat von Gestein mit Kochsalz und geringen Mengen Salpeter, liegt; einen beträchtlich höheren Salpetergehalt zeigt die darunterliegende, sonst ähnlich zusammengesetzte Caliche; das Congelo ist eine Schicht von Sulfaten und Chloriden des Calciums, Magnesiums und Natriums, die sich alle — jedoch in sehr geringen Mengen — in der Coba, einer lockeren Erde, finden. Die Aufsuchung von Calichefundstätten erfolgt in der Weise, daß man in einer Entfernung von je 100 bis 300 m Bohrlöcher niedertreibt; zeigt das eine von zwei solchen Bohrlöchern Caliche, das andere nicht, so wird zwischen beiden ein drittes Bohrloch niedergetrieben, um Lage und Ausdehnung genauer zu bestimmen; man fährt so weiter, bis die Entfernung zwischen den fündigen Bohrlöchern etwa 50 m beträgt, fertigt dann genaue Pläne an und entnimmt von jeder fündigen Stelle Proben, deren Salpetergehalt durch Titrieren mit Ferrosulfat in schwefelsaurer Lösung bestimmt wird; man kann sich dann — nach Abzug von etwa 20 % als unausbleiblichen Verlust — ein genaues Bild von der Größe und Mächtigkeit der Lager machen. — Der eigentliche Abbau vollzieht sich noch immer in der ursprünglichen primitiven Weise; es werden dicht nebeneinander Bohrlöcher niedergetrieben, die sich unten erweitern, um so die Einführung einer größeren Ladung zu ermöglichen. Zum Wegschießen dient ein an Ort und Stelle bereitetes Schwarzpulver; die Ladung beträgt 100 bis 300 engl. Pfund. Die Caliche wird herausgesucht, auf Haufen geschichtet und zur sog. Officina geschickt, wo sie weiter verarbeitet wird; ein Arbeiter kann so täglich 5000 bis

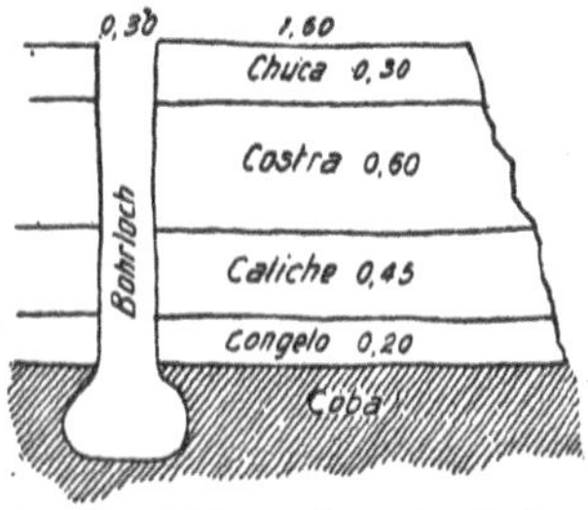

Fig. 2. Abbau einer typischen Lagerstätte.

10000 engl. Pfund fördern. Während man früher nur die reichsten Lager abbaute, ist man bei der allmählichen Erschöpfung derselben nun gezwungen, auch die ärmeren abzubauen; man geht dabei bis zu einem Gehalte von 18 % $NaNO_3$ herunter. Die Caliche wird auf kleinen zweirädrigen Karren von 4500 engl. Pfund Ladefähigkeit mittels drei nebeneinandergespannter Maulesel herabgeschafft. Die Kosten für die Tonne Caliche auf den Werken stellt sich zu etwa $ 1·06; es entfallen hiervon auf das Bohren und Schießen 10 Cents, Sortieren 64 Cents, Schärfen der Bohrer 4 Cents, Transport 24 Cents, Aufsicht 4 Cents. Enthält die Caliche 30 % $NaNO_3$ und beträgt die wirkliche Ausbeute 22 %, so stellen sich die Gewinnungskosten auf $ 4·90 pro Tonne Salpeter.

Die Extraktion des Salpeters und der Caliche erfolgt durch Auslaugen in der Wärme, Trennung vom Unlöslichen und Kristallisation der Laugen, wobei Schwierigkeiten besonders daraus entstehen, daß die Löslichkeit des in der Caliche mit anderen Salzen gemischten Natriumnitrats eine andere ist als die von reinem Natronsalpeter; besonders unangenehm ist hierbei das stets vorhandene Chlornatrium. Während Wasser bei Zimmertemperatur 0·85 Teile Salpeter löst, ist die Löslichkeit bei Gegenwart von Chlornatrium auf 0·53 Tle. herabgedrückt, wobei gleichzeitig 0·26 Tle. Kochsalz in Lösung gehen; bei 120° dagegen beträgt die Löslichkeit der Nitrate 2·20 Tle., während die gleichzeitig gelöste Menge Kochsalz auf 0·15 Tle. heruntergeht. Allgemein nimmt in einer Mischung von Salpeter und anderen Salzen die Löslichkeit des Natriumnitrats mit steigender Temperatur zu, die der anderen Salze ab. Fig. 3 zeigt die Löslichkeit von $NaNO_3$, KNO_3, NaCl und Na_2SO_4, jedes für sich allein, Fig. 4 zeigt die gegenseitige Beeinflussung der Löslichkeit von Natriumnitrat und Chlornatrium.

Bei der Extraktion arbeitet man in der Weise, daß die beladenen Karren in große Behälter mit geneigtem Boden, sog. Rutschen, geschüttet werden und das Gut von dort in die Brecher gelangt, um dann in zerkleinertem Zustande zu den Cachuchos, den Auslaugetanks, geschafft zu werden. Der Inhalt der Tanks wird vermittelst 6 bis 8 Heizschlangen, durch welche Frischdampf von etwa 6 Atmosphären Überdruck strömt, erwärmt; die Lösung wird von einem der Tanks (meist stehen 6 nebeneinander) in den andern gebracht, bis sie genügend konzentriert ist. Extraktion in geschlossenen Kesseln würde eine bedeutende Ersparnis der in der dortigen Gegend sehr teuren Kohlen und des Wassers herbeiführen, findet aber nur schwer Eingang.

Schon in den letzten Lösetanks findet ein Auskristallisieren der Verunreinigungen statt. Bevor die Laugen zur Kristallisation gelangen, müssen sie erst absitzen, um von schlammigen Beimengungen geklärt zu werden; mit dem Absetzen des Schlammes geht gleichzeitig eine

Abkühlung vor sich, die besonders wichtig ist, da hierbei ein Teil der Verunreinigungen mit herausfällt, besonders da, wo man nicht auf völlig gesättigte Lösungen arbeitet. Bei 100° und völliger Sättigung müßten in 1 Liter Wasser 1600 g $NaNO_3$ enthalten sein; ein Gehalt von nur 1314 g $NaNO_3$ entspricht einer Sättigungstemperatur von 85° C; zugleich gehen dabei 166 g NaCl (Sättigung bei 85°) und x g NaCl in Lösung, letztere infolge der um 15° höheren Temperatur

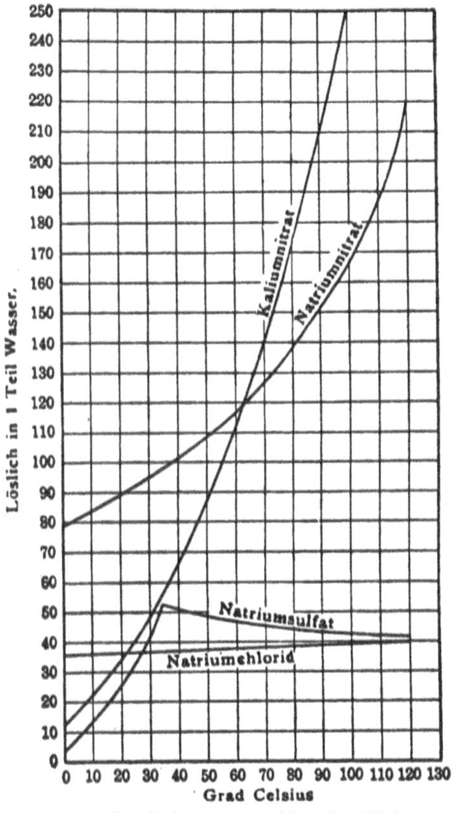

Fig. 3. Löslichkeit von $NaNO_3$, KNO_3, NaCl und Na_2SO_4, jedes für sich allein.

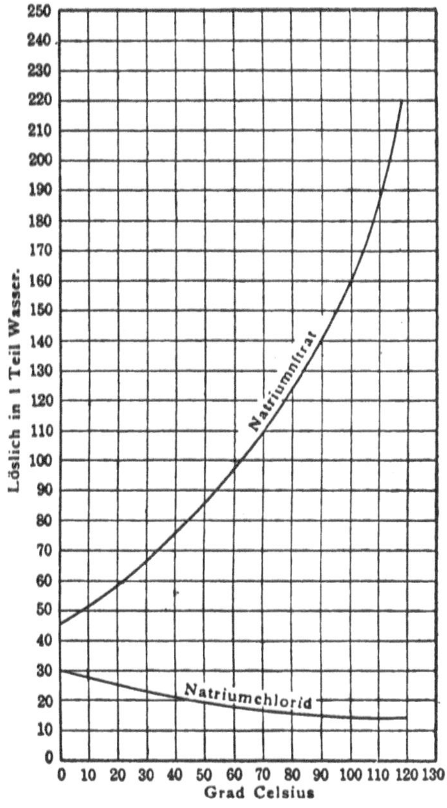

Fig. 4. Gegenseitige Beinflussung der Löslichkeit von Natriumnitrat und Chlornatrium.

und der Nichtsättigung mit $NaNO_3$; beim Abkühlen kristallisieren zunächst diese x g Kochsalz aus: der Schlamm enthält danach dann auch 50% Kochsalz. — Beim weiteren Abkühlen der in die Kristallisiertanks verbrachten klaren Lösungen ist der Vorgang dann ein anderer; in gesättigten Lösungen von $NaNO_3 + NaCl$ nimmt die Löslichkeit des $NaNO_3$ ab, der Salpeter kristallisiert aus, während die Löslichkeit des NaCl zunimmt. Die Lösungen bleiben fünf Tage in den Kristallisiertanks, welche einen etwas geneigten Boden besitzen; alsdann wird das

Kristallmehl an die höchste Stelle des Bodens gebracht, wo es, nachdem die Mutterlauge abgelassen ist, abtropfen kann; der Salpeter wird dann in die Vorratsschuppen gebracht und verfrachtet. Die einzelnen Säcke hatten früher 130 bis 140 kg Gewicht; durch Verfügung der Sanitätsbehörde ist aber das Höchstgewicht auf 100 kg festgesetzt. — Nachstehend zwei Analysen von Handelswaren:

$NaNO_3$	94·164	94·245
KNO_3	1·763	1·249
NaCl	0·933	1·180
$NaJO_3$	0·010	0·017
$KClO_3$	0·282	0·239
$MgSO_4$	0·219	0·303
$MgCl_2$	0·289	0·342
$CaSO_4$	0·102	0·041
Unlösliches	0·138	0·174
Feuchtigkeit	2·100	2·210
	100·000	100·000

Das in den Mutterlaugen vorhandene Natriumjodat wird auf Jod verarbeitet, indem man in der Kälte mit einem Überschuß von Natriumbisulfat versetzt bis zu einer bestimmten Braunfärbung und nun ein Viertel des Volumens frischer Mutterlauge hinzugibt; der Niederschlag wird abgepreßt, getrocknet und sublimiert; das Jod hat einen Reinheitsgrad von 99·6 %.

Wirtschaftliches. Man hat früher angenommen, daß die Salpeterlager von Chile bald erschöpft seien; neuerdings ist man jedoch zu der Ansicht gekommen, daß die früheren Schätzungen zu pessimistisch gewesen sind und daß die Lager jedenfalls noch für einige Generationen genügendes Material enthalten; nach den letzten Schätzungen der chilenischen Regierung soll eine Minimalmenge von 340 Millionen Tonnen in leicht abbauwürdigen Lagerstätten vorhanden sein, was für eine jährliche Produktion von $2^1/_2$ Millionen Tonnen eine Minimaldauer von 136 Jahren gibt. — Die bedeutende Verbrauchssteigerung seit dem Entdecken der Lager ergibt sich aus folgender Tabelle:

Weltkonsum an Chilesalpeter (in Tonnen zu 1000 kg).

		hiervon Verbrauch in Amerika	hiervon Verbrauch in Europa
1831	100		
1840	7 000		
1850	20 000		
1860	50 000		
1870	103 000		
1880	230 000		
1885	445 000	50 000	395 450
1890	893 810	104 000	779 810
1895	1 025 920	110 000	915 220
1900	1 334 000	185 000	1 129 000

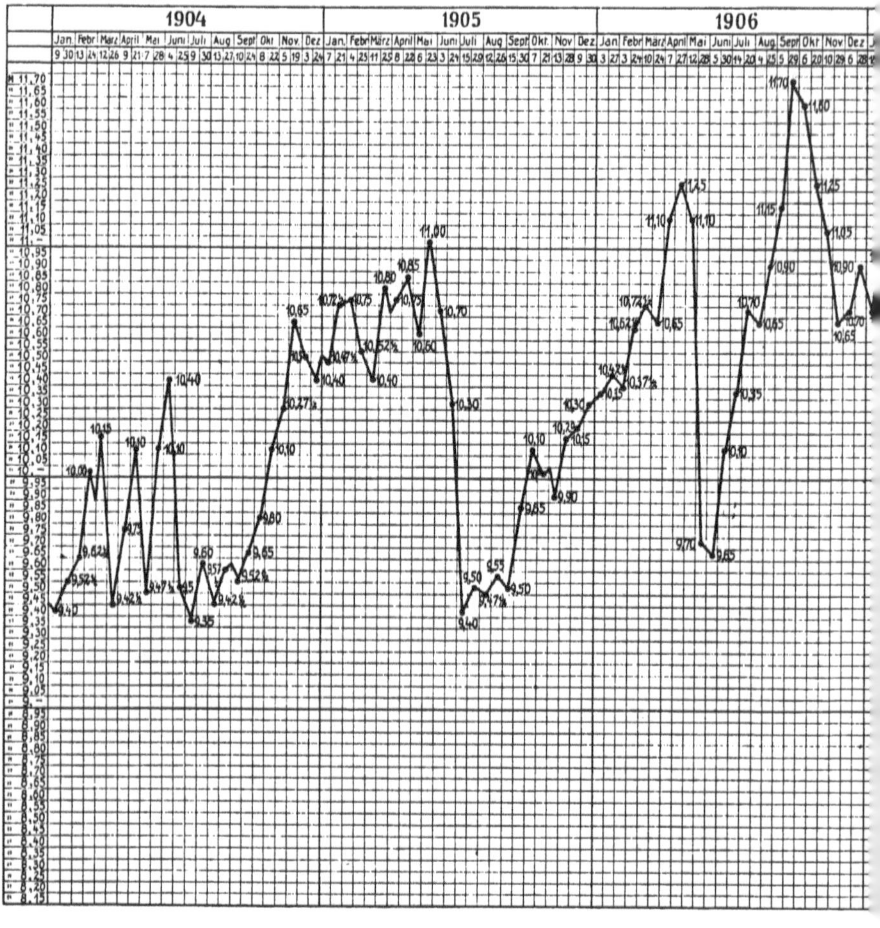

Preise für 50 kg Chiles

Ver

Tafel I.

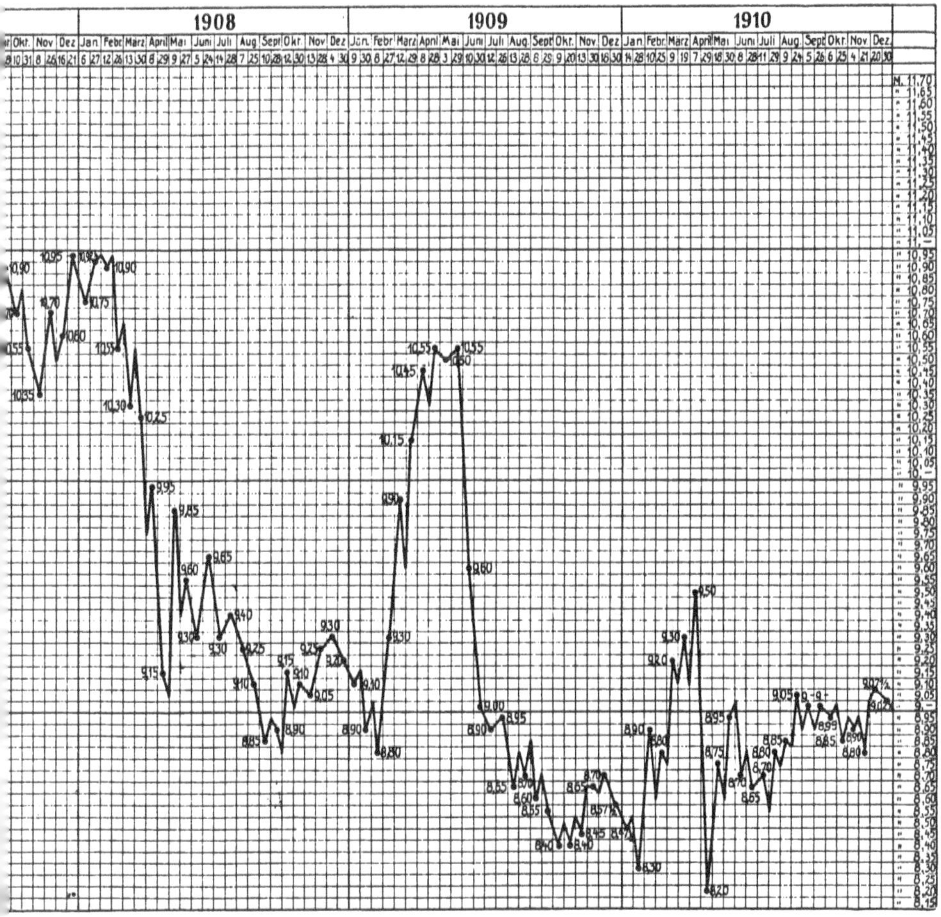

in den Jahren 1904 bis 1910.

in Leipzig.

		hiervon Verbrauch in	
		Amerika	Europa
1905	1 566 000	315 000	1 201 000
1906	1 640 000	355 000	1 247 000
1907	1 672 000	355 000	1 274 000
1908	1 764 000	310 000	1 390 000
1909	1 945 000	410 000	1 476 000
1910	2 274 000	514 000	1 677 000

Der Salpeterverbrauch Deutschlands in den letzten Jahren betrug (in Tonnen): 1904: 606050; 1905: 647870; 1906: 694375; 1907: 686275; 1908: 755663; 1909: 786800; 1910: 896225 Tonnen.

Für den chilenischen Staat ist die Salpeterindustrie von allergrößter Bedeutung; auf einen spanischen Zentner (= 46 kg) Salpeter werden 28 Pence Ausfuhrzoll erhoben, was z. B. im Jahre 1908 einen Gesamtbetrag von 5·2 Millionen Pfd. Sterl. (104 Millionen Mark) ausmachte; tatsächlich werden fast zwei Fünftel (also 40 $^0/_0$) der gesamten chilenischen Staatskosten durch den Salpeterausfuhrzoll gedeckt. Der chilenische Staat hat also an einer weiteren Ausdehnung des Salpeterkonsums bzw. Mehrexport ein großes Interesse, während den Salpeterwerken mehr an guten Preisen gelegen ist. Zur Erhöhung der letzteren hat man schon fünfmal Vereinigungen („combinaciones") gebildet, die aber nur zeitweise eine Preiserhöhung durchsetzen konnten, da bei der Gestaltung des Salpeterpreises noch eine ganze Reihe anderer Momente mitspielen, wie die Arbeiterverhältnisse, die Gestehungskosten des Salpeters in Chile, die Frachtkosten auf den Salpeter-Bahnen, die wirtschaftliche Konjunktur in Chile und den Absatzgebieten, die Lage der Landwirtschaft in Europa und den Vereinigten Staaten, der Stand der Zuckerindustrie und die Spekulation. Insbesondere aber bildeten sich zu Zeiten hoher Preise neue Salpeterunternehmungen, welche die Produktion aufnahmen und dadurch eine Überproduktion herbeiführten, welche zur Auflösung der Kombination führte. Ob die chilenische Regierung einmal genötigt sein wird, zum Schutze ihrer Salpeterindustrie Zwangssyndikate einzuführen (wie Italien für seine Schwefelgewinnung in Sizilien) oder ähnliche Schutzmaßnahmen zu treffen (wie Deutschland für seine Kali-Industrie), läßt sich zurzeit nicht übersehen. — Die letzte Vereinigung hat mit dem 31. März 1908 aufgehört, die Aussichten auf ein erneutes Zustandekommen sind sehr gering, da die kapitalkräftigen und auf solider Basis arbeitenden Werke sich keine Produktionseinschränkung mehr gefallen lassen wollen; zu den führenden Werken gehören die H. B. Sloman & Co., Salpeterwerke A.-G. und die Deutschen Salpeterwerke Foelsch & Martin A.-G.; im ganzen arbeiten in Chile zurzeit 77 aktive Salpeterfirmen mit insgesamt 142 Werken, von denen ein Teil stilliegt und nur etwa 100 Werke produzieren; die Gesamtproduktion derselben betrug im Jahre 1910 etwa 53·6 Millionen spanische Zentner (à 46 kg), wovon 50·8 Millionen exportiert wurden, und zwar:

nach Europa	36 311 832
„ Nordamerika (Ostküste) . . .	11 428 321
„ „ (Westküste) . .	1 001 625
„ verschiedenen Ländern . . .	1 994 337
„ Chile	45 226
	50 781 331

Das chilenische Salpetergebiet wird in zwei Provinzen: Tarapacá und Antofagasta, eingeteilt, von denen die erste die Häfen Iquique, Caleta Buena, Junin und Pisagna aufweist (Gesamtexport 1910: 23·4 Millionen span. Zentner), während in der Provinz Antofagasta sich die Häfen Tocopilla, Mejillones, Antofagasta, Caleta Coloso und Taltal befinden (Gesamtexport 1910: 27·4 Millionen). — Nachstehend geben wir eine Übersicht über die Salpeterpreise in Hamburg seit 1851 (für 50 kg):

1851/55	Mark	23·54	1891/95	Mark	8·58	1904	Mark	9·79
1856/60	„	17·55	1896/1900	„	7·51	1905	„	10·43
1861/65	„	14·06	1901/05	„	9·37	1906	„	10·73
1866/70	„	15·16	1906/09	„	10·21	1907	„	10·81
1871/75	„	13·46	1901	„	8·55	1908	„	9·85
1876/80	„	13·91	1902	„	9·10	1909	„	9·41
1881/85	„	11·20	1903	„	8·96	1910	„	9·25
1886/90	„	9·05						

sowie eine, nach den Berichten der Firma Blumenfeld in Hamburg zusammengestellte graphische Übersicht der Preisgestaltung der letzten Jahre (Fig. 5, Taf. I).

Raffination des Chilesalpeters. Der Chilesalpeter kommt als 95 %iger Salpeter in den Handel; er enthält durchschnittlich 90 bis 95 % Natriumnitrat, außerdem Chlornatrium, Kaliumnitrat, Kaliumperchlorat, Feuchtigkeit, Spuren von Jodiden und Jodaten, sowie unlösliche Beimengungen. — Die Raffination besteht gewöhnlich darin, daß man den Salpeter aus Natronsalpetermutterlauge (zur Sparung des in Chile teuren Wassers benutzt man die Laugen früherer Operationen) und Dampf bis zu einer Konzentration von 50° Bé aufkocht, die erhaltene Lauge heiß filtriert und in die Kristallisationsgefäße laufen läßt; beim Abkühlen scheidet sich Natronsalpeter aus, während die leicht löslichen Salze (Chlornatrium usw.) in der Mutterlauge verbleiben; letztere wird so lange zu neuen Auflösungen verwendet, bis sie mit den leicht löslichen Salzen gesättigt ist. Hierbei tritt aber, wie H. Fölsch & Cie. in ihrem D.R.P. 125206 (vom 1. VI. 1900) ausführen, eine Sättigung der Mutterlauge mit dem in der Kälte sehr schwer löslichen Kaliumperchlorat häufig schon nach der ersten, sicher aber nach der zweiten Operation ein, so daß bei weiterer Benutzung perchlorathaltigen Rohmaterials und der mit Perchlorat gesättigten Mutterlauge der raffinierte Natronsalpeter wohl frei ist von Chlornatrium, dagegen nicht von Kaliumperchlorat; die Gesamtmenge des im Chilesalpeter vorhandenen Perchlorats geht dann in den raffinierten Natronsalpeter über. Fölsch & Cie. entziehen das Perchlorat in folgender Weise:

Zum Umkristallisieren von je 1000 kg Chilesalpeter wird 1 cbm Mutterlauge verwendet; letztere wird aus den Kristallisierpfannen bei 20° C abgelassen. Sobald sich im raffinierten Salpeter Kaliumperchlorat nachweisen läßt, ist die bei 20° abgelaufene Mutterlauge mit Perchlorat gesättigt; ehe nun neue Mengen Rohsalpeter verarbeitet werden, wird die Mutterlauge auf folgende Weise vom Kaliumperchlorat befreit: In dem zu verarbeitenden Chilesalpeter wird das Gewicht des Perchlorats bestimmt; auf gefundene je 10 kg $KClO_4$ wird 1 cbm der bei 20° abgelassenen Mutterlauge auf 0° C abgekühlt. Die dadurch abgeschiedene Salzmenge besteht aus Natronsalpeter und Kaliumperchlorat, und zwar fallen aus 1 cbm 160 kg Salz aus: 150 kg $NaNO_3$ und 10 kg $KClO_4$. Die von diesem Salzgemenge getrennte Mutterlauge wird nun mit der eventuell restierenden vereinigt; in diesem Gemisch wird die gewogene Menge Chilesalpeter heiß aufgelöst und umkristallisiert. Die Lauge wird wieder bei 20° C abgelassen, der zu verarbeitende Salpeter untersucht und so fort, bis die Mutterlauge, mit Chlornatrium gesättigt, zum Eindampfen reif ist und durch neue Mutterlauge ersetzt werden muß. Die durch die Abkühlung erhaltene Salzmenge wird mit wenig kaltem Wasser gewaschen (160 kg mit etwa 200 Liter); während das Natriumnitrat vollständig in Lösung geht, löst sich nur wenig Kaliumperchlorat; der größere Teil des Perchlorats, etwa $^2/_3$, bleibt in Form eines feinen Mehles zurück, welches, mehrmals mit kaltem Wasser gewaschen, ein technisch reines Produkt ergibt. Die durch das Auflösen des Salzgemenges erhaltene Lauge wird gesammelt; sie ist gesättigt mit Natriumnitrat und Kaliumperchlorat, enthält dagegen nur geringe Mengen Chlornatrium und tritt an Stelle nicht mehr verwendbarer, mit Chlornatrium gesättigter Lauge, nachdem — dem Perchlorat des Rohsalpeters entsprechend — die nötigen Kubikmeter davon auf 0° C abgekühlt worden sind. Beispiel: 10000 kg Chilesalpeter mit 0·75% Kaliumperchlorat sind zu raffinieren; von den dazu nötigen 10 cbm Mutterlauge werden 7·5 cbm auf 0° C abgekühlt und dann nach Trennung von dem abgeschiedenen Salz mit den restierenden 2·5 cbm vereinigt und hierauf die 10000 kg Rohsalpeter damit umkristallisiert. Aus dem Salzgemenge, das durch die Abkühlung erhalten wird, erhält man etwa 1·5 cbm frischer Lauge und etwa 50 kg Kaliumperchlorat.

In anderer Weise raffiniert Dr. Ernst Eger in Hamburg (D.R.P. 165310 vom 19. V. 1904); danach erhält man einen von Kalisalpeter und Kaliumperchlorat freien Natronsalpeter, wenn man den Chilesalpeter in folgender Weise behandelt:

Man stellt durch Analyse den Gehalt an Kaliumnitrat plus Kaliumperchlorat fest; er betrage *a* Prozent. Der Chilesalpeter wird fein gemahlen und in einen eisernen Behälter gebracht, wie sie als Kristallisationsgefäße üblich sind. Das Mahlgut wird mit wenig kaltem Wasser (von 10 bis 15° C) angerührt und unter fortwährendem Umrühren wird allmählich so viel kaltes Wasser zugesetzt, daß auf je 100 kg des angewandten Chilesalpeters (100 — 3 *a*) kg Wasser kommen. Anfangs sinkt die Temperatur auf unter 0° und steigt dann allmählich wieder. Durch diese Art des allmählichen Einwirkens von kaltem Wasser auf den fein gemahlenen Chilesalpeter wird bewirkt, daß eine gesättigte Natronsalpeterlauge bei einer niedrigen Temperatur erreicht wird, so daß weder Kalisalpeter noch Kaliumperchlorat mit in Lösung gehen. Die Zuführung des kalten Wassers muß allmählich geschehen, damit die erhaltene Natronsalpeterlauge bei jedem ferneren Wasserzusatz nur wenig verdünnt wird und auf diese Weise jedesmal noch etwas Natronsalpeter, aber keinen Kalisalpeter und Kaliumperchlorat aufnimmt. Versuche haben ergeben, daß man die günstigsten Ergebnisse durch einen Zusatz von (100 — 3*a*) kg Wasser erzielt; durch einen geringeren Zusatz von Wasser würde nicht genügend Natronsalpeter gelöst, was unvorteilhaft ist, dagegen durch einen höheren Zusatz von Wasser bereits Spuren von Kaliumnitrat und Kaliumperchlorat in Lösung gebracht. — Die Lauge wird abgehebert, filtriert und verdunstet.

Der raffinierte Salpeter kommt in den Handel mit der Angabe: „Enthaltend minimal 96% Natron, maximal 1% Salz"; er soll 96 bis 98% Natronsalpeter enthalten.

3. Chemische Untersuchung des Natronsalpeters.

Qualitativ. Auf Kaliumchlorat prüft man am leichtesten auf mikrochemischem Wege (nach Breukeleeven) durch Zusatz von wenig Rubidiumchlorid zu einigen Tropfen einer konzentrierten filtrierten Lösung, die sich auf einem Objektträger befinden; man färbt die Flüssigkeit mit Kaliumpermanganat weinrot und verdunstet, bis einzelne Kriställchen entstehen, worauf man unter dem Mikroskop beobachtet, ob neben den farblosen Salpeterkriställchen auch rotviolette Kristalle von Rubidiumperchlorat auftreten. — Kali als Perchlorat und Nitrat kann durch Platinchlorid nachgewiesen werden. — Zum Nachweis von Jod (als Jodid und Jodat) reduziert man in einem Reagenzglas 5 g des in 15 ccm Wasser gelösten und mit wenig verdünnter Schwefelsäure versetzten Nitrates mit einem Stückchen metallischen Zinks; man erhitzt alsdann zum Sieden und schüttelt nach dem Erkalten mit einigen Tropfen Schwefelkohlenstoff aus; aus der Stärke der Violettfärbung kann man auf den Jodgehalt schließen.

Die Prüfung des Natronsalpeters erfolgt gewöhnlich sofort quantitativ. Da ungeheure Quantitäten aus Chile in großen Schiffsladungen (hauptsächlich nach London, Liverpool und Hamburg) kommen, ist es üblich, daß die Analyse eines an Ort und Stelle in Chile gezogenen Musters durch Analytiker in Europa geprüft und auf Grund dieser Prüfung die schwimmende Schiffsladung gekauft wird. Bei der Analyse am wichtigsten ist die quantitative Bestimmung der Salpetersäure, sowie des Kaliumchlorats; ferner sind zu berücksichtigen: der Feuchtigkeitsgehalt, die Beimengungen von Kochsalz, von Sulfaten (schwefelsaure Salze von Natrium, Calcium und Magnesium), von Kalisalpeter, sowie der etwa vorhandene unlösliche Rückstand. Im einzelnen sei folgendes bemerkt:

a) Feuchtigkeit. Man wägt ungefähr 10 g Chilesalpeter auf einem Uhrglase ab, trocknet bei 120 bis 130° im Luftbad bis zum konstanten Gewicht, läßt im Exsikkator über Schwefelsäure erkalten und wägt. Oder man wägt von einer gut durchgemischten, fein zerriebenen größeren Probe etwa 0·8 g in einen Platintiegel und erwärmt vorsichtig mit einer ganz kleinen Flamme, bis der Salpeter eben schmilzt; man läßt im Exsikkator erkalten und wägt, wiederholt dann das Erhitzen, um sich von der Gewichtskonstanz zu überzeugen.

b) In Wasser Unlösliches. Man wägt 20 g des feuchten Chilesalpeters ab (Wage muß 0·05 g noch scharf anzeigen), löst in Wasser und filtriert durch ein Filter, welches durch ein genau gleich schweres zweites Filter tariert wurde; der gut ausgewaschene Rückstand wird gleichzeitig mit dem Tarafilter getrocknet und gewogen. In dem auf 250 ccm aufgefüllten Filtrat bestimmt man

c) Chlornatrium, indem man 50 ccm Filtrat mit $^n/_{10}$ Silbernitratlösung — Indikator: Kaliumchromat — titriert;

$$1 \text{ ccm } ^n/_{10} \text{ AgNO}_3 = 0{\cdot}146\,\% \text{ NaCl}.$$

d) Natriumsulfat, indem man weitere 50 ccm des Filtrats mit Salzsäure ansäuert und in der Siedehitze mit Chlorbariumlösung fällt;

$$0{\cdot}01 \text{ g BaSO}_4 = 0{\cdot}15\,\% \text{ Na}_2\text{SO}_4.$$

e) Kaliumnitrat. Man löst 1 g Chilesalpeter in wenig Wasser, filtriert und dampft mehrere Male mit konz. Salzsäure ein, um alle Salpetersäure zu entfernen; dann gibt man verdünnte Platinchloridlösung (1 : 10) hinzu und dampft bis zur Sirupdicke ein, worauf man mit Alkohol aufnimmt, durch ein getrocknetes und tariertes Filter filtriert, mit Alkohol wäscht (bis die ablaufenden Tropfen farblos erscheinen) und nach dem Trocknen wägt ($0{\cdot}1$ g $K_2PtCl_6 = 4{\cdot}16\,\%$ KNO_3).

f) Kaliumperchlorat.[1] Der Gehalt des Salpeters an Perchlorat

---

[1] Sjollema sowie Maercker haben nachgewiesen, daß der rohe Chilesalpeter große Schwankungen im Perchloratgehalt aufweist und zu-

wird gewöhnlich nicht direkt ermittelt, sondern aus der Differenz zwischen dem im ursprünglichen Salpeter gefundenen Chlorgehalt der Chloride[1] und dem Gesamtchlorgehalt des Salpeters nach erfolgter Umwandlung des Perchlorats in Chlorid durch längeres Erhitzen auf seine Zersetzungstemperatur. Die Zersetzung des Perchlorats in Salpeter wird in der mannigfaltigsten Weise vorgenommen in Metall- oder Porzellangefäßen entweder ohne jeden Zusatz oder mit Zusatz von Substanzen, welche durch katalytische Wirkung die Zersetzung des Perchlorats beschleunigen oder auch den Zweck haben, einen etwaigen Verlust (Entweichen) von Chlor bzw. Chloriden zu verhindern. Als derartige Zusätze sind u. a. in Vorschlag gebracht worden: Blei, Eisen, Mangansuperoxyd, Kalk, Natriumbikarbonat usw. — Nach Lenze wird im deutschen Militär-Versuchsamt in folgender Weise gearbeitet: 10 bis 50 g des gut getrockneten und gemischten Salpeters werden in einem mit Uhrglas bedeckten Porzellantiegel, welcher von einer durchlochten Asbestscheibe getragen und von einem Asbestmantel umgeben wird, eine halbe Stunde bis auf nahezu 600° erhitzt; man reguliert die Flamme so, daß diese Temperatur erst nach einer Viertelstunde erreicht wird und sich in der folgenden Viertelstunde konstant auf 580 bis 600° hält. Da ein Überschreiten der Temperatur leicht zu Chlorverlusten führen kann, und andererseits beim Heruntergehen unter 580° die Zeitdauer des Erhitzens verlängert werden müßte, so ist beides möglichst zu vermeiden. Man läßt, um ein Zerspringen des Tiegels zu verhindern, die Salpeterschmelze nicht völlig erkalten, sondern löst sie noch warm mit heißem Wasser aus dem Tiegel heraus, filtriert erforderlichenfalls und bestimmt den Chlorgehalt entweder gewichts- oder maßanalytisch. — Um zu prüfen, bei welcher Flammengröße und Entfernung des Brenners von dem Tiegelboden die verlangte Temperatur erreicht wird, führt man einen Vorversuch aus, bei welchem man sich zum Messen der Temperatur des Le Chatelierschen Pyrometers bedient. In Ermangelung eines solchen läßt sich die Temperaturregulierung auch in der Weise erreichen, daß man einen kleinen Tiegel mit reinem Perchlorat auf einen passend geschnittenen Scheibchen von Asbest in die Mitte des Versuchstiegels bringt und prüft, bei welcher Flammenhöhe das Perchlorat unter ruhiger gleichmäßiger Gasentwicklung sich zersetzt.[2]

---

weilen 6‰ und mehr von dieser Verunreinigung enthält; Maercker berichtet, daß das Perchlorat im Chilesalpeter anscheinend nesterweise vorkomme, derart, daß von einer Schiffsladung oft nur einige Säcke einen besonders hohen Perchloratgehalt aufweisen.

[1] Enthält der Salpeter Chlorate, so wird der Chlorgehalt derselben zusammen mit dem der Chloride bestimmt, nachdem erstere mittels schwefliger Säure zu Chloriden reduziert worden sind.

[2] Berliner Kongreßbericht 1903. Bd. II, S. 396. Literatur ebenda S 414/15. Verschiedene Methoden zur Bestimmung des Perchlorats in Salpeter sind angegeben in Lunge-Berl, Chemisch-technische Untersuchungsmethoden, Bd. I, S. 393—396.

Vielfach wird auch der Chilesalpeter in der Weise analysiert, daß man den Gehalt an Feuchtigkeit, Chlornatrium, Natriumsulfat und Wasserunlöslichem bestimmt, dieses zusammen als Refraktion bezeichnet und annimmt, daß der Rest wirkliches Natriumnitrat sei; dieses Verfahren ist durchaus ungenau und zu verwerfen. Wichtig und angebracht ist dagegen eine Bestimmung des Stickstoffs bzw. der gebundenen Salpetersäure im Chilesalpeter. Die hierfür vorgeschlagenen Methoden sind sehr zahlreich, wir erwähnen hier nur folgende:

α) und β) Reduktion zu Stickoxyd (nach Crum-Lunge mit Schwefelsäure und Quecksilber oder nach Schlösing mit Eisenchlorür und Salzsäure) und Auffangen und Messen des Stickoxyds im Nitrometer von Lunge bzw. dem Apparat Tiemann-Schulze oder einem ähnlichen.

γ) und δ) Überführung in Ammoniak (nach Ulsch: Reduktion durch Ferr. hydrog. red. und verdünnter Schwefelsäure unter Abdestillieren des Ammoniaks aus der mit Natronlauge alkalisch gemachten Flüssigkeit oder nach Devarda: Reduktion in alkalischer Lösung durch die Devardasche Legierung [45 Al, 50 Cu, 5 Zn]).

ε) Fällungsmethode mit Nitron.

Im einzelnen seien über die verschiedenen Methoden folgende Angaben gemacht:

α) Nitrometrische Methode von Lunge. — Das von W. Crum zuerst angegebene Prinzip der Methode besteht darin, daß salpetersaure Salze, bei Gegenwart von sehr viel überschüssiger Schwefelsäure in innige Berührung mit Quecksilber gebracht, ihren Stickstoff quantitativ als Stickoxyd abgeben, dessen Volumen gemessen wird; ohne auf die Zwischenphasen der Reaktion einzugehen, läßt sich der Vorgang durch die Formel ausdrücken:

$$2\,NaNO_3 + 4\,H_2SO_4 + 6\,Hg = 2\,NO + 3\,Hg_2SO_3 + 4\,H_2O + Na_2SO_4.$$

Zur Analyse nimmt man so viel Salpeter, daß bei der herrschenden Temperatur und Barometerstand das entwickelte Stickoxyd keinesfalls unter 100 ccm oder über 120 ccm beträgt; es genügen etwa 0·35 g; um eine richtige Durchschnittsprobe zu haben, trocknet man ca. 20 g Salpeter bei 110°, zerreibt äußerst fein, entnimmt die genaue Durchschnittsprobe und trocknet diese abermals bis zum konstanten Gewicht. Das Nitrometer besteht aus einem 50 ccm enthaltenden, oben mit Dreiweghahn abgeschlossenen, unten verjüngten Gasmeßrohr, das in $^1/_{10}$ ccm eingeteilt und durch einen dickwandigen Gasschlauch mit einem sog. Niveaurohr verbunden ist; da die gewöhnlichen Gasmeßrohre höchstens 40 ccm Gas zu messen gestatten, so ist in dem sog. Nitrometer für Salpeter oben unter dem Hahn eine fast 100 ccm fassende Kugel angebracht; die Teilung beginnt unter derselben bei 100 ccm und setzt sich bis 150 ccm fort. Über dem Hahn erhebt sich ein Becher und ein seitliches Ausgangsröhrchen, mit dem einen oder anderen (je nach Stellung des Dreiweghahns) steht das Gasmeßrohr in Verbindung. Die Analyse wird (nach Lunge und Berl) folgendermaßen ausgeführt: Man bringt das sehr gut gemischte, fein zerriebene Muster in ein enges Wiegeröhrchen, welches bis zu einer Marke ca. 0·35 g enthält, verkorkt das Röhrchen und wägt zurück; dann schüttet man den Inhalt in ein inzwischen vorbereitetes „Nitrometer für Salpeter“, indem man die Substanz möglichst auf den Boden des Glasbechers bringt. Man läßt nun ca. $^1/_2$ ccm warmes Wasser einlaufen, wartet kurze Zeit, bis der Salpeter fast oder ganz zergangen ist, saugt die Lösung mit den Kristallen durch vorsichtiges Öffnen des Glashahns bei gesenktem Niveaurohr in das Innere des Meßrohrs, spült mit $^1/_2$ bis höchstens 1 ccm warmem Wasser nach und läßt nun ca. 15 ccm konzentrierte reine Schwefelsäure nachlaufen. (Wenn man zu viel Wasser anwendet, d. h. mehr als im ganzen höchstens $1^1/_2$ ccm, so verdünnt sich die Schwefelsäure zu sehr und es entsteht dann ein das genaue Ablesen verhindernder, längere Zeit bleibender Schaum, indem sich viel basisches Quecksilbersulfat ausscheidet.) Die Reaktion wird durch kräftiges Schütteln der sauren Lösung mit dem Quecksilber beendigt. Man stellt dann das Niveaurohr schon vorläufig richtig ein, um starke Druckdifferenzen und damit Gefahr eines Undichtwerdens des Hahnes zu vermeiden, und wartet mindestens $^1/_2$ Stunde zur Abkühlung. Jetzt stellt man definitiv ein, indem man für je $6^1/_2$ Teilstriche der Säureschicht im Meßrohr einen Teilstrich des Quecksilbers im Niveaurohr zugibt. Man liest das Gasvolumen ab, überzeugt sich aber dann, ob es wirklich unter Atmosphärendruck steht, indem man einige Tropfen Schwefelsäure in den Becher gießt und diese durch vorsichtiges Öffnen des Hahnes einfließen läßt. War etwas Unterdruck vorhanden (was vorzuziehen ist), so wird die Säure in das Meßrohr fließen; natürlich schließt man den Hahn, ehe Luft eindringen kann und hebt ein wenig das Niveaurohr. Im umgekehrten Falle merkt man, daß das Gas die Säure heben will, schließt sofort und stellt das Niveaurohr ein wenig tiefer, ehe man den Versuch von neuem anstellt. Nun erst liest man das Gasvolumen ab, ebenso Stand von Barometer und Thermometer (Gefäß des letzteren etwa in der Mitte der Gassäule dicht neben dem Gasmeßrohr). Wenn man das ermittelte Gasvolumen nach den Tabellen auf 0° und 760 mm Druck reduziert, so erhält man x ccm NO; jedes Kubikzentimeter NO entspricht 0·0037964 g $NaNO_3$. Das Ganze, multipliziert mit 100 und dividiert durch das angewandte Gewicht a, gibt den Prozentgehalt, der also $\frac{0\cdot37964\,x}{a}$ ist. Die folgende Tabelle gibt die 1 bis 9 ccm Stickoxyd entsprechenden Werte Natronsalpeter in Grammen:

1 ccm	NO	. . 0·0037964 g	$NaNO_3$
2 „	„	. . 0·0075928 „	„
3 „	„	. . 0·0113892 „	„
4 „	„	. . 0·0151856 „	„

5 ccm NO	. .	0·0189820 g $NaNO_3$
6 „ „	. .	0·0227784 „ „
7 „ „	. .	0·0265748 „ „
8 „ „	. .	0·0303712 „ „
9 „ „	. .	0·0341676 „ „

Bei obigem Verfahren kann man leicht Übereinstimmung der Resultate auf 0·2 % erreichen; mit noch größerer Genauigkeit — bei einiger Übung sicher bis 0·1 % — arbeitet man bei Anwendung eines besonderen Zersetzungsgefäßes unter Überführung des Gases in das Gasmeßrohr; hier ist die Arbeit viel reinlicher, da die Reaktion nicht in dem Gasmeßrohr, sondern in einem besonderen, nicht graduierten Reaktions- oder Schüttelgefäß vor sich geht.

Zweckmäßig verwendet man dann auch statt des gewöhnlichen — aus Gasmeßrohr und Niveaurohr bestehenden — Nitrometers ein sog. Gasvolumeter, welches außer den beiden vorgenannten Röhren noch ein drittes, das sog. Reduktionsrohr enthält; letzteres macht Thermometer- und Barometer-Ablesung für jede Analyse überflüssig; es wird einmal am Tage die Temperatur t und der Druck B abgelesen und dann das Reduktionsrohr für den betreffenden Tag eingestellt, indem man nach der Formel $V_1 = \frac{V_0 (273 + t) \cdot 760}{273\, B}$ berechnet, welchen Raum 100 ccm (trockenes Gas) von 0° und 760 mm Druck bei der heutigen Temperatur t und dem heutigen Druck B einnehmen; nun stellt man, während der Hahn des Reduktionsrohres offen steht, das Niveaurohr auf die wie oben berechnete Größe (stets über 100) ein; jetzt schließt man den Hahn und das Instrument ist gebrauchsfertig. Das Niveaurohr steht dann entsprechend hoch und wirkt in gleicher Weise auf das zu messende Gas im Gasmeßrohr; wenn nun ferner das Niveau des Quecksilbers im Gasmeßrohr ebenso hoch steht wie im Reduktionsrohr, so wird das Gas (NO) im Gasmeßrohr den Raum einnehmen, welcher einer Temperatur von 0° und dem Drucke 760 mm entspricht und man hat durch eine einfache mechanische Manipulation die sonst für jede Analyse nötige Umrechnung überflüssig gemacht.

Nachstehende Abbildung (Fig. 6) zeigt ein Gasvolumeter mit Reaktionsgefäß E, letzteres etwa 200 ccm fassend, mit Hahn und Becher (wie beim Nitrometer); F ist das dazugehörige Niveaurohr; A ist das Gasmeßrohr, B das Reduktionsrohr, C das zu A und B gehörende Niveaurohr.

Die Analyse wird (nach Lunge und Berl) folgendermaßen ausgeführt: Vor Beginn der Operation hebt man F so weit, daß das Quecksilber an das Ende des Ansatzröhrchens a tritt und verschließt dies durch eine angeschliffene oder Kautschukkappe b, um beim späteren Schütteln das Quecksilber darin zurückzuhalten; dann führt man die Substanz durch den Becher c ein, beendigt die Reaktion durch Schütteln und läßt bis zur Ausgleichung der Temperatur stehen. Hierauf bringt man E und A in gleiche Höhe, wie es die Figur zeigt; in A hat man inzwischen ebenfalls das Quecksilber so hoch gedrängt, daß es bis zum Ende eines auf das Ansatzröhrchen aufgestülpten Kautschukröhrchens *d* gekommen ist. In dieses Röhrchen führt man nach Abnahme des Käppchens *b* das Röhrchen *a* so weit ein, daß Glas mit Glas zusammenstößt; nun hebt man *F* und senkt *C* (wie in der Figur) und öffnet erst den einen, dann den zweiten Hahn, den letzteren aber vorsichtig. Zuerst tritt natürlich das Gas aus *E* nach *A* über, dann folgt die Säure; in dem Augenblick, wo die Säure das Verbindungsröhrchen *e* erfüllt hat, schließt man den Hahn und stellt nun die Niveaus in *A* und *B* gleich hoch und *B* zugleich auf den Teilstrich 100. — Dieses Verfahren gewährt nicht nur den Vorteil, daß man im Gasvolumeter nur auf Quecksilberdruck zu achten hat, sondern beschränkt auch die unvermeidliche Verunreinigung auf das Reaktionsgefäß *e*, welches leicht für sich zu reinigen ist. — Es ist darauf zu achten, daß die Lichtweiten der Ansatzröhrchen *a* und *d* an den Enden nicht erweitert, sondern eher ein wenig verengert seien, damit nicht beim Verbinden der Röhren Luftbläschen zurückbleiben; der Hahn von *a* braucht nur einfache Bohrung zu haben. — Bei der Anwendung eines besonderen Reaktionsgefäßes ist man der Unannehmlichkeit von Schaum, Schlamm, Kompensation für Säureschicht und dgl. überhoben; das Gasmeßrohr bleibt immer rein und man kann mit einem und demselben Gasvolumeter in derselben Zeit die doppelte, dreifache oder noch mehrfache Zahl von Bestimmungen wie mit dem gewöhnlichen Nitrometer ausführen, wenn man nur entsprechend viele „Reaktionsgefäße" besitzt, deren Inhalt man nach dem Schütteln zur späteren Messung im Gasvolumeter erkalten läßt, während man sofort eine neue „Zersetzung" in einem neuen Reaktionsgefäß vornimmt.

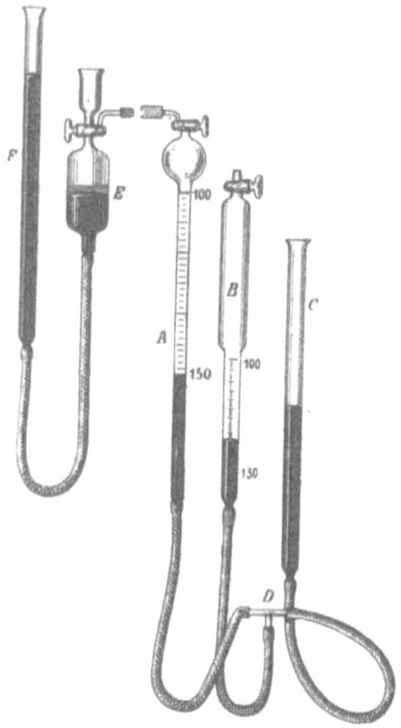

Fig. 6. Gasvolumeter.

Berl hat neuerdings einen Apparat angegeben, worin es möglich ist, die nitrometrische Quecksilbermethode mit kleinen Quantitäten (1 bis 2 ccm) Quecksilber durchzuführen; er arbeitet mit einem sog. „Zersetzungskolben" (einem starkwandigen Rundkolben von 250 bis 350 ccm Inhalt) und läßt die Einwirkung von Schwefelsäure und Quecksilber im Vakuum vor sich gehen; die Arbeitsweise ist in der „Zeitschrift für Schieß- und Sprengstoffe" 1910, S. 61 beschrieben.

β) Methode Schlösing, Modifikation Tiemann-Schulze. — Der Apparat (Fig. 7) besteht aus einem ca. 150 ccm fassenden starkwandigen Glaskolben *A*, in den man 0·15 bis 0·17 g Nitrat, gelöst in 50 bis 100 ccm Wasser, bringt; der Kolben ist durch einen gut sitzenden, doppelt durchbohrten Gummistopfen verschlossen; durch die Bohrungen gehen die Glasröhrchen *c* und *d*, ersteres ist zu einer nicht zu engen Spitze ausgezogen und ragt etwa 2 cm in den Kolben hinein, *d* schneidet genau mit der unteren Fläche des Stopfens ab. Durch einen kurzen Kautschuckschlauch ist *c* mit dem Verlängerungsrohr *a*, und *d* mit *e* verbunden, letzteres ist an seinem freien Ende nach oben umgebogen und durch ein Stückchen Gummischlauch vor dem Zerbrechen geschützt; die Kautschukschläuche sind durch die Quetschhähne *b* und *f* ver-

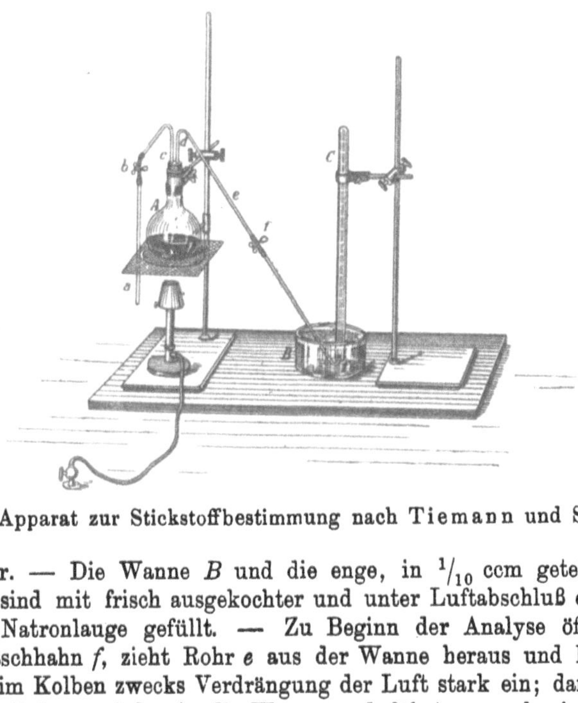

Fig. 7. Apparat zur Stickstoffbestimmung nach Tiemann und Schulze.

schließbar. — Die Wanne *B* und die enge, in $^1/_{10}$ ccm geteilte Meßröhre *C* sind mit frisch ausgekochter und unter Luftabschluß erkalteter 10proz. Natronlauge gefüllt. — Zu Beginn der Analyse öffnet man den Quetschhahn *f*, zieht Rohr *e* aus der Wanne heraus und kocht die Lösung im Kolben zwecks Verdrängung der Luft stark ein; dann bringt man das Rohr *e* wieder in die Wanne und führt es nach einiger Zeit unter die gefüllte Meßröhre; innerhalb einiger Minuten dürfen sich in der Röhre wahrnehmbare Mengen eines Gases nicht bilden. Man schließt nun *f* und vertreibt durch Wasserdampf die im Rohre *a* befindliche Luft. Man dampft nun bis auf ca. 10 ccm ein, taucht das Rohrende von *a* in destilliertes Wasser, entfernt die Flamme und schließt gleichzeitig *b*, worauf das Rohr *a* sich vollständig mit Wasser füllt. Man schiebt nun das gefüllte Eudiometerrohr *C* über *e* und taucht *a* in eine Schale, die ca. 30 ccm konz. Eisenchlorürlösung (erhalten durch Lösen von 29 g Eisennägel in 100 ccm Salzsäure, spez. Gew. 1·124) enthält; infolge des durch die Abkühlung in A entstandenen Vakuums werden bei vorsichtigem Öffnen von b leicht 20 ccm der Eisenchlorürlösung eingesogen werden können; man spült das Rohr a aus, indem man zweimal je 10 ccm Salzsäure (spez. Gew. 1·1) einsaugt und schließlich mit 3 bis 4 ccm ausgekochtem Wasser auswäscht. Bei der ganzen Operation ist das Eintreten von Luft in den Apparat natürlich auf das sorgfältigste zu vermeiden. Man erwärmt nun den Kolben gelinde, bis die Schlauchverbindungen anfangen sich zu blähen; dann entfernt man den Quetschhahn f und verschließt gleichzeitig die Schlauchverbindung mit den Fingern, um feststellen zu können, wann der Druck im Kolben stark genug ist, um das gebildete NO in die Meßröhre hinüberzudrücken. Allmählich steigert man die Temperatur, bis das Gasvolumen in der Meßröhre nicht mehr zunimmt. Um noch in der Zersetzungsflüssigkeit befindliches Stickoxyd nach C überzuführen, schließt man f, entfernt die Flamme und läßt durch Abkühlen eine Druckminderung im Kolben eintreten, was man durch Aufblasen auf den Kolben beschleunigen kann. Man erwärmt dann von neuem, verfährt wie oben und destilliert, bis die letzten Gasreste übergetrieben sind; man unterbricht den Versuch, sobald ein lebhaftes, knitterndes Geräusch eintritt (von schließlich übergehender Salzsäure). Man entfernt sodann Rohr e aus der Wanne und bringt mit Hilfe eines untergehaltenen, mit Lauge gefüllten Schälchens die Meßröhre C in einen hohen Zylinder, der so viel Wasser von Zimmertemperatur enthält, daß die Röhre darin untertauchen kann. Nach 15 bis 20 Minuten bestimmt man die Temperatur des Wassers, zieht die Meßröhre — wobei man sie, um Erwärmung durch die Hand und dadurch bedingte Ausdehnung des Gases zu vermeiden, an der Spitze anfaßt — so weit aus dem Wasser, daß dieses innerhalb und außerhalb der Röhre gleich hoch steht, liest das Volumen ab und notiert den Barometerstand. Die Reduktion des notierten Volumens auf 0° und 760 mm geschieht nach der Formel:

$$V_1 = \frac{V(B-f)}{760\,(1+\alpha t)} \text{ oder } = \frac{V(B-f)\,273}{760\,(273+t)},$$

wo V_1 das reduzierte, V das beobachtete Gasvolumen, B den herrschenden Barometerstand, f die Tension des Wasserdampfes bei t (der herrschenden Temperatur) und α den Ausdehnungskoeffizienten für Gase $= 0{\cdot}00367$ bezeichnet. Multipliziert man den gefundenen Wert mit 2·413, so erhält man hieraus die vorhandene Menge N_2O_5 in Milligrammen. ($2NO = N_2O_5$, $(59{\cdot}94 : 107{\cdot}82)_2$). Beim Versuch selbst ist eine Schutzbrille zu tragen, da Zertrümmerung des Siedekolbens nicht ausgeschlossen erscheint.

γ) Reduktion in saurer Lösung zu Ammoniak (nach Ulsch). — 20 g Salpeter werden in 1 Liter Wasser gelöst und 25 ccm der Lösung (0·5 g Substanz) zusammen mit 5 g reinem Eisen (Ferrum hydrogenio reductum puriss.) und 10 ccm verdünnter Schwefelsäure ($d = 1{\cdot}35$) in einen Destillierkolben gebracht, wobei die Reaktion sofort einsetzt. Später wird vorsichtig erwärmt und die Temperatur allmählich zum Sieden gesteigert, bis die Reaktion, die etwa $^1/_2$ Stunde anhält, beendigt ist; Verluste durch aufspritzende Flüssigkeit sind sorgfältig zu vermeiden. Nach beendigter Reaktion werden die Wandungen des Gefäßes abgespült und der Flüssigkeit etwa 150 ccm Wasser und 25 ccm Natronlauge ($d = 1 \cdot 3$) zugesetzt, worauf das hierbei entstandene Ammoniak in eine Vorlage, in welcher sich eine bestimmte überschüssige Menge Säure befindet, destilliert wird; durch Resttitration wird dann der Säureüberschuß bestimmt. Das chemisch reine Eisen ist vor Gebrauch auf etwaigen Stickstoffgehalt zu untersuchen.

δ) Reduktion in alkalischer Lösung zu Ammoniak (nach Deranda). — Die sog. Devardasche Legierung (zu beziehen von der Aluminium-Industrie-A.-G. in Neuhausen) besteht aus 45 Tln. Aluminium, 50 Tln. Kupfer und 5 Tln. Zink; sie ist spröde und kann leicht pulverisiert werden. — Zur Ausführung der Bestimmung werden 10 g Salpeter in 1 Liter Wasser gelöst und 50 ccm dieser Lösung (0·5 g Salpeter) in einem 600 bis 800 ccm fassenden Erlenmeyerkolben mit 60 ccm Wasser, 5 ccm Alkohol und 50 ccm Kalilauge (spez. Gew. 1·3) versetzt; hierauf fügt man 2 bis $2^1/_2$ g der gepulverten Devardaschen Legierung zu und verbindet den Kolben sofort mit dem Destillierapparat. Man leitet nun die sonst nur langsam eintretende Reaktion durch gelindes Erwärmen ein und überläßt das Ganze sich selbst; nach einer halben Stunde ist die Reaktion beendet, was man an der Abnahme der Wasserstoffentwicklung erkennt. Man erwärmt neuerdings, beginnt anfänglich langsam mit dem Destillieren, kocht dann lebhaft, so daß die Destillation in $^1/_4$ Stunde beendet ist, wobei ca. die Hälfte der im Reduktionskolben vorhandenen Flüssigkeit in die Vorlage überdestilliert wird. Das in $^1/_2$ N.-Schwefelsäure aufgefangene Ammoniak wird durch Zurücktitrieren der überschüssigen Schwefelsäure bestimmt.

ε) Fällungsmethode mit Nitron. — Mit Nitron bezeichnet Busch das von ihm aufgefundene Diphenyl-endanilo-dihydrotriazol (als Base wie als Sulfat von E. Merck in Darmstadt in den Handel gebracht), das (nach Busch) wie folgt zur Bestimmung von Nitraten verwendet wird: Man löst ca. 0·08 bis 0·12 g Natriumnitrat in 80 ccm Wasser in einem mit einem Uhrglase bedeckten Becherglase auf und erhitzt die Lösung nach Zugabe von 12 bis 15 Tropfen verdünnter Schwefelsäure bis zum beginnenden Sieden; dann entfernt man die Flamme und fügt zu der heißen Lösung 12 bis 15 ccm einer 10proz. Lösung von Nitron in 5proz. Essigsäure hinzu. Das Reaktionsgemisch wird mit einem kurzen Glasstabe umgerührt und dann sich selbst $^1/_2$ bis $^3/_4$ Stunden überlassen; in der anfangs noch klaren, durch das Nitronacetat etwas gelblich gefärbten Flüssigkeit beginnt direkt oder nach kurzer Zeit — meist bei einer Temperatur von 50 bis 60° — die Abscheidung des in prächtigen, seidenartigen, dünnen Nadeln kristallisierenden Nitronnitrates, welches bald die ganze Flüssigkeit durchsetzt und sich nach und nach am Boden des Becherglases ablagert. Nachdem das Reaktionsgemisch Zimmertemperatur angenommen hat, stellt man das Becherglas in Eiswasser ein, filtriert nach 1 bis $1^1/_2$ Stunden den Niederschlag bei schwach arbeitender Saugpumpe durch Dekantation mit der Mutterlauge auf einen bei 105 bis 110° bis zur Gewichtskonstanz getrockneten Neubauer-Tiegel auf und saugt ihn erst dann fest und gründlich ab, wenn das Becherglas auch nicht mehr die geringsten Spuren des Niederschlags enthält. — Dann schreitet man zum Auswaschen des Niederschlags; hierzu benutzt man 10 bis 12 ccm Wasser von 0° und bringt dann jedesmal ungefähr 1 ccm bei schwach arbeitender Saugpumpe mit dem ganzen Niederschlag in Berührung. Die letzten Spuren des Waschwassers werden durch scharfes Absaugen soweit als möglich entfernt und dann wird der Neubauer-Tiegel samt Inhalt bei 105 bis 110° abermals bis zur Gewichtskonstanz getrocknet, die gewöhnlich nach 45 Minuten eingetreten ist. — Die Berechnung erfolgt nach der Formel $C_{20}H_{16}N_4 \cdot HNO_3$ (Mol.-Gew. 375·186) für das gefällte Nitronnitrat; der Prozentgehalt an $NaNO_3 = \frac{22 \cdot 658 \times G}{a}$, worin G die gefundene Menge des Nitronnitrats, a die abgewogene Menge Salpeter (beide in Grammen) bedeutet. — Der durch sehr geringe Löslichkeit des Nitronnitrats bedingte Fehler soll 0·1 bis 0·25 % nicht übersteigen.

R. Bensemann gibt (Ztschr. angew. Chemie 1905/06) folgendes Verfahren für die Analyse von Chilesalpeter, welches die Bestimmungen von NaCl, Na_2SO_4, $KClO_4$, N_2O_5 und $KClO_3$ umfaßt.

I. Man löst 80 g Salpeter in Wasser zu 1000 ccm. (Lösung I.)

a) Man verdünnt 50 ccm Lösung I mit Wasser, säuert mit Salpetersäure und setzt Silbernitrat hinzu; das erhaltene AgCl, mit 10·192 multipliziert, gibt die Prozente NaCl.

b) Ebenso verdünnt man 50 ccm Lösung I, säuert mit Salzsäure an und setzt siedend heißes Bariumchlorid hinzu; das erhaltene $BaSO_4$, mit 15·236 multipliziert, gibt die Prozente Na_2SO_4.

II. Man dampft in Porzellan auf dem Dampfbade 100 ccm Lösung I nach Zusatz von 16 g kristallisierter Oxalsäure zur Trockne ein, befeuchtet dann mit Wasser und trocknet von neuem; dies wiederholt man fünfmal. Dann erhitzt man die trockene Masse in Platin (event. auch Nickel oder Eisen) zuerst schwach, dann stärker bis zur Rotglut, etwa 15 Minuten lang, bis sich die Masse nicht mehr aufbläht oder sonst irgend eine Veränderung nicht mehr zeigt; die geglühte Masse löst man in Wasser zu 250 ccm. (Lösung II.)

c) Man verdünnt 125 ccm Lösung II mit Wasser, säuert mit Salpetersäure an und setzt Silbernitrat hinzu; das erhaltene AgCl, mit 24·146 multipliziert, gibt die Prozente $KClO_4$.

d) Man titriert 100 ccm Lösung II mit Säure (1000 ccm = 80 g SO_3 oder 108 g N_2O_5 oder 73 g HCl). Die verbrauchte Säure, abzüglich 0·2735 ccm für jedes Prozent NaCl (I. a) und 0·1305 ccm für jedes Prozent $KClO_3$ (III. a), mit 3·375 multipliziert, gibt die Prozente N_2O_5.

III. Man mischt (nach Gilbert) 20 g des Salpeters mit Pyrolusit und etwas Natriumkarbonatlösung, trocknet das Gemisch, schmilzt und glüht es; die geglühte Masse löst man in Wasser zu 1000 ccm. (Lösung III.)

e) Man säuert 200 ccm Lösung III mit Salpetersäure an und setzt Silbernitrat hinzu; das erhaltene AgCl, abzüglich des bei I. a und II. c enthaltenen, mit 21·359 multipliziert, gibt die Prozente $KClO_2$.

In den meisten Fällen werden diese fünf Bestimmungen für die Beurteilung des Salpeters genügen; handelt es sich darum, den Gehalt an KNO_3 und an $NaNO_3$ noch besonders zu kennen, so wird noch die Bestimmung von K_2O und Na_2O hinzuzufügen sein.

4. Eigenschaften des Natronsalpeters.

Natriumnitrat kristallisiert in stumpfen, würfelähnlichen Rhomboedern vom Winkel 106° 30′ (Fig. 8), wird deshalb auch kubischer Salpeter genannt; er ist isomorph mit Kalkspat, dessen Rhomboeder in seiner Lösung weiter wachsen. Das kristallisierte Salz hat das spez. Gew. 2·26 bei 0°, es schmilzt bei 310·5 bis 313°, wobei das spez. Gew. bis auf 1·878 sinkt. Natriumnitrat ist hygroskopisch, d. h. es zeigt Neigung, an der Luft feucht zu werden und zerfließt, sobald der Partialdruck des Wasserdampfes 12·3 bis 13·5 mm Quecksilber erreicht. In Wasser ist das Salz sehr leicht und unter starker Erniedrigung der Temperatur löslich, bei gewöhnlicher Temperatur in etwas mehr als dem gleichen Volumen. Nach Ditte lösen 100 Teile Wasser bei

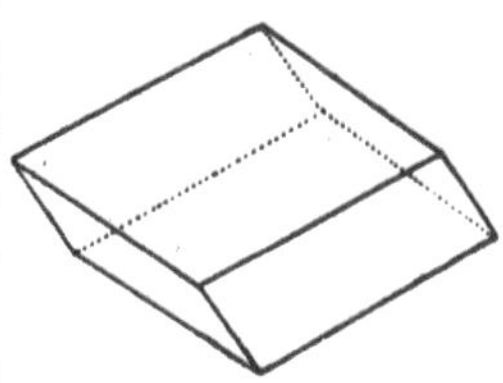

Fig. 8. Natronsalpeter.

0°	2°	4°	8°	10°	13°	
66·69	70·97	71·04	75·65	76·31	79·00	Tle. Natronnitrat,
15°	18°	21°	26°	29°	36°	
80·60	83·62	85·73	90·33	92·93	99·39	Tle. Natronnitrat,
		51°	68°			
		113·63	125·07	Tle. Natronnitrat.		

Nach Schiff ist das spezifische Gewicht der Lösungen bei 20·2° und einem Gehalt von

5%	10%	15%	20%	25%
1·033	1·068	1·103	1·142	1·182
30%	35%	40%	45%	50%
1·224	1·268	1·315	1·366	1·418

Beim Auflösen von Natronsalpeter in Wasser erfolgt ziemlich starke Kälteerzeugung. — In gesättigten Lösungen anderer Salze ist salpetersaures Natrium häufig noch löslich, jedoch vermindern Kochsalz und Natronsalpeter gegenseitig ihre Löslichkeit.

5. Kalisalpeter.

Das salpetersaure Kalium (Kalisalpeter, Kaliumnitrat, ostindischer Salpeter) bildet sich in der Natur da, wo reaktionsfähige Kaliverbindungen (die ihrerseits durch Verwitterung von Kalifeldspat entstehen) mit organischen, stickstoffhaltigen Verbindungen unter günstigen Verhältnissen zusammentreffen. Auf der Insel Ceylon z. B. liegt salpeterhaltige Erde in Felshöhlen, welche vielleicht einst als Wohnungen für Tiere und Menschen gedient haben und die noch jetzt von zahllosen Fledermäusen bewohnt werden, deren Exkremente den zur Salpeterbildung nötigen Stickstoff liefern. Die wichtigsten Fundstellen des Kalisalpeters liegen in der Provinz Behar, Ostindien; die Ausfuhr aus Kalkutta belief sich vor 50 oder 60 Jahren auf über 30000 Tonnen im Jahr, in der Zeit von 1894 bis 1898 wurden durchschnittlich 20400 Tonnen, seit 1902 noch 18400 Tonnen im Jahre exportiert.

Nachstehende Angaben über die indische Salpeterindustrie sind einer Abhandlung von Dr. Leather und Muckerji entnommen. In der Gegend früherer wie auch noch bestehender Dörfer wird Salpetererde von einer sehr armen Kaste („Nuniah“ genannt) zusammengescharrt, um daraus einen rohen Salpeter zu extrahieren; letzterer wird dann von dem Läuterer gekauft, der daraus reineren Salpeter für Export herstellt. Die Erden, aus welchen der rohe Salpeter gewonnen wird, enthalten gewöhnlich 3 bis 5% Nitrat, daneben Chlorid und Sulfat; von Hooper sind jedoch Analysen angegeben, in denen der Nitratgehalt der Erden von 1 bis 29% Nitrat schwankt. Zur Extraktion errichtet der Nuniah irdene Kammern (sog. „Kurias“ oder „Kothis“) aus feuchtem Lehm, welcher trocknen gelassen wird. Auf den Boden dieser Kammern wird, auf zwei losen Steinen ruhend, ein „falscher Boden“ aus Bambusrohr und Matten gelegt, auf welch letztere dann die Salpetererde kommt. Das sorgfältige Einbringen und Zurechtmachen der Erde ist von großer Bedeutung; zunächst wird eine Portion in etwas feuchtem Zustande auf der Matte ausgebreitet und vom Nuniah festgetreten; über die erste Portion wird mehr Erde gebracht, worauf sorgfältiges Festtreten erfolgt; das Verfahren wird so lange fortgesetzt, bis eine Lage von etwa 6 oder 8 Zoll eingeführt ist. Nun wird auf die mit einem kleinen Stück Matte bedeckte Erde Wasser gesprengt, bis dasselbe ungefähr ein Zoll über der Oberfläche der Erde steht. Das Wasser sickert durch die Erde herab und erreicht zum Schluß, nach Verlauf mehrerer Stunden, die untere Matte, von welcher es auf den Boden der „Kuria" und aus dem Loch an der Seite herausfließt. Das zuerst hindurchlaufende Wasser nimmt den größten Teil des Nitrats und Chlorids auf; nur das Eindampfen dieser konzentrierten Lösungen macht sich für den Nuniah bezahlt; er kann die Feuerung nicht erschwingen, die zur Eindampfung der schwächeren gebraucht werden würde. Die stärkeren Auszüge werden in eisernen oder irdenen Pfannen eingedampft, bis beim Abkühlen Kristallabscheidung eintritt, oder man läßt in flachen, gemauerten Mulden in der Sonne konzentrieren. Die Zusammensetzung des rohen Salpeters wechselt sehr, wie folgende Analysen zeigen:

Bestandteile	Furnkhabad		Okara		Moraffer-pore	Burhan-pura
	I.	II.	I.	II.		
	%	%	%	%	%	%
Kaliumnitrat . . .	66·07	44·92	53·00	26·86	49·36	68·40
Calciumnitrat . .	—	—	2·60	—	3·28	2·60
Magnesiumnitrat .	2·54	4·80	—	12·24	7·44	2·12
Natriumchlorid . .	21·84	35·38	34·22	34·80	16·82	17·98
Natriumsulfat . .	3·65	10·00	3·88	11·20	14·60	3·40
Unlösliches . . .	0·90	1·20	1·10	1·40	1·50	1·70
Wasser	5·00	3·70	5·20	13·50	7·00	3·80
	100·00	100·00	100·00	100·00	100·00	100·00

Der rohe Salpeter wird an den Läuterer verkauft und von letzterem in folgender Weise gereinigt: Man schüttet den Salpeter in eine kochendheiße Mutterlauge von einer vorhergehenden Operation; eine solche Flüssigkeit ist gesättigt mit Kochsalz und Natriumsulfat, sie kann jedoch noch große Mengen Kaliumnitrat und kleinere Mengen Kaliumchlorid aufnehmen; letzteres Salz tritt zwar in den vorstehend angegebenen Analysen von rohem Salpeter nicht auf, ist aber häufig in diesem enthalten. Wird nun der rohe Salpeter der heißen Mutterlauge hinzugefügt, so werden das Kaliumnitrat und andere etwa vorhandenen Nitrate und eine kleine Menge Kaliumchlorid gelöst, während das Natriumchlorid und -sulfat, sowie der Schmutz ungelöst bleiben. Das Feuer wird entfernt und die unlöslichen Substanzen sinken schnell zu Boden. Die heiße, klare Flüssigkeit wird in hölzerne Kufen gegossen, wo man sie abkühlen läßt; hierbei kristallisiert ein großer Teil Kaliumnitrat aus. Die in der Pfanne bleibenden unlöslichen Substanzen („sitta") werden besonders behandelt. Nachdem die Lösung in den Kufen kalt geworden ist, wird das kristallisierte Kaliumnitrat — „gereinigter Salpeter" — herausgenommen, von der Lösung durch Filtrieren befreit, oft vorsichtig mit Wasser gewaschen und ist fertig für den Verkauf. Die Mutterlauge wird dann wieder zur Auflösung des Nitrats aus einer zweiten Portion rohen Salpeters verwandt.

Dr. Leather und Muckerji[1] haben in der Landwirtschaftlichen Versuchsanstalt zu Pusa folgendes neues Reinigungsverfahren ausgearbeitet: der Rohsalpeter wird in den Digestor *D* mit einer geeigneten Menge Mutterlauge bis nahe zum Siedepunkt derselben erwärmt (unter Umrühren durch Rührwerk *P*), wodurch das gesamte Kaliumnitrat in Lösung geht, die andern Salze aber fast ganz ungelöst bleiben. Die heiße Lösung wird durch Öffnen des Hahnes *T* in das Druckfilter *F* laufen gelassen, ein doppelwandiges Gefäß, wie aus dem Querschnitt ersichtlich. Das innere Gefäß ist das eigentliche Filter mit einer Filterwand aus Drahtgaze, der äußere Kessel enthält Wasser, das bei *A* erhitzt wird. Es ist wesentlich, daß das Filtriergefäß warm gehalten wird, da bei der Filtration keine Abkühlung eintreten soll. Nach Eintritt der heißen Masse aus *D*

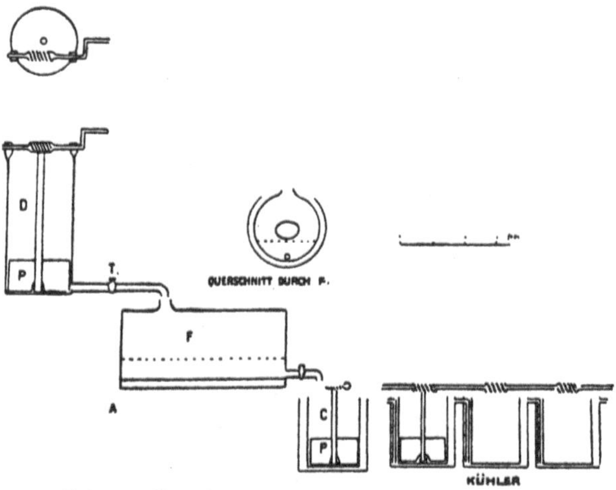

Fig. 9. Salpeter-Reinigungsapparat. Schnitt durch ein Filter. Reihe von Kühlapparaten.

wird die Verbindung mit *F* geschlossen, in letzteres Luft hineingepumpt und so der Druck in *F* vergrößert, wodurch die Lösung von den ungelösten Stoffen weggedrängt wird; die letzteren werden natürlich einen Teil der heißen Lösung und somit auch etwas Nitrat zurückhalten. Die aus *F* ablaufende Lösung gelangt in das Kühlgefäß *C*, das in einem äußeren Gefäß steht, durch welches kaltes Wasser fließt; durch den Rührer *P* wird die Flüssigkeit schnell abgekühlt, der gereinigte Salpeter fällt dabei als kleinkristallinische Masse aus, die nach dem Zentrifugieren nahezu trocken ist. Zur weiteren Reinigung wird der Salpeter in einer Zentrifuge mit 10% seines Gewichts Wasser übersprengt, wodurch die Hauptmenge der Chloride entfernt wird und die Reinheit des Produktes auf 93 bis 94% steigt. Folgende Daten einer kleinen Musterraffinerie werden angegeben: a) 7·75 Man[2] Roh-

[1] Ztschr. Schieß-Sprengstoffe 1912. Nr. 6 u. 7. [2] 1 Man = 37320 kg.

salpeter von 30 % KNO_3 lieferten 2·6 Man gereinigten Salpeter von 90 %; b) 17·4 Man Rohsalpeter von 45 % KNO_3 ergaben 6·5 Man 90 %igen Salpeter; c) 5·5 Man Rohsalpeter von 53 % KNO_3 ergaben 2·3 Man 90 %igen Salpeter; d) 6·8 Man Rohsalpeter von 46 % KNO_3 lieferten 2·4 Man 93 %igen Salpeter.

Das Raffinieren des ostindischen Kalisalpeters wird in Europa nach verschiedenen Verfahren (Spandauer, französisches, englisches Verfahren) vorgenommen; man macht dabei hauptsächlich von der Tatsache Gebrauch, daß KNO_3 in heißem Wasser weit löslicher ist als in kaltem, während NaCl sich in heißem wie kaltem Wasser in ungefähr gleichen Mengen löst.

Nach dem Spandauer Verfahren trägt man in 1400 Liter kochendes Wasser allmählich 2500 kg rohen Salpeter ein und befördert die Lösung durch Umrühren. Alsdann setzt man etwa 8·3 g Leim (in heißem Wasser gelöst) hinzu, der sich mit den organischen Substanzen zu einer geronnenen Masse verbindet, welche als Schaum an die Oberfläche steigt und abgeschöpft wird. Die auf 45° Bé konzentrierte Lauge wird in eine kupferne Kristallisierpfanne abgezogen, wobei sie noch durch doppelte Leinwand koliert wird. Um die Ausscheidung großer Kristalle, welche stets noch Mutterlauge in sich einschließen, zu verhindern, wird die Lauge mit hölzernen Haken fortwährend umgerührt, wodurch man die Bildung von ganz kleinen Kristallen erzielt. Das sich ausscheidende Kristallmehl wird mit Löffeln in Weidenkörbe, die über der Kristallpfanne stehen, zum Abtropfen geschöpft und gelangt von da in einen kupfernen Waschkasten, in welchen ein hölzerner, durchlöcherter Boden eingelegt ist. Der in dem Waschkasten gleichmäßig verteilte Salpeter wird durch wiederholtes Aufgießen von Wasser mittels einer Brause gewaschen, um dann auf Horden und schließlich in — durch warme Luft erhitzten — Trockenpfannen von dem anhaftenden Wasser völlig befreit zu werden. In den Pfannen wird der Salpeter mit hölzernen Haken beständig umgewendet, wobei der Arbeiter dafür Sorge trägt, daß der zu Stücken sich zusammenballende Salpeter mit hölzernen Hämmern zerschlagen wird. Fängt der Salpeter an zu stäuben, so gilt er für trocken und wird nun in 50 kg-Fässer verpackt. — Nähere Angaben über das englische Raffinierverfahren finden sich in Guttmanns Industrie der Explosivstoffe S. 31.

Französisches Raffinationsverfahren für KNO_3. Auf den französischen Staatspulverfabriken wird der Kalisalpeter nach folgender Vorschrift der Administration des poudres et salpêtres raffiniert. In einem konischen, sich nach oben erweiternden Kupferkessel, der in eine Feuerung eingebaut ist, werden am Abend vor dem Hauptarbeitstage 1200 kg Rohsalpeter und 600 kg Wasser eingesetzt und das Anheizen schwach begonnen. Am Morgen, nach erfolgter Lösung, wird das Feuer verstärkt und dann weitere 1800 kg Rohsalpeter eingesetzt, so daß pro Charge insgesamt 3000 kg Rohsalpeter behandelt werden. Der sich beim Lösen an der Oberfläche bildende Schaum wird laufend entfernt. Inzwischen hat sich der Salpeter aufgelöst und das Kochsalz in der Hauptsache am Boden angesammelt. Dieses wird herausgeschafft und dann wiederholt mit kleinen Mengen kalten Wassers gedeckt, um die Salzausscheidung zu beschleunigen. Sind auch diese neuen Ausscheidungen aus dem Kessel entfernt, so erfolgt das Klären der Lösung durch einen Leimzusatz; letzterer besteht aus 1 kg vlämischem Leim, der in heißem Wasser aufgelöst wird. Während diese Leimlösung zugesetzt wird, rührt man die Charge kräftig um und schöpft den entstehenden Schaum restlos ab. Zur Beendigung der Klärung erfolgen dann noch einige Decken mit kaltem Wasser, und zwar wird die Wassermenge so groß genommen, daß zum Schlusse einschließlich der schon früher eingebrachten Wassermengen 1000 kg Wasser in dem Kessel enthalten sind. Sobald das Schäumen aufhört und die Lösung ganz klar erscheint, wird das Feuer soweit gedämpft, daß die Lösung bis zum folgenden Morgen eine Temperatur von 88 ^{0} C beibehält. Beim Beginn des dritten Tages wird die Lösung langsam — um die am Boden abgesetzte Salzschicht nicht aufzurühren — in die Kristallisiergefässe abgelassen, in denen sie durch ein hölzernes, maschinell betriebenes Rührwerk oder durch Rühren mittels Holzstücken von Hand bis zum Erkalten in dauernder Bewegung gehalten wird. Das entfallende Salpetermehl wird in Körbe geschöpft und in die 2·50 m Länge, 0·65 m Tiefe besitzenden konischen Waschkästen gefüllt, welche oben 1 m, unten 0·50 m breit sind. Nahe über dem Boden besitzen sie eine Anzahl Wasserabflußöffnungen, die mittels Stöpseln verschlossen werden können. Die Waschkästen werden bis obenhin mit Salpetermehl angefüllt und dieses dann durch Brausen mit gesättigter Salpeterlösung beschüttet. Nach Verlauf von zwei Stunden zieht man die ebenerwähnten Stöpsel heraus, um die Waschflüssigkeit abfließen zu lassen. Nach Verlauf einer weiteren Stunde wiederholt man die Behandlung mit Salpeterlösung nochmals und setzt dann die Waschungen gewöhnlich mit reinem Wasser fort. Nur wenn es sich um die Erzielung eines sehr hohen Reinheitsgrades handelt, benutzt man zu den ersten 15 Waschungen Salpeterlösung und läßt hierauf 21 Waschungen mit reinem Wasser folgen. Aus den bei den ersten Waschungen ablaufenden, stark kochsalzhaltigen Laugen wird, nebenbei erwähnt, Pökelsalz dargestellt. Die später entfallenden schwächeren Laugen werden nicht weiter aufgearbeitet. Nach beendeter Waschung läßt man den Salpeter völlig abtropfen und bringt ihn dann, nachdem er 5 bis 6 Tage in den Waschkästen war, in die Darrvorrichtungen. Diese besitzen kupferne, mit Dampf beheizte Trockenplatten; ein Anbrennen des Salpeters an ihnen wird durch fortwährendes Umrühren verhindert. Nach beendeter Trocknung gibt man den nunmehr fertig raffinierten Salpeter durch feine Messingsiebe und verpackt ihn in Fässern oder Säcken. Eine Erleichterung des Transportes kann man dadurch erzielen, daß man den Salpeter bei schwacher Hitze einschmilzt und in Form von Broten erstarren läßt. Diese Brotform bietet den Vorteil, daß der in den Broten enthaltene

Salpeter völlig wasserfrei ist und nur wenig Feuchtigkeit beim Lagern aus der Luft anzieht; auch beanspruchen die Brote weniger Raum in den Packgefäßen, wie loses Salpetermehl. Der nach vorstehendem Verfahren, das je nach Herkunft des Rohsalpeters verändert, bez. vereinfacht werden kann, gewonnene raffinierte Salpeter darf nur noch einen Kochsalzgehalt von $^1/_{3000}$ besitzen. Die Ausbeute bei ihm beträgt rund 600 kg raffinierten Salpeter auf 1000 kg Rohsalpeter.

Konversionssalpeter.

Der natürliche Kalisalpeter wird heute in großem Maßstabe zur Pulverfabrikation fast nur noch in England benutzt, während die Pulverfabriken der anderen Länder durchweg Konversionssalpeter, also durch Umsetzung von Natronsalpeter gewonnenen Kalisalpeter benutzen.

Wohl die erste der hierbei in Betracht kommenden Konversionsmethoden stammt von Longchamp aus dem Jahre 1818 und beruht auf der Umsetzung von salpetersaurem Natron (Chilesalpeter) mit aus dem Kelp gewonnenen Chlorkalium; dies Verfahren fand aber keine weite Verbreitung, und es war dem in den Jahren 1853 bis 1854 zwischen Rußland, England und Frankreich tobenden Krimkriege zuzuschreiben, daß neuere Konversionsmethoden zur Einführung gelangten. Im Jahre 1853 führte Nöllner in einer Blutlaugensalzfabrik bei Hamburg zum ersten Male die fabrikmäßige Darstellung von Kalisalpeter durch Konversion des Natronsalpeters mit Ätzkali ein. Die erste Fabrik, welche die Umsetzung des Natronsalpeters mit Pottasche (kohlensaurem Kalium) durchführte, wurde dann gleichfalls in jenen Jahren zu Stettin begründet und lieferte während des eben erwähnten Krieges bedeutende Mengen Kalisalpeter zur Pulverfabrikation an die russische Regierung. Da sich in der Folgezeit auch andere Fabrikanten auf die Herstellung des Konversionssalpeters warfen, stieg der Preis der kalihaltigen Rohstoffe und man zog nunmehr auch die aus etwa 30 % kohlensaurem Kalium, 18 % Chlorkalium und 10 % schwefelsaurem Kalium bestehende Schlempekohle zur Konversion heran; diese erschwerte allerdings durch ihre zahlreichen Verunreinigungen das Verfahren, lieferte auf der anderen Seite aber Soda als Nebenprodukt. In der Zwischenzeit hatten sich nun aber völlig unabhängig voneinander zwei Vorgänge angebahnt, welche einer neuen, heute dominierenden Konversionsmethode den Weg bahnten. Auf der einen Seite wurde nämlich der Abbau der Natronsalpeterlager in Chile und Peru immer rationeller betrieben und vor allem eine gründliche Raffination des Salpeters bereits an Ort und Stelle durchgeführt, so daß das in Europa gelandete Produkt fast chemisch rein ist. Auf der anderen Seite ermöglichte die Entdeckung der überaus reich anstehenden Kaliumsalze des Staßfurter Beckens, für Konversionszwecke Chlorkalium von jedem beliebigen Reinheitsgrade außerordentlich vorteilhaft darzustellen. In der Gegend von Staßfurt beutete man ergiebige Solquellen schon zu Beginn des verflossenen Jahrhunderts aus; durch Bohrungen wollte man nun das

Steinsalzlager selbst feststellen, und zwar zuerst im Jahre 1839 auf preußischem Gebiete bei Staßfurt, dann im Jahre 1858 auf anhaltischem Gebiete bei Leopoldshall. Bei diesen Bohrungen fuhr man bei einer Teufe von 225 m die Abraumsalze und bei einer Teufe von 324 m das Steinsalzlager selbst an. Im Anfange hatte man für die in der Hauptsache aus Tachhydrit ($CaCl_2 + 2MgCl_2 + 12H_2O$), Sylvin (KCl), Kieserit ($MgSO_4 + H_2O$), Carnallit ($KCl + NaCl + MgCl_2 + 6H_2O$) und unreinem Steinsalz ($NaCl + CaSO_4 + K_2SO_4 + H_2O$) zusammengesetzten Abraumsalze überhaupt keine Verwendung. Erst im Herbst 1861 setzte Dr. Frank in Staßfurt die erste auf die Verarbeitung von 5000 kg Abraumsalze pro Tag eingerichtete Anlage in Betrieb und seit dieser Zeit hat sich dieser spezielle Industriezweig ungeahnt entwickelt. Das uns hier am meisten von seinen Produkten interessierende Chlorkalium wird dort hauptsächlich aus dem Carnallit gewonnen, welcher durchschnittlich folgende Zusammensetzung zeigt:

20%	Chlormagnesium,
16%	Chlorkalium,
25%	Chlornatrium,
10%	schwefelsaure Magnesia,
29%	Feuchtigkeit und Verschiedenes.
100%	

Der Carnallit wird in heißem Wasser gelöst und aus ihm mit Hilfe von verschiedenen Kristallisationsprozessen das Chlorkalium isoliert.

Der Vollständigkeit halber sei an dieser Stelle noch erwähnt, daß Chlorkalium auch in ziemlich großer Menge im Meerwasser und in den Tangen enthalten ist. Aus dem Meerwasser kann es durch geeignete Eindampf- und Kühlprozesse gewonnen werden. Die als Jod- und Bromlieferanten wohlbekannten Tange, von denen beispielsweise England jährlich mehr wie 15000000 t verarbeitet, enthalten gleichfalls Chlorkalium; verascht man 5 bis 6 t von ihnen, so erhält man 1 t Asche, die 220 bis 260 kg 80%iges Chlorkalium enthält.

Heute steht nun, wie bereits erwähnt, für die Salpeterfabrikation das Umsetzungsverfahren des Natronsalpeters mit Chlorkalium an erster Stelle. Es beruht auf folgender Reaktion:

$$\begin{array}{cccc} NaNO_3 + & KCl = & KNO_3 + & NaCl \\ 85{\cdot}077 & 74{\cdot}504 & 101{\cdot}181 & 58{\cdot}500 \\ 100{\cdot}000 & 87{\cdot}650 & 118{\cdot}820 & 68{\cdot}830. \end{array}$$

In der Praxis aber arbeitet man (unter Berücksichtigung der unvermeidlichen Verunreinigungen) meist mit 110 kg $NaNO_3$ und 84 kg KCl. Die technische Ausführung der Konversion wird wesentlich dadurch erleichtert, daß die Lösungsfähigkeit der vier in Betracht kommenden Salze, wie folgende Zusammenstellung zeigt, in warmem und kaltem Wasser sehr verschieden voneinander ist.

Es lösen 100 Teile Wasser von:	0°	10°	100°
Chlorkalium	28·5	32·0	57·0
Chlornatrium	35·5	35·7	39·6
Natronsalpeter	71·0	78·0	178·0
Kalisalpeter	13·0	22·0	246·0

Für den Großbetrieb haben sich nun verschiedene Verfahren für die Konversion des Natronsalpeters mit Chlorkalium herausgebildet, von denen einige angeführt sein mögen.

Nach Dr. S. Pick wird in verschiedenen österreichischen, französischen und russischen Salpeterfabriken in folgender Weise gearbeitet: In großen zylindrischen, schmiedeeisernen Gefäßen, die 2·50 m Durchmesser und 2·00 m Höhe haben und oben mit einem aus drei Teilen verschraubtem sehr kräftigem Gußeisendeckel abgeschlossen sind, wird Chilesalpeter von mindestens 95 % und schwach calciniertes reines Chlorkalium, das von Magnesiasalzen völlig frei sein und mindestens 80 % Gehalt aufweisen muß, aufgelöst. Das Chlorkalium stammt entweder aus Staßfurt oder aus dem Sylvin von Kalusz. Ersteres neigt zuweilen infolge Vorkommens von festen Brocken, die durch stärkere Calcination entstanden sind, zu einem langsameren Lösen. Die Lösungsgefäße besitzen in der Mitte eine mittels Kegelradpaares von der Transmission aus angetriebene senkrechte Welle, die mehrere Mischarme trägt. Um die Lösung nach Wunsch erwärmen zu können, liegt in jedem Gefäß dicht an der Wand eine 10 qm nutzbare Heizfläche besitzende Dampfheizschlange, die aus 3·5 mm starkem Kupferblech in 60 mm lichter Weite gefertigt ist und insgesamt rund acht Windungen besitzt. Um beim Stehenbleiben des Rührwerks infolge zu schnellen Eintragens den Gefäßinhalt in Bewegung setzen zu können, sowie zum Ausblasen der letzten Füllungsreste münden am Boden des Gefäßes diametral einander gegenüber zwei offene Dampfzuleitungsrohre von 30 mm lichter Weite. Um die Lösung abzulassen, sitzt an dem Gefäßboden angeflanscht ein Durchgangskükenhahn von 100 mm lichter Weite, an dem ein kleines Dampfventil vorgesehen ist, um ihn bei etwaigen Verstopfungen ausblasen zu können. Der beim Betrieb freiwerdende Wasserdampf sammelt sich unter der Decke der Lösungsgefäße und geht von hier aus durch eine Leitung von 160 mm lichter Weite unter den Doppelboden des Mutterlaugenreservoirs, dessen Inhalt er erwärmt. Der Betrieb dieser Lösungsgefäße gestaltet sich folgendermaßen: Zunächst wird in ihren Kessel Mutterlauge von der vorhergehenden Operation, sowie Salpeterlauge von 42° Bé entsprechend 1·41 spezifischem Gewicht eingebracht. Diese Salpeterlauge gewinnt man durch rationelles Auslaugen der entleerten Salpetersäcke in vier Gefäßen, die nach Shanksscher Art miteinander verbunden sind. Diese Laugen in dem Lösegefäß werden nun zunächst einmal auf 50° Bé = 1·53 spezifischem Gewicht unter dauerndem Nachfüllen gebracht, wobei Chlornatrium ausgeschieden wird. Wenn bei diesem Konzentrationsprozesse die Laugen zu stark schäumen, setzt man mit gutem Erfolge der Charge etwas Öl zu. Sobald der Stand der Lauge in dem Kessel bis zur Höhe der ersten oder zweiten Windung der Heizschlange gesunken ist, trägt man durch ein Mannloch im Kesseldeckel zunächst 3000 bis 3500 kg Chilesalpeter, dann die entsprechende Menge Chlorkalium ein, wobei durch einen kleinen Überschuß an Salpeter die Zersetzung befördert wird. Nachdem hierauf der Kochprozeß noch $^1/_2$ Stunde gegangen ist, wird die Lösung aus dem Kessel durch den eben erwähnten Ablaßhahn in die Salzfiltrierapparate abgelassen. Diese sind aus Schmiedeeisen gefertigt, besitzen eine Bodenfläche von 2·50 × 2·50 m und eine Höhe von 1·60 m. Ungefähr 100 mm über ihrem wahren Boden liegt ein durchbrochener, mit Leinwand überspannter Siebboden und mündet in den Raum zwischen diesen beiden Böden eine Dampfleitung, welche den Zweck hat, das Filter sowohl wie die Waschwässer anzuwärmen. Die Lösung bleibt nun 2 bis 3 Stunden in den Filtern stehen, wobei sich verunreinigtes Chlornatrium niederschlägt, während klare Lauge von etwa 56° Bé (1·63 spez. Gewicht) und ungefähr 95° Temperatur durch halbrunde, 320 mm weite, schmiedeeiserne Rinnen, die mit Schiebern versehen sind, nach den Kristallisiergefäßen abläuft. Das in den Filtern zurückgebliebene unreine Kochsalz enthält noch rund 12 bis 20% Kaliumnitrat, welches in folgender Weise ausgezogen wird: Das Chlornatrium erhält zuerst eine Decke mit heißer Mutterlauge, die nach kurzer Zeit mit 48 bis 50° Bé entsprechend 1·50 bis 1·53 spezifischem Gewicht gleichfalls nach den Kristallisiergefäßen geht. Das Kochsalz wird dann weiter mehrmals mit starker, dann mit schwächerer Lauge und zum Schluß mit heißem Wasser ausgewaschen. Auf diese Weise wird der Salpetergehalt des Kochsalzes bis auf einen Rest von 0·6 bis 0·9% gewonnen. Von den Kristallisiergefäßen finden zwei Arten Verwendung, nämlich eine viereckige und eine runde Form. Die viereckigen Kristallisiergefäße besitzen eine Breite von 2·5 bis 3·8 m, eine Länge von 3·8 bis 7·5 m und eine Tiefe von 0·8 m. Ihre Rührwerke sind als Pendelrührwerke ausgebildet, welche pro Minute 12 Schwingungen von geringer Weite machen und deren Rührarme nur einige Zentimeter tief in die Lösung eintauchen. Die schmiedeeisernen runden Kristallisiergefäße besitzen einen Durchmesser von 4·10 m und eine Höhe von 0·87 m. Ihre Rührwerke besitzen in bekannter Weise eine Vertikalwelle mit Querarmen, an denen die nach unten gerichteten Rührarme sitzen. Bei vorgeschrittener Kristallisation läßt sich das ganze Rührwerk um rund 600 mm durch eine Hebelanordnung heben, um ein Steckenbleiben zu vermeiden. In den Kristallisiergefäßen läßt man die Flüssigkeit in nur 250 mm hoher Schicht 30 bis 38 Stunden lang abkühlen. Hierauf zieht man von dem feinkristallinischem Salpeter die 37 bis 38° Bé zeigende Mutterlauge durch gußeiserne Rinnen in einen eisernen Behälter ab. Aus diesem wird sie von Pumpen in einen anderen, entsprechend hoch angeordneten Behälter, das „Mutterlaugenreservoir“, gefördert, um später zum Lösen neuer Salzchargen verwendet zu werden. Dieses Mutterlaugenreservoir wird erstens mit den aus den Lösungsgefäßen kommenden Dämpfen und zweitens mit Abdampf der Betriebsmaschine beheizt. Letzterer Abdampf muß aber vorher noch die zum Salzwaschen benutzten Laugen vorwärmen. Der rohe Salpeter, welcher nun noch 7 bis 9 % Chlornatrium und 0·5 bis 0·7 % Chlormagnesium enthält, wird zum tunlichst vollkommenen Abscheiden der Mutterlaugen in den Kristallisiergefäßen auf einer Seite aufgehäuft, dann wieder in breiter Schicht ausgebreitet. Hierauf wird er mit Laugen vom Decken (Auswaschen) des Salpeters unter Mithilfe des Rührwerks gewaschen. Sobald sein Kochsalzgehalt auf 0·8 bis 2 % gesunken ist, unterzieht man ihn der Raffination. Diese erfolgt durch Lösen im Lösegefäße mittels Decklaugen von vorhergehenden Operationen, die außer Salpeter auch noch etwas Chlornatrium enthalten und wobei man eine Konzentration von 50 bis 51° Bé entsprechend 1·53 bis 1·55 spezifischem Gewicht erhält. Zwei bis drei Stunden lang steht diese Lösung in den Filtriergefäßen, von denen die klare Flüssigkeit unter Zusatz von 100 g Ultramarin auf je 5000 g Salpeter in eiserne Kristallisiergefäße abgelassen wird. Durch diesen Ultramarinzusatz wird die von den Eisenteilen der Apparatur stammende gelbliche Färbung des Salpeters verdeckt. Die Raffination ist jetzt aber noch nicht beendet, denn der verbliebene schwache, 0·25 bis 0·72 % betragende Gehalt an Chlornatrium muß noch fortgeschafft werden. Zu diesem Zwecke wird der Salpeter in schmiedeeisernen, innen mit dünnem Kupferblech ausgelegten, den vorbeschriebenen Salzfiltrierapparaten ähnlichen Filtriergefäßen ausgewaschen oder „gedeckt". Diese Gefäße sind 2·53 m lang und 1·58 m hoch, besitzen einen durchlochten, mit Leinwand überspannten Doppelboden und einen Ablaßhahn. In ihnen wird der Salpeter beim Decken vollständig mit Wasser übergossen und so einige Stunden lang stehen gelassen. Hierauf läßt man die Lauge abfließen und deckt nochmals mit wenig Wasser, bis die abfließende Lauge 10 bis 11° Bé zeigt. Nach erfolgtem Decken läßt man den Salpeter in den Filtern vollständig abtropfen. Er besitzt dann nur noch einen Wassergehalt von 2 bis 3 %, welcher ihm auf Pfannentrockenapparaten Bauart Messerschmied und Aumann entzogen wird. Diese Apparate, von denen ein Satz von vier Stück in 24 Stunden an 15000 kg Salpeter zu trocknen vermag, bestehen aus gußeisernen Zylinderpfannen, die 2·60 m Durchmesser und 0·25 m Höhe besitzen. Ihr Boden ist hohl und zum Zwecke der Beheizung von Dampfkanälen durchzogen. Um ein Festbrennen des Salpeters an dem Pfannenboden nach Tunlichkeit zu vermeiden, wird dieser von Schabemessern bestrichen, die an einer vertikalen Welle sitzen und von Federn stets nach unten gedrückt werden. Trotzdem aber muß der Pfannenboden ungefähr alle 10 bis 12 Stunden noch besonders durch Abklopfen von angebranntem Salpeter gereinigt werden. An der eben erwähnten Welle befindet sich dann noch eine verstellbare Abstreichplatte, welcher die Aufgabe zufällt, den getrockneten Salpeter nach einer Ausschüttöffnung im Pfannenboden zu befördern. Stärkere Salpeterknollen werden von einer schwach konisch abgedrehten, mit Kupferblech plattierten Eisenwalze in einem mit der Welle drehbarem Rahmen zerkleinert. Der aus der Bodenöffnung der Trockenpfanne herausfallende getrocknete Salpeter gelangt auf ein Rüttelsieb, welches zu grobe Stücke usw. zurückhält, während das Siebfeine in eine Lade fällt, aus der es eine Kupferschnecke in den Füllrumpf eines Becherwerkes fördert. Das Becherwerk hebt den versandfertigen Salpeter in ein über dem Trockenraum belegenes Magazin, in dem er in Fässer verpackt wird.

Die Umsetzungsverfahren von Chilesalpeter mit Chlorkalium, wie sie in mehreren Fabriken Schottlands und Englands im Gebrauche sind, hat Lunge folgendermaßen beschrieben:

In einer schottischen Fabrik werden äquivalente Mengen von Chilesalpeter und Staßfurter Chlorkalium in einem großen Eisengefäße unter Zuleitung von Wasserdampf bis nahe zum Siedepunkte aufgelöst. Hierauf läßt man kristallisieren, raffiniert den Salpeter, wie gewöhnlich üblich, durch Auflösen mit wenig Wasser in der Siedehitze und filtriert ihn durch leinene Beutel. Hierauf wird er so lange ausgewaschen, bis salpetersaures Silber nur noch $^1/_{100}$ % Chlornatrium anzeigt. Das Trocknen erfolgt in einer 4·7 m hohen Trockenstube auf hölzernen Trockenrahmen durch strahlende Wärme von einem am Boden hin- und hergeführten gemauerten Heizkanal. Die beim Auskristallisieren des Rohsalpeters entfallende Mutterlauge wird in einem eisernen Kessel von 1·88 m Durchmesser eingedampft und das Kochsalz ausgekrückt. Bei stetem Eindampfen und Auskrücken von Chlornatrium wird wiederholt Mutterlauge zugesetzt. Man läßt dann zwecks Ausscheidung von Salpeter die Mutterlauge abkühlen. Hierauf wird die zweite Mutterlauge der ersten zugesetzt und nach dem Abtropfen das Kochsalz zum Gewinnen der Mutterlauge gewaschen.

In einer anderen, besser eingerichteten schottischen Fabrik konvertiert man den Chilesalpeter mit dem Chlorkalium in folgender Weise: Die Salze werden in großen bedeckten eisernen Kesseln aufgelöst. Die Kristallisation erfolgt in oblongen, in einer Reihe stehenden schmiedeeisernen Gefäßen von 1·255 m Länge, von denen jedes mit einer, von einer gemeinschaftlichen Wellenleitung aus angetriebenen Rührvorrichtung versehen ist. Das aus den Kristallisiergefäßen kommende Salpetermehl wird in mit Blei ausgeschlagenen Holztrögen, die einen Doppelboden besitzen, gewaschen. Die letzten Teile der Flüssigkeit werden abzentrifugiert, wodurch man gegenüber dem Trocknen in Trockenstuben an Zeit, Raum und Feuerung spart.

Eine zweite wichtige Konversionsmethode des Chilesalpeters beruht auf der Verwendung des kohlensauren Kaliums oder der Pottasche. Die Pottasche wurde früher bekanntlich ausschließlich aus Holzasche gewonnen. In letzter Zeit sind aber diesem, heute nur noch in holzreichen Gegenden, wie Nordamerika, insbesondere Kanada, Rußland, Galizien usw., ausgeübtem Verfahren verschiedene gefährliche Konkurrenten in Methoden entstanden, welche entweder Nebenprodukte anderer

Industrien, z. B. die Schlempekohle aus vergorenen Melassen der Spiritusfabriken, die Wollschweißasche der Wollwäschereien, ausnutzen oder auf der direkten oder indirekten Umwandlung des Chlorkaliums beruhen. Man kann heute annehmen, daß die auf den Weltmarkt kommende Pottasche sich ihrer Herstellung nach ungefähr auf folgende Verfahren verteilt:

20000000 kg aus Holzasche,
12000000 kg aus Melassenschlempe,
1000000 kg aus Wollschweiß,
20000000 kg aus Chlorkalium.

Die Konversion des Natronsalpeters mit Pottasche beruht auf folgender Reaktion:

$$\underset{100}{2NaNO_3} + \underset{81{\cdot}18}{K_2CO_3} = \underset{118{\cdot}83}{2KNO_3} + \underset{62{\cdot}35.}{Na_2CO_3}$$

In der Praxis stellt man zunächst eine konzentrierte Lösung von Natronsalpeter und Pottasche her und versiedet diese. Hierbei entsteht salpetersaures Kalium und wasserfreies kohlensaures Natrium; bei Fortsetzung des Siedeprozesses scheidet letzteres aus und wird entfernt. Läßt man hierauf die Lauge erkalten, so schießt Kalisalpeter an. Um die noch mit ihren gegenseitigen Salzen verunreinigten Produkte zu reinigen, kristallisiert man das Kaliumnitrat nochmals um, während die Soda in großem Überschusse mit Wasser in einem Kessel bis zum Sieden erhitzt wird, wobei sich der gesamte Salpeter sowie kohlensaures Natrium bis zur Sättigung lösen. Der nicht in Lösung gegangene Teil des kohlensauren Natriums wird nun aus dem Kessel entfernt und bringt man in diesen von neuem Soda. Zu wiederholten Malen entnimmt man dem Kessel nunmehr ungelöste Soda, bis man eine siedewürdige, salpeterhaltige Lauge erhält; diese dampft man zum Ausscheiden der Soda ein und läßt sie dann auf Salpeter auskristallisieren.

R. Kremann und A. Zitek haben die Bildung von Konversionssalpeter aus Natronsalpeter und Pottasche vom Standpunkt der Phasenlehre untersucht; man erhält nach ihnen die beste Ausbeute an Kaliumnitrat (472 g), wenn man bei 25° auf ein Liter Wasser 590 g Natronsalpeter und 490 g Kaliumkarbonat anwendet.

Näheres siehe Sitzungsber. der Wiener Akad. Bd. 118 (Jan. 1909), bzw. Monatshefte für Chemie **30**, 311, bzw. R. Kremann, Anwendung physikalisch-chemischer Theorien auf technische Prozesse und Fabrikationsprodukte. Halle 1911, Verlag W. Knapp.

Man kann außer mit fertig raffinierter Pottasche die Konversion auch noch mit Pottaschenlaugen durchführen. Bei diesem Verfahren, nach welchem eine große Melassenbrennerei Nordfrankreichs Kalisalpeter gewinnt, zersetzt man den Chilesalpeter mit den bei der Raffination der Schlempekohlen-Pottasche gewonnenen 50 % Bé starken Pottaschelaugen. Dampft man diese Lösung ein, so scheidet sich kohlensaures Natrium aus, während beim Erkalten Salpeter auskristallisiert. Nebenbei bemerkt, gewinnt man aus den abfallenden Mutterlaugen eine geringhaltige Soda, welche an Seifenfabriken verkauft wird.

Von der eingehenden Besprechung der Konversion des Natronsalpeters mit Ätzkali und mit Chlorbarium sei hier wegen der geringen Bedeutung dieser Verfahren Abstand genommen und zum Schlusse noch die Gewinnung des Kalisalpeters aus dem Osmosewasser als Nebenprodukt der Zuckerfabrikation kurz geschildert.

Um den in den Rübenmelassen der Zuckerfabriken noch enthaltenen Zucker zu gewinnen, wendet man entweder das Elutions- oder das Osmoseverfahren an. Bei dem Osmoseverfahren trennt man die den Zucker begleitenden Stoffe, insbesondere die kristallisierbaren Salze, mit Hilfe der Diffusion von dem Zucker und entfällt hierbei eine Flüssigkeit — das Osmosewasser —, in welche unter anderem der in den Zuckerrüben enthaltene Salpeter übergeht. Dieser Salpetergehalt der Zuckerrüben beträgt nach M. Faucher, Chefingenieur der französischen Pulververwaltung, 150 g auf 100 kg Rüben, was einem Salpetergehalt der Melasse von rund 5 % entsprechen würde. Gegenüber diesem hohen Salpetergehalt französischer Zuckerrüben fand Stohmann in der Melasse einer deutschen Fabrik nur 0·43 % Salpeter. Bei der Salpetergewinnung wird nun das Osmosewasser auf 40° Bé eingedampft, wobei hauptsächlich salpetersaures Kalium und Chlorkalium auskristallisiert. Man erhält dann folgendes Salzgemisch:

50 %	Salpetersaures Kalium,
35 %	Chlorkalium,
2 %	Schwefelsaures Kalium,
8 %	Organische Bestandteile,
5 %	Wasser und Unlösliches.
100 %	

Dieses Salzgemisch löst man in Wasser auf, konzentriert die Lösung auf 38° Bé, läßt auf 70° abkühlen und scheidet sich hierbei ein großer Teil des Chlorkaliums aus. Die von dieser Salzlösung dann abgezogene Flüssigkeit liefert beim Erkalten eine 65 bis 75 % Salpeter enthaltende Kristallisation. Um aus diesem noch unreinen Salpeter das Chlorkalium zu entfernen, übergießt man ihn mit der Hälfte seines Gewichts kalter, gesättigter Salpeterlösung, läßt ihn mit dieser zwei Stunden lang stehen und zentrifugiert ihn dann ab. Der in der Zentrifugentrommel verbleibende Rückstand wird wieder mit kalter, gesättigter Salpeterlösung behandelt, abgeschleudert usw. Auf diese Weise läßt sich leicht ein Salpeter von 95 bis 98 % Reinheitsgrad gewinnen.

Bemerkt sei noch, daß nach den Schätzungen von M. Faucher allein die französischen Zuckerfabriken jährlich $7^1/_2$ Millionen Kilogramm Salpeter aus ihrem Osmosewasser gewinnen könnten.

6. Chemische Untersuchung des Kalisalpeters.

A. Rohstoffe. a) Natronsalpeter. Die Analyse desselben ist S. 36 ff. behandelt. b) Chlorkalium. Das zur Umsetzung des Chilesalpeters in Kalisalpeter zu verwendende Chlorkalium soll einen Mindestgehalt von 80 % KCl haben und einen Höchstgehalt von so viel Magnesiumsalzen, als 0·5 % $MgCl_2$ entspricht. Die Kalibestimmung in Chlorkalium wird gewöhnlich nach einer der beiden folgenden Methoden vorgenommen:

α) Platinchlorid-Methode. 7·640 g Salz werden in destilliertem Wasser bis zu 500 ccm aufgelöst; bei Salzen, die mehr als 0·5 % SO_3 enthalten, wird zunächst die Schwefelsäure durch tropfenweisen Zusatz von salzsäurehaltiger Chlorbariumlösung in der Hitze ausgefällt. 20 ccm (= 0·3056 g) der Lösung bzw. des Filtrats werden mit 5 bis 6 ccm Platinchloridlösung in einer flachen Porzellanschale bis zur Trockne eingedampft. Der Rückstand wird mit einigen Tropfen 96 % igem Alkohol angefeuchtet und mit einem unten verbreiterten Glasstab zuerst ohne Zusatz von Alkohol zerdrückt, dann mit etwa 20 ccm Alkohol tüchtig zerrieben, durchgerührt und die Waschflüssigkeit durch ein, etwa eine Stunde lang bei 120 bis 130° bis zur Gewichtskonstanz getrocknetes, warm gewogenes und vorher mit Alkohol angefeuchtetes Filter filtriert, wobei Sorge zu tragen ist, daß die Flüssigkeit den Rand des Filters nicht berührt. Man wiederholt das Reinigen durch Zerreiben und Dekantieren mehrere Male, zuletzt mit heißem Alkohol, bzw. unter Erwärmen der Schale. Der Niederschlag wird dann auf das Filter gespült, mit heißem Alkohol ausgewaschen und abgesaugt; das zusammengefaltete, in Fließpapier eingewickelte und in einem Trockenschranke etwa 20 bis 30 Minuten bei 130° bis zur Gewichtskonstanz getrocknete Filter wird warm gewogen; 1 mg K_2PtCl_6 entspricht 0·1 % Chlorkalium.[1]

β) Überchlorsäure-Methode.[2] 13·4525 g werden in einem 500 ccm Kolben unter Zusatz von 300 ccm destilliertem Wasser und 20 ccm konzentrierter Salzsäure ($d = 1 \cdot 2$) kochend gelöst. Darauf wird die Schwefelsäure, wie bei der Platinchloridmethode angegeben, ausgefällt, mit dem Unterschiede, daß ein geringer Überschuß von Chlorbarium angewandt werden kann, weil das sich bildende Bariumperchlorat in 96 gewichtsprozentigem Alkohol vollständig löslich ist. Nach dem Erkalten, Auffüllen und Schütteln des Kolbens wird der Inhalt durch ein gehärtetes ungenäßtes Faltenfilter filtriert. Vom Filtrat werden alsdann 20 ccm (= 0·5381 g Salz) in einer blau emallierten Porzellanschale mit 5 bis 6 ccm wässeriger Überchlorsäure ($d = 1 \cdot 125$) versetzt und auf dem Wasserbade eingedampft, bis der Geruch nach

---

[1] Es sei hingewiesen auf die Tabellen zur Berechnung von Kalianalysen von Dr. R. Ehrhardt.

[2] Nach Tietjens und Römer.

Salzsäure vollständig verschwunden ist und sich weiße Nebel von Überchlorsäure bilden. Auch kann ohne Gefahr bis zur vollständigen Trockne eingedampft werden. Der erkaltete Rückstand wird mit etwa 20 ccm 96 %igem Alkohol versetzt (der ungefähr ein Volumprozent wässerige Überchlorsäure [$d = 1 \cdot 125$] enthält) und sorgfältig zerrieben. Nach kurzem Absitzenlassen filtriert man die über dem Niederschlag stehende Flüssigkeit durch ein wie bei der Platinchloridmethode behandeltes Filter (oder einen Filtriertiegel) und wiederholt das Zerreiben und Dekantieren noch etwa zweimal; dann spült man den Niederschlag auf das Filter und wäscht beides mit überchlorsäurehaltigem Alkohol nach. Schließlich werden Filter und Niederschlag mit möglichst wenig reinem Alkohol abgespritzt, um die freie Überchlorsäure zu verdrängen (die sonst das Filter schwärzen würde), dann getrocknet und gewogen; 1 mg Niederschlag $KClO_4$ entspricht 0·1 % KCl. Die Menge Waschflüssigkeit soll 50 bis 60 ccm nicht überschreiten.

B. Zwischenprodukte. Die Untersuchungsmethode der festen Zwischenprodukte des halbraffinierten Kalisalpeters ist dieselbe wie die des Chilesalpeters, d. h. man bestimmt die Beimengungen (Wasser, Unlösliches, Chlornatrium) und berechnet den Rest als Kaliumnitrat.

Bei der Untersuchung der Salpeterlaugen handelt es sich hauptsächlich darum, festzustellen, ob die Lösungen keinen einseitigen Überschuß von Chlorkalium bzw. Natriumnitrat haben; man bestimmt daher den Kali- und den Salpetersäuregehalt. Zur Kalibestimmung fällt man aus 20 ccm der Lauge in einem 250 ccm-Kolben die Schwefelsäure genau mit Chlorbarium aus, füllt bis zur Marke auf und nimmt 10 ccm des Filtrats zum Eindampfen mit der genügenden Menge Platinchloridlösung; das gefundene Kali wird als Kaliumnitrat berechnet. Die Salpetersäure wird nach einer der bekannten Methoden ermittelt und auf KNO_3 berechnet. Nach den Analysenbefunden ist durch Zusatz von KCl oder von $NaNO_3$ Neutralität herzustellen. — Das bei der Umsetzung von Chilesalpeter mit Chlorkalium entstehende Abfallsalz (Chlornatrium) enthält noch etwa 1 bis 3 % unzersetztes Chlorkalium und geringe Mengen Kaliumnitrat (0·25 bis 0·75 %), die sich durch Waschen nicht mehr entfernen lassen. Das Kali wird auf gewöhnliche Weise mit Platinchlorid bestimmt; zur Salpetersäurebestimmung werden 5 g des Abfallsalzes zu 500 ccm aufgelöst und 50 ccm der Lösung (= 5 g Salz) weiter verarbeitet.

C. Endprodukt (Kalisalpeter). Der reine Kalisalpeter soll — bis auf einen geringen Chlorgehalt — keine weiteren Beimengungen enthalten; in der Regel wird das Salz mit höchstens 0·003 % NaCl, 0·25 % Wasser und 0·1 bis 0·5 % Perchlorat garantiert. Die Untersuchung erstreckt sich auf mechanische Verunreinigungen, Feuchtigkeit und chemische Reinheit. — Unlösliche Bestandteile: Eine Lösung von 100 g Salpeter in Wasser wird durch ein bei 100° getrocknetes und gewogenes Filter filtriert und das sog. Unlösliche gewogen. Aus einer Lösung von 100 g Salpeter in einem Liter Wasser darf sich innerhalb 12 bis 24 Stunden kein Bodensatz abgeschieden haben. — Feuchtigkeit: 1 bis 2 g Salpeter werden im Platin- oder Porzellantiegel bis zum beginnenden Schmelzen erhitzt und nach Abkühlung im Exsikkator gewogen. Oder man trocknet etwa 10 g feingepulverten Salpeter zwei Stunden bei 120 bis 130° und wägt nach dem Abkühlen zurück. — Natronsalpeter: Die Mutterlauge von 20 g heiß gelöstem und beim Erkalten auskristallisierten Salpeter soll den Platindraht in der Flamme nicht gelb färben. Aus konzentrierter Kalisalpeterlösung darf (nach der preußischen Vorschrift) saures pyroantimonsaures Kali keinen körnigen Niederschlag fällen. — Lösliche Kalk- und Magnesiumsalze: Man prüft durch einen Zusatz von Ammoniumoxalat bzw. Natrium- oder Ammoniumphosphat zu 10 %iger Salpeterlösung. — Schwefelsäure wird aus schwach salzsaurer Lösung durch wenige Tropfen Chlorbariumlösung gefällt; ein wägbarer Niederschlag darf nicht entstehen. — Zur Prüfung auf Chlorsäure (Kaliumchlorat) versetzt man 10 g fein zerriebenen Salpeter in einem Porzellantiegel, der fortwährend durch kaltes Wasser gekühlt wird, mit 20 bis 25 ccm reiner konz. Schwefelsäure; falls beim Rühren die Säure ganz farblos bleibt und keine gelbe Färbung annimmt, ist kein Chlorat vorhanden. — Salzsäure (Chloride): 100 g Salpeter werden in Wasser gelöst, mit Silberlösung gefällt und der Niederschlag durch Wägung bestimmt, oder man vergleicht die entstandene Trübung mit einer solchen, die in einer Lösung von bekanntem Chlornatriumgehalt durch Titration mit Silberlösung hervorgerufen wird. — Besonders wichtig ist die Untersuchung auf Kaliumperchlorat, die zweckmäßig (in der von Lenze angegebenen und Seite 38 näher beschriebenen Methode) durch Erhitzen auf 580 bis 600° vorgenommen wird. Man läßt die Salpeterschmelze nicht völlig erkalten (um ein Zerspringen des Tiegels zu verhindern), sondern man löst sie noch warm mit heißem Wasser aus dem Tiegel heraus, filtriert erforderlichenfalls und bestimmt den Chlorgehalt entweder gewichts- oder maßanalytisch. Nach Lenze und Bergmann soll ein Perchloratgehalt von 0·5 % im Kalisalpeter noch unbedenklich für die Verwendung in der Schwarzpulverfabrikation sein.

7. Eigenschaften des Kalisalpeters.

Kalisalpeter kristallisiert unter gewöhnlichen Umständen in langen, gestreiften, sechsseitigen Säulen, welche in einer sechsseitigen Pyramide endigen; die Kristalle sind wasserfrei, geben aber beim Zerreiben meist ein etwas feuchtes Pulver, weil sie Mutterlauge einschließen. Während diese gewöhnliche Form des Salpeters der selteneren des Calciumkarbonats, der Arragonitform, entspricht, können sich beim Kristallisieren aus Tropfen der Lösung mikroskopische Kristalle bilden, die der gewöhnlichen Form des Calciumkarbonats entsprechen, nämlich Rhomboeder darstellen; dieselben sind aber schon bei gewöhnlicher Temperatur wenig beständig und werden bei Berührung mit prismatischem Salpeter, Ritzen mit einem harten Körper sowie auch beim Erwärmen auf 122 bis 129° in ein Aggregat von Kristallen der gewöhnlichen Form übergeführt. — Das Salz schmeckt kühlend und ein wenig bitter; in größeren Dosen wirkt es giftig. Kalisalpeter schmilzt schon unter Glühhitze (nach Persoz bei 339°, nach Carnalley bei 352°) zu einer farblosen Flüssigkeit; beim Erkalten erstarrt das geschmolzene Salz zu einer grobstrahlig kristallinischen Masse, deren spezifisches Gewicht ungefähr = 2·1 ist. Bei einem geringen Gehalt an Kochsalz oder anderen fremden Salzen zeigt der erstarrende Kuchen keine kristallinische Beschaffenheit. — Der Salpeter gehört zu den Salzen, deren Löslichkeit in Wasser mit der Erhöhung der Temperatur sehr schnell steigt, er kann daher leicht und in großen Mengen aus heiß gesättigten Lösungen kristallisiert erhalten werden. Nach Mulder ist die Löslichkeit in 100 Teilen Wasser bei

0°	13·3 Teile	45°	74 Teile	85°	189	Teile
5°	17·1 „	50°	86 „	90°	206	„
10°	21·1 „	55°	98 „	95°	226	„
15°	26·0 „	60°	111 „	100°	247	„
20°	31·2 „	65°	124 „	105°	272	„
25°	37·3 „	70°	139 „	110°	301	„
30°	44·5 „	75°	155 „	114°	326	„
35°	54·0 „	80°	172 „	114·1°	327·4	„
40°	64·0 „					

Das Salz bewirkt bei der Auflösung eine beträchtliche Erniedrigung der Temperatur, nach Rüdorff beim Mischen von 16 Tln. Wasser mit 100 Tln. Wasser um etwa 10°. Das Salz zerfließt, wenn der Partialdruck des Wasserdampfes 15·5 bis 16·5 mm Quecksilber erreicht. — Die spezifischen Gewichte der wässerigen Lösungen bei 15° sind nach Gerlach:

Proz. KNO_3	Spez. Gew.	Proz. KNO_3	Spez. Gew.	Proz. KNO_3	Spez. Gew.
1	1·00641	8	1·05197	15	1·09977
2	1·01283	9	1·05861	16	1·10701
3	1·01924	10	1·06564	17	1·11426
4	1·02566	11	1·07215	18	1·12150
5	1·03207	12	1·07905	19	1·12875
6	1·03870	13	1·08596	20	1·13599
7	1·04534	14	1·09286	21	1·14361

In reinem Zustand ist der Kalisalpeter gegen die Feuchtigkeit der Luft ziemlich beständig; wenn er jedoch mit Chlornatrium, Chlorcalcium und dergl. verunreinigt ist, wird er in dem Maße hygroskopischer, als er davon enthält.

In absolutem Alkohol löst sich Kalisalpeter nicht auf, in wässerigem Weingeist entsprechend dem Wassergehalt; so lösen nach Schiff 100 Tle. Weingeist von

10	20	30	40	50	60	80	Gew.-Proz.
13·2	8·5	5·6	4·3	2·8	1·7	0·4	Teile Salpeter.

Der Salpeter gibt beim Erhitzen auf über 350° Sauerstoff ab und wirkt dann als ein äußerst kräftiges Oxydationsmittel. Auf glühende Kohlen geworfen, schmilzt er und bewirkt lebhafte Verbrennung derselben; ein Gemenge von gepulvertem Salpeter und Kohlenpulver verbrennt, angezündet, lebhaft, wobei durch den Sauerstoff des Salpeters der Kohlenstoff in Kohlensäure übergeführt wird ($4KNO_3 + 5C = 2K_2CO_3 + 3CO_2 + 2N_2$); bei Überschuß von Kohle entsteht unter weniger lebhafter Verbrennung Kohlenoxydgas. Ein Gemenge von gepulvertem Salpeter und Schwefel verbrennt, angezündet, ebenfalls mit starker Lichtentwicklung ($2KNO_3 + S_2 = K_2SO_4 + SO_2 + N_2$).

B. Schwefel.

1. Vorkommen des natürlichen Schwefels: Der natürliche Schwefel kommt im freien, gediegenen Zustande in Schwefelmetallen, schwefelsauren Salzen, in organischen Verbindungen, sowie endlich noch in Form von schwefliger Säure, Schwefelwasserstoff und freier Schwefelsäure vor. Am wichtigsten von diesen Vorkommen ist das in gediegenem Zustande, welches wir am ausgedehntesten in ausgesprochen vulkanischen Gegenden, wie am Vesuv in den neapolitanischen Provinzen Avellino und Catanzaro, auf Sizilien am Ätna usw., auf den liparischen Inseln, an amerikanischen Vulkanen, z. B. am Popocatepetl, wo bereits Ferdinand Cortez, der Eroberer Mexikos, seinen Schwefel zur Pulverfabrikation holte, Japan usw. antreffen. Die bei diesen Vor-

kommen in Betracht kommende Bildungsweise des Schwefels kann verschieden aufgefaßt werden. Beispielsweise läßt sich das Vorkommen auf Sizilien durch gegenseitige Einwirkung von Schwefelwasserstoff, schwefliger Säure und feuchter atmosphärischer Luft, bzw. Wasserdampf aufeinander, wie durch Aufsteigen der aus hochgeschwefelten Verbindungen bei deren Zersetzung ausgetriebenen Schwefeldämpfe und Niederschlagen derselben in noch feuchtem Schlamm oder dgl. erklären. In ersterem Falle kann man bei Vulkanen, die in der Nähe des Meeres liegen, annehmen, daß Meerwasser durch Bodenspalten bis zu hochgradig erhitzten Schwefelverbindungen gedrungen ist und diese unter Bildung von Schwefelwasserstoff zersetzt. Letzterer steigt auf, gelangt in sehr warme Spalten und Höhlungen des Vulkans, wo er unvollkommen verbrannt wird, so daß die erste Ausfällung von freiem Schwefel erfolgt. Aus dem ebenso entstehenden Gemisch von Wasserdampf, schwefliger Säure und Schwefelwasserstoff entsteht dann nochmals Schwefel. — Außer den eben bereits angeführten Vorkommen von natürlichem Schwefel seien hier der Vollkommenheit halber noch die in Polen, die bei Swoszowice in der Nähe von Krakau, die bei Radobog in Kroatien, die in den spanischen Provinzen Aragonien (Teruel), Murcia (Lorca), Alicante (Valence) und Andalusien (Arcos), nicht zu vergessen auch die allerdings nur lokale Bedeutung besitzenden deutschen Lager bei Lüneburg, wie die neuerdings sehr wichtig gewordenen Lager in den Vereinigten Staaten von Nordamerika erwähnt. Es ist noch gar nicht so lange her, daß die italienische Schwefelproduktion für die Pulvererzeugung in der Hauptsache allein in Betracht kam. Neuerdings beginnt ihr aber, wie späterhin noch des näheren erörtert, der amerikanische, sowie der auf künstlichem Wege, insbesondere aus den Sodarückständen (Clauss-Leblancsches Verfahren), gewonnene Schwefel stark den Rang abzulaufen.

2. Gewinnung des rohen Schwefels: Das wohl größte Vorkommen von natürlichem, gediegenem Schwefel findet sich auf Sizilien in den Provinzen Caltanzetta, Catania, Girgenti, Messina usw. Die dortigen schwefelhaltigen Kalkgesteine führen den fast stets von Gips begleiteten Schwefel teils in unregelmäßigen Massen, teils in gleichlaufenden Adern, sowohl kompakt, als auch kristallinisch, ja sogar als amorphes Pulver. Ihre Mächtigkeit schwankt zwischen 1·5 bis 30 m und ihr Gehalt zwischen 10 bis 70 %. Die für gewöhnlich geförderten Massen kann man ihrem Gehalte nach in drei Gruppen einteilen:

	Gehalt	Ausbringen
1. Sehr reiches Mineral .	30—70 %	20—25 %
2. Reiches Mineral . . .	25—30 %	15—20 %
3. Gewöhnliches Mineral .	20—25 %	10—15 %

Die Schürfarbeiten zur Feststellung der Lagerstätte beschränkten sich nun früher auf die Anlage von bis zu 70° fallenden Versuchsstrecken; neuerdings erst ist man zum systematischen Abbohren übergegangen. Sobald man fündig geworden ist, schließt man das Lager mit einer Grundstrecke auf und fährt es mit Querschlägen auf. Die so erhaltenen Felder werden dann unter Stehenlassen von Sicherheitspfeilern lediglich mit rund 12 Pfund schweren Keilhauen, seltener mittels Sprengarbeit abgebaut. Nebenbei bemerkt läßt der derzeitige Betrieb in bezug auf Sicherheit, Wetterführung, Förderung, Bekämpfung von Grubenbränden usw. sehr zu wünschen; beispielsweise wird heute noch der größte Teil des hereingewonnenen Minerals in Körben von halbwüchsigen, schlecht entlohnten Burschen zutage gebracht. Nur einige größere Werke besitzen neuerdings Dampffördermaschinen, Streckenbahnen und Hunde.

Die eigentliche Schwefelgewinnung aus dem geförderten Mineral richtet sich nun in erster Linie nach dessen Gehalt, und zwar kann man hierbei in der Hauptsache den Schmelz- bzw. Saigerprozeß und den Destillationsprozeß unterscheiden.

Sehr reiche Erze mit über 30% Schwefelgehalt werden in bis zu 2 cbm Fassungsvermögen besitzenden eisernen Kesseln, die in eine mit Holz beheizte Feuerung eingebaut sind und kreisförmigen Querschnitt besitzen, ausgeschmolzen. Die Temperatur hierbei wird, um einerseits eine Entzündung der Charge zu vermeiden und um andererseits den ausgeschmolzenen Schwefel möglichst dünnflüssig zu halten, tunlichst wenig über seinen Schmelzpunkt erhöht. Die tauben Berge werden laufend aus dem Kessel entfernt und so lange Mineral nachgesetzt, bis der Kessel gefüllt ist. Zu diesem Schmelzprozeß sind 6 bis 8 Stunden erforderlich. Hierauf läßt man rund 12 Stunden das geschmolzene Material absetzen, wobei der obenaufschwimmende Schaum abgeschöpft wird. Nach erfolgter Klärung wird der Schwefel mit eisernen Löffeln aus dem Kessel in eiserne Formkästen geschöpft, in denen er zu Blöcken erstarrt. Diese Blöcke werden zwecks leichteren Transportes zerschlagen und gelangen als Rohschwefel in den Handel.

Dieses Ausbringen des Schwefels in Schmelzkesseln beschränkt sich, wie bereits erwähnt, auf die reichsten Erze. Die ärmeren Erze, welche bei weitem den größten Teil der Förderung ausmachen, werden aber nach wie vor in Haufen bzw. Meilern bei Luftabschluß erhitzt. In der allerersten Zeit erfolgte dies in primitivster Weise in freien Haufen, die in einer kreisrunden Bodenvertiefung aufgeschüttet wurden (calcarella). Um das Jahr 1850 aber kam man von diesem urwüchsigen, eine sehr schlechte Ausbeute, dafür aber sehr große Mengen die Arbeiter sowohl, wie die Vegetation stark schädigender schwefliger Säure liefernden Verfahren ab und ging zu dem heute noch in größtem Maßstabe betriebenen Aussaigern des Schwefels in Meilern (calcaroni) über, die eine größere Charge fassen und infolge verbesserten Aufbaues das Ausbringen steigern, die Gestehungskosten aber verringern.

Die Anordnung eines solchen Meilers, den unsere nachstehende Abbildung (Fig. 10) schematisch wiedergibt, ist folgende: An einem Bergabhang wird eine etwa 10 m im Durchmesser haltende kreisrunde Grube ausgehoben, deren rund 2 m Gefälle enthaltende, entsprechend gewölbte und mit Abflußrinnen versehene Sohle aus Saigerungsrückständen (genese) aufgestampft wird, während ihre Seitenwände und ihre offene Brust von einer kräftigen Gipsmauer ummantelt werden, die mit einer sauberen — für den flüssigen Schwefel undurchlässigen — Gipsdecke überzogen wird. In der die Grube nach vorn abschließenden Gipsmauer wird ein senkrechter Schlitz von beiläufig 120 cm Höhe und 25 cm Breite ausgespart, den man mit einer schwachen Gipswand verschließt. In dieser Wand sind zur Beobachtung des Schwefelstandes kleine, mit Tonpfropfen verschlossene Öffnungen in verschiedener Höhe vorgesehen. Hinter der Brustmauer der Grube, vor dem Abstichloche, wird aus

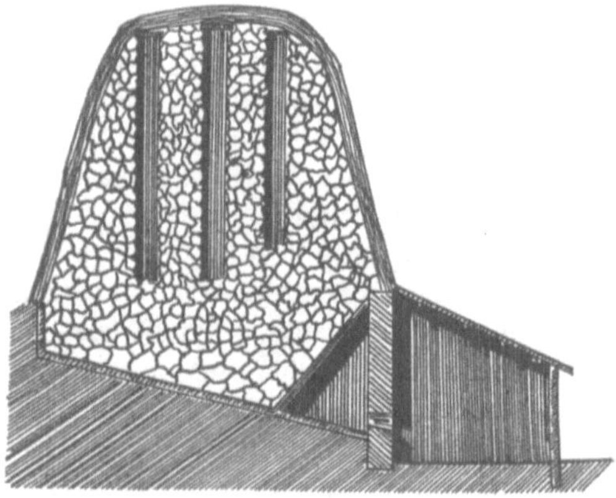

Fig. 10. **Meiler zur Schwefelgewinnung (calcaroni) im Schnitt.**

einigen Eisenstäben ein Rost aufgebaut und dann die Schwefelerze so in dem Calcaroni aufgeschichtet, daß die gröberen Stücke, um das Abfließen des ausgesaigerten Schwefels zu erleichtern, unten liegen. In dem Erzhaufen werden ferner, wie aus der Abbildung ersichtlich, senkrechte Luftschächte ausgespart, die zum Anfeuern dienen; letzteres erfolgt dergestalt, daß man einfach in geschmolzenen Schwefel eingetauchte und hierauf angezündete Grasbüschel in die ebenerwähnten Schächte einwirft. Sobald der Meiler nach rund 12 Stunden ins Brennen gekommen ist, werden die Luftschächte durch aufgelegte Steinplatten geschlossen und der ganze Meiler auf allen Seiten mit einer Decke aus Lehm, Erzklein und dgl. abgedeckt. Der Gang des Saigerprozesses wird im Meiler ähnlich reguliert, wie das Brennen bei einem Holzkohlenmeiler. Der aus den Erzen ausgesaigerte Schwefel sammelt sich in der zwischen Eisenstabrost und Frontmauer verbleibenden Nische vor dem Stichloche. Innerhalb 24 Stunden wird er dann 3 bis 4 mal durch dieses in nasse, hölzerne Blockformen abgelassen, die in dem mit Dach versehenen Vorbau des Meilers stehen. Die in den Blockformen erhaltenen Schwefelbrote (calate) besitzen abgestumpfte Pyramidenform und ein Gewicht von 50 bis 60 kg. — Was die Größe der Calcaroni angeht, so fassen diese 200 bis 700 cbm Inhalt und brennen 1 bis 2 Monate. Die Ausbeute erreicht bis zu 60 %. Sie bieten den gerade für Italien außerordentlich wichtigen Vorteil, daß sie zu ihrem Betriebe keinerlei besonderes Brennmaterial, wie Holz, Kohlen oder dgl. erfordern, kranken aber andererseits an der sehr unangenehmen Eigenschaft, daß sie infolge des Austretens sehr großer Mengen schwefliger Säure die Vegetation in der ganzen Gegend vernichten. Aus diesem Grunde beschränken behördliche Verordnungen ihren Betrieb, falls sie nicht in abgelegenen Gegenden errichtet werden, auf die Zeit von der Ernte (Juli/August) bis zur Saat (Dezember/Januar).

Eine wesentliche Verbesserung der calcaroni stellt der in den letzten Jahren auf Sizilien immer häufiger in Betrieb genommene Gillsche Zellen- oder Regenerativofen dar, bei welchem die mit Schwefeldampf geschwängerten Gase in rationeller Weise zum Beheizen der einzelnen Zellen ausgenutzt werden. Er ergibt eine um 5 % höhere Ausbeute und gestattet die Fabrikation infolge der geringen von ihm gelieferten Rauchmenge ohne Schädigung der Vegetation fast zu jeder Jahreszeit.

Eine Schädigung der Vegetation durch schweflige Säure läßt sich naturgemäß mit am vollkommensten dadurch vermeiden, daß man den Gewinnungsprozeß des Schwefels aus seinen Erzen in geschlossenen Räumen (Gefäßöfen) durchführt. Hierzu dienen die sogenannten „doppioni". Sie haben sich aus den früher in der Romagna benutzten „pignatti di argilla", d. h. hohen, schlanken Tonkrügen, die in ein Feuerungsgewölbe eingebaut waren, entwickelt und sind auch heute wohl in der Hauptsache nur dort im Gebrauch, da sie sich nur für reichere und vor allem tunlichst trockene Erze eignen, sowie viel Brennmaterial erfordern und sich ihre Retorten schnell abnutzen.

Ihre Anordnung zeigt unsere nachstehende Abbildung (Fig. 11). In einem Mauerklotz sind zentral direkt über dem von einer, an mehreren Stellen durchbrochenen Brücke überspannten Feuerungsraume die aus Gußeisen gefertigten, eiförmigen Retorten von ca. 1 m Höhe und 52 cm Weite in zwei Reihen nebeneinander schrägliegend angeordnet. Unter ihrer durch Deckel verschließbaren Mündung sind kurze Rohrstutzen *f* angesetzt, die einerseits dazu dienen, die Retorte etwas zu drehen, wenn sie an ihrer Unterseite beschädigt ist, andererseits aber zum Anschlusse der Retorte an das Eisenrohr bestimmt ist, das in die beiderseits der Retortenbatterie angeordneten, für je je zwei Retorten gemeinsame großen Kondenstöpfe von 60 cm Weite und 80 cm Höhe führt. Unterhalb dieser Kondenstöpfe ist dann je ein Eisenbassin von halbkreisförmigem Querschnitt angeordnet, welches von der zentral belegenen Feuerung aus durch die angedeuteten Kanäle beheizt wird. Der Betrieb gestaltet sich nun dergestalt, daß in jede Retorte rund

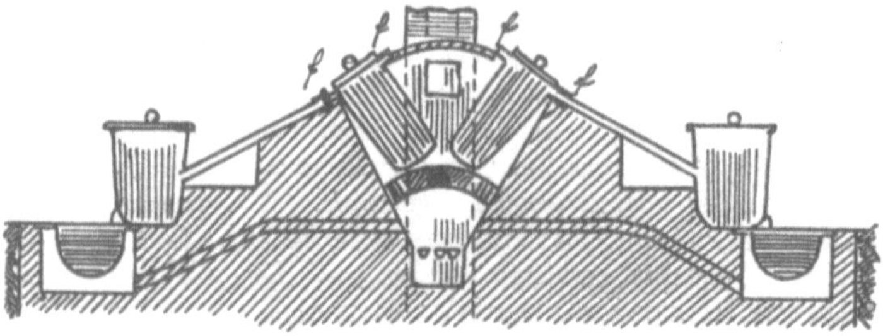

Fig. 11. Gefäßofen zur Schwefelgewinnung (doppioni).

150 kg Erz eingebracht und die Retortenbatterie kräftig befeuert wird; der Schwefel destilliert dann aus den Retorten durch die Eisenrohre in die Kondenstöpfe über, in denen er sich verdichtet und in flüssigem Zustande in die Sammelbassins abfließt; aus diesen wird er in bekannter Weise in hölzerne Formen geschöpft. Die ganze Operation erfordert rund 12 Stunden.

Während bei den bisher beschriebenen Schwefelgewinnungsmethoden, die in Italien heute in Benutzung stehen, entweder die Schwefelerze selbst als Brennmaterial oder eine besondere, mit Holz usw. gespeiste Feuerung Verwendung fanden, hat sich das von Gill bereits verhältnismäßig früh vorgeschlagene, durch Thomas aber erst um 1868 zur praktischen Anwendung gebrachte Ausschmelzen des Schwefels aus den Erzen mittels überhitzten Wasserdampfes nur sehr langsam und immer noch nicht in größerem Maßstabe durchsetzen können. Auch verschiedene andere Methoden, genannt seien nur die von M. De la Tour-Dubreuil, der 66 % Chlorcalciumlösung vorschlug, Condy-Bollmann und einige weitere mehr, besitzen keinerlei nennenswerte Verbreitung. Auf Sizilien herrscht nach wie vor der calcaroni, bzw. der Gillsche Zellenofen, was in der Hauptsache, abgesehen von anderen Gründen, damit zu erklären ist, daß diese Verfahren das Schwefelerz selbst als Brennmaterial zu verwenden gestatten.

Was die Reinheit des von Sizilien aus in Brotform in den Handel gebrachten Rohschwefels anbetrifft, so enthalten diese Brote bei einem Gewicht von 50 bis 60 kg rund 4 % Bitumen und in ihren unteren Partien bis zu 25 % Verunreinigungen. Verschiedene von Mène vorgenommene Analysen sizilianischen Rohschwefels ergaben folgende Werte:

Schwefel in CS_2 löslich	90·1	96·2	91·3	90·0	88·7
Desgl. unlöslich . . .	2·0	—	1·5	2·1	1·7
Kohlige Substanz . .	1·0	0·5	0·7	1·1	1·0
Kieselsand	2·3	1·5	3·3	2·8	5·5
Kalkstein bzw. Cölestin	4·1	1·8	2·5	3·0	2·8
Verlust	0·5	—	0·7	1·6	0·3

Für die Gewinnung des in der Natur gediegen vorkommenden Schwefels bleibt uns dann noch ein Verfahren zu betrachten übrig, das neuerdings in Louisiana in großem Maßstabe zur Einführung gelangt ist und den amerikanischen Schwefel mit einem Schlage zu einem der gefährlichsten Konkurrenten aller übrigen Produkte, insbesondere der sizilianischen, gemacht hat.

In Louisiana wurde bereits im Jahre 1868 bei Calcasila Parish enorme, bis zu 30 und mehr Meter mächtige Schwefellager bei Bohrungen nach Petroleum durch die Louisiana Oil Cie. entdeckt und ihr bergmännischer Abbau sofort in Angriff genommen, was aber bei ihrer mindestens 300 Fuß betragenden Tiefe deshalb unmöglich war, weil die geologischen Bedingungen für einen bergbaumäßigen Betrieb nicht vorhanden waren. Der Schwefel lagert dort nämlich unter einem sogenannten treibenden Stratum, d. h. einer wasserführenden Triebsandschicht. Das Profil eines dortigen Vorkommens, bei dem der Schwefel in einem früheren Geysir angehäuft ist, zeigt unsere nebenstehende Skizze (Fig. 12). Trotz aller Anstrengungen gelang es nun nicht, diese Triebsandschicht mit Schächten zu durchfahren, und selbst das Gefrierverfahren ließ die Bergleute im Stich. Durchbrüche des Triebsandes kamen häufig vor und verschütteten die Bauten unter Tage immer von neuem, so daß man endlich, nachdem mehr wie 3000000 Dollars in das Unternehmen gesteckt worden und 78 Leute zu Tode gekommen waren, den Abbau aufgab. So ruhte dann der Schwefelbergbau in Louisiana jahrzehntelang vollständig, bis es vor einigen Jahren dem Deutsch-Amerikaner Hermann Frasch gelang, ein geeignetes Abbauverfahren aufzufinden. Bei diesem wird in das Schwefellager an verschiedenen Stellen ein Bohrloch und mit diesem eine oben 330 mm, von der ersten Triebsandschicht an aber nur noch 203 mm im Durchmesser haltende Rohrtour

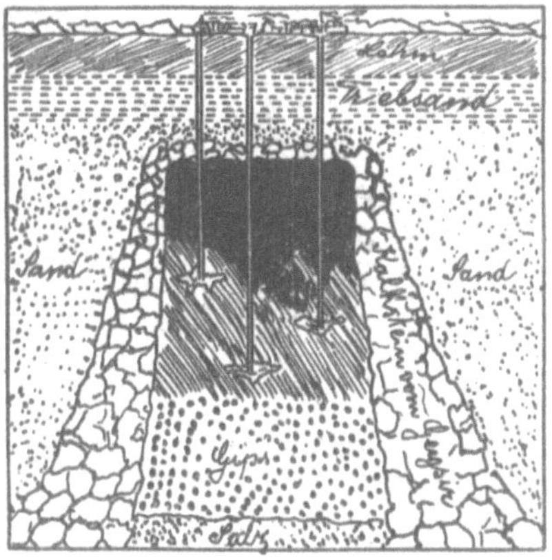

Fig. 12. Charakteristisches Schwefelvorkommen in Louisiana.

niedergebracht, wie es in Fig. 13 veranschaulicht ist. Der innerhalb des Schwefellagers endende Fuß des unteren Rohres besitzt, wie aus unserer Skizze (Fig. 13) zu ersehen, einen verstärkten, unten geschlossenen Kopf, der oben und unten aber je einen Kranz Öffnungen besitzt. In das äußere, direkt der Bohrlochwandung anliegende Rohr wird nun zunächst ein zweites Rohr von 76 mm Durchmesser und in dieses ein drittes Rohr von 38 mm Weite zentral eingebracht. Auf diese Weise werden drei, völlig voneinander getrennte Leitungsräume geschaffen, und zwar wird durch den Zwischenraum zwischen äußerem und erstem inneren Rohr überhitztes Wasser von mindestens 160 °C (kein Wasserdampf!) mit Hilfe besonderer Pumpen in das Schwefellager eingepreßt, welches den Schwefel flüssig macht. Das Hochfördern des verflüssigten Schwefels erfolgt nun nach dem Prinzip der Mammuthpumpe mit Hilfe entsprechend hoch vorgewärmter Druckluft. Diese heiße Druckluft wird von einem geeigneten Kompressor durch das innerste Rohr in den Bohrrohrfuß eingeblasen und steigt in dem Ringraum zwischen erstem und zweitem Innenrohr wieder auf. Hierbei saugt sie den flüssigen Schwefel an und fördert ihn zutage. Da der über Tage aus der Rohrleitung auslaufende Schwefel dank der hohen Temperatur seiner Förderleitung noch dünnflüssig ist, läßt er sich in außerordentlich einfacher Weise aufstapeln. Man läßt ihn nämlich einfach in große, aus Holzbrettern zusammengebaute Behälter einfließen, in denen er zu riesigen Klötzen, die bis zu 50 Fuß hoch sind, erstarrt. Die zurzeit vorhandenen Holztanks vorbeschriebener Bauart vermögen rund 150000 t Schwefel zu fassen und sind im Bedarfsfalle selbstredend äußerst schnell und wohlfeil zu errichten. Ist der Riesenschwefelblock eines solchen Tanks völlig fest geworden, so werden die Bretterwände, welche ursprünglich die Tankwände bildeten, entfernt und der Klotz mit Hacke und Schaufel abgebrochen oder in

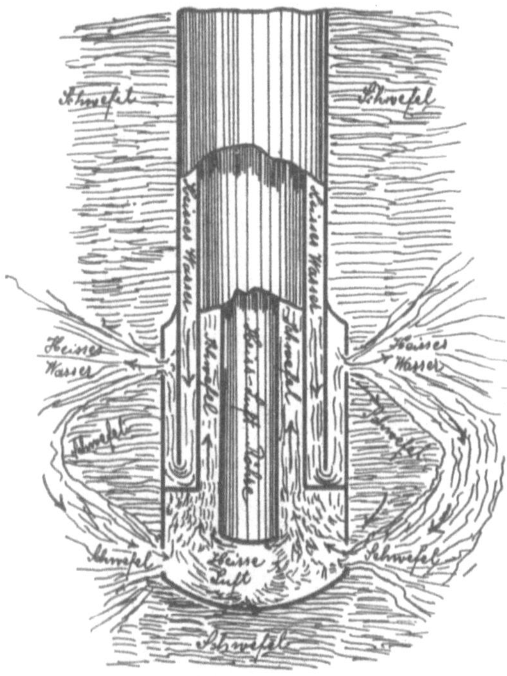

Fig. 13. Bohrrohrkopf zur Schwefelgewinnung nach Frasch.

Würfel zersägt, die dann ohne weiteres in den Handel gelangen. Die Union Sulphur Cie. hat bereits über 50 Dampfkessel von je 150 PS. Leistung zur Dampf- und Heißwassererzeugung im Betrieb und sollen in Louisiana insgesamt 40 Bohrtürme in Förderung stehen. Die gesamte dortige Schwefelproduktion erreichte im Jahre 1910 bereits rund 1500000 t im Werte von über 18000000 Mark, so daß sie den gesamten Weltbedarf an Schwefel mit Leichtigkeit zu decken vermöchte. Nach Baldacci stellt der Louisianaschwefel sehr reinen, sog. Seifenschwefel von 90 bis 98 $^0/_0$ Reinheitsgehalt dar. Derselbe Autor betont aber, daß es sich bei diesem Vorkommen nur um ein beschränktes handele. Von italienischen Ingenieuren, die an Ort und Stelle im Auftrage ihrer heimischen Regierung Studien gemacht haben, ist es auf rund 40000000 t geschätzt worden. — Der Vollständigkeit halber sei noch erwähnt, daß sich in einem einschlägigen, seinerzeit von der „Deutschen Warte" veröffentlichten Aufsatze die Angabe findet, die Fraschsche Methode arbeite nicht mit überhitztem Wasser, sondern mit billigen Mineralölen als Lösungsmittel. Allerdings ist bereits vor längerer Zeit vorgeschlagen worden, schwere Steinkohlenteeröle von 0·995 spez. Gewicht und 180 bis 210° Siedepunkt als Extraktionsmittel für Schwefel zu benutzen. Bisher ist dieser Vorschlag aber weder in Louisiana, noch anderswo in größerem Maßstabe praktisch durchgeführt worden.

Zum Schlusse müssen wir dann noch einer Art der Schwefelgewinnung aus den Schwefelmetallen Erwähnung tun, nämlich der aus Schwefelkiesen (Pyriten). In einigen nordischen Ländern findet derart gewonnener Schwefel heute noch zur Pulverfabrikation Verwendung, beispielsweise wird in Schweden mehrfach nach ihr gearbeitet. Sehr interessant ist es auch, daß diese Methode bereits einmal im Kriegsfalle mit gutem Erfolge in größerem Maßstabe benutzt wurde; es war dies zur Zeit des ersten Kaiserreiches, als Sizilien blockiert war und der damals ausschließlich von dort bezogene Schwefel nicht nach Frankreich gelangen konnte. Damals ging die französische Regierung dazu über, in Schwefeltreiböfen zu Vonêche und Vedrin aus den dort anstehenden und bis zu 50 $^0/_0$ Schwefel enthaltenden Pyriten diesen für die Schwarzpulverfabrikation überaus wichtigen Rohstoff zu gewinnen.

Die Gewinnung des Schwefels aus Schwefel- oder auch aus Kupferkiesen erfolgt in sog. Schwefeltreiböfen, von denen unsere nebenstehende Abbildung (Fig. 14) schematisch die Einrichtung wiedergibt. In einem entsprechend geformten Feuerungsgewölbe sind pyramidenförmige Rohre quer eingebaut, die an ihrem linken Ende mit abnehmbaren Deckeln luftdicht verschließbar sind, während sich an ihr rechtes Ende Leitungen anschließen, die in einen seitlich des Ofens angeordneten, mit Wasser gefüllten und mit Deckel verschlossenen Bottich führen. Nachdem der Ofen gehörig abgewärmt ist, beschickt man die Retorten mit Schwefelkies und schließt sie mit dem Deckel luftdicht ab. Im Anfange muß nur mäßig, dann aber stets gleichmäßig gefeuert werden, damit ein Sintern des Kieses und ein rapides Entweichen von Säuredämpfen vermieden wird. Der aus den Retorten austretende Schwefel träufelt durch die Rohre in die Wasservorlage. Der in derartigen Schwefeltreiböfen aus Schwefel- oder Kupferkiesen bei etwa 15 bis 19 % durchschnittlicher Ausbeute gewonnene Schwefel weist fast immer einen Gehalt von Arsen auf, so daß er nicht ohne weiteres zur Pulverfabrikation verwendbar ist, sondern zunächst einer gründlichen Läuterung unterzogen werden muß. Der Gehalt an Arsen und wenig Selen gibt dem Schwefel meist eine auffallend pomeranzengelbe Färbung. Um einen etwaigen Arsengehalt festzustellen, werden in preußischen Staatspulverfabriken 5 g feingeriebener Schwefel mit 100 ccm Ammoniak bei 50 bis 60° eine Viertelstunde lang unter stetem Umrühren erwärmt. In der vom Schwefel durch Filtration getrennten Flüssigkeit darf nach dem Ansäuern mit Salzsäure, auch nach dem Zusatz von Schwefelwasserstoffwasser, kein wägbarer Niederschlag auftreten.

Fig. 14. Schwefeltreibofen.

Läuterung des Schwefels: Der nach einem der vorbeschriebenen Verfahren gewonnene Rohschwefel muß zunächst, um ihn von allen erdigen Bestandteilen und sonstigen mechanischen Verunreinigungen, ferner von Säuren, Arsen und dgl. zu befreien, geläutert werden. Diese Läuterung oder Raffination wird in der Hauptsache nicht an den Produktionsstätten vorgenommen, sondern in besonderen Schwefelraffinerien in Frankreich (hauptsächlich Marseille und Umgegend), Belgien (Antwerpen), Deutschland usw. Bei dieser Raffination wird der geläuterte Schwefel entweder in der Form von Stangenschwefel oder in der von Schwefelblumen gewonnen. Vorweg sei hier bereits bemerkt, daß für die Pulverfabrikation ausschließlich der Stangenschwefel, nicht aber die Schwefelblumen in Betracht kommen.

Letztere lassen sich von pulverisiertem Stangenschwefel leicht dadurch unterscheiden, daß sie sich unter dem Mikroskop als kleine, unregelmäßig geformte, vielfach nierenartig zusammenhängende Kügelchen darstellen. Schwefelblumen enthalten zuweilen beträchtliche Mengen schweflige Säure (auf 100 g bis 3·14 ccm SO_2, s. Archiv d. Pharmacie 1887, S. 845) und Schwefelsäure, sind deshalb für Explosivstoffe gänzlich ungeeignet. Aber auch schlechter Stangenschwefel weist zuweilen einen Säuregehalt auf. Letzterer wird in den preußischen Staatspulverfabriken dergestalt ermittelt, daß 10 g fein verriebener Schwefel mit 150 g Wasser gut verrührt und einige Minuten gekocht werden; hierbei darf das Wasser keine, durch Lackmuspapier nachweisbare, saure Eigenschaft aufweisen. Besitzt die beanstandete Schwefellieferung nur einen geringen Säuregehalt, so kann man sich dadurch helfen, daß man den Schwefel gründlich kleint und kräftig auswäscht. Während Schwefelsäure zuweilen im Schwefel auftritt, findet sich unterschweflige Säure (Thio-Schwefelsäure) niemals in ihm. — Des Interesses halber sei noch erwähnt, daß mitunter in betrügerischer Absicht Stangenschwefel in den Handel gebracht wird, der kein raffinierter, sondern lediglich roher Schwefel ist. Dies läßt sich durch geeignete Untersuchung leicht ermitteln.

Das in Südfrankreich am meisten angewandte, von Lamy ausgebildete Läuterungsverfahren arbeitet mit einem Ofen nach Fig. 15 in folgender Weise. Bei der ersten Operation werden die Zylinderretorten *B B*, welche direkt befeuert werden, mit je 300 kg Rohschwefel chargiert, der tunlichst trocken und rein ist. Nach erfolgter Einbringung der Charge werden die beiden Retorten mit den aufluttierten Deckeln *B'* geschlossen und zunächst die erste von ihnen befeuert, bis die Destillation halb vollendet ist, dann erst die zweite. Die aus der Retortenfeuerung entweichenden Abgase umspülen den mit rund 800 kg Schwefel gefüllten Kessel *D*. Diese Schwefelmenge schmilzt und reinigt sich dadurch, daß das in ihr enthaltene Wasser verdampft wird, während sich die spezifisch leichten Verunreinigungen an der Badoberfläche sammeln und sich die spezifisch schwereren zu Boden setzen. Sobald nun die Destillation in der ersten Retorte beendet ist, läßt man durch die Rohrleitung *F* aus dem Kessel *D* rund 300 kg flüssigen Schwefel in sie eintreten. Hierauf entfernt man das Rohr *F* aus dem Retortendeckel *B'* und schließt seine Einführungsöffnung in diesem mit einem Tonpfropfen ab. Die bei der Destillation aus den Retorten entweichenden Schwefeldämpfe sammeln sich in der Kammer *G*, und zwar abwechselnd, wie eben angedeutet, aus der einen oder aus der anderen Retorte, wobei die gerade mit flüssigem Schwefel aus dem Kessel *D* zu füllende mittels des Schiebers *T'* abgesperrt wird. Naturgemäß muß, um Undichtigkeiten in der Apparatur zu vermeiden, dafür gesorgt werden, daß die sich bei der Destillation stark ausdehnende Luft der

Kammer *G* ungestört entweichen kann. Hierzu dient die am Gewölbescheitel angeordnete Klappe *H*, welche durch ein Gegengewicht so genau ausbalanciert ist, daß die sich während der Destillation stark ausdehnende Luft leicht und ungestört aus der Kondensationskammer entweichen kann, da sich dann die Klappe sofort hebt. Durch die unaufhörliche Aufeinanderfolge der je rund 8 Stunden dauernden Destillationen wird die Temperatur der Kondensationskammer bald auf über 112° C gebracht und dauernd in dieser Höhe erhalten. Infolgedessen sammelt sich der überdestillierte Schwefel in flüssiger Form am Boden der

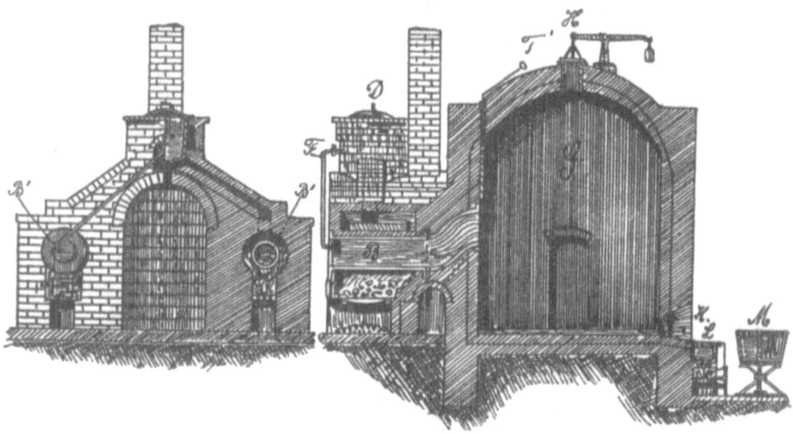

Fig. 15. Anlage zur Schwefelläuterung nach Lamy.

Kammer an. Sobald er eine Höhe von 12 bis 18 cm erreicht hat, wird er mittels des Hahnes *K* in den beheizten Kessel *L* abgelassen. Aus diesem schöpft man ihn dann mit eisernen Löffeln in Holzformen, die in dem mit Wasser gefüllten Drehkübel *M* stehen. Der so gewonnene Rohschwefel kostet nach einer von Payen aufgemachten Berechnung, der als Grundpreis 15 fr. pro 100 kg Rohschwefel zugrunde gelegt sind, pro 100 kg 20 fr. 45 c. Ein Apparat verarbeitet in 6 Operationen 1800 kg Rohschwefel und liefert 1600 kg Stangenschwefel. Der Stangenschwefel wird in Holztonnen, die innen am besten mit Papier ausgeklebt sind, verpackt und gelangt so in den Handel.

Der eben beschriebene Apparat von Lamy besitzt nur eine geringe Leistungsfähigkeit, wie wir eben sahen, ist umständlich zu bedienen und wegen leichten Undichtwerdens seiner Verbindungen schwierig instandzuhalten. Um diese Übelstände zu beheben, konstruierten Court und Déjardin einen in der Staatsraffinerie zu Marseille, in Antwerpen und an anderen Orten zur Einführung gelangten Apparat, welcher durch wesentliche Vergrößerung der Oberfläche der Destilliergefäße und des Inhaltes der bis auf 600 cbm gebrachten Kammern bei wohlfeilerer Bedienung die Produktion zu verdoppeln gestattet.

Dieser Apparat, den unsere nachstehende Abbildung (Fig. 16) in verschiedenen Hauptschnitten wiedergibt, arbeitet in folgender Weise. In dem wannenförmigen Vorwärmekessel *c*, der von den Abgasen der Feuerung bestrichen wird, werden zunächst 600 kg Rohschwefel eingeschmolzen. Sobald dieser flüssig geworden ist, läßt man ihn mit-

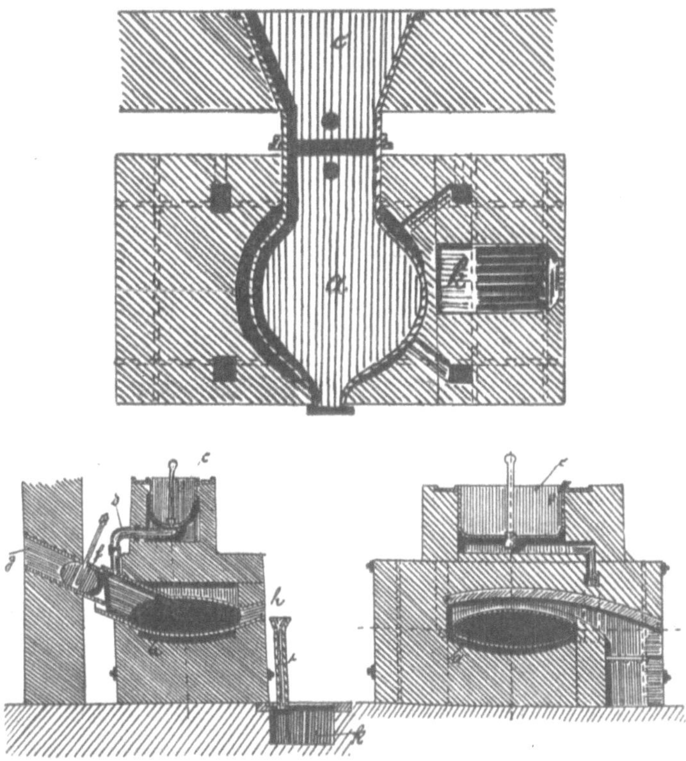

Fig. 16. Anlage zur Schwefelläuterung nach Court und Déjardin.

samt den in ihm enthaltenen Unreinigkeiten durch das Rohr *d* nach der linsenförmigen, aus Gußeisen gefertigten und allseitig direkt beheizten Retorte *a* ab, worauf man das Bodenventil des Vorwärmekessels wieder schließt. Die aus der Retorte entweichenden Schwefeldämpfe passieren bei geöffneter Klappe *f* durch das Rohr *g* die Kondensationskammer. Diese besitzt für Stangenschwefel einen Inhalt von 300 cbm, für Schwefelblumen einen solchen von 600 cbm. Nachdem die Destillation 4 Stunden gegangen ist, werden die in der Retorte verbliebenen Rückstände durch die Arbeitsöffnung *h* ausgeräumt und gelangen durch das Rohr *i* nach dem Kasten *k*. Pro 24 Stunden lassen sich in zwei derartigen Apparaten 4800 kg Schwefel in 4 Chargen läutern, wobei fast schwefelfreie Rückstände entfallen und sich der Schwefelverlust auf nur 0·73 % bei 1·5 % Unreinigkeiten im Rohschwefel beläuft. Stellt man den Rohschwefel mit 20 fr. pro 100 kg in Rechnung, so kosten 100 kg Stangenschwefel 23 fr. 50 c.

Ähnlich konstruiert, wie der von Court und Déjardin entworfene Apparat, ist, wie aus unserer nachstehenden Fig. 17 ersichtlich, der in der englischen Staatspulverfabrik von Waltham Abbey verwandte, der nach Belieben flüssigen Schwefel oder Schwefelblumen darzustellen gestattet.

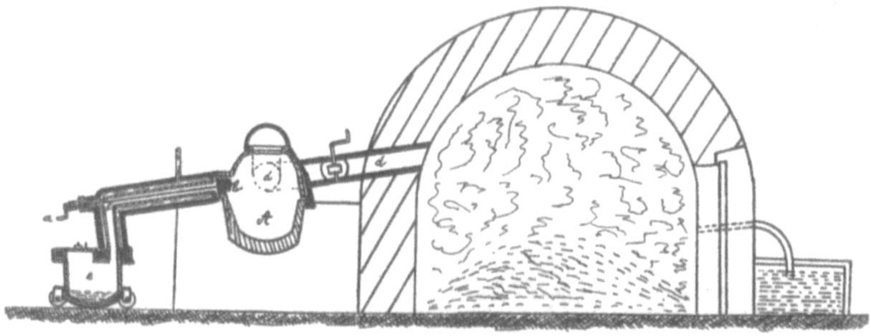

Fig. 17. Anlage zur Schwefelläuterung in Waltham-Abbey.

Dieser Apparat setzt sich zusammen aus der gußeisernen Retorte *A*, die einen großen, 418 mm Durchmesser besitzenden abnehmbaren Deckel mit verschließbarer Probieröffnung besitzt und in eine Herdfeuerung eingebaut ist. Sie ist zweiteilig, hat ungefähr 1000 mm Weite bei 1260 mm Gesamthöhe. Diese Retorte besitzt im rechten Winkel gegeneinander versetzt und nicht, wie in unserer Abbildung der Übersichtlichkeit halber dargestellt, diametral gegenüber, zwei Rohranschlußleitungen *c* und *d*, von denen die erste in ein Sammelgefäß *e* von rund 110 cm Durchmesser, die zweite in eine große, gemauerte Kondensationskammer führt. In das Rohr *d* von 392 mm lichter Weite ist eine mittels Kurbel von außen zu betätigende Ventilklappe eingebaut. Das Rohr *c* von 125 mm lichter Weite besitzt auf seiner ganzen Mantelfläche Wasserkühlung. Es läßt sich von außen mittels der Handkurbel *a* durch den Drehschieber *b* absperren. Der Betrieb gestaltet sich nun dergestalt, daß in die Retorte *A* ca. 275 kg in Stücke vorgebrochener Rohschwefel eingebracht, der Retortendeckel aufgesetzt und mit Lehm gedichtet wird. Sobald beim Niederschmelzen der Charge durch die kleine Probieröffnung des Retortendeckels gelbe Dämpfe entweichen, wird diese geschlossen und die Schwefeldämpfe bei gleichfalls abgesperrtem Schieber *b*, aber geöffneter Ventilklappe durch die Rohrleitung *d* in die Kondensationskammer eintreten gelassen. Die Schwefeldämpfe kondensieren an den Wandungen dieser Kammer zu Schwefelblumen. Um der Luft in der Kammer den Austritt zu ermöglichen, ist an dieser ein kurzes gebogenes Rohr angebracht, welches in einen Wasserkasten mündet, um die schweflige Säure usw. aufzunehmen. Nach ungefähr 8 Stunden wird die Ventilklappe im Rohre *d* geschlossen, also die Kondensationskammer abgesperrt und das Ventil *b* geöffnet, so daß die aus der Retorte *A* entweichenden Schwefeldämpfe nunmehr gezwungen sind, durch das wassergekühlte Rohr *c* zu streichen. Sie kondensieren in diesem zu flüssigen Schwefel und sammelt sich dieser in dem Sammelgefäße *e* an. In dem Deckel des Sammelgefäßes ist ein kleines Bleirohr angeschlossen, welches in eine kleine Bleikammer führt, in welcher die bisher noch nicht kondensierten Dämpfe verdichtet werden. Nachdem aller Schwefel aus der Retorte abdestilliert, läßt man den im Vorratsgefäße angesammelten flüssigen Schwefel ungefähr eine Stunde abkühlen, bis er eine etwas unter 115° liegende Temperatur angenommen hat und schöpft ihn in mit Wasser befeuchtete Holzformen. Die in der Kondensationskammer gewonnenen Schwefelblumen werden bei der nächsten Operation wieder als Rohschwefel eingesetzt.

Einfacher wie die vorbeschriebenen Typen ist ein S c h w e f e l - R a f f i n i e r a p p a r a t, den man in deutschen Fabriken, besonders in solchen, welche die Rückstände verwenden können, in Betrieb findet.

Dieser besteht, wie aus unserer nachstehenden Fig. 18 zu ersehen, aus zwei, durch ein eingeflanschtes Knierohr *C* in ungefähr 2 m Ent-

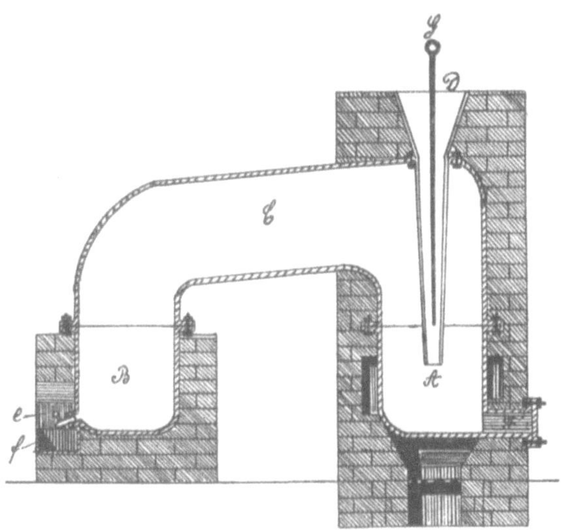

Fig. 18. Schwefelläuterungsapparat deutscher Bauart.

fernung voneinander verbundenen gußeisernen Kesseln *A* und *B*, welche je 1 m Durchmesser und gleiche Höhe haben. Die Retorte *A* wird direkt befeuert und besitzt seitlich einen Reinigungsstutzen *F* mit aufgeschraubtem Deckel zum Entfernen der Rückstände. In sie ragt von oben der Aufgabetrichter *D* hinein, dessen unteres Ende unter die Oberfläche des Schwefelbades hinabreicht. Die Eisenstange *G* dient dazu, die Trichtermündung bei Verstopfungen wieder frei zu machen. Die aus der Retorte entweichenden Schwefeldämpfe treten in das Knierohr, verdichten sich in diesem und sammelt sich der flüssige Schwefel in der Vorlage *B* an, aus welcher er durch *e* in den Kasten *f* abgelassen werden kann. Durch die Einmauerung der Retorte nebst anschließender Haube des Kniestücks wird ein vorzeitiges Kondensieren der Schwefeldämpfe verhindert, während die Ummauerung der Vorlage *B* dafür sorgen soll, daß sich der in dieser enthaltene flüssige Schwefel nicht zu stark abkühlt.

Umschmelzen des raffinierten Schwefels: In den deutschen Staatspulverfabriken wurde schon verhältnismäßig früh der Bezug von bereits (meist in Südfrankreich) raffiniertem Stangenschwefel eingeführt. Dieser aus dem Handel kommende Stangenschwefel wird in einem direkt geheizten, rund 75 kg fassenden Grapen eingetragen und langsam niedergeschmolzen. Sobald er flüssig geworden ist, schöpft man ihn in 25 kg fassende, emaillierte, eiserne Töpfe, die vorher mit einem in warmes Wasser eingetauchten Tuche ausgewaschen worden sind, und zwar setzt man hierbei auf jeden Topf ein Gazesieb von kleiner Maschenweite Durch diese Filtrierung werden alle in dem Stangenschwefel etwa noch vorhanden gewesenen oder durch den Transport usw. in ihn hineingeratenen Verunreinigungen sicher entfernt. Den in die Töpfe eingeschöpften Schwefel läßt man recht langsam erkalten, wodurch er aus der prismatischen Form (Beta-Schwefel, monoklinischer Schwefel) in die gewöhnliche rhombische (Alpha-Schwefel, oktaëdrischer Schwefel) überführt und dadurch bedeutend zerreiblicher wird. Die aus den Grapen und von den Sieben stammenden Rückstände werden bei den folgenden Operationen wieder mit eingeschmolzen.

Wirtschaftliches: Wie bereits eingangs erwähnt, war im Anfange des verflossenen Jahrhunderts Sizilien bzw. Italien der fast alleinige Schwefellieferant für die ganze Welt. Im Jahre 1860 waren in Sizilien 300 Schwefelgruben mit 16000 Mann Belegschaft und einer Jahresproduktion von 150000 t im Betriebe. Der Durchschnittspreis pro Tonne belief sich auf 120 Lire, stieg zuweilen aber auch auf 142 Lire. Naturgemäß hatten diese Preissteigerungen zur Folge, daß die Förderung tunlichst forciert wurde, so daß diese bis 1879 auf 324000 t anwuchs. Da setzte die erste größere Krise mit einem Preisrückgang auf 79·41 Lire pro Tonne ein. Langsam besserte sich aber der Markt wieder und die Preise zogen bis auf 119 Lire pro Tonne im Jahre 1881 an. Auch die Förderung stieg weiter und die Anzahl neu in Betrieb gesetzter Gruben. Im Jahre 1885 gab es bereits 347 Gruben mit einer Gesamtförderung von 377 000 t, die Preise gaben aber nach bis auf 83 Lire pro Tonne, ja im Jahre 1889 bis auf 67·50 Lire pro Tonne. Als anfangs der neunziger Jahre die Nachfrage immer stärker wurde, stieg bis zum Jahre 1892 die Zahl der Gruben bis auf 657. Ein rascher Preissturz folgte aber auf dem Fuße, denn während 1892 noch 95 Lire pro Tonne gelöst wurden, wertete die Tonne im Jahre 1895 nur noch 55·69 Lire. Gleichzeitig erfolgte eine Reduzierung der Arbeitslöhne um 50 % und es kam auf Sizilien in den Schwefeldistrikten zur offenen Revolution. Bekanntlich stehen die sizilianischen Schwefelgruben schon seit alten Zeiten in einem höchst schlechten Rufe. Die Arbeiter werden infolge des Ausbeutungssystems in einer geradezu unglaublichen Weise behandelt. Auf der anderen Seite darf aber auch nicht übersehen werden, daß sie bereits als halbwüchsige Knaben von 8 Jahren zu der Grubenarbeit herangezogen werden und trotz des offiziellen italienischen Schulzwanges den Begriff Schulbildung auch noch nicht einmal dem Namen nach kennen. Auf den Gruben herrscht ein beständiger Belagerungszustand und liegen dauernd auf ihnen — selbstredend auf Kosten der Grubengesellschaften — starke militärische Besatzungen, nach deren Abzug die Arbeiter sofort über die Beamten herfallen würden. Außer in diesen mißlichen Arbeiterverhältnissen sind die Hauptursachen der damaligen Krise, genau so, wie die der zahlreichen noch folgenden in mannigfachen anderen Gründen zu suchen. Vor allem gehört der Schwefel nach dem sizilianischen Berggesetz dem Grundbesitzer. Dieser gibt es nun allzu viele, meistens in mittleren und kleineren Verhältnissen, die aus Eigensinn nicht unter einen Hut zu bringen sind. Von diesen Grundbesitzern pachten die finanziell nur schwach fundierten Unternehmer (gabellotti) zu Zeiten hohen Preisstandes das Förderungsrecht zu übertriebenen Summen. Um zum Verdienen zu kommen, steigern sie ihre Produktion nach Möglichkeit. Infolge dieses vermehrten Angebotes setzt naturgemäß ein Preissturz ein und die Folge ist das Streben der Unternehmer, die Gestehungskosten durch erhöhte Förderung tunlichst herunterzudrücken. Die Folge ist ein weiteres Nachlassen der Preise. Und das geht dann so weiter ad infinitum. Diese unerquicklichen Zustände erreichten nun ihren Höhepunkt im Jahre 1895, wo der Preis pro Tonne nur 55 Lire betrug. Gleichzeitig machte sich ferner die inzwischen in England in immer größerem Maßstabe durchgeführte Darstellung des künstlichen Schwefels aus Sodarückständen, was den Export dorthin anbelangte, sehr unangenehm geltend. Eine im Jahre 1896 zwischen sizilianischen Produzenten und englischen Sodafabrikanten aus diesem Grunde getroffene Preisvereinbarung scheint aber nicht von durchschlagendem Erfolge gewesen zu sein. Als Retter in der Not sprang nun eine ausländische Gesellschaft, die in London domizilierte Anglo Sicilian Sulphur Comp. ein, welche im Jahre 1896 mit einem nominellen Kapital von 1 035 000 Pfd. und einem Effektivkapital von 750 000 Pfd. gegründet wurde. Diese Gesellschaft einigte sich mit der italienischen

Regierung dahin, daß alle bisher auf die Produktion behördlicherseits gelegten Abgaben mit Ausnahme der Gründungssteuer und einer Registertaxe in Wegfall kommen sollten. Dafür mußte sie aber erstens für jede Tonne exportierten Schwefel eine Abgabe von 1 Lire entrichten und sich zweitens verpflichten, sämtlichen auf Sizilien vom 1. August 1896 bis 31. Juli 1906 geförderten Schwefel zu einem Preise von 76 bis 82 Lire, je nach Qualität, anzukaufen. Es gelang der Gesellschaft in der Folge aber nur, bis höchstens 60 % der gesamten Förderung hereinzubekommen. Trotzdem trat aber nunmehr eine langsame Gesundung der Preise ein und zogen diese von 69·92 Lire im Jahre 1896 auf 90·39 Lire im Jahre 1897 und zuletzt bis 1906 auf 95 und 96 Lire an. Die Gesellschaft, die von den kartellierten Produzenten billiger kaufte, konnte auf ihre 750000 Pfd. Vorzugsaktien 6 % und auf ihre 35000 Pfd. gewöhnliche Aktien 50 % Dividende verteilen. Gleichzeitig stellte sie wohlweislich starke Reserven zurück, deren Wert wir gleich noch näher kennen lernen werden. Bemerkt sei nun noch zunächst folgendes. Infolge der lohnenden Preise stieg die Zahl der Gruben (insbesondere die der dem ebenerwähnten Kartell fernstehenden), die der Arbeiter und die Produktion immer weiter. Es gab:

	Gruben	Arbeiter	Förderung
1895 . . .	432	24194	392000 t
1904 . . .	800	35695	496000 t

In den Jahren 1903 bis 1906 wurden folgende Mengen exportiert:

Bestimmungsländer	1906	1905	1904	1903
Vereinigte Staaten . .	41283 t	70332 t	100680 t	155996 t
Frankreich	67536 t	96170 t	103042 t	74372 t
Italien	79519 t	99633 t	79619 t	45572 t
Großbritannien . . .	20883 t	18847 t	18108 t	19210 t
Rußland	16181 t	16673 t	15141 t	15068 t
Portugal	12302 t	13196 t	8373 t	14064 t
Deutschland	34967 t	28319 t	31613 t	32553 t
Österreich	22756 t	25111 t	23374 t	17926 t
Griechenland und Türkei	26560 t	25069 t	25376 t	22133 t
Belgien	13940 t	14442 t	13627 t	15233 t
Skandinavien	21608 t	18288 t	20120 t	28292 t
Spanien	3120 t	2478 t	4063 t	4099 t
Niederlande	5330 t	4425 t	8122 t	5157 t
Insgesamt einschl. der übrigen Länder:	387432 t	456260 t	475745 t	475508 t

Gleichzeitig mit dieser Produktionszunahme wuchsen aber auch die Lagerbestände (stocks) auf Sizilien unheimlich an:

1901 . .	310123 t	1904 . .	396541 t
1902 . .	339113 t	1905 . .	462437 t
1903 . .	361220 t	1906 . .	525115 t

Betrachtet man die vorstehenden Exportziffern für den Zeitraum 1903 bis 1906, so fällt einem auf, daß der Export nach den Vereinigten Staaten von Nordamerika, die von der im Jahre 1902 467 000 t betragenden Gesamtproduktion fast $^1/_3$ bezogen hatten, vom Jahre 1903 ab ganz rapide zurückging. Dies war eine Folge der Aufschließung der dortigen Schwefellager. Die Vereinigten Staaten produzierten bzw. importierten in den letzten Jahren folgende Mengen:

	1901	1902	1903	1904	1905
Produktion:	6 866	7 443	35 098	193 492	215 000
Einfuhr:	175 310	176 951	190 931	130 421	84 579

	1906	1907	1908	1909
Produktion:	294 000	307 806	307 761	303 000
Einfuhr:	64 646	20 318	20 118	26 914

(1 t = 2240 engl. Pfd.)

Aber nicht nur die Einfuhr von Schwefel nach den Vereinigten Staaten sank damals stark, nein, diese begannen auch bereits früh Schwefel nach Europa zu exportieren, trotzdem einzelne Staaten den amerikanischen Schwefel aus Reziprozitätsgründen zolltechnisch als raffiniert behandeln. Nach Deutschland kamen bereits im Jahre 1904 bis 1905 3000 Doppelzentner amerikanischen Schwefels. Außerdem konnte die Union Sulphur Comp. die von der Standard Oil Comp. ausgiebig finanziert wurde, ihre Produktionsfähigkeit durch Inbetriebnahme neuester Einrichtungen riesig steigern. Allerdings gelang es vor der Hand noch. zwischen der englisch-italienischen und der amerikanischen Gesellschaft ein Abkommen betreffend Abgrenzung der Interessensphären zu treffen, das den Amerikanern den heimischen Markt und einige andere Absatzgebiete sicherte, sowie die Preisstellung regelte. Dieses Abkommen lief aber am 1. August 1906 ab und wurde nicht wieder erneuert. Die englisch-italienische Gesellschaft sah sich deshalb, da sich ihre finanziellen Ergebnisse immer ungünstiger gestalteten, gezwungen, die zum selben Zeitpunkte ablaufenden Verträge mit den Grubenbesitzern nicht weiter zu verlängern und schritt zur Liquidation. Die ihr auf Sizilien gehörigen Vorräte (stocks) von 350 000 t wollte sie zu diesem Zwecke abstoßen. Natürlich drohte hierdurch ein gewaltiger Preissturz, welcher für die sizilianische Schwefelindustrie verhängnisvoll werden mußte. Um diese Katastrophe zu verhüten, beschloß die italienische Volksvertretung auf Antrag der Regierungsbehörden ein Gesetz, welches am 15. Juli 1906 vom König sanktioniert wurde und das sämtliche sizilianischen Schwefelgrubenbesitzer zu einem Zwangssyndikat (consorzio obligatorio) vereinigt. Dieses Zwangssyndikat übernahm die vorhandenen Vorräte zu bestimmten Preisen und sollte außerdem Förderung und Absatz einheitlich regeln. Die Bank von Sizilien wurde gleichzeitig ermächtigt, 10 000 000 Lire zur Gewährung von Vorschüssen auf die Schwefelvorräte auszuzahlen. Das Konsortium hat es nun aber nicht verstanden, die Sanierung der sizilianischen Schwefelindustrie durch weise Beschränkung der Produktion und durch zweckmäßige Beschränkung ihres Vorschußverfahrens wenigstens mit Aussicht auf Erfolg anzubahnen. Da es ohne Festlegung einer Maximalquote den geförderten Schwefel übernahm, häuften sich die Vorräte in erschreckender Menge, und da es auf der anderen Seite den in seine Lagerhäuser eingebrachten Schwefel mit $^5/_6$ des Wertes sofort bar bezahlte, aber nur $^1/_6$ des Wertes mit Gutscheinen, die von vielen Spekulanten sofort zum Teilwerte in bar umgesetzt wurden, beglich, so entstand naturgemäß ein wahrer Wettbewerb unter den Grubenbesitzern, die Förderung immer mehr zu steigern. Auf diese Weise kann es nicht wundernehmen, daß die 10000000 Lire Vorschuß der Bank von Sizilien, sowie die dem Syndikat außerdem noch zur Verfügung stehenden 4000000 Lire der sizilianischen Bergwerksbank nach kaum dreijährigem Bestehen des Syndikats aufgezehrt, auf der anderen Seite aber die Lagervorräte von 443000 t auf 607000 t gestiegen waren. Wenn nun auch in diesen drei ersten Jahren des Bestehens an der als umständlich und schwerfällig erkannten Leitung des Konsortiums manches verändert wurde, so konnte ein durchschlagender Erfolg aber nur von einer umfassenden Neuorganisation erhofft werden, Diese erfolgte durch das unverzüglich in Kraft getretene Dekret vom 30. Juni 1910, welches 36 einzelne Paragraphen enthält und in der Hauptsache folgenden Inhalt besitzt: Das Konsortium wird von allen jetzigen und zukünftigen Besitzern sowie Pächtern von Schwefelgruben gebildet, hat seinen Sitz in Palermo und soll zunächst 17 Jahre laufen. Die Aufgabe desselben ist, für Rechnung aller Mitglieder den Verkauf des Schwefels einheitlich zu betreiben, auch Maßnahmen zu treffen, um nicht nur dem Schwefel in neuen Industrien, sondern insbesondere auch dem Schwefelroherz bei der direkten Verwendung zur Schwefelsäurefabrikation in weitestem Umfange Absatz zu verschaffen. Der produzierte Schwefel wird von dem Konsortium bei der Übernahme in vier Klassen eingeteilt und für jede dieser Klassen der Normalpreis nach örtlichen und sonstigen Verhältnissen in regelmäßigen Zeitabschnitten öffentlich festgesetzt. Vom Konsortium zu übernehmendes Roherz wird auf Grund der mit den heute üblichen Extraktionsmethoden erzielbaren Ausbeuten an reinem Schwefel bezahlt. Ohne Erlaubnisschein des Konsortiums darf weder Roherz, noch Abfall- oder geschmolzener Schwefel, kurz überhaupt keinerlei Schwefel in irgend welcher Form zur Verladung auf Schiffe oder Eisenbahnen gebracht werden. Bei der Neukonzessionierung von Schwefelgruben wird Nachweis der erforderlichen Betriebsmittel und einer guten technischen Leitung gefordert, auf Grund welcher Nachweise vom Minister für Landwirtschaft, Industrie und Handel nach gutachtlicher Anhörung der Bergbehörde von Caltanizetta die Konzession erteilt wird. Die Verwaltung des Konsortiums erfolgt durch einen 36 Mitglieder zählenden Verwaltungsrat, sowie einen engeren Arbeitsausschuß mit einem Generaldirektor an der Spitze. Der Generaldirektor, der nicht Genossenschaftler zu sein braucht und meist ein höherer Staatsbeamter ist, nimmt die gesetzliche Vertretung des Konsortiums wahr und übt die Oberaufsicht über dessen gesamte Tätigkeit aus. Er wird durch den Minister für Landwirtschaft, Industrie und Handel in Übereinstimmung mit dem Finanzminister nach Anhörung des Ministerrates vorgeschlagen und durch Erlaß des Königs ernannt, sowie, falls erforderlich, entlassen. Soweit die Führung des Inhabers es gestattet, soll das Amt aber ein bleibendes sein. Der engere Arbeitsausschuß setzt sich aus 6 ordentlichen Mitgliedern, 4 Ersatzmännern und dem Generaldirektor zusammen. Zu Mitgliedern oder Ersatzmännern können nur Genossenschaftler gewählt werden, und zwar ausschließlich solche, die weder in irgend einem bezahlten Abhängigkeitsverhältnis zum Konsortium stehen, noch auch Schwefel in irgend einer Weise, sei es als Exporteur, Raffineur oder dgl. verbrauchen. Das Geschäftsjahr läuft vom 1. August bis zum 31. Juli. In der ersten Hälfte desselben, und zwar im Laufe des Monats August, ermittelt die Verwaltung der direkten Steuern den Gesamtbetrag der von den sizilianischen Schwefelgruben aufgebrachten Grundsteuern und überweist ihn für Rechnung des Konsortiums an die Bank von Sizilien. In der zweiten Hälfte des Geschäftsjahres ermittelt die Eisenbahnverwaltung den Gesamtbetrag der für Schwefel bezahlten Frachten und überweist die Hälfte davon, höchstens aber 850000 Lire, gleichfalls für Rechnung des Konsortiums der Bank von Sizilien. Diese verwaltet die gesamten Kassengeschäfte des Konsortiums kostenlos, verzinst dafür aber die bei ihr deponierten Genossenschaftsgelder $^1/_2\,^0/_0$ niedriger wie andere private Einlagen. Diese Verwaltung des genossenschaftlichen Geldgeschäfts durch die Bank von Sizilien ist aber nur eine vorläufige, denn mit der Zeit soll die bereits bei der ersten Gründung des Konsortiums geplante sizilianische Bergwerksbank ins Leben gerufen werden. Für diese Neugründung waren damals schon 4000000 Lire ausgeworfen worden, von denen der Staatsschatz 2000000 Lire ohne das Recht der Rückforderung hergegeben hatte, während die restlichen 2000000 Lire dem Reservefonds der Bank von Sizilien entnommen werden sollten, der sie aber je nach dem Diskontstand zu verzinsen waren. Das Kapital der Bergwerksbank soll nun auf 6000000 Lire gebracht werden, und zwar kommen die neuen 2000000 Lire gleichfalls aus dem Staatsschatze. Sie werden zinsfrei in vier gleichen Raten ausgekehrt, so schnell oder so langsam, wie die ganzen 4000000 Lire zurückzuerstattenden Kapitals in Form von Obligationen untergebracht werden können. Die vom Staate vorgestreckten Gelder sollen vom 11. Jahre an in weiteren 20 Jahren jährlich amortisiert werden. Die Amortisation des von der Bank von Sizilien geleisteten Vorschusses soll ratenweise, spätestens innerhalb acht Jahren erfolgen. Die Amortisation der ebenerwähnten Obligationen der Bergwerksbank, die öffentlichen Geldinstituten für ihre Anlagen empfohlen werden, hat mittels Auslosung innerhalb 50 Jahren zu erfolgen. Geschäftsordnung und Geschäftsbetrieb der Bank unterstehen staatlicher Aufsicht, ihr Leiter, der weder dem Verwaltungsrate des Konsortiums, noch dem Aufsichtsrate der Bank von Sizilien angehören darf, wird von den zuständigen Ministern ernannt. Um die Gründung der Bergwerksbank auf vorstehender Grundlage durchzuführen, ferner um den Fonds, aus dem bei eintretender Beschäftigungslosigkeit die Grubenarbeiter unterstützt werden sollen, entsprechend aufzufüllen, werden im Voranschlage des Konsortiums bis zu 2 Lire Abgabe für jede Tonne verkauften Schwefels eingesetzt. Eine weitere Tonnenabgabe von 50 Cts. fließt in die Alters- und Invalidenkasse, während der restierende Betrag in dreimonatlichen Raten abgeführt wird. Zum Schlusse sind dann noch zwei weitere Passiva zu erwähnen. Zunächst muß das Konsortium die seinerzeit von der Anglo-Sicilian Sulphur Comp. übernommenen Stocks noch bezahlen, und zwar erfolgt dies in jährlichen Raten, die über die Dauer des Konsortiums verteilt sind und denen 3·65 % Zinsen zugeschlagen werden. Die zweite Schuld, welche das Konsortium Mitgliedern gegenüber für abgelieferte und noch lagernde Ware am 31. Juli 1909 hatte, soll gleichfalls in regelmäßigen Raten bis spätestens 1918 getilgt werden. Wie bereits erwähnt, darf ohne Erlaubnisschein des Konsortiums kein Schwefel verfrachtet, muß vielmehr in besonderen Magazinen abgeliefert werden, wobei der Staat nach jeder Richtung in der Beförderung Erleichterungen zu gewähren hat. Jeder Einlieferer erhält für den in die Magazine eingebrachten Schwefel einen Gutschein, auf dem der Übernahmepreis vermerkt ist und die Abgaben abgezogen werden. Die verbleibende Nettosumme wird bis zu $^4/_5$ ihres Betrages bevorschußt. Erwähnt sei ferner noch, daß allen Schwefelgrubenunternehmern, sowie allen einheimischen, Schwefel verarbeitenden Industrien bei Festsetzung sowohl der Provinzial-, wie der Gemeindeabgaben weitgehende Erleichterungen zugebilligt und ihnen bei Niederlassung oder Errichtung von Nebenstellen die sonst üblichen Abgaben erlassen werden. Man sieht also, daß die italienische Regierung alles irgendwie in ihren Kräften stehende getan hat, um die sizilianische Schwefelindustrie vor einer verhängnisvollen Katastrophe zu bewahren und ihre Wettbewerbsfähigkeit auf dem Weltmarkte zu erhöhen. Naturgemäß ist von italienischer Seite auch bereits mehrfach — schon zu Zeiten des ersten Konsortiums — versucht worden, mit der amerikanischen Union Sulphur Comp. zu einer Verständigung zu gelangen. Diese Versuche scheiterten aber, da die durch Unterstützung der Standard Oil Comp. sehr kapitalkräftige amerikanische Gesellschaft im Vertrauen auf ihre Überlegenheit alle Vorschläge zurückwies. Sie hat inzwischen bereits größere Verschiffungen ihres Produktes nach Marseille und Hamburg, wo sie eine zum Alleinverkauf berechtigte Filiale begründet hat, in die Wege geleitet und den Preis, der bis dahin für prima Louisiana-Schwefel in New York stets auf 22 bis $22^1/_4$ Dollar gehalten wurde, bereits wesentlich herabgesetzt. Schon im Jahre 1907 betrug er in Marseille nur noch 65 Lire, während der sizilianische Schwefel bis dahin ungefähr 100 Lire pro Tonne erzielt hatte. Die amerikanische Gesellschaft konnte dieses aber, ohne ihren Gewinn allzusehr zu schmälern, ruhig tun, denn sie arbeitet mit außerordentlich niedrigen Gestehungskosten. Bereits im Jahre 1905 beliefen sich diese, wie aus von Professor Lunge veröffentlichten Berichten hervorgeht, auf nur 15 Lire die Tonne und sind sie in der

Zwischenzeit noch weiter ermäßigt worden. Sizilianischer Schwefel läßt sich aber, niedrig gerechnet, nur für 35·76 Lire pro Tonne herstellen. Technisch ist die amerikanische Konkurrenz somit den Italienern weit überlegen, und ob es diesen, von ihrer Regierung allerdings äußerst weitgehend unterstützt, gelingen wird, auf die Dauer eine Preisbesserung durch gütliche Vereinbarungen zu erzielen, erscheint zweifelhaft, um so mehr, da sich in Zukunft unerwarteterweise neue beachtenswerte Konkurrenten einstellen können, von denen die sehr aussichtsreichen Schwefellager in Japan und die in Transkaspien wohl an erster Stelle zu erwähnen wären.

Die vulkanreichen japanischen Inseln besitzen zahlreiche große Schwefellager, vor allem auf Formosa, auf Kioushu, Honshu, Hokkaido, den Kurileninseln, sowie überhaupt in fast allen vulkanischen Gebieten. Bisher wird aber, da der Bedarf Japans selbst noch sehr gering ist, erst ein Teil dieser Lager ausgebeutet. Vielfach wird das geförderte Erz exportiert, und zwar nach den Vereinigten Staaten, Australien, Hawai, China, Kanada. Die Gewinnung des Schwefels aus dem Erz selbst hält sich noch in verhältnismäßig kleinen Grenzen, die Erzeugungsarten sind auch noch sehr rückständig und erst in letzter Zeit hat man begonnen, neuere, zeitgemäße Verfahren, wie sie auf Sizilien in Anwendung stehen, einzuführen. Die Schwefelerze sind sehr rein und erreicht ihr Gehalt besonders auf den nördlichen Lagerstätten 50 % und mehr. Bisher hat man nur Erze mit mindestens 38 % Schwefelgehalt gefördert, während auf Sizilien noch Erze bis herunter zu 20 % Gehalt verarbeitet werden.

Nach den neuesten offiziellen Berichten der japanischen Regierung wurden an Rohschwefel gewonnen:

1909 . . ca. 36900 t im Werte von 1697080 M.
1910 . . ca. 42740 t im Werte von 2098360 M.

Wenn zurzeit Japan somit auch erst an dritter Stelle der schwefelproduzierenden Länder steht, so ist es bei dem Reichtum der dortigen Lager dennoch nicht ausgeschlossen, daß es in nächster Zeit bereits seine Produktion wesentlich steigert und so neben den Vereinigten Staaten und Italien auf dem Weltmarkte als beachtenswerter Konkurrent erscheint.

Die Schwefellager in Transkaspien befinden sich in der Gegend „Kyrk Tschulba“ des Kreises Archabad und sollen sehr reichhaltige Erze bergen, da schon an der Oberfläche entnommene Proben 58 bis 62 % Gehalt aufwiesen. Weil diese Lagerstätten Hügel von 15 bis 20 Fuß Höhe und einem Umfange von 2 bis 3 Werst bilden, so sind sie sehr bequem abzubauen, ja schon die unmittelbar zutage liegenden Erzmengen werden auf einige hundert Millionen Pud geschätzt. Nachdem ein planmäßiger Abbau dieses Vorkommens lange Zeit infolge Mangels an Mitteln und Fachleuten unterblieben war, sind diese Lager vor kurzem von einer Gesellschaft angekauft worden, die sich unter dem

Namen einer transkaspischen Gesellschaft „Schwefel" gebildet hat und die Ausbeutung der Lagerstätten mit modernsten Verfahren in größtem Umfange beabsichtigt.

3. Chemische Untersuchung. Der Stangenschwefel ist meist so gut wie chemisch rein, falls mit genügender Sorgfalt dargestellt. Schwefelblumen sind nicht ganz so rein, namentlich enthalten sie, wenn nicht besonders ausgewaschen, freie Säure (schweflige Säure, Schwefelsäure, Thioschwefelsäure), die für Explosivstoffzwecke nicht vorhanden sein darf. — Man prüft auf Säuren, indem man 10 g feingeriebenen Schwefel mit 150 g Wasser gut verrührt und einige Minuten kocht; dabei darf das Wasser keine durch Lackmuspapier nachweisbare saure Eigenschaft angenommen haben. — Auf Erden und Metalloxyde wird geprüft, indem man 10 g feinzerriebenen Schwefel in einem gewogenen Porzellan- oder Platinschälchen unter einer Glocke vollständig verbrennt und den Rückstand wägt; letzterer darf in Preußen nur 0·1 %, in Österreich 0·12 %, in England 0·15 %, in den Vereinigten Staaten 0·25 % betragen, in Frankreich und der Schweiz wird überhaupt kein Verdampfungsrückstand geduldet. Eisen kann beim Pulverisieren in Trommeln mit eisernen Kugeln in den Schwefel hineingelangen, es bleibt beim Verbrennen als Eisenoxyd zurück. — Arsen kann in sehr kleinen Mengen zuweilen im sizilianischen, in größeren Mengen in dem aus Schwefelkies und aus Sodarückständen gewonnenen Schwefel vorkommen (als Schwefelarsen und als Arsentrioxyd); der Schwefel hat dann eine pomeranzengelbe Färbung. Zur Prüfung auf Arsen werden nach der preußischen Vorschrift 5 g feingeriebener Schwefel mit 100 ccm Ammoniak bei 50 bis 60° eine Viertelstunde lang unter Umrühren erwärmt; in der vom Schwefel durch Filtration getrennten Flüssigkeit darf nach dem Ansäuern mit Salzsäure auch nach Zusatz von H_2S-Wasser kein wägbarer Niederschlag entstehen. Oder man kocht den feingeriebenen Schwefel längere Zeit mit Salpetersäure, gießt die Flüssigkeit ab, neutralisiert mit Ammonkarbonat und prüft mit Silbernitrat, ob der charakteristische gelbe Niederschlag von Silberarsenit auftritt.

4. Eigenschaften des Schwefels. Der Schwefel ist ein bei gewöhnlicher Temperatur fester Körper von blaßgelber Farbe, geschmacklos, geruchlos und unlöslich in Wasser. Schwefel ist ein schlechter Leiter der Elektrizität, aber beim Reiben wird er selbst stark elektrisch; in einem Mörser gerieben, bildet er am Stößel Klumpen infolge entwickelter Elektrizität. Auch mit Metallen in Berührung gebracht, erzeugt er elektrische Strömungen; diese Eigenschaft des Schwefels ist von großer Bedeutung bei der Er-

zeugung von Schwarzpulver und kann bei Außerachtlassung von Vorsicht zu gefährlichen Bränden und selbst zu Explosionen führen. — Schwefel ist ein polymorpher Körper, die wichtigsten der kristallisierten Formen sind die rhombische und die monokline; erstere wird erhalten, wenn Schwefel aus seinen Lösungen bei gewöhnlicher Temperatur kristallisiert, die monokline Modifikation gelangt aus heißen Lösungen und aus dem Schmelzfluß zur Ausscheidung. Die monokline Form geht meist von selbst bei gewöhnlicher Temperatur in die rhombische Form über, während bei 100° umgekehrt die rhombischen Kristalle in ein Aggregat von monoklinen zerfallen; bei 96·5° können beide Modifikationen im Gleichgewicht nebeneinander bestehen. Das spezifische Gewicht des kristallisierten Schwefels beträgt 2·045. — Durch rasches Abkühlen von hoch erhitztem geschmolzenem Schwefel erhält man den amorphen plastischen Schwefel, der weich und unlöslich ist und ein niedriges spezifisches Gewicht hat (1·957). — Der gewöhnliche Schwefel wird bei + 118° C dünnflüssig, bei 140° dunkelgelb und zähflüssig, zwischen 170 und 200° wieder dick und dunkelbraun und fließt nicht mehr aus, selbst wenn man den Tiegel umkehrt; bei 400° wird der Schwefel wieder dünnflüssig und siedet bei 448·4°, indem er sich in einen schweren, rotbraunen Dampf verwandelt. — Schwefel ist nicht löslich in Wasser, wohl aber mit Wasserdämpfen etwas flüchtig; Alkohol, Äther, ätherische und fette Öle lösen den kristallisierten Schwefel in geringer, Schwefelkohlenstoff und Chlorschwefel in sehr großer Menge auf; aus solchen Lösungen kristallisiert der Schwefel in großen rhombischen Kristallen. Schwefel, an der Luft erhitzt, entzündet sich und verbrennt mit blaßblauer Flamme zu Schwefeldioxyd $S + O_2 = SO_2$; mit den meisten Metalloiden und Metallen vermag sich Schwefel direkt zu vereinigen, und zwar oft in mehreren Verhältnissen.

C. Holzkohle.

1. Allgemeines. Die Hauptmasse der Hölzer besteht aus sog. Zellulose $(C_6H_{10}O_5)_x$ (mit 44% Kohlenstoff) sowie dem kohlenstoffreicheren, der Zusammensetzung nach nicht näher bekannten Lignin; außerdem findet man in den diversen Holzarten noch andere Stoffe (Eiweißkörper, Stärke, Dextrin, Zucker, Gerbsäure, Farbstoffe, Harze, ätherische Öle, Mineralstoffe, Wasser usw.), welche jedoch die elementare Zusammensetzung der ganzen Holzmasse wenig beeinflussen; letztere beträgt (Mittelwerte zahlreicher Untersuchungen):

	C %	H %	O+N %	Asche %	Wasser %
Holz, aschehaltig und lufttrocken .	40	4·8	34·2	1	20
Holz, aschehaltig, aber wasserfrei .	50	6	43	1	—
Holz, absolut aschefrei und wasserfrei	50	6	44	—	—

Der mit 20% angenommene Wassergehalt ergibt sich erfahrungsgemäß nach einer gewissen Zeit des Fällens und Lagerns, ca. 12 Monate nach dem Schlagen; das frisch gefällte Holz ist erheblich wasserreicher. Nimmt man an, das frisch geschlagene Holz enthalte 40% Wasser, so wird man zweckmäßig durch einen ca. 12 bis 18 Monate dauernden Lagerprozeß an der Luft das entrindete Holz bis auf 20% Wassergehalt abtrocknen lassen.

Die Beschaffenheit der Holzkohle hängt ab einerseits von den Pflanzenarten, aus welchen dieselbe hergestellt ist, andererseits von der Art der Verkohlung.

In Deutschland, Belgien und Frankreich verwendet man — besonders für Schießpulver — hauptsächlich Faulbaumholz, daneben Weiden- und Erlenholz, letztere für die billigen Sprengpulversorten; in Frankreich verwendet man auch Pappel- und Lindenholz, in der Schweiz nimmt man Haselnußholz, in Österreich Hundsbeer- oder in dessen Ermangelung Haselnuß- oder Erlenholz, in England neben Faulbaumholz auch Cornelkirschen- und Haselnußholz, in Italien Hanf, in Spanien Hanf, Flachs, Weinreben, Oleander- und Weidenholz.

Bei der Holzverkohlung im geschlossenen Raum entweichen zunächst die ca. 20% Wasser, welche nach der natürlichen Trocknung durch 1- bis $1^1/_2$ jähriges Lagern an der Luft noch im Holz enthalten waren. Der eigentliche Verkohlungsprozeß, der bei einer Maximaltemperatur von 400° beendigt ist, soll nach den Untersuchungen von P. Klason, Heidenstam und Norlin nach folgender Gleichung verlaufen:

$$\underbrace{2C_{42}H_{66}O_{28}}_{\text{Holz}} = \underbrace{3C_{16}H_{10}O_2}_{\text{Holzkohle}} + 28H_2O + 5CO_2 + 3CO + \underbrace{C_{28}H_{32}O_9}_{\text{Gesamtmenge der im Holzessig, im Teer und in den Holzgasen enthaltenen Bestandteile}}.$$

Der Zerfall der Holzsubstanz tritt nicht spontan ein, sondern geht mit steigender Temperatur allmählich vor sich, so daß die Zusammensetzung der Endprodukte besonders von dem Maximum der erzeugten Temperatur abhängig ist. Je höher die Temperatur, desto geringer die Ausbeute an fester Holzkohle, desto größer die Menge der ausgeschiedenen Gase und Flüssigkeiten. — Violette, welcher die Herstellung von Holzkohle im Laboratorium im Auftrage der französischen Regierung zwecks Verwendung der Holzkohle zur Pulverfabrikation eingehend untersuchte, legte die Beziehungen zwischen Menge und Zusammensetzung der Holzkohle und der Verkohlungstemperatur in verschiedenen Tabellen nieder; es seien daraus folgende Zusammenstellungen wiedergegeben:

Violettes Untersuchungen über die Veränderungen des Holzes bei höheren Temperaturen. (Vortrocknung bei 150°.)

Gewichtsverlust beim Trocknen bei 150 ° C in %	Temperatur, welcher das Holz ausgesetzt wurde	100 Gewichtsteile des wasserfreien Holzes entwickelten flüchtige Stoffe	100 Gewichtsteile des wasserfreien Holzes ergaben an Rückstand im Destillationsgefäß	
15·00	160	2·00	98·00	Brände
17·17	170	5·45	94·55	
14·04	180	11·41	88·59	
14·36	190	18·01	81·99	
17·28	200	22·90	77·10	
15·40	210	26·86	73·14	
15·80	220	32·50	67·50	
12·73	230	44·63	55·37	
15·58	240	49·21	50·79	
13·16	250	51·33	49·57	
14·76	260	58·77	40·23	
12·91	270	62·86	37·14	
14·94	280	63·84	36·16	Rotkohlen
14·43	290	65·91	34·09	
13·69	300	66·39	33·61	
12·54	310	67·13	32·87	
12·52	320	67·77	32·23	
14·48	330	68·23	31·77	
14·38	340	68·47	31·53	Schwarzkohlen
16·37	350	70·34	29·66	
12·98	432	81·13	18·87	
13·90	1023	81·25	18·75	
13·90	1100	81·60	18·40	
13·84	1250	82·06	17·94	
14·60	1300	82·54	17·46	
14·60	1500	82·60	17·31	
14·60	Schmelzp. d. Platins	85·00	15·00	

Violettes Untersuchungen über die chemische Zusammensetzung der bei verschiedenen Temperaturen erzielten Kohlen.

Temperatur, welcher das Holz ausgesetzt wurde in ° C	100 Teile der Destillationsrückstände (Brände, Rotkohlen, Schwarzkohlen) enthielten:			
	Kohlenstoff	Wasserstoff	Sauerstoff Stickstoff Verlust	Asche
150	47·5105	6·1200	46·2900	0·0800
160	47·6055	6·0645	46·2710	0·0850
170	47·7750	6·1950	45·9535	0·0980
180	48·9360	5·8400	45·1230	0·1170
190	50·6145	5·1150	44·0625	0·2215
200	51·8170	3·9945	43·9760	0·2265
210	53·3735	4·9030	41·5380	0·2000
220	54·5700	4·1505	41·3936	0·2170
230	57·1465	5·5080	37·0470	0·3145
240	61·3070	5·5070	32·7055	0·5150
250	65·5875	3·8100	28·9670	0·6320
260	67·8905	5·0380	26·4935	0·5595
270	70·4535	4·6415	24·1920	0·8555
280	72·6395	4·7050	22·0975	0·5680
290	72·4940	4·9810	21·9290	0·6100
300	73·2360	4·2540	21·9620	0·5690
310	73·6330	3·8295	21·8125	0·7440
320	73·5735	4·8305	21·0860	0·5185
330	73·5515	4·6260	21·3330	0·4765
340	75·2020	4·4065	19·9620	0·4775
350	76·6440	4·1360	18·4415	0·6130
—	81·6435	1·9610	15·2445	1·1625
432	81·9745	2·2975	14·1485	1·5975
1020	83·2925	1·7020	13·7935	1·2245
1110	88·1385	1·4150	9·2595	1·1990
1350	90·8110	1·5835	6·4895	1·1515
1500	94·5660	0·7395	3·8406	0·6640
über 1500	96·5170	0·6215	0·9360	1·9455

Auch Eduard Juon hat den Holzverkohlungsprozeß eingehender studiert und darüber in Stahl und Eisen (1907) sowie in der Zeitschrift Prometheus (1908/9) berichtet. Ähnliche Resultate wie Violette in Laboratoriumsretorten erhielt Juon bei Verkohlung im großen in offenen Meileröfen, indem sowohl aus Birken- wie aus Nadelhölzern durchschnittlich folgende Kohlen erzielt wurden:

bei 250° C mit 68·4 % Kohlenstoff
„ 350° C mit 75·4 % „
„ 450° C mit 82·7 % „

Außer der Temperatur sind auch Dauer der Verkohlung sowie Höhe des Druckes von Einfluß. Beim Erhitzen auf 432° z. B. können (nach Juon) durch sehr langsame Verkohlung 18·8 %, durch sehr schnelle Verkohlung jedoch nur 8·9 % Holzkohle gewonnen werden. Man beschleunigt daher die Verkohlung (und bringt zu diesem Zwecke das vorgetrocknete Holz direkt in rotglühende Verkohlungsgefäße), wenn man das Hauptgewicht auf große Gasmengen legt; soll dagegen Holzkohle das Hauptprodukt der Verkohlung sein, so wird letztere verlangsamt. — Auch ein Überdruck im Verkohlungsraum vergrößert im allgemeinen die Ausbeute an Holzkohle.

2. Spezieller Teil der Holzverkohlung.

Wahl des Holzes. „Le charbon fait la poudre" sagt ein altbekanntes französisches Sprichwort, und das mit vollem Recht, denn von der Qualität der Pulverkohle hängt sowohl beim Schieß- wie beim Sprengpulver in hohem Maße die Wirkung ab. Von einer guten Pulverkohle verlangt man im allgemeinen, daß sie einen tiefschwarzen, bzw. bei Rotkohle bräunlichen, sammetartigen Bruch besitzt, geringes spezifisches Gewicht und gute Porosität aufweist, möglichst weich, gut zerreibbar, tunlichst wenig hygroskopisch sei und endlich beim Verbrennen so wenig wie möglich Asche liefere. Um diesen Bedingungen zu entsprechen, müssen bei der Herstellung der Pulverkohle drei Hauptgesichtspunkte gebührend berücksichtigt werden, nämlich: Wahl des Holzes, Art und Temperatur des Verkohlungsverfahrens. Nicht alle Holzarten eignen sich nun, wie hier vorweg bemerkt sei, zur Fertigung einer brauchbaren Pulverkohle, sondern nur leichte, weiche und harzfreie Hölzer. Von anderen zellulosehaltigen Substanzen hat sich nur die Benutzung von Hanfstengeln, die, falls sie von kräftigen, starken Pflanzen stammen, eine vorzügliche Pulverkohle liefern, in gewissen südlichen Gegenden eingebürgert, während sämtliche Gräser ausscheiden, da ihr Gehalt an Kieselsäure hinderlich ist. Außer der Weichheit und Leichtigkeit des Holzes spricht bei seiner Bewertung zur Pulverkohlenfertigung auch noch sein Gehalt an Zellulose mit und liefern erfahrungsgemäß zellulosereiche Hölzer eine bessere Kohle, wie zellulosearme. Eine leicht zerreibliche, sehr entzündliche, rasch verbrennende und hierbei nur wenig Ascherückstände hinterlassende Kohle erhält man dann noch durch Verkohlung von vermodertem Weiden-, Rotbuchen- oder dergl. Holz und wenden einzelne Fabriken derartige Kohlen zur Fertigung vorzüglicher Jagd- und Scheibenpulver an. Es hat nun eigentlich verhältnismäßig lange gedauert, bis sich allgemein die Ansicht durchgesetzt hat, daß außer Faulbaum (Rhamnus Frangula L.) auch noch andere weiche und leichte Hölzer Kohle liefern, die zur

Pulverfabrikation als durchaus geeignet zu bezeichnen ist, und fertigte man früher Militärgewehr- und Jagdpulver fast durchweg nur mit Faulbaumholzkohle, Geschütz- und Sprengpulver aber schon teilweise mit Weiden-, Erlenholz- oder dgl. Kohle. Ein allen Anforderungen entsprechendes Militärpulver läßt sich aber auch mit den beiden letzterwähnten Kohlensorten fertigen, wie beispielsweise im Jahre 1876 auf Veranlassung einer Verfügung des Kgl. Preußischen Kriegsministeriums von der Militärschießschule ausgeführte Vergleichsversuche mit Pulver, gefertigt mit Faulbaum-, Erlen- und Weidenkohle, ergeben haben. Die Frage der Verwendbarkeit letzterer beiden Holzarten war von der Kgl. Preußischen Pulverfabrik Spandau angeregt und war derselben eine grundsätzliche Bedeutung insofern beizulegen, als es unter Umständen von besonderer Wichtigkeit erschien, nicht auf den Bezug einer einzigen Holzart, die mit der Zeit immer knapper an den Markt kam, angewiesen zu sein. Die Militärschießschule berichtete nach Abschluß der erwähnten Versuche, daß sich alle drei Pulversorten in bezug auf Anfangsgeschwindigkeit, Flugbahnverhältnisse, Treffgenauigkeit vor und nach Schnellfeuer, Verschleimung und Verbleiung, Strichleistung und endlich auch rücksichtlich der Verarbeitung zu Patronen durchaus gleich verhalten hätten und daß daher der Verwendung von Erlen- bzw. Weidenkohle für das Gewehrpulver M/71 an Stelle der Faulbaumholzkohle nichts entgegenstände. Im folgenden Jahre 1877 wurde deshalb die Kgl. Pulverfabrik Spandau angewiesen, eine Pulvermenge von 15000 kg mit Erlenkohle zu fertigen, um für die Leitung des Verkohlungsvorganges größere Erfahrung zu gewinnen. Da sich bei der Abnahme dieses Pulvers die völlige Gleichwertigkeit desselben mit normalem Pulver ergab, wurde eine Verfügung erlassen, daß zwar auch fernerhin die Verwendung einer 27·5 % Faulbaumholzkohle für die Herstellung des Gewehrpulvers M/71 als Regel beibehalten, daß aber auch die Verwendung von nicht zu starkem und knorrigem, jedoch möglichst trockenem Erlenholz und in letzter Reihe Weidenholz mit einer auf Grund der von den Pulverfabriken angestellten Verkohlungsversuche festgestellten Verkohlungsstufe von 28·5 bis 29 % unter Umständen gestattet werden solle.

Der Faulbaum wird nun heute in Deutschland, Österreich, Schweiz, Frankreich, England und Rußland immer noch in beachtenswerten Mengen zur Fertigung von besseren Schießpulversorten herangezogen. Sein Verbreitungsgebiet erstreckt sich über Europa, Zentralasien und Nordafrika. Sein Holz besitzt schmalen, meist gelblich gefärbten Splint und schön hellrot gefärbten Kern. Im Querschnitt der Stämme sind die Gefäße und Markstrahlen meist unkenntlich. Im Längsschnitt ist das Holz fein nadelrissig, mit mehr oder weniger lebhaftem Atlasglanz, auf der Radialfläche querstreifig und grobfaserig. Es ist ziemlich leicht, denn sein spezifisches Lufttrockengewicht beträgt 0·57 bis 0·61, ferner weich und läßt sich leicht spalten.

Außer Faulbaumholz findet in Deutschland, wie bereits erwähnt, auch Erlen- (Eller, Else) und Weidenholz (besonders Sahlweide —

Salix Capua), neuerdings auch Buchenholz zur Herstellung der Pulverkohle Verwendung. Die österreichischen Schwarzpulverwerke verarbeiten in der Hauptsache Hundsbeer-, Hasel- oder Erlenholz. In der Schweiz verwendet man junges (4- bis 6 jähriges) Faulbaum-, Hasel- und Erlenholz. In Italien finden fast ausschließlich Hanfstengel Verwendung. Die französischen Werke verkohlen neben Faulbaumholz auch Pappel-, Linden- und Spindelbaumholz. Die belgischen Werke benutzen Faulbaum, Erle, Haselnuß, Pappel, Buche und Quebracho zur Fertigung ihrer Pulverkohle. Das Quebrachoholz, welches bekanntlich wegen seines Tanningehaltes in großen Mengen aus Südamerika importiert und in Europa zur Gewinnung von Gerbextrakten extrahiert wird, kommt nach erfolgter Extraktion entweder in mehr oder weniger großen Stücken zum Preise von 7 bis 8·5 Fr. je nach Herkunft in den Handel oder bereits gemahlen und kostet dann 10 bis 11 Fr. die 100 kg. Es liefert eine für Spreng- und Exportpulver (sog. poudre de traite = dem deutschen „Musketenpulver") sehr brauchbare Pulverkohle. Für die Fabrikation der besseren Jagdpulver und teilweise auch für Kriegspulver benutzt man in Belgien Faulbaumholzkohle, für Spreng- und Exportpulver Erlenholz- und Quebrachoholzkohle, ein Gemisch von Faulbaumholz und Erlenkohle auch für Kriegspulver, und endlich verarbeiten die Pulverfabriken in kleineren Mengen noch Buchen-, Haselnuß- und Pappelholzkohle. Der Faulbaum kommt in Belgien hauptsächlich in den Gegenden von Diest, Montaigu, Lierre, in Zélande usw. vor und kaufen ihn die Pulverfabriken meist unter folgenden Bedingungen ein. Im Flandrischen verkauft man die 1000 kg Faulbaumholz zu 24 bis 25 Fr. und die 1000 kg Erlenholz zu rund 18 Fr., wobei zu beachten ist, daß man im Maximum bei Faulbaum 38 bis 39 %, bei Erle 34 % Ausbeute erzielen kann und daß 1 Liter Faulbaumholzkohle 345 g, 1 Liter Erlenholzkohle 315 g wiegt. In der Provinz Hainaut wird das Holz nach Raummaß in Klaftern (cordes) von 1·80 × 1·80 × 1·00 m, entsprechend rund 600 kg Gewicht, oder in Wellen (fagots), die in einzelnen Gegenden 1·15 m lang sind und 0·95 m Umfang besitzen und ungefähr 12 kg Holztrockengewicht entsprechen, gehandelt. Der Klafter Faulbaumholz stellt sich auf 17 bis 18 Fr. und der Klafter Erlenholz auf 15 bis 16 Fr., während sich der Preis für 100 Wellen auf ungefähr 30 bis 32 Fr. beläuft. In der Provinz Namur kosten in der Gegend von Bouraing 100 Stück 1·20 m lange und 0·55 m Umfang besitzende Wellen, entsprechend 800 bis 900 kg Erlenholz, 26 Fr., während sich eine 1·20 m lange und 1 m Umfang besitzende Welle Faulbaumholz, wenn das Holz nicht entrindet ist, auf 1·25 Fr., wenn es entrindet ist auf 1·50 Fr. stellt. In Spanien verarbeitet man Oleander, Taxus, Weiden, Hanfstengel und Weinreben zu Pulverkohle. Die englischen Fabriken benutzen Faulbaum, Kornelkirsche und Erle, die dänischen Erle, die schwedischen Erle und Weide, die amerikanischen Erlen, Weiden und Buchen zur Herstellung ihrer Pulverkohle.

Welche Holzart bei der Herstellung einer Pulverkohle benutzt worden ist, läßt sich auch nach durchgeführter Verkohlung entweder durch einfachen Augenschein oder mikroskopische und physikalische Untersuchungen feststellen. Beispielsweise zeigt ein ungespaltenes Stück Faulbaumholzkohle beim Durchbrechen der Quere nach einen dichten Bruch und ein rundliches, braunes Mark, Weidenholzkohle ein rundliches, schwarzes Mark, Haselholzkohle ein kleines rundes, schwarzes, Erlenholzkohle ein dreieckiges Mark.

Fällung und Vorbereitung des Holzes. Bei der Fällung des zur Pulverkohlenherstellung bestimmten Holzes, des sogenannten „Pulverholzes", muß besonderes Gewicht darauf gelegt werden, daß diese zu einer Zeit erfolgt, wo die Säfte des Stammes viele Salze gelöst enthalten, denn anderenfalls kann aus diesen beim Verkohlungsprozeß in der Pulverkohle kohlensaures Kali (Pottasche) gebildet werden, die infolge ihrer großen Hygroskopizität für das mit derartiger Kohle gefertigte Pulver schädlich wirken muß. Verfolgt man nun den Umlauf der Säfte in einem Holzgewächse genauer, so findet man, daß die mit den Salzen beladenen Pflanzensäfte im Frühjahr beginnen, nach den dünnen beblätterten Zweigen des Stammes hinzusteigen und sich im Herbste vor dem Laubfall aus den Blättern, durch Blattstiele, Zweige, Äste wieder nach den weichen Teilen des Stammes zurückzuziehen, wo die Salze im Mark, den Markstrahlenzellen und der Bastschicht bis zum Anbruch des nächsten Frühjahrs verbleiben, um dann ihre eben beschriebene Wanderung wieder anzutreten. Man soll aus diesem Grunde also das Pulverholz nur im vollstem, sehr wässerigem und wenig salzreichem Safte, also im Frühjahre bis spätestens zum Sommeranfang, nicht aber über Mitte Sommer hinaus, im Herbste oder gar im Winter schlagen oder schneiden lassen, denn in letzterem Falle würde man ja in den dicken Ästen und dem Stammholze, die für die Verkohlung vor allem in Frage kommen, fast den ganzen Salzvorrat des Baumes enthalten haben, so daß eine schlechte, salzreiche Pulverkohle resultieren würde. Außerdem läßt sich bei in vollem Safte gefällten Holze die Rinde bequem, sauber und vollständig ablösen, was bei im Winter gefälltem Holze nicht der Fall ist. Die Entrindung des Holzes spielt nämlich bei der Durchführung des Verkohlungsprozesses eine wesentliche Rolle. Verkohlt man nicht entrindete Holzstücke, so liefert die Rinde eine dichte, schwer entzündliche Kohle, während das eigentliche Holz eine lockerere, leichter entzündliche Kohle ergibt. Auf diese Weise würde also die Gleichmäßigkeit des erhaltenen Produkts, auf die es sehr ankommt, in empfindlicher Weise gestört werden. Die Rinde erschwert dann bei der Verkohlung ferner das Eindringen der Verkohlungswärme und das Austreten der Destillate aus dem Holze.

Einen sehr beachtenswerten Einfluß auf den Verlauf des Verkohlungsprozesses und damit auf die Entzündlichkeit der erhaltenen Kohle hat außer der richtigen Fällungszeit und der Entrindung des Holzes aber auch noch die Dicke der zur Verkohlung gelangenden Holzstücke. Es hat sich daher allenthalben der Brauch herausgebildet, für diese bestimmte obere Grenzwerte bei der Lieferung bzw. Abnahme vorzuschreiben. Die deutschen Staatspulverfabriken schreiben für Äste von Faulbaumholz vor, daß diese möglichst gerade, entrindet, frei von Verunreinigungen, höchstens 40 mm stark und 315 bzw. für Gewehrpulver M/71 630 mm lang sein sollen. Die französischen Pulverfabriken haben für Faulbaumholz 10 bis 35 mm Durchmesser und für weiche Laubhölzer 27 bis 70 mm Durchmesser bei 1·25 bis 1·30 m Länge, die schweizerischen Pulverfabriken für Faulbaum- und Haselnußholz 15 bis 30 mm Durchmesser bei 1·5 m Länge und für Erlenholz bis 50 mm Durchmesser vorgeschrieben. In den belgischen Pulverfabriken benutzt man Faulbaum- und Haselnußäste von 12 bis 30 mm Durchmesser und 2 bis 3 m Länge. Die englischen Pulverfabriken nehmen auch Äste, die stärker wie vorerwähnt sind, ab, spalten sie aber entsprechend vor der Verwendung, um möglichst gleichmäßige Stücke zu erhalten. Im allgemeinen wird also überall den dünneren Ästen der Vorzug gegeben und stärkere erforderlichenfalls entsprechend gespalten. Die Länge der Hölzer richtet sich selbstredend nach den Abmessungen der Retorten usw., in denen sie verkohlt werden sollen.

Die Lagerung der zur Pulverkohlenverfertigung bestimmten Hölzer bis zur Verwendung wird in den einzelnen Ländern sehr verschieden durchgeführt. In der Kgl. Pulverfabrik Spandau stapelte man die Pulverhölzer (Faulbaum und Erle) früher an einem durch Bäume geschützten Orte während 2 bis 3 Jahren, mindestens aber $^1/_4$ Jahr lang im Freien auf, um dem Regen Gelegenheit zu geben, die in dem Holze enthaltenen Säfte und Salze auszuwaschen. Neuerdings lagert das Holz dort in gut ventilierten Holzschuppen. Auf der früheren Kgl. sächsischen Pulverfabrik zu Dresden wurde das Pulverholz ohne Ausnahme unter Dach in Schuppen aufgestapelt. Auf deutschen Privatpulverfabriken findet man, soweit diese noch eigene Verkohlungsanlagen betreiben und nicht die (Buchen- usw.) Kohle aus dem Handel von Holzverkohlungsanlagen beziehen, Faulbaumholz vielfach unter Schuppen, öfter auch im Freien, die anderen weichen Hölzer meist im Freien aufgestapelt. Umstehende Abbildung (Fig. 19) zeigt beispielsweise den sogenannten „Holzplatz“ auf der Güttlerschen Pulverfabrik Maifritzdorf. In der Schweiz wird das Pulverholz durch eine 2- bis 3jährige Lagerung in offenen Schuppen lufttrocken gemacht, in welchem Zustande es dann noch 10 bis 15% Wasser enthält. Auf den belgischen Pulverfabriken wird das Pulverholz, welches diese Werke, nebenbei bemerkt, meist selbst entrinden, vielfach in Wellen geschnürt, welche man im Freien ein Jahr lang dem Regen aussetzt, um sie von dem Gehalte an hygroskopischen Salzen zu befreien. Die Holzbündel werden nach Ablauf dieser Zeit in horizontalen Lagen in Form eines Schobers aufeinander geschichtet und ihre obere Partie so zusammengesetzt, daß sie zwei geneigte Flächen bildet, die von einem entsprechend geformten Dache bedeckt werden. Nachdem das Holz so zwei oder drei Jahre gestanden hat, wird es in gemauerte Schuppen überführt, die an den Seiten offen sind. In diesen verbleibt es dann noch ungefähr ein Jahr, um lufttrocken zu werden. Nach Angabe von Professor Gody hat man festgestellt, daß bei dieser in Belgien üblichen Lagerungsweise ein Bündel grünes, entrindetes Pulverholz vor der Lagerung 25 bis 30 kg und nach erfolgter Auswitterung im Freien und Trocknen in den Schuppen nur noch 13 bis 15 kg wiegt. Auf den englischen Pulverfabriken setzte man früher das zur Verkohlung bestimmte Holz

Fig. 19. Holzplatz auf der Güttlerschen Pulverfabrik Maifritzdorf.

10 bis 12 Jahre lang, neuerdings aber erheblich kürzere Zeit, wie beispielsweise 2 bis 3 Jahre, im Freien der Witterung aus, damit der Regen die in dem Holze enthaltenen Säfte auslaugen und der gemeinschaftliche Einfluß von Luft und Wärme die Spiralgefäße desselben zerstören könne.

Aus unseren vorstehenden Betrachtungen ergibt sich, daß ein zweckentsprechend ausgewähltes und gefälltes Holz, um eine tunlichst gute Pulverkohle zu liefern, am zweckmäßigsten mehrere Jahre im Freien gelagert und dann erst zur Erzielung der Lufttrocknung unter Dach gebracht werden soll. Die im Freien auf das Holz einwirkenden Witterungseinflüsse, wie Wärme und Kälte, Regen und Schnee, Wind usw. scheiden aus ihm die salzhaltigen Säfte aus und tritt gleichzeitig eine mehr oder weniger weitgehende Zerstörung der Spiralgefäße des Holzes ein, so daß deren Kapillarkraft, welche die Säfte festhält, vernichtet wird. Durch die dann erfolgende Lufttrocknung in bedachten, sonst aber der Luft bequemen Zutritt ermöglichenden Trockenschuppen wird der Feuchtigkeitsgehalt des Holzes soweit angängig vermindert, wodurch einerseits bei der Verkohlung Feuerungsmaterial erspart und die Dauer des Prozesses vermindert wird, andererseits — wenn die Verkohlungsanlage mit Nebenproduktengewinnung arbeitet — eine größere Konzentration des Destillates erzielt wird. Was noch den Grad der sogenannten Lufttrockenheit angeht, so kann man in unseren Gegenden, wenn das Holz in Form von entrindeten Ästen, Scheiten usw. an möglichst trockenen und luftigen Orten zu Haufen gestapelt wird, die durch quergelegte Bodenscheite gegen Bodennässe und durch dachförmige Anordnung der oberen Lagen gegen atmospärische Niederschläge geschützt sind, damit rechnen, daß das Holz nach derartiger ein- bis zweijähriger Lagerung annähernd 20 % Feuchtigkeit enthält. Die Zeit, die erforderlich ist, daß das Holz diesen Grad von Lufttrockenheit erreicht, hängt selbstredend von den atmosphärischen Verhältnissen und den Lagerungsbedingungen ab. Im großen und ganzen wird man aber annehmen können, daß, nachdem die Holzstapel zweimal der Märzluft ausgesetzt waren, dieser Grad erreicht wird.

Zum Schlusse sei dann noch auf einen Punkt hingewiesen, der für Pulverfabriken von Interesse ist, die ihre — insbesondere für Sprengpulver bestimmte — Pulverkohle nicht mehr in eigenem Betriebe erzeugen, sondern sie aus dem Handel von Verkohlungsanstalten beziehen. Mit Rücksicht auf die Hintanhaltung der hygroskopischen Pottasche in der fertigen Pulverkohle empfiehlt es sich, wie wir eben bereits des näheren ausgeführt haben, das Pulverholz unbedingt dann schlagen bzw. schneiden zu lassen, wenn die Stämme im vollem, sehr wässerigem und wenig Salz gelöstem Safte stehen, also im Frühjahre. Die industriellen Holzverkohlungsanlagen haben nun aber, um Ersparnisse an Feuerungsmaterial, tunlichste Verkürzung des Verkohlungsprozesses, sowie möglichst geringe Verdünnung des Destillates zu erzielen, ein berechtigtes Interesse daran, ein tunlichst wasserarmes Holz zu verarbeiten und lassen dieses daher schon im Winter fällen. Sie haben dann auch noch bequemere Transportgelegenheit (feste Wege oder bei genügend hoher Schneedecke Schlitten) und billigere Arbeitslöhne. Aus diesem im Winter gefällten Holze, das meist auch nicht genügend lange im Freien gelagert wird, entfällt natürlich eine sehr salzreiche, also auch viel hygroskopische Pottasche enthaltende Kohle, die unter Umständen sehr ungünstig auf das mit ihr gefertigte Pulver einzuwirken vermag.

Verkohlungsverfahren. Die Verkohlung oder trockene Destillation des Holzes kann in verschiedener Weise, und zwar in Meilern, Gruben, Kesseln, Öfen oder Zylindern vorgenommen werden und liefert dieser Prozeß folgende vier Produkte:. 1. Holzkohle, 2. Holzgas, 3. wässeriges Destillat, den sogenannten Holzessig, 4. Holzteer. Von diesen Produkten interessiert uns hier selbstredend in allererster Linie die Holzkohle, aber auch das zweite Produkt, das Holzgas, ist für uns von Wichtigkeit, da wir es mit zur Beheizung der Verkohlungsapparate heranziehen und so zur Verminderung der Betriebskosten beitragen können. Die Zusammensetzung des Holzgases ist je nach dem zeitlichen Betriebsstadium des Verkohlungsprozesses verschieden; es setzt sich in der Hauptsache zusammen aus: Kohlensäure, Kohlenoxyd, Methan,

Äthylen, Wasserstoff, Stickstoff, Spuren von Sauerstoff. Die beiden letzten Produkte der trockenen Destillation des Holzes: der Holzessig und der Holzteer, werden auf einigen Pulverfabriken, deren Verkohlungsanlagen zur Gewinnung von Nebenprodukten eingerichtet sind, gewonnen. Ihre Zusammensetzung ist äußerst mannigfach. In dem wässerigen Destillat, dem sogenannten rohen Holzessig, sind bisher nachgewiesen bzw. aus ihm isoliert worden: Ameisensäure, Essigsäure, Propionsäure, Buttersäure, Valeriansäure, Kapronsäure, Krotonsäure, Angelikasäure, Brenzschleimsäure, Methylalkohol, Allylalkohol, Aldehyd, Furfurol, Methylfurfurol, Aceton, Methyl-Äthylketon, Dimethylacetat, Valerolakton, Methylacetat, Brenzkatechin, Pyroxanthin, Ammoniak, Methylanilin, Dimethylamin, Trimethylamin. Während diese Stoffe ausschließlich im Holzessig auftreten, finden sich folgende hauptsächlich im Holzteer und im geringeren Maßstabe im Holzessig: Benzol, Toluol, Xylol, Cumol, Cymol, Reten, Chrysen, Paraffin, Kreosot, bestehend aus einem Gemenge von Phenol, Parakresol, Metaxylenol, Guajakol, Kreosol, Dimethyläther des Pyrogallols, Dimethyläther des Methylpyrogallols, Dimethyläther des Propylpyrogallols, Eupion, Pikamar, Merit, Pittakall, Kapnomor, Cedriret.

In der Praxis wurde die Verkohlung des Pulverholzes in früheren Zeiten fast ausschließlich in stehenden Meilern, also unter beweglicher Decke vorgenommen. Heute findet man diese Methode in Deutschland nur noch sehr selten, im Auslande aber noch häufiger im Gebrauch. Sie leidet an zwei Hauptübelständen; erstens erhält man eine sehr ungleichmäßige Kohle, die peinlich aussortiert werden muß, und zweitens tritt häufig eine Verunreinigung der Kohle durch Sand, Erde, Steinchen usw. ein, welche in der Pulverfabrikation leicht zu Explosionen führen kann. Trotzdem hat sich die Meilerverkohlung, wie erwähnt, in einigen kleineren deutschen Betrieben und mehrfach noch in ausländischen bis auf den heutigen Tag erhalten, da sie in einfachster Weise ohne jede Apparatur usw. durchzuführen ist. Die Ausführung der Meiler ist in den einzelnen Gegenden sehr verschieden und zeigt unsere nebenstehende Abbildung (Fig. 20) eine weitverbreitete Bauart eines stehenden Meilers, den sogenannten slavischen Meiler, zur Hälfte in Ansicht, zur Hälfte im Schnitt. Zum Aufbau eines solchen Meilers benutzt man einen von den übrigen Fabrikationsgebäuden genügend weit entfernten, windgeschützten Platz, wo der

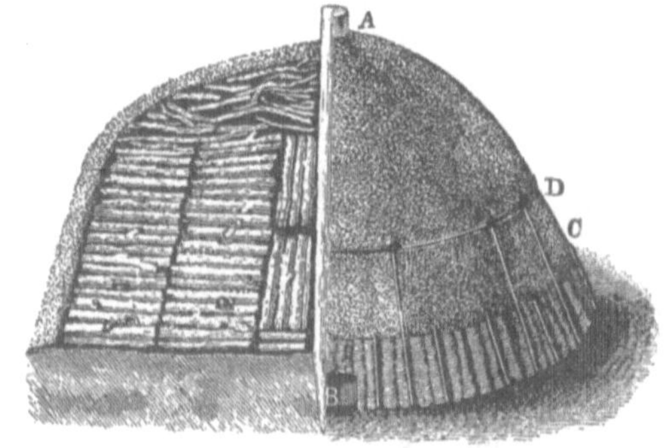

Fig. 20. Schnitt durch einen slavischen Meiler.

Boden nicht zu trocken und nicht zu feucht ist. In der Mitte des Platzes werden nun ein oder mehrere Pfähle, die „Quandel" bzw. der „Quandelschacht", fest in den Boden gerammt und zuerst ringsum mit sogenannten Bränden, d. h. aus einem früheren Meiler stammenden, nur teilweise gebrannten Holzstücken, sowie Reisig umgeben. Jetzt erfolgt das „Richten" des Meilers, d. h. das regelrechte Aufschichten des zur Verkohlung bestimmten Holzes rings um den Quandel. Zwischenräume zwischen den Holzstücken werden tunlichst mit „Schlichte", d. h. Ast- und Holzstückchen ausgefüllt. Den oberen Abschluß des Stapels, die sogenannte „Haube", baut man aus Astholzabschnitten usw. zusammen. Besitzt der Meiler nur einen Quandelpfahl, wie in der vorstehenden Abbildung angenommen, so erhält er zum Zwecke des Anfeuerns einen radialen Kanal *B*. Dieser entfällt bei der Benutzung mehrerer Quandelpfähle, da dann der von diesen gebildete Quandelschacht an dessen Stelle tritt. Ist der Meiler gerichtet, so wird er bedeckt, und zwar soll diese Decke die glühenden Kohlen vor dem zu reichlichen Zutritt der Luft schützen und vor allem die Verbrennungsgase verhindern, oben aus dem Meiler abzuziehen; diese müssen vielmehr ihren Weg durch die sogenannte „Rüstung" am Fuße des Meilers nehmen. Die Rüstung besteht aus einer 15 bis 20 cm hohen, durch in den Boden eingeschlagene Gabeln zusammengehaltene Reisigschicht, auf welche sich das untere Ende der Decke aufsetzt. Die Decke selbst besteht aus zwei Lagen, einer inneren aus Rasenplaggen und einer äußeren aus feuchtem Kohlenklein und dgl. Ist der Meiler fertig bedeckt, so wird er durch Einschieben von glühenden Kohlen in den Kanal bzw. den Quandelschacht entzündet. Sobald er nun im Innern zu brennen begonnen hat, werden zunächst in der Decke oben und in den Seiten Luftzutrittsöffnungen geschaffen, um den Brand tunlichst anzufachen. Ist dies nach einiger Zeit erreicht, so werden diese Öffnungen in der Decke wieder verstopft und den Gasen und Dämpfen bleibt jetzt kein anderer Ausweg mehr, als unten am Fuße der Decke durch die Rüstung ins Freie abzuziehen. Sie sind also gezwungen, auf ihrem Wege den gesamten Holzstapel zu durchstreichen. Aus den Hölzern entweicht während dieses ersten Stadiums des Prozesses das hygroskopische Wasser, das sich zunächst an der Decke verdichtet und so das „Schwitzen" des Meilers herbeiführt; es ist von besonderer Wichtigkeit, daß dieses Schwitzen tunlichst bald nach dem Anfeuern beginnt, damit die Wasserdämpfe nicht lange zurückgehalten und so Explosionen des Meilers („Werfen" oder „Schütteln") Vorschub geleistet wird. Gegen Ende des ersten und Beginn des zweiten Stadiums des Prozesses wird der bisher dunkelgelb gefärbte Rauch immer mehr hellgrau. Der bis zu diesem Zeitpunkt im Meilerinnern ausgebrannte Holzvorrat wird nun nach schnellem Entfernen der Haube durch frische Scheite oder Brände ersetzt und dann die Decke auch an etwaigen inzwischen gerissenen Stellen vorsichtig wieder dicht gemacht. Auch die Luftzufuhr durch die Rüstung wird durch Bedecken derselben in der Hauptsache abgeschnitten und in ihr nur an einigen Stellen zum

Abfließen des Teers und Ausblasen der Gase einige Öffnungen belassen Inzwischen schritt die Destillation des Holzes im Meiler ungesäumt von innen nach außen fort und muß während dieses sogenannten „Treibens“ in sachkundiger Weise durch Eröffnen oder Verstopfen von Zuglöchern die Verbrennung so geleitet werden, daß alle Teile des Holzstoßes tunlichst gleichmäßig verkohlt werden. Während dieses „Zubrennens“ des Meilers läßt sich selbstredend nicht verhindern, daß an einigen Stellen im Meiler Hohlräume entstehen, die mit dem Auge am Einsinken der Decke oder mit dem Ohre durch Beklopfen der Decke mit dem sogenannten Wahrhammer festgestellt, dann mit Holz oder Kohlen ausgefüllt und sofort wieder abgedeckt werden. Ist das Zubrennen des Meilers beendet, seine „Gare“, wie man zu sagen pflegt, eingetreten, was bei einer Größe desselben von 120 bis 150 cbm nach rund 12 bis 20 Tagen eintritt und was man an dem Austritte von hellen Flammen aus den Luftöffnungen beobachten kann, so wird, um die Glut zu ersticken und die Kohlen abzukühlen, die Decke an allen Stellen sorgfältig geschlossen und vielfach auch mit einer Schicht feuchten Sandes oder Erde bedeckt. Man läßt den Meiler nun in aller Ruhe auskühlen und beginnt nach Ablauf eines genügend lang bemessenen Zeitraumes mit dem „Ziehen“ der Kohlen. Diese dürfen unter keinen Umständen, wie es sonst in der Waldköhlerei allgemein Brauch ist, falls sie noch in Glut stehen, durch Bedecken mit feuchtem Sand oder Begießen mit Wasser abgekühlt werden, da eine derartige Kohle für Pulverfabrikation gänzlich ungeeignet sein würde. Vielmehr muß man dem Meiler nach der Gare, bevor man Kohlen zieht, so lange stehen lassen, bis er vollständig abgekühlt ist. Was das Ausbringen von Holzkohle im Meilerbetriebe angeht, so kann man je nach der Holzart ungefähr annehmen, daß in Gewichtsprozenten ausgedrückt 18 bis 25 %, in Volumprozenten ausgedrückt 60 bis 70 % Kohlenausbeute erzielt werden.

Außer der Meilerverkohlung fand man früher auf festländischen Pulverfabriken auch mitunter die Grubenverkohlung angewandt. Heute ist sie aber längst allenthalben aufgegeben und nur noch in Spanien zur Verkohlung der Hanfstengel in Benutzung. Die dort üblichen Verkohlungsgruben besitzen entweder viereckige oder runde Form von ungefähr 3 m größtem Durchmesser und ca. 1 m Tiefe. Um den Verlust durch Abbrand zu vermeiden, steigert man zweckmäßig die Tiefe der Grube und begnügt sich mit einem geringeren Durchmesser derselben. Die zu verkohlenden Hanfstengel werden nun vor dem Einbringen in die Grube in fußlange Stücke geschnitten und gebündelt. Nachdem die Grube mit derartigen, ca. 15 kg Gewicht besitzenden Bündeln vollständig ausgesetzt ist, werden die Hanfstengel in ihrer untersten Lage angezündet, Während der Verkohlung werden nun immer weitere Hanfstengel nachgefüllt, bis schließlich rund 400 Bündel = 6000 kg Hanfstengel eingebracht sind und der Einsatz an Stellen, wo er zu dicht liegt, mit Gabeln aufgelockert. Ist die Grube völlig mit Kohle gefüllt und zeigt sich keine Flamme mehr, so legt man auf den Kohlenstapel oben eine nasse wollene Decke. Auf diese kommt eine mit den Füßen gut festgestampfte Erdschicht und dann überläßt man die Grube, um beim Ziehen der Kohlen Abbrand zu vermeiden, 3 bis 4 Tage der Ruhe. Nach Ablauf dieser Zeit entfernt man die Abdeckung und schaufelt die Kohlen heraus, die sofort von den Bränden befreit und sortiert werden. Das Ausbringen an Holzkohlen beträgt bei diesem Verfahren rund 16 bis 17 kg Kohle aus 100 kg Hanfstengeln.

Bei der Verkohlung des Pulverholzes in Gruben erhält man selbstredend niemals eine einheitliche Kohle und muß diese daher sehr sorgfältig sortiert werden. Ein weiterer, sehr schwerwiegender Nachteil dieser Verkohlungsmethode ist dann noch darin zu erblicken, daß die Kohlen häufig durch Sand, Erde usw., die von den Grubenwänden usw. in sie hineingelangen, verunreinigt werden. Wenigstens dieser letztere Übelstand läßt sich nun dadurch beheben, daß man die Verkohlung in eisernen Kesseln vornimmt, die in den Boden eingegraben werden. Die mit Hilfe der Kesselverkohlung gewonnene Pulverkohle ist aber leider gleichfalls sehr ungleichmäßig in ihrer Zusammensetzung. Von Violette angestellte Untersuchungen haben ergeben, daß bei diesem Verfahren in der Nähe der die Wärme ableitenden Kesselwandungen Rotkohle mit etwa 73 % C und im Kesselinnern, besonders in der Mitte, Schwarzkohle von etwa 83 % C gewonnen werden. Ferner sind die am Boden und an der Oberfläche des Kessels gewonnenen Kohlen wieder etwas ärmer an C. Man muß deshalb nach dem Ziehen der Kohle die meist für Jagdpulver bestimmte Rotkohle sorgfältig von der Schwarzkohle und aus letzterer wiederum alle Brände sorgfältig absortieren. Trotz dieser mannigfachen Nachteile erlangte die Kesselverkohlung seinerzeit eine ziemlich bedeutende Verbreitung und wird selbst heute noch des öfteren, insbesondere auf kleineren Schwarzpulverwerken, betrieben. Ihre Ausführung gestaltet sich verschieden; auf deutschen Fabriken waren bzw. sind die Verkohlungskessel meist halbkugelförmig aus Gußeisen gegossen, besitzen 1200 mm Durchmesser und 840 mm Tiefe. Mitunter findet man aber auch zylindrische Kessel. Die Kessel werden bis an ihren oberen Rand in den Boden eingegraben und lassen sich mit einem gußeisernen Deckel, der zur Ableitung der Destillationsprodukte einige kleine Löcher erhält, dicht abschließen. In dem Kessel wird nun zunächst eine kleine Menge brennendes Holz auf dem Boden verteilt und dann langsam das Pulverholz so nachgesetzt, daß die Flamme tunlichst nicht hell durchschlägt. Sobald der Kessel gefüllt ist, wird er mit dem gußeisernen Deckel geschlossen und geht der Verkohlungsprozeß dann ungestört weiter. Das Ausbringen an Holzkohle aus Faulbaumholz beläuft sich bei dieser Methode auf rund 20 % Schwarzkohle ohne die dabei stets entfallende Rotkohle. In Frankreich wird die Kesselverkohlung heute noch mehrfach zur Gewinnung von Schwarzkohle angewandt. In der Schweiz war sie früher allgemein üblich, ist aber dort heute durch die Zylinderverkohlung ersetzt. Die dortigen Werke arbeiteten mit eisernen Kesseln, deren abnehmbare Deckel in der Mitte ein mit Klappe verschließbares Rohr besaßen. In die Kessel wurde zunächst unten etwas brennendes Holz gelegt und dann das zu verkohlende Holz nachgesetzt. War dies genügend in Glut geraten, so wurde der dichtschließende Deckel aufgesetzt und die Klappe in dessen Gasabzugsrohr geöffnet. Sobald aus diesem Rohr keine weißen Dämpfe mehr ausströmten, wurde die Klappe geschlossen und das Ganze bis zum völligen Erkalten sich selbst überlassen. Ein Kessel faßte gewöhnlich ungefähr 600 kg lufttrockenes Holz, welches rund 115 bis 125 kg brauchbare Kohle lieferte. Außer in einigen anderen Ländern findet man die Kesselverkohlung dann heute noch auf einigen belgischen Pulverfabriken in Benutzung. Die dortigen Verkohlungskessel sind zylindrisch, besitzen 1500 mm Durchmesser und 2000 mm Tiefe und werden ganz in den Erdboden eingegraben. Ein solcher Kessel vermag bis zu 85 Wellen oder Schanzen Pulverholz, entsprechend ungefähr 1000 kg lufttrockenes Holz, aufzunehmen.

Außer der Meiler-, Gruben- und Kesselverkohlung ist dann hier ein weiteres, heute allerdings nur noch an sehr wenigen Orten in Benutzung stehendes Verkohlungsverfahren zu erwähnen, nämlich die Ofenverkohlung. Bei den zur Herstellung von Pulverkohle bestimmten Öfen sind Herd und Wölbung aus Ziegeln gemauert, oder, wie früher in der Schweiz üblich, aus großen Steinplatten zusammengesetzt. Der Ofen hat vorn und hinten eine Tür. Nachdem auf dem Herd des Ofens das Pulverholz aufgeschichtet ist, wird es bei offenen Türen in Brand gesetzt. Ist es genügend in Glut gekommen, so wird zunächst die Tür, durch welche es entzündet wurde, geschlossen, während die andere, einstweilen offenbleibende Tür den Destillationsprodukten den Abzug gestattet. Erst gegen Ende des Verkohlungsprozesses wird auch diese zweite Tür geschlossen. Nach Verlauf von ungefähr $1^1/_4$ Stunden werden die Kohlen gezogen und in aus Blech zusammengenietete Dämpfer gefüllt, in denen sie zur Abkühlung zwei Tage verbleiben. Die so gewonnene Pulverkohle hat leider den Nachteil, daß sie gleichfalls stets sehr ungleichmäßig in der Zusammensetzung ausfällt und fast stets oben mit Glanzruß bedeckt ist, der die Kohle schwer entzündlich, also minderwertig macht. Dieser Glanzruß bildet sich hauptsächlich aus den sich während des Destillationsprozesses oben auf den Kohlen niederschlagenden und mitverkohlten Teerdämpfen. Um ein solches Niederschlagen und Mitverkohlen der Teerdämpfe zu vermeiden, konstruierte man in der Schweiz die Verkohlungsöfen, die, wie bereits erwähnt, aus großen Steinplatten zusammengesetzt wurden, oben offen und erzielte so wenigstens einen schnellen Abzug der mit Teer geschwängerten Destillate, ohne aber eine gleichmäßigere Qualität der Kohle zu erhalten. Diese Öfen waren viereckig, ca. 600 bis 900 mm weit und 2 bis 3 m hoch. In ihren Schacht wurden die 2·5 m langen Haselholzzweige aufrechtstehend eingesetzt. Nebenbei bemerkt wird durch die so gesteigerte Höhe der Kohlensäule auch die Eigenbelastung der Kohle vermehrt, was unter Umständen ungünstig auf die Qualität derselben zu wirken vermag.

Während bei dem eben betrachteten Verfahren der Ofenverkohlung das Pulverholz direkt in das Ofengewölbe bzw. in den Ofenschacht eingebracht wurde, hat sich in Dänemark eine Abart ausgebildet, die schon eine Überleitung von der Ofenverkohlung zur Zylinderverkohlung bildet. Die dortigen Verkohlungsöfen besitzen drei Etagen und werden in diese eiserne Verkohlungskästen eingeschoben, welche das Pulverholz enthalten. Jeder Kasten faßt ca. 6 bis 7 kg Erlenholz. Sind die gefüllten Kästen in den Ofen eingebracht und die Türen geschlossen, so läßt man den Prozeß ungefähr eine Stunde gehen, und zwar so lange, bis eine kleine Flamme aus in den Ofentüren angebrachten Öffnungen herausschlägt. Man zieht dann die Kohlen und läßt sie in einem luftdicht verschlossenem Raum 18 bis 24 Stunden auskühlen. Das Ausbringen an Kohle beträgt bei diesem Verfahren etwa 25 %. Vor dem Kleinen müssen alle Brände und Äste ausgelesen und die Kohlen gut sortiert werden, da auch die dänische modifizierte Ofenverkohlungsmethode an fast genau denselben Nachteilen leidet, wie die von uns jetzt zu betrachtende älteste Art der Zylinderverkohlung. Die verbesserten Zylinderverkohlungsverfahren hingegen, die heute in allen Ländern im größten Maßstabe durchgeführt werden, kommen nach dem derzeitigen Stande unserer Erfahrungen für eine rationelle Gewinnung der Pulverkohle in Zukunft ausschließlich in Betracht.

Die Zylinder- oder Retortenverkohlung. Die von dem englischen Bischof Landloff erfundene und zuerst streng geheim gehaltene Verkohlung oder trockene Destillation des Holzes in Zylindern bzw. Retorten wurde zuerst im Jahre 1797 auf englischen Pulverfabriken eingeführt. Im Jahre 1802 veröffentlichte aber Collmann eine ausführliche Beschreibung der englischen Zylinderverkohlung und fand diese dann auch in anderen Ländern, zunächst allerdings verhältnismäßig langsam, Eingang. Bei der Zylinderverkohlung hat man nun vorweg drei verschiedene Verfahren zu unterscheiden, nämlich: 1. Verkohlung in direkt befeuerten Retorten, d. h. Retorten, die außen von den Feuerungsgasen unmittelbar umspült werden, während das zu verkohlende Holz in die Retorten selbst eingebracht wird; 2. Verkohlung in indirekt beheizten Retorten, bei denen in die von den Feuerungsgasen außen umspülten Retorten besondere, meist konzentrisch, also mit einigem Abstande von der Retortenwand gelagerte Verkohlungszylinder eingeschoben werden; 3. Verkohlung mittels hoch erhitzter Dämpfe und Gase (z. B. Wasserdampf, Kohlensäure), die in das Innere der Retorte bzw. des Verkohlungszylinders hineingeleitet werden. Erwähnt sei hier schon, daß es ein Verfahren gibt, welches gleichsam den Übergang zwischen dem ersten und dritten der ebenerwähnten Verfahren bildet, da bei ihm die (stehend angeordneten) Retorten nicht nur außen von den Feuerungsgasen direkt umspült werden, sondern ein Teil der Feuerungsgase auch in die Retorten, also in die Holzfüllung hineingeleitet wird. Weiter ist nun zu beachten, daß die entweder liegend oder stehend angeordneten Retorten oder Verkohlungsbehälter entweder erstens ortsfest oder beweglich (fahrbar, heraushebbar) in den Öfen angeordnet sein und zweitens bei liegender Anordnung um ihre Längsachse drehbar sein können (drehbare Retorten) oder nicht (ruhende Retorten). Bei unseren folgenden Betrachtungen wollen wir uns nun in der Hauptsache an die Unterscheidung der verschiedenen Zylinderverkohlungsverfahren in mit direkt beheizten Retorten, mit indirekt beheizten Retorten betriebene bzw. mit eingeleiteten heißen Dämpfen und Gasen arbeitende Verfahren halten, an passender Stelle aber die vorkommenden Abarten und Kombinationen erwähnen.

Die ältesten Zylinderverkohlungsanlagen arbeiteten mit liegenden, unbeweglichen, direkt beheizten Retorten, wie beispielsweise folgende, seinerzeit auf der französischen Staatspulverfabrik Le Bouchet eingerichtete Anlage, die man mit einigen kleinen Abänderungen auch noch an anderen Orten im Betrieb findet. Bei diesem Verkohlungsofen, den unsere nebenstehende Abbildung (Fig. 21) im Querschnitt und unsere Abbildung (Fig. 22) im Längsschnitt wiedergibt, werden meist zwei, seltener drei Retorten zusammen in dieselbe Feuerung, mitunter

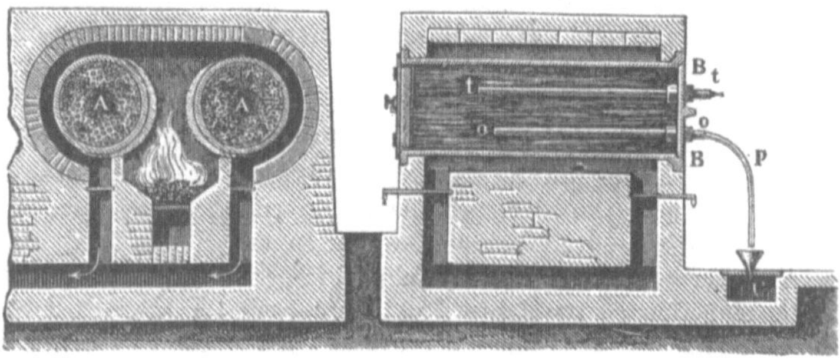

Fig. 21. Querschnitt. Fig. 22. Längenschnitt.
Retortenofen Le Bouchet. (Nach Guttmann, Explosivstoffe.)

aber auch nur eine Retorte für sich eingebaut. Die Retorten sind zylindrisch aus 25 mm starkem Schmiedeeisenblech oder auch aus Gußeisen gefertigt, besitzen einen lichten Durchmesser von 670 mm und eine Länge von 2000 mm. Sie werden in dem Ofenmauerwerk nur an ihren beiden Enden unterstützt und liegen sonst vollständig frei in dem Feuergewölbe des Ofens. Die mit einem gewöhnlichen Planroste ausgerüstete Feuerung ist zentral im Ofen zwischen den beiden Retorten angeordnet und ist durch den Einbau von entsprechend geformten Mauerwerkzungen dafür Fürsorge getroffen, daß die Feuerungsgase vom Herd aus zwischen den beiden Retorten hindurch nach der Decke des Feuerungsgewölbes, dann seitlich nach unten an den äußeren Retortenmantelflächen vorbei in die in einen gemeinschaftlichen Fuchs einmündenden Feuerungszüge ihren Weg nehmen. Für den nötigen Zug in der Feuerungsanlage sorgt ein genügend hoher Schornstein. An den einander zugekehrten inneren Mantelflächen der Retorten sind diese außen mit einem Chamottevorschlage, wie aus den Abbildungen zu entnehmen, versehen. Hierdurch wird erstens eine Überhitzung der Holz-, bzw. Kohlenfüllung der Retorte an diesen direkt von den vom Rost aufsteigenden Feuerungsgasen bestrichenen Stellen vermieden und zweitens ein vorzeitiges Durchbrennen der Retortenmäntel hintangehalten. Zu letzterem Zwecke empfiehlt es sich auch, gelegentlich größerer Reparaturen des Ofens, besonders bei Erneuerung der Chamottevorschläge die Retorten stets etwas um ihre Längsachse zu drehen. Den Abschluß der Retorte bewirken nun zwei Deckel, von denen der vordere leicht abnehmbar, der hintere aber für gewöhnlich fest angeordnet ist. In den hinteren Deckel sind bei der ursprünglichen Ausführungsart vier Rohre eingeschraubt, die wagerecht in das Retorteninnere hineinragen. Von diesen dient das untere kürzere Rohr, in welches ein meist aus Kupfer gefertigtes gebogenes Rohr eingeschoben ist, dazu, die flüchtigen Destillate aus der Retorte abzulassen. Was sich von diesen Destillaten in dem Kupferrohr verdichtet, wird in der im Ofenhausboden hinter dem Ofen vorgesehenen sogenannten Vorlage aufgefangen, während die nicht kondensierten Destillate entweder in den Fuchs abgeleitet oder aber zur Befeuerung unter die Retorten geführt werden. Die anderen drei längeren Rohre, welche in das Retorteninnere wagerecht hineinragen, findet man heute nur noch selten angebracht. Es sind dies die sogenannten Proberohre. In sie wurden Holzstäbe eingeschoben und ihr hinteres Ende im Retortendeckel luftdicht verschlossen. Durch zeitweiliges Herausziehen dieser Probestäbe wollte man sich von dem Fortgange des Verkohlungsprozesses und den gerade im Ofen an den einzelnen Stellen herrschenden Temperaturen laufend überzeugen. Man zerbrach einen solchen Probestab beispielsweise an verschiedenen Stellen, um den Ort zu erkennen, wo die Verkohlung noch nicht so weit fortgeschritten war, wie an anderen Stellen. Unter der betreffenden Stelle der Retorte verstärkte man dann das Feuer entsprechend. Diese Regulierung des Prozesses kann man aber, wie wir gleich noch ausführlicher sehen werden, viel bequemer und sicherer mit Hilfe der Färbung und dem Geruche der aus der Retorte entweichenden Gase, bzw. ihrer Flammenfärbung beim Verbrennen vornehmen. Beispielsweise hat man zu diesem Zwecke auf der Pulverfabrik Sévran-Livry an der Gasabzugsleitung Hähne angebracht, die gestatten, insbesondere gegen Ende der Operation, bequem die Färbung der Gase zu beobachten. Während also der hintere Retortendeckel für gewöhnlich festgeschraubt, oder sonstwie befestigt ist, wird der vordere Deckel, um das Holz einbringen und die Kohlen ziehen zu können, leicht beweglich angeordnet. Mitunter wird er hierzu türartig, um ein Scharnier aufklappbar oder an Ketten hängend, die an vor dem Ofen an der Ofenhausdecke laufenden kleinen Rollen befestigt sind, ausgeführt. Um ein vorzeitiges Durchbrennen und Werfen (Schiefwerden) des Deckels, sowie einen zu starken Wärmeverlust zu vermeiden, wird er meist innen mit einem Futter aus Chamottesteinen oder einer geeigneten schlecht Wärme leitenden Masse, beispielsweise einem Gemisch von Lösche, Lehm und Asche versehen. Um den Deckel dicht zu schließen, dient meist eine Traverse mit Andruckschraube oder Verkeilung, seltener ihn ringsum am Rande haltende Federklemmen. Außerdem werden seine Fugen gut mit Lehm verschmiert (Luttierung). Die Chargierung der Zylinder geht nun in folgender Weise vor sich: Das Pulverholz kommt entweder lose oder mittels Strohseilen, die aber nach erfolgtem Einbringen wieder entfernt werden, gebündelt, in horizontalen Schichten in die Retorte und werden alle Zwischenräume gut mit Holz ausgefüllt, wobei aber keine Gewalt angewandt werden darf. Das gesamte Retorteninnere wird aber nicht mit Holz ausgesetzt, vielmehr läßt man über den Auflagestellen des Zylinders im Mauerwerk, da diese ja nicht von den Feuerungsgasen bestrichen werden und ferner oben in der Retorte, um das ungestörte Austreten der Destillate zu befördern, entsprechende Räume frei. Ist die Retorte dergestalt geladen, so wird der Verschlußdeckel eingesetzt, angepreßt und seine Fugen gut mit Lehm gedichtet. Nun wird zunächst der vordere Kopf der Retorte durch ein vorne auf dem Rost entzündetes Feuer langsam angeheizt. Als Brennmaterial wird hierbei meist Stein- oder Braunkohle (am besten klein gepochte), seltener Holz, am besten aber wohl, wenn verfügbar, Torf benutzt. Nachdem man ungefähr eine halbe Stunde lang geheizt hat, beginnen aus dem Gasrohre weißliche Dämpfe auszutreten. Hierauf wird das Feuer, um nunmehr auch das hintere Retortenende anzuwärmen, ausgebreitet und dann das zur Erzielung einer guten Pulverkohle, wie vor allem auch tunlichst hohen Ausbeute sehr wichtige Anfeuern langsam fortgesetzt. Hierbei hält man das Feuer tunlichst kurz, damit die Flammen nicht bis an die Retorten selbst schlagen. Nach Verlauf ungefähr weiterer viereinhalb Stunden kommt nunmehr der eigentliche Destillationsprozeß in Gang, was sich durch Gelbfärbung und brenzliches (empyreumatisches) Riechen der abziehenden Gase deutlich erkennen läßt. Die Färbung der abziehenden Gase geht dann nach einiger Zeit wieder ins Weißliche und sobald der Verkohlungsprozeß beendet ist, ins Bläuliche über. Benutzt die betreffende Verkohlungsanlage das entweichende Holzgas mit zur Befeuerung der Retorten, so beobachtet man den Fortgang des Prozesses nicht, wie eben angegeben, an der Färbung der austretenden Gase, sondern an der Farbe, mit welcher diese Gase in der Feuerung verbrennen. Die Dauer des Verkohlungsprozesses wird an den verschiedenen Orten verschieden lang bemessen und schwankt, je nachdem man hauptsächlich auf Schwarz- oder auf Rotkohle arbeitet, zwischen 6 bis 12 Stunden. Besonders bei Darstellung von Rotkohle zur Jagdpulverfabrikation muß die Verkohlung möglichst langsam durchgeführt werden. Im übrigen lassen sich aber allgemein gültige Vorschriften für die Dauer des Verkohlungsprozesses nicht geben und arbeiten die einzelnen Anlagen meist gestützt auf selbst gesammelte Erfahrungsgrundsätze. Nachdem die Verkohlung beendet ist, verbleibt die Kohle zum Auskühlen noch einige Zeit, beispielsweise zwei Stunden in den Retorten und wird dann tunlichst schnell, um Verluste durch Abbrennen zu vermeiden, in eiserne, zylindrische Gefäße, die sogenannten Dämpfer gefüllt, die mit einem gut passenden

Deckel verschlossen und mit Lehm zugestrichen werden. Vielfach sind die Dämpferdeckel so ausgebildet, daß sie nach Art eines Wasserverschlusses, wie man ihn beispielsweise bei Gasreinigern findet, in eine Rinne des Dämpferkopfes eingreifen und sich so bequem dichten lassen. Die Kohle bleibt verschieden lange Zeit in den Dämpfern und schreiben einzelne Werke beispielsweise 3 bis 4 Tage vor. Zur Erzielung einer guten Pulverkohle ist ein recht langsames Auskühlen derselben von besonderer Wichtigkeit. Wie bereits erwähnt, dürfen Pulverkohlen beim Ziehen niemals mit Wasser abgelöscht werden, da sie ansonst für die Zwecke der Pulverfabrikation unbrauchbar sind. In Frankreich hatte man beispielsweise im Jahre 1791, um dem gerade damals herrschenden, sehr starkem Bedarf besser entsprechen zu können, begonnen, die gezogenen Kohlen mit Wasser abzulöschen. Robin wies aber durch eingehende Versuche die Unbrauchbarkeit des mit derartiger Kohle dargestellten Pulvers nach. Man gab deshalb bereits 1798 das Ablöschen der Pulverkohle mit Wasser wieder auf.

Auch bei den in Belgien im Betriebe stehenden Verkohlungsöfen findet sich mehrfach vorstehend beschriebene Bauart mit einigen Abweichungen vertreten. Beispielsweise benutzt man zur Verkohlung von Erlenholz Zweiretortenöfen, die ein Fassungsvermögen von durchschnittlich 100 kg Holztrockengewicht besitzen. Die Anlagen arbeiten zum Teil mit Gewinnung von Nebenprodukten, von der gleich noch näher die Rede sein wird. Meist aber benutzen sie das Holzgas, um Brennmaterial zu ersparen, zum Beheizen der Retorten. Um die Kohle aus den Retorten schnell ziehen zu können, werden in diese vor dem Chargieren Ausziehharken eingeschoben.

Während die eben von uns betrachteten Verkohlungsapparate mit zwei wagerechten, ortsfest eingemauerten, direkt befeuerten Retorten zur Ableitung der gas- und dampfförmigen Produkte in das Retorteninnere hineinragende Gasableitungsrohre hatten, fehlen diese bei neueren Öfen, wodurch das Chargieren und Kohlenziehen bedeutend erleichtert wird. Bei dem Kohlenziehen kann dann auch bequem eine während des Verkohlungsprozesses in der Retorte verbleibende Ausziehharke Verwendung finden. Einen solchen neueren Verkohlungsofen wie er in der Schweiz benutzt wird, zeigt unsere umstehende Abbildung Fig. 23 nach einem Modell. Er besitzt zwei liegende gußeiserne Retorten von ungefähr 1600 mm Länge und 600 mm Durchmesser. Das zu verkohlende Holz wird in Stücken, die bei Faulbaum- und Haselholz 15 bis 300 mm, bei Erlenholz bis 50 mm Durchmesser besitzen, in Mengen von 60 bis 80 kg eingefüllt, die Retortendeckel geschlossen und die Feuerung eingeleitet. Das aus den Retorten entweichende Holzgas wird unter die Retorten geführt und dort verbrannt. Die Färbung der hierbei auftretenden Flamme gibt einen guten Anhalt für die Beurteilung des Fortganges des Prozesses. Die Dauer eines Brandes beträgt in der Regel für Jagd- und Gewehrpulverkohle 5 bis 6, für Geschütz- und Sprengpulverkohle 3 bis 4 Stunden bei einer Temperatur von ca. 300 bis 400° C. Die fertig gebrannten (garen) Kohlen werden mittels einer an einer Eisenstange befestigten Scheibe (der sogenannten Ausziehharke) von der ungefähren Größe des Retortenquerschnittes, welche vor dem Chargieren der Retorten in diese hineingeschoben wird, gezogen und in schmiedeeiserne Dämpfer gefüllt. Die

Fig. 23. Schweizer Retortenofen.

durchschnittlich erzielte Ausbeute an brauchbarer Kohle beträgt nach erfolgter Sortierung und Auslesen der Brände, sowie der mit Glanzruß überzogenen Stücke für Jagdpulver 30 bis 35 %, für Gewehrpulver 20 bis 22 %, für Geschützpulver 20 bis 21 %, für Sprengpulver 20 bis 25 % vom Gewichte des verwendeten lufttrockenen Holzes.

Eben erwähnten wir bereits, daß Verkohlungsöfen mit wagerechten, festliegenden, direkt beheizten Retorten, außer mit zwei Retorten auch mit drei und mit einer Retorte zur Ausführung gelangten.

Einen mit gemeinsam beheizten 3 Retorten ausgerüsteten Verkohlungsapparat zeigt unsere nebenstehende Abbildung Fig. 24 im Längsschnitt und unsere Abbildung Fig. 25 in Rückansicht. Bei ihm sind die drei gußeisernen Retorten von 1750 mm Länge und 660 mm lichter Weite fächerartig in dem Ofenmauerwerk angeordnet und werden sie nicht nur an den Enden, sondern auch noch in der Mitte durch einen Mauerunterzug abgefangen. Durch den Einbau von geeignet geformten Mauerwerkszungen ist dafür gesorgt, daß die Feuerungsgase die Retorten gleichmäßig bespülen. Die rückwärtigen Abschlußdeckel der Retorten, welche so angeordnet sind, daß sie das Retorteninnere schon vor der ja sonst beim Einbringen des Holzes freizulassenden hinteren Retortenauflage auf dem Mauerwerk abschließen, besitzen kein in das Retorteninnere hineinragendes Gasabzugsrohr mehr, sondern nur oben einen Gasabzugsstutzen, der durch ein Ventil mit Handrad beliebig weit geöffnet oder auch ganz geschlossen werden kann. Die Gasabzugsstutzen sämtlicher drei Retorten münden in ein gemeinschaftliches, gebogenes, beiderseits offenes Verbindungsrohr, in welchem sich die verdichtbaren Destillate niederschlagen und nach unten in Vorlagen abfließen. Die nicht kondensierten Destillate hingegen werden durch

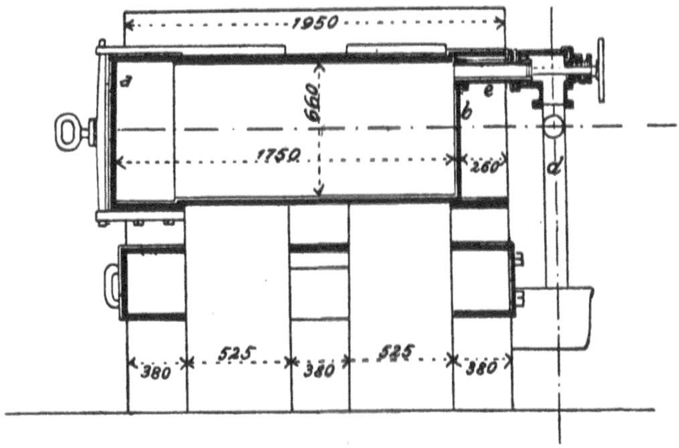

Fig. 24. Dreiretortenofen. Längenschnitt.

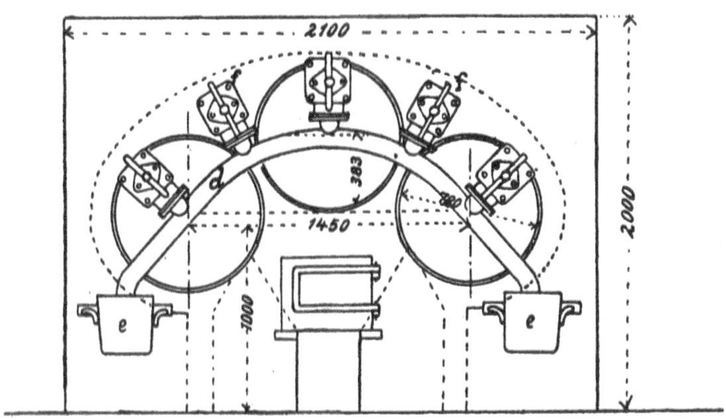

Fig. 25. Dreiretortenofen. Rückansicht.

zwei gleichfalls mit Ventilen absperrbare Stutzen in den Feuerungsraum des Ofens geleitet und dort verbrannt. Die vorderen Retortendeckel werden mittels loser Traverse, die in an den Retortenkopf angeschraubte Halter eingreift, und Andruckschraube fest angepreßt.

Dreiretortenöfen vorstehender Bauart finden sich mit einigen kleinen Änderungen beispielsweise häufiger in Belgien im Betriebe. Die Retorten sind aus Gußeisen, 1500 mm lang und 570 mm im

Lichten weit. Die Feuerungsgase werden in dem Ofen durch geeigneten Einbau von Zügen so geleitet, daß sie nicht direkt auf die Retortenwandungen treffen können. Die abnehmbaren Verschlußdeckel sind an Hängeketten beweglich und werden mittels Andruckschrauben festgepreßt. An die hinteren, ortsfesten Retortendeckel ist zur Ableitung der Destillate ein Abzugsstutzen angeschraubt. Vor dem Chargieren wird in jede Retorte die Ausziehharke, deren Blatt aus perforiertem Blech besteht, ganz hineingeschoben. Man setzt dann in jede Retorte 35 kg Pulverholz in einem Bündel ein, das 1250 mm lang und 500 mm dick ist. Bei der Verkohlung sucht man die Temperatur von 350° nicht zu überschreiten. Die Dauer der Verkohlung beträgt bei der ersten Charge, (weil der Ofen erst angeheizt werden muß) ungefähr 5 Stunden, bei den späteren Chargen aber nur 3 $^1/_2$ Stunden. Der Fortgang der Verkohlung wird nur noch selten mit Hilfe von in Proberohre eingeschobenen Holzstäben, von denen eingangs bereits die Rede war, verfolgt. Meist lüftet der Arbeiter den Retortendeckel ein wenig und stellt auf Grund langjähriger Erfahrung mit einem Blicke sehr schnell den augenblicklichen Stand des Prozesses fest. Sobald dieser beendet ist, wird vor die Retortenmündung ein schmiedeeisener Dämpfer gebracht, auf den zwecks schnelleren Einfüllens der Kohlen ein großer Blechtrichter lose aufgesetzt ist. Hierauf wird der Retortendeckel schnell geöffnet, ein Haken in den Ring des Stieles der Ausziehharke eingehängt und die Kohlen so gezogen. Die gefüllten Dämpfer werden sofort mit einem dichtschließenden Deckel geschlossen, dessen Fugen man mit Letten verstreicht. Inzwischen ist bereits sofort eine neue Holzcharge in die entleerte Retorte eingebracht worden. Die gefüllten Dämpfer stellt man unter ein Wetterdach und entfernt nach Ablauf eines Tages die Luttierung von den Deckeln, um der Luft langsamen Zutritt zu den Kohlen zu gestatten. Die Deckel selbst werden aber erst nach Ablauf von drei Tagen geöffnet, um Selbstentzündungen der Kohlen zu vermeiden. Die Dämpfer werden dann in große, gemauerte Vorratsbehälter entleert, die mit nicht besonders dicht schließenden, schmiedeeisernen Deckeln geschlossen werden. Vor dem Kleinen werden die Kohlen ausgelesen, die Brände entfernt und mit Glanzruß bedeckte Stücke durch Abkratzen von diesem befreit. Die in vorstehender Weise gewonnene Pulverkohle entspricht ganz gut den zu stellenden Anforderungen.

Verkohlungsöfen liegender Bauart mit nur einer direkt befeuerten, ruhenden Retorte findet man gleichfalls verschiedentlich im Betriebe und soll sich bei ihnen der Gang des Verkohlungsprozesses leichter regulieren lassen. Bei ihnen umgibt man, wie beispielsweise seinerzeit auf der Königl. sächs. Pulverfabrik Dresden ausgeführt, die untere Mantelhälfte der Retorte, damit diese an dieser Stelle nicht direkt von den Flammen umspült wird, woraus ungleichmäßige Verkohlung und vorzeitiges Durchbrennen der Retortenwand entstehen könnte, in einem Abstande von 25 bis 30 mm mit einem Blechmantel und füllt den so geschaffenen Zwischenraum mit Chamotte oder einer Mischung von feuerfestem Ton und Kohlenklein aus. Bei dem Betriebe dieser früher in Dresden in Verwendung gestandenen Einzylinderöfen regelte man dort, wie hier erwähnt sein möge, den Gang des Verkohlungsprozesses nach der Temperatur des Gasabzugsrohres. Sobald dessen Kniestück so kalt war, daß man es mit der bloßen Hand anfassen konnte, wurde mit dem Nachwerfen von Brennmaterial auf den Rost aufgehört. Man ließ das Feuer hierauf noch ungefähr eine Viertelstunde auf dem Rost und zog es dann. Gleichzeitig wurden die Schieber der Feuerzüge geschlossen, um die Kohle abkühlen zu lassen. Die Kohle blieb je nach der an dem betreffenden Tage herrschenden Witterung 16 bis 24 Stunden in den Zylindern. Man zog sie dann und breitete sie in dünner Schicht auf hölzernen Hürden aus. Dergestalt blieb sie 24 Stunden lang, gegen direkte Sonnenbestrahlung geschützt, der Luft ausgesetzt. Zum Schluß wurde sie sortiert und in abgewogenen Mengen in mit Deckeln dicht verschließbare Eisenzylinder gefüllt.

Bei allen bisher von uns betrachteten Verkohlungsöfen, die mit direkt befeuerten Retorten arbeiteten, fanden ausschließlich ruhende, ortsfest in den Ofen eingebaute Retorten Anwendung. Die Retorten ließen sich also weder aus dem Ofen zum Chargieren und Kohleziehen entfernen, noch um ihre Längsachse drehen. Diese ruhenden ortsfesten Verkohlungszylinder haben nun zwei Hauptnachteile. Erstens erfordert das Chargieren des Holzes und das Ziehen der Kohle ziemliche Zeit, während welcher der Verkohlungsofen, bzw. die betreffende Retorte nicht betrieben werden kann, auch entsteht beim Kohlenziehen trotz aller Vorsicht stets Verlust durch Abbrennen kleinerer Kohlenpartien. Zweitens ist es bei ruhenden Retorten schwierig, wenn nicht ganz unmöglich, die Einwirkung der Feuerung tunlichst gleichmäßig auf alle Teile der Retortenfüllung zu gestalten. Die aus dem unteren, der Feuerung zunächst belegenen Retortenteil gezogenen Kohlen sind deshalb stärker gebrannt, bzw. enthalten mehr Schwarzkohle, wie die im mittleren und oberen Retortenteil enthaltenen Kohlen. Auch erhält man ziemlich viel mit Glanzruß bedeckte Kohle, die vor ihrer Verwendung erst durch umständliche Handarbeit von diesem befreit werden muß. Den ersten Hauptübelstand der ruhenden, ortsfesten Retorten, ihre geringe Leistungsfähigkeit infolge langer Dauer des Chargierens und Kohleziehens (auch der Wärmeverlust der Retorte spielt hier mit) kann man nun dadurch beheben, daß man entweder die Retorten bei liegender Anordnung aus dem Ofen herauszieht, oder herausfährt, bzw. bei stehender Anordnung heraushebt oder aber die Retorten ortsfest in den Ofen einmauert und in sie, wie wir gleich noch näher sehen werden, besondere Verkohlungsbehälter, die also indirekt beheizt werden, da zwischen ihnen und der von den Feuerungsgasen außen umspülten Retortenwand ein mehr oder weniger großer Luftzwischenraum verbleibt, einschiebt. Dem zweiten Hauptnachteil der ruhenden Retorten, nämlich die Lieferung einer stark ungleichmäßig zusammengesetzten Kohle läßt sich in sehr wirksamer Weise dadurch begegnen, daß man den liegend angeordneten Retorten von Zeit zu Zeit eine Drehung um ihre Längsachse gibt, so daß immer neue Stellen der Holzcharge über die Feuerung zu liegen kommen. Meist genügt es zu diesem Zwecke, dem Verkohlungszylinder alle 15 bis 20 Minuten eine halbe Umdrehung um seine Längsachse zu geben. Drehbare, direkt befeuerte Retorten stellen aber noch nicht die beste Lösung der Aufgabe dar, vielmehr ergeben eingemauerte Retorten mit konzentrisch eingesetzten, also indirekt befeuerten, drehbaren Verkohlungszylindern noch bessere Resultate.

Einen Verkohlungsofen, der mit ruhender, aber fahrbar angeordneter, direkt beheizter Retorte arbeitet, und auf der Königl. sächs. Pulverfabrik Gnaschwitz (Post Singwitz), sowie mit einigen Änderungen auf verschiedenen anderen deutschen Staatspulverfabriken und Privatwerken in Benutzung stand, ja teilweise noch steht, zeigt unsere nebenstehende Abbildung Fig. 26. Diese meist für mehrere, nebeneinanderliegende Retorten eingerichteten Verkohlungsöfen besitzen zylindrisch ausgemauerte Räume für die Verkohlungszylinder, mit Feuerung, Aschenfall, zur Seite klappbarem oder schiebbarem Deckel und gemeinschaftlichem hohem Schornstein. An der Rückseite des Ofens befindet sich meist ein Röhrensystem zur Aufnahme der verdichtbaren Destillationsprodukte, während die nicht verdichtbaren unter der Retorte verbrannt werden. Die aus Eisenblech zusammengenieteten Retorten oder Verkohlungszylinder laufen entweder, wie auf der Abbildung dargestellt, mit niedrigen Rollrädern auf im Ofen vorgesehenen Schienen, oder tragen die Laufschienen, während die Laufräder im Ofen entsprechend angeordnet werden. Die Retorten fassen meist 0·4 cbm Pulverholz und werden durch einen Deckel mit Lehmwulst geschlossen, der entweder mittels Bolzen und Vorsteckkeilen oder mittels Traverse und Andruckschraube fest angepreßt wird. In dem oberen Teil des hinteren Zylinderbodens befindet sich zur Abführung der Destillationsprodukte ein kurzer Rohrstutzen, welcher mit einem Lehmwulst umgeben, beim Einfahren des chargierten Zylinders in den Ofen eine gasdichte Verbindung mit dem ebenerwähnten Rohrsystem herstellt. Zu beiden Seiten des Verkohlungsofens befinden sich Lagerböcke für die Zylinder und läuft längs der Chargierseite der Öfen ein Schienenstrang für die fahrbaren Lagerböcke, auf welchem die Zylinder nach dem Ofen und zurück transportiert werden. Auf den deutschen Staatspulverfabriken gestaltete sich der Betrieb mit diesen Öfen folgendermaßen: Sobald der Verkohlungszylinder in den Ofen eingefahren und dessen Tür geschlossen ist, wird langsam angeheizt bis brennbare Gase auftreten, welche unter die Zylinder geführt werden und dort aus einem geschlitzten Rohre brennen. Die Verkohlungsdauer ist verschieden und beträgt beispielsweise für Gewehrpulverkohle (27·5 % Ausbeute von lufttrockenem, d. h. 10 % Feuchtigkeit enthaltendem Holze) 3 bis 3 1/2 Stunden, für Geschützpulverkohle 3 1/2 bis 4 Stunden. Nach erfolgter Verkohlung werden die Zylinder aus dem Ofen herausgefahren, abkühlen gelassen und dann die Kohle in schmiedeeiserne mit gut schließendem Deckel versehene

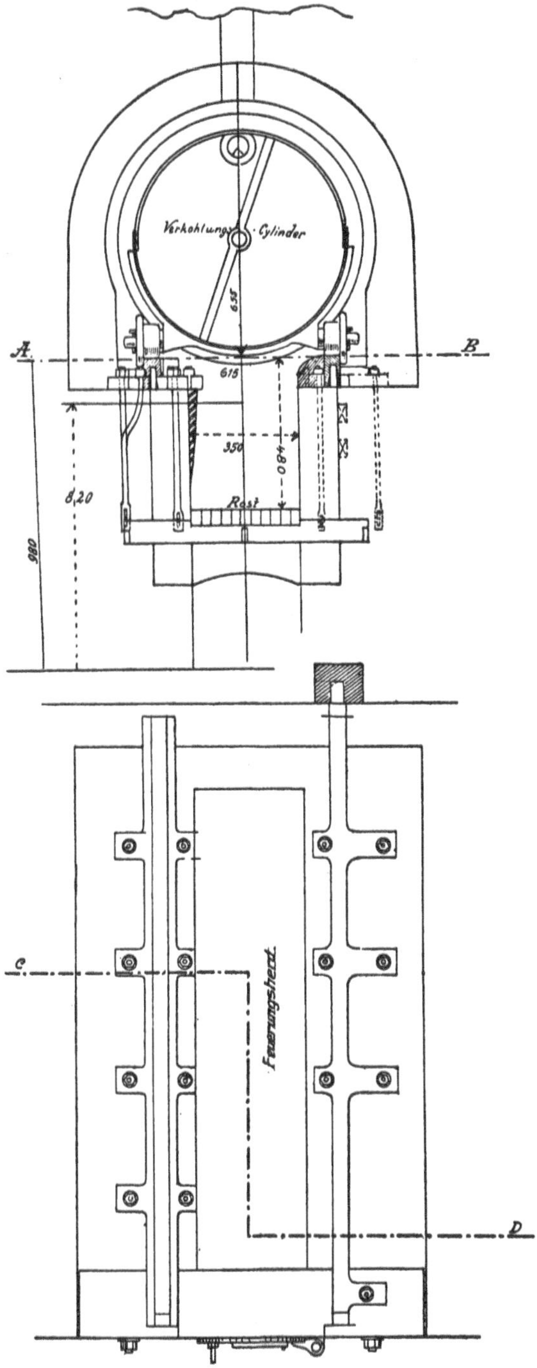

Fig. 26. Gnaschwitzer Verkohlungsofen.

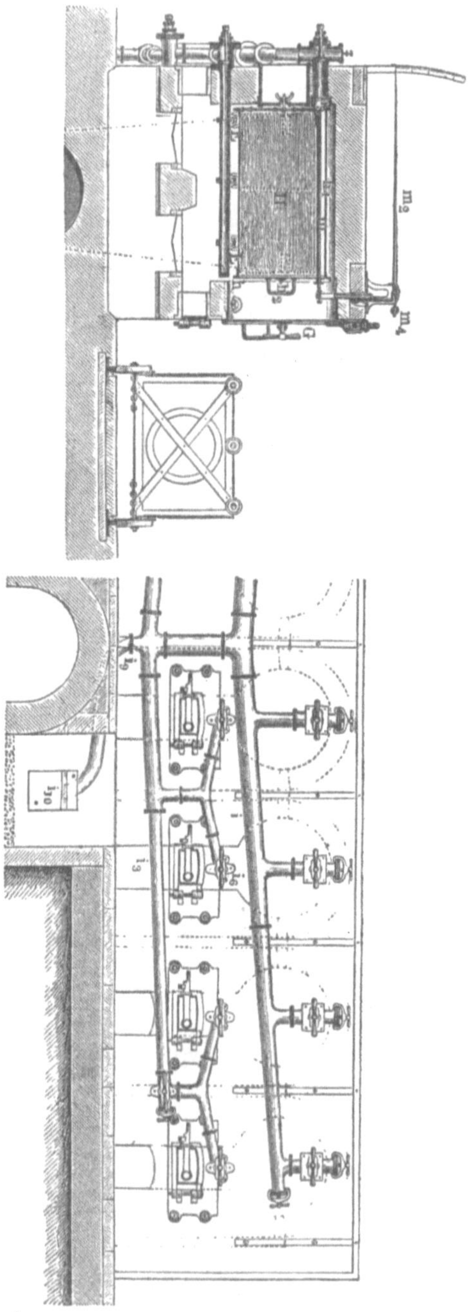

Fig. 27. Längenschnitt. Fig. 28. Rückansicht.
Metzer Verkohlungsanlage. (Nach Guttmann, Explosivstoffe.)

Dämpfer gefüllt, in denen sie 10 Tage lang bis zum Kleinen bleibt.

Auf demselben Prinzip beruhend, allerdings in den Einzelheiten bereits wesentlich verbessert gegenüber der eben beschriebenen Verkohlungsanlage, war die von Maurouard auf der damaligen Kaiserl. Französ. Pulverfabrik in Metz, die nach der Eroberung dieser Stadt noch einige Jahre lang von der deutschen Regierung betrieben, dann aber aus strategischen Gründen nach „Pulverfabrik" bei Hanau a. M. verlegt wurde, eingerichtete Verkohlungsanlage, die infolge ihrer Zweckmäßigkeit auf vielen anderen Fabriken später als Muster gedient hat. Bei der Metzer Anlage, welche unsere Abbildung Fig. 27 im Längsschnitt und unsere Abbildung Fig. 27 in Rückansicht wiedergibt, finden Verkohlungszylinder Verwendung, welche 1350 mm lang waren und 700 mm Durchmesser besaßen. Sie waren aus zwei Schmiedeeisenblechen zusammengenietet, von denen das untere 6 mm, das obere 3 mm dick war, und wurden durch angenietete Winkeleisenringe versteift. An ihrer Unterseite trugen sie beidseitig T-Eisen angenietet, mittels derer sie auf in dem Ofen oberhalb der Feuerung angeordneten Rollen in den Ofenraum hineingeschoben wurden, den man dann mit der Tür *G* luftdicht verschloß. Der hintere Zylinderboden war fest eingenietet, während der vordere zum Chargieren und Kohleziehen abnehmbar war. Dieser vordere Boden besaß in der Mitte eine kleine Tür, durch die man den Fortgang des Prozesses beobachten konnte. Um aus den Verkohlungszylindern die Destillate abzuleiten, war in sie oben eine halbzylindrische Röhre eingelegt, die am hinteren Zylinderboden in einen kleinen Rohrstutzen mündete, der zur Verbindung mit dem Röhrensystem an der Rückseite des Ofens diente. Die auf diesem durch Ventile absperrbaren Wege aus den einzelnen Retorten entweichenden Destillate wurden in einer gußeisernen Gasleitung *i* gesammelt und verdichteten sich in dieser zum Teil. Das Kondensat wurde durch das Ablaufrohr *i* 9 nach einem im Ofenhausboden eingelassenen Sammelgefäß *i* 10 geleitet, während die nicht kondensierten Produkte durch die gleichfalls mit den erforderlichen Absperrventilen versehenen Rohrleitungen *i* 3 und *i* 6 unter die Retorten geführt und dort verbrannt wurden. Die ersten, von Maurouard erstellten Verkohlungsapparate besaßen zur Kontrolle der Temperatur ein Pyrometer, das aus einem oben in den Verkohlungszylinder wagerecht hineinragendem langem Zink- oder Bronzestabe bestand, dessen Längenausdehnung ein mit Hebelübersetzung arbeitendes Zeigerwerk *m* 2 *m* 4 auf einer empirisch geaichten Skala anzeigte. Neuere Ausführungen erhalten selbstredend moderne elektrische Pyrometer, die bedeutend betriebssicherer und zuverlässigerer sind. Nach erfolgter Verkohlung zieht man nun nach Öffnen der oberen Ofentür den Verkohlungszylinder aus dem Ofengewölbe heraus auf das Chargiergestell, welches sich auf einem vor der Ofenstirnseite entlang laufenden Schienengeleise verfahren läßt. Man kann dann sofort einen in der Zwischenzeit bereits gefüllten Verkohlungszylinder in den Ofen einfahren und so die Wärme desselben in wirtschaftlichster Weise ausnutzen, wie an Betriebszeit gegenüber Anlagen mit ortsfesten Retorten wesentlich sparen.

Eine gleichfalls mit fahrbaren, liegenden und ruhenden, direkt beheizten Retorten arbeitende Verkohlungsanlage, die für eine österreichische Pulverfabrik erstellt wurde, zeigt unsere nebenstehende Abbildung Fig. 29 im Aufriß und Längenschnitt und unsere Abbildung Fig. 30 in zwei verschiedenen Querschnitten. Diese sehr leistungsfähige Verkohlungsanlage arbeitet mit zwei Verkohlungsbatterien zu je 5 Retorten. Die Retorten- oder Verkohlungsbehälter, die unsere Abbildung Fig. 31 im Längs- und Querschnitte wiedergibt, sind aus zwei Tafeln Schmiedeeisenblech mit Längsnaht zusammengenietet und zwar ist das untere, der Feuerung zunächst belegene Blech mit 12 mm, das obere Blech 8 mm dick gewählt. Zur Versteifung sind an den Zylinderenden Winkelringe aufgenietet. Der aus 10 mm starkem Blech mit 50 mm Pfeilhöhe gepreßte Boden ist festgenietet und an seinem oberen Ende mit einem gußeisernen Gasabzugsstutzen von 65 mm lichter

Weite versehen. Zum Abschlusse des Verkohlungsbehälters dienen aus 10 mm Blech mit ungefähr 50 mm Pfeilhöhe gepreßte Böden, die in der Mitte als Handhabe, wie aus unserer Abbildung Fig. 32, die einen

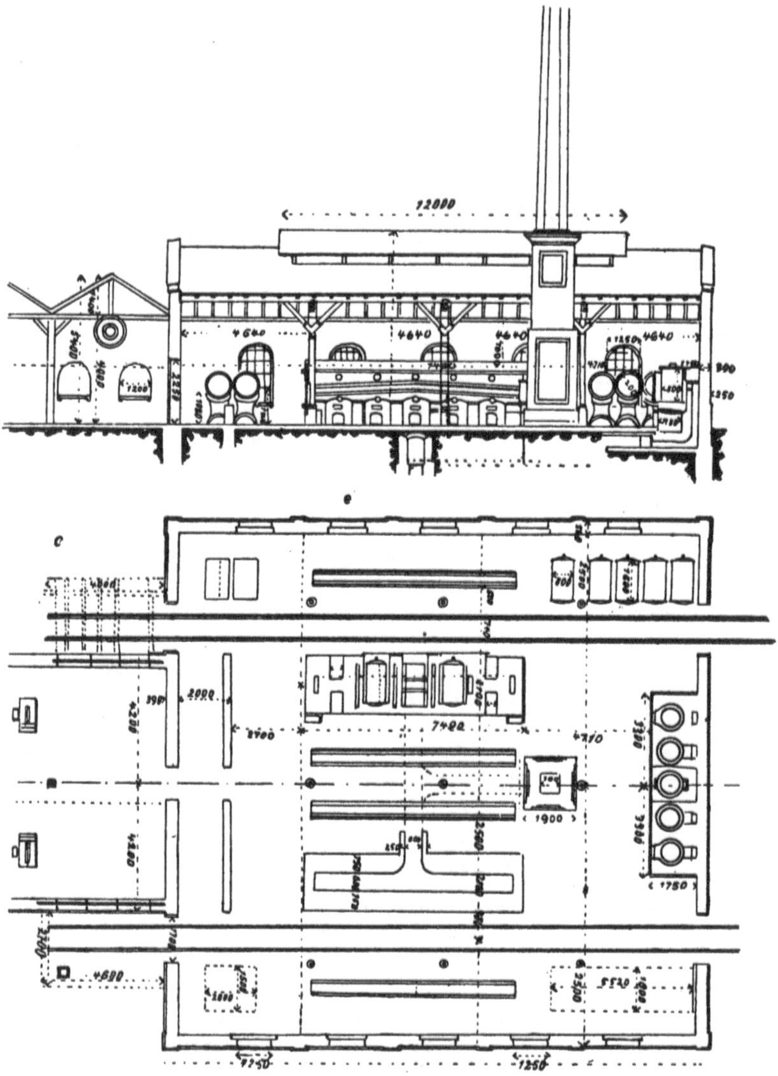

Fig. 29. Österreichische Verkohlungsanlage. Aufriß und Längenschnitt.

solchen Deckel in Vorderansicht zeigt, zu ersehen, einen kräftigen Griff angenietet besitzen. Der Verschluß des Deckels erfolgt in einfacher und sicherer Weise mittels Klemmen, wie Abbildung Fig. 33 zeigt,

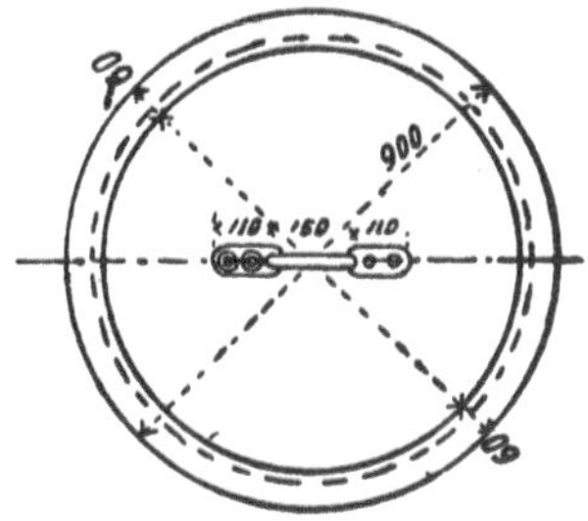

Fig. 32.
Draufsicht auf Deckel des Verkohlungsbehälters.

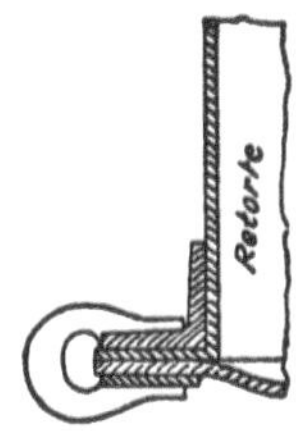

Fig. 33.
Klemmenverschluß des Verkohlungsbehälters.

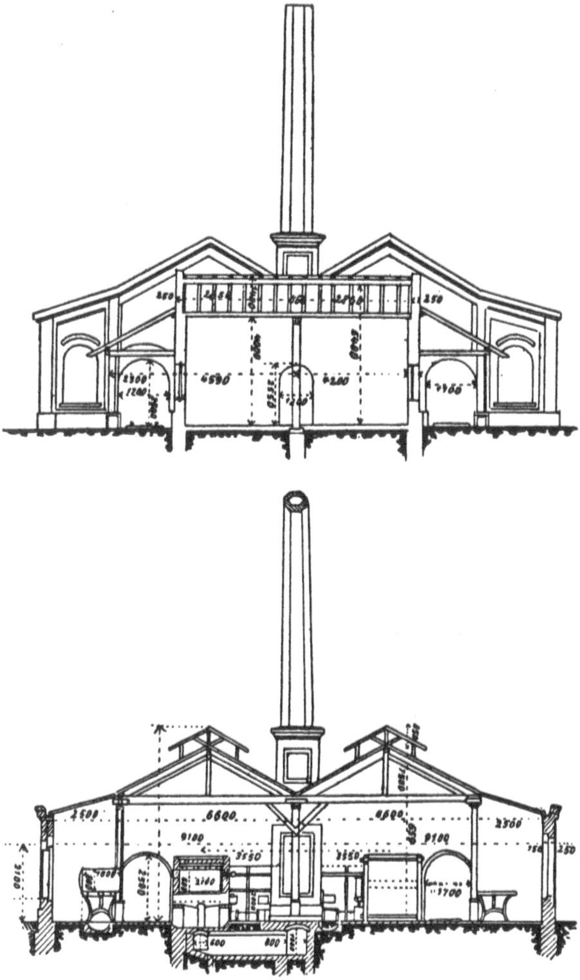

Fig. 30. Zwei verschiedene Querschnitte.

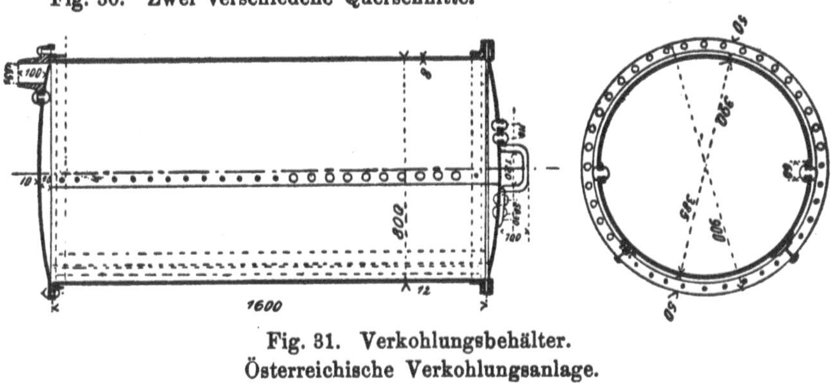

Fig. 31. Verkohlungsbehälter.
Österreichische Verkohlungsanlage.

und wird außerdem noch die Ringfuge mittels Lehm verschmiert. Um den Verkohlungsbehälter bequem von den Retortenstellen auf den Chargierwagen, bzw. in den Ofen bringen zu können, sind an seiner Unterseite, wie aus unserer Abbildung Fig. 31 zu ersehen, leichte Grubenschienen angenietet, mit denen er auf Rollrädern, die auf den

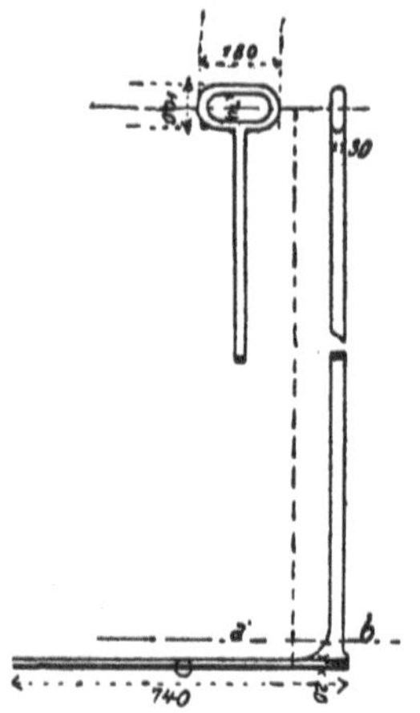

Fig. 34. Seitenansicht der Ausziehharke.

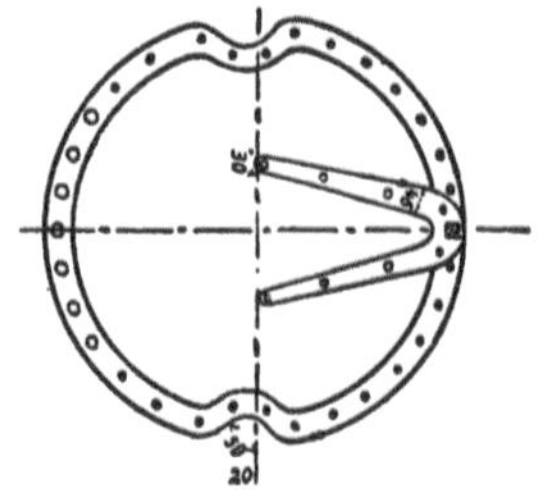

Fig. 35. Draufsicht auf das Blatt der Ausziehharke.

Österreichische Verkohlungsanlage.

Retortenstellen, und dem Chargierwagen, bzw. im Ofen vorgesehen sind, läuft. Um nach erfolgter Verkohlung die Kohle bequem ziehen zu können, werden vor dem Chargieren in die Verkohlungsbehälter Ausziehharken eingeschoben. Diese bestehen, wie aus unseren Abbildungen Fig. 34 und Fig. 35 zu ersehen, aus einer 20 mm starken, entsprechend geformten und durch aufgenieteten Bandeisenring gegen Werfen gesicherten Blechplatte, an die ein vorne in eine Öse endigender Stiel angenietet ist. Zum Kohlenziehen braucht der Arbeiter nach erfolgtem Ausfahren des Verkohlungsbehälters aus dem Ofen und Abnahme des Deckels, in die Öse des Stieles der Ausziehharke nur einen Verlängerungshaken einzuhängen und lassen die Kohlen sich dann schnell aus der Retorte hinausziehen. Sie werden dann gleich in die Dämpfer gefüllt. Diese sind, wie unsere Abbildung Fig. 36 zeigt, zylindrische, aus 10 mm Eisenblech mit Längsnähten zusammengenietet und besitzen einen eingenieteten flachen, ca. 18 mm starken Boden. Ihr Deckel ist aus Gußeisen gefertigt und mit Handgriff in der Mitte versehen. Er greift, um einen tunlichst dichten Abschluß zu erzielen, mit seinem Randkragen um einen Verstärkungsring der Dämpfermündung. Um den Dämpfer bequem handhaben zu können, sind an ihn seitlich zwei kräftige Tragösen angenietet. In ungefährer Höhe dieser Tragösen ist auf dem Dämpfermantel ferner außen noch ein aus Winkeleisen gebogener Tragring aufgenietet. Dieser dient dem Dämpfer als Auflage, wenn er in die Nachschwelbatterie eingesetzt wird, es sich also darum handelt, eine nicht vorschriftsmäßig ausgefallene Kohlencharge auf den gewünschten oder einen anderen brauchbaren Gehalt nachzuschwelen. Das Ofenhaus der in Frage stehenden Anlage ist, wie aus unseren Abbildungen Fig. 29 und Fig. 30 zu ersehen, sehr zweckmäßig eingerichtet. Die in eine Batterie Nr. 1 und eine Batterie Nr. 2

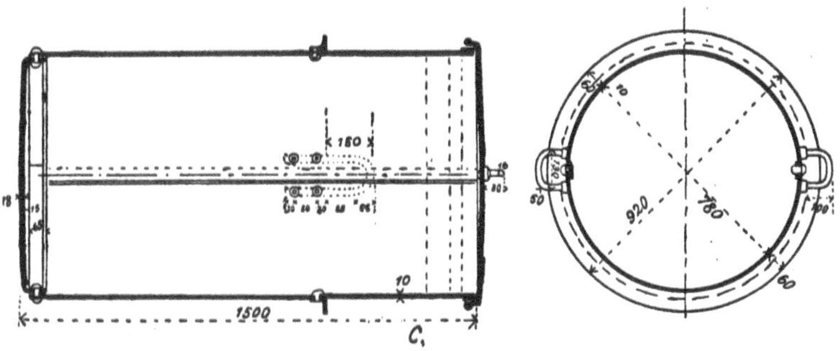

Fig. 36. Österreichische Verkohlungsanlage. Längen- und Querschnitt des Dämpfers.

zerfallenden Verkohlungsöfen stehen in den beiden Mittelschiffen der Halle und münden ihre Füchse in einen gemeinsamen, hohen Schornstein. Durch geeigneten Einbau von Chamottezungen in den Ofen wird für eine tunlichst gleichmäßige Beheizung der Verkohlungsbehälter gesorgt. Der Rost ist in zwei Teile unterteilt, die von der vorderen, bzw. hinteren Ofenseite aus bedient werden. Durch kräftige Armaturen und Verankerungen ist der ganze Ofen gegen Reißen und Bersten gesichert. Die aus den Gasabzugsstutzen der Verkohlungsbehälter, die in bekannter Weise mittels Lehmwulst dicht an das Ableitungsrohr angeschlossen werden, entweichenden Destillate werden in einer gemeinschaftlichen Gasleitung gesammelt. Die sich in dieser verdichtenden Teile laufen in Auffangekästen ab, während die flüchtigen unter die Retorten geleitet und dort verbrannt werden. Vor den Chargierseiten der Batterie laufen sich durch das ganze Verkohlungshaus hindurch auf der einen Seite bis zum Holzlager, auf der anderen bis auf den Fabrikhof erstreckende Geleise. Auf diesen Transportgeleisen lassen sich die Chargierwagen, welche zum bequemen Ein- und Ausbringen der Verkohlungsbehälter in die Öfen dienen, verfahren. Gefüllte oder bereits gezogene Behälter erhalten ihren Platz auf den an geeigneten Stellen des Ofenhauses angeordneten Retortenstellen. Das zur Verkohlung bestimmte Holz wird in einem besonderen, an das Ofenhaus anstoßenden Raume, dem sogenannten Adjustier- und Faszinierraume, wie der Österreicher sagt, der mit zwei Kreissägen ausgestattet ist, auf Länge geschnitten, event. gespalten, von Ästen und Knorren befreit usw. Sobald sich beim Entleeren eines Verkohlungsbehälters in die Dämpfer zeigt, daß die Kohle nicht nach Wunsch ausgefallen ist, so wird sie, wie bereits erwähnt, in der Nachschwelbatterie auf den vorgeschriebenen oder, falls dies nicht möglich, auf einen anderen brauchbaren Gehalt nachgeschwelt. In die Nachschwelbatterie, die an der einen Stirnwand des Ofenraumes eingebaut ist, können gleichzeitig fünf Dämpfer eingesetzt werden, von denen aber jeder mittels besonderer Feuerung für sich beheizt wird.

Außer Verkohlungsanlagen mit direkt beheizten, liegenden, fahrbaren, ansonst aber ruhenden Retorten gibt es auch beispielsweise auf einigen englischen Fabriken Verkohlungsöfen, die mit beweglichen stehenden und ruhenden Retorten arbeiten. Sie sind meist so eingerichtet, daß in sie gleichzeitig eine größere Anzahl von Verkohlungsbehältern eingesetzt werden kann. Dies Einsetzen und Wiederherausheben erfolgt leicht und schnell mittels eines an der Decke des Verkohlungsraumes laufenden Hebezeuges, mit dessen Hilfe die fertiggebrannte Kohle enthaltenden Behälter auch in den Abkühlungsraum gefahren werden können. Vielfach wirft man dieser stehenden Anordnung der Verkohlungszylinder vor, daß in ihnen die Kohle, da sie in einer ziemlich hohen Säule übereinander lagert, infolge ihrer großen Eigenbelastung ungünstig beeinflußt werde. Man soll aus diesem Grunde die Höhe der Verkohlungszylinder nicht zu groß wählen, überhaupt wird die Qualität der Pulverkohle um so besser, je kleiner der Zylinder ist. Allerdings wachsen dadurch die Kosten für die Feuerung usw. in entsprechendem Maße.

Wir hoben eben bereits hervor, daß es bei während des Verkohlungsprozesses ruhenden Retorten schwierig, wenn nicht gänzlich unmöglich ist, die Einwirkung der Feuerung tunlichst gleichmäßig auf alle Teile der Retortenfüllung zu gestalten und daß auf diese Weise stets eine an den verschiedenen Stellen der Retorte verschiedenartig gebrannte Kohle erhalten wird. Dieser Übelstand läßt sich wesentlich einschränken durch Verwendung drehbarer Retorten, die während des Verkohlungsprozesses entweder von Hand oder maschinell von einer Transmission aus um ihre Längsachse gedreht werden. Gibt man einer liegend angeordneten, drehbaren Retorte, die nebenbei bemerkt, zuerst in Schweden in Benutzung gekommen zu sein scheint, in gewissen Zeitabschnitten eine genügende Drehung, so kommen nicht nur stets neue Stellen des Retortenmantels nach unten über die Feuerung zu liegen, sondern auch das selbstredend mit entsprechendem Spielraum in die Retorte eingebrachte Holz erhält eine rollende Bewegung und gibt so auch den im Zylinderinneren befindlichen Holzstücken die Möglichkeit, mehr nach außen an die Retortenwand zu gelangen. Verkohlungsöfen mit drehbaren Retorten können nun sowohl direkt, wie indirekt beheizt werden. Einen einfachen, aber bewährten Verkohlungsofen mit direkt beheizter drehbarer Retorte, der auf deutschen und anderen Pulverfabriken im Betriebe steht, zeigt unsere nebenstehende Abbildung Fig. 37 im Längenschnitt. Er besitzt einen aus Schmiedeeisenblech zusammengenieteten Zylinder, der vorn und hinten durch Gußeisendeckel abgeschlossen wird. Der hintere Zylinderdeckel ist fest und trägt einen nach außen führenden konischen Rohrstutzen, der sowohl zur Ableitung der Destillate, wie als Drehachse beim Drehen des Zylinders dient. Um ein Eintreten von Holz- oder Kohleteilchen in diesen Stutzen, bzw. in das ihn aufnehmende Gasableitungsrohr zu verhindern, ist innen im Zylinder über seiner Mündung eine gewölbte Siebblechplatte vorgesehen. Der vordere, bewegliche Zylinderdeckel besitzt in der Mitte eine schmiedeeiserne Welle angesetzt, auf die zum Drehen des Zylinders eine Kurbel aufgesteckt

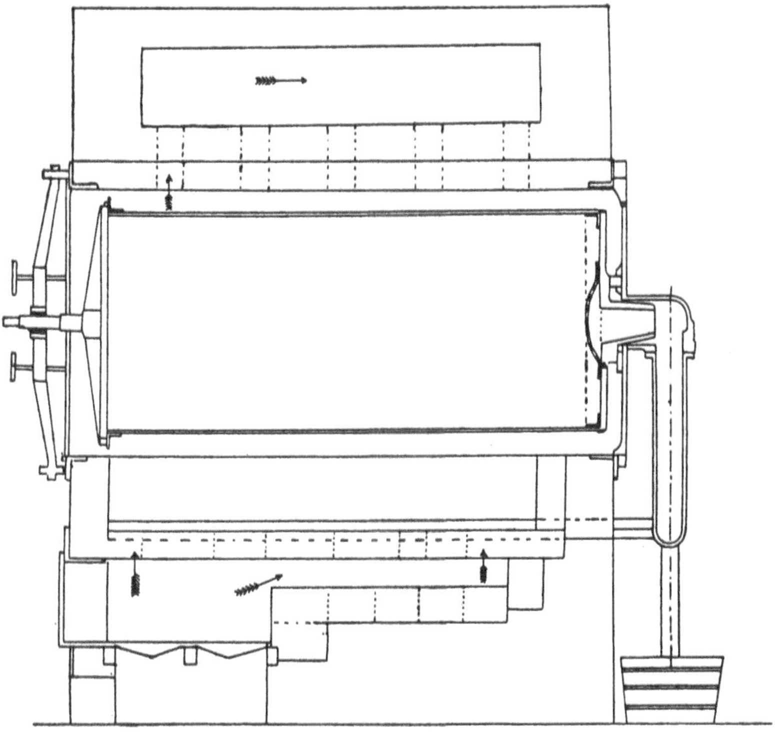

Fig. 37. Deutscher Verkohlungsofen mit dreh- und herausnehmbarer Retorte.

wird. Das Drehlager dieser Welle liegt in einer Traverse von der aus mittels zweier Andruckschrauben auch die gußeiserne Abschlußplatte des Retortenraumes angedrückt wird. Die Feuerzüge sind so angeordnet, daß eine tunlichst gleichmäßige Verteilung der Feuerungsgase über den ganzen Retortenmantel erfolgt. Die während des Prozesses entweichenden Destillate verdichten sich zum Teil in dem Gasabzugsrohr und fließen in einen Sammelbottich ab, während die flüchtigen Teile unter die Retorte geleitet und dort verbrannt werden.

Verkohlungsanlagen mit drehbaren, direkt beheizten Retorten liefern bereits eine sehr gute Pulverkohle, jedoch kann man mit

Hilfe indirekter Befeuerung der Verkohlungsbehälter, d. h. einer Anordnung, bei welcher, wie bereits erwähnt, eine ortsfest in den Ofen eingemauerte Retorte von außen beheizt und in diese mit einigem Abstande ein drehbarer Verkohlungszylinder eingeschoben wird, wohl die derzeit besten Ergebnisse erzielen. Den Übergang zu dieser Verkohlungsmethode mit indirekt beheizten, drehbaren Verkohlungszylindern bildet, wie hier eingeschoben werden möge, ein auf englischen Werken, beispielsweise der Kgl. Pulverfabrik Waltham Abbey übliches Verfahren. Dieses arbeitet mit indirekt beheizten, aber ruhenden Verkohlungsbehältern und bietet den Vorteil, daß ein Verlust durch Abbrand beim Ziehen der Kohle, bzw. beim Einfüllen derselben in den Dämpfer gänzlich entfällt und daß ferner die erhaltene Kohle schon bedeutend gleichmäßiger ist, als die bei direkt beheizten Retorten entfallende. Der Verlust durch Abbrand bei dem erwähnten Verfahren wird nämlich dadurch hintangehalten, daß man nach erfolgter Verkohlung den Einsatzzylinder aus der Retorte herauszieht und ihn entweder in einen Dämpfer mit dichtschließendem Deckel setzt oder ihn auch so, da ja sein Deckel dicht schließt und mit Letten gedichtet werden kann, bzw. mittels Aufsteckdeckeln geschlossen wird, zur Auskühlung der Kohlen genügend lange Zeit ruhig stehen läßt. Den in Waltham Abbey benutzten Verkohlungsapparat zeigt unsere nebenstehende Abbildung Fig. 38 in schematischer Darstellung. Auf den dortigen Werken wird als Pulverholz sowohl Faulbaum, wie auch Weide und Erle verarbeitet, die sämtlich in vollem Saft geschnitten und hierauf gänzlich entrindet werden müssen. Nachdem das Pulverholz 3 Jahre gelagert hat und zwar Faulbaum unter mit Strohdächern versehenen Schuppen, Weide und Erle aber im Freien, wird es in Stücke von 3 Fuß (914 mm) Länge geschnitten und in die aus Eisenblech zusammengenieteten Verkohlungsgefäße eingeschichtet. Diese „slips“ sind 3 Fuß 6 Zoll (1066 mm) lang und besitzen 2 Fuß 4 Zoll (711 mm) Durchmesser. Beim Chargieren wird, um später eine tunlichst gleichmäßige Kohle zu erhalten, besonders darauf geachtet, daß die Holzscheite tunlichst dieselbe Dicke besitzen und spaltet man deshalb erforderlichenfalls stärkere Stücke. Sind die Verkohlungsgefäße mit Holz gefüllt, so werden sie mit einem Deckel verschlossen. Zwei in ihren Wandungen vorgesehene Gasabzugsöffnungen gestatten später den Destillaten den Abzug. Die gefüllten Verkohlungsgefäße werden, wie aus unserer Abbildung ersichtlich, mit Hilfe eines kleinen Hebezeuges auf ein fahrbares Chargiergestell gehoben und dieses vor die Mündung der ortsfest in den Ofen eingemauerten Retorte gefahren. Sobald die Verkohlungsgefäße in die Retorte eingeschoben sind, wird diese durch einen Deckel, der mittels Traverse und Andruckschraube fest angepreßt wird, luftdicht geschlossen und die Feuerung in Gang gebracht. Die Feuerungsgase werden durch entsprechend in den Ofen eingebaute Züge so geführt, daß die Retortenwand von ihnen an allen Stellen tunlichst gleichmäßig bestrichen wird. Die Dauer des Verkohlungsprozesses wird verschieden lang bemessen, je nach der Art

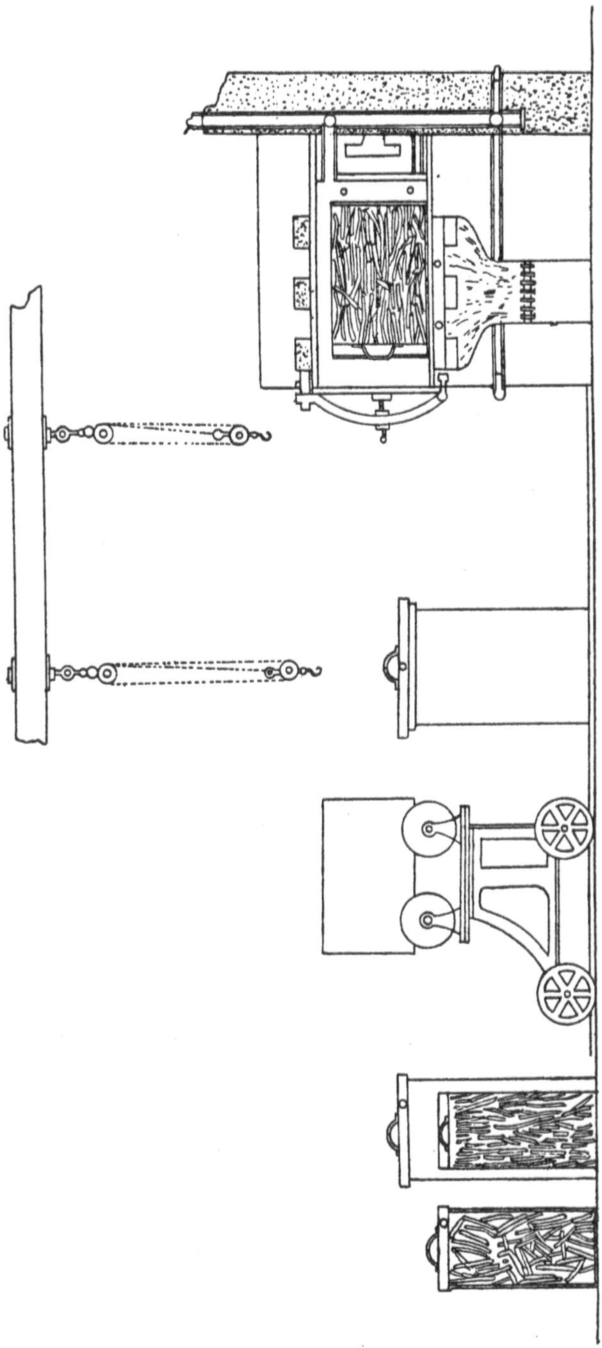

Fig. 38. Verkohlungsanlage auf der englischen Staatspulverfabrik zu Waltham Abbey.

des Pulverholzes und nach der Pulversorte, zu deren Fertigung die entfallende Kohle später benutzt werden soll. Will man beispielsweise Faulbaumholzkohle für Blank F. G. Pulver fertigen, so dauert die Verkohlung 4 Stunden. Ist die Kohle aber für R. F. G. 2 Pulver bestimmt, so leitet man den Prozeß so langsam, daß die Verkohlung erst nach 8 Stunden beendet ist. In entsprechender Weise schwankt auch bei Weiden- und Erlenholz die Verkohlungsdauer zwischen $3^1/_2$ und 6 Stunden. Das bei der Verkohlung freiwerdende Holzgas wird in die Feuerung geleitet und dort, um Brennmaterial zu sparen, verbrannt. Nach der Flammenfärbung, mit der es dort verbrennt, beurteilt man auch den jeweiligen Stand des Prozesses und sobald diese Flamme ins Violette spielt, gilt die Verkohlung als beendet. Die Retorte wird dann geöffnet, das Verkohlungsgefäß mit dem Hebezeug herausgezogen und in einen mit Deckel verschließbaren Dämpfer eingesetzt. In diesem „cooler“ verbleibt es zur ersten Auskühlung 4 Stunden und wird die Kohle dann in einen kleinen Dämpfer umgefüllt und dieser nach dem Kohlenlager geschafft. Alle Pulverkohle wird von Hand sorgfältig ausgelesen, alle Brände und mit Glanzruß bedeckten Stücke ausgeschieden und gleichzeitig auf das etwaige Vorkommen abgeplatzter Eisenniete oder Nietköpfe von den Verkohlungsgefäßen geachtet, die sonst unter Umständen eine schwere Gefährdung der Fabrikation herbeiführen könnten. Entsprechende Pulverkohle soll pechschwarz gefärbt sein, einen sauberen, sammetartigen Bruch besitzen, beim Anschlagen gegen einen harten Gegenstand einen reinen hellen Ton von sich geben und so weich sein, daß sie beim Versuch, mit ihr auf einer polierten Kupferplatte zu schreiben, keinen Strich hinterläßt. Rotkohle, also bei niedriger Temperatur schwach gebrannte Kohle soll eine rötlich braune Farbe aufweisen. Diese Farbe ist beispielsweise bei R. F. G2 Pulver in den ersten Fabrikationsstadien bis zur Vornahme des Polierens gut zu beobachten. Bei sehr hoher Temperatur entfallende Schwarzkohle, die zu einigen Pulversorten benötigt wird, zeichnet sich durch bedeutende Härte, metallischen Klang beim Anschlagen und größere Dichte aus.

Einen mit indirekt beheizten, drehbaren Zylindern arbeitenden Verkohlungsofen, der von Fried. Krupp A.-G. Grusonwerk häufiger erstellt und für Nebenproduktengewinnung eingerichtet ist, zeigt unsere nebenstehende Abbildung Fig. 39 im Längenschnitt und in Vorderansicht. Diese Öfen, die sich gut bewährt haben, bestehen je nach der Größe der Anlage aus einer oder mehreren in eine oder mehrere Feuerungen eingemauerten gußeisernen Retorten. Das zu verkohlende Holz wird in schmiedeeiserne Zylinder eingefüllt, die drehbar in die Retorten des Ofens eingesetzt werden. Diese Verkohlungszylinder besitzen durchlöcherte Böden, durch welche die bei der Verkohlung entstehenden Dämpfe und Gase entweichen können. Die Destillationsprodukte werden in die hinter dem Ofen befindliche Kühlanlage geleitet. Letztere besteht aus schmiedeeisernen Kasten, die gußeiserne, von Kühlwasser umspülte Rohrsysteme enthalten. Die kondensierbaren

Destillationsprodukte werden hier in flüssigen Zustand überführt und zwecks weiterer Verarbeitung in besondere Sammelbehälter abgezogen, während die nicht kondensierten Bestandteile entweder zur Verbrennung in die Feuerung oder auch unmittelbar in den Fuchs des Schornsteins geleitet werden. Wird von der Gewinnung von Nebenprodukten abgesehen, so fallen die ebenerwähnten Kühlgefäße fort und die Destillationsprodukte werden entweder in die Feuerung oder in den Schornstein geleitet. Die Verkohlungszylinder sind, wie bereits gesagt, drehbar in den Retorten gelagert, so daß mittels einer Handkurbel, die auf den durch den Retortenverschluß gehenden Zapfen gesteckt wird, die Lage des Zylinders von Zeit zu Zeit verändert werden kann. Durch diese Einrichtung wird erreicht, daß das eingebrachte Holz gleichmäßig verkohlt und eine reine teer- bzw. glanzrußfreie Kohle erzielt wird. Nachdem der Prozeß beendet ist, werden die Verkohlungszylinder aus den Retorten mittels Flaschenzug herausgezogen und durch besondere Deckel dicht geschlossen. Die Kohle verbleibt alsdann in den Zylindern bis zur völligen Abkühlung.

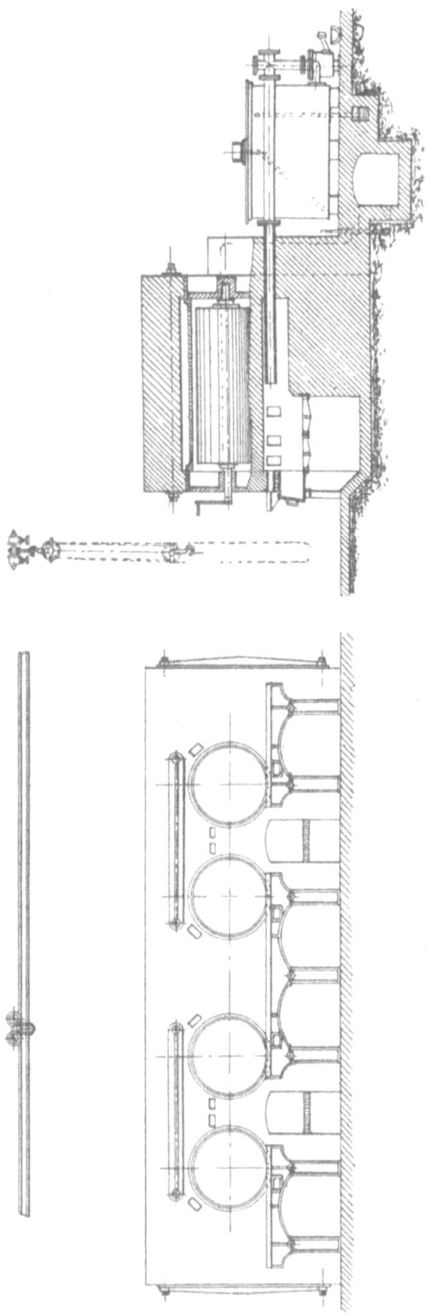

Fig. 39. Verkohlungsanlage des Kruppschen Grusonwerkes mit Nebenproduktengewinnung.

An dieser Stelle dürfte es zweckmäßig sein, noch etwas über die praktische Durchführung der **Nebenproduktengewinnung** bei Holzverkohlungsanlagen der Schwarzpulverfabriken zu sagen. In der Mehrzahl der Fälle wird hierbei — wenigstens auf dem Kontinent — nur auf Holzessig gearbeitet, während das Holzgas meist zur Befeuerung der Retorten herangezogen, seltener direkt in den Fuchs des Schornsteins geleitet wird. Die Weiterverarbeitung des Holzessigs erfolgt nur selten auf den Pulverfabriken selbst, vielmehr verkaufen diese meist das rohe Destillat. Nur im Auslande, beispielsweise in Belgien, findet zuweilen eine Verarbeitung desselben auf holzessigsauren Kalk und Methylalkohol statt, jedoch erscheint es zweifelhaft, ob dies immer finanzielle Vorteile bietet. Bei der Aufarbeitung des Holzgeistes wird zunächst in Holzbottichen der Teer vom Holzessig unter Ausnutzung ihrer verschiedenen spezifischen Gewichte auf mechanischem Wege abgeschieden. Der so gewonnene teerfreie Rohholzessig setzt sich, falls zur Verkohlung, wie auf Pulverfabriken ja ausschließlich üblich, Laubholz benutzt wurde, in der Hauptsache zusammen aus: ungefähr 5 % Essigsäure, 0·1 % Aceton, 1·5 % Holzgeist, 6 % Teer, 87 % Wasser und sonstigen Nebenbestandteilen. Um diese Produkte zu gewinnen bzw. auszuscheiden, muß der Holzessig in einem sogenannten Dreiblasensystem destilliert werden. Die bei dieser Destillation entweichenden Dämpfe gehen durch eine mit Kühler ausgerüstete und mit Kalkmilch gefüllte Blase, wobei die Essigsäure mit dem Kalk zu essigsaurem Kalk gebunden wird, während die anderen ebenerwähnten Produkte in dem Kühler der Blase kondensiert werden. Als Ergebnisse dieser Destillation erhalten wir somit: 1. Teer, 2. ca. 15 % Holzkalklauge, 3. Rohholzgeistwasser. Der Teer, welcher in der Destillierblase verbleibt, der sogenannte Essigteer, wird als Feuerungsmaterial benutzt, da er sich wegen seiner Wasserlöslichkeit nicht als Anstrichmittel usw. eignet. Die Holzkalklauge wird eingedampft und gedarrt. Sie ergibt so den sogenannten holzessigsauren Kalk, der 80 bis 84 % Calciumacetat enthält und zur Gewinnung von Essigsäure und Aceton benutzt wird. Das Rohholzgeistwasser wird in Kolonnenapparaten rektifiziert und so der Rohholzgeist des Handels, welcher ca. 80 % Holzgeist enthält, gewonnen. Ob nun und inwieweit bei einer Pulverholzverkohlungsanlage die Nebenprodukte rationell gewonnen werden können, läßt sich nur von Fall zu Fall entscheiden. Am zweckmäßigsten beschränkt man sich im allgemeinen auf die Gewinnung von Rohholzessig, den man höchstens in Holzessig und Holzteer trennt, wozu ein einfacher Apparat genügt. Die Herstellung von holzessigsaurem Kalk auf Pulverfabriken ist mehrfach, insbesondere in früheren Jahren, versucht, meist aber wegen zu geringer finanzieller Erträge wieder aufgegeben worden. Zum Schlusse sei dann noch erwähnt, daß manche Pulverfabriken aus dem Grunde von der Gewinnung von Nebenprodukten überhaupt Abstand genommen haben, weil bei verschiedenen Anlagen die Gase nicht den erforderlichen Abzug hatten und dadurch mehrfach ein Niederschlagen der mit Teer geschwängerten Destillate auf der Kohle und so das Auftreten von Glanzruß in größerem Maßstabe veranlaßt wurde.

Verkohlungsapparate mit indirekt beheizten, drehbaren Retorten stehen heute, wie schon bemerkt, auf besser ausgerüsteten Anlagen fast durchweg in Benutzung und liefern eine sehr gute Pulverkohle, deren Qualität sich durch Anwendung der gleich noch näher zu erörternden Verkohlungsverfahren mit hocherhitzten Dämpfen und Gasen wohl weiter steigern läßt, jedoch zu Lasten der Herstellungskosten, die bei letzteren Verfahren bedeutend höher sind. Auch auf der Kgl. Preuß. Pulverfabrik Spandau sind Verkohlungsöfen im Betriebe, die mit indirekt beheizten, drehbaren Retorten ausgerüstet sind. Der Betrieb dieser Öfen wird folgendermaßen durchgeführt. Zur Verkohlung benutzt man möglichst gerades, entrindetes und von Verunreinigungen freies Holz, das je nach der Art des damit zu fertigenden Pulvers mehr oder weniger stark verkohlt wird. Die Ausbeute an Kohlen, die in Prozenten des verkohlten Holzes ausgedrückt wird. beträgt beispielsweise für Kohle zu Geschütz- und Raketenpulver 25 %, Kohle zu Gewehrpulver M/71 27·5 %, Kohle zu Satzringpulver für Brennzünder 31 %, Kohle zu neuem Gewehrpulver M/71 36 %, während eine 75 %ige Kohle in gewisser Mischung mit 25 %iger Kohle zur Fertigung des Zünderpulvers für die Pulverseele der Guttaperchazündschnüre Verwendung findet. Bei der Fertigung der 36 %igen Kohle zu neuem Gewehrpulver M/71 ist der Arbeitsvorgang im einzelnen folgender. Vor Anbruch eines Kohlenholzstapels werden zur Bestimmung des Feuchtigkeitsgehaltes 50 kg Holz in die Dampftrockenvorrichtung gebracht, das Dampfzuleitungsventil geöffnet und dem Gebläseventil eine solche Stellung gegeben, daß ein stetes schwaches Zuströmen bzw. Abfließen der Luft stattfindet. Nach 10 Stunden, wenn eine Unterbrechung eintritt nach 16 Stunden, ist das Trocknen beendet. Das Holz erhält hierbei einen Wärmegrad von etwa 120° C. Der Unterschied im Gewicht des Holzes vor und nach dem Trocknen ergibt den Feuchtigkeitsgehalt; diese Ermittlung wird während des Verbrauchs des angebrochenen Stapels auf besondere Anordnung wiederholt. Die auf den Lagerböcken liegenden Verkohlungszylinder für Gewehrpulver werden nun mit je einer abgewogenen Menge Holz gefüllt. Über dem Holze soll alsdann noch ein etwa 15 cm hoher, leerer Raum verbleiben, welcher beim Drehen des Zylinders dem Holze den nötigen Spielraum zur Bewegung gestattet. Hierauf erhält der Zylinder am vorderen Rande eine Lehm- oder Tonwulst, auf welche der Deckel aufgesetzt wird. Durch Antreiben der Splinte wird er dann fest verschlossen und mittels des Laufkrans in den Ofen gebracht, wobei darauf zu achten ist, daß die Kupplung am drehbaren Zylinder in die Kupplung der Transmission sicher eingreift. Sind sämtliche Zylinder in den Ofen eingesetzt, so werden sie durch gleichmäßig verteiltes schwaches Braunkohlenfeuer angeheizt und dieses so lange unterhalten, bis nach etwa drei Stunden die sich aus dem verkohlenden Holze entwickelnden Gase aus den Brandlöchern der Zylinder ausströmen und zu brennen beginnen. Alsdann ist das Feuer zu ermäßigen und fernerhin nur so stark zu unterhalten, daß das Gas, ohne zu erlöschen, schwach fortbrennt, damit die Verkohlung mithin bei möglichst geringer Temperatur stetig fortschreitet. Durch entsprechendes Öffnen und Schließen der Feuerungstüren läßt sich die Gasentwicklung regeln. Die Verkohlung ist beendet, sobald die Gasflammen völlig erloschen sind, was nach etwa sechs Stunden der Fall sein muß. Vom Beginn der Verkohlung an werden die Verkohlungszylinder durch den hierzu vorhandenen Antrieb nach Bedarf gedreht. Früher erfolgte dieses Drehen im Zeitraum von einer Minute etwa $^1/_4$ mal. Die Bewegung der Zylinder darf nicht zu langsam erfolgen, damit die Zylinderfüllung genügend durcheinander rollt. Nach Beendigung der Verkohlung werden die Verkohlungszylinder mit dem Laufkran aus dem Ofen gebracht und auf die Lagerböcke gelegt. Nachdem sie sich mindestens zwei Stunden lang abgekühlt haben, wird der Deckel der Verkohlungszylinder abgenommen, die Lehmwulst abgekratzt und etwa im Zylinder liegender Lehm abgefegt. Die Kohlen werden dann in einen untergestellten tarierten Dämpfer, dessen Deckel dicht schließen muß, aus dem Zylinder herausgeharkt: etwa zur Erde fallende Kohlen werden in ein Sieb gesammelt, durch Schütteln gereinigt und wieder beigegeben. Die Entleerung der Zylinder ist möglichst schnell auszuführen, um zu verhüten, daß die Kohle zu glimmen beginnt. Die gefüllten Dämpfer werden gewogen, mit dem Tag der Verkohlung, Gewicht sowie Prozentgehalt der Kohle bezeichnet. Beträgt dieser mehr als 36 %, so wird die Kohle auf diesen für n. Gew. P. 71 vorgeschriebenen Prozentgehalt nachgeschwelt. Ist er aber niedriger als 29 %, so wird die Kohle bis auf etwa 25 % nachgeschwelt und findet dann Verwendung für Geschützpulver- oder Raketenpulversatz. Die gefüllten Dämpfer kommen in den Vorraum und werden am Tage nach der Verkohlung genau untersucht, ob etwa ein erhöhter Wärmegrad vorhanden ist. Sollte dies der Fall sein, so sind zunächst etwaige Undichtigkeiten des Verschlusses zu beseitigen, oder, wenn dies nicht tunlich, die Kohlen in einen dichten Dämpfer einzuschütten. Ist der Verschluß aber dicht, so wird der Dämpfer mit feuchten Decken bedeckt und zur Beobachtung beiseite gestellt. Die Anzahl der Dämpfer, sowie Gewicht und Prozentgehalt ihrer Füllung werden in einem Hefte verzeichnet. Für das spätere Brechen der Kohle wird nach Verlauf von drei Tagen der Inhalt von je vier Dämpfern in drei Dämpfer zusammengeschüttet, wozu die Dämpfer nach ihrem Prozentgehalt derart auszuwählen sind, daß das Mittel des Verkohlungsgrades innerhalb der jeweilig vom Betriebsführer festgesetzten Grenzen liegt. Bevor die so zusammengestellten Dämpfer nach dem Brechwerk abgegeben werden, was frühestens 10 Tage nach der Darstellung der Kohle geschehen darf, hat sich der Meister nochmals sorgfältig darüber Gewißheit zu verschaffen, daß die Dämpfer vollständig kalt sind. Der Meister hat auch den guten Zustand des Verkohlungsapparates unausgesetzt im Auge zu behalten und etwa bemerkte Mängel ehetunlichst abstellen zu lassen. Der Schornstein ist zu den festgesetzten Zeiten regelmäßig vom Schornsteinfeger zu reinigen und alle Feuerzüge wenigstens monatlich einmal in Gegenwart des Meisters von einem Arbeiter zu untersuchen. Der Meister hat ferner für die Lüftung der Holzscheuern bei gutem Wetter und für ihren Verschluß nach Beendigung der Arbeit zu sorgen. Sofern die Verkohlung nachts nicht fortgesetzt wird, ist im Ofenhause während der Nacht alles Brennmaterial von der Nähe der Feuerungen zu entfernen.

Bei sämtlichen bisher von uns betrachteten Verkohlungsapparaten, gleich, ob mit direkt oder indirekt beheizten Retorten betrieben, wurden die Feuerungsgase so geführt, daß sie nicht in die Retorten bzw. in die Verkohlungsbehälter selbst eintreten konnten. Unsere folgende Abbildung (Fig. 40) zeigt nun einen Verkohlungsofen im Längsschnitte und zwei verschiedenen Querschnitten, bei dem die senkrecht stehenden, das zu verkohlende Holz direkt aufnehmenden Retorten nicht nur außen an ihrer Mantelfläche von den Verbrennungsgasen beheizt werden, sondern einem Teile dieser Gase auch die Möglichkeit gegeben ist, durch eine mittels Schieber verschließbare Öffnung am konisch ausgebildeten Fuße der Retorten in die Retortenfüllung selbst einzutreten. Diese Schieber, deren Öffnung nach dem Gang des Prozesses reguliert wird, werden erst geschlossen, wenn die Verkohlung beendet ist und die Retorten entleert werden sollen. Oben werden die Retorten durch Aufsteckdeckel geschlossen und ist bei deren Ausführung darauf zu achten, daß sie wohl passend, aber nicht zu dicht schließen. Beim Verschluß des Schornsteinschiebers kann dann etwas von den Gasen neben den Deckeln heraustreten und läßt sich nach deren Färbung der Fortgang der Verkohlung beurteilen. Die Beheizung der Retorten erfolgt von einem Feuergeschränke aus, das mit Planrost, Feuerungstür und Aschenfall ausgerüstet ist. Die Feuerungsgase durchstreichen zunächst einen langen, sich unter den Retorten hinziehenden, halbkreisförmigen Querschnitt besitzenden Zug und bestreichen dann, da zwischen die Retorten der Länge nach senkrechte Scheidewände eingesetzt sind, zunächst die linke Mantelhälfte der Retorten, kehren um, bestreichen deren rechte Mantelhälften und gehen hierauf durch den Fuchs in den Kamin. Verkohlungsöfen dieser Bauart, die besonders auf deutschen Pulverfabriken in Verwendung standen bzw. noch stehen, haben sich sehr gut bewährt und eine vorzügliche Kohle geliefert, wobei selbstredend eine sachgemäße, auf genügender Erfahrung fußende Durchführung des Betriebes vorausgesetzt werden muß.

Wir kommen jetzt zur Betrachtung der Verkohlung mit Hilfe von überhitztem Wasserdampf, wie sie von Violette zuerst im Jahre 1847 auf der französischen Staatspulverfabrik Esquerdes in großem Maßstabe eingeführt wurde. Den dort hierzu benutzten, mit nur einem Verkohlungszylinder arbeitenden Ofen zeigt unsere Abbildung (Fig. 41) im Längsschnitt und im Querschnitt. Er besitzt zwei konzentrisch ineinandergeschobene Zylinder H, K, von denen der innere Zylinder K das meist in einem besonderen Siebzylinder enthaltene, zu verkohlende Holz aufnimmt. Die äußere Retorte ist, wie wir gleich noch näher sehen werden, so eingebaut, daß sie

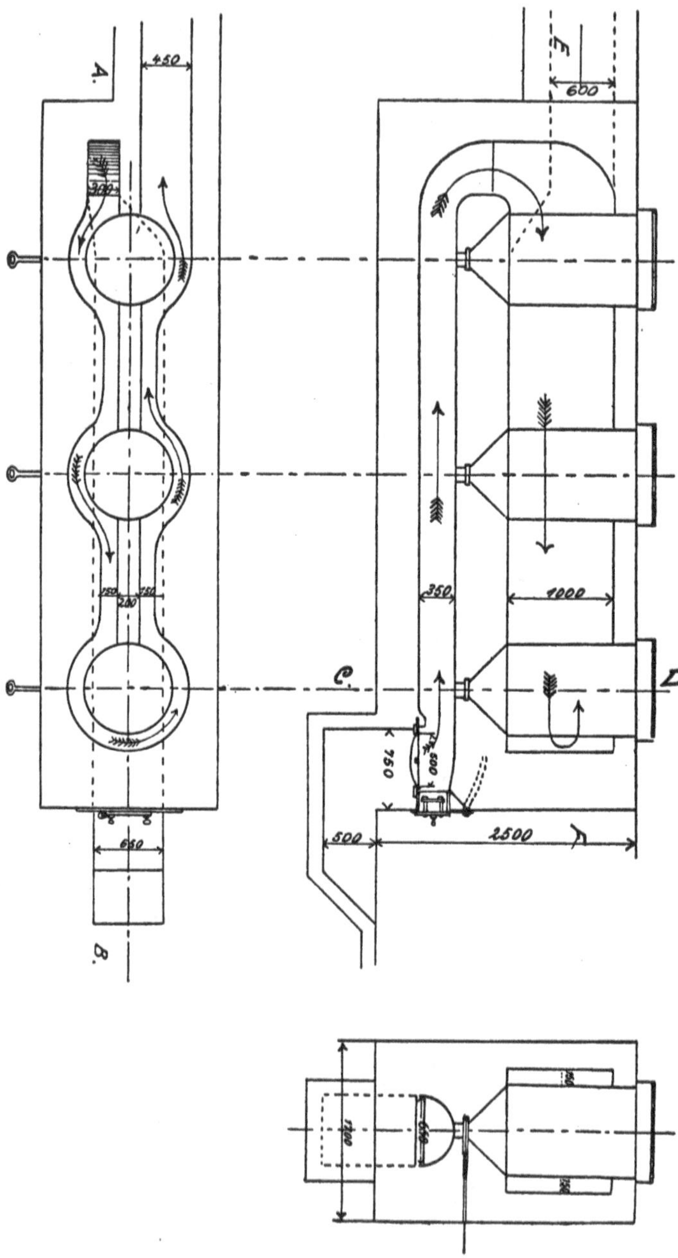

Fig. 40. Verkohlungsofen mit Vertikalretorten.

auf allen ihren Außenflächen von den Feuerungsgasen umspült werden kann. Unterhalb der Retorten liegt das in Schlangenform gewundene

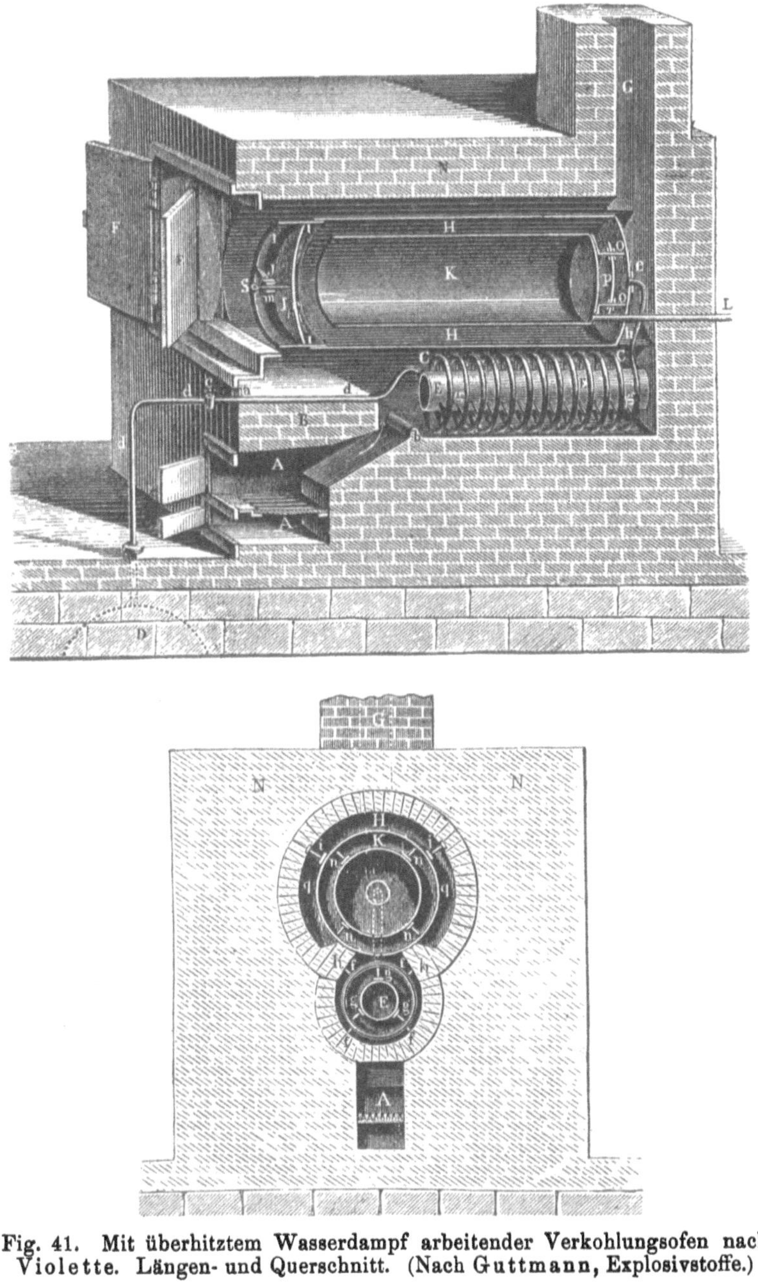

Fig. 41. Mit überhitztem Wasserdampf arbeitender Verkohlungsofen nach Violette. Längen- und Querschnitt. (Nach Guttmann, Explosivstoffe.)

Überhitzerrohr *C C*, dessen eines, mittels Hahn *c* absperrbares Ende durch das Rohr *d* mit einem kleinen Dampfkessel oder eventuell auch unter Zwischenschaltung eines Reduzierventiles mit der Hauptdampfleitung der Fabrik in Verbindung steht. Die Beheizung des Überhitzers erfolgt von der, mit einem Feuergeschränk bekannter Bauart ausgerüsteten Planrostfeuerung *A* aus, die von dem Feuergewölbe *R* überspannt wird. Durch den Einbau einer Feuerbrücke *B* werden die Feuerungsgase so geleitet, daß sie in der Hauptsache die oberen Teile der Überhitzerspirale bestreichen. Der Weg quer durch das Überhitzerrohr hindurch in den Schornstein ist ihnen nämlich dadurch verschlossen, daß in das Überhitzerrohr eine beidseitig geschlossene Trommel *E* konzentrisch eingesetzt ist, die von kleinen Eisenklammern *g* in ihrer Lage erhalten wird. Das Überhitzerrohr ist aus einem rund 20 m langem Stück Schmiedeeisenrohr von 20 mm innerem und 30 mm äußerem Durchmesser gefertigt. Das rückwärtige Ende des Überhitzerrohres mündet bei *e* in den äußeren Zylinder *H*. Dieser ist aus 10 mm starkem Schmiedeeisenblech zusammengenietet und ruht auf zwei Mauerwerkszungen *h*. Auf seiner oberen Mantelfläche sind zwei Doppel-T-Eisen angenietet, die in Falze des Mauerwerks eingreifen und so Züge für die Feuerungsgase herstellen, damit diese den Zylindermantel gleichmäßig bespülen und ein Kondensieren des in ihm enthaltenen Dampfes verhindern. An seinem hinteren Ende besitzt der infragestehende äußere Zylinder einen eingenieteten Boden, an seinem vorderen Ende aber ist ein aus Gußeisen gefertigtes Halsstück *l* eingesetzt, welches zur Aufnahme und Befestigung des Deckels *J* bestimmt ist. Der innere, vorn offene Zylinder *K* ist aus 6 mm Eisenblech zusammengenietet und wird von 8 eisernen Klammern *n* getragen. An seinem rückwärtigem Boden sitzen 4 Stehbolzen *o*, die ihn in einen bestimmten Abstande von dem Boden des äußeren Zylinders halten. Diese Stehbolzen tragen gleichzeitig das kreisförmige Prellblech *P*, welches dazu dient, den aus dem Überhitzerrohr bei *e* in den Zwischenraum zwischen innerem und äußerem Zylinder eintretenden Dampf gleichmäßig zu verteilen. Der Betrieb mit diesem Apparat gestaltet sich nun folgendermaßen. Zunächst wird der Dampfkessel angeheizt und die Dampfspannung auf 0·5—1·0 Atmosphäre Überdruck gebracht. Dann wird auf dem Planroste des Verkohlungsapparates das Feuer angezündet. Inzwischen ist der aus perforiertem Blech gefertigte Verkohlungsbehälter mit rund 25—30 kg Faulbaumholz, das in nicht zu große Stücke geschnitten ist, gefüllt worden und wird nun, sobald der Ofen ungefähr eine Viertelstunde vorgewärmt ist, in den inneren Zylinder *K* hineingeschoben. Hierauf wird der Verschlußdeckel *J* des äußeren Zylinders *H* eingesetzt und mit Lehm gedichtet, sowie die beiden gußeisernen Türen *FF* in der Ofenstirnwand geschlossen. Diese Türen sind besonders dickwandig ausgeführt, um ein schädliches Abkühlen der Retorten zu vermeiden. Nach ungefähr 10 Minuten ist die Luttierung des Verschlußdeckels des äußeren Zylinders gut getrocknet und festgebrannt und wird nunmehr der Dampfhahn *c* geöffnet. Der Dampf durchströmt zunächst das Überhitzerrohr, passiert den Ringraum zwischen den Retorten und tritt von vorne in die Holzfüllung des im inneren Zylinder *K* liegenden Verkohlungszylinders ein. Er durchströmt diese der ganzen Länge nach und zieht dann durch ein unten in den Innenraum des Zylinders *K* mündendes Kupferrohr *L* ab. Bei dieser Verkohlung des Holzes durch überhitzten Wasserdampf entfallen, wie wir gleich noch des näheren sehen werden, Kohlen von sehr gleichmäßiger, elementarer Zusammensetzung, geringem Gehalte an Aschenbestandteilen, da letztere von dem Dampfstrom teilweise mit fortgerissen werden und gänzlich frei von Glanzruß, da die Teerdämpfe vollständig ausgetrieben werden. Der aus dem Kupferrohr *L* austretende, mit den Destillaten geschwängerte Dampf wird entweder ins Freie geleitet oder aber in besonderen Vorlagen zwecks Gewinnung der Nebenprodukte kondensiert. Der Gang des Prozesses läßt sich durch Regelung des auf dem Rost unterhaltenen Feuers, beziehungsweise Änderung der Überhitzungstemperatur des Dampfes ändern. Um das Feuer auf dem Rost bequem beobachten zu können, ist bei *a* in dem Mauerwerk eine mit Glas oder Glimmer verschlossene Schauöffnung vorgesehen. Die in dem inneren Verkohlungszylinder herrschende Temperatur beobachtet man, da hierzu Quecksilberthermometer nicht mehr verwendbar sind, mit Hilfe eines Pyrometers. Violette benutzte hierzu folgende, heute selbstredend durch moderne Apparate verdrängte, aber ganz sinnreiche Vorrichtung, die auf der Verschiedenheit der Schmelzpunkte geeigneter Metalle oder Metalllegierungen beruhte. Durch das Mauerwerk des Ofens ragten in das Innere des Innenzylinders zwei kleine, senkrecht stehende Kupferröhrchen, die an ihrem unteren Ende geschlossen waren. Bis auf den Boden jedes Röhrchens wurden kleine Schmelzzylinder von Blei, Zinn oder einer Legierung, deren Schmelzpunkt bekannt ist, eingeführt und auf sie eine mit einem kleinen Gewichte beschwerte Eisennadel gesetzt. Schmolz nun der Einsatzzylinder, so sank die ebenerwähnte Nadel ein und zeigte so an, daß die Schmelztemperatur des betreffenden Einsatzzylinders im Retorteninneren erreicht war. Die heute angewandten, verschiedenen Systemen angehörenden Pyrometer arbeiten naturgemäß genauer und sind leichter zu bedienen. Den Verlauf des Verkohlungsprozesses gestatten dann ferner noch Färbung und Geruch der aus dem Kupferrohre *L* austretenden Dämpfe genau zu verfolgen. Sobald der austretende Dampf beginnt, sich dunkel zu färben und brenzlich zu riechen, wobei gleichzeitig der Zinneinsatzzylinder des Violetteschen Pyrometers schmilzt, nimmt die Verkohlung ihren Anfang. Allmählich wird der Dampf dann dicker und durchläuft verschiedene Färbungen. Zwei Stunden nach erfolgtem Beginn der Verkohlung entweicht der Dampf farb- und geruchlos und zeigt so (nach Verlauf von rund drei Stunden bei der ersten Charge) die Beendigung des Prozesses an. Wurde auf Rotkohle gearbeitet, so muß die fertige Kohle sofort gezogen werden, da sie sonst durch die in dem Verkohlungsapparate aufgespeicherte Wärme in sehr kurzer Zeit (3 bis 4 Minuten genügen schon) in Schwarzkohle verwandelt würde. Der Dampf wird deshalb sofort abgesperrt, die großen gußeisernen

Ofentüren geöffnet und der Abschlußdeckel der äußeren Retorte entfernt. Zwei Leute schieben hierauf einen Dämpfer von 550 mm Durchmesser und 1200 mm Länge wagerecht in den Ofen bis dicht an die Öffnung des äußeren Zylinders und schiebt ein dritter Arbeiter mittels einer langen, durch das Kupferrohr *L* gesteckten Stange den Verkohlungsbehälter aus dem inneren Zylinder in den Dämpfer hinein, der gleich verschlossen und mit Lehm gedichtet wird. Hierauf wird ein bereits fertig gefüllter Verkohlungsbehälter in den Apparat eingebracht. Diese zweite und die folgenden Chargen nehmen naturgemäß weniger Zeit in Anspruch, da das Ofengewölbe, die Retorten, der Überhitzer usw. inzwischen auf eine hohe Temperatur gekommen sind. Ungefähr zwei Stunden dauern diese Operationen, die letzte der 6 pro Arbeitstag erzielbaren aber nur anderthalb Stunden. Ein Violettescher Apparat vorbeschriebener Bauart liefert arbeitstäglich rund 50 kg Pulverkohle. Der Dampfverbrauch stellt sich auf:

20 kg Dampf bei 0·25 Atmosphären Überdruck
25 „ „ „ 0·50 „ „
45 „ „ „ 1·00 „ „

und die erforderliche Menge Steinkohlen entsprechend dem Dampfverbrauch auf 80 bis 120 kg pro Tag (6 Chargen). Zum Beheizen des Verkohlungsapparates, beziehungsweise des Überhitzers kommt hierzu dann noch auf je 100 kg fertige Pulverkohle 150 bis 200 kg Holz oder

Dampfdruck laut Manometer	Dauer des Verkohlungsprozesses		Verbrauch an Feuerungsmaterial für den Dampfkessel Steinkohlen	Verbrauch an Feuerungsmaterial für den Verkohlungsapparat Brennholz	Einsatz an Faulbaumholz	Ausbeute an Kohle: rotbraune Kohle	Ausbeute an Kohle: Schwarzkohle	Ausbeute an Kohle: Brände	Ausbeute an rotbrauner Kohle bezogen auf 100 Teile Holz
Atm.	Std.	Min.	kg	kg	kg	kg	kg	kg	%
1·0	2	45	118	25	25	9·220	—	—	36·88
1·0	2	—	118	13	30	11·200	—	—	37·33
1·0	2	—	118	11	25	10·050	—	—	40·20
1·0	2	45	118	12	30	10·450	—	—	34·83
1·0	2	—	118	12	30	10·500	—	—	35·00
1·0	2	—	115	26	25	8·950	—	—	35·80
1·0	2	—	115	12	25	8·900	—	—	35·60
1·0	2	30	115	11	25	9·350	—	—	37·40
1·0	2	—	115	9	25	9·250	—	—	37·00
1·0	2	15	115	13	30	11·150	—	—	37·16
0·5	3	15	85	30	25	9·100	—	—	36·40
0·5	2	10	85	11	30	10·500	—	0·150	35·00
0·5	2	15	85	13	30	10·650	—	—	35·50
0·5	2	—	85	12	30	11·350	—	0·700	37·83
0·5	2	—	85	15	30	10·150	—	0·750	37·83
0·5	3	—	82	26	30	11·000	—	—	37·00
0·5	2	—	82	9	30	11·150	—	0·400	37·16
0·5	2	15	82	12	30	11·050	—	—	36·83
0·5	2	15	82	10	30	10·150	—	—	36·83

70 bis 80 kg Koks. Die mit einem Violetteschen Verkohlungsapparate erzielbaren Ausbeuten an Rotkohle, den Verbrauch an Brennmaterial, die Dauer der Verkohlung usw. gibt vorstehende Tabelle nach einer 1848 von Violette zu Esquerdes durchgeführten Versuchsreihe wieder, bei welcher Faulbaumholz mit 10 bis 12 % Feuchtigkeitsgehalt zur Verwendung kam.

Rotkohle, die nach dem Violetteschen Verfahren erzeugt wurde, hat nach Versuchen mit dem ballistischen Pendel bei dem mit ihr gefertigten Pulver eine größere Anfangsgeschwindigkeit ergeben, wie Normalpulver derselben Dosierung, das aber mit gewöhnlicher Kohle gefertigt war:

	Poudre de Chasse		
	Fine m/sec	Superfine m/sec	Extra fine m/sec
Mit gewöhnlicher Kohle gefertigtes Pulver	330·0	350·0	375·0
Mit Violettescher Kohle gefertigtes Pulver	356·2	357·7	382·07

Wir erwähnten bereits, daß die Art der im Violetteschen Apparate entfallenden Kohle von der Temperatur des zur Verkohlung benutzten Dampfes abhängig ist. Je höher die angewandte Temperatur, desto geringer wird die prozentuelle Ausbeute an Kohle, welch letztere dafür aber um so kohlenstoffreicher ist. Die bei einer Dampftemperatur von 280 bis 350° C dargestellte Kohle beträgt 30 bis 40 % vom eingesetzten Pulverholz. Diese rote oder braune (auch rotbraune genannte) Kohle besitzt einen Kohlenstoffgehalt von 60 bis 75 % neben großen Mengen Sauerstoff und Wasserstoff. Bei Anwendung einer Dampftemperatur von 350 bis 430° C erhält man die weniger leicht entzündliche, aber für Geschütz- und Gewehrpulver geeignetere Schwarzkohle mit 75 bis 90 % Kohlenstoffgehalt. Ginge man mit der Dampftemperatur noch höher, so würde man eine tiefschwarze, sehr harte, zur Pulverfabrikation aber untaugliche „totgebrannte" Kohle erhalten. Bei dem Betriebe des Violetteschen Apparates spielt aber nicht nur die Temperatur des Dampfes eine Rolle, sondern auch die Beheizung des Überhitzers und der Retorten. Beheizt man beispielsweise gleichzeitig Retorten und Überhitzer, wobei die Temperatur des in den Verkohlungsbehälter eintretenden Dampfes 450° C noch nicht erreicht, so erzielt man genau dieselbe Destillation des Holzes, als wenn man das Holz bei 1200° C in einem Tiegel überhitzte. Es wäre nun aber nicht richtig, wenn man annehmen wollte, daß im vorliegenden Falle die kräftigere Wirkung des Dampfes auf Rechnung der Temperatursteigerung zu setzen sei, denn Violette gibt an, daß der Verbrauch an Brennmaterial bei diesem Ergebnis viel geringer ist. Der Dampf erleichtert vielmehr das Entweichen der empyreumatischen Substanzen aus dem Holze, ähnlich, wie ein über eine Wasseroberfläche hinstreichender warmer Wind das Wasser zum Verdunsten bringt. Über Ausbeute und Zusammensetzung der Kohlen, wenn einmal lediglich mit möglichst hoch überhitztem Wasserdampf gearbeitet wird und das anderemal gleichzeitig die Retorten beheizt werden, gibt folgende Zusammenstellung Aufschluß:

Gewicht der analysierten Kohlen kg	Ausbeute %	Zusammensetzung der Kohle in % C	H	O u. N Verlust	Asche	Bemerkungen
0·5670 0·4550	28·10 bis 30·00	76·808 77·135	2·738 3·900	19·929 18·440	0·529 0·549	Durch alleiniges, möglichst starkes Erhitzen des Dampfes
0·4545 0·5670	19·09 bis 20·00	89·939 88·399	2·684 2·523	5·852 7·849	1·540 1·235	Durch gleichzeitiges Erhitzen d. Dampfes und der Retorte

Was die praktische Verbreitung der Verkohlungsmethode von Violette anbetrifft, so sei hier vorweg bemerkt, daß dieses Verfahren gegenüber der gewöhnlichen Zylinderverkohlung zwar an Rotkohle, nicht aber an Schwarzkohle eine größere Ausbeute ergibt. Man ist deshalb heute fast allgemein dazu übergegangen, nach ihr nur noch Rotkohle für Jagdpulver zu erzeugen, die Gewinnung von Schwarzkohle hingegen durchweg wieder in Retorten vorzunehmen, da deren Beschaffungs- und Unterhaltungskosten geringer sind und die Ausbeute größer wird.

Das Violettesche Verfahren wurde auf deutschen Staatspulverfabriken seinerzeit auf der früheren sächsischen Pulverfabrik Dresden von Kahl versuchsweise eingeführt. Der dort benutzte Apparat wich hauptsächlich in folgenden Einzelheiten von dem eben beschriebenem Originalofen ab. Überhitzerrohr und Retortensystem waren nicht übereinander, sondern dergestalt nebeneinander angeordnet, daß letzteres nicht überall mit der Heizung in Berührung kam. Die Zwischenräume der Zylinder waren mit Bimssteinstücken ausgefüllt, um eine zu schnelle Abkühlung des Retorteninneren hintanzuhalten. Um die Temperatur des in den inneren Verkohlungszylinder einströmenden Dampfes feststellen zu können, war an der Einmündung des Dampfrohres in den inneren Zylinder ein Stutzen vorgesehen, durch den ein Quecksilberthermometer oder ein Metallpyrometer in den Dampfstrom, beziehungsweise die Retorte selbst eingeführt werden konnte. Das Metallpyrometer bestand aus zwei, übereinander liegenden, der ganzen Länge nach miteinander verlöteten Metalllamellen, die aus Messing, beziehungsweise Stahl gefertigt waren. Ihr eines Ende war an den Boden eines kleinen zylindrischen Gehäuses angelötet, während das andere mit einer Hebel- und Räderübersetzung in Verbindung stand, die einen Zeiger auf einer empyrisch geaichten Skala spielen ließ. Sollte mit dem Verkohlungsapparat nun Schwarzkohle erzeugt werden, so wurde der Dampf zunächst auf ca. 100° C überhitzt. Seine Temperatur wurde dann während der ersten 30 Minuten auf 280°, während der weiteren 45 Minuten auf die gewünschte Verkohlungstemperatur gebracht und auf letzterer 2 ½ Stunden lang gehalten. Nahm man die Steigerung der Dampftemperatur langsamer vor, so dauerte die Verkohlung bedeutend länger. Wurde in dem Apparat Faulbaumholz, beziehungsweise Erlenholz verkohlt, so erhielt man:

Lufttrockenes (11·57 % H_2O) Faulbaumholz
bei 350° Dampftemperatur 30·2 bis 30·4 % Ausbeute
Lufttrockenes (10 bis 12 % H_2O) Faulbaumholz
bei 350° Dampftemperatur 35 bis 40 %[1] „
Vorgetrocknetes (90 % H_2O) Faulbaumholz
bei 400° Dampftemperatur 28·8 % „
Vorgetrocknetes (9 % H_2O) Faulbaumholz
bei 440° Dampftemperatur 26·6 % „
Lufttrocknes (11·7 % H_2O) Erlenholz
bei 350° Dampftemperatur 29·7 bis 30·3 %[2] „

Die Entzündungstemperatur der bei obigen Temperaturen dargestellten Faulbaumholzkohlen lag zwischen 300 bis 340° C, die der Erlenholzkohle zwischen 337 bis 357° C.

Die Zusammensetzung der entfallenen Faulbaumholzkohlen war folgende:

Kohle dargestellt bei einer	C	H	O	Asche
Dampftemperatur von 350° C .	76·00	3·91	18·58	1·51
„ „ 350° C .	75·06	4·09	19·51	1·34
„ „ 410° C .	79·60	3·82	15·06	1·52
„ „ 440° C .	84·99	3·30	10·12	1·59

Sämtliche, unter den ebenerwähnten Bedingungen dargestellten Kohlen waren weichgebrannt, ließen sich sehr gut kleinen, zeigten keine Spur von Glanzruß und waren, wie folgende Zusammenstellung zeigt, durchaus gleichmäßig zusammengesetzt:

Bestandteile	C	H	O	Asche	Summa
Kohle von der Dampfeintrittsstelle	82·95	3·10	12·28	1·67	100·00
Kohle von der Dampfaustrittsstelle	82·91	3·26	11·98	1·85	100·00

Ein Verkohlungsapparat nach der Violetteschen Bauart stand längere Zeit auf der belgischen Pulverfabrik Wetteren bei Gent in Verwendung und zwar arbeitete er mit zwei Zylindersystemen, die man nach Wunsch abwechselnd oder gleichzeitig benutzen konnte. In ihm wurden, abgesehen von Faulbaum- und Erlenholz, fast durchweg Hanfstengel verkohlt. Der zur Verkohlung benutzte Dampf kam mit

[1] (Rotkohle.) [2] (Schwarzkohle.)

100° C Temperatur aus einem besonderen kleinen Dampfkessel und trat in einen Überhitzer ein, der aus einer Serie Rohre bestand, die in Schlangenform oberhalb einer Feuerung angeordnet waren. Aus dem Überhitzer ging der Dampf mit ungefähr 300° C in die beiden gußeisernen Verkohlungszylinder, die das Pulverholz enthielten. Diese lagen der Länge nach nebeneinander und wurden von einem flachen Gewölbe überspannt. Seitlich besaßen sie zwei Öffnungen, durch welche der Dampf einströmte und am Boden ein Dampfabzugsrohr. An letzteres setzte sich ein Kniestück, dessen oberer Arm die dampf- und gasförmigen Produkte ins Freie leitete, während der untere Arm die verdichteten Bestandteile in eine mit Wasser gefüllte Vorlage abführte. Der Rohrschlangenüberhitzer lag, wie bereits erwähnt, oberhalb der Feuerung und wurde von einem in feuerfesten Ziegeln ausgeführtem Gewölbe überspannt. Er bestand aus Eisenrohren, die durch Winkelstücke miteinander verbunden waren. Das vordere Ende des Überhitzersystems war an einen kleinen Dampfkessel, das hintere seitlich an die Verkohlungszylinder angeschlossen. In letzterer Leitung saß ein Absperrventil. Der Feuerherd des Apparates war von einem feuerfesten Gewölbe überspannt, das Durchbrüche für die Feuerungsgase besaß, so daß diese gut verteilt, das Überhitzersystem bespülen konnten; sie gingen dann durch Züge in den Fuchs des Schornsteins. Das zu verkohlende Material wurde in Bündeln chargiert und zwar enthielt jeder Verkohlungszylinder rund 30 kg Hanfstengel. Nach erfolgtem Chargieren wurden die Zylinder- und Ofendeckel geschlossen und der Dampf angestellt. Nach 4 Stunden war die Verkohlung beendet; das Dampfzuleitungsventil wurde dann geschlossen und die Kohle rasch in Dämpfer überführt. Es entfiel stets eine vollständig glanzrußfreie Kohle, die außerdem infolge fast gänzlichem Fehlen von Bränden nicht ausgelesen zu werden brauchte. An Schwarzkohle wurde eine durchschnittliche Ausbeute von 26 %, an Rotkohle eine solche von 31 % erzielt. Mit der Qualität der Kohle — man stellte durchweg Rotkohle für Jagdpulver her. — war man außerordentlich zufrieden, aber der Violettesche Ofen war zu verwickelt in seinem Aufbau und der Überhitzer wurde zu schnell abgenutzt. Man entschloß sich deshalb in Wetteren, den Ofen außer Betrieb zu setzen und abzubrechen.

Auf verschiedenen anderen belgischen Pulverfabriken findet man aber heute noch hauptsächlich zur Verkohlung von Faulbaumholz den Violetteschen Apparat mit mehr oder weniger großen Abänderungen gegenüber dem eingangs beschriebenen Originalmodell in Betrieb. Diese Öfen arbeiten meist mit Verkohlungsbehältern, die 150 kg in kurze Stücke geschnittenes Pulverholz aufzunehmen vermögen. Das Retortensystem besteht aus zwei, konzentrisch ineinander gelagerten Zylindern, von denen sich der innere kleinere drehen läßt. Die Überhitzer besitzen fast durchweg keine Schlangenrohre mehr, sondern arbeiten mit einem System von wagerechten geraden Überhitzerrohren, die in eine Feuerung entsprechend eingebaut sind. Der überhitzte

Dampf wird hinten in das Retortensystem geleitet und verläßt es nach Durchdringung der Holzfüllung an der Vorderseite durch kleine Öffnungen, die nach Belieben geschlossen werden können, um den Gang des Prozesses zu regeln. Die Verkohlungsdauer beträgt rund 10 Stunden, schwankt aber selbstredend je nachdem man auf Schwarzkohle oder auf Rotkohle arbeiten will. Letztere wird vor allem für die besseren Jagdpulversorten benutzt, da die mit überhitztem Dampf dargestellte Kohle von vorzüglicher Beschaffenheit ist.

Alles in allem genommen, kann man sagen, daß heute das Violettesche Verkohlungsverfahren mit überhitztem Wasserdampf trotz seiner unstreitig vorhandenen Vorzüge, denen aber auch große Betriebsnachteile gegenüberstehen, nur noch auf verhältnismäßig wenigen Pulverfabriken im Betriebe ist. Wie bereits erwähnt, gibt es wohl an Rotkohle, nicht aber auch an Schwarzkohle eine höhere Ausbeute gegenüber dem Zylinderverkohlungsverfahren. Für alle Militärpulver, ferner für die geringwertigeren Jagdpulver, sowie die Spreng-, Export- und Böllerpulver, die ja sämtlich mit Schwarzkohle gefertigt werden, kommt es deshalb nicht in Frage, sondern nur für die besseren Jagdpulver und zum Teil auch für Scheibenpulver. Die mit ihm gewonnenen Kohlen sind, wie schon betont, äußerst gleichmäßig in ihrer Zusammensetzung. Auf der anderen Seite muß man aber wohl beachten, daß auch Zylinderkohlen, die normal, d. h. nicht besonders stark ungleichmäßig entfallen sind, durch geeignetes Auslesen und Vermengen zu einer genügend gleichmäßigen Lieferung zusammengestellt werden können. Die Anlage- und Unterhaltungskosten einer Violetteschen Verkohlungsanlage stellen sich ferner bedeutend höher gegenüber einer ganz modernen Zylinderverkohlungsanlage mit zum Ausfahren eingerichteten, drehbaren Retorten. Insbesondere ist das Rohrsystem des Überhitzers eine Quelle beständiger Betriebsstörungen, da es trotz aller Vorsicht sehr schnell durchbrennt oder leck wird. Gute schmiedeeiserne Verkohlungszylinder hingegen besitzen eine beträchtlich größere Lebensdauer. Auch ist bisher noch kein zufriedenstellendes Verfahren gefunden worden, um bei dem Violetteschen Ofen die ziemlich beträchtliche überschüssige Wärme in rationeller Weise zu verwerten. Aus all diesen Gründen ist dem ansonst sehr beachtenswerten Verkohlungsverfahren mit überhitztem Wasserdampf keine größere Verbreitung beschieden gewesen.

Wir kommen jetzt zu dem letzten, von uns noch zu betrachtenden Verkohlungsverfahren, nämlich der vom verstorbenen Kommerzienrat Hermann Güttler auf seinen Pulverfabriken in Reichenstein (Schlesien) ausgearbeiteten und längere Zeit benutzten Methode. Bei dieser wird, wie eingangs schon bemerkt, um eine Selbstentzündung der entfallenden Kohle zu vermeiden, die fertige Kohle im Verkohlungsofen selbst mit indifferenten Gasen, z. B. Kohlensäure gesättigt. Ehe wir auf dieses interessante Verfahren näher eingehen, wollen wir zunächst einige einleitende Bemerkungen über die Selbstentzündlichkeit der Holzkohle vorausschicken.

Die Holzkohle mit ihren zahlreichen Hohlräumen und ihrer dadurch sehr beträchtlichen Oberfläche besitzt in sehr starkem Maße die Fähigkeit, Feuchtigkeit — Wasserdampf — in sich aufzunehmen und auf ihrer Oberfläche Gase zu verdichten. Wie beträchtlich das Absorptionsvermögen der Kohle für Wasserdampf ist, zeigt das Ergebnis folgender Versuche, die von Kahl auf der früheren sächsischen Pulverfabrik Dresden mit aus Faulbaumholz gewonnenen Zylinderkohlen angestellt wurden. Bei sehr trockener Witterung nahmen diese in 2 bis 4 Tagen 7·5 %, bei sehr feuchter Witterung 10 % ihres Gewichtes an Wasserdampf und Gasen auf. Trocknete man die Kohlen hierauf, so konnte man wohl den Wasserdampf, nicht aber die Gase wieder völlig austreiben. Beispielsweise verlor frischgebrannte Kohle, die 6·98 % Gase und Feuchtigkeit aus der Luft absorbiert hatte, wenn sie in einen Strom trockener, auf 150° C erhitzter Luft gebracht wurde, durchschnittlich 4·85 % H_2O. Es verblieben also in ihren Poren noch 2·13 % Gase und traten zu diesen außerdem noch, wahrscheinlich aus der heißen Luft aufgenommen, 0·69 % Gase hinzu, so daß nunmehr 2·82 % Gase von ihr absorbiert waren, die sich sogar beim Behandeln der Kohle mit einem Luftstrome von 270° C nicht austreiben ließen.

Das Absorptionsvermögen der Holzkohle für Wasserdampf ist nun dergestalt proportional der angewandten Verkohlungstemperatur, daß je niedriger diese Temperatur war, um so größer das Absorptionsvermögen wird und umgekehrt. Dies erklärt sich in einfacher Weise dadurch, daß bei niedrigeren Temperaturen lockere, poröse Rotkohlen, bei höheren Temperaturen aber dichtere, also auch an Wasserdampf aufnehmenden Hohlräumen ärmere Schwarzkohlen entfallen. Früher hat man bereits experimentell den Zusammenhang zwischen Verkohlungstemperatur und Absorptionsvermögen der Kohle für Wasserdampf untersucht und hierbei für Faulbaumholzkohle folgendes gefunden:

Verkohlungs-temperatur ° C	100 Teile Kohle nahmen auf % H_2O	Verkohlungs-temperatur ° C	100 Teile Kohle nahmen auf % H_2O
150	20·862	290	6·920
160	18·220	300	7·608
170	18·180	310	7·200
180	16·660	320	5·554
190	11·626	330	4·504
200	10·018	340	5·904
210	9·742	350	5·894
220	8·954	440	4·704
230	8·800	1025	4·676
240	6·666	1100	4·444
250	7·406	1250	4·760
260	6·836	1300	2·224
270	6·306	1500	2·204
280	7·879		

Bekanntlich wird bei der Verdichtung der Gase auf der Oberfläche der Kohle stets Wärme frei. Steigern nun günstige Umstände, die besonders bei dem Aufeinanderschichten größerer Mengen frisch gebrannter und fein gekleinter Holzkohle gegeben sind, die Absorption der Gase durch die Kohle, so kann die hierbei frei werdende Wärme eine Selbstentzündung der Kohle herbeiführen. Die eigentliche Ursache dieser Kohlenbrände ist also einwandfrei bekannt. Merkwürdigerweise finden sich aber zuweilen bei ihnen Begleitumstände, die scheinbare Widersprüche enthalten. Um eine Klärung in diese Fragen zu bringen und der wirklichen Veranlassung dieser Selbstentzündungen auf den Grund zu gehen, wurden seinerzeit auf der früheren Kgl. preußischen Pulverfabrik zu Berlin eine Reihe von Versuchen angestellt, die folgendes ergaben.

Eine 28 % Faulbaumholzkohle wurde nach erfolgtem Ziehen verschieden lange Zeit in Stücken aufbewahrt und dann gekleint; je kürzer der Zeitraum zwischen Ziehen und Lagerung in gekleintem Zustande war, um so leichter entzündete sie sich. Merkwürdigerweise fand man ferner, daß starkgebrannte Schwarzkohle eher zur Entzündung neigte, wie schwachgebrannte Rotkohle. Kleinte man die Kohle gleich nach dem Ziehen und schüttete sie in Mengen von 60 kg in Gefäße, so war eine Höhe der Kohlensäule von mindestens 620 mm erforderlich, um eine freiwillige Entzündung herbeizuführen und trat diese fast immer zuerst im Inneren der Kohlenmasse, nicht aber, wie man hätte vermuten können, zuerst an der Oberfläche auf. Auch der Zusammenhang zwischen Gewichtszunahme und Temperaturerhöhung wurde bei diesen Versuchen des näheren untersucht. Hierzu wurden 50 kg 28·5 % Faulbaumholzkohle etwa 36 Stunden nach erfolgtem Ziehen fein gekleint und in ein zylindrisches Eisenblechgefäß gefüllt. Dieses wurde hierauf unverschlossen auf eine Wage gestellt und in die Kohle ein Thermometer eingeführt. Es ergab sich nun, wie aus folgender Zusammenstellung ersichtlich, daß sich erstens die Temperatur im Anfange nur langsam und ziemlich regelmäßig, zum Schlusse

Nach Verlauf von Stunden:	Temperatur der Kohle °C	Gewichtsvermehrung der Kohle g	Nach Verlauf von Stunden:	Temperatur der Kohle °C	Gewichtsvermehrung der Kohle g
0	17·50	—	14	70·00	—
1	28·75	—	15	72·50	203
2	32·50	—	16	75·00	—
3	38·75	39	18	77·50	—
4	41·25	—	21	80·00	250
5	43·75	—	22	82·50	359
6	46·25	73	24	98·75	390
7	48·75	—	26	102·50	—
8	53·75	105	28	112·50	421
9	56·25	121	30	133·75	437
10	58·75	140	31	158·75	—
11	61·25	156	33	176·25	476
12	63·75	172	36	Entzündung!	—
13	67·50	—			

hingegen sehr stark und sprungweise steigert und daß zweitens die Gewichtszunahme der Kohle bis zur Entzündung beinahe 1 % (fast 500 g) betrug, wozu rund 0·356 cbm trockene atmosphärische Luft erforderlich wären.

Während bei dieser Versuchsreihe die Kohlen bis zum Kleinen 36 Stunden lagerten und in der relativ beträchtlichen Menge von 50 kg in den Behälter eingeschüttet wurden, führte die folgende Versuchsreihe, bei welcher bis zum Kleinen 18 Stunden lang gelagerte Kohle, ferner verschiedenartig geformte, teils aus Eisen, teils aus Holz bestehende Gefäße, sowie bedeutend kleinere Kohlenmengen benutzt wurden, zu ganz anderen Ergebnissen. Die Temperatur des Versuchsraumes betrug, wie hier bemerkt sei, 5 bis 8·5° C, die Anfangstemperatur der Kohle beim Abwiegen 18·75° C.

Stunden nach erfolgtem Einschütten der Kohle in nebenstehende Gefäße:	50 kg Kohle	20 kg Kohle	16 kg Kohle	11 kg Kohle	7·5 kg Kohle	6·5 kg Kohle	2·5 kg Kohle
	eisernes zylindr. Gefäß von 670 mm Durchm.	Holztonne von 590 mm Durchm.	ovales Blechgef. von 350 × 570 mm Durchm.	Holztonnen von 380 mm Durchm.	Holztonnen von 336 mm Durchm.	Holztonnen von 344 mm Durchm.	Holztonnen von 234 mm Durchm.
	Die Höhe der Kohlensäule in den Gefäßen betrug:						
	590 mm	468 mm	468 mm	417 mm	365 mm	313 mm	261 mm
	Die Temperatur der Kohle wurde gemessen zu:						
12	83·75	33·75	28·75	25·00	16·25	20·00	15·00
15	91·25	31·25	26·25	23·75	15·00	20·00	13·75
18	245·00 Entzünd.	30·00	26·25	23·75	12·50	18·75	12·50
21	—	30·00	26·25	21·25	72·50	18·75	12·50
23	—	28·75	25·00	21·25	12·50	17·50	11·25
48	—	17·50	13·75	13·75	11·25	13·75	11·25
72	—	12·50	11·25	11·25	11·25	12·50	11·25

Leider lassen sich nun aus diesen, an und für sich sehr interessanten Berliner Versuchen keinerlei allgemeingültige Bedingungen für die Ursache der Selbstentzündung ableiten. Hierzu kommt, daß man auch in anderen Ländern eine ganze Anzahl Fälle beobachtete, die das gerade Gegenteil der eben erwähnten Versuchsergebnisse darstellten. Der französische Oberst Aubert wies beispielsweise darauf hin, daß bei der Lagerung von zwei in genau derselben Weise hergestellten Kohlenmengen in genau gleichen Gefäßen und unter genau gleichen Bedingungen die eine zur Entzündung kam, die andere nicht. Auch bei schon mehrere Tage alter Kohle wurde noch Selbstentzündung beobachtet. Hadfield beobachtete dies beispielsweise bei drei Tage alter Stückenkohle, die 16 englische Meilen mit einem Wagen gefahren worden war und suchte den Grund in der Bildung von Kohlenstaub, der die Entzündung eingeleitet habe. Dieser Vermutung widerspricht aber ein in Sachsen bei aufeinandergeschüttet lagernder Stückenkohle beobachteter Fall. Alles in allem genommen hat man also damit zu rechnen, daß die Selbstentzündung durch verschiedene Umstände herbeigeführt werden kann. Ob und inwieweit hierbei atmosphärische Verhältnisse, wie Luftdruck, Lufttemperatur, Feuchtigkeitsgehalt der Luft, elektrische Ladung derselben usw. mitsprechen, läßt sich einstweilen noch nicht genau entscheiden. Auf alle Fälle aber können die letzterwähnten Verhältnisse nicht ausschlaggebend sein und müssen ihnen gegenüber Absorptionsfähigkeit und Verdichtungsvermögen der Kohle für Luft und Gase, sowie Aufspeicherung der freiwerdenden Wärme in den Kohleteilen in erster Linie berücksichtigt werden. Erwähnt sei noch, daß man auch schon den Kaliumgehalt der Kohle für die Selbstentzündung verantwortlich zu machen suchte. Davis stellte diese Behauptung der Oxydation des Kaliums bei der lagernden Holzkohle auf und wies darauf hin, daß sich beim Mischen der Kohle mit Schwefel deshalb keine Entzündung entwickeln könne, weil dann Schwefelkalium entstehe. Bekanntlich gehört nun aber zur Reduktion des kohlensauren Kaliums zu Kalium Weißglühhitze, so daß bei der im vorliegenden Fall in Betracht kommenden beträchtlich niedrigeren Temperatur eine solche Reaktion ausgeschlossen ist. Es ließen sich sonst ja auch überhaupt nicht die früher häufig erfolgten Unfälle erklären, die entstanden, wenn alle drei Bestandteile in ungekleintem Zustande unter die Stampfen gebracht wurden.

Was noch die Entzündungstemperatur der Zylinderkohlen in Luft anbetrifft, so zeigt diese gegenüber der Temperatur bei der Selbstentzündung der Kohle ein völlig abweichendes Verhalten. Kahl in Dresden hat diese Verhältnisse näher untersucht und hierzu folgende Methode benutzt. Er füllte ein Probierglas zu ungefähr $^2/_3$ mit Kohle und verschloß es mit einem durchlochten Korke. In diesen Bohrungen steckten zwei rechtwinklig gebogene Glasröhren, von denen die eine länger war wie die andere und in die Kohlen hineinragte. Das Probierglas stand bis zur Hälfte in einem Metallbade und gestattete ein dicht neben ihm ebenfalls in das Bad eintauchendes Quecksilberthermometer die Temperatur zu bestimmen. Sobald nun eine Temperaturerhöhung um 5° C beobachtet worden war, saugte man mittels eines Aspirators tunlichst langsam einen Luftstrom durch die Kohlenfüllung des Reagenzglases und notierte die niedrigste Temperatur, bei welcher die Entzündung eintrat. Kahl untersuchte nach dieser Methode fünf verschiedene Stücke Faulbaumholzkohle, von denen zwei ziemlich weich, eins mittelhart und die beiden letzten klingendhart gebrannt waren, auf ihre Entzündungstemperatur in Luft und fand diese bei 360°, 352°, 342°, 320°, 325°, im Mittel also bei 340° C. Bei ähnlich ausgesuchten Stücken von Erlenholzkohle fand er folgende Werte; 360°, 360°, 360°, 346°, 333°, im Mittel also 352° C. Die drei ersten Proben wurden, da sie sich bei einer Temperatur von 355° C des Metallbades noch nicht entzündeten, in einem Quecksilberbad weiter erhitzt.

Selbstentzündungen der Kohle lassen sich nun am allersichersten dadurch verhüten, daß man dem Sauerstoff der Luft keine oder wenigstens möglichst wenige Gelegenheit gibt, mit der Kohle in Berührung zu kommen. Kommerzienrat Hermann Güttler-Reichenstein hat dieser Forderung seinerzeit in einem besonderen, von ihm ausgearbeiteten und früher patentierten Verfahren (D.R.P. Nr. 42470 vom 12. Mai 1887 und Zusatzpatent Nr. 44078) in vollstem Umfange Rechnung getragen und zwar dergestalt, daß die Verkohlung selbst, wie das Löschen und Kühlen der fertigen Kohle dabei im Verkohlungszylinder durch solche Gase von entsprechender Temperatur erfolgt, welche gegen den zu verkohlenden Stoff chemisch indifferent, also geeignet sind, dessen Verkohlung zu unterbrechen. Es wird somit während der Verkohlung entsprechend heißes, während der Kühlperiode entsprechend kaltes Gas in den Verkohlungszylinder eingeführt. Hierzu geeignete Gase sind z. B. Kohlensäure, tunlichst sauerstofffreie Verbrennungsprodukte, Kalkofengase und andere mehr. Güttler wurde zu der Ausbildung seines Verfahrens hauptsächlich durch folgende Beobachtungen angeregt. Bei der Verkohlung der sogen. Kohlenhydrate, zellulosehaltigen Holz- oder Pflanzenfaserstoffe und deren verwandten Gruppen, wie Holz, Torf, Stroh, Baumwolle, Hanf, Flachs, Fruchtkernen, Zucker, Stärke, Gummiarten u. a. hält insbesondere bei niedrigen Temperaturen die Erzielung einer möglichst konstanten chemischen Zusammensetzung mittels der im Vorstehenden von uns betrachteten Verkohlungsverfahren in Meilern, Kesseln, Zylindern mit direkter, bezw. indirekter Beheizung oder überhitztem Wasserdampf sehr schwer. Es entfallen hierbei vielmehr beträchtlich voneinander abweichende Kohlearten, welche auch nach Unterbrechung des Verkohlungsprozesses noch nachkohlen, hauptsächlich infolge der in den Kohlen aufgespeicherten Wärme. Selbst bei geschickter Leitung der genannten Verkohlungsprozesse lassen sich in den einzelnen Chargen kohlenstoff-, wasserstoff-, sauerstoffreiche, bezw. arme Produkte nachweisen, wie schon die Schattierungen der erzeugten Kohlen von rot bis schwarz zeigen. An den Verkohlungsprozeß schließt sich dann das sogen. Dämpfen, das tagelang dauerte und nie ohne quantitative und qualitative Verluste an Kohle durchgeführt werden konnte. Man versuchte zwar, zur Beschleunigung des Dämpfens äußere Kühlung zu verwenden, aber einen vollen Erfolg konnte man damit nicht erzielen. Der Grund davon liegt namentlich darin, daß bei Ausführung dieser Operation der Zutritt atmosphärischer Luft zu den zu behandelnden glühenden oder abkühlenden frischen Kohlen, deren Porosität und Absorptionsvermögen im heißen, frischen Zustande am größten ist, nicht völlig verhindert werden kann. Bei dem Kühlen in Dämpfern tritt dann noch stets der Umstand ein, daß sich nur die Oberfläche der frisch erzeugten Kohle sättigt, während ihr Inneres seinem Absorptionsbedürfnisse nicht genügen kann. Letzteres erwacht von neuem bei einer nachfolgenden Zerkleinerung und verursacht Selbstentzündung der pulverisierten Kohle, bezw. Explosionen bei der Pulverfabrikation. Das schnelle Löschen und Kühlen der Kohle im Verkohlungszylinders mittels eines dazu geeigneten Gases von niedriger Temperatur, wie es bei dem Güttlerschen Verfahren angewandt wird, schließt nun zunächst eine Berührung mit atmosphärischer Luft vollkommen aus und zwingt außerdem die frische Kohle, ihrem Absorptionsbedürfnisse durchaus zu genügen, also alle ihre Poren mit dem betreffenden Gase anzufüllen. Die Kohle wird somit in ihrer ganzen Masse gleichmäßig gesättigt und stellt dadurch ein vollständig homogenes Produkt vor. Naturgemäß kann die so im Zustande höchster Porosität gesättigte und schnell gekühlte Kohle Sauerstoff aus der Luft nicht mehr plötzlich oder in großen Mengen aufnehmen, ist somit gegen Selbstentzündung durchaus gesichert. Ferner gibt dann das Güttlersche Verfahren noch Mittel an die Hand, die Verkohlung bei bestimmten beabsichtigten Temperaturen plötzlich zu unterbrechen, oder gleichzeitig die Kohle von innen und außen kräftig abzukühlen. Es können somit alle in Betracht kommenden zellulosehaltigen Stoffe je nach Wunsch zu ausschließlich roter, brauner oder schwarzer Kohle gebrannt werden und zeichnen sich alle diese Kohlen durch sehr gleichmäßige chemische Zusammensetzung aus. Da sich diese Verkohlung bei niedriger Temperatur durchführen läßt, so wird die Struktur des Zellgewebes in der fertigen Kohle selbst nach Möglichkeit erhalten. Bei passender Wahl und geeigneter chemischer Zusammensetzung der Kohlenstoffart ist man somit in der Lage, Dichtigkeit, Entzündungsgeschwindigkeit und Explosionsgeschwindigkeit des Pulvers, in wünschenswerter Weise zu beeinflussen. In der Praxis wurde das Güttlersche Verkohlungsverfahren nun zuerst mit einem Apparate durchgeführt, dessen Aufbau im Längs- und Querschnitt aus unserer umstehenden Abbildung (Fig. 42) zu ersehen ist. Dieser Ofen ist nur mit einer Muffel *M* ausgerüstet, die im Inneren den Verkohlungszylinder *C* trägt, welcher wiederum die zur Aufnahme des zu verkohlenden Stoffes bestimmte Trommel *T* umschließt. Um ein bequemes Ein- und Ausbringen des Rohstoffes, bezw. der fertigen Kohle zu sichern, benutzt man zweckmäßig eine zweite lose Trommel, die in *T* eingeschoben wird. Der Verkohlungszylinder *C* sowohl wie die Trommel *T* sind mit entsprechenden, den gegenseitigen Abstand bestimmenden Rippen oder Bolzen versehen. Im eigentlichen Feuerraume liegt der Überhitzungsapparat, die Rohrschlange *S*, welcher durch ein Rohr *r* das zu erhitzende Gas zugeführt wird. Diese Rohrschlange steht mit dem Verkohlungszylinder durch das Rohr r_1 in Verbindung. Die Destillationsprodukte entweichen mit dem zur Verkohlung benutzten Gase durch das Rohr r_2. Die Rohre r_1 und r_2 sind entsprechend lösbar und leicht zugänglich mit dem Deckel D_2 des Verkohlungszylinders verbunden, dessen andere Seite der lösbare Deckel D_1 verschließt. Der Verkohlungszylinder selbst und alle seine Verschlüsse müssen gasdicht sein. Die auf dem Flachroste *R* verbrannten Heizstoffe, in der vorliegenden Ausführungsform Koks, erhitzen zunächst die Rohrschlange *S* in der Hauptsache durch Strahlung. Die Feuergase über-

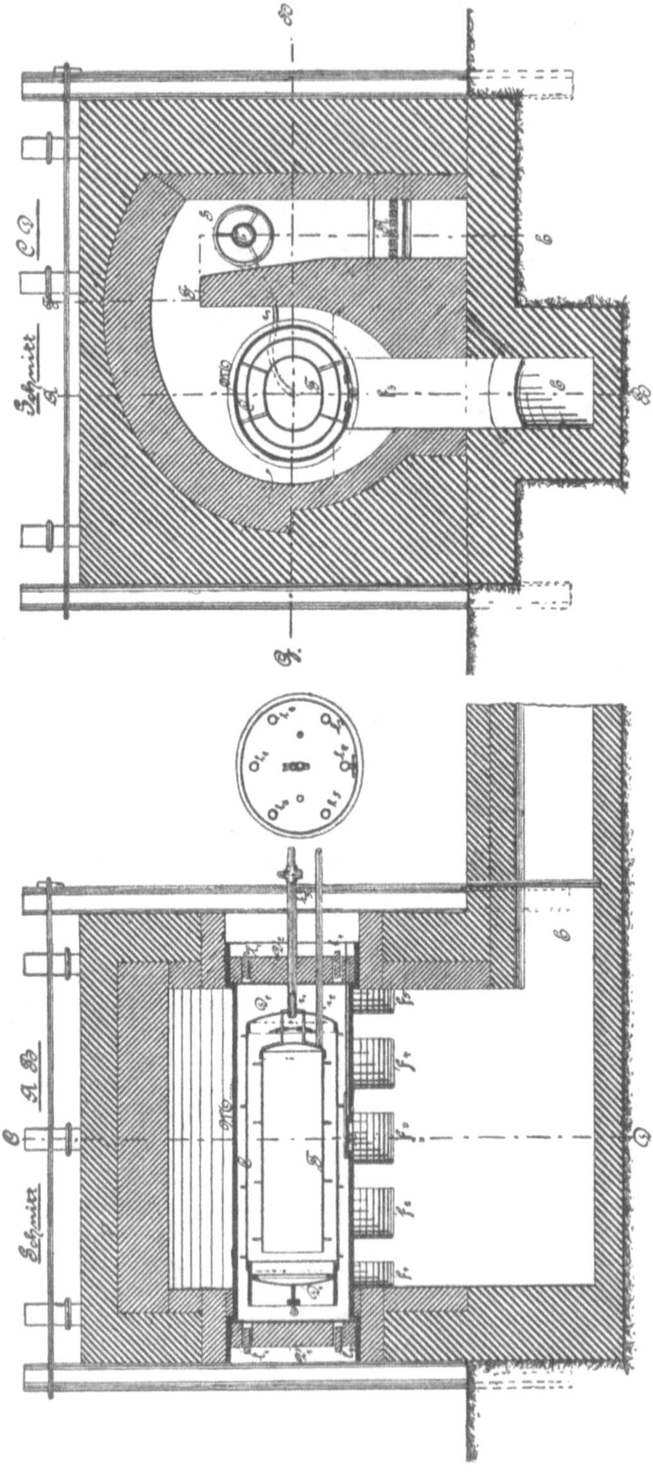

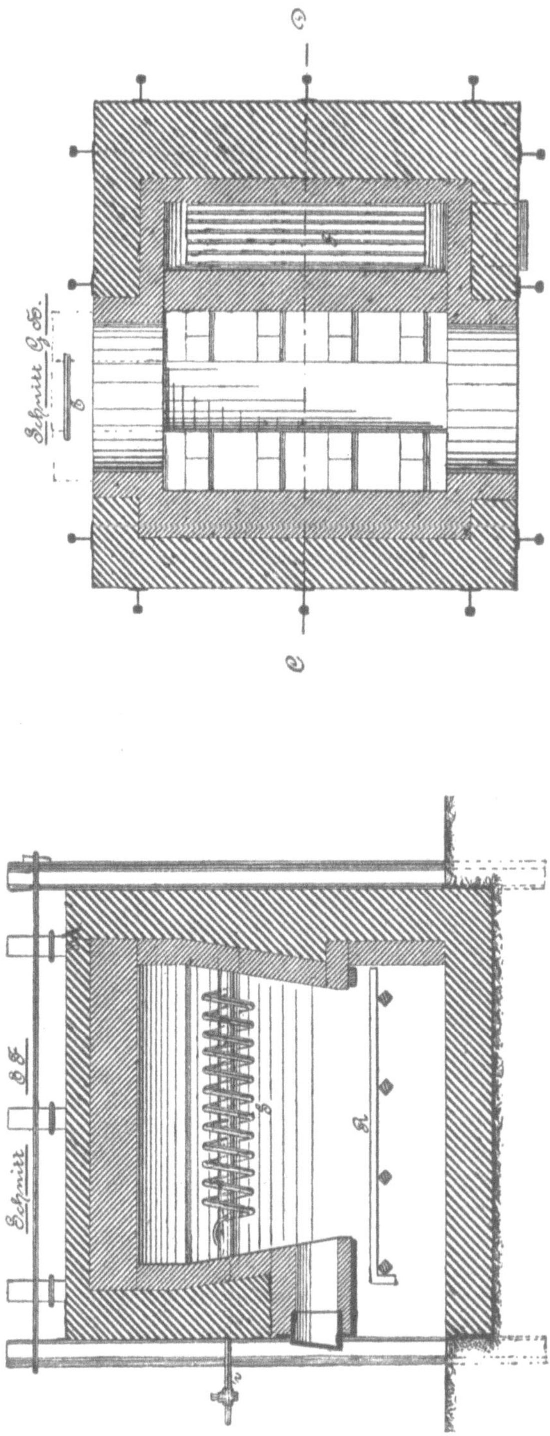

Fig. 42. Güttlerscher Verkohlungsofen a. A.

steigen dann die Feuerbrücke *F* und erwärmen abwärtsstreichend die Muffel *M* von außen, um dann durch die Füchse *f* nach der Esse *E* zu entweichen. An dem Verkohlungszylinder ist, um die in ihm herrschende Temperatur und Spannung dauernd beobachten zu können, ein Wärme- und Druckmesser angeschlossen. Nach Beendigung des Verkohlungsprozesses werden die in den Muffelverschlußdeckeln V_1 und V_2 befindlichen Löcher *l* und ein vorher geschlossener Schieber *X* geöffnet, so daß in den Raum zwischen Muffel und Verkohlungszylinder kalte Luft zum Zwecke energischer Kühlung eingesaugt wird. Gleichzeitig wird das Feuer vom Roste durch Ausziehen der Roststäbe entfernt und kaltes, die Verkohlung unterbrechendes Gas durch ein unter Ausschaltung der Überhitzerschlange die direkte Verbindung mit dem kaltes Gas enthaltenden Gasbehälter vermittelndes Rohr r_3 dem Inneren des Verkohlungszylinders zugeführt. Der Schieber *X* und die Öffnungen *l* in den Muffeldeckeln können auch während des Verkohlungsprozesses zur Regelung der Temperatur benutzt werden. Ihre Öffnung würde beispielsweise einer etwaigen übermäßigen Steigerung der Wärme, die durch zu starkes Feuern verursacht ist, wirksam begegnen. Während die Verkohlung bei Überdruck im Verkohlungszylinder vorgenommen wird, kann das Sättigen der frischen Kohle mit dem die Verkohlung hemmenden Gase auch ähnlich, wie bei dem Imprägnieren von Holz mit fäulniswidrigen Stoffen auch bei Unterdruck erfolgen. Um den Abzug der Destillationsprodukte zu erleichtern, können diese abgesaugt, oder wenigstens dem Verkohlungszylinder eine geneigte Lage gegeben werden, zum Zwecke, die Bildung von Glanzkohle zu vermeiden. Auch läßt sich der eigentliche Verkohlungszylinder oder die Muffel samt Inhalt drehbar einrichten, es lassen sich also alle bekannten Mittel anwenden, um die Erzielung einer gleichmäßigen Kohle zu befördern. Eine Wiedergewinnung des zur Verwendung gelangenden Gases aus dem dem Verkohlungszylinder entweichenden Gasgemisch kann ebenfalls eingerichtet werden. Bei dem praktischen Betriebe des vorbeschriebenen Ofens machten sich nun folgende konstruktive Änderungen wünschenswert, welche in ihrer Gesamtheit eine Steigerung seiner Leistungsfähigkeit, sowie eine Gütezunahme der erzeugten Kohlen bewirken sollen. Zunächst haben die Hindernisse, welche gewisse pulverförmige oder in verfilztem Zustand befindliche Stoffe, z. B. Holzmehl, Gespinstfasern, dem gleichmäßigen Durchströmen des für die Verkohlung, das Löschen und Kühlen benutzten Gases entgegensetzten, nicht nur eine sorgfältigere, den jeweiligen Eigenschaften des zur Verwendung gelangenden Materiales entsprechende Packung der Beschickung des Verkohlungszylinders erforderlich gemacht, sondern es mußte auch das Gas durch Einsätze von zweckdienlicher Form gezwungen werden, einen Weg zu nehmen, welcher die erreichbar innigste Berührung mit dem zu behandelnden Stoffe gewährleistete. Ein erstes Hilfsmittel, um eine sehr gleichmäßige Kohle, insbesondere bei niedrigen Temperaturen darzustellen, besteht darin, die Verkohlung des betreffenden Stoffes derart vorzunehmen, daß bei möglichster

Gleichmäßigkeit der Form der einzelnen Elemente dem durchströmenden Gase eine tunlichst große Oberfläche dargeboten wird. Beispielsweise empfiehlt es sich, für die Verkohlung von Holzarten bei niederen Temperaturen, das Holz in Form von gelockten oder gerollten Spänen, bezw. in Form loser Holzwolle zum Beschicken der Verkohlungszylinder zu benutzen, dessen Beschickung also mit „locker schüttenden Elementen" vorzunehmen. Hierdurch wird gleichzeitig eine bemerkenswerte Verkürzung der erforderlichen Verkohlungsdauer erzielt. Um ferner eine handlichere Beschickung und Entleerung des Verkohlungszylinders zu ermöglichen, empfiehlt es sich, denselben ausziehbar aus der Muffel *M* anzuordnen. Zu den dadurch gewonnenen, ohne weiteres erkennbaren Vorteilen bequemeren Füllens und Entleerens des Verkohlungszylinders kommt noch eine gesteigerte Leistungsfähigkeit des Ofens, da, während man das Kühlen der fertigen Kohle nunmehr außerhalb des Ofens, bezw. der Muffel vornimmt, ein zweiter inzwischen chargierter Verkohlungszylinder in diesen eingeführt und an die Gasleitungen betriebsfertig angeschlossen werden kann. Auch hinsichtlich der Wärmeverhältnisse im Ofen und dessen Haltbarkeit ist die Vornahme des Kühlens außerhalb der Muffel nicht ohne günstigen Einfluß, obgleich die hierbei in Frage kommenden Temperaturschwankungen allzu schädlich wirkende Grenzen nicht überschreiten. Um dann noch eine tunlichst innige Berührung des wärmetragenden Gases mit dem zu erzielenden Stoffe zu erzielen, wird ersteres durch in dem Verkohlungszylinder vorgesehene Einsätze gezwungen, vorgeschriebene Wege zurückzulegen. Unsere umstehende Abbildung (Fig. 43) zeigt verschiedene Ausführungsarten dieser Einsätze, Die entsprechend miteinander zu kombinierenden Einsätze in Scheibenform *a* bis *d* zwingen das Gas, die auf der Abbildung durch Pfeile angedeuteten Zickzackwege zurückzulegen und bewirken außerdem noch eine Trennung des zu behandelnden Materials in dünne, gesonderte Schichten, welche eine gleichmäßige Packung erheblich erleichtern. Die Einsätze der Formen *e* und *f* bilden Hülsen, welche mit dem zu verkohlenden Stoffe gefüllt und in den Verkohlungszylinder entsprechend eingesetzt werden. Dieselben beseitigen die durch das Eigengewicht der zu verkohlenden Stoffe bedingten Dichtigkeitsunterschiede in den oberen und unteren Schichten der Beschickung. Bei den runden Hülsen, deren Abmessungen man den Eigenschaften des gerade in Betracht kommenden Rohstoffes anpaßt, kann das durchströmende Gas auch den zwischen den einzelnen Hülsen befindlichen leeren Raum durchströmen. Bei Hülsen von Bienenzellenform, wie *f* eine darstellt, können entweder sämtliche Hülsen gefüllt, oder einige gefüllt, andere leer sein. Die Hülsen von den Formen *e* und *f* können dann noch parallel zu der Achse des Verkohlungszylinders eingesetzt werden, oder unter einem Winkel zu ihr. Überhaupt kann man die Art der Packung der Eigenart des gerade in Frage kommenden Rohstoffes in weitgehendster Weise anpassen, indem man die Abmessungen der Hülsen verändert, sie aus massivem oder durchlochtem Blech, Drahtgeflecht herstellt usw. Auf diese

Weise ist man auch in der Lage, verschiedenartige Kohlenhydrate gleichzeitig zusammen zu verkohlen, um gewisse Mischkohlen von erprobter Wirkung zu erzielen.

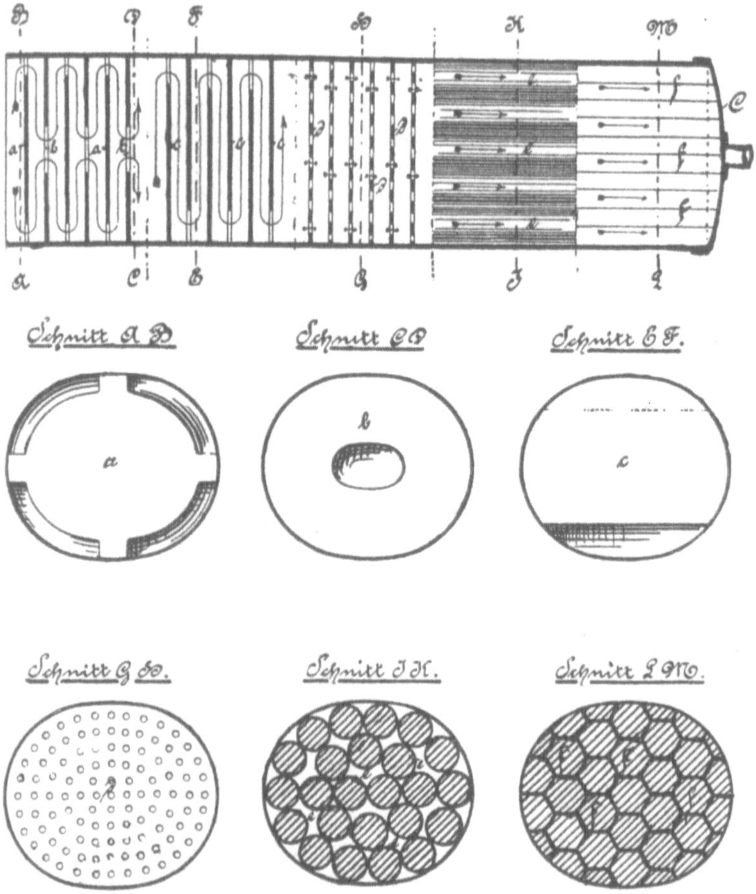

Fig. 43. **Einsätze n. A. zum Güttlerschen Verkohlungsofen.**

Die eben von uns betrachtete Ausführung des Güttlerschen Verkohlungsapparates kennzeichnete sich durch liegende Bauart und den Einbau einer direkt beheizten Überhitzerschlange, ähnelt somit in manchen Teilen dem Violetteschen Verkohlungsapparat und gab ähnlich, wie bei diesem die Überhitzerschlange, zu immerwährenden Betriebsstörungen Veranlassung. Güttler entschied sich deshalb später auch noch aus anderen Gründen für den Fortfall dieses besonders beheizten Überhitzers und gleichzeitig auch für eine stehende Bauart seiner Apparate, wie sie unsere Abbildungen (Figg. 44 a b) wiedergeben. Das zum Betriebe dieser Apparate erforderliche überhitzte

Gas lieferte ein besonderer Windofen. In diesem wurde durch Verbrennen von Koks und Einblasen von Luft mittels eines Ventilators Kohlensäure erzeugt, die durch eine mittels Hahn absperrbare Rohrleitung in den Verkohlungsapparat hineingeleitet wurde. Zum schnellen Ein- und Ausbringen des Verkohlungszylinders diente der aus der Abbildung ersichtliche Krahn. Dieser verbesserte Güttlersche Verkohlungsapparat lieferte eine ganz vorzügliche Pulverkohle und ge-

Fig. 44a. Güttlerscher Verkohlungsofen n. A. Stehende Bauart.

stattete, alles mögliche Material, dessen Verkohlung nach den älteren Verfahren im Großbetriebe Schwierigkeiten machte oder ganz unmöglich war, in sehr rationeller Weise zu verarbeiten. Wenn dem Schwarzpulver in seiner Eigenschaft als Treibmittel eine weitere intensive Verbesserung und Fortentwicklung zuteil geworden wäre, wie sie in den siebziger und achtziger Jahre eingeleitet war, so hätte dieses Verkohlungsverfahren sicherlich noch eine große Rolle gespielt und weitere Verbreitung gefunden.

3. Analyse der Holzkohle. Die Holzkohle enthält neben Kohlenstoff noch bedeutende Mengen Wasserstoff und Sauerstoff, auch Stickstoff, sowie mineralische Bestandteile. Zur genauen Bestimmung von Kohlenstoff und Wasserstoff verbrennt man im Schiffchen im Sauerstoffstrom; hierbei kann gleichzeitig der Aschenrückstand gewogen werden. Stickstoff und Sauerstoff ergeben sich

zusammen aus der Differenz nach C, H und Aschenbestimmung. Meistens stellen sich die Pulverfabriken die von ihnen benötigte Holz-

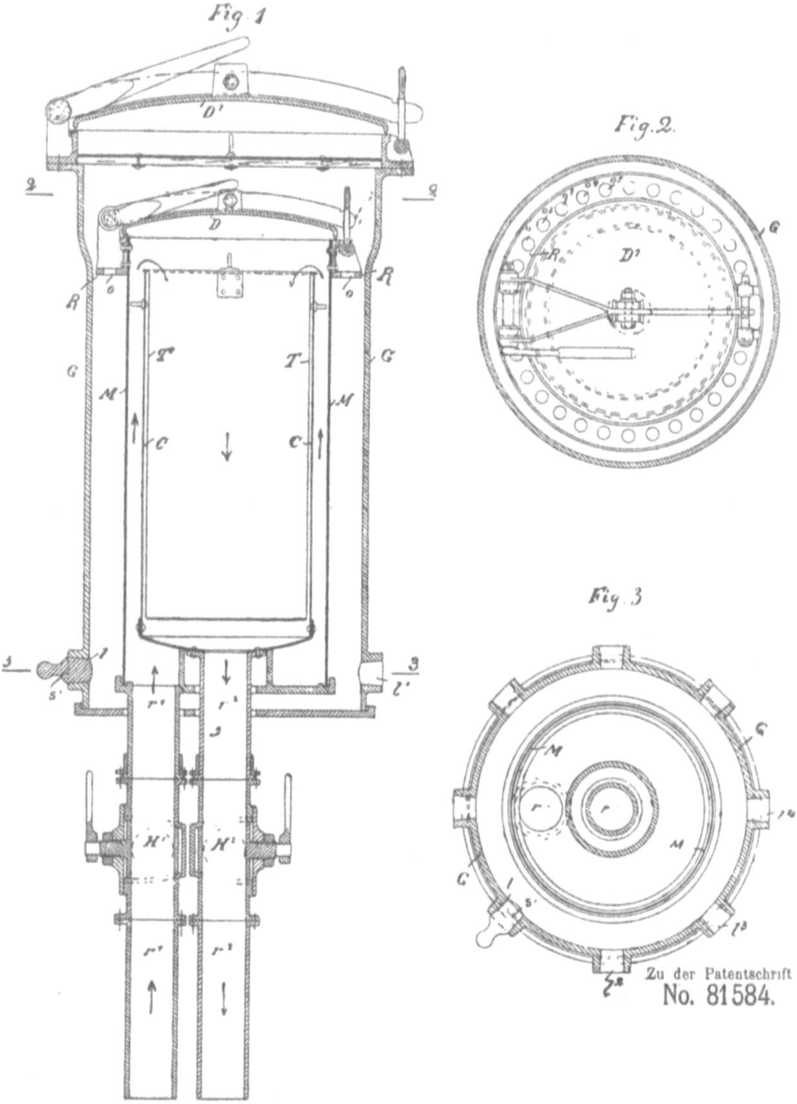

Fig. 44b. Güttlerscher Verkohlungsofen n. A. Ansicht und Schnitte.

kohle selbst her und nehmen — nach Wahl des geeigneten Holzes sowie entsprechender Regelung der Verkohlungstemperatur — von einer genauen chemischen Analyse Abstand. Folgende weniger rigorose Methoden genügen für die Praxis: a) Feuchtigkeit. In einen tarierten Platintiegel bringt man 1 g feinpulverisierte Holzkohle, erwärmt in einem Trockenschrank bei 150° und wägt alle zwei Stunden bis zur Gewichtskonstanz. — b) Flüchtige Bestandteile. Den Platintiegel mit bei 150° getrockneter Substanz stellt man in einen zweiten Tiegel aus schwer schmelzbarem Ton und erhitzt eine halbe Stunde in einem hoch erhitzten Ofen; man wägt dann den Platintiegel nach Abkühlung im Exsikkator. — c) Die Bestimmung des kalorischen Effekts der Holzkohle wird durch Reduktion von Bleioxyd vorgenommen; eine Kalorie ergibt 34·5 metallisches Blei unter Abgabe von 8090 Kalorien; einem Teil Blei entsprechen also $\frac{8080}{34\cdot 5} = 234\cdot 2$ Kalorien. Praktisch verfährt man in der Weise, daß man in einem schwer schmelzbaren Tontiegel 1 g Holzkohle mit 40 g Bleiglätte (Lithargyrum), beide fein pulverisiert, mischt und noch 20 g pulverisierte Bleiglätte darüber streut. Den mit Deckel versehenen Tiegel bringt man in einen bereits in Gang befindlichen Ofen und läßt ihn daselbst eine halbe Stunde stehen; nach dem Herausnehmen und Abkühlen zerschlägt man den Tiegel mit dem Hammer und isoliert das gebildete Blei, das gewogen wird. Die gefundene Grammzahl, mit 234·2 multipliziert, ergibt die von einem Gramm Holzkohle entwickelte Wärme.

4. Eigenschaften der Holzkohlen. Die durch Destillation des Holzes bei 340 bis 432° erhaltene schwarze Kohle soll einen tiefschwarzen, sammetartigen Bruch besitzen, spezifisch leicht, porös, weich und gut zerreibbar sein; auf einem rauhen Brett soll richtig gebrannte Holzkohle weder zu hart, noch schmierig schreiben; in ersterem Falle ist die Kohle zu wenig, in letzterem Falle zu stark gebrannt. Die Holzkohlen sollen möglichst wenig hygroskopisch sein und möglichst wenig Asche enthalten. Die bei oben erwähnter Temperatur hergestellten Holzkohlen zersetzen den Salpeter bei etwa 400°. Die Entzündlichkeit der Holzkohlen hat Proust in der Weise geprüft, daß er je 0·775 g der Kohlen mit 4 g Salpeter mischte und das Gemisch in kupfernen Röhrchen von 60 mm Länge und 6 mm Durchmesser füllte; auf dieses Gemisch wurde etwas Mehlpulver gegeben, letzteres entzündet und dann die Verbrennungsdauer des Gemisches (in Sekunden) notiert, sowie das Gewicht des Rückstandes ermittelt (s. Tabelle S. 156).

Die bei etwa 270° hergestellte Rotkohle ist braunrot und etwas zerreiblich; sie zeigt auf dem Bruch eine bräunliche Farbe, brennt mit schwach leuchtender Flamme und löst sich in kochen-

Gemenge von 4 g Salpeter und 0·775 g Kohle von	Dauer der Verbrennung in Sekunden	Gewicht des Rückstandes in Grammen
Hanfstengeln	10	0·775
Weinreben	12	1·275
Fichtenholz	17	1·936
Faulbaumholz	20	1·550
Maisstroh	25	2·450
Kastanienholz	26	2·325
Nußbaumholz	29	2·130
Steinkohlen	50	2·900
Zucker	70	3·100

der Kalilauge zum Teil mit brauner Farbe auf; diese leichter entzündliche Rotkohle wird für einige Jagdpulver sowie das braune prismatische Pulver verwendet.

D. Verschiedene andere Rohstoffe und Bestandteile.

1. Graphit (Reißblei). Diese Modifikation des Kohlenstoffes findet sich in der Natur in hexagonal kristallisierten Tafeln und Blättchen oder in derben, blätterig schuppigen Massen, bisweilen von faseriger Textur. Graphit ist eisenschwarz bis stahlschwarz, metallglänzend, abfärbend, unschmelzbar, nicht flüchtig, unlöslich in allen Lösungsmitteln, sehr schwer verbrennlich, spez. Gew. 2·1 bis 2·3. — Der natürliche Graphit wird zunächst durch Schlämmen gereinigt, dann chemisch durch Auskochen mit Schwefelsäure und Salpetersäure oder durch Erwärmen mit Kaliumchlorat und verdünnter Schwefelsäure im Wasserbade. — Man poliert vielfach das Schwarzpulver unter Zusatz von Graphit, um dem Pulver einen schönen Glanz zu geben und die Hygroskopizität herabzusetzen.

2. Steinkohlenpech. Man erhält das weiche Steinkohlenpech, wie solches zur Herstellung von schwarzpulverähnlichen Sprengstoffen (Petroklastit u. a.) dient, als Rückstand bei der Destillation des Steinkohlenteers in der Destillierblase, wenn man die Destillation vor dem Übergehen des Anthracens unterbricht.

3. Ruß. Gelegentlich wird Lampenruß an Stelle der Holzkohle verwendet; man erhält ihn aus Ölen, die ohne oder mit Docht verbrannt werden und über deren Flamme gekühlte Metallzylinder rotieren; der auf den Zylindern abgeschiedene Ruß wird durch Schaben oder Bürsten abgestrichen. Neuerdings bemüht man sich, amorphen Kohlenstoff durch Zersetzung des Acetylens unter Druck herzustellen (D.R.P. 141884).

4. Holzmehl. Durch Schleifen von Fichten- oder Tannenholz stellt man für die Zwecke der Papier- und Zellstoffabrikation in großem Maßstabe Holzschliff her; man preßt dabei Holzblöcke durch Gegengewichte gegen Schleifsteine, auf welche fortwährend Wasser fließt. Die entstehende Pulpe wird häufig auf steinernen Mahlgängen fein gemahlen, geht noch über Knotenfänger, wird dann entwässert, bei mäßiger Wärme getrocknet und kommt dann als Holzmehl von verschiedener Feinheit in den Handel.

5. Kaliumbichromat (K_2CrO_7) bildet dunkel orangerote, große Kristalle (rechtwinklig vierseitige Tafeln und Säulen), die sich zu einem gelbroten Pulver verreiben lassen. Es schmilzt leicht, ohne sich zu zersetzen, schmeckt bitterlich metallisch, rötet Lackmus und löst sich in Wasser mit gelbroter Farbe auf.

6. Kresolsulfosaures Natrium. Dieses Salz wird hergestellt, indem man in das Kresol die gleiche Gewichtsmenge $20\,^0/_0$ iges Oleum laufen läßt. Das Gemisch erwärmt sich von selbst und man hält die Temperatur nach dem Zusatz allen Oleums eine Stunde lang auf ca. 100^0 C. Nach dieser Zeit ist die Sulfurierung vollständig, die Säure kann nun einfach mittels Natronlauge abgesättigt werden. Aus dieser Lösung kann man entweder das Salz auskristallisieren lassen oder man dampft die Flüssigkeit zur Trockne. Man erhält so gewöhnlich ein schwach fleischfarbenes Salz, das wenig hygroskopisch ist und das nicht erst rein dargestellt zu werden braucht, um als Sprengstoffkomponente verwandt zu werden. Raschig stellt durch Auflösen von Salpeter in der neutralisierten und durch Zusatz von Wasser verdünnten Sulfosäure eine Sprengstofflösung her, aus der durch Eindampfen nach D.R.P. 257319 ein sprengsalpeterähnliches Produkt erhalten wird.

7. Zellpech. Bekanntlich isoliert man aus Holz durch Behandeln mit Calciumbisulfit den reinen Zellstoff; hierbei ergeben sich nun große Mengen Ablaugen, welche geringe Mengen Zucker enthalten, ferner anorganische, sowie hauptsächlich organische Bestandteile des Holzes, welche nicht Zellulose sind und die durch Behandlung mit Calciumbisulfit in wasserlösliche Form gebracht wurden; wahrscheinlich liegen also sulfosaure Calciumsalze vor; die chemische Zusammensetzung des Sulfitzellstoffablaugenrückstandes kennt man nicht Neuerdings stellt die Gewerkschaft Pionier in Walsum a. Rh. nach einem von Dr. Trainer angegebenen Verfahren Zellpech aus Zellulose-Ablaugen her. Die Laugen, welche etwa $10\,^0/_0$ gelöste Stoffe enthalten, werden in Kestnerschen Apparaten bis auf 35^0 Bé eingedickt und dann in dampfgeheizten Trommeln auf festes Zellpech verarbeitet. Letzteres ist eine durchscheinende, kolo-

phoniumähnliche, wasserlösliche Masse, die sich in der Hitze, ohne weich zu werden, zersetzt und schließlich ohne Qualm und Geruch verbrennt. Dieses Zellpech enthält neben 11 % Wasser und 15 % Asche vor allem etwa 36 % Kohlenstoff und eignet sich infolge seiner hohen Klebekraft vorzüglich für Brikettierungszwecke. Raschig benützt zur Herstellung von Sprengstoffen nicht das getrocknete Zellpech mit ca. 11 % Wasser, sondern eine eingedickte, ca. 50 % Feuchtigkeit enthaltende Lauge, und zwar deshalb, weil eingetrocknetes Zellpech sich nur schwierig in der gleichen Gewichtsmenge Wasser wieder löst. Der Preis des Zellpechs ist ein sehr geringer und beträgt zurzeit nur ca. 6 Mark pro 100 kg.

E. Dosierung.

Dosierung der Schießpulver (Geschütz-, Militärgewehr-, Jagd-, Scheibenpulver).

Die Dosierung oder Zusammensetzung der für Schießzwecke bestimmten Schwarzpulver hat im Laufe der Zeit mannigfache Wandlungen durchgemacht, stets aber baute sie sich auf den drei Komponenten: Salpeter, Schwefel und Kohle auf. Allerdings sind auch einige Geschützpulver ohne jedweden Schwefelgehalt zur Einführung gelangt, von denen gleich noch die Rede sein soll, jedoch waren ihrer nur sehr wenige. — In der allerältesten Zeit machte man beim Schießpulver keinen Unterschied zwischen Geschütz- und Gewehrpulver, sondern benutzte für beide dieselbe Dosierung, und zwar soll die älteste sowohl in Deutschland wie in England aus drei gleichen Teilen der Komponenten bestanden haben. Verhältnismäßig früh scheint man dann aber schon dazu übergegangen zu sein, für Geschütz- und Gewehrpulver getrennte Zusammensetzungen anzunehmen, und im Laufe des verflossenen Jahrhunderts kamen auch für Jagd- und Scheibenpulver besondere Dosierungen auf. Es ist dies ja auch ohne weiteres verständlich, denn die Umsetzungsverhältnisse des Pulvers sind für Geschütze auf der einen, und Gewehre auf der anderen Seite völlig voneinander verschieden. Selbstredend war man in früheren Zeiten bei der Festsetzung der Dosierung lediglich auf Erfahrungstatsachen angewiesen, denn irgendwelche Kenntnisse des Verbrennungsvorganges der Pulver standen noch nicht zu Gebote. Trotzdem näherte man sich schon damals mehrfach den heute für richtig erachteten Mengungsverhältnissen. Die idealste Dosierung würde selbstredend diejenige sein, welche ein Pulver lieferte, das sich bei der Umsetzung vollständig in Gase umsetzte und so die größtmögliche Wirkung erzielte; dieses Ziel läßt sich aber deshalb nicht erreichen, weil in den Komponenten des Schwarzpulvers auch nicht vergasbare Bestandteile vorhanden sind. Aus diesem Grunde müssen wir uns damit begnügen, eine Dosierung festzustellen, welche bei der kleinsten Menge Rückstand möglichst viele und hochgespannte Gase liefert. Auf theoretischem Wege haben besonders französische Chemiker diese zweckmäßigste Dosierung zu ermitteln gesucht; bei diesen Versuchen glaubte man gefunden zu haben, daß zur vollständigen Zersetzung von 1 Teil Salpeter gerade $^1/_6$ Teil Kohle genüge. Ging man mit dem Kohlegehalt unter diesen Wert, so ergab sich bei der Explosion noch unzersetzter Salpeter, im entgegengesetzten Falle aber erzielte man allerdings eine noch kürzere Umsetzungsdauer, jedoch mehr CO und weniger CO_2 in den Schwaden. Der günstigste Schwefelgehalt wurde gleichfalls zu $^1/_6$ auf 1 Teil Salpeter angenommen, so daß sich als günstigste Dosierung ergab:

$$6\,KNO_3 : 1\,S : 1\,C\,.$$

Nach dieser Zusammensetzung hat man sehr lange dann auch in der Tat gearbeitet.

Andere Forscher hingegen kamen zu anderen Ergebnissen, beispielsweise:

Berthollet: $80\,KNO_3 : 5\,S : 15\,C$,
Berthelot: $84\,KNO_3 : 8\,S : 8\,C$.

Des Vergleichs halber sei bemerkt, daß sich (die zur Verwendung gelangende Kohle als reinen Kohlenstoff vorausgesetzt) folgendes stöchiometrisches Verhältnis ergibt:

$$2\,KNO_3 + S + 3\,C = 74{\cdot}84\,KNO_3 : 11{\cdot}84\,S : 13{\cdot}32\,C\,.$$

Alle diese theoretischen Ermittelungen haben aber für die Praxis eigentlich keinen besonderen Wert, da erstens der Kohlenstoffgehalt und die physikalischen Eigenschaften der Kohle je nach der gewählten Holzart und Herstellungsmethode in ziemlich großen Grenzen schwanken und da wir zweitens trotz umfangreicher Untersuchungen über die Explosionsvorgänge immer noch nicht in der Lage sind, für jede beliebige Dosierung die bei ihrer Umsetzung erzielten Produkte, Temperaturen, Volumina usw. im voraus bereits genau zu ermitteln. Drittens ist wohl zu beachten, daß Schwarzpulver kein einheitlicher chemischer Körper, sondern ein mechanisches Gemenge ist, dessen Umsetzung von der innigen Vermischung seiner einzelnen Komponenten usw. wesentlich beeinflußt wird. Wir müssen also selbst heute noch im großen und ganzen mit Erfahrungswerten rechnen und uns lediglich auf die praktische Erprobung der in Frage stehenden Dosierung verlassen.

Vorstehend hatten wir bereits bemerkt, daß in den ersten Zeiten der Schwarzpulverfabrikation für Geschütz- und Gewehrpulver dieselbe Dosierung benutzt wurde und daß erst später eine Unterscheidung Platz griff. Im allgemeinen strebte man bei diesen für Kriegszwecke bestimmten Pulvern dahin, die Zusammensetzung so zu wählen, daß man größtmögliche Triebkraft bei geringstem Rückstand und guter Lagerbeständigkeit erreichte.

Was übrigens noch die Lagerbeständigkeit anbetrifft, so glaubte man verschiedentlich, daß eine Erhöhung des Schwefelgehaltes auf diese sehr günstig einwirke; auf der anderen Seite finden sich aber auch Stimmen, die gerade das Gegenteil behaupten. Auf jeden Fall aber steht fest, daß selbst bei gänzlich schwefelfreien Pulvern, beispielsweise dem deutschen P.P. C/85 (80 KNO_3 + 20 C) die Lagerbeständigkeit eine durchaus zufriedenstellende war.

Nachfolgende Zusammenstellung bietet einen Überblick über die Dosierungen der Geschützpulver, wie sie zu verschiedenen Zeiten in verschiedenen Ländern im Gebrauche standen:

Pulversorte: Geschützpulver	KNO_3	S	C
Belgien um 1870	74	12	14
„ um 1885; Fabrikat der Poudrerie Wetteren	75	12	13
„ Desgl.	75	10	15
„ Desgl.	74	10	16
„ Braunpulver	80	3	17
Deutschland. Allerälteste Dosierung wahrscheinl.	1	1	1
„ XV. Jahrhundert	57	28·7	14·3
„ 1546; Grobkorn	50	33·3	16·7
„ 1546; Mittelkorn	66·7	20·0	13·3
„ 1555; nach dem Kriegsbuche Fronspergers	66·66	22·22	11·11
„ 1649; grobes Geschützpulver	66·8	16·6	16·6
„ Desgl.	70·0	14·0	16·0
„ „Gesch.-P.“ (25 % Kohle)			
„ „Grobk.-P.“ (25 % Kohle)			
„ „P. P. C/68“ (25 % Kohle)	74	10	16
„ „P. P. C/75“ (25 % Kohle)			
„ „P. P. C/82“ (40 % braune Kohle)	78	3	19
„ „P. P. C/85“ (40 % braune Kohle)	80	—	20
England 1380	1	1	1
„ 1410	3	2	2
„ 1480	8	3	3
„ 1520	4	1	1
„ 1670	4	1	1
„ um 1868	75	10	15·5
„ Älteres grobkörniges Geschützpulver	74	10·5	15·5
„ Normal Composition for granulated and Cut P.	75	10	15
„ E. X. E.	77 6/16	5	17 10/16
„ Prism Brown Powder	79	3	18

Pulversorte: Geschützpulver	KNO_3	S	C
Frankreich 1589; nach Boillot	75	12·5	12·5
„ 1619; nach de Bry	75	12·5	12·5
„ 1686	76	12	12
„ nach dem Jahre 1696	75	12·5	12·5
„ 1794	76	9	15
„ 1800—1807	76	10	14
„ 1808	76	9	15
„ um das Jahr 1868	75	12·5	12·5
„ um das Jahr 1885; nach Gadaud	76	10	14
„ Normale Dosierung	75	10	15
„ Poudre brune ou chocolat	78	3	19
Österreich-Ungarn um das Jahr 1868	72·12	12	13
„ Grobk. Steiner Geschützpulver und P. P.	74	10	16
„ Geschützpulver aus Privatwerken	75	12	13
Persien	75	12·5	12·5
Portugal. Im Mittelalter	6	1	1
„ Grobes und feines Geschützpulver	75	12·5	12·5
„ Geschützpulver	76	10	14
„ Desgl.	76	10	16
„ P. P.	74	10	16
Preußen 1774; grobes Geschützpulver	74·4	12·3	13·3
„ 1774; feinkörniges Geschützpulver	80	10	10
„ 1800	75	10	15
„ um 1810	75	11·5	13·5
„ 1861; Fabrikat d. Pulverfabrik Ritter-Hamm-S.	75	10	15
„ 1867; grobk. englisches Pulver aus alten hannoverschen Beständen	72·34	9·026	18·634
„ 1867; Fabrikat d. Pulverfabr. Bömlitz, aus alten hannoverschen Beständen	75·866	9·18	14·954
„ 1867; Fabrikat d. Pulverfabrik Ärzen, desgl.	75·31	8·95	15·74
„ 1868; Fabrikat d. Pulverfabrik Ritter-Hamm-S.	74	10	16
„ 1868; Staatspulverfabriken	75	11·5	13·5
Rußland	75	10	15
Sachsen	74	10	16
Schweden 1726	73	10	17
„ 1770	75	16	9
„ 1827	75	15	10
„ um das Jahr 1870	75	9	16
„ Neuere Dosierung	75	10	15
„ Desgl.	74	10	16
Schweiz 1800	76	10	14
„ „Älteres Geschützpulver“	77·5	9	13·5
„Neueres Geschützpulver“	75	10	15
Spanien	74	10	16
Vereinigte Staaten um das Jahr 1870	75	12·5	12·5
„ Normale Dosierung	76	10	14

Aus dieser Zusammenstellung ergibt sich deutlich, daß man im Laufe der Zeit, nachdem man lange an der Dosierung 6 : 1 : 1 festgehalten hatte, sich immer mehr und mehr einer Einheitszusammensetzung von rund 74 : 10 : 16 genähert hat. Durch ihren sehr geringen oder gar gänzlich fehlenden Schwefelgehalt völlig abweichend waren teilweise die Dosierungen der sogenannten prismatischen und die der braunen oder Kakaopulver, die durchweg auf der anderen Seite einen sehr hohen Salpetergehalt aufweisen. Bemerkt sei noch, daß in der Tabelle bei einigen Dosierungen, und zwar denen, deren Addition mehr wie 100 Teile ergibt, die überschießenden Teile meist auf das Verstauben insbesondere der Kohle oder aber auf die Gewichtszunahme des Salpeters infolge Feuchtigkeitsgehalts gerechnet wurden. — Aus der folgenden, die Dosierung für Militär-Gewehrpulver bietenden Zusammenstellung läßt sich gleichfalls entnehmen, daß sich im Laufe der Zeit in der Hauptsache in den verschiedenen Ländern eine Einheitsdosierung und zwar von rund 75 : 10 : 15 herausbildete.

Pulversorte: Militär-Gewehrpulver	KNO_3	S	C
Arabien XVI. Jahrhundert; nach Gody	74	11	15
Argentinien	75	10	15
Belgien	75	12·5	12·5
„ Exportpulver	68	18	22
China vor Christi Geburt; nach Gody	72·6	8·4	19
„	75	10	15
Deutschland 1546	83·4	8·3	8·3
„ 1649	72·5	13·0	14·5
„ 1649	75·5	11·2	13·3
„ „G. P. M/71“	74	10	16
„ „N. G. P. M/71“ (30 % Kohle)	76	9	15
England 1670	5	1	1
„ Normale Dosierung	75	10	15
Frankreich XVI. Jahrhundert; nach Gody	75	12·5	12·5
„ „Poudre B“ (für Chassepot- und Mitrailleusen-Patronen)	74	10·5	15·5
„ „Poudre F“ (f. Gras-Munition M/74)	77	8	15
„ Normale Dosierung	75	10	15
Holland	70	14	16
Italien	75	10	15
Österreich-Ungarn. Gewehrpulver aus Privatwerken	76·2	9·7	14·1
„ Steiner Gewehrpulver M/81	77·5	14·5	8
„ Steiner Gewehrpulver M/86	75	10	15
Persien	75	12·5	12·5
Portugal. Snider-Munition	75	10	15
„ Normale Dosierung	75·7	10·7	13·6
Rumänien	75	10	15
Rußland	77	8	12·5
„ Normale Dosierung	75	10	15
Schweden	75	10	15
Schweiz	75	11	14
Spanien	78	9	13
„ Normale Dosierung	75	12·5	12·5
Türkei	75	10	15
Vereinigte Staaten	75	10	15

Gänzlich abweichend von der Dosierung der Militär-Gewehrpulver ist die Zusammensetzung der meisten Jagdpulver, was ja ohne weiteres verständlich ist, da beim Schrotschuß völlig abweichende Anforderungen an das Treibmittel gestellt werden, wie beim Kugelschuß. Im allgemeinen nimmt man zu den Jagdpulvern mehr Salpeter und die leichter entzündliche Rotkohle. Folgende Zusammenstellung gibt eine Anzahl Dosierungen für Jagdpulver wieder:

Pulversorte: Jagdpulver	KNO_3	S	C
Belgien	78	10	12
Deutschland	78·5	10	11·5
"	78	10	12
England um das Jahr 1868	79·7	7·8	12·5
"	75	10	15
Frankreich um 1870; auf Stampfmühlen gefertigt	78	10	12
" Fabrikat der Poudrerie de Bouchet	77	9·5	13·5
" Fabrikat der Poudrerie d'Esquerdes	76	10	14
" Fabrikat der Poudrerie d'Essone	74	10	17
" Normale Dosierung	78	10	12
Österreich-Ungarn	77·7	7·8	14·5
" (Scheibenpulver)	76	9·4	14·6
Portugal	76	10	14
Rußland	80	8	12
Schweiz	78	9	13

An dieser Stelle sei noch erwähnt, daß man zum Laden der Munition von Handfeuerwaffen, wie Pistolen und Revolvern, früher mitunter Pulver von besonderer Dosierung benutzte, beispielsweise:

Deutschland 1649 . . 78·7 KNO_3, 9·4 S, 11·9 C.
" 1649 . . 85·6 KNO_3, 8·5 S, 5·9 C.
England 1670 . . . . 6 KNO_3, 1 S, 1 C.

Später begnügte man sich aber allenthalben damit, für diese Zwecke entweder aus dem gekörnten Gewehrpulver genügend feine Körner auszusieben, oder aber ein feinkörniges, brisantes Jagdpulver zu benutzen.

Dosierung der Sprengpulver (Kohlenoxyd-, Kohlensäure-, langsambrennende Minenpulver).

Bei der heute noch sehr wichtigen Klasse der Sprengpulver schwankt die Dosierung gleichfalls innerhalb weiter Grenzen. Von ihnen verlangt man im allgemeinen die Lieferung einer großen Gasmenge von genügend hoher Temperatur und außerdem einen tunlichst niedrigen Preis. Bei den älteren Dosierungen ging man nun meist von einem ziemlich niedrigen Salpetergehalte aus, hauptsächlich um die Herstellungskosten nach Möglichkeit herabzudrücken. Hierdurch verringerte sich aber einerseits die Umsetzungsgeschwindigkeit des Pulvers und andererseits wuchsen die erzeugten Kohlenoxydmengen, ohne daß aber diesem vergrößertem Gasvolumen ein größeres Arbeitsvermögen innewohnte, eben weil seine Bildungswärme geringer war. Für Sprengungen in durchlässigem, spalten- und fugenreichem Gestein eignen sich diese niederprozentigen (65 %, 70 %) Sprengpulver weniger, da ihre Gase durch die Spalten, Klüfte usw. abfließen, ehe der Druck sein Maximum erreichen kann. An Stelle eines derartigen „Kohlenoxydpulvers" muß deshalb bei zähen, geschlossenen und verspannten Gesteinen ein sogenanntes „Kohlensäurepulver" treten, d. h. ein Schwarzpulver mit hohem Salpetergehalt, das bei der Umsetzung in der Hauptsache Kohlensäure von hoher Temperatur bildet. Dieser bis auf 75 %, ja zuweilen selbst bis auf 78 % gesteigerte Salpetergehalt bewirkt eine wesentliche Steigerung der Umsetzungsgeschwindigkeit des Pulvers, so daß die Gase bei zerklüftetem Gestein weniger Zeit haben, abzufließen und so die Sprengwirkung zu verringern. Für zähe und sehr feste Gesteine kommen diese hochprozentigen Sorten wegen ihrer höheren Gasspannung selbstredend gleichfalls in erster Linie in Betracht.

Eine Übersicht über die meist üblichen Dosierungen der Sprengpulver in den verschiedenen Staaten gewährt folgende Zusammenstellung:

Pulversorte: Sprengpulver	KNO_3	S	C
Belgien	75	12	13
„ Fabrikat der Poudrerie d'Ombret	73·5	14·0	12·5
„ Fabrikat der Poudrerie de Wetteren	70	16	14
„	65	15	20
Deutschland	75	10	15
„ Kgl. Pulverfabrik Spandau	74	10	16
„	70	14	16
„	66	12·5	21·5
„	66	15·2	12·5
„	65	15	20
England	75	10	15
„	65	15	20
Frankreich. Poudre de Mine forte	72	13	15
„ Poudre de Mine ordinaire	62	20	18
„ Poudre de Mine lente	40	30	30
Italien	70	18	12
Österreich-Ungarn um 1870; aus 1 mal geläutertem KNO_3	62·14	18·44	19·42
„ um 1870; aus 2 mal geläutertem KNO_3	60·19	18·45	21·36
„	64	20	16
„	62·5	19·4	18·1
„	60·19	21·36	18·45
Portugal	62	18	20
Rußland	66·66	16·66	16·66

In dieser Zusammenstellung fällt uns durch seinen sehr niedrigen Salpetergehalt (40%) noch besonders das von den französischen Staatspulverfabriken in den Handel gebrachte „Poudre de Mine lente“ auf. Diese Pulversorte ist speziell für diejenigen Fälle bestimmt, in denen es sich darum handelt, aus weichem oder mittelhartem, sonst aber fugenarmem Gestein große, unangelautete Blöcke zu gewinnen. Das hierbei zur Verwendung gelangende Sprengpulver muß selbstredend eine tunlichst niedrige Umsetzungsgeschwindigkeit besitzen. Diese läßt sich aber außer durch wesentliche Herabsetzung des Salpetergehaltes, wie in Frankreich üblich, auch noch auf andere Weise erzielen, wie folgende, für denselben Zweck in Belgien verbreitete Mischungen zeigen:

Poudre lente ou pulvérine 70 KNO_3, 13 S, 14 C, 3 Holzmehl.
Poudre lente en cartouches 70 KNO_3, 13 S, 14 C, 3 Dextrin.

Diese Pulversorten wirken gleichfalls sehr gut schiebend und nicht zertrümmernd. Sie sind in Belgien häufig in Anwendung, während in Deutschland bekanntlich an Stelle derartig langsam brennender Sprengpulversorten fast durchweg sogenannte schwarzpulverähnliche Sprengstoffe verwandt werden.

An dieser Stelle muß dann noch einer besonderen Gattung Sprengpulver Erwähnung getan werden, nämlich des Geschoß-Sprengladungspulvers. Dieses fand früher insbesondere zum Laborieren schwerkalibriger Geschosse, z. B. Panzergranaten, Verwendung und besaß meist eine normale Dosierung, z. B.:

Deutsches „Grobkörniges Sprengladungspulver“
74 KNO_3, 10 S, 16 C (25%).
Portugiesisches Sprengladungspulver
76 KNO_3, 10 S, 14 C.

Durch den Übergang zur Brisanzmunition ist diesem Geschoß-Sprengladungspulver aber eine weitere Verwendung in großem Maßstabe abgeschnitten worden.

Dosierung der Spezialpulver (Zündladungs-, Kammerhülsen-, Satzring-, Zündschnur-, Feuerwerks-, Torpedoausstoßpulver).

Außer den vorerwähnten Pulversorten, wie Kriegs-, Jagd- und Sprengpulver, gibt es dann noch einige Spezialsorten von Schwarzpulver, die hier der Vollständigkeit halber kurz erwähnt werden mögen.

Bei der Laborierung von Artilleriemunition finden wir Zündladungs-, Kammerhülsen- und Satzringpulver in Benutzung. Das für Zünd-, Bei- und Schlagladungen bestimmte Pulver, das meist in Gestalt von hochpoliertem Feinkorn zur Verwendung gelangt, ist durchweg ein Pulver mit mittlerem Salpetergehalt, beispielsweise in Deutschland von der Dosierung: 74:10:16. In Fällen, wo es sich um schwerer entzündbare Nitropulver handelt, findet man mitunter für diese Zwecke auch salpeterreiche Jagdpulversorten herangezogen. Die ebenerwähnte Dosierung benutzen wir auch bei den zur Feuerübertragung in die Kammerhülsen der Streugeschosse eingesetzten Pulverzylindern. Die Dosierung der Satzringpulver, aus denen die als Zeitmesser dienenden Satzringe der Brennzünder gepreßt werden, schwankt in den einzelnen Ländern mehrfach; in Deutschland beispielsweise findet sich die Dosierung: 75:10:15 oder, wie in der Kgl. Pulverfabrik Spandau benutzt: 76:9:15 (31 %).

In der Zündschnurfabrikation findet bei der Herstellung der langsam brennenden sogenannten Bickfordschnüre heute noch Schwarzpulver als „Zünderpulver“ ausschließliche Verwendung, da es trotz zahlreicher Versuche immer noch nicht geglückt ist, für dieses einen vollwertigen Ersatz zu finden. Die Dosierung dieses Zünderpulvers gleicht meist der sonst üblichen, wird allerdings zuweilen, um eine bestimmte Brenngeschwindigkeit der Schnur zu erzielen, etwas verändert. Eine in Deutschland für Zünderpulver übliche Dosierung ist beispielsweise 74:10:16 oder, wie in der Kgl. Pulverfabrik Spandau benutzt: 70:11:19 (25 und 75 %).

In der Feuerwerkerei findet Schwarzpulver gleichfalls noch ausgebreitete Verwendung, und zwar finden sich hier die verschiedensten Dosierungen vom „faulen“ Satz bis zum „raschen“ Satz. Meist variiert aber der Feuerwerker selbst seinen Satz durch geeignete Zusätze an Kohle oder Schwefel und benutzt fast durchweg als Ausgangsprodukt ein normaldosiertes Geschütz- oder sonstiges Schwarzpulver. In Ländern, die das Pulvermonopol eingeführt haben, gibt die Monopolverwaltung für Feuerwerkszwecke mitunter direkt das Pulver in Mehlform ab, um dem Verbraucher das nicht so ganz ungefährliche Zerkleinern des gekörnten Pulvers zu ersparen. Hierhin gehört beispielsweise das „Pulvérin“ der französischen Staatspulverfabriken, welches genau wie das alte „Poudre de canon“ die Dosierung: 75:12·5:12·5 besitzt.

Als Torpedoausstoßpulver fand früher — vor Einführung des Preßluftausstoßes — ausschließlich und findet zurzeit noch in nennenswertem Umfange eine Pulversorte Verwendung, die durch geeignete Dosierung und vor allem durch geeignete Formgebung (starke Würfel, wie eine Art Pebble-Pulver, oder komprimierte Scheiben) sanft und schiebend wirkt. Dies Pulver wird in den sogenannten Torpedoausstoßpatronen, die zum Ausstoßen der Torpedos aus den Lancierrohren benutzt werden, verladen.

Dosierung der wichtigsten schwarzpulverähnlichen Sprengstoffe.

Es soll an dieser Stelle nicht auf alle Mischungen eingegangen werden, welche man an Stelle des Schwarzpulvers einzuführen versucht hat; nähere Angaben darüber finden sich in folgenden Werken:

Oscar Guttmann, Die Industrie der Explosivstoffe (1895);
Fr. Böckmann, Die explosiven Stoffe (1895);
S. J. von Romocki, Geschichte der Explosivstoffe. Bd. II (1896);
Cundill-Désortiaux, Dictionnaire des Explosifs (1893);
Daniel, Dictionnaire des Explosifs (1902);
Gody, Traité des matières explosives (1907).

Hier soll nur auf die zur Zeit praktisch wichtigen schwarzpulverähnlichen Sprengstoffe näher eingegangen werden.

I. Man bemühte sich, das zum Sprengen benutzte Schwarzpulver so zu verändern, daß man weniger brisante, mehr schiebende Wirkung erhält. In England wird ein Sprengstoff Bobbinit viel gebraucht und ist auch für Kohlenbergwerke zugelassen; man stellt Bobbinit in folgenden zwei Zusammensetzungen her:

a)	62	bis 65		Teile	Kaliumnitrat
	17	„	19·5	„	Holzkohle
	1·5	„	2·5	„	Schwefel
	13	„	17	„	Teile eines Gemisches von Ammonsulfat und Kupfersulfat
	0	„	2·5	„	Feuchtigkeit.
b)	63	bis 65		Teile	Kaliumnitrat
	18·5	„	20·5	„	Holzkohle
	1·5	„	2·5	„	Schwefel
	7	„	9	„	Reis- oder Maisstärke
	2·5	„	3·5	„	Paraffinwachs
	0	„	3	„	Feuchtigkeit.

Bobbinit wird gern angewandt, da es eine langsamere Wirkung hat und daher größeren Stückkohlenfall ergibt.

Cahücit ist ein fest gepreßtes Gemenge von höchstens 70 % Kalisalpeter, 8 % Ruß, etwa 12 % Schwefelblumen, mindestens 10 % Zellulose und geringen Mengen Eisensulfat. Dieser Sprengstoff wird nach einer besonderen, schon den Tartaren bekannten Methode erzeugt; man mischt zunächst die einzelnen Bestandteile in einer Mischtrommel, in welcher eine Flügelwelle in entgegengesetzter Richtung zur Trommel rotiert, 15 Minuten lang gründlich durch und bringt den Pulversatz dann unter Zusatz von Wasser in einen Dampfkochapparat, d. h. in einen von einem

Dampfmantel umgebenen gußeisernen Kessel, in welchem eine Welle mit Schaufelarmen rotiert, welche den kochenden Brei umrühren und am Anbacken verhindern; die Welle ist in ihrem mittleren Teile verschiebbar, so daß nach beendigtem Kochen und Abdampfen des Wassers der ganze Kochapparat um 90° gedreht werden kann, um den Inhalt zu entleeren. Das Cahücit wird auch da angewandt, wo man eine langsamere Verbrennung anstrebt und das Gestein mehr gespalten als zertrümmert werden soll.

Für ähnliche Zwecke hat man neuerdings einen Sprengstoff Präposit eingeführt, bestehend aus

72% Kalisalpeter (oder Natronsalpeter)
18% Schwefel
5% Holzkohlenpulver
5% Pferdedungmehl (Hipposin).

II. Noch mehr hat man sich bemüht, das zum Sprengen zu verwendende Schwarzpulver zu verbilligen.

In den Vereinigten Staaten wird zum Sprengen statt des gewöhnlichen, Kalisalpeter enthaltenden Schwarzpulvers gewöhnlich ein „Black powder" genanntes Sprengpulver angewendet, welches mit dem billigeren Natronsalpeter hergestellt wird. Nachstehend einige Analysen von solchen Sprengpulvern:

	Feuchtigkeit	Natronsalpeter	Schwefel	Holzkohle
Pulver A.	0·9%	72·8%	11 %	15·5%
	0·7%	72·1%	11·1%	15·9%
Pulver B.	0·6%	71·9%	11·5%	15·8%
	0·8%	71·7%	11·4%	16·1%
	0·7%	71·7%	10·8%	16·9%
Pulver C.	0·7%	71·7%	10·7%	16·3%

Man muß derartige Sprengpulver wegen der hygroskopischen Eigenschaften des Natronsalpeters sorgfältig verpacken (in Paraffinpapier) und darf sie im allgemeinen nicht zu lange lagern lassen.

Auch in Deutschland stellt man unter Verwendung des salpetersauren Natrons den sog. Sprengsalpeter her, gewöhnlich in der Zusammensetzung:

76% Natronsalpeter
10% Schwefel
14% Holzkohle

und vorwiegend für den Kalisalzbergbau bestimmt, da dort die Luft zufolge der lebhaften Feuchtigkeitsaufnahme gewisser Salze einen hohen Grad von Trockenheit besitzt. Der Sprengsalpeter wird gekörnt (in der Regel unpoliert) oder komprimiert benutzt. Varietäten dieses Sprengsalpeters sind der braune Sprengsalpeter der Vereinigten Köln-Rottweiler Pulverfabriken, bestehend aus

75 % Natronsalpeter
10 % Schwefel
15 % trockenem Braunkohlenstaub,

sowie das Petroklastit (Haloklastit) der Westfälisch-Anhaltischen Sprengstoff-Aktiengesellschaft, bestehend aus

69 % Natronsalpeter
5 % Kalisalpeter
10 % Schwefel
1 % Kaliumbichromat
15 % Steinkohlenpech,

und das Castroper Sprengpulver oder Löwenpulver der Westdeutschen Sprengstoffwerke und ähnliche Sprengstoffe.

III. Neuerdings hat A. Voigt (Deutsche Patentanmeldung V. 9650 und V. 9738) vorgeschlagen, Gemenge von Natronsalpeter mit Alkalisalzen der Nitrokresolsulfosäuren oder der Nitrophenolsulfosäuren zu verwenden. Durch Mischen der bei 105 bis 110° getrockneten Alkalisalze der Sulfosäuren mit Natronsalpeter wurden dem Sprengsalpeter ähnliche Sprengstoffe erhalten. Raschig ging noch einen Schritt weiter, indem er sich die Aufgabe stellte, homogen gemischte Sprengstoffe herzustellen. Beim mechanischen Mischen von Salpeter, Schwefel und Kohle kommt man an eine Grenze, wo ein weiteres Mischen nicht mehr ausführbar ist, obwohl eine theoretisch vollkommene Mischung noch nicht erzielt wird. Letzteres ist erst der Fall, wenn die Mischung so innig wird, daß Molekül Sauerstoff abgebender neben Molekül Sauerstoff aufnehmender Substanz gelagert ist. Eine derartige Mischung kann durch mechanisches Mischen nicht erzielt werden, die Kohlenteilchen des Schwarzpulvers können eben nicht so klein hergestellt werden und die Explosion verläuft doch noch so schnell, daß bis zu ihrem Ablauf die Kohlenteilchen nicht vollkommen verbrannt sind; der übrig bleibende Rest bildet im Gemisch mit den bei dem Verbrennen des Pulvers auftretenden anorganischen Salzen (wie Kaliumkarbonat) den Pulverdampf. Raschig führt nun praktisch die Nebeneinanderlegung der Moleküle durch, indem er Sauerstoff abgebende und Sauerstoff aufnehmende Substanz in Wasser löst und diese Lösung so schnell zur Trockne verdampft, daß sich die beiden gelösten Substanzen in homogener Mischung miteinander ausscheiden. Raschig verwendet ein Gemenge von Chilesalpeter mit Salzen der Sulfosäuren von billigen Bestandteilen des Steinkohlenteers (Kresol usw.). —

Schon in dem D.R.P. 78679 vom 12. Oktober 1893 hat Dr. Paul Seidler vorgeschlagen, zur Herstellung von Schieß- und Sprengmitteln die Bestandteile in gelöstem Zustand zu mischen und das angewendete Lösungsmittel dann nachträglich durch Verdampfung zu entfernen. Seidler verwandte einerseits ein wasserlösliches salpetersaures Salz, andererseits wasserlösliche Salze der verschiedenen Naphtalinsulfosäuren. Nach Raschig hat das Seidlersche Verfahren aus folgenden Gründen keine praktische Anwendung gefunden: Die naphtalinsulfosauren Salze sind recht schwer lösliche Körper; um sie im Gemisch mit Salpeter mit der zur vollständigen Verbrennung notwendigen Salpetermenge im Wasser aufzulösen, muß man schon recht beträchtliche Wassermengen anwenden, deren vollkommenes Wegdampfen die Sprengstoffe beträchtlich verteuert und sich als ziemlich umständlich erweist. Auch verläuft die Herstellung nach dem Seidlerschen Verfahren im großen viel schlechter als im kleinen Maßstabe, trotz des Rührens — oder vielmehr gerade wegen des Rührens — scheidet sich das schwer lösliche naphtalinsulfosaure Salz zuerst in Kristallkörnern aus, die später von dem sich dann abscheidenden Salpeter eingehüllt werden und mit ihm zusammen keineswegs ein homogenes Gemisch hinterlassen. Wenn man aber ein sulfosaures Salz anwendet, das sich an Löslichkeit in Wasser vom Salpeter nicht wesentlich unterscheidet — so daß beide sich wirklich zu gleicher Zeit aus dem Wasser abscheiden —, so wird der Seidlersche Gedanke praktisch ausführbar. Solche Salze sind namentlich die kresolsulfosauren und die xylenolsulfosauren Natriumsalze, die leicht und zu billigem Preise herstellbar sind. Der Eindampfungsprozeß darf nicht, wie Seidler es vorschlug, diskontinuierlich sein, da man dann zum Schluß eine große Menge hocherhitzten Sprengstoffs beieinander hat, sondern man muß das Eindampfen in einem besonderen Apparat kontinuierlich vornehmen, so daß jeweils die kleinste Menge der Sprengstofflösung momentan in Trockensubstanz übergeführt und dann sofort dem Einfluß der Heizung entzogen wird. Derartige Eindampfungsapparate beruhen auf dem Prinzip, daß man eine Lösung in dünner Schicht auf eine sich drehende, durch Innendampf über 100° erhitzte Walze laufen läßt; während des Weiterdrehens der Walze trocknet die Lösung auf ihrer Oberfläche ein und hinterläßt eine dünne Schicht des Trockenrückstandes, der dann an passender Stelle durch Messer abgeschabt wird; der Rückstand fällt herunter und kann in den kleinsten Mengen aufgefangen, fortbefördert und weiterbehandelt werden. Der Eindampfungsprozeß auf derartig erhitzten Walzen verläuft so rapid, daß an eine Kristallisation in Bewegung nicht mehr zu denken ist; beide gelöste Salze scheiden sich geradezu momentan und in vollkommen homogener Mischung auf der Walze ab. Da der Sprengstoff nur in sehr kleinen Mengen entsteht und gleich nach seiner Entstehung aus dem geheizten Apparat entfernt wird, so ist nach Autor auch jede Gefahr ausgeschlossen.

Ein so hergestelltes Pulver aus 65 % Chilesalpeter und 35 % kresolsulfosaurem Natrium verbrennt wie Schwarzpulver und kann analoge Verwendung finden wie Schwarzpulver (mit KNO_3) bzw. Sprengsalpeter (mit $NaNO_3$); da der neue, Raschit genannte Sprengstoff den billigeren handelsüblichen Chilesalpeter enthält, so ist er verhältnismäßig billig. In ungepreßtem Zustande muß er in wasserdichten Packungen bzw. in paraffinierten Hülsen vor Wasseranziehung beim Lagern behütet werden, ist aber in gepreßtem Zustande wenig hygroskopisch. In nassen Bohrlöchern bzw. besonders feuchten Orten wird man ihn nicht gebrauchen können. In Steinbrüchen, Erzbergwerken, Salzbergwerken dürfte das neue Pulver gut Verwendung finden. Wesentlich ist der billige Preis, denn die Arbeit, welche das Mischen der Bestandteile macht, ist bei dem neuen Pulver auf ein Minimum beschränkt, während der Preis des Schwarzpulvers wie auch des Sprengsalpeters zum wesentlichen Teil nicht etwa durch den Preis der Bestandteile bestimmt wird, sondern durch die Kosten der verhältnismäßig großen Arbeit des Mischens. Ein ganz besonders billiges Sprengpulver stellt Raschig aus Natronsalpeter und eingedickter Zellstoffablauge (Zellpech) her.

Dritter Abschnitt.

Patente.

In der englischen, französischen nnd amerikanischen Patentliteratur finden sich eine große Anzahl von Patenten, die sich auf Schwarzpulver oder schwarzpulverähnliche Sprengstoffe beziehen, aber größtenteils wenig Interesse bieten. Es dürfte daher zweckmäßig sein, sich auf Wiedergabe der deutschen Patente zu beschränken und solche in drei Gruppen (Zusammensetzung, Herstellungsverfahren, Apparatur) hier wiederzugeben.

A. Auf die Zusammensetzung bezügliche Patente.

D.R.P. 1451 vom 14. Dezember 1877. — Friedrich Teewag in Holzhausen.

Das Schießpulver, welches ohne Knall explodiert, besteht aus Salpeter, Kohle, Schwefel und Alaun, und zwar in folgenden Verhältnissen: zu 1616 kg werden genommen:

397 kg Kohle
429 „ Salpeter
252 „ Schwefel
538 „ Alaun.

D.R.P. 30676 vom 21. August 1884. — Thorsten Nordenfelt in London und Victor Algernon Meurling in Christianstad.

Statt Holzkohle verwendet man Baumwolle, Holzfaser oder eine andere ähnliche vegetabilische Faser, welche durch einen chemischen Prozeß (Einleiten von HCl-Gas in ein Gefäß, in welchem sich lockere Baumwolle usw. befindet und Verdrängen der HCl durch Luft) zum Zerfallen gebracht ist.

Fabrikation: Der Schwefel wird in Schwefelkohlenstoff gelöst. Diese Lösung mit der gepulverten kohlenstoffhaltigen Substanz wird in einem geschlossenen, mit einer mechanischen Rührvorrichtung versehenen Gefäß innig vermengt, dann wird das Lösungsmittel abdestilliert; jedes Teilchen der zurückbleibenden kohlenstoffhaltigen Substanz ist dann mit Schwefel imprägniert. Dazu fügt man Salpeter gelöst in Wasser, das Ganze wird in einer mechanischen Rührvorrichtung gut gemischt, dann wird das Wasser durch Verdampfen entfernt. Das Pulver wird dann in gewöhnlicher Weise fertig gestellt, d. h. es kann in Kuchen oder Prismen zusammengedrückt, getrocknet, zerschlagen und gekörnt werden.

D.R.P. 37631 vom 14. Oktober 1885. — Gäns in Hamburg.

Statt des beim gewöhnlichen Schießpulver gebräuchlichen Schwefels wird ein Ammoniaksalz, z. B. Ammoniumnitrat in solcher Menge in Anwendung gebracht, daß bei der Entzündung des Pulvers Kaliumamid (eine bei höherer Temperatur flüchtige Verbindung von explosivem Stickstoffkalium mit Ammoniak) entsteht, die den Nutzeffekt des Pulvers erhöht. Die Zusammensetzung und Wirkung dieses Pulvers wird, beispielsweise bei Anwendung von Ammoniumnitrat, ausgedrückt durch die Formel:

$$KNO_3 + NH_4NO_3 + 3\,C = KNH_2 + H_2O + CO + C_2N_2O_4.$$

Das Amid KNH_2 ist Stickstoffkalium + Ammonik:

$$3\,KNH_2 = K_3N + 2\,NH_3.$$

Die Vorteile dieses Pulvers sind: Die Wirkung ist durch das explosive Stickstoffkalium erhöht; das Pulver verbrennt ohne Rückstand; es erzeugt keine die Waffenrohre angreifenden Gase; der Pulverrauch ist weit geringer als beim gewöhnlichen Pulver.

In dem D.R.P. 54429 vom 28. Januar 1890 schlägt Gäns statt des hygroskopischen Ammoniaksalpeters Guanidinsalpeter vor.

D.R.P. 45106 vom 11. November 1887. — M. Lamensdorf in Hamburg.

An Stelle der erforderlichen Kohle oder eines Teiles derselben wird harnsaures Ammon verwendet. Letzteres läßt sich in großen

Mengen und leicht aus Guano, Vogeldünger usw. herstellen und bewirkt eine bedeutend verstärkte Explosivkraft des Pulvers durch die zersetzten Stickstoffverbindungen; weitere Vorteile bestehen in weniger Rückstand und Rauch, in der geringeren Feuchtigkeitsanziehung und in der gefahrloseren Anfertigung und Handhabung gegenüber dem gewöhnlichen Pulver. Beispiel: 73 Gew.-Tle. Kalisalpeter, 9 Gew.-Tle. harnsaures Ammon, 9 Gew.-Tle. Schwefel, 9 Gew.-Tle. Kohle.

Nach dem Zusatzpatente 45719 (vom gleichen Tage) wird an Stelle des harnsauren Ammons die freie Harnsäure (bzw. andere Verbindungen derselben) verwendet.

D.R.P. 95793 vom 30. April 1896. — Westfälisch-Anhaltische Sprengstoff-Akt.-Ges. in Wittenberg.

Für gewisse bergmännische Arbeiten, namentlich für Sprengungen in verhältnismäßig weichen Materialien, wie Steinsalz und Minette, sind Sprengstoffe von einem analogen Typus wie derjenige des Schwarzpulvers die wünschenswertesten. Das gewöhnliche Schwarzpulver ist aber für die in Frage stehenden Zwecke einerseits zu teuer, andererseits entwickelt es im Verhältnis zu seiner Sprengwirkung eine zu große Menge sogenannten Nachschwaden, vor deren Abzug die Grubenarbeiter nicht wieder vor Ort können, so daß ein großer Zeitverlust entsteht. Dieser Zeitverlust spielt eine erhebliche wirtschaftliche Rolle, zumal wenn große Arbeitsleistung von dem Pulver verlangt und zu diesem Zweck oft ein bedeutendes Pulverquantum abgeschossen wird.

Aus diesem Grunde sind seit längerer Zeit Versuche zur Herstellung eines billigen Ersatzes des Schwarzpulvers angestellt worden. Dieselben erstrecken sich (Böckmann, explosive Stoffe. 2. Auflage, Seite 172) teils auf eine Abänderung der Mengenverhältnisse des gewöhnlichen Schwarzpulvers, teils auf den Ersatz des Kalisalpeters durch Natronsalpeter bzw. Barytsalpeter oder auf Surrogate für Kohle und Schwefel. Es wurden so Sprengstoffe geschaffen, welche die gemeinsame Eigentümlichkeit besitzen, aus Natriumnitrat als hauptsächlichsten Sauerstoffträger neben einer verhältnismäßig geringen Menge Kaliumnitrat zu bestehen, während die weiteren Komponenten Kohle bzw. ein Kohlenstoffträger und Schwefel sind. Von diesen Sprengstoffen sind die wichtigsten Repräsentanten neben dem schon erwähnten Sprengpulver der sogenannte „Sprengsalpeter“, bestehend aus 6 Tln. Natronsalpeter, 4 Tln. Kalisalpeter, 12 Tln. Schwefel, 19 Tln. Holz- oder Braunkohlenpulver, sowie der „Lithotrit“, gekennzeichnet durch einen Zusatz von Mangansuperoxyd. Ein gemeinsames Merkmal der angeführten Sprengstoffe ist, daß sie im Gegensatz zu den hochbrisanten Sprengstoffen, die nur durch Sprengkapseln zur Detonation gebracht werden können, bereits durch eine Zündschnur entzündet werden können.

Die als Ersatzmittel des Sprengpulvers benutzten vorerwähnten Mischungen haben den Übelstand, unzureichende Sprengwirkungen zu besitzen, leicht feucht zu werden und sehr starke Nachschwaden zu bilden. Diese Mißstände werden durch das Verfahren des folgenden Patentes vermieden.

Die charakteristischen Merkmale des neuen Verfahrens sind, daß bei den Sprengstoffen, die aus Natronsalpeter, Kalisalpeter und Schwefel bestehen, als verbrennliche kohlenstoffhaltige Substanz ein Stoff benutzt wird, der die gemeinsamen Eigenschaften besitzt, in der Wärme zu erweichen, die Feuchtigkeit abhält und verkittend wirkt, während durch seine plastische Natur in der Wärme ein Befeuchten der Materialien bei der Verarbeitung unnötig wird, wodurch das trotz aller Sicherheitsmaßregeln doch gefährliche Trocknen vermieden wird. In Verbindung mit der Abänderung des Kohlenstoffträgers wird bei dem vorliegenden Verfahren neben den stickstoffhaltigen Sauerstoffträgern noch ein Sauerstoff abgebendes Salz benutzt, wodurch in Verbindung mit den anderen Bestandteilen ein Sprengstoff von größerer Sprengkraft, wie sie bisher bei den anderen Sprengstoffen der gleichen Klasse erzielt werden konnte, gewonnen wird bei gleichzeitig erheblich geringerer Nachschwadenbildung.

Als kohlenstoffhaltige Substanz wird vorwiegend Steinkohlenpech benutzt, daneben, oder an Stelle desselben, können auch Steinkohlen, Pech, Harze oder Fette Verwendung finden. Diese Stoffe dürfen nur einen relativ niedrigen Schmelzpunkt besitzen, der nicht höher als 150 bis 200° C und nicht unter 30° C liegt.

Der Sauerstoff abgebende Zusatz darf nur in geringer Menge benutzt werden. Das Kaliumbichromat oder ein anderes Chromat nimmt an der eigentlichen Explosion, wie es bei den Nitraten der Fall ist, nicht teil, sondern wirkt wahrscheinlich nur durch seine Fähigkeit, Sauerstoff abzugeben. Bei den eigentlichen Pulversorten, zu denen der Sprengstoff des vorliegenden Patentes gehört, wurden Chromate bisher nur als brisanzmildernder Zusatz benutzt (v. Romocki, Geschichte der Explosivstoffe, Bd. 2, S. 57). Die Sicherheitssprengstoffe, bei denen Chromate verwendet wurden (engl. Patente Nr. 6327, 14755, 15834 [1895]) sind aber nicht ausschließlich durch eine Zündschnur zur Detonation zu bringen, wie es für Sprengstoffe der vorliegenden Art unbedingt erforderlich ist. Außerdem hat der Zusatz von Chromaten bei den Ammoniumnitratsprengstoffen den Zweck, die Wettersicherheit zu erhöhen, während andererseits die Verwendung von Ammoniumnitrat als Ersatz des Kali- oder Natronsalpeters in Sprengpulvern nicht möglich ist.

Es sind allerdings auch Verfahren bekannt, bei denen Chromate in Verbindung mit Natriumnitrat zur Herstellung von Sprengstoffen verwendet wurden. Bei diesen Sprengstoffen wurde aber ein hoher Prozentsatz des Chromates in Gegenwart stark brisanter Körper, wie Pikrinsäure, benutzt, so daß der Zweck Milderung der Empfindlichkeit war (Berlinettopulver). In anderen Fällen waren noch andere hochempfindliche Oxydationsmittel und explosive Stoffe vorhanden, so daß der Zweck auch wieder Sicherung der Verbrennung und Milderung der Wirkung war (Pyronome).

Von anderen oxydierend wirkenden Verbindungen wurde in Gemeinschaft mit Nitraten und einem Kohlenstoffträger auch rotes Blutlaugensalz verwendet (Haloxylin), doch sollte dieser Stoff hauptsächlich selbst als Kohlenstoffträger und Ersatz des Schwefels dienen (Böckmann a. a. O., S. 187).

Zur Herstellung einer besonders wirksamen Sprengstoffmischung nach dem vorliegenden Verfahren hat sich das folgende Mengenverhältnis bewährt:

Natronsalpeter	69 %
Kalisalpeter	5 %
Schwefel	10 %
Steinkohlenpech	15 %
Kaliumbichromat	1 %

Die Ausführnng des Verfahrens geschieht entweder in der bei der Pulvererzeugung allgemein üblichen Weise, wobei jedoch das beim Pressen der Bestandteile sonst notwendige Erwärmen unter Benutzung eines sehr hohen Druckes unterbleiben kann. Besonders hat sich jedoch bewährt, daß man die einzelnen Bestandteile des Sprengstoffes ohne Anfeuchtung miteinander mischt und einem hohen Drucke unter erwärmten Platten unterwirft. Man erhält hierdurch eine harte Masse, in welcher die einzelnen Bestandteile vollkommen gleichmäßig verteilt sind, wodurch eine stets gleichmäßige Wirkung des Sprengstoffes erreicht wird.

Der Sprengstoff, welcher nach der geschilderten Methode dargestellt wird und als „Petroklastit" oder „Haloklastit" bezeichnet werden soll, besitzt vor dem Sprengpulver, Sprengsalpeter oder dem Lithotrit folgende Vorzüge: Zuerst ist er gegen Feuchtigkeit außerordentlich widerstandsfähig, so daß Petroklasit fast nur die Hälfte der vom Sprengsalpeter aufzunehmenden Feuchtigkeit aufnimmt und außerdem durch Feuchtigkeit weniger leidet. Ferner liegt die Entzündungstemperatur um etwa 50 % höher wie bei den angeführten Sprengstoffen. Petroklastit entzündet sich erst bei mehr als 350°, Sprengsalpeter bei etwa 250°, Sprengpulver bei 240°. Petroklastit unterscheidet sich vom Schwarzpulver vorteilhaft dadurch, daß es beim Abbrennen ohne Zischen oder Feuersprühen mit ruhiger Flamme verbrennt und deshalb weniger gefährlich ist. Die Gase des Petroklastit wirken nicht derartig unangenehm auf die Respirationsorgane wie diejenigen des Schwarzpulvers. Ferner schlagen sich die Gase schneller nieder, so daß derartige Sprenggasansammlungen, wie sich solche um die halbe Schicht bei dem Schwarzpulver finden und die Luft dick und undurchsichtig machen, nicht vorkommen. Petroklastit ist gegen Schlag unempfindlicher als Sprengpulver und Sprengsalpeter. Die Explosionskraft des Petroklastites, welcher Sprengstoff durch die Zündschnur zur Detonation gebracht werden kann, ist wesentlich höher wie diejenige der angeführten Sprengstoffe. Sprengsalpeter gibt beispielsweise eine Wurfweite im Mörser von 45 m, Sprengpulver von 49, Petroklastit von 60 bis 70 m. Andere Sprengstoffe, welche eine höhere Wurfweite im Mörser zeigen, sind im Gegensatz zu Petroklastit nicht durch eine Zündschnur, sondern nur durch eine Knallquecksilber enthaltende Sprengkapsel zur Detonation zu bringen. Der Sicherheitssprengstoff Karbonit, der 25 % Nitroglyzerin enthält, gibt unter diesen Bedingungen eine Wurfweite von ca. 90 m. Der Sprengstoff des vorliegenden Patentes ist der erste Repräsentant von Sprengstoffen, welche den sogenannten brisanten Sprengstoffen nahe stehen, aber nicht ausschließlich durch eine Knallquecksilber enthaltende Sprengkapsel, sondern auch durch eine Zündschnur zur Detonation gebracht werden können.

Eine weitere Eigentümlichkeit des Sprengstoffes nach dem vorliegenden Verfahren besteht darin, daß derselbe mehr schiebend wirkt und ein für die Arbeit in weichem Material vorteilhaftes Nachbrennen zeigt.

In dem Zusatzpatent 97401 vom 10. Januar 1897 der Westfälisch-Anhaltischen Sprengstoff-Akt.-Ges. wird die Abänderung geschützt, daß neben den im Hauptpatent genannten Kohlenstoffträgern oder an Stelle derselben Öle, Lacke, Firnisse, Kohlenwasserstoffe (wie Naphthalin, Phenanthren oder Anthracen) und Wachsarten Verwendung finden, die bei der Ausführung des Verfahrens nach Anspruch 2 des Hauptpatentes eine verkittende Masse bilden.

D.R.P. 110322 vom 27. Januar 1899. — Georg Beneké in Southport (England).

Der Kohlenstoffträger wird in eigenartiger Weise hergestellt, indem zwei geeignete Kohlenwasserstoffe oder andere kohlenstoffhaltige Körper, beispielsweise Harz und Pech, zur Umhüllung eines Oxydationsmittels verwendet werden, wobei die Schmelzpunkte der zwei kohlenstoffhaltigen bzw. kohlenwasserstoffhaltigen Körper ca. 25 bis 35 °C oder mehr auseinander liegen müssen; außerdem kann noch freier Kohlenstoff z. B. in der Form von Holzkohle zugefügt werden.

Die besondere Präparation des Kohlenstoffträgers hat verschiedene wichtige Vorteile. Plastische Sprengstoffe nämlich, welche Natronsalpeter als Hauptbestandteil enthalten, und welche vermittelst eines schmelzbaren kohlenstoffhaltigen Körpers bei gleichzeitigem Erwärmen unter hohem Druck eine verkittende Masse bilden, besitzen den Übelstand, daß deren Entzündungstemperatur um etwa 110° höher liegt als die des Spreng- und Schwarzpulvers; auch erfolgt die Entzündung und Detonation vermittelst gewöhnlicher Zündschnur, wie eine Reihe von Versuchen ergeben hat, äußerst schwierig, die Ladungen bleiben oft in den Bohrlöchern zum Teil unzersetzt zurück, welcher Nachteil nicht geringe Gefahren in sich birgt und die Sprengungen bedeutend verteuert. Dieser Nachteil soll durch vorliegende Erfindung behoben werden. Einen weiteren Vorteil hat der eigenartig präparierte Kohlenstoffträger, insofern derselbe die gefährliche Sensibilität des Oxydationsmittels, besonders bei Anwendung von chlorsaurem Kali, vermindert.

Diese Vorteile werden nach vorliegender Erfindung dadurch erreicht, daß bei der Herstellung des Kohlenstoffträgers ein geeignetes Oxydationsmittel mit einem doppelten Überzug von kohlenstoffhaltigen Körpern versehen wird, und zwar in der Weise, daß man das Oxydationsmittel zuerst in den geschmolzenen, bei höherer Temperatur schmelzenden Körper einträgt, die Masse erstarren läßt, pulvert und sodann in den geschmolzenen, ca. 30 bis 40° niedriger schmelzenden kohlenstoffhaltigen Körper einträgt. Auf diese Weise wird auf dem Oxydationsmittel eine Art doppelter Überzug gebildet, indem die Teilchen desselben mit zwei schützenden Schichten versehen sind. Diese doppelte Schicht bewahrt den eingeschlossenen Oxydationskörper vor Reibung und Stoß, wie auch vor Auskristallisierung.

Einen solch schützenden Überzug in einer einzigen Operation zu erhalten, ist nicht gelungen; es müssen deren zwei ausgeführt werden. Der Verlauf ist beispielsweise folgender:

5 bis 10 Tle. Harz, welche nicht unter 110° C schmelzen, werden in flüssige Form gebracht; die Temperatur der geschmolzenen Harzmasse soll 110° C nicht übersteigen. In die Schmelze werden 10 bis 25 Tle. fein gepulvertes Kaliumchlorat eingerührt und die Mischung durch weiteres Rühren so lange in beständiger Bewegung gehalten, bis eine innige Vermischung eingetreten und jedes Teilchen Kaliumchlorat mit Harz umgeben ist. Hierauf wird die Masse erkalten gelassen, getrocknet und zu einem feinen Pulver zerrieben, was am besten in einer Rotationstrommel mit Holzkugeln geschieht. Das so gewonnene trockene Pulver wird mit 10 bis 15 Tln. geschmolzenem Pech, dessen Schmelztemperatur zwischen 75 bis 80° C liegt, vermischt. Statt Pech kann auch ein anderer ähnlicher Körper gewählt werden, es ist nur Sorge zu tragen, daß seine Schmelztemperatur mindestens 25 bis 35° C tiefer liegt als diejenige des zuerst verwendeten Körpers. Auch die Art des letzteren kann geeignet, bei Wahrung des gleichen Gesichtspunktes, variiert werden. Unter Umständen können noch 5 Tle. gepulverte Holz- oder andere Kohle bei beiden Operationen zugemischt werden, eventuell auch mehr oder weniger, je nach dem Gehalt von wirksamem Kohlenstoff in den vorgenannten zuerst angewendeten Körpern. Auch bei dem Einrühren in Pech ist das Rühren so lange fortzusetzen, bis eine sorgfältige Mischung stattgefunden hat. Die Masse wird abermals erkalten gelassen und unter den oben genannten Vorsichtsmaßregeln gepulvert. Der Kohlenstoffträger ist nun fertiggestellt.

Zur Herstellung des Sprengstoffes wird der Kohlenstoffträger, und zwar die nach oben genannten Verhältnissen hergestellte Masse mit 65 bis 70 Tln. Natronsalpeter innig vermischt, welcher auf Wunsch vorher mit einer dünnen Flüssigkeit von Schellack oder anderem Material und Alkohol verarbeitet und überzogen werden kann, und dann getrocknet. Anstatt Natronsalpeter kann auch ein Gemenge von 60 bis 65 Tln. Natronsalpeter mit 5 bis 10 Tln. Kalisalpeter verwendet werden. Jedoch braucht man sich auf diese Verhältnisse nicht zu beschränken, dieselben können vielmehr nach Bedürfnis variiert werden.

Wenn anstatt Chlorat ein geeignetes anderes empfindliches Oxydationsmittel bei der Herstellung des Kohlenstoffträgers verwendet wird, so kann noch Schwefel zu der Sprengstoffmischung hinzugesetzt werden und je nach Bedürfnis kann dieses andere Oxydationsmittel in gleichen oder kleineren Quantitäten, wie im Beispiel angeführt, mit oder ohne Schwefel, in den Sprengstoffmischungen verwendet werden. Wie allgemein bekannt ist, darf jedoch der großen Gefahr wegen niemals Chlorat und Schwefel in derselben Mischung vorkommen.

Das fertige Pulver kann noch nach Bedürfnis in der bekannten Weise gepreßt und granuliert werden. Das so erhaltene Produkt, welches Ormit genannt werden soll, ist ein sehr sicherer und beim Aufbewahren und Transport nicht gefährlicher, billiger und zuverlässiger Sprengstoff.

Der Kohlenstoffträger kann auch mit anderen Nitraten mit und ohne anderen Zusätzen zur Herstellung von sicheren Sprengstoffen angewendet werden. Zu gewissen Zwecken kann man auch bei der Herstellung des Kohlenstoffträgers der Mischung Stärkemehl oder Dextrin, oder nitrierte Stärke bzw. nitriertes Dextrin, und zwar jeden dieser Körper für sich allein, oder ein in geeigneter Weise hergestelltes Gemisch derselben hinzufügen. Der Zusatz kann entweder bei dem Überziehen mit dem hochschmelzenden Material oder beim Überziehen mit dem niederer schmelzenden Material geschehen.

D.R.P. 188036 vom 17. Mai 1905. — Gocher Öhlmühle, Gebr. van den Bosch in Goch.

Verfahren zur Gewinnung einer für die Herstellung von explosiven Gemischen usw. geeigneten Kohle.

Bei diesem Verfahren werden die Nebenbestandteile der Baumwollsamenschalen unter Zurücklassung einer knorpligen Masse beseitigt, welche die eigentliche Schalensubstanz darstellt. Es wird daher dieses Verfahren so geleitet, daß die etwaige Schalensubstanz nach Möglichkeit weder aufgelöst noch zerstört wird.

Diese Masse kann aus Baumwollsaatschalen in bekannter Weise dadurch gewonnen werden, daß man dieselben mit Alkalilauge entweder in offenen Gefäßen oder auch unter Druck einige Zeit erhitzt und dann nach der Trennung von der Lauge bzw. nach dem Auswaschen mit oxydierenden bzw. Hypochloritbädern behandelt. Als oxydierendes Bad läßt sich ein Permanganatbad (zweckmäßig 1 % Kaliumpermanganat enthaltend) verwenden, das vorteilhaft unter Umrühren und bei gewöhnlicher Temperatur auf die Baumwollsaatschalen zur Einwirkung gebracht wird. Das Hypochloritbad stellt man zweckmäßig durch Behandlung eines wäßrigen Auszuges von Chlorkalk mit einer heißen Alkalikarbonatlösung her, wobei das Alkalikarbonat in einer dem Chlorkalk äquivalenten oder überschüssigen Menge angewendet werden kann. Die Anwendung eines in dieser Weise hergestellten Hypochloritbades hat den Vorteil, daß es vollkommen klar ist und daß infolgedessen die damit behandelten Schalen eine reine, kalkfreie Kohle ergeben. Besonders günstig ist die Wirkung eines solchen Hypochloritbades, wenn dasselbe etwa 3 bis 4 % wirksames Chlor enthält. Der Benutzung dieses Hypochloritbades kann die Anwendung eines schwächeren, im übrigen gleichen Bades folgen bzw. können verschieden starke Hypochloritbäder nacheinander angewendet werden. Hat man ein oxydierendes Bad angewandt, so empfiehlt es sich, der Behandlung ein Schwefligsäurebad folgen zu lassen, worauf nach Wunsch auch noch die Behandlung mit einem Bleichbade folgen kann. Die Behandlung mit der heißen Alkalilauge soll eine Hydratisierung bzw. Mercerisierung der Zellensubstanz nicht bewirken.

Diese Masse ist knorpelartiger Beschaffenheit und gibt bei der Verkohlung eine Kohle, die sich, wie oben bemerkt, für die verschiedensten Zwecke, so besonders für Pulverkohle in hervorragendstem Maße eignet und den z. B. in Deutschland hergestellten Pulverkohlen aus Faulbaum-, Weiden- und Erlenholz nicht nur gleichkommt, sondern dieselben noch in ihren Eigenschaften, was Dauer der Verbrennung sowie Gewicht des Rückstandes bei der Verbrennung anbelangt, übertrifft.

Die Verkohlung läßt sich in einfachster Weise wie folgt ausführen:

Die in der beschriebenen Weise behandelten Baumwollsaatschalen werden getrocknet und in einem geeigneten Behälter, z. B. in einem glasierten Ton- oder Steingutkessel, der über direkter Feuerung steht oder durch Heizgase oder auf andere Weise der Wärme ausgesetzt wird, gebracht. Durch stetes Umrühren wird die Masse durcheinandergemischt, bis die Verkohlung stattgefunden hat, was dadurch erkenntlich ist, daß die Rauchentwicklung, die erst dunkelgelb, dann weißlich, dann blaue Färbung annimmt, zuletzt ganz aufhört und sich schwarze Kohlenkörper gebildet haben. Das Glühen der Kohlenkörperchen, die wie feines Jagdpulver aussehen, muß vermieden werden, da die Körnchen sonst veraschen. Das Pulverisieren dieser Kohle bis zur Mehlform ist mit Leichtigkeit in geeigneten Apparaten auszuführen.

Bei diesem Verfahren entstehen irgendwelche lästigen Destillationsprodukte nicht. Schon hierdurch zeichnet sich das Verfahren gegenüber den bekannten Verkohlungen von Holz usw. in vorteilhafter Weise aus.

Will man auf diesen Vorteil verzichten und, falls es auch nicht erforderlich ist, eine Kohle mit so geringem Verbrennungsrückstand herstellen, wie ihn die in oben beschriebener Weise erhaltene Kohle aufweist, so kann man auch die Baumwollsaatschalen selbst der Verkohlung unterwerfen und erhält alsdann immer noch ein mit gewissem Vorteil als technische bzw. Pulverkohle zu verwertendes Material, welches eine gewisse Verwertung der Baumwollsaatschalen immer noch gestattet.

Die Prüfung der nach dem vorliegenden Verfahren erhältlichen Kohle, die in bekannter Weise dadurch erfolgte, daß man 4 g gereinigten Kalisalpeter, wie solcher im Handel zu kaufen ist, und 0·775 g der Kohle innig miteinander vermischte und dann das Gemisch anzündete, ergab folgende Zahlen:

Verbrennungsdauer . . . . 7 Sekunden,
Rückstand . . . . 0·92 g.

Die Prüfung der in Deutschland zur Herstellung von Pulver verwendeten Faulbaumholzkohle ergibt unter gleichen Mischungsverhältnissen:

Verbrennungsdauer . . . . 20 Sekunden,
Rückstand . . . . 1·55 g.

Auch die Hanfstengelkohle, welche bisher als die beste galt, gebraucht zur Verbrennung 10 Sekunden und wird mithin hinsichtlich der Verbrennungsdauer noch von der Baumwollsaatschalenkohle übertroffen.

Demnach ist die Kohle aus den Baumwollsaatschalen zu allen explosiven Mischungen, zu denen Kohle verwandt wird, sei es mit Salpeter, Schwefel oder sonstigen Bestandteilen, mit Vorteil zu gebrauchen.

D.R.P. 231598 vom 5. Mai 1907. — Deutsche Präpositwerke Karlsruhe i. B.

Sprengmittel aus Salpeter, Schwefel, Holzkohle und Pferdedungstaub zum Sprengen von Gesteinen.

Das neue Sprengmittel hat den Vorzug, daß bei Anwendung von verhältnismäßig kleinen Sprengladungen die Gesteine in Stücken von geraden Begrenzungsflächen zerteilt werden, ohne daß Splitterung eintritt.

Dem gewöhnlichen Sprengpulver gegenüber hat Präposit den Vorzug, daß eine einzige Sprengung den beabsichtigten Zweck erreichen läßt, während Sprengpulver bei Anwendung eines gleichen Bohrloches erfahrungsgemäß häufig drei bis vier Sprengungen erforderte. Das neue Mittel ist auch ungefährlicher, indem es beispielsweise mit einer eisernen Stange in das Bohrloch eingestampft werden kann, welche Manipulation bei Anwendung von Sprengpulver eine Explosion hervorrufen würde.

Zusammensetzung: 12 Tle. Salpeter,
3 „ Schwefel,
1 Tl. Holzkohle,
1 „ Pferdedungstaub.

Zur Herstellung wird frischer, an der Luft vollkommen getrockneter Pferdedungstaub verwendet, der zu feinem Mehl zerkleinert und mit den übrigen Materialien gleichmäßig gemischt wird.

Es ist speziell das Mischungsverhältnis 12 : 3 : 1 : 1 patentiert.

Andere Mischungen sind durch die

englischen Patente 13822/1897
„ „ 18516/1899
amerikanisches Patent 757693

schon bekannt.

D.R.P. Anm. V 9650 vom 28. Oktober 1910. — A. Voigt.

Verfahren zur Herstellung schlagwettersicherer Sprengstoffe.

Durch Versuche wurde festgestellt, daß die Verwendung von Alkalisalzen der Nitrokresolsulfosäuren in Sprengstoffgemischen deren Wettersicherheit sehr günstig beeinflußt, was besonders Geltung für die betreffenden Ammonsalze hat. Zur Herstellung der betreffenden Salze werden Sulfosäuren des Kresols verwendet. Die zu den Versuchen benutzte o-Kresolsulfosäure bestand aus 87 % Sulfosäure, 4·5 % freien Schwefelsäure und 8·5 % Wasser (aus Gutachten von Dr. Raschig).

Ein Gemisch von 83 % Natronsalpeter und 17 % Trinitrotoluol entzündet ein 8- bis 9 %iges Gasgemisch bei einer Ladung von 375 g. Die Bölleraufweitung beträgt bei 10 g Ladung 105 ccm. Mischt man nun hierzu 10 % nitrokresolsulfosaures Ammon, so erhöht sich die Sprengkraft auf 140 ccm und die Sicherheit steigt auf 550 g. Man vermag der Grundmischung bis zu 50 % des Nitrosalzes beizumischen und kann dabei die Sprengkraft bis auf eine Aufweitung von 256 ccm erhöhen, ohne die Schlagwettersicherheit wesentlich zu beeinträchtigen. Der Trinitrotoluolgehalt soll dabei nicht unter 12 % sinken, weil sonst die Detonationsfähigkeit gefährdet wird.

Für den gleichen Zweck lassen sich auch die Alkalisalze der Nitrokresolsulfosäuren verwenden, welche allerdings weder die Sprengkraft noch die Sicherheit in dem Maße zu steigern vermögen wie die Ammonsalze, weshalb auch letztere den Vorzug verdienen.

Die Wirkung hinsichtlich der Wettersicherheit verdanken diese Salze außer der Sulfogruppe hauptsächlich ihrem Kristallwassergehalt. Es ist bekannt, daß kristallwasserhaltige Salze die Zündung von Schlagwettern beeinflussen, jedoch sind bisher für diesen Zweck nur anorganische Salze, wie Alaune, Soda, Vitriole und ähnliche verwendet worden, noch nie aber solche von Nitroverbindungen. Ohne Zweifel ist diese Kombination als ein großer technischer Fortschritt anzusehen. Einen weiteren und zwar wirtschaftlichen Fortschritt bedeutet es, daß durch Verwendung der Sulfosäuren die Ausgangsmaterialien, also das Kresol, nicht in technisch reinem Zustand verwendet werden muß, sondern daß sich auch die wohlfeileren ungereinigten Materialien dafür eignen. Ungereinigte Nitrokresole oder deren Salze sind schmierige, klebrige Substanzen, die sich mechanisch schwer verarbeiten lassen, während die Sulfonate trockene salzartige Körper bilden, die leicht gemahlen und gemischt werden können. Ungenügend gemischte Sprengstoffe sind aber bekanntlich detonationsunsicher und in ihren Wirkungen ungleichmäßig. Die Verwendung der gereinigten nicht sulfonierten Ausgangsmaterialien würde dagegen den Preis der Fabrikate derart beeinflussen, daß ein wirtschaftlicher Erfolg nur in Ausnahmefällen zu erwarten wäre.

In vielen Fällen erscheint es zweckmäßig, die gebildeten Nitrosalze mit Nitrat zu übersättigen; man trägt zu diesem Zweck die erforderliche Menge an überschüssigem Nitrat in die Kristallwasserschmelze ein, worin sich der Salpeter leicht löst und mit dem Nitrosalz zusammen auskristallisiert, das Lösungsmittel wird durch Abdampfen oder Abschleudern entfernt. Es wird auf diese Weise eine innigere Mischung des Nitrosalzes mit dem zur Verbrennung notwendigen Nitrat erzielt als durch Verreiben der Komponenten.

Am besten und leichtesten kristallisieren die Salze der Orthosäure, weshalb man für Ausführung des vorliegenden Verfahrens diese Säure wählen wird, falls sie billig genug zur Verfügung steht, jedoch erzielt man auch mit der Parasäure sowie mit dem Gemisch der rohen ungetrennten Säuren durchaus befriedigende Resultate. Da jedoch in den beiden letzteren Fällen das Kristallwasser erst bei höheren Temperaturen entweicht, so gelingt es hier nicht, auf dem Wasserbad genügend trockene reibfähige Substanz zu erhalten, so daß das Eintrocknen bei Temperaturen bis ca. 120° C zu geschehen hat. Dabei ist darauf zu achten, daß eine genügende Menge Kristallwasser im Gemisch verbleibt, als für die Wettersicherheit des Sprengstoffes erforderlich ist.

Die Herstellung der Sprengstoffe selbst zeigt vom Herkömmlichen nichts Abweichendes. Die feingemahlenen Komponenten werden in einer Holztonne mit Pockholzkugeln zusammen gerieben, bis der erforderliche Grad der Durchmischung erreicht ist. Außer den bereits erwähnten Komponenten kann man je nach Zweck der Verwendung noch Ammoniaksalpeter bzw. feste Kohlenwasserstoffe oder Kohlenhydrate hinzufügen.

Patentanspruch:

Verfahren zur Herstellung schlagwettersicherer Sprengstoffe dadurch gekennzeichnet, daß Alkalisalze der Nitrokresolsulfosäuren, insbesondere das Ammonsalz, mit Alkalinitraten mit oder ohne Zusatz von Trinitrotoluol oder anderen Sprengstoffkomponenten vermengt werden.

D.R.P. Anm. V 9738 vom 12. Dezember 1910. Zusatz zur Anmeldung V 9650.

An Stelle der im Hauptpatent (V 9650) zur Herstellung von Sprengstoffen benutzten Alkalisalze der Nitrokresolsulfosäuren lassen sich auch die Alkalisalze der Mononitrophenolsulfosäuren in gleicher Weise verwenden. Diese sind kristallinische Körper, die sich ebenfalls leicht mit den Komponenten mischen, sowie leicht und wohlfeil herstellen lassen. Außerdem enthalten sie Kristallwasser, wodurch sie sich ganz besonders gut zur Herstellung wettersicherer Sprengstoffe eignen. Sie detonieren schon mit Zündschnur allein ohne Anwendung einer Sprengkapsel. In letzterem Falle wendet man möglichst kristallwasserfreie an, die man durch Trocknen bei ca. 105 bis 110° C erhält, im anderen Falle die kristallwasserhaltigen Salze, die man durch Kristallisation aus wässeriger Lösung, Zentrifugieren und vorsichtigem Trocknen erhält. An der Luft entzündet, brennen die Gemische verhältnismäßig langsam ab, ähnlich wie Sprengsalpeter, unter Besatz entwickeln sie jedoch eine sehr hohe Sprengkraft. Letztere läßt sich in Bleiböllern messen, wenn der Besatz aus Zement gebildet wird; dabei wurden folgende Resultate erzielt:

1. 40 g einer Mischung von 25% nitrophenolsulfosaurem Salz,
75% Natriumnitrat

ergaben eine Aufweitung von 218 ccm.

2. 40 g einer Mischung von 25 % nitrophenolsulfosaurem Salz,
25 % Nitrat,
50 % Kaliumperchlorat

ergaben 290 ccm Aufweitung.

3. 40 g einer Mischung von 25 % nitrophenolsulfosaurem Salz,
50 % Nitrat,
25 % Perchlorat

ergaben 275 ccm Aufweitung. Dagegen ergaben 40 g Schwarzpulver unter gleichen Bedingungen 105 ccm und 40 g Sprengsalpeter 60 ccm Aufweitung.

Zu obigen Mischungen waren kristallwasserfreie Salze benutzt worden, nimmt man kristallwasserhaltige Salze, so sinkt die Sprengkraft um 25 %.

Durch Mischung 1 wird dann ein 9- bis 10 %iges Gasgemisch bei einer Ladung von 300 g gezündet, dagegen nicht bei 275 g. Mischung 2 ist sicher bei 550 g und Mischung 3 bei 420 g. Die Sicherheit sowohl wie die Sprengkraft läßt sich erhöhen, wenn das nitrosulfosaure Ammon anstatt des Natron- oder Kalisalzes verwendet wird. Jedoch ist es nicht rätlich, damit über einen Gehalt von je 10 % hinauszugehen, weil sonst die Entzündungsfähigkeit leidet und die Mischungen einer Sprengkapsel zur Initiierung bedürfen.

Legt man den größeren Wert auf die Zündschnur-Initiierung, so doziert man wie folgt:

30 % nitrophenolsaures Natrium oder Calcium,
10 % nitrophenolsaures Ammon,
40 % Natriumnitrat,
10 % Ammoniumnitrat,
25 % Kaliumperchlorat.

Dieses Gemisch zeigt eine Aufweitung von 360 ccm und eine Schlagwettersicherheit von 750 g Ladung.

Bei Herstellung der Sprengstoffgemische verfährt man zweckmäßig wie folgt: Man löst z. B. 1 kg Phenolsulfosäure in 1 Liter Wasser auf und gibt dazu 500 g (1 Mol.) Natriumnitrat. Die Reaktion tritt nach kurzer Zeit ein, indem die Sulfosäure zersetzend auf das Nitrat einwirkt unter Bildung von nitrosulfosaurem Salz. Die Nitrierung verläuft glatt ohne Bildung nitroser Gase, einen eventuell zu stürmischen Verlauf mäßigt man durch Wasserzusatz. Nach beendeter Nitrierung setzt man der Lösung je nach Bedarf 4 oder 5 oder 6 Moleküle Nitrat zu, mischt gründlich durch und dampft zur Trockne bzw. läßt auskristallisieren und schleudert ab. Auf diese Weise erhält man eine Sprengstoffmischung nach Typus 1. Diese kann in mannigfacher Weise verändert werden durch Vermischen mit Chloraten, Perchloraten oder anderen gebräuchlichen Sprengstoffkomponenten. Natürlich kann die Herstellung der Sprengstoffgemische auch auf trockenem Wege bewirkt werden, indem man die Nitrosalze für sich allein herstellt und nachträglich in herkömmlicher Weise miteinander mischt. Der zuerst angegebene Weg bietet jedoch größere Vorteile.

Die nitrophenolsulfosauren Salze stellen kristallinische Körper von orangeroter Farbe dar. Ihr Kristallwassergehalt beträgt für Kalisalze 1 Mol., für Natriumsalze 2 Mol. und für Calciumsalze 3 Mol. Das orthonitrokresolsulfosaure Calcium verliert sein Kristallwasser erst oberhalb 200° C und ist in Wasser schwer löslich, es eignet sich deshalb besonders gut zur Herstellung wettersicherer Sprengstoffe. Die Nitrosalze der Parasäure enthalten durchschnittlich 1 Mol. Kristallwasser mehr, kristallisieren aber schwer.

Patentanspruch:

Ausführung des vorigen Verfahrens zur Herstellung schlagwettersicherer Sprengstoffe dadurch gekennzeichnet, daß Salze sulfonierter Mononitrophenyle mit Sauerstoffträgern innig vermengt werden.

D.R.P. Anmeldung R. 34846 vom 3. Februar 1912. — Dr. Fr. Raschig in Ludwigshafen.

Die vorliegende Erfindung bezieht sich auf solche Sprengstoffe, die als Sauerstoffträger irgend eine der technisch anwendbaren Salpeterarten, als vornehmlich Kali-, Natron-, Ammon- und Kalksalpeter, oder aber auch Perchlorate enthalten, deren Brennstoff aber aus hierfür besonders geeigneten Stoffen, nämlich den sulfosauren Salzen der höheren Phenole, die in den Teerölen (Destillation des Steinkohlenteers) vorkommen, besteht.

Unter diesen Salzen, die leicht und billig in großen Mengen herstellbar sind, sind als für den vorliegenden Zweck geeignet die sulfosauren Ammon-, Natrium-, Kalium-, Calcium- oder Magnesiumsalze des Kresols, Xylenols, Cumenols und Naphtols zu nennen. Ebenso sind die disulfosauren Salze der genannten höheren Phenole verwendbar, sowie Gemische der verschiedenen Sulfonate und Disulfonate.

Die Sprengstoffe können in der Weise erzeugt werden, daß man die aus den Teerdestillaten dargestellten sulfosauren Salze mit Salpeter oder Perchloraten als Sauerstoffträger innig vermischt, wobei man zur Beförderung des gegenseitigen Durchdringens die Mischung mit geringen Mengen Wasser anfeuchten kann. Selbstverständlich muß hinterher das Wasser durch Trocknen des fertig gemischten Produktes wieder ausgetrieben werden.

Um die Herstellung der Sprengstoffe zu erläutern, mögen folgende Beispiele dienen:

Beispiel I: 69 Tle. Natronsalpeter und 13 Tle. kresolsulfosaures Natrium werden mit 10 Tln. Wasser versetzt und 2 Stunden lang kräftig zusammengeknetet. Das Produkt wird 24 Stunden bei 80° getrocknet und stellt dann einen Sprengstoff dar, von dem 10 g im Trauzlschen Bleiböller vermittelst Zündschnur zur Explosion gebracht, eine Ausbauchung von 57 ccm erzeugen.

Beispiel II: 86 Tle. Ammonsalpeter und 14 Teile kresolsulfosaures Natrium werden mit 10 Tln. Wasser 2 Stunden lang kräftig zusammengeknetet. Das Produkt wird dann 24 Stunden lang bei 80° getrocknet und stellt einen Sprengstoff vor, von dem 10 g im Trauzlschen Bleiböller vermittelst Sprengkapsel zur Explosion gebracht, 320 ccm Ausbauchung erzeugen.

Eine Ausführungsform des Verfahrens zur Herstellung der Sprengstoffe besteht nun darin, daß man die brennbaren Substanzen, die sämtlich in Wasser löslich sind, in einer Lösung der mit dem Brennstoff zu vereinigenden Sauerstoffträger, also z. B. in einer Salpeterlösung oder einer Perchloratlösung, die die entsprechende Menge Salpeter oder Perchlorat gelöst enthält, auflöst und nunmehr die ganze Flüssigkeit zur Trockne dampft.

Hierbei hat man jedoch dafür zu sorgen, daß nicht die eine Substanz früher als die andere sich abscheiden kann. Dies gelingt nun nicht durch einfaches Umrühren der einzudampfenden Sprengstofflösungen, sondern durch solches kräftiges Rühren wird im Gegenteil eine Kristallisation solcher Sprengstoffbestandteile herbeigeführt, die eine geringere Lösungsfähigkeit bei größerer Kristallisationsfähigkeit besitzen. Dieser Übelstand zeigt sich zwar nicht bei Versuchen im kleinen, wohl aber, wenn man versucht, große Mengen solcher gelösten Sprengstoffe ohne Entmischung einzudampfen.

Wie der Anmelder ermittelt hat, läßt sich das Eindampfen der gelösten Sprengstoffe vorzüglich und vor allen Dingen ganz gefahrlos in der Weise bewirken, daß man die Flüssigkeiten in regelmäßigem schwachen Strome auf sich drehende, auf über 100° geheizte Walzen laufen läßt. Dabei wird die Lösung fast augenblicklich zur Trockne verdampft, so daß eine Entmischung ausgeschlossen ist; der Rückstand bleibt an den Walzen hängen und wird bei deren weiterer Drehung an passender Stelle vermittelst eines Messers abgeschabt. Auf solche Weise läßt sich ein Dauerbetrieb ermöglichen, bei dem in kurzer Frist immer nur unbedeutende Sprengstoffmengen entstehen, die man sofort entfernen, verpacken und damit in gefahrlose Form bringen kann. Die Walzen werden zweckmäßig durch Innendampf erhitzt.

Auf diesem Wege hergestellte Sprengstoffe enthalten Salpeter und Brennstoff in so inniger Mischung, wie sie durch die eingehendste mechanische Vermischung nie zu erreichen ist. Sie übertreffen daher Schwarzpulver und Sprengsalpeter erheblich an Wirkung.

Um die Ausführung dieses Verfahrens zu erläutern, mögen folgende Beispiele dienen:

Beispiel III: 69 Tle. Natronsalpeter und 31 Tle. kresolsulfosaures Natrium werden zusammen mit Wasser gelöst und dann in regelmäßigem schwachen Strome auf sich drehende, durch Innendampf auf über 100° beheizte Walzen laufen gelassen und dort zur Trockne verdampft. Das zurückbleibende Pulver stellt einen starken Sprengstoff dar, von dem 10 g im Trauzlschen Bleiböller vermittelst Zündschnur zur Explosion gebracht, eine Ausbauchung von 59 ccm ergeben.

Beispiel IV: 70 Tle. Natronsalpeter und 30 Tle. xylenolsulfosaures Natrium, wie oben behandelt, geben einen Sprengstoff, der 355 ccm Ausbauchung erzeugt.

Patentansprüche:

1. Sprengstoffe, dadurch gekennzeichnet, daß sie als Brennstoff sulfosaure oder disulfosaure Salze der höheren Phenole, wie des Kresols, Xylols, Cumenols, Naphtols und dergl., oder Gemische dieser Sulfonate neben einem Sauerstoffträger bekannter Art, wie Salpeter oder Perchlorat, enthalten.

2. Verfahren zur Herstellung von Sprengstoffen nach Anspruch 1, dadurch gekennzeichnet, daß man die genannten Sulfonate mit den Sauerstoffträgern in angefeuchtetem Zustande vermischt, worauf das erhaltene Gemenge getrocknet wird.

D.R.P. Anmeldung R. 36934 vom 13. Dezember 1912. — Dr. F. Raschig in Ludwigshafen.

Kali- oder Natronsalpeter werden mit dem trockenen Rückstand der bei der Sulfitzellstoffherstellung entstehenden Lauge innig vermischt oder in geeigneten Mengen der Ablauge gelöst und dann mit ihr zur Trockne verdampft; hierbei entstehen direkt explodierende Sprengstoffe, d. h. solche, die durch Funken zur Explosion gebracht werden können.[1] Zur Herstellung dieser Sprengstoffe wird Kali- oder Natronsalpeter mit den trockenen Bestandteilen der Sulfitzellstoffherstellung innig vermischt; zweckmäßig wird man hier zunächst die Ablaugen zur Trockne verdampfen und dann den Rückstand mit dem trockenen Kali- oder Natronsalpeter innig vermischen. Die Sprengstoffe können aber auch so hergestellt werden, daß man entweder den Kali- oder Natronsalpeter in den Sulfitzellstoffablaugen, die beliebiger Konzentration sein können, auflöst und daß man dann die Mischung in geeigneter Weise eindampft.

Man kann das Eindampfen der Mischungen auch zweckmäßig dadurch bewirken, daß man sie auf sich drehende hochbeheizte Walzen laufen läßt, wodurch ein fast plötzliches Eindampfen zur Trockne ohne Entmischung und ohne Zersetzung der Bestandteile sich erreichen läßt. Die von den Walzen abgestrichenen Sprengstoffe sind gleich gebrauchsfertig und trocken komprimierbar.

Als besonders günstig haben sich beispielsweise folgende Zusammensetzungen herausgestellt:

Beispiel 1: 68% Natronsalpeter
32% Trockensubstanz der Sulfitzellstoffablaugen.

Beispiel 2: 70% Kalisalpeter
30% Trockensubstanz der Sulfitzellstoffablaugen.

Es hat sich bei weiteren Versuchen herausgestellt, daß in vorliegendem Falle an Stelle der Ablaugen der Sulfitzellstoffherstellung auch die Ablaugen der nach dem Natronverfahren arbeitenden Zellulosefabriken mit gutem Erfolge verwendet werden können.

Als Beispiel für einen so hergestellten Sprengstoff mögen folgende Zahlen dienen:

[1] Eine frühere Anmeldung Raschigs, R. 34912 vom 12. Februar 1912, betrifft die Herstellung von indirekten Sprengstoffen aus Ammonsalpeter und Zellstoffablauge.

Beispiel 3: 68 % Natronsalpeter
32 % Trockensubstanz der Natronzellstoffablaugen,

Patentansprüche:

1. Abänderung des Verfahrens zur Herstellung von Sicherheitssprengstoffen nach der Hauptanmeldung R. 84912, dadurch gekennzeichnet, daß an Stelle des Ammoniaksalpeters Kali- oder Natronsalpeter verwendet wird, der mit dem Trockenrückstand der bei der Sulfitzellstoffherstellung entstehenden Laugen innig vermischt oder in geeigneten Mengen der Ablauge gelöst und dann gemeinsam mit der Lauge zur Trockne verdampft wird.

2. Ausführungsform des Verfahrens nach Anspruch 1, dadurch gekennzeichnet, daß man die Lösungen des Kalis oder Natronsalpeters und der Laugen auf sich drehende hochbeheizte Walzen laufen läßt, um ein fast plötzliches Eindampfen zur Trockne ohne Entmischung und ohne Zersetzung der Bestandteile zu erreichen.

3. Ausführungsform der Verfahren nach Anspruch 1 und 2, dadurch gekennzeichnet, daß man an Stelle der Sulfitzellstoffablaugen Ablaugen verwendet, die von den nach dem Natronverfahren arbeitenden Zellulosefabriken herrühren.

B. Auf das Herstellungsverfahren bezügliche Patente.

D.R.P. 7679 vom 16. Januar 1879. — Theobald Martinsen in Oberlößnitz bei Dresden.

Darstellung eines Eisenvitriol enthaltenden Sprengpulvers.

Zusammensetzung:

70 Tle. Kali- oder Natronsalpeter,
12 „ raff. subl. Schwefel,
5 „ Lampenschwarz (leichter Kienruß),
13 „ Sägespäne oder gebrauchte Lohe (sehr trocken),
hierzu kommen 2 % Eisenvitriol.

Um aus diesen Mischungen ein gleichförmiges, sich schwer zersetzendes Produkt zu erhalten, löst man in ca. 6 bis 8 Liter heißem Wasser 100 kg Eisenvitriol auf und mischt in einem eisernen, innen polierten Kessel die anderen Materialien hinzu; der Kessel mag doppelt so viel Inhalt haben als die Materialien bedürfen und wird auf ein durch ein Blech abgedecktes Feuer gebracht oder durch Dampf erhitzt, bis die Temperatur auf 120 bis 130° steigt; einige der obigen Materialien schmelzen schon vor dem Sieden, vereinigen sich deshalb bei einer Temperatur unterhalb 108° und werden von den Sägespänen oder der Lohe (welche sehr trocken sein müssen) absorbiert; das Ganze muß während des Kochens sorgfältig umgerührt werden. Man erhält dadurch eine pulverförmige Substanz, welche nun vom Feuer entfernt und unter fortwährendem Umrühren abgekühlt wird, so daß ein vollständiges Pulver entsteht. Dieses wird hierauf auf Bleche mit Rändern geschüttet, welche in Trockenkammern gebracht werden. Man trocknet bei 50°, bis das Pulver vollständig trocken wird, was nach ca. 26 Stunden erfolgt. Das Produkt ist nun fertig und kann in Pulverform oder in komprimierten Patronen zum Sprengen benutzt werden. Es eignet sich für sehr homogenes Gestein in Bergwerken, Steinbrüchen und Tunnels. Für harte Kohlen empfiehlt sich folgende Zusammensetzung:

	64	Tle.	Salpeter,
	3	„	Lampenruß (leichter Kienruß),
	12	„	raff. subl. Schwefel,
	21	„	Sägespäne oder gebr. Lohe,
hierzu	3 %		Eisensulfat.

Mit einem solchen Pulver werden die Kohlen in Blöcken (nicht in kleinen Stücken) abgesprengt.

Für bituminöse Kohle oder weiche Steine wird folgende Zusammensetzung empfohlen:

	56	Tle.	Salpeter,
	3	„	Lampenruß (leichter Kienruß),
	11	„	raff. subl. Schwefel,
	29	„	Sägespäne oder gebr. Lohe,
hierzu	5	„	Eisensulfat.

D.R.P. 10978 vom 3. Dezember 1879. — Hermann Güttler in Kriewald.

Anwendung von Dextrin bei Herstellung von Kartuschen aus komprimiertem Sprengpulver.

Die braunrote Holzkohle, welche bei einer Temperatur von 270 bis 310° C aus harzfreien Hölzern dargestellt ist, hat ungefähr die Formel $C_8H_4O_2$. Sie wird zusammen mit raffiniertem Schwefel (in einem der Zersetzungsgleichung entsprechenden Verhältnis) in Trommeln mittelst Kugeln aus Phosphorbronze aufs feinste pulverisiert. Die Mengung dieses Gemisches mit der nötigen Menge von Salpeter findet in Trommeln aus Sohlleder mittels kleiner Hohlzylinder, deren Endflächen abgerundet sind, statt. Die hierdurch aufs innigste gemengte Masse wird nun mit 8 % einer Lösung von Dextrin und destilliertem Wasser gleichmäßig angefeuchtet und auf einem Rollengange so lange bearbeitet, bis die Elastizität der Holzkohle so gebrochen ist, daß sich das aus dem Pulverkuchen dargestellte Kornpulver willig komprimieren läßt. Dieser Kuchen wird zwischen Bronzewalzen mit abgestumpften Pyramiden zu Körnern von 1—2 mm Durchmesser gekörnt, das Produkt wird staubfrei gemacht und bis auf einen Feuchtigkeitsgehalt von 2 bis 3 % getrocknet. Dieses Korn wird auf einer Exzenterpresse (ähnlich der Presse für prismatisches Pulver) in zylindrischen Formen, Nadeln und Stempeln aus Phosphorbronze zu Kartuschen mit Feuerkanälen (zentral oder senkrecht der Mantelfläche) komprimiert. Diese Kartuschen werden vollkommen getrocknet und alsdann mit einer Schellacklösung überstrichen; durch letzteren wird die Hygroskopizität (besonders bei $NaNO_3$) beseitigt.

Die Zersetzung findet nach der Gleichung statt:

$$C_8H_4O_2 + 8\,KNO_3\ (\text{bzw. } 8\,NaNO_3) + 4\,S = 8\,CO_2 + 2\,H_2O + 8\,N + 2\,K_2SO_4\,(2\,Na_2SO_4) + 2\,K_2S\,(2\,Na_2S).$$

Man verwendet braunrote Kohle, da solche mehr Sauerstoff besitzt als schwarze und daher weniger CO entwickelt.

D.R.P. 23933 vom 10. Dezember 1882. — Gemperle in Wien. Sprengpatrone, bestehend aus Salpeter, Schwefel, Holzkohle, Kleie und Magnesiumsulfat.

73 Gew.-Tle. Kalisalpeter und 1 Gew.-Tl. Magnesiumsulfat werden in $^1/_3$ ihres Gewichts kochendem Wasser gelöst (in einem mittelst Dampf geheizten Kessel, in dem sich eine mechanische Rührvorrichtung befindet) und mit 8 Gew.-Tln. gemahlener Holzkohle, 8 Gew.-Tln. gemahlener Kleie und 10 Gew.-Tln. Schwefel — welche Bestandteile vorher trocken gemischt wurden — versetzt. Die gut durchgerührte Masse wird etwa 2 Stunden auf 140° erhitzt und schließlich in einem Trockenapparate während 5 Stunden bei einer Temperatur von 50° getrocknet. Aus der getrockneten Masse werden Zylinder oder Patronen gepreßt, von denen zumeist vier in eine Papierhülse zu einer Patrone vereinigt werden. Sollen die Patronen bald nach ihrer Fabrikation verwendet werden, so kann man den Kalisalpeter durch Natronsalpeter ersetzen.

D.R.P. 27229 vom 17. Juli 1883. — Wilhelm Rennert in Annen.

Sprengstoff aus 75 Gew.-Tln. Kalisalpeter,
13 „ „ Kohle von weichem Holz, fein gepulvert,
9 „ „ Schwefel, fein gepulvert,
3 „ „ Weizen- oder Stärkemehl.

100 kg dieser Mischung werden mit 6 bis 8 Liter Wasser zu einem kompakten Teige angemacht und dann in einen Dampfapparat gebracht. Letzterer besteht aus einer Trommel, die auf einer hohlen Achse sitzt und mit dieser rotiert. In die Achse strömt durch ein Zuleitungsrohr Dampf, der durch eine Durchlochung der Achse in die rotierende Trommel dringt. In diesen Apparat bringt man den Teig und läßt nach Verschluß der Einfüllöffnung Dampf von $2^1/_2$ bis 3 Atm. Spannung eintreten. Die Trommel wird dabei in Rotation versetzt, während der Inhalt ins Kochen gerät, wodurch eine äußerst innige Mischung der einzelnen Bestandteile der Masse entsteht.

Der Vorteil des Verfahrens besteht in der innigsten Verbindung der einzelnen Stoffe, wie sie auf gewöhnlichem Wege nie zu erreichen ist. Man vermeidet auf diese Weise, daß einzelne Teile sich nicht miteinander mischen und Körner bilden, die gar nicht zur Explosion gelangen, was bei der gewöhnlichsten Methode vorkommt. — Nach der Behandlung der Masse läßt man dieselbe aus der Trommel laufen und erkalten uud preßt sie darauf in Patronen, welche man auf Hürden lagern und trocknen läßt.

D.R.P. 78679 vom 12. Oktober 1893. — Dr. Paul Seidler in Berlin.

Während man gewisse Schieß- und Sprengmittel bisher so darstellte, daß man deren Bestandteile durch anhaltendes Mahlen und

Mischen zu einem innigen Gemenge zu vereinigen versuchte, bezweckt die vorliegende Erfindung die Darstellung von Schieß- und Sprengmitteln in der Weise, daß die Bestandteile im gelösten Zustande gemischt werden und daß das angewendete Lösungsmittel dann nachträglich durch Verdampfen wieder entfernt wird. Es wird dadurch eine vollkommenere Mischung der Bestandteile erreicht als nach dem bisherigen Verfahren. Auch ist die neue Art der Darstellung von Schieß- und Sprengmitteln eine völlig ungefährliche im Gegensatze zu der bisher üblichen, bei welcher Explosionen kaum zu vermeiden waren. Die neuen Schieß- und Sprengmittel, welche auch in bezug auf ihre chemische Zusammensetzung neu zu nennen sind, sollen hauptsächlich das aus Salpeter, Schwefel und Kohle bestehende Schwarzpulver ersetzen. Vor letzterem zeichnen sie sich neben größerer Billigkeit dadurch aus, daß sie durch Schlag oder Reibung nicht zur Entzündung gebracht werden können, und daß sie nur zwei Bestandteile enthalten, welche stets genau von derselben Beschaffenheit zur Vermischung kommen können, so daß das daraus hergestellte homogene Gemenge stets dieselben Eigenschaften bei seiner Verwendung als Schieß- und Sprengmittel zeigen muß. Der eine Bestandteil der neuen Schieß- und Sprengmittel ist ein wasserlösliches, salpetersaures Salz, den anderen Bestandteil bilden wasserlösliche Salze der verschiedenen Naphtalinsulfosäuren. Als Lösungsmittel dient ausschließlich Wasser, dessen Entfernung durch Verdampfung entweder bei gewöhnlichem Luftdruck oder zwecks Erniedrigung der Verdampfungstemperatur unter Anwendung von vermindertem Druck geschieht. Als Wärmequelle wird dabei Wasserdampf benutzt. Während des Verdampfungsprozesses wird das Lösungsgemisch durch Rühren usw. fortdauernd in starker Bewegung erhalten, um ein ungleichmäßiges Ausscheiden des einen oder des anderen Bestandteiles zu vermeiden, falls diese nicht die gleiche Löslichkeit im Wasser besitzen. Das nach dem Verdampfen des Wassers zurückbleibende trockene Salzgemenge ist völlig homogen und zeigt überall die gleiche chemische Zusammensetzung. Nachdem es in bekannter Weise gekörnt bzw. auf bestimmte Korngröße gebracht worden, ist es zur Verwendung als Schieß- und Sprengmittel fertig.

Beispiel:

In einer mit Rührwerk versehenen doppelwandigen Abdampfschale, deren Heizung durch Dampf erfolgt, werden 150 Liter Wasser zum Sieden erhitzt. Man trägt nun zuerst 23 kg naphtalin-β-monosulfosaures Natron, und sobald völlige Auflösung erfolgt ist, 77 kg salpetersaures Kali in das siedende Wasser ein, wobei die Flüssigkeit in stetem Sieden erhalten und das Rührwerk bewegt wird. Die entstehende Lösung der beiden Salze wird unter fortgesetztem Rühren zur völligen Trockne verdampft, das zurückbleibende Salzgemisch zerkleinert und durch Sieben auf bestimmte Korngröße gebracht.

In vorstehendem Beispiel kann das naphtalin-β-monosulfosaure Natron durch äquivalente Mengen anderer, ebenfalls wasserlöslicher Salze derselben oder einer anderen Naphtalinsulfosäure, das salpetersaure Kali ebenso durch andere wasserlösliche Nitrate ersetzt werden. Auch kann das Mischungsverhältnis der beiden Bestandteile innerhalb weiter Grenzen variiert werden, ebenso können mehrere Salze von Naphtalinsulfosäuren mit einem oder mehreren Nitraten, sowie mehrere Nitrate mit einem oder mehreren Salzen von Naphtalinsulfosäuren zur Vermischung gebracht werden. Die entstehenden Schieß- und Sprengmittel zeigen dann entsprechend verschiedene Eigenschaften.

Patentansprüche:

1. Die Herstellung von Schieß- und Sprengmitteln aus Gemischen von salpetersauren Salzen mit Salzen der verschiedenen Naphtalinsulfosäuren.
2. Das besondere Verfahren der Herstellung der im Anspruch 1. erwähnten Schieß- und Sprengmittel, darin bestehend, daß Gemische wässeriger Lösungen von Salzen der Naphtalinsulfosäuren und salpetersauren Salzen mittelst indirekten Wasserdampfes entweder bei gewöhnlichem Atmosphärendruck oder bei vermindertem Druck zur Trockne verdampft werden.

D.R.P. 84598 vom 14. April 1894. — Stanislaus von Romocki in Berlin.

Verfahren zum Rundkörnen von Schießpulvern.

Das Abmessen von Schießpulver ergibt um so gleichmäßigere Ladungen, je mehr sich die Form der Körner der Kugelform nähert. Auch die das Entzündetwerden und Abbrennen der Ladungen regelnden Kanäle zwischen den Pulverkörnern fallen bei dieser Form am gleichmäßigsten aus, so daß unter sonst gleichen Umständen rundkörniges Pulver stets die besten Präzisionsleistungen aufzuweisen hat.

Die bisher zum Rundkörnen von Schießpulvern versuchten Verfahren beruhen sämtlich darauf, daß die Pulverkörner in rotierenden Trommeln oder dgl. durch Einwirkung aufeinander abgerundet werden, und ergeben Pulver von geringer Dichte, welche die Vorteile der runden Körnerform illusorisch macht. Das vorliegende Verfahren beruht dagegen darauf, daß die Pulverkörner in plastischem Zustande (je nach der chemischen Beschaffenheit des Pulvers angefeuchtet oder erwärmt) zwischen drückenden Flächen gerollt werden.

Zu seiner Ausführung können alle Vorrichtungen Anwendung finden, welche sonst zum Abrunden von Getreide (zu Graupen), von Pillen usw. dienen.

Patentanspruch:

Das Rundkörnen von Schießpulvern durch Rollen zwischen drückenden Flächen, an deren Peripherie das abgerundete Pulver kontinuierlich abgegeben wird.

D.R.P. 129284 vom 7. Dezember 1899. — Georg Beneké in Kingsbury (England).

Den Gegenstand der vorliegenden Erfindung bildet ein Verfahren, um Sprengstoffe während eines Fabrikationsganges, d. h. bis zur völligen

Fertigstellung in einem Apparat herzustellen. Mittelst dieses Verfahrens erübrigt sich die weitgehende Vorbehandlung der Rohmaterialien und das häufige Umtransportieren derselben, sowie des noch unfertigen Sprengstoffgemisches von einer Vorrichtung zur anderen. Hierdurch wird einerseits eine bedeutende Zeitersparnis erzielt, andererseits die Fabrikation bedeutend verbilligt; ferner bleibt der Fabrikationsprozeß auf einen sehr kleinen Flächenraum beschränkt, so daß beispielweise die vollständige Fertigstellung des Sprengstoffes in einem Wagen oder dergleichen vorgenommen werden kann.

Das Wesen der Erfindung besteht in der Anwendung einer Kugelmühle, welche einen Anschließstutzen zum Hindurchblasen von heißer Luft durch das Trommelinnere besitzt, durch welche Kombination das folgende Fabrikationsverfahren des Sprengstoffes ermöglicht wird.

Zum Beginn der Fabrikation wird in die stillstehende Trommel der bisher auf besonderen Vorrichtungen getrocknete, stark hygroskopische Sauerstoffträger, wie Chile-, Ammoniak- oder Kalisalpeter eingeführt und mittelst Durchblasens trockener warmer Luft getrocknet. Hierauf werden die kohlenstoffreichen Bestandteile, wie Harz, Pech und dgl., sowie die sonstigen zur Sprengstoffherstellung verwandten Materialien in die Trommel hineingeschüttet, welche sodann in Rotation versetzt wird. Während des Rotierens erfolgt die innige Mischung der eingeführten Materialien, worauf nach erfahrungsgemäß festgestellter Zeit die Rotation der Trommel eingestellt wird. In die in Ruhe befindliche Trommel wird wieder mittelst des oben erwähnten Anschlußstutzens der Trommel heiße Luft oder Gas durch das Gemisch hindurchgeblasen, so daß ein An- oder Umschmelzen der Gemischbestandteile stattfindet. Nach Verlauf des Schmelzprozesses kann mittelst Durchblasens kühler Luft ein Abkühlen und Erhärten des verschmolzenen Gemisches herbeigeführt werden; die Trommel wird hierauf wieder in Rotation versetzt und das stellenweise zu Klumpen verdichtete Material dadurch pulverisiert.

Während der einzelnen Arbeitsperioden kann auf übliche Weise durch einen Mantel der Trommel Kühl- oder Heizwasser oder Luft geleitet werden, um die zu erzielende Wirkung nach Belieben verstärken zu können. Die einzelnen Operationen des Verfahrens sind also folgende:

1. Einführen des hygroskopischen Materials in die Kugelmühlentrommel;
2. Trocknen desselben mittelst Durchblasens warmer Luft;
3. Hinzufügen des Kohlenstoffträgers sowie der sonstigen Sprengstoffbestandteile zu dem Sauerstoffträger;
4. Vermischen obiger Materialien durch Rotation der Trommel;
5. An- oder Verschmelzen der Materialien bei stillstehender Trommel mittelst Hindurchblasens heißer Luft oder Gas mit hierauf event. erfolgendem geeigneten Abkühlen;
6. Vermahlen des verschmolzenen Produktes zu dem fertigen Sprengstoff.

Patentanspruch:

Verfahren zur Herstellung eines Sprengstoffs, dadurch gekennzeichnet, daß der ganze Fabrikationsgang — das Einfüllen, Trocknen, Vermischen, Verschmelzen und Pulvern der geeigneten Sprengstoffmaterialien — in einer und derselben mit geeigneten Vorrichtungen zum Erhitzen versehenen Kugelmühle von Anfang bis zu Ende durchgeführt wird.

D.R.P. 156979 vom 3. April 1903. — A. J. du Pont in Brandywine Hundred (V. St. A.).

Verfahren zum Glasieren von Schwarzpulver.

Das Glasieren des Schießpulvers pflegt man in hölzernen rotierenden Trommeln unter Luftzufuhr zum Abzug der Feuchtigkeitsdämpfe auszuführen. Die bei der gegenseitigen Reibung der Pulverkörner freiwerdende Wärme dient dazu, das Pulver zu trocknen, wozu etwa 20 Arbeitsstunden, d. h. zwei Tagesschichten, erforderlich sind. Feinpulver (Büchsenpulver) konnte man bisher überhaupt nicht allein, d. h. ohne Mischung mit gröberen Sorten, glasieren, da es bei einer zwanzigstündigen Bearbeitung in der Trommel fast ganz in Mehl aufgeht.

Man hat auch bereits andere Apparate an Stelle der hölzernen Zylinder vorgeschlagen und mit erwärmter Luft gearbeitet. So beschreibt die britische Patentschrift 5640 vom Jahre 1896 einen zum Trocknen von Schießpulver dienenden Vakuumapparat. Es mag dahingestellt bleiben, ob und inwieweit ein derartiger Apparat auch zum Glasieren von Pulver mit Vorteil Verwendung finden kann.

Zum Glasieren von Schieß-, Sprengpulver oder dergleichen verfährt man in der vorerwähnten Weise, wobei nach einem Verlauf von etwa 10 Stunden die in den Körnern enthaltene Feuchtigkeit in der Form eines wässerigen Dunstes aus der Trommel herausgetrieben ist. Hierauf wird die Drehung der Trommel für weitere 8 bis 10 Stunden fortgesetzt und dann Graphit in dieselbe gebracht, worauf die Trommel noch eine oder mehrere Stunden gedreht wird. Erst jetzt ist das Polieren und Glasieren der Pulverkörner beendet.

Während dieser langen Zeit wird natürlich durch die beständige Reibung der Körner eine nicht unbeträchtliche Menge feiner Staubteilchen erzeugt, welche sich teilweise an der Trommelwandung und teilweise an den Körnern festsetzen, wodurch das Glasieren derselben verhindert und die Ausbeute des Verfahrens vermindert wird. Das Glasieren sehr feiner Körner ist infolgedessen, wie bereits erwähnt, nur dann möglich, wenn dieselben erst mit gröberen Körnern gemischt werden, ehe sie in die Trommel kommen.

Zweck der vorliegenden Erfindung ist es nun, einerseits die Zeit des Verfahrens zum Glasieren von Pulverkörnern erheblich zu verkürzen, ohne daß dadurch die Sicherheit des Verfahrens in irgend einer Weise gefährdet wird, und andererseits auch das Glasieren feiner Pulverkörner (Büchsenpulver) zu ermöglichen, ohne daß dieselben vorher mit gröberen gemischt werden, wobei gleichzeitig die Ausbeute infolge der kürzeren Zeitdauer vermehrt wird, während die Kosten des Verfahrens verringert werden.

Zur Ausführung des Verfahrens werden, wie aus der Zeichnung (Fig. 45) ersichtlich, die Pulverkörner durch eine Öffnung *K* in die Trommel *A* gebracht, welche von einem Mantel *F* so umgeben ist, daß ein ringförmiger Raum *g* um die Trommel entsteht, welcher an den Enden durch die Deckel *a* der Trommel abgeschlossen wird. Nachdem die Pulverkörner in die Trommel gebracht sind, wird Öffnung *K* verschlossen und die Trommel in Umdrehung versetzt, so daß auf die Minute etwa 20 Umdrehungen kommen. Während dieser Umdrehungen wird dem die Trommel umgebenden Raum *g* durch in dem einen Lagerzapfen *D* der Trommel gebohrte Kanäle *i*, *i* und Rohre *h*, *h* Dampf von einer Temperatur von etwa 100° C zugeführt, welcher am anderen Ende der Trommel durch Rohre und in dem Lagerzapfen *E* gebohrte, aus der Figur nicht ersichtliche Kanäle wieder austritt. Die an diesem Ende der Trommel liegenden Rohre und Kanäle sind nämlich im rechten Winkel zu den Rohren *h*, *h* und Kanälen *i*, *i* am anderen Ende der Trommel angeordnet. Sobald die Körner bis auf 72° oder 77° C erhitzt werden, tritt die Feuchtigkeit im Verhältnis von etwa 1 bis 3% des Körnergewichtes an die Oberfläche und bildet einen wässerigen Dunst, welcher sich nach etwa $^3/_4$ Stunden von dem Beginn der Trommelumdrehungen an in genügender Menge ansammelt.

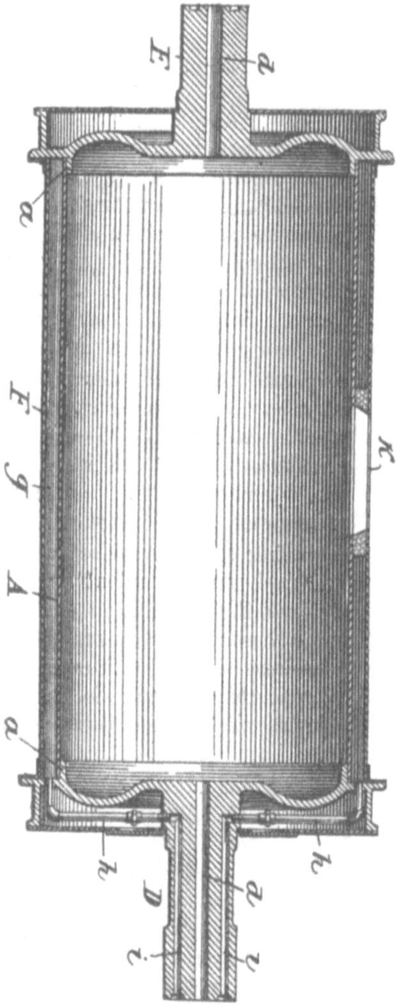

Der Dampf wird jetzt am Eintrittsende der Trommel abgestellt, welche sich nun während der weiteren Umdrehungen abzukühlen beginnt. Wenn dieses geschieht, schlägt sich der wässerige Dunst auf der Innenwandung der Trommel *A* nieder und nimmt dabei die infolge der Aneinanderreibung der Körner gebildeten Staubteilchen auf, welche sich in einer mehr oder weniger dicken Lage auf der Trommelwandung absetzen. Dieser Vorgang nimmt etwa eine Stunde in Anspruch, wonach die Körner gewissermaßen rein sind und die Glasur sich zu bilden beginnt. Zum Heraustreiben des noch rückständigen wässerigen Dunstes wird durch einen weiten Kanal *d* in dem Lagerzapfen *D* ein Luftstrom in die Trommel eingeführt, welcher zusammen mit dem wässerigen Dunst durch einen ähnlichen Kanal *d* in dem Lagerzapfen *E* am anderen Ende der Trommel wieder austritt; dies wird so lange fortgesetzt, bis alle Feuchtigkeit aus der Trommel entfernt ist. Nachdem dann zu passender Zeit Graphit in die Trommel gebracht worden ist, wird die Trommel noch für eine oder zwei Stunden gedreht, was von der Größe und der Art der Pulverkörner abhängt. Das Verfahren ist damit beendet, d. h. die Körner sind glasiert und trocken.

Nach Beendigung des Verfahrens und nach Herausnehmen der glasierten und polierten Körner aus der Trommel wird die Staublage von der inneren Trommelwandung entfernt, was am besten durch Einlassen von Dampf in den Dampfmantel geschieht, wodurch letzterer sich ausdehnt und die ziemlich dicke Staublage sich in Form eines Rohres ablöst. Alsdann wird Dampf in dieses Rohr gelassen, um dasselbe aufzuweichen und aufzubrechen, so daß bei der nachfolgenden Drehung der Trommel das Staubrohr zerbricht und die einzelnen Stücke aus der Öffnung *K* der Trommel herausfallen.

Wie oben erwähnt, ist die Temperatur des in den Raum *g* während des Beginnens des Verfahrens eintretenden Dampfes 100° C; in dieser Stufe des Verfahrens ist die Gefahr vorhanden, daß die Temperatur der Trommel *A* die Sicherheitsgrenze überschreitet. Sollte jedoch die Pulvermasse sich infolge der Reibung der Körner aneinander der Temperatur von 100° C nähern, so wird jede Überhitzung durch die Fähigkeit des Dampfes verhindert, das Übermaß an Wärme aufzunehmen und mit sich fortzuführen. Bei Anwendung von Niederdruckdampf ist 99° C die höchste innerhalb der Trommel sich bildende Wärme, wenn die Trommel 20 Umdrehungen in der Minute macht, so daß volle Sicherheit bei diesem Verfahren gewährleistet ist.

Patentanspruch:

Verfahren zum Glasieren von Schwarzpulver unter Benutzung einer rotierenden Trommel, dadurch gekennzeichnet, daß die einen Dampfmantel tragende Trommel zuerst bis zur völligen Abscheidung der Feuchtigkeit des Pulvers erwärmt und danach zwecks Kondensierung der vom Pulver abgeschiedenen Feuchtigkeit gekühlt wird, wobei ein Luftstrom durch die Trommel hindurchgeleitet werden kann, zu dem Zwecke, die nicht kondensierte Feuchtigkeit aus der Trommel auszutreiben und dadurch die Arbeitsdauer zu verkürzen.

D.R.P. 257319 vom 22. November 1911. — Dr. F. Raschig. Verfahren zur Herstellung von Sprengstoffmischungen durch gemeinschaftliches Verdampfen der gelösten Bestandteile.

Es ist bekannt, Sprengstoffe, anstatt deren Bestandteile durch Mahlen und Mischen zu reinigen, dadurch herzustellen, daß man die Bestandteile in gelöstem Zustande mischt und dann das angewendete Lösungsmittel nachträglich durch Verdampfen wieder entfernt. Diese Arbeitsweise soll den Vorteil einer vollkommenen Mischung der Sprengstoffe besitzen. Versuche haben jedoch ergeben, daß man nach solchen Verfahren wohl Sprengstoffe in kleineren Mengen herstellen kann, daß es aber hiermit nicht gelingt, größere Mengen solcher Sprengstoffe zu gewinnen, deren Bestandteile ein inniges, einheitliches Gemenge darstellen. Es tritt nämlich beim Arbeiten nach diesem Verfahren im großen eine Entmischung der Bestandteile ein, eine Gefahr, die um so größer ist, je größer die Mengen sind, die man auf diese Weise zur Trockne verdampft. Es ist nämlich nicht zu vermeiden, daß einige der Bestandteile früher als die andern zur Kristallisation gelangen, ein Vorgang, der durch das starke Rühren, das beim Eindampfen notwendig ist, nur noch unterstützt wird. Infolgedessen ist man auch in der Praxis von diesem Eindampfungsverfahren der wasserlöslichen Sprengstoffe abgekommen. Die vorliegende Erfindung hat nun ein Verfahren zum Gegenstande, mit dessen Hilfe es gelingt, die Nachteile der bekannten Arbeitsweise zu vermeiden und dabei doch die Vorteile zu erreichen, die das Mischen der Bestandteile der Sprengstoffe in gelöstem Zustande mit sich bringt. Vor allem ist aber das Moment der Gefahrlosigkeit hervorzuheben. Das Verfahren besteht darin, daß man Bestandteile der Sprengstoffmischung, z. B. Salpeter, als Sauerstoffträger und einen brennbaren Körper in Wasser auflöst und diese Flüssigkeit nun in an sich bekannter Weise in regelmäßigem schwachen Strome auf sich drehende, zweckmäßig durch Innendampf, auf über 100° geheizte Walzen laufen läßt. Dabei wird sie fast augenblicklich zur Trockne gedampft. so daß eine Entmischung ausgeschlossen ist; der Rückstand bleibt an den Walzen hängen und wird bei deren weiterer Drehung an passender Stelle vermittelst eines Messers abgeschabt. Auf solche Weise läßt sich ein Dauerbetrieb ermöglichen, bei dem in kurzer Frist immer nur ganz unbedeutende Sprengstoffmengen entstehen, die man sofort entfernen, verpacken und damit in gefahrlose Form bringen kann. Auf diesem Wege hergestellte Sprengstoffe enthalten Salpeter und Brennstoff in so inniger Mischung, wie sie durch die eingehendste mechanische Vermischung nie zu erreichen ist. Sie übertreffen daher Schwarzpulver und Sprengsalpeter erheblich an Wirkung. Als Sauerstoffträger bei diesem Verfahren kommen alle technisch anwendbaren Salpeterarten, also vornehmlich Kali-, Natron-, Ammon- und Kalksalpeter in Betracht, dann aber auch Chlorate und Perchlorate. Als Brennstoff dienen beispielsweise Zucker, Dextrin, Harnstoff oder dergl., namentlich aber auch die leicht, billig und in großen Mengen herstellbaren sulfosauren Salze der Teerdestillate, wie benzolmonosulfosaures Natrium, Kalium, Calcium oder Magnesium. Aber auch disulfosaure Salze haben sich als geeignet erwiesen, sowie Gemische aller dieser Substanzen.

Beispiel I: 74 Tle. Natronsalpeter und 26 Tle. benzolsulfosaures Natrium werden zusammen in Wasser gelöst und dann in regelmäßigem schwachen Strome auf sich drehende, durch Innendampf auf über 100° geheizte Walzen laufen gelassen und dort zur Trockne verdampft. Das zurückbleibende Pulver ist ein starker Sprengstoff vom Charaktar des Sprengsalpeters. 10 g davon erzeugen im Trauzlschen Bleiböller, vermittelst Zündschnur zur Explosion gebracht, eine Ausbauchung von 56 ccm (Schwarzpulver unter gleichen Verhältnissen 55 ccm).

Beispiel II: 87 Tle. Ammonsalpeter und 13 Tle. benzolsulfosaures Natrium hinterlassen beim gemeinschaftlichen Eindampfen der Lösung nach obigem Walzentrocknungsverfahren einen Sprengstoff, der, im Trauzlschen Bleiböller vermittelst Sprengkapsel zur Explosion gebracht, 380 ccm Ausbauchung erzeugt (Dynamit erzeugt 350 ccm).

Patentanspruch:

Verfahren zur Herstellung von Sprengstoffmischungen durch gemeinschaftliches Verdampfen der in Wasser gelösten Bestandteile, dadurch gekennzeichnet, daß man die Lösungen auf sich drehende, hoch erhitzte Walzen laufen läßt, wodurch ein fast plötzliches Eindampfen zur Trockne ohne Entmischung und ohne Zersetzung der Bestandteile erreicht wird.

C. Die Apparatur betreffende Patente.

D.R.P. 16712 vom 17. April 1881. — Berliner Maschinenbau-A.-G. L. Schwartzkopf in Berlin.

Neuerungen an Exzenterpressen für Fabrikation prismatischen Schießpulvers.

Bei den zurzeit im Gebrauch befindlichen Exzenterpressen zur Fabrikation prismatischen Schießpulvers geben die zur Erzeugung der Kanäle in gepreßtem Pulver notwendigen Nadeln infolge ihrer beträchtlichen Länge durch Verbiegen bzw. Brechen zu häufigen Betriebsstörungen bzw. lästigen Reparaturen Veranlassung.

Durch die in beiliegender Zeichnung dargestellte Nadelkonstruktion und Anordnung des Nadelbalkens ist die bisherige Länge der Nadeln um mehr als die Hälfte reduziert und gleichzeitig eine äußerst bequeme Auswechselung derselben erreicht.

Fig. 46 stellt im Detail die Nadelbefestigungen dar, und zwar für mehrere Nadeln.

Fig. 47 gibt die generelle Anordnung.

Die die Unterstempel tragende Traverse *a* ist ihrer Länge nach im Innern rechteckig ausgespart und nimmt in sich den Nadelbalken *b* auf, welcher an seinen Enden mit dem Preßgestelle verschraubt ist.

Durch diese Anordnung wird Raum zum Auswechseln der Nadeln nach unten hin gewonnen, ohne die Presse in sich höher bauen zu müssen.

Der Nadelbalken *b* ist entsprechend der Anzahl der Stempel durchbohrt und nach oben mit Röhren *d* versehen, welche mittelst durchbohrter und eingeschraubter Platten f geschlossen werden. Gegen diese Platten f werden die Nadelzylinder g mittelst der Gewindebolzen h gepreßt.

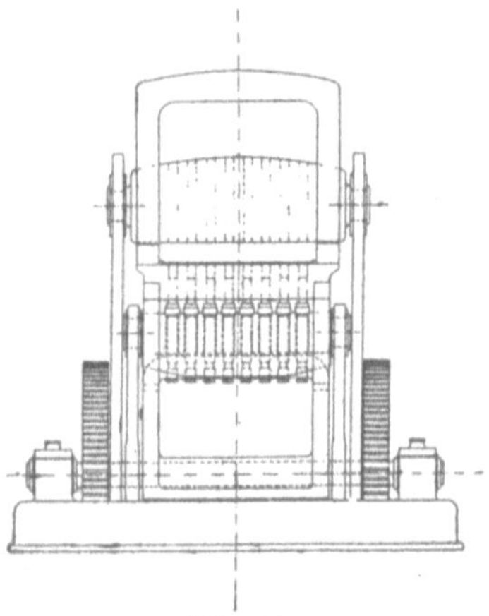

Fig. 46.

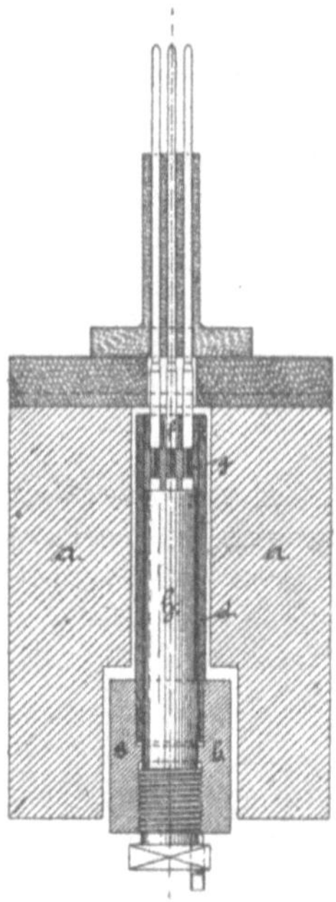

Fig. 47.

Patentanspruch:

1. Der in einen aus der unteren beweglichen Traverse A ausgesparten Hohlraum eingelassene, aus einem einzigen Stück bestehende horizontale Nadelbalken B, welcher zum Zwecke des Herausnehmens der Nadelträger G nach unten durchbohrt ist und in welchem, entsprechend der Stempelzahl der Presse, Rohre D befestigt werden, die ihrerseits die Nadelhalter G nebst Nadeln in sich aufnehmen.
2. Die Anwendung von vertikalen Rohren im Innern der Traverse in Verbindung mit Druckschrauben, zum Zwecke einer leicht montier- und demontierbaren Befestigung der Nadelzylinder und zur Erzielung möglichst kurzer Nadeln.

D.R.P. 16763 vom 17. Juli 1881. — Glaser in Berlin.

Der Erfinder ersetzt die bisher zum Pressen des Pulvers üblichen Stahl- oder Kupferplatten durch fein polierte Hartgummiplatten, welche den Vorzug größerer Elastizität haben und sich nicht oxydieren.

D.R.P. 20256 vom 4. April 1882. — H. Gruson in Buckau bei Magdeburg.

Neuerungen an Pressen für prismatisches Pulver.

Der Zweck der nachstehend beschriebenen Erfindung ist der, den

Mängeln der bisherigen Pressen für prismatisches Pulver abzuhelfen, welche dieselben außer Stand setzten, den erhöhten Anforderungen in bezug auf Dichtigkeit und Gleichmäßigkeit der Pressung des genannten Pulvers zu genügen.

Diese Mängel bestehen, kurz gesagt, darin, daß die Pressung zu kurze Zeit währt und daß die Körner während derselben eine große Bewegung in der Matrize machen müssen. Bekanntlich sind die Pressen für prismatisches Pulver Exzenterpressen. Die Preßstempel sind an zwei Traversen *G* und *J* befestigt, welche durch Exzenterstangen in

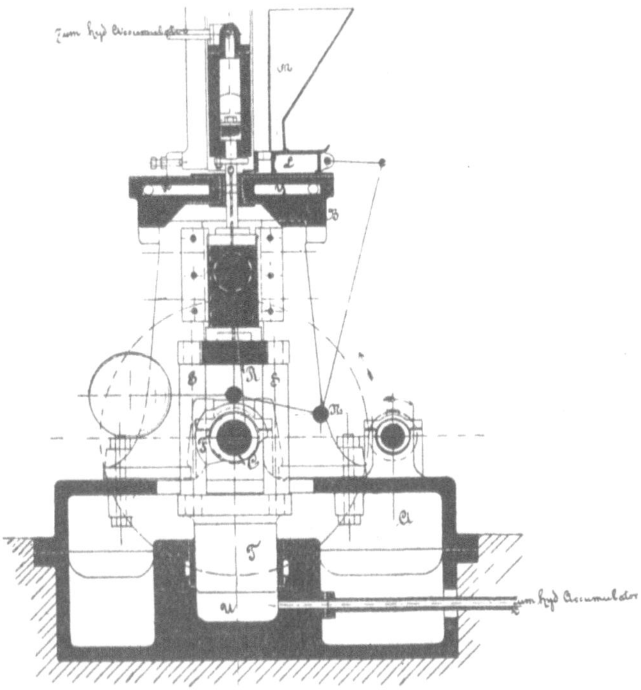

Fig. 48.

vertikalen Bahnen bewegt werden, so daß sich die Stempel in den Matrizen eines zwischen den Traversen angebrachten Tisches *B* begegnen. Die Füllung der Matrizen geschieht automatisch durch den mit entsprechenden Löchern versehenen Schieber *L* aus dem Füllkasten *M*.

Naturgemäß tritt infolge dieser Konstruktion nun ein Moment ein, in welchem die Stempel in Minimalentfernung voneinander stehen und die größte Pressung ausüben.

Zur Erreichung eines längeren Druckes ist es erforderlich, die Stempel bis zu einem gewissen Grade unabhängig von der Exzenterbewegung zu machen.

Letzteres ist zu erreichen:

1. durch eine elastische Befestigung der Stempel an den Traversen, so daß bei einem bestimmten, durch die gegenseitige Näherung der Stempel erzeugten Druck diese der Bewegung nicht mehr zu folgen brauchen, bis das Exzenter den toten Punkt berührt hat.

Die elastische Verbindung zwischen Stempel und Traverse kann indirekt auch durch elastische Zwischenlagen in den Lagern der Exzenterstangen hergestellt werden, mögen diese nun aus Federn oder aus hydraulischen bzw. Luftbuffern bestehen;

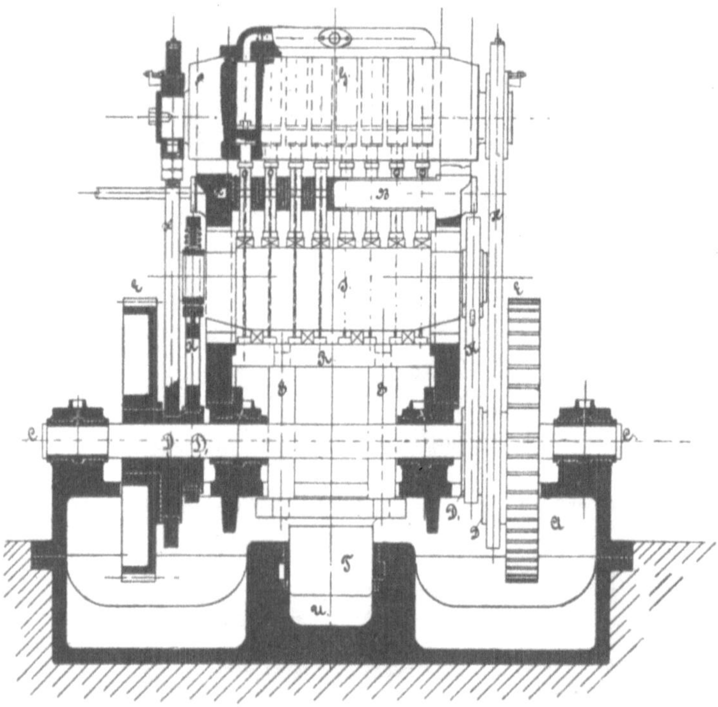

Fig. 49.

2. durch Unterbrechung der Bewegung der Traversen. Dieselben werden in diesem Falle von dem Gestell, mit oder ohne elastische Zwischenlage, aufgefangen und arretiert, weshalb die Lager der Exzenterstangen den nötigen Spielraum haben, um die Bewegung allein fortsetzen zu können.

Bei den in beiligenden Zeichnungen dargestellten Konstruktionen sind zur Veranschaulichung der beiden Methoden die Oberstempel elastisch an der oberen Traverse befestigt, während die Bewegung der unteren Traverse unterbrochen wird.

Die Presse besteht aus dem Gestell A, dem Tisch B, der Welle C mit den Exzenterpaaren $D\,D$, den Antriebrädern $E\,E$ und dem Schieberexzenter F; ferner aus der oberen Traverse G mit den Exzenterstangen HH, der unteren Traverse J mit den Exzenterstangen KK, dem Schieber L, dem Füllkasten M und der Antriebwelle N.

Die oberen Stempel O sind nicht fest an die Traverse G angeschraubt, sondern stützen sich auf hydraulische Kolben, welche sich in entsprechenden Ausbohrungen der Traversen bewegen.

Diese Ausbohrungen stehen mit einem Kanal P miteinander und mit einem Akkumulator in Kommunikation, zu welchem letzteren Zweck eine bewegliche Rohrverbindung eingeschaltet ist, die der Traverse das Auf- und Niedergehen gestattet. Durch den Akkumulator kann der Druck auf die Kolben und somit der Maximaldruck beliebig reguliert werden.

Die Buffervorrichtung für die untere Traverse wird durch einen einzigen hydraulischen Zylinder U gebildet, dessen Kolben T mittelst der Säule S die Platte R trägt, auf welche sich die Traverse auflegt. Der Zylinder steht natürlich mit dem Akkumulator in Verbindung. Auf der Platte R können zugleich die Nadeln befestigt werden.

Nach der Pressung werden die Pulverkörner durch die Bewegung der unteren Traverse wieder, wie bisher üblich, aus der Matrize herausgedrückt.

Eine weitere Neuerung der vorliegenden Konstruktion besteht darin, daß die Matrizen zur Erleichterung der Pressung angewärmt werden. Die seither bei der Fabrikation des prismatischen Pulvers gewonnenen Erfahrungen zeigen nämlich, daß die Herstellung von prismatischem Pulver unmöglich ist, wenn die Temperatur im Arbeitsraum unter einen gewissen Grad sinkt.

Um nun die unvermeidlichen Schwankungen dieser Temperatur unschädlich zu machen und auch unter hoher Temperatur arbeiten zu können, ist an der Maschine selbst eine Vorrichtung angebracht, welche dem unter der Presse befindlichen Pulver die nötige Wärme zuführt.

Zu diesem Zweck sind in dem Tische eine Anzahl Hohlräume X und Y angebracht, in welche behufs Erwärmung der Matrizen Dampf oder heißes Wasser eingeleitet werden kann. Andererseits kann diese Erwärmung auch durch Zirkulationsrohre Z bewirkt werden, welche den Tisch umgeben.

Patentansprüche:

An Pulverpressen:

1. Die Vorrichtung zur Hervorbringung eines elastischen Druckes mittelst Gummifeder, hydraulischer oder Luftbuffer.
2. Die Vorrichtung zum Anwärmen der Matrizen, bestehend aus den mit Dampf oder heißem Wasser zu füllenden Hohlräumen XY oder Röhren Z.

D.R.P. 22734 vom 6. Dezember 1882. — Wilhelm Lorenz in Karlsruhe.

Stempel und Matrizen zur Herstellung von prismatischem Pulver.

Die Stempel und Matrizen bestehen aus einer Kombination von Stahlformen mit einem besonders hergestellten Futter oder Überzug, und liegt das Charakteristische dieser Kombination einesteils darin, daß die Stahlstempel und Matrizen in ihrem Kern bzw. ihrem Mantel runde Begrenzungen zeigen, also auf der Drehbank hergestellt werden, während die Futter oder Überzüge die erforderlichen Sechskante erhalten, andererseits darin, daß diese Futter oder Überzüge von Bronze, Stahl oder sonst passendem Material unter starker Komprimierung durch Pressen und Ziehen in die Stahlmäntel bzw. um die Stahlstempel ein- bzw. umgezogen werden.

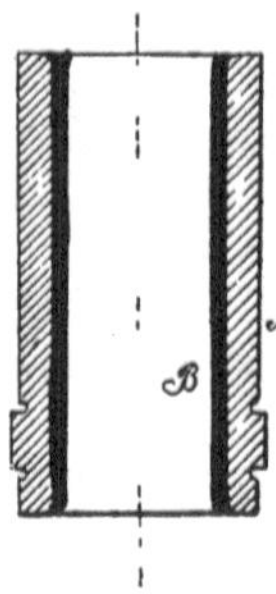

Fig. 50.

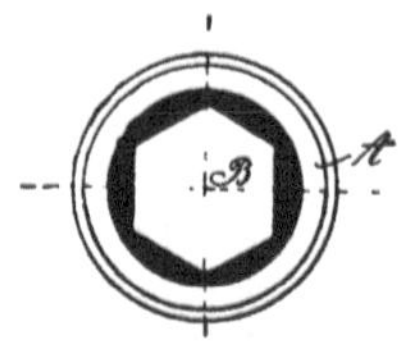

Fig. 51.

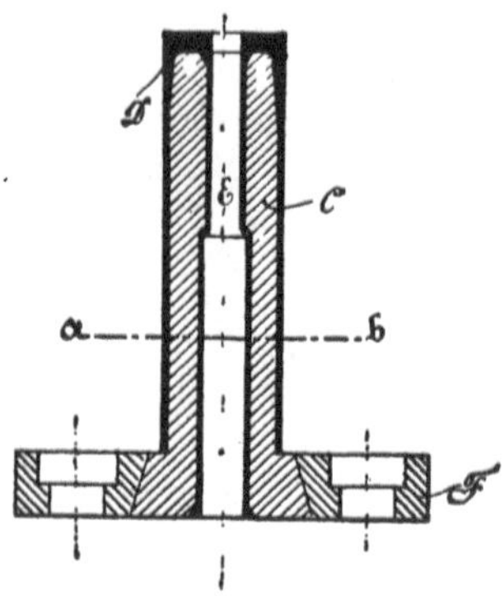

Fig. 52.

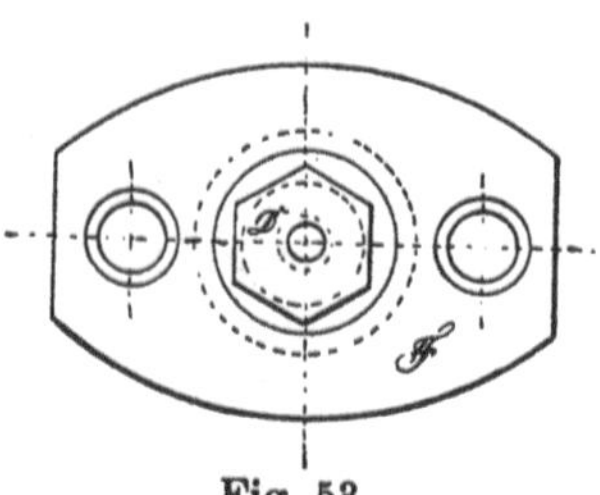

Fig. 53.

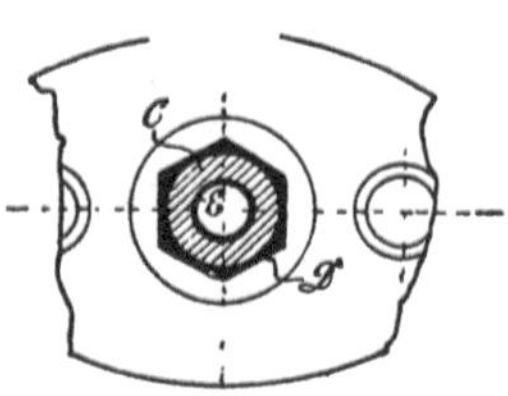

Fig. 54.

Da die hierzu erforderlichen sechskantigen Ziehstempel und sechskantigen Matrizen gleich die richtige Begrenzung der Sechskante erzeugen, fällt jede andere Bearbeitung solcher gewissermaßen zweiteiligen Formen fort und können mit leichter Mühe und geringen Kosten mit einmal vorhandenen Werkzeugen größere Quantitäten solcher Formen hergestellt werden. Die Widerstandsfähigkeit ist durch die Stahlwandung der Matrize wie den Stahlkern des Stempels vorteilhaft gewährleistet.

Sind diese Futter bzw. Überzüge abgenutzt, so werden sie auf irgendwelche passende Weise von den Stahlformen entfernt und letztere in gleicher Weise, wie vorher beschrieben, mit neuem Futter oder Überzug versehen, welche Manipulation wiederum ungleich billiger ist, als die sonst notwendige Herstellung vollständig neuer Gußstahlformen mit allen ihren Schwierigkeiten bei deren Herstellung und Härtung.

Es ist selbstverständlich, daß auch je nach Bedarf jede andere polygonale Begrenzung solcher zweiteiligen Formen in beschriebener Weise erzeugt werden kann.

In Fig. 50 und 51 ist im Schnitt und Grundriß eine Matrize dargestellt, wie solche bei der Fabrikation von prismatischem Geschützpulver angewendet werden. *A* ist der Stahlmantel, *B* das Futter, zweckmäßig von Bronze oder Stahl. Fig. 52, 53 und 54 zeigen einen Stempel mit derartigem Überzug. *C* ist der Stahlkern, *D* der Überzug und *E* eine weitere Ausfütterung der Stempelbohrung, gleichfalls durch Ziehen hergestellt. *F* ist der Flantsch, womit der Stempel an den Maschinenstempeln befestigt wird.

Patentansprüche:

1. Prismenstempel und -matrizen, zusammengesetzt aus einem runden Kern bzw. einem Mantel von runder Bohrung und einem vielkantigen Überzug bzw. vielkantigen Futter.
2. Der vielkantige Überzug bzw. das vielkantige Futter solcher Prismenstempel und Matrizen mittelst Ziehens und Pressens aus komprimiertem harten Metall herzustellen, die nach der Abnutzung entfernt werden können, so daß hiernach dieselben Stempel oder Matrizen mit neuem Überzug bzw. neuem Futter versehen werden können.

D.R.P. 25833 vom 24. Mai 1883. — Julius Pichler und Alfred Fels in Wr. Neustadt (Österreich-Ungarn).

Verfahren und Apparate zur Herstellung von Schwarzpulver.

Der Verwendung von Sprengpräparaten aller Art, sowie insbesondere der zu den verschiedensten Zwecken dienenden Spreng- und Schießpulvergattungen stellt sich bis jetzt noch immer ein großes Hindernis, der gefahrvolle Transport entgegen. Eisenbahnen sowohl, als sonstige Transportunternehmungen besorgen die Verfrachtung von Spreng- und Schießpräparaten, überhaupt von Explosivstoffen nur bedingungsweise, während sie die Verfrachtung der Elementarbestandteile solcher Präparate wegen ihrer vollständigen Gefahrlosigkeit anstandslos ausführen.

Der Gedanke, diese Elementarbestandteile, z. B. für Schießpulver: Kohle, Salpeter und Schwefel, in fertig vorgerichtetem Zustand, aber getrennt voneinander zu transportieren und die Fertigstellung des Pulvers erst an dem Ort des Verbrauches durch eine einfache Methode zu bewerkstelligen, liegt daher sehr nahe und ist dieser Gedanke der Erfindung zugrunde gelegt.

Die Methode der Pulvererzeugung besteht aus höchst einfachen Prozessen, die eine vollständige Gefahrlosigkeit verbürgen. Die betreffenden Bestandteile des zu fabrizierenden Sprengpräparates, Schießpulvers usw. kommen in entsprechend hergerichtetem, pulverisiertem Zustand in dem bestimmten Mischungsverhältnis in eine Mischvorrichtung, werden dort gemischt und angefeuchtet, dann eingedampft, gekörnt und schließlich getrocknet.

Die Anordnung und Einrichtung der zur Durchführung dieser Prozesse nötigen Apparate ist in beiliegenden Zeichnungen dargestellt, und zwar zeigt:

Fig. 55 einen Plan einer solchen Anlage,
Fig. 56 einen Aufriß derselben im Längsschnitt,
Fig. 57 eine Mischtrommel in Ansicht, teilweise im Schnitt,
Fig. 58 einen Abdämpfer oder Duplikator im Schnitt und
Fig. 59 die Trockenpfanne im Längsschnitt und in der Oberansicht.

Wie aus Fig. 55 und 56 ersichtlich, zergliedert sich die Anlage in zwei Gruppen: 1. in die der Pulverfabrikation und 2. in diejenige der

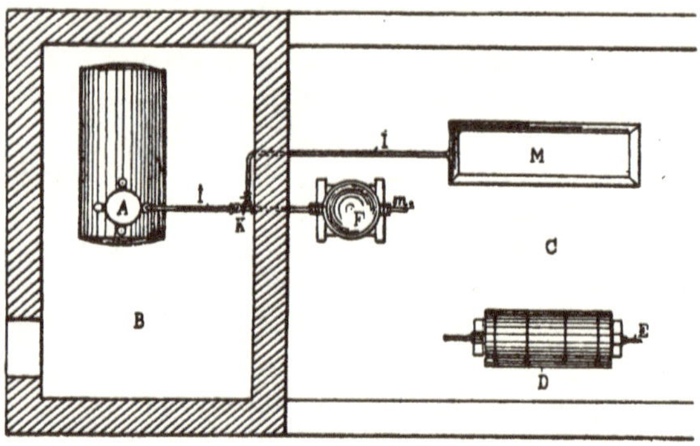

Fig. 55.

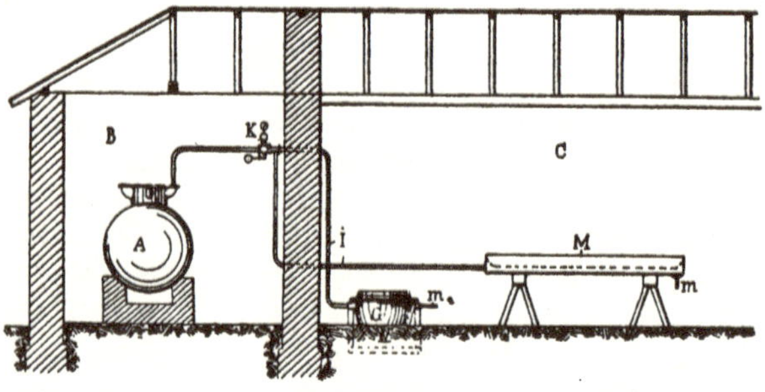

Fig. 56.

Dampferzeugung. Die strengste Sonderung dieser beiden Abteilungen ist wegen der bei der Dampfkesselheizung bestehenden Feuerung absolut notwendig.

Ein Dampfgenerator *A* beliebiger Konstruktion ist zu diesem Zweck in einem geschlossenen Raum *B* untergebracht und liefert den zu unserer Methode der Pulverfabrikation notwendigen Dampf.

In einem beliebigen Nebenraum *C* sind dagegen die zur Fabrikation dienenden Apparate und Utensilien aufgestellt und mit dem Dampfgenerator durch Rohrleitungen in Verbindung gebracht; ebenso können diejenigen Apparate, welche zu ihrer Arbeit auch mechanische Kraft erfordern, im Falle des Vorhandenseins eines Motors auch mit diesem durch Transmissionen verbunden werden. Statt die Pulvererzeugung, wie hier gezeigt, in geschlossenen Räumen unterzubringen, kann der Raum, wo der Dampf erzeugt wird, von dem Raum, wo das Pulver fabriziert wird, auch bloß durch eine aufgeführte Mauer getrennt sein.

Wie schon erwähnt, bildet die Mischung der einzelnen Bestandteile der zur Fabrikation gelangenden Präparate den Beginn der Operationen, wozu wir mit Vorteil eine Mischtrommel, Fig. 57, anwenden. Dieselbe besteht aus einer konischen oder zylindrischen Holz- oder Metalltrommel D, in deren Stirnwänden D_1 die Achsstummeln $d\,d^1$ befestigt sind. Der eine dieser Achsstummel d ist hohl und gestattet durch seine Stopfbüchse den dichten Eintritt eines Rohres E, das in eine an der Stirnwand D_1 befestigte Brause e ausmündet und zur Zuleitung von Wasser, Dampf oder auch von anderen Flüssigkeiten, die eventuell Bestandteile des herzustellenden Spreng- oder Schießpräparates bilden können, dient. Der zweite Achsstummel d_1 trägt die Antriebskurbel d_2, eventuell Riem-

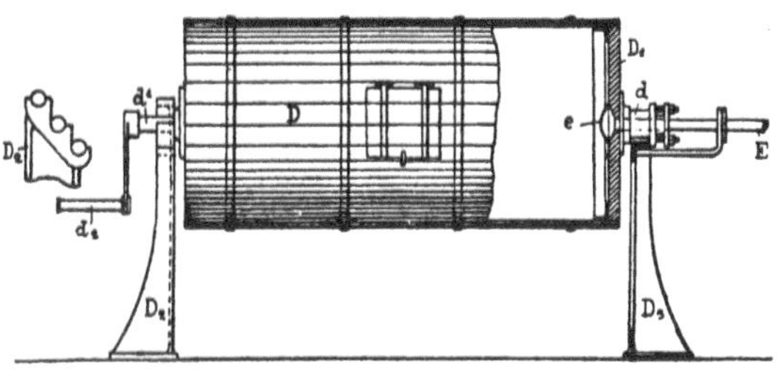

Fig. 57.

scheibe und ist in ersterem Falle in einem Stufenlager D_2 gelagert, während der Achsstummel d in einem festen Lager D_3 ruht. Die Trommel D ist mit einer verschließbaren Tür versehen und enthält eine Anzahl Kugeln, welche die innige Mischung der Charge besorgen. Um nun diese Kugeln in jede beliebige Richtung der Trommel kollern zu lassen, ist es erforderlich, die Trommel nach Belieben schief stellen zu können, wozu das Stufenlager oder ein beliebiges anderes Stellager D_2 angebracht ist. Das Mischen selbst geschieht in nassem Zustande. Die in diesem Apparat hergestellte feuchte Masse wird nach ihrer Dechargierung in den Duplikator, Fig. 58, gebracht, um dort in eine teigartige Masse verwandelt zu werden.

Dies geschieht bei sorgfältig regulierter Temperatur, die von der Entzündungstemperatur des betreffenden Präparates abhängt, dieselbe aber nie erreichen darf und eine regelmäßige Eindampfung des Gemenges bewirkt, wobei der hierzu verwendete Apparat eine weitere innige Mischung des Präparates durch Umrühren gestattet. Zu diesem Zweck besteht der Duplikator aus einem Kessel F, der zur Aufnahme der Charge dient und welcher in den Hohlraum eines zweiten Kessels G dicht abgeschlossen hängt. Dieser zweite Kessel G, welcher als Dampfmantel um den ersteren, F, zu betrachten ist, hängt mittelst zweier Hohlzapfen g und g_1 mit Stopfbüchsen in zwei Lagern H und gestattet somit ein Kippen je nach Bedarf. Durch den Hohlzapfen g geht ein Dampfrohr I, welches den Dampfmantel des Duplikators mit dem Dampfkessel A verbindet. Da jedoch im Dampfgenerator eine beliebige Spannung herrschen kann, im Duplikator aber eine bestimmte, dem in Arbeit befindlichen Präparate entsprechende Temperatur genau eingehalten werden muß, so ist in der Dampfrohrleitung I ein Druckregulator (Dampfdruckreduktionsventil) K eingeschaltet, der, dem Dampfdruck gemäß, welcher der erforderlichen Temperatur im Duplikator entspricht, jeweilig eingestellt wird und diese Temperatur dann genau festhält

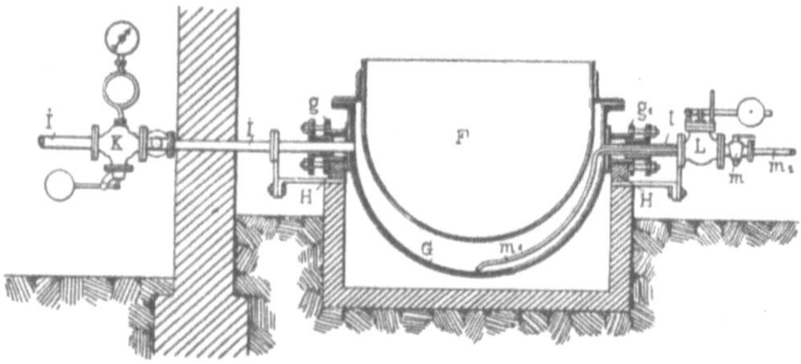

Fig. 58.

Durch den zweiten Hohlraum g_1 des Duplikators geht ein kurzer Rohrstutzen l, welcher mit Sicherheitsventil L kommuniziert, um bei allenfalls vorkommenden Störungen noch eine zweite Sicherung gegen die Überhitzung des Präparates zu haben. An das Sicherheitsventil L schließt sich ein kleiner Kondensationswasserwechsel m an, dessen Rohr m_1 durch das Sicherheitsventil L und durch das Rohr l passiert und am tiefsten Punkt des Duplikators endigt, um von dort das Kondensationswasser abzuleiten und durch das Kondensationswasserrohr m_2 abzutreiben. Die regelmäßige Arbeit mit diesem Duplikator erzeugt eine teigartige Masse, welche durch Umkippen und Ausleeren derselben in beliebige Gefäße nunmehr durch beliebige bekannte Methoden in Körner- oder Pulverform gebracht wird. Die ganze Charge dieses gekörnten oder losen Präparates wird nunmehr zur vollständigen Entfernung der restierenden Feuchtigkeit in eine Trockenpfanne, Fig. 59, gebracht.

Dieselbe besteht ebenfalls aus zwei ineinander hängenden Pfannen, von denen die obere, M, mit schrägen oder geraden Seitenwänden in die untere Pfanne N dicht eingenietet ist. Die Böden der beiden Pfannen können durch Stehbolzen n miteinander verbunden oder sonst beliebig versteift sein. Der Dampfeintritt in den Zwischenraum der beiden Pfannen M und N erfolgt durch den Stutzen i, der mit der Dampfleitung I in Verbindung gebracht wird. Der Austritt des Kondensationswassers geschieht wieder durch einen Stutzen mit Kondensationswasserventil oder Wechsel m. Bei Verwendung von gespannten

Dämpfen zur Heizung wird bei der Trockenpfanne in gleicher Weise wie beim Duplikator ein Dampfdruckregulator (Dampfdruckreduktionsventil) und Sicherheitsventil angebracht. Bei Verwendung von Warmwasser oder Niederdruckdämpfen mit bestimmt eingehaltener Temperatur

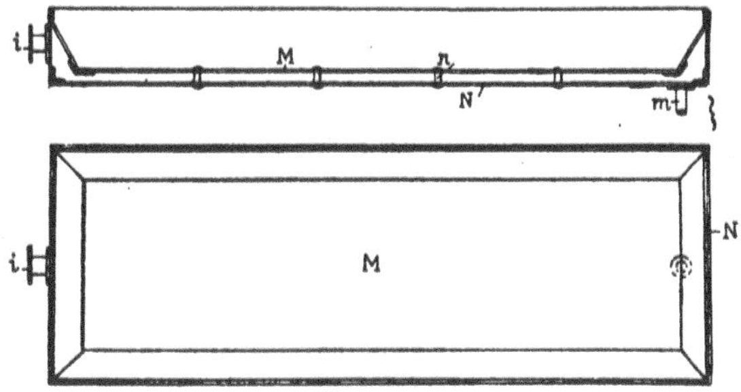

Fig. 59.

im Generator oder bei Anwendung von Retourdampf einer Dampfmaschine zum Heizen der Apparate entfallen selbstverständlich das Dampfdruckreduktions- und Sicherheitsventil für den Duplikator und die Trockenpfanne. Durch die unter entsprechendem Umrühren mittelst Maschine oder von Hand erfolgte Arbeit in der Trockenpfanne wird das Spreng- oder Schießpräparat fertiggestellt und kann dann noch, wie dies bisher bei der Pulverfabrikation üblich, einem Sortierprozeß unterworfen werden.

Zum Schluß seien noch einige neuere ausländische Patente mitgeteilt.

Engl. Patent 17880 vom 17. August 1904. — Harold Boyd in London.

Der allgemeinen Verwendung der auf der Basis von Natronsalpeter hergestellten Sprengstoffe steht bekanntlich ihre geringe Widerstandsfähigkeit gegen Feuchtigkeit entgegen. Bei vorliegendem Verfahren wird der Natronsalpeter mit solchen Substanzen gemengt, welche einerseits die einzelnen Salpeterpartikelchen umhüllen und vor Feuchtigkeitsaufnahme schützen, andererseits die explosive Wirkung noch durch große Gasentwicklung unterstützen. Zu diesem Zweck wird der Natronsalpeter zunächst mit Harz und Naphtalin in Mengen, die etwa $^1/_3$ des angewendeten Salpeters entsprechen, vermischt und diese Mischung gleichzeitig mit Petroleum oder dergl. besprengt. Hierauf fügt man der Masse noch gepulverten Petroleumschiefer und Schwefel ($^1/_2$ bzw. $^1/_3$ der Menge des Salpeters) hinzu und mahlt das Ganze nochmals etwa eine Stunde lang, wobei eventuell zur Abschwächung der explosiven Wirkung noch andere geeignete bekannte Stoffe zugesetzt werden können. Als besonders vorteilhaft wird folgende Mischung empfohlen:

Natronsalpeter	35 %,
Harz	10 %,
Naphtalin	10 %,

Petroleumschiefer . . .	15 %,
Schwefel	10 %,
Sonstige Substanzen . .	20 %.

Französ. Patent 357233 vom 25. August 1905. — Soc. anon. de la Poudrerie de Ben-Ahin (Belgien).

Das Verfahren bezweckt, auf der Basis von Natronsalpeter Explosivstoffe herzustellen, welche sehr beständig sind und je nach der Zusammensetzung ausgezeichnete Sprengpulver darstellen. Das Verfahren besteht im wesentlichen darin, daß man den fein gemahlenen und getrockneten Natronsalpeter mit einem geschmolzenen oder flüssigen Kohlenwasserstoff oder Nitrokohlenwasserstoff der Fettreihe derartig vermischt, daß die Salpeterpartikelchen vollständig von diesen Stoffen umhüllt und dadurch dem Einfluß der Atmosphäre entzogen werden. Man erhält hierbei, je nachdem flüssige oder feste Kohlenwasserstoffe usw. angewendet wurden, eine pulverförmige bzw. teigartige Masse, die dann zwecks Herstellung von Sprengpulvern mit Schwefel und Holzkohle gemischt wird. Zusammensetzung z. B.:

Natriumnitrat	55 bis 70 %,
Kohlenwasserstoff . . .	10 bis 20 %,
Schwefelblumen	6 bis 12 %,
Holzkohle	10 bis 16 %.

Amerik. Patent 813020 vom 3. August 1904. — J. J. du Pont in Wilmington.

Gegenstand der Erfindung ist ein Schwarzpulver, in welchem ein Teil der Kohle durch Stärke ersetzt ist. Zur Herstellung desselben vermischt man 7 % Stärke mit 74 % Salpeter, 8 % Schwefel und 11 % Kohle; alsdann setzt man 5 bis 15 % Wasser hinzu und unterwirft die Mischung einige Zeit einer Temperatur von 50 bis 100°. Die Stärkekörner schwellen infolge dieser Behandlung an und geben mit den übrigen Bestandteilen eine Paste, die sich leicht in Kornform bringen läßt. Zum Schluß wird das Pulver in üblicher Weise getrocknet.

Amerik. Patent 806025 vom 2. Oktober 1903. — Theodor Unge in Stockholm.

Für langsam brennende, hauptsächlich als Gaserzeuger dienende Pulversätze, wie solche z. B. für Zeitzünder, Raketen, Lufttorpedos benutzt werden, ist es zweckmäßig, den einzelnen Partikelchen der Mischung durch Zusatz eines nicht flüchtigen Öles eine größere Beweglichkeit gegeneinander zu verleihen, dadurch gleichzeitig ihre Elastizität zu erhöhen und ihre hygroskopischen Eigenschaften zu verringern. Infolge der gesteigerten Beweglichkeit der Teilchen ist die Masse, wenn sie in einer Kammer eingeschlossen ist, bestrebt, diese vollkommen auszufüllen und sich dicht an die Wandungen anzulegen. — An Stelle eines nicht flüchtigen Öles können auch andere nicht flüchtige Fette verwendet werden, und zwar genügen bereits Mengen von 0·001 bis 0·003 des Gesamtgewichtes des Pulversatzes, um den gewünschten Effekt zu erreichen.

Vierter Abschnitt.

„Fabrikation."

A. Herstellung der gekörnten Schwarzpulver.

a) Allgemeine Übersicht über die hierbei in Betracht kommenden Verfahren, Maschinen und Apparate.

Bei der Fabrikation des Schwarzpulvers muß das Hauptgewicht auf drei Punkte gelegt werden. Zunächst müssen die Bestandteile tunlichst fein gekleint werden, damit Molekül sauerstoffabgebender Substanz möglichst nahe an Molekül sauerstoffaufnehmender Substanz gelagert, der Reaktionsverlauf bei der Explosion also soweit wie angängig beschleunigt wird. Zu diesem Zwecke muß dann selbstredend auch das auf das Kleinen folgende Mengen der Bestandteile so innig wie möglich erfolgen. Und endlich muß dem gemengten Satz je nach dem beabsichtigten Verwendungszweck eine mehr oder weniger große Dichte erteilt werden. Zu diesen drei Hauptarbeiten des Kleinens, Mengens und Dichtens, also der Erzeugung des eigentlichen Pulverkuchens, die, wie wir gleich noch näher sehen werden, in verschiedener Weise durchgeführt wird, kommen dann noch folgende, für die Erzielung eines einwandfreien Pulvers gleichfalls sehr wichtigen Arbeiten hinzu: Körnen (event. Rundieren, Komprimieren), Entstauben, Trocknen (Vortrocknen, Fertigtrocknen), Polieren (Vor- oder Grünpolieren, Fertigpolieren), Ausstäuben (Stäuben, Ausstäuben), Sortieren, Mengen (Vermengen).

Was nun zunächst das Kleinen, Mengen und Dichten, also die Erzeugung des eigentlichen Pulverkuchens angeht, so haben sich hierfür im Laufe der Zeit folgende Hauptarbeitsverfahren, die naturgemäß in den einzelnen Ländern mehr oder weniger abweichend fortentwickelt wurden, eingeführt:

I. In den ältesten Zeiten erfolgte das Kleinen, Mengen und Dichten in einer einzigen Operation. Aus diesem ältesten und einfachsten Verfahren entwickelte sich späterhin noch der die Bildung eines besonderen Pulverkuchens umgehende „procédé révolutionaire", dem gleichfalls viele Mängel anhaften.

II. Die einzelnen Bestandteile werden für sich gekleint (entweder jeder getrennt vom andern, oder der Schwefel mit einem der beiden anderen zusammen). Die gekleinten Bestandteile werden dann entweder

a) in einer einzigen Operation gemengt und gedichtet, oder
b) vorgemengt (event. zuerst Binärsätze und dann der Ternärsatz) und hierauf gedichtet (gepreßt).

I. Ältere Verfahren.

Beim Kleinen, Mengen und Dichten in einer Operation gelangten sowohl Stampfmühlen (sehr selten, z. B. in der Schweiz eine Art Schwanzhammer) wie Kollergänge zur Benutzung. Die Stampfmühlen haben sich unstreitig aus den Handmörsern, die entweder aus Holz oder Stein bestanden, und zu denen als Pistill ein entsprechend geformter Holzstempel gehörte, entwickelt. Diese Handmörser standen zur Pulverbereitung im 14. und 15. Jahrhundert durchweg in Benutzung. Man gab in sie die einfach abgewogenen, also noch nicht gekleinten Bestandteile hinein und verarbeitete diese dann tunlichst innig. Abgesehen von der Gefahr, lieferte diese Methode naturgemäß nur ein mangelhaftes, schlechtgemengtes Pulver und erforderte außer großem Kraftaufwand viele Arbeiter. Um den Kraftaufwand herabzudrücken, hing man später den Stößel an einer Art Wippe auf und gelangte auf diesem Wege zum mechanisch betriebenen Stampfwerk, der Stampfmühle, bei welchem die Produktion wesentlich gesteigert, der Arbeiterbedarf aber infolge des durch Roßgöpel, Wasser- oder Windrad erfolgenden mechanischen Antriebes beträchtlich eingeschränkt wurde.

Die erste Stampfmühle zur Pulverfabrikation wird Harscher in Nürnberg um das Jahr 1435 errichtet haben und verbreiteten sie sich dann sehr schnell, so daß sie in der zweiten Hälfte des 15. Jahrhunderts bereits fast in allen europäischen Ländern eingeführt waren. Georg Andreas Böckler bildete schon in seinem 1686 zu Nürnberg erschienenen: „Teatrum machinarum novum" eine Stampfmühle ab, welche mittelst eines Wasserrades betrieben wurde. Die Ausführung dieser Stampfwerke, die als reine Schwerkraftpochwerke anzusprechen sind und auf das zu verarbeitende Gut reine Schlagwirkungen ausüben, sich daher vorwiegend zum Zerkleinern spröder, harter Stoffe eignen, deren Zusammenhang durch einen kräftigen Stoß sofort aufgehoben werden kann, ist nun bis auf den heutigen Tag im großen und ganzen dieselbe geblieben, Auch erfolgt ihr Antrieb in der Mehrzahl der Fälle noch nach wie vor durch Wasserräder, seltener durch Pferdegöpel oder dgl. Ein Stampfwerk der gewöhnlich üblichen Bauart, wie es unsere Abbildung (Fig. 60) in Seitenansicht und Grundriß zeigt, besteht aus zwei Batterien oder Stempelsätzen A und B, von denen in dem gewählten Beispiel jede 21 Stempel (in Frankreich 8 bis 12, in anderen Ländern 7 bis 10 und mehr) besitzt. Die Stempel (Stampfer, Pochschießer) d sind aus rund 20 kg schweren, vierkantigen Buchen- oder Ahornhölzern gefertigt und viel-

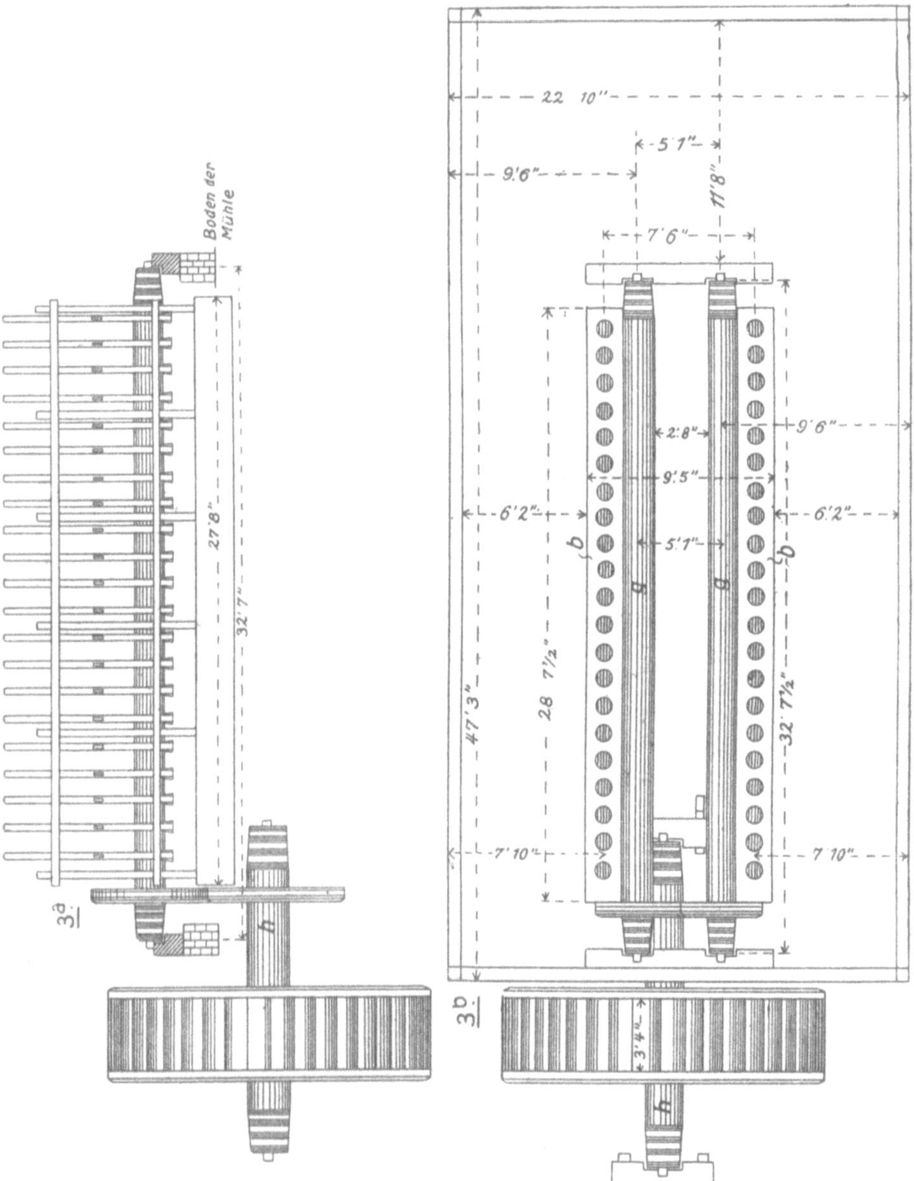

Fig. 60. Stampfwerk normaler Bauart mit Wasserrad-Antrieb. Seitenansicht und Aufriß.

fach 2 bis 3 m lang bei 10 cm Stärke. Sie werden, wie aus unserer Abbildung (Fig. 61) des näheren zu ersehen, oben und unten durch Führungsbalken *c*, *d* in senkrechtem Sinne geführt und tragen seitlich die sogenannte Hebelatte *e*, welche in einen Schlitz des Stampfers verstellbar festgekeilt, mit den Hebedaumen *f* der Welle *g* zusammenarbeitet. Um ein vorzeitiges Abnutzen des unteren Stempelendes zu

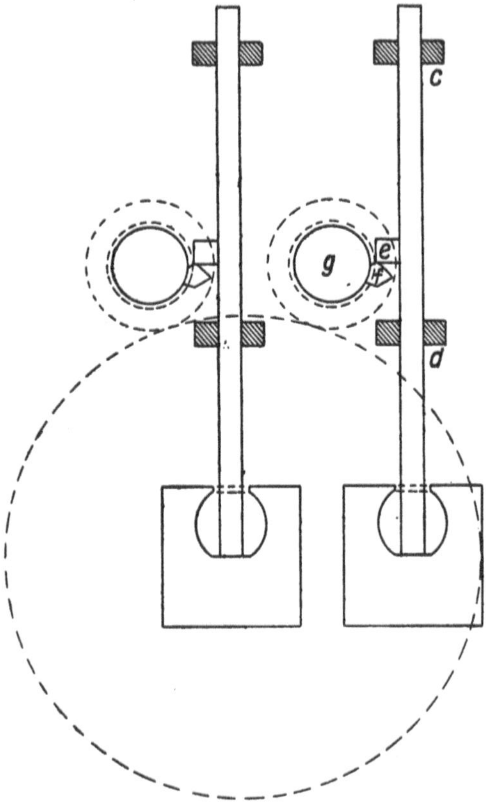

Fig. 61. Stampfwerk normaler Bauart mit Wasserrad-Antrieb. Stempelführung.

vermeiden, ist dieses mit einem Bronzeschuh armiert, wie unsere Abbildung (Fig. 62) zeigt. In dieser ist links ein mit einem Stempel und rechts ein mit drei Stempeln arbeitendes Stampfloch wiedergegeben. Die Anordnung von drei oder gar vier Stempeln in einem Stampfloch war früher mehrfach, besonders in Österreich und Schweden, üblich, ist aber heute hauptsächlich aus Sicherheitsgründen durchweg verlassen. Sehr wichtig ist nun die sichere Befestigung der Bronzeschuhe an den Stampfern; die Schuhe besitzen zu diesem Zwecke eine birnenförmige Bohrung, welche oben enger ist wie unten. Man schneidet nun an den Stampferschaft unten einen runden Zapfen mit der Säge an und schlitzt ihn; in den Schlitz wird leicht ein entsprechend geformter Keil eingesetzt und das Stampferende dann in die Pochschuhhöhlung eingesetzt. Einige kräftige Schläge auf den Pochschuh treiben den erwähnten Keil in den Schlitz des Stampferzapfens hinein, dessen beide Backen so aufgeweitet und zur strammen Anlage an der Bohrung des Schuhes gebracht werden. Der Stampferschaft kann sich also aus dem Schuh nicht mehr herausziehen und wird der Keil während des Betriebes dauernd nachgetrieben. Der Stampfschuh wird aus Hartbronze (ca. 80 bis 82 % Cu und 18 bis 20 % Sn) gegossen und wiegt rund 20 kg,

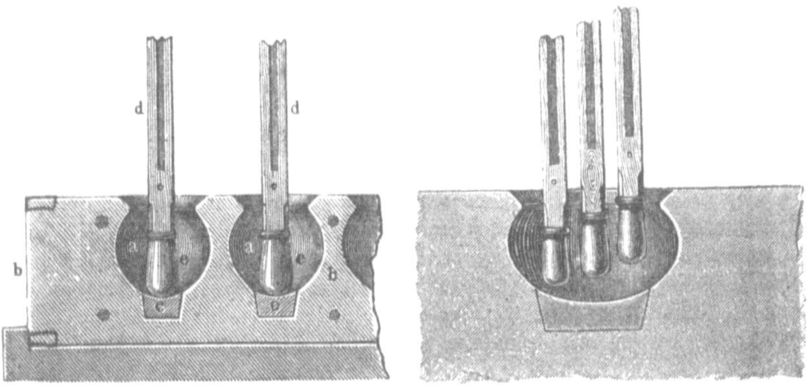

Fig. 62. Stampfwerk normaler Bauart mit Wasserrad-Antrieb. Stempelbefestigung. (Nach Guttmann, Explosivstoffe.)

so daß das Gewicht des armierten Stampfers rund 40 kg beträgt. Nebenbei bemerkt schwanken diese Werte in den einzelnen Staaten etwas (20 bis 40 kg) je nach der Größe der Stampflöcher, für die Stampfwerke ein und derselben Fabrik müssen sie aber tunlichst gleich gehalten werden. Die leichtesten Stampfer finden sich mit 17 kg in Österreich, während andere dortige Werke die sogenannten Neusohler Stempel von 33·75 kg Gewicht benutzen; die in Dänemark üblichen Stempel wiegen 28 bis 30 kg; die französischen Stampfwerke arbeiteten im Jahre 1791 mit 32·8 kg schweren Stampfern, sind aber neuerdings durchweg zu 40 kg schweren übergegangen. Auch die Fallhöhe der Stempel ist verschieden und beträgt heute meistens 400 bis 435 mm. Außer dem Gewicht muß selbstredend auch die Fallhöhe der Stampfer bei ein und derselben Anlage, um eine gleichmäßige Arbeitsleistung zu erzielen, die gleiche sein. Zu erwähnen wäre dann noch, daß jeder Stampfer für sich ausgerückt, das Stampfwerk also mit mehr oder weniger Stampfern betrieben werden kann, was unnützen Kraftaufwand, bzw. Verschleiß zu vermeiden und Wiederherstellungsarbeiten leichter durchzuführen gestattet. Man hebt zu diesem Zwecke den betreffenden Stampfer so hoch an, daß seine Hebelatte aus dem Bereiche der Hebedaumen kommt und setzt ihn dann mittelst eines an seinem unteren

Ende durchgesteckten hölzernen oder metallenen Nagels fest (daher die französische Redensart: „mettre à la chenille"). Die zum Durchstecken des Nagels bestimmten Öffnungen sind aus der Abbildung (Fig. 62) zu ersehen. Für jeden Stampfer (bzw. früher auch für drei oder vier Stampfer) ist nun ein Stampfloch (in älteren Zeiten mehrfach auch ein Metallmörser, wie beispielsweise in der Schweiz) vorgesehen. Die Stampflöcher sind heute durchweg, wie unsere Abbildung (Fig. 60) zeigt, gemeinsam in einen schweren Eichen- oder Buchenvierkantbalken *b* von 60 bis 70 cm Stärke eingearbeitet und beträgt ihr Abstand voneinander meist 70 cm. Die Form der Stampflochhöhlung war früher zylindrisch, wurde aber später aus naheliegenden Gründen länglich rund (etwa 50 cm tief und 40 cm breit) gemacht mit oben trichterförmig erweitertem Mund. Erwähnt sei hier, daß in den Seiten der Stampflöcher von Herrn Kommerzienrat Güttler eine Nut angebracht wurde, um Entzündungen nach Art der Wirkung eines pneumatischen Feuerzeuges hintanzuhalten. In dem Boden jedes Stampfloches sitzt dann noch an der Stelle, wo der Stampfer aufschlägt, ein auswechselbares Stück harten Hirnholzes *c*, das meist aus Weiß- oder Hainbuche gefertigt ist. Der Stampfblock wird naturgemäß durch die zahlreichen Stampflöcher geschwächt und armiert man ihn deshalb mit kräftigen umgezogenen Bändern und durchgezogenen Bolzen, wie es unsere Abbildung (Fig. 60) andeutet. Die mit sehr kräftigen, sich stetig in kurzen Zeitabschnitten wiederholenden Stößen und Erschütterungen verbundene Arbeitsweise der Stampfwerke erfordert dann selbstredend eine sehr sorgfältige, eventuell mittels Holzrost ausgeführte Fundamentierung der Stampfblöcke, damit diese nicht im Laufe der Zeit in den Boden geschlagen werden und sich setzen. Das Anheben und Fallenlassen der Stampfer erfolgt in folgender Weise: Auf die eventuell das Wasserrad tragende oder mit dem Pferdegöpel *pp* in Verbindung stehende

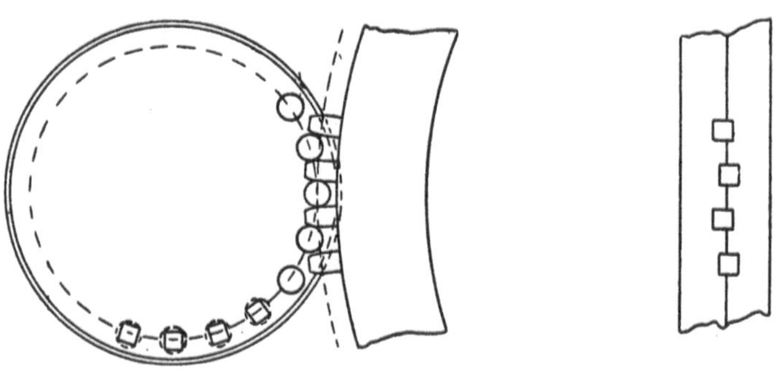

Fig. 63. **Stampfwerk normaler Bauart mit Wasserrad-Antrieb. Skizze des hölzernen Zahnrad-Antriebes.**

Hauptantriebswelle *h* ist ein großes, vielfach noch nach Abbildung (Fig. 63) aus Holz gebautes Zahnrad aufgekeilt, welches mit den Zahnrädern der beiden Wellen *gg* zusammenarbeitet und so diese Wellen in Umdrehung versetzt. Auf der Mantelfläche der Wellen *g g* sind in einer Schraubenlinie die an den Hebelatten der Stampfer angreifenden Hebedaumen eingezapft; die Formgebung der Hebedaumen ist, um ein gutes, tunlichst reibungsverlustfreies Arbeiten sicherzustellen, von besonderer Wichtigkeit und werden die Daumenkurven am zweckmäßigsten als Evolventen der Teilkreise konstruiert, wie es unsere, auch für andere Hubhöhen leicht zu ergänzende Skizze (Fig. 64), welche für 9 Zoll

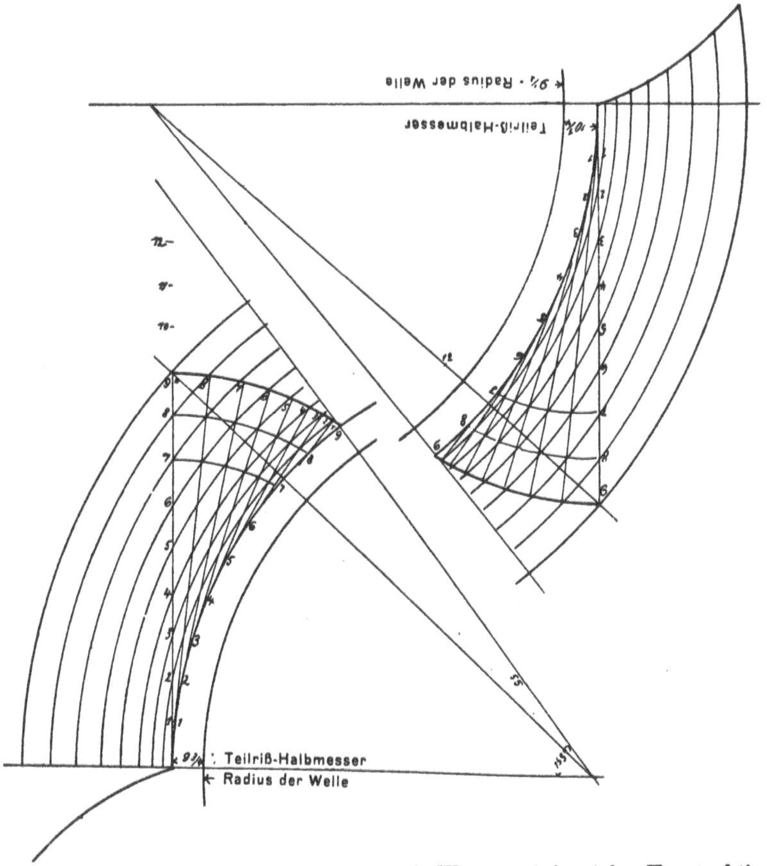

Fig. 64. Stampfwerk normaler Bauart mit Wasserrad-Antrieb. Konstruktion der Daumenkurve.

rheinisch (1″ rhein. = 26·15 mm) Hubhöhe gezeichnet ist, erkennen läßt. Die dergestalt geformten Hebedaumen arbeiten erfahrungsgemäß einwandfrei, nutzen sich nur wenig ab und beschränken das Verklemmen der Stampfer in ihren Führungen, was unter Umständen zu sehr fühlbaren Kraftverlusten, je zuweilen sogar zu sehr starken Erhitzungen (Bränden) derselben führen kann, auf ein Minimum. Je nach der Tourenzahl der Hauptantriebswelle (Tummelwelle) und dem Übersetzungsverhältnis der Zahnräder, bzw. nach der gewünschten Anzahl Schläge pro Minute (meist zwischen 40 bis 60) erhalten die Wellen *g g* nun eine oder mehrere, z. B. in unserer Fig. 65 vier Reihen Hebedaumen schraubenförmig aufgesetzt. Durch die Anordnung der Hebedaumen in Schraubenlinien wird der große Vorteil gewonnen, daß die Stampfer einer nach dem anderen gehoben und so der Gesamtkraftbedarf mehr gleichmäßig auf die Umdrehung der Wellen verteilt wird. Die Anzahl der Schläge, welche die Stampfer machen, registriert vielfach ein geeignet eingebauter Hubzähler bekannter Bauart.

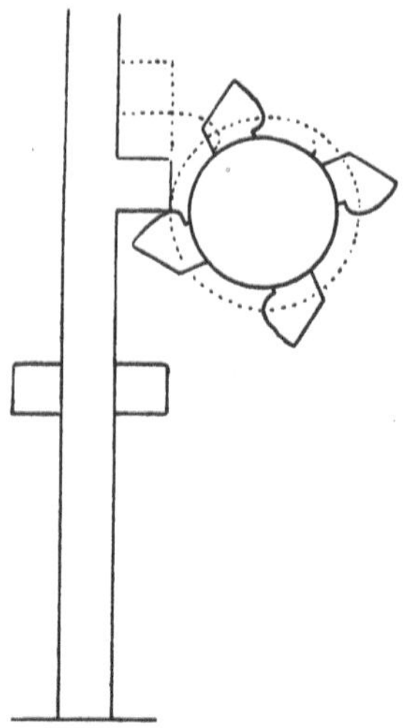

Fig. 65. Stampfwerk normaler Bauart mit Wasserrad-Antrieb. Hubwelle mit vier Reihen Hebedaumen.

Was den Kraftverbrauch der reine Schwerkraft-Pochwerke darstellenden Stampfmühlen anbetrifft, so hat man zu seiner Beurteilung einige zuverlässige Unterlagen zur Verfügung, die allerdings von analog gebauten Erzpochwerken stammen, aber immerhin einen guten Anhalt bieten. Nähere Untersuchungen sind in dieser Richtung von Rittinger, Weisbach und Gätschmann durchgeführt worden. Bezeichnet man die Anzahl der von derselben Welle aus angetriebenen Stampfer mit n, das Gewicht eines Stampfers in kg mit Q, die Hubhöhe desselben in Metern mit h und die Hubzahl in der Minute mit u, so beträgt theoretisch der Arbeitsaufwand pro Sekunde:

$$A_{\mathrm{mkg}} = Q \cdot n \cdot h \cdot \frac{u}{60}.$$

Will man aus dem theoretischen den tatsächlichen Kraftaufwand ableiten, so muß man selbstredend die Arbeitsverluste abziehen, welche entstehen einerseits durch die Bewegungswiderstände, wie Reibung der Stampfer in ihren Führungen, der Hebedaumen an den Hebelatten, der Wellenzapfen in ihren Lagern, der Zahnflankenreibung usw., andererseits durch die Stöße und Erschütterungen. Alle diese Verluste kann man nach Weisbach durch die Multiplikation obigen Ausdrucks mit einem Koeffizienten berücksichtigen, dessen für praktische Überschlagswerte genügend genauer Mittelwert 1·33 beträgt. Nehmen wir beispielsweise ein französisches Pochwerk mit $2 \times 8 = 16$ Stampfern, 40 kg Stampfergewicht, 0·40 m Hubhöhe der Stampfer und 60 Schlägen in der Minute an, so wäre der wirkliche Arbeitsaufwand:

$$A_{\mathrm{mkg}} = 2\left(1 \cdot 33 . 40 . 8 . 0 \cdot 4 . \frac{60}{60}\right) = 2 \cdot 170.24$$

oder in Pferdestärken:

$$N = 2 \cdot \frac{170.24}{75} = 2 \cdot 2.27 \sim 4.5 \text{ P.S.}$$

Dieser Wert nähert sich entschieden mehr der Wirklichkeit, als der von Désortiaux für ein französisches Stampfwerk mit 40 kg schweren Pochschießern, die 55 bis 60 Schläge in der Minute machen, angegebene Wert von 0·3 P.S. Vielleicht soll sich diese Angabe auf den Kraftbedarf eines einzelnen Stampfers beziehen. Multipliziert man nämlich 0·3 mit 16 (der Anzahl der Stampfen), so erhält man 4·8 P.S., was mit obigem Werte ziemlich übereinstimmt.

Was die Vor- und Nachteile der Stampfwerke anbetrifft, so wird davon gleich noch gelegentlich des Mengens und Dichtens in einer Operation die Rede sein.

Die Stampfwerke wurden nun früher zwecks Herstellung des Pulverkuchens in einer einzigen Operation in folgender Weise betrieben. In die Stampflöcher wurde der Schwefel grob gekleint, die Kohle in Stücken und der Salpeter meist in Mehlform, seltener — bei Salpeterbroden — in Brocken, alles nach abgewogenem Verhältnis zueinander in Mengen von 8 kg (Frankreich 10 kg) eingebracht und angefeuchtet. Zum Anfeuchten benutzte man ursprünglich durchweg Wasser, später aber auch Essig oder Harn (um die Mitte des 15. Jahrhunderts besonders geschätzt: Mannesharn eines Weintrinkers). Nach erfolgtem Anfeuchten setzte man die Stampfmühle in Betrieb und verarbeitete den Satz gegen Ausgang des 16. Jahrhunderts 6 Stunden, anfangs des 17. Jahrhunderts bei Geschützpulver 10, bei Gewehrpulver 20 Stunden lang. Um das Jahr 1700 herum machten die Stampfwerke rund 3500 Stöße in der Stunde und betrug die Stampfdauer 24 Stunden.

Eingangs erwähnten wir der Vollständigkeit halber, daß die Erzeugung des Pulverkuchens in einer Operation in der Schweiz früher mehrfach anstatt mit Stampfwerken mittels Schwanzhämmern, wie sie von den Eisenhüttenwerken her bekannt sind, durchgeführt wurde. Diese Hämmer (bzw. die Hammerbären) wogen 50 kg, wurden von einem Wasserrad betrieben und machten ca. 85 Schläge in der Minute. Ihre Arbeitsweise war ganz ähnlich, wie die der Stampfmühlen. Der Hammerbär stellte den Stampfer dar, welcher in ein Stampfloch, bzw. in einen Bronzemörser hineinschlug.

Das Kleinen, Mengen und Dichten in einer Operation wurde dann früher ferner noch auf Kollergängen oder Läuferwerken (kurz „Läufer“ oder „Koller“ genannt) durchgeführt. Diese Kollergänge scheinen, nach einer Stelle in Poppes „Handbuch der Erfindungen“ zu schließen, in Europa zuerst von den Holländern, etwa im 15. Jahrhundert, und zwar zunächst bei der Bearbeitung der Ölfrüchte und weniger festen Materialien angewandt worden zu sein. Ihr Antrieb erfolgte entweder durch Wasserkraft oder durch Windräder und Roßwerke. Wind-Ölmühlen finden sich beispielsweise in dem zu Amsterdam erschienenen Werke „Ivan Zyl's theatrum machinarum universale of groot allgemeene Moolenbook“ dargestellt. Daß die Fertigung des Pulverkuchens auf Kollern schon 1540 bekannt war, steht fest. Später erwähnt Biringuccio, daß die nach dem Vorbilde der Olivenmühlen gebauten Koller häufigen Explosionen ausgesetzt waren und deshalb weniger im Gebrauch seien. Eine sehr alte holländische Kollermühle findet sich beispielsweise in dem Peter Limprechtschen „Moolbook“ abgebildet. Nach Piobert, „Mémoires sur les poudres de guerre“ (Paris 1844) waren in der europäischen Pulverfabrikation ausgangs des 15. Jahrhunderts die Stampfwerke allgemein verbreitet, jedoch versuchte man in derselben Epoche auch bereits Pulver auf „Mühlen, ähnlich den Olivenmühlen“ herzustellen. Der mit dieser Bearbeitung verbundenen Gefahren wegen habe man sie wenig angewendet, obwohl man durch Anfeuchtung des Pulvers später die Zahl der Unfälle sehr verringert habe. Nur die Pulverfabriken Hollands hätten diese Mühlen, die Läuferwerke, stets beibehalten und ihr Pulver sei im 18. Jahrhundert berühmt gewesen. Die Läufersteine von ca. 2·4 m Durchmesser waren aus schwarzem Marmor gefertigt und wogen ca. 5000 kg. Aus Flandern verpflanzte um 1590 eine Familie Evelyn die vervollkommnete Schießpulverfabrikation nach England. Durch Holländer wurden Pulverfabriken in Deutschland und Ostindien angelegt und mit Läuferwerken betrieben. In Schweden soll nach Angabe von Miethen der erste Koller durch Cnutberg im Jahre 1684 in Betrieb gesetzt worden sein. Im Jahre 1754 führte Cnutberg dort auch, wie in dem 22. Bande der „Abhandlungen der Königlich Schwedischen Akademie der Wissenschaften“ angegeben, Holzwalzen ein, die mit Messingreifen umgeben waren. In England nahm die Verwendung der Läuferwerke zur Pulverfabrikation eine ziemlich selbsttätige Entwicklung; ihre Einführung erfolgte dort bereits vor dem Jahre 1735. In einer Aufzählung der verschiedenen Gebäude der Pulverfabrik von Waltham Abbey von diesem Jahre finden sich einige Roßwerke aufgeführt, welche nach Captain F. M. Smith, „A Handbook of the Manufacture and proof of Gunpowder“ (London 1870) sehr wahrscheinlich mit den jetzt gebräuchlichen Läuferwerken identisch waren. Als diese Fabrik im Jahre 1787 von der Regierung erworben wurde, waren, um das Pulver zu mengen, Koller mit Steinläufern und Steinbahnen im Gebrauch; sie wurden wahrscheinlich durch Pferde angetrieben. Umfangreiche Versuche mit geläufertem Geschützpulver wurden in England um das Jahr 1790 angestellt und erkannte man damals bereits die außerordentliche Überlegenheit des gehörig unter Läufern bearbeiteten Pulvers über das in Mengetrommeln oder Stampfmühlen erzeugte. Seit dieser Zeit scheint dort die Bearbeitung unter Läufern zum Zwecke besserer Inkorporierung der Bestandteile für das gesamte Militärpulver angenommen worden zu sein. Im Jahre 1804 erfolgt die erste Erwähnung von eisernen Läufern und Bahnen, und zwar sind dieselben zuerst in Schottland in Gebrauch gekommen. Um 900 000 kg Pulver pro Jahr zu liefern, mußten die Läufer zu Waltham Abbey damals auch Sonntags im Betrieb sein; ihre Anzahl findet sich leider nicht angegeben. Erwähnt sei hier noch, daß Munk im Jahre 1816 Schaber an der Achse anbrachte und so die damaligen Koller wesentlich verbesserte. In Frankreich wurde die Bearbeitung des Pulvers unter Läufern im Jahre 1754 für das Jagdpulver „für den König“ eingeführt. Nach dem Plane und unter Leitung des Minimistenpaters

Ferry wurde in der Pulverfabrik von Essonnes ein Läuferwerk erbaut, welches noch im Jahre 1811 das einzige seiner Art war und damals gleichfalls nur Jagdpulver für den kaiserlichen Hof arbeitete. Dies Pulver zeichnete sich durch große Inoffensivität aus, sollte aber besonders leicht Feuchtigkeit anziehen. In dem damals für die Beurteilung der Kriegspulver maßgebenden Probemörser gab es so geringe Wirkungen, daß man von einer weiteren Einführung der Läufer Abstand nahm. Ferner traten schon bei diesem einen Werk so häufige Explosionen ein, daß man diese Fabrikationsmethode für einen Betrieb im großen für viel zu gefährlich hielt. Die vorgekommenen Explosionen schilderte man in ihren Wirkungen als höchst zerstörend, „sie setzten den Arbeiter einem fast sicheren Tode aus". Man schrieb ihre Ursache anfangs dem Material der Läufersteine zu und vertauschte den härteren und schwereren Marmor mit dem Stinkstein. Aber auch diesem machte man den Vorwurf, daß er leicht Funken gebe. Bottée und Riffault (Membres de l'administration impérial des Poudres et Salpètres de France) suchten diese Explosionen durch die verwickelte Bewegung zu erklären, welche die breiten Steinzylinder auf der stark gekrümmten Bahn ausführen, wobei sie das Aufschüttgut aufs feinste zerreiben; „trafen die Steine infolge Unachtsamkeit des Arbeiters an einer Stelle der Bahn eine nicht genügend starke Satzschicht, so riefen sie eine Entzündung hervor". Sie machten deshalb den Vorschlag, die Läufer kugelförmig auszubilden, um so einerseits die beträchtliche und gefährliche (aber den Zerkleinerungsprozeß wesentlich unterstützende) Reibung hintanzuhalten, welche infolge des Strebens des Läufers, in Richtung der Tangente seiner Bahn weiterzulaufen, auftrat und um andererseits einen gleichmäßiger auf das ganze Bett verteilten Druck zu erzielen. In Frankreich machte man im Jahre 1795 dann noch ferner den Versuch, die gefährlichen Steinläufer durch Kupferwalzen zu ersetzen, welche viel breiter als die Steine waren und eine verhältnismäßig zu rasche Bewegung erhielten. Das Arbeiten mit ihnen erwies sich als noch gefährlicher als das mit Steinläufern. Um die Reibung zu vermindern oder ganz zu vermeiden, versuchte man es dann mit konischen Walzen; aber diese liefen nur auf einer Kante — der inneren — und erfüllten die Aufgabe nicht, mit ihrer ganzen Breite auf die Unterlage zu pressen und einen gleichmäßig dichten Pulverkuchen zu erzeugen. Nach dem von Bottée und Riffault im Jahre 1811 zu Paris herausgegebenen Buche „Traité de l'art de fabriquer la poudre à canon" wollte nun Bottée, um eine gleichmäßige Auflage der konischen Läufer zu erzwingen und um den Schwerpunkt der Walze wieder über die Mitte der Bahn zu verlegen, ein Gegengewicht anbringen. Auch dachte er daran, statt zwei sogar vier Walzen zu verwenden, da sich bei dieser Anordnung eine große Kraftersparnis ergeben mußte. Man scheint es jedoch hiermit seinerzeit nicht weiter wie bis zum Modell gebracht zu haben. Die zylindrischen Steinläufer kamen wieder in Aufnahme und es blieb bei dem einen Läuferwerk für die Pulverbearbeitung in Essonnes, dessen allgemeiner Aufbau folgender war. Der Lagerstein, die Läuferbahn, ruhte in Kniehöhe auf einem Unterbau und war mit einem sehr flachen Holzrand umgeben; sie hatte eine geringe Neigung nach ihrer Mitte zu. Der Königsbaum war durch starkes Gebälk gebildet, dessen unterer eiserner Spurzapfen auf einem Lager lief, welches in einen Steinwürfel im Unterbau eingepaßt war. Die horizontale Achse aus Eisen war mit einem starken Holzfutter umgeben, um welches sich die Steine gleichsam wie um eine starke hölzerne Achse drehten. Sie durchsetzte den Königsbaum und war hier durch ein zweiteiliges, vierkantiges Holzfutter geführt, an dessen Enden je eine metallene Buchse mittelst Fußplatte angeschraubt war. Von den Enden der Achsen führten starke Riemen nach einer breit ausladenden Holztraverse über den Steinen, um, wie es den Anschein hat, als Mitnehmer zu dienen. Der Antrieb des Läuferwerkes erfolgte durch ein Wasserrad, dessen Kraft durch mehrere hölzerne Stirnräder und Trillinge, welche sich zum Teil im Läuferraum, und zwar oben an der Decke befanden, übertragen wurde (Koller mit Oberantrieb). Die rund 1500 kg schweren Steine machten etwa 6 Umläufe pro Minute. Ein Arbeiter war fortwährend beschäftigt, die Pulvermasse auf der Bahn zusammenzuhalten, ein zweiter Arbeiter, die auf der Bahn sich ansetzende Masse mit dem Rücken einer Handbürste abzustoßen. Nach Verlauf von einer Stunde erachtete man die Mischung für vollständig; man ließ sich dann die Masse auf der Bahn festsetzen und die Steine auf den verschiedenen Stellen etwa je 50 Sekunden ruhen, um dem Kuchen die nötige Dichtigkeit und Festigkeit zum Körnen zu geben. Man schlug hierauf mit hölzernen Hämmern und Keilen den Kuchen von der Bahn los, bröckelte durch leichte Schläge auf den Lagerstein den losen Rand des Kuchens ab und legte die festesten Stücke in einen Tubben. Die übrigen Stücke zerschlug man mit dem Rücken der Bürste und brachte sie mit den sonst gesammelten Resten wieder auf die Bahn. Es bildeten sich neue Kuchen und nahm man diese ebenso wie vorher ab. Bedeckte der Rest nicht mehr ausreichend die Bahn, so ließ man die Steine noch eine Umdrehung unter Verlängerung der Ruhepausen machen; endlich sammelte man das Ganze mit den Bürsten. Um die letzten Reste unter den Läufersteinen hervorzubekommen, legte man vor jeden derselben ein Stück Leder, auf welche man sie auflaufen ließ. Nachdem der Kuchen dann einen Tag getrocknet hatte, wurde er mittels Holzhämmern zum Körnen vorgebrochen. So das Verfahren in Essonnes. Trotz der mehrfachen Anwendung der Läuferwerke hatte man nun — das zeigen deutlich die Bestrebungen Bottées — die eigentliche Bedeutung der Läuferarbeit für die innige Mengung der Bestandteile noch völlig verkannt. Man blieb in der Auffassung befangen, daß ihre Wirksamkeit lediglich in der Verdichtung des Pulvers beruhe. In den Jahren 1832 bis 1835 ließen die von Corréard in seinem 1837 zu Paris erschienenen Werke „Expériences sur les poudres de guerre, faites à Esquerdes (Département St. Omer)“ geschilderten Versuche auf der dortigen Pulverfabrik, auf welcher inzwischen gleichfalls ein Läuferwerk errichtet worden war, zwar die

Vorteile des geläuferten Pulvers auch im großen Geschütz (30-Pfünder) deutlich hervortreten, aber, wie G. Piobert in seinen „Mémoires sur les poudres de guerre des différents procédés de fabrication“ (Paris 1844) ausführt, fiel bei der Wiederholung dieser Versuche im Jahre 1837 zu Metz das Urteil über das geläuferte Pulver weniger günstig aus und nahm man von einer allgemeineren Einführung desselben zu Kriegszwecken wieder Abstand. So kam es, wie man in dem „Manuel de l'artificier, du poudrier etc.“ von Colonnel d'Artillerie en retraite Vergnaud (Paris 1852) nachlesen kann, daß bei den von der amerikanischen Regierung zu Washington in den Jahren 1843 und 1844 veranstalteten Versuchen zum Vergleich mit dem geläuferten amerikanischen Pulver als hervorragender Vertreter der Stampfmühlenfabrikation französisches Pulver aufgestellt wurde. Trotzdem werden wir aber gleich bei Besprechung des Mengens und Dichtens in einer Operation noch sehen, daß gerade Frankreich in der ersten Hälfte des vergangenen Jahrhunderts am meisten verbessernd in der Ausbildung der Koller zu möglichst ungefährlichen Pulverbearbeitungsmaschinen auftrat.

In Rußland kam der erste Koller zur Pulverfabrikation in der wahrscheinlich ältesten Pulverfabrik zu Kasan im Jahre 1793 in Betrieb und lief dieser um das Jahr 1870 noch. Er stammte ursprünglich aus einem benachbarten Bergwerksbetrieb, für dessen Erzzerkleinerung er auch konstruiert worden war, wurde im Laufe der Zeit aber in verschiedenen Teilen umgeändert. Seit dem Jahre 1808 bestanden bei ihm Walzen und Bett (von ca. 1800 mm Durchmesser) aus Gußeisen, letzteres mit hölzernem Rande. Die Läufer hatten ca. 1670 mm Durchmesser und 470 mm Breite; sie wogen rund 3250 kg (ca. 200 Pud) und machten auf der Bahn etwa zwei Umdrehungen in der Minute. Ihre Entfernung voneinander betrug ca. 700 mm. Der Antrieb erfolgte durch einen Pferdegöpel, dessen Roßbahn 4·50 m im Durchmesser hatte und im Läuferraum selbst lag. Die Arbeiter mußten während des Betriebes mit langen hölzernen Krücken den Satz auf der Bahn erhalten und, wenn nötig, von den Steinen entfernen. Hierzu waren an der Horizontalwelle Sitze außerhalb der Bahn angebracht, von denen aus die Arbeiter auch die Pferde zu beaufsichtigen hatten. Nach russischer Ansicht sollte diese Anordnung den Vorteil bieten, daß die Arbeiter die Läufer jederzeit zum Stehen bringen und jeden störenden Einfluß beseitigen konnten. Dies war aber, wie verschiedene Explosionen zeigten, durchaus nicht zutreffend. Die Charge betrug bei diesem ältesten und den späterhin erbauten gleichartigen Läufern, bei welchen bereits Streichbretter als Pflüge angewandt wurden, je nach Art des Pulvers früher 15, später 25 oder 40 kg; von Zeit zu Zeit wurden Pausen gemacht, die Walzen auf lederne Unterlagen übergeführt und das Pulver umgelegt. Es war dies im wesentlichen die alte englische Methode, welche noch 1787 gebräuchlich war. Da die Arbeiter, wie bereits erwähnt, die Charge dauernd mit hölzernen Werkzeugen zu bearbeiten hatten, waren sie zum Schutze gegen Brandwunden bei auftretenden Explosionen mit einem Lederanzug, dem sogenannten „Tjurjuk“ bekleidet, welcher aus Anzug, Lederhelm mit Augenlöchern und Lederhandschuhen bestand und durch den, wie die Erfahrung gelehrt hat, ein recht wirksamer Schutz erreicht wurde. Bei den älteren, für den Betrieb mittelst Göpelwerken eingerichteten Läuferwerken bestanden die Gebäude aus hölzernen Schuppen. Da deren Holzwerk wohl kaum mit besonders glättendem Anstrich versehen war, daher wohl auch in allen Rissen und Fugen Pulverstaub enthielt, so dürften bei den aufgetretenen Explosionen viele Teile von den Gebäuden durch Brand zerstört worden sein. Beispielsweise wurde bei der Explosion vom 17. April 1876 in Ochta (40 kg Charge auf der Bahn) das Holzgebäude nach allen Richtungen auseinandergeworfen und das eiserne Dach (Wellblech) fortgeschleudert, während der gesamte Koller nebst Antriebsvorrichtung schwer beschädigt wurde. Dieser Koller besaß übrigens, wie auch mehrere Läuferwerke auf der russischen Pulverfabrik Schosta, bronzene Walzen, die aus einer Legierung von 100 Cu und 12 Sn gegossen waren und bei 1500 mm Durchmesser sowie 440 mm Breite 3600 kg wogen. Sie waren mit Kratzeisen und Bürstvorrichtungen zum Reinigen von anhaftender Pulverkruste, früher aber nicht mit Pflügen zum Häufeln der Charge ausgerüstet. Ihr Antrieb erfolgte durch Wasserkraft und machten sie 4 bis 5 Umdrehungen in der Minute.

In Deutschland, und zwar in Preußen, dürften die Kollermühlen zuerst von den Holländern eingeführt worden sein. Im Anfange des vorigen Jahrhunderts bestand in Berlin eine Königliche Pulverfabrik, welche bei ihrer Gründung unter der Regierung Friedrich Wilhelms I. nach holländischem Muster eingerichtet wurde. In derselben waren „zur Bildung von Pulverkuchen“ bei Fabrikation des „eckigen Pulvers“ allein die im Nachstehenden beschriebenen Walzmühlen im Gebrauch, deren Einrichtung bis zu der im Jahre 1835 erfolgten Auflassung der Fabrik gänzlich unverändert blieb. Versuchsweise kamen sowohl hydraulische, als auch andere Pressen für jenen Zweck zur Verwendung; sie gelangten aber nicht zur Einführung, weil „der Kuchen zu fest und trocken und dieserhalb für das angenommene Verfahren nicht zweckmäßig erschien“. Jede Walzmühle, so lautet eine im Jahre 1832 gegebene offizielle Beschreibung, besteht aus einem marmornem Lagerstein und zwei dergleichen Läufern, welche letzteren sich um ihre Achse und gleichzeitig um den Lagerstein herumbewegen. Der Abstand beider Läufer um den durch die Mitte des Lagersteins gehenden hölzernen Pfosten (Tummelbaum) ist ein verschiedener und beträgt, von der inneren Fläche des Läufers gerechnet, bei dem einen 6″, bei dem anderen 12″. Der Lagerstein hat 7 Fuß $9^3/_4$ Zoll (ca. 2460 mm) und jeder Läufer ca. $6^3/_4$ Fuß (ca. 2120 mm) Durchmesser. Die Läufer sind etwa 1 Fuß 3 Zoll (395 mm) breit, berühren jedoch wegen ihrer abgerundeten Kanten den Lagerstein jeder nur mit einer 11 Zoll (290 mm) breiten Fläche. Das Gewicht jedes Läufers ist auf 3000 kg (60 Zentner) und die Geschwindigkeit auf eine $3^1/_2$ malige Umdrehung auf dem Lagerstein pro Minute angenommen.

Der Lagerstein ist mit einem etwas aufwärtsstehenden Rande von Eichenholz versehen, um das Herausfallen der Läufermasse zu vermeiden; in diesem Rande ist dann noch ein mit einem Schieber verschließbarer Holztrichter zur Abführung des gewalzten Kuchens angebracht. Durch die Mitte beider Läufer und die aufwärtsstehende Welle von Eichenholz geht eine dergleichen aus geschmiedetem Eisen von 4 Zoll (104 mm) Durchmesser. Um die Tummelwelle, unmittelbar auf dem Läuferstein, bewegt sich ein mit der vertikalen Welle verbundener hölzerner sogenannter Streicher, welcher den durch die Läufer herausgedrückten Satz wiederum auf die Bahn zurückschiebt. An Geräten waren beim Betriebe des Kollers in Gebrauch: Rauchköpfe (?) mit langem Stiel und hölzerne Krücken zur Handhabung der Kuchen, Borstwische, „sehr stark und dauerhaft gearbeitet, zum Überfegen des aus der Bahn gedrückten Satzes und zur Abnahme desselben“, ferner ein Blasebalg zum Reinigen der Maschinenteile von Pulverstaub an den Stellen, wo man mit dem Borstwisch nicht hinkommen konnte, und ein Pulverkuchenstärkemesser. „Das Walzen der Pulvermasse“ geschah nun ungefähr in der Weise, daß 45 Pfund der damals üblichen Dosierung von 75 KNO_3, 11·5 S und 13·5 C ohne vorherige maschinelle Vormengung der Teile auf dem Lagerstein möglichst gleichmäßig verteilt, sodann erst 1 bis 2 Stunden behufs besserer Kleinung und Mengung der Materialien trocken, später während des Walzens mit einer Gießkanne je nach Ermessen des Arbeiters, den Einflüssen der Jahreszeit und dem Feuchtigkeitsgehalt der Atmosphäre entsprechend, angefeuchtet und im ganzen 4 bis 6 Stunden lang bei wiederholtem Umwenden und Anfeuchten der Pulvermasse unter den Läufern bearbeitet wurde. In der letzten Stunde der Läuferarbeit unterblieb in der Regel jeder Wasserzusatz; der beim Körnen des Pulvers entfallene Staubabfall wurde nur 20 Minuten lang geläufert. Dies Arbeitsverfahren des Kleinens, Mengens und Dichtens in einer Operation war bis zum Jahre 1828 in Übung, in welchem Jahre zur Vormengung des Satzes in Mengetrommeln übergegangen wurde, dessen Bestandteile man vorher entsprechend fein kleinte. Beim Salpeter erfolgte dies, wie hier eingeschaltet sein möge, mittels horizontaler Läufer (Mahlgänge) und machte man hierbei die Beobachtung, daß 0·05 Zoll (ca. 1·3 mm) Abstand des Läufers vom Lagersteine zur Gewinnung eines recht feinen Salpetermehles besonders vorteilhaft war. In der preußischen Staatspulverfabrik zu Neiße standen in jenen Zeiten Koller in Benutzung, die vier eiserne Läufer in Form abgestumpfter Kegel besaßen und auf einem gemeinschaftlichen hölzernen Bette liefen. Eine Abbildung dieses merkwürdigen Kollers findet sich in der Ausgabe 1829 des „Leitfadens für den Unterricht in der Artillerie“. In Preußen wurden auch Läufer von kugelförmiger Gestalt versucht, während auf der damaligen Königl. Sächs. Pulverfabrik zu Dresden linsenförmige Läufer liefen. In Sachsen waren auch noch lange in das verflossene Jahrhundert hinein kleine Bronzewalzen im Gebrauch, welche bei geringem Gewicht zu zwei Paar gleichzeitig auf einer Bahn liefen.

Merkwürdigerweise kam man in Preußen 1833/34 von der Läuferarbeit wieder gänzlich ab und nahm sie erst anfangs der siebziger Jahre verflossenen Jahrhunderts wieder an.

Das Kleinen, Mengen und Dichten, also die Herstellung des Pulverkuchens in einer Operation nach den älteren, sogenannten einfachen Verfahren, haben wir im Vorstehenden mittelst Stampfen (bzw. Schwanzhämmern) und Läufern erörtert und bereits bemerkt, daß ihm sehr nahe verwandt der allerdings auf die Bildung eines besonderen Pulverkuchens verzichtende und schon drei getrennte Operationen erfordernde „procédé révolutionnaire“ sei. Dies Verfahren hat seinen Namen daher, daß es zuerst in größtem Maßstabe während der französischen Revolution in Aufnahme kam. Es gestattet, mit sehr einfachen, leicht herzustellenden und billig zu betreibenden Apparaten — durchweg Trommeln — beträchtliche Mengen Pulver zu fertigen, das aber wohlgemerkt weder ganz gleichmäßig gemengt, noch genügend gedichtet ist. Trotz dieser Mängel benutzt man dieses Verfahren im Auslande selbst heute mehrfach noch, um ein billiges Sprengpulver in großen Mengen schnell herzustellen. Die Fabrikation geht in folgenden drei Abschnitten vor sich.

Zunächst werden in Eisentrommeln mit inneren Pralleisten und Bronzekugelfüllung, die in zwei nebeneinanderliegende Abteilungen getrennt sind, auf der einen Seite 170·5 kg Salpeter-Kohle-Satz und auf der anderen Seite 80 kg Schwefel-Kohle-Satz eingebracht und vier Stunden lang gekleint bzw. die Binärsätze vorgemengt. In einer Kupfertrommel werden dann die beiden Binärsätze mit Holzkugeln oder, was wegen der großen Explosionsgefahr weniger zu empfehlen ist, mit Bronzekugeln zwei Stunden lang gemengt. Die Körnung des Ternärsatzes nimmt man in hölzernen Trommeln vor, die 1650 mm Durchmesser und 600 mm Breite besitzen. In diese Trommeln bringt man zunächst 100 kg feinkörniges Pulver (unter 2·2 mm Körngröße), sowie 50 kg grobkörniges Pulver (über 5 mm Korngröße) von einer vorhergehenden Operation ein und setzt allmählich das Mehlpulver unter allmählichem Anfeuchten mit Regenwasser, welches mittelst eines durchlochten Kupferrohres fein verteilt in die Trommel eingespritzt wird, zu. Die feinen Pulverkörner überziehen sich beim Laufen der Trommel schichtenweise (daher auch „Agglomerationsverfahren“ genannt) mit dem Mehlpulver, nehmen an Volumen zu und runden sich gegenseitig ab. Häufig besitzen diese Körnfässer noch einen Klopfer, nämlich einen Holzhammer, der entweder über Aufwerfrippen des Trommelmantels gleitend oder (seltener) von einer Daumenwelle angehoben in regelmäßigen Zeitabschnitten von außen gegen die Trommelwand schlägt und so ein Ansetzen des Inhalts verhütet. Die fertigen Körner werden zum Schlusse auf die gewünschte Größe, z. B. 3·4 mm, ausgesiebt.

II. Neue Verfahren.

Daß das zuletzt beschriebene Verfahren der Pulvererzeugung ohne Darstellung eines dichten Pulverkuchens nur ein mangelhaftes Fabrikat ergeben kann, liegt wohl nahe auf der Hand. Aber auch die auf Herstellung eines Pulverkuchens beruhenden sogenannten einfachen Verfahren ließen sehr zu wünschen, da sie den eingangs aufgestellten Hauptforderungen einer rationellen Schwarzpulverfabrikation nicht entsprachen. Dieser Übelstand läßt sich dadurch beheben, daß man das Kleinen, Mengen und Dichten nicht in eine einzige, sondern in zwei, am besten aber in drei getrennte Operationen zerlegt, also bei diesen neueren, sogenannten zusammengesetzten Verfahren entweder:

die Bestandteile getrennt kleint;

die gekleinten Bestandteile in Stampfwerken oder auf Kollermühlen mengt und dichtet;

oder:

die Bestandteile getrennt kleint;

die gekleinten Bestandteile mengt, wobei gewöhnlich zwei verschiedene Wege eingeschlagen werden, nämlich:

a) Mengen in Trommeln oder auf Kollern, bzw.

b) Vormengen in Trommeln, Fertigmengen auf Kollern;

die gemengten Bestandteile auf hydraulischen oder Walzenpressen dichtet.

Auf den einzelnen Fabriken weichen nun naturgemäß die heute üblichen Arbeitsmethoden zur Erzeugung des Pulverkuchens von den oben gegebenen Schemas, sei es aus langjährigem Brauch, sei es — was vielfach zutrifft — aus Rücksicht auf den Bestimmungszweck (und die Preislage) des Pulvers mehr oder weniger ab. Beispielsweise wird auf den belgischen Schwarzpulverfabriken zurzeit in der Hauptsache nach folgenden vier Methoden gearbeitet:

Vormengen der Bestandteile in Trommeln; Weiterverarbeitung in Stampfwerken (noch auf einem einzigen Werke üblich).

Mengen der Bestandteile in Trommeln; Dichten des Satzes in einer hydraulischen Presse (noch auf einem einzigen Werke üblich).

Vormengen der Bestandteile in Trommeln; Fertigmengen und Dichten auf Kollern.

Vormengen der Bestandteile in Trommeln; Fertigmengen auf Kollern; Dichten in der hydraulischen Presse.

Wie man sieht, ist man nun heute durchweg dazu übergegangen, das Kleinen der Bestandteile getrennt für sich vorzunehmen und so der eingangs aufgestellten ersten Hauptforderung Rechnung zu tragen. Dem Kleinen der einzelnen Bestandteile für sich wollen wir uns deshalb jetzt zunächst zuwenden.

A. Das Kleinen der einzelnen Bestandteile für sich.

Zum Kleinen der einzelnen Bestandteile des Schwarzpulvers getrennt voneinander wurde man durch die mannigfachen Nachteile veranlaßt, welche das bis dahin übliche Kleinen, Mengen und Dichten in einer Operation mit sich brachte; hierbei ereigneten sich, besonders im Anfang der Stampf- und Läuferarbeit, durch Entzündung der Kohle häufig Explosionen. Ferner ließ die Entzündlichkeit des so hergestellten Pulvers sehr zu wünschen, da die Kleinung der Kohle sowohl, wie die des damals meist in Stangenform benutzten Schwefels bei diesem Arbeitsverfahren nicht genügend weit getrieben wurde. Wahrscheinlich wurde nun das getrennte Kleinen der Bestandteile zunächst mittels Stampfwerken durchgeführt. Desparcieux schlug es 1763 in Frankreich vor, wo man es aber erst im Jahre 1794 in die Praxis einführte, nachdem Chaptal nachgewiesen hatte, daß bei dem alten Verfahren des Kleinens, Mengens und Dichtens in einer Operation jedes Jahr ungefähr $^1/_6$ der Stampfwerke in die Luft ging. Das Kleinen der Bestandteile in Stampfwerken hat sich in der Folgezeit mehr und mehr ausgebreitet, findet sich aber heute selbstredend bei der ungeahnten Entwicklung der Zerkleinerungsvorrichtungen und Mahlanlagen nur noch auf sehr wenigen kleinen Werken. Auf französischen Pulverfabriken wurde dann außer dem Kleinen der Bestandteile mittels Stampfwerken auch das Kleinen auf Kollern und Brechtrommeln zuerst eingeführt; Brechkoller führte Cossigny 1787 auf der Isle de França, Brechtrommeln Carny 1791 ein. Letztere verbesserte später der oben bereits erwähnte Chaptal und standen sie bis zum Jahre 1795 auf den französischen Pulverfabriken in ausgedehntester Benutzung, da in der damaligen Zeit der Revolutionskriege die Stampfmühlen und Kollergänge den Bedarf an Schießpulver nicht zu decken vermochten. Erst im Jahre 1822 ging man in Frankreich dann wiederum endgültig durchweg zu den Brechtrommeln über, die bis auf den heutigen Tag noch in größerer Benutzung stehen. Von Frankreich kamen die Brechtrommeln auch nach anderen Ländern, wie Deutschland, Österreich, Schweiz, Rußland, werden aber neuerdings ebenso wie die auf englischen und deutschen Privatpulverfabriken und in englischen Staatsfabriken häufig benutzten Brechkoller mehr und mehr durch andere, rationeller arbeitende Zerkleinerungsvorrichtungen verdrängt. Heute nun findet man auf den Pulverfabriken der verschiedenen Länder die mannigfachsten Zerkleinerungsvorrichtungen und Mahlanlagen, insbesondere Brechwalzwerke (Walzenstuhlungen), Brechkoller, Glockenmühlen, Schlag- oder Schleudermühlen, Kugelmühlen (Brechtrommeln) für intermittierenden oder kontinuierlichen Betrieb, und endlich noch, allerdings sehr selten, Stampfwerke im Betrieb. Ehe wir auf diese verschiedenartigen Maschinen und ihre Verwendungszwecke näher eingehen, wollen wir zunächst einmal einige einleitende Betrachtungen über die mehr theoretische Seite der Zerkleinerungstechnik vorausschicken.

Brechwalzwerke oder Walzenstuhlungen, deren Wirkungsweise uns auch noch wegen ihrer Verwendung zum Körnen des Pulverkuchens (Congrèvesche Walzenkörnmaschine) besonders interessiert, bestehen aus zwei zylindrischen Walzen, die aus Stahlguß, Hartguß oder dgl. gefertigt sind und von denen meist jede Walze für sich angetrieben wird. Dieser zwangläufige Antrieb ist für grobstückiges Aufschüttgut unbedingt erforderlich. Bei feinkörnigem Aufschüttgut hingegen kann man aber auch nur eine Walze antreiben und die andere von dem Mahlgut mitnehmen lassen; diese Walzwerke nennt man daher Schleppwalzwerke. Um Walzenbrüche beim Passieren zu großer oder harter Körper zu vermeiden, sieht man für die eine Walze Gleitlager vor und preßt diese bewegliche Walze durch Gewichts- oder Federbelastung entsprechend gegen die andere, feststehende Walze an. Die Walzen eines zwangläufig angetriebenen Brechwalzwerkes bewegen sich nun, wie unsere nachstehende Abbildung (Fig. 66) zeigt, in den Pfeilrichtungen gegeneinander. Sie erfassen hierbei das zu zerkleinernde Gut B (einziehen) und zertrümmern es durch reine Druckwirkung, da seine Dicke größer ist, wie der Spalt zwischen den Walzen, seine Festigkeit aber geringer ist, wie der von den Walzen auf es ausgeübte Druck. Grundbedingung für das Arbeiten eines Brechwalzwerkes ist es also, daß die Walzen das zu kleinende Gut einzuziehen vermögen. Auf das Gut B wirken nun, wie in unserer Abbildung angedeutet, zwei verschiedene Kräfte ein, nämlich eine Radialkraft r und eine Tangentialkraft t. Die Tangentialkraft t entspricht dem Produkt von der Radialkraft r und dem Reibungskoeffizienten μ des Mahlgutes auf dem Material der (hier glatt, also ungezahnt vorausgesetzten) Brechwalzen. Zerlegt man nun die Radialkraft sowohl, wie die Tangentialkraft in zwei senkrecht aufeinanderstehende Komponenten und bezeichnet den Einzugswinkel des Walzwerkes mit 2α, so kann man folgende Gleichungen aufstellen:

$$u = r \cdot \cos \cdot \alpha \qquad m = r \cdot \sin \alpha$$

$$e = t \cdot \cos \cdot \alpha = u \cdot r \cdot \cos \alpha \qquad f = t \cdot \sin \alpha$$

Von den Komponenten der Radial- und Tangentialkraft wirken nun die beiden horizontalen n und f zerdrückend, die vertikalen aber

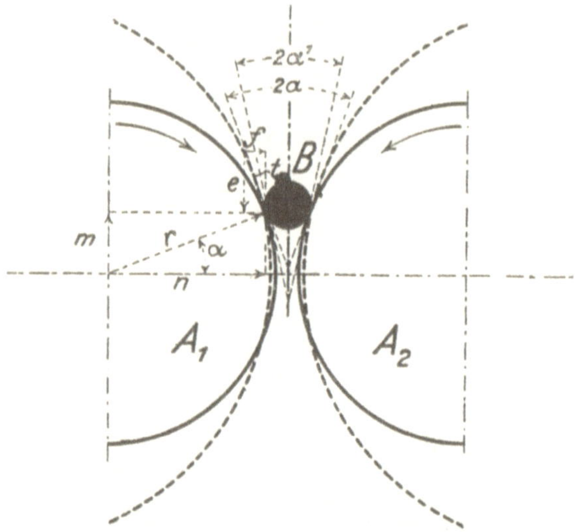

Fig. 66. Prinzip des zwangläufig angetriebenen Brechwalzwerkes. (Nach Naske, Zerkleinerungsvorrichtungen.)

einander gänzlich entgegengesetzt. Die Vertikalkomponente e will das Aufschüttgut in den Spalt hineinziehen, die Vertikalkomponente m es aber aus dem Spalt herausschieben. Hieraus ergibt sich als Bedingung für das Einziehen:

$$e > m$$

$$u \cdot r \cdot \cos \alpha > r \cdot \sin \alpha$$

$$u > \frac{\sin \alpha}{\cos \alpha} \qquad \operatorname{tg} \alpha < \mu$$

oder in Worten: Die Tangente des halben Einzugswinkels muß stets kleiner sein, wie der Reibungskoeffizient. Außer von dem Reibungskoeffizient hängt der Einzugswinkel dann aber auch noch vom Walzendurchmesser, der Stückgröße des Aufschüttgutes und der Spaltweite dergestalt ab, daß er kleiner wird, wenn Walzendurchmesser und Spaltweite größer, die Stückgröße aber kleiner wird und umgekehrt. Als guten Mittelwert für den Einzugswinkel hat Richards durch Untersuchung zahlreicher Walzwerke $2\alpha = 32$ Grad ermittelt und auf seiner Grundlage folgende Tabelle aufgestellt:

Walzen-durchmesser	Spaltweite:						
	20 mm	16 mm	13 mm	10 mm	6 mm	3 mm	0 mm
	Stückgröße des Aufschüttgutes (mm):						
915 mm	57	53	49	47	44	39	37
760 mm	50	47	45	40	38	35	32
660 mm	48	44	40	37	34	30	26
610 mm	44	40	38	34	32	28	24
510 mm	40	37	34	31	27	24	21
410 mm	36	33	30	26	22	19	16
230 mm	28	25	22	19	16	13	9

Den Durchmesser der Brechwalzeen bestimmt man am besten nach der Stückgröße des Aufschüttgutes und kann hierzu folgende Formel von Rittinger benutzt werden, wobei aber zu beachten ist, daß sie etwas zu kleine Werte gegenübor der vorstehenden Tabelle von Richards ergibt, die mit ihr erhaltenen Werte also entsprechend nach oben abgerundet werden müssen.

$$D > 18\,d\,(1-u)$$

In dieser Formel, welcher als Maßstab 1 Wiener Zoll = 26·34 mm zugrunde liegt, bedeutet d die Stückgröße und $u = s/d$ das Verhältnis der Stückgrößen vor und nach der Zerkleinerung zueinander, also den sogenannten Zerkleinerungskoeffizienten. Bemerkt sei noch, daß man am zweckmäßigsten den Walzendurchmesser tunlichst groß wählt, da große Walzen vorteilhafter arbeiten, wie kleinere. Sie gestatten ferner die Aufgabe gröberer Stücke, erzielen in einem einzigen Durchgange eine weitgehendere Zerkleinerung und führen diese mehr absatzweise durch.

Die Breite der Brechwalzen soll nach einer von Wertheimer aufgestellten Formel:

$$L = \frac{D}{3} + 0{\cdot}25 \text{ in Metern}$$

betragen, welcher Wert aber in der Praxis meist nicht erreicht wird.

Bei Bestimmung der Umfangsgeschwindigkeit der Brechwalzen ist zu beachten, daß sie im allgemeinen im umgekehrten Verhältnis zur Stückgröße stehen muß. Jeder Stückgröße entspricht somit eine bestimmte Umfangsgeschwindigkeit und erzielt man mit dieser beim geringsten Kraftverbrauch die größte Mahlleistung. Zu hoch (über 5 m/sec) darf die Umfangsgeschwindigkeit nicht steigen, da sonst das Aufschüttgut nicht mehr eingezogen und der Spalt verstopft wird. In der Praxis geht man meist nicht über 2·5 m/sec hinaus. Nach Untersuchungen von Argall kann man die Umfangsgeschwindigkeit nach folgenden Formeln bestimmen:

$$P = 100\,\frac{\log\frac{16}{S}}{\log 2}, \quad N = \frac{382}{D}\cdot\frac{\log\frac{13}{S}}{\log 2}.$$

Hierin bedeutet P die Umfangsgeschwindigkeit der Walzen in englischen Fuß pro Minute, D den Walzendurchmesser in englischen Zoll und S gleichfalls in diesem Maße die maximale Stückgröße des Aufschüttgutes.

Die theoretische Stundenleistung eines Brechwalzwerkes läßt sich, wenn man die sekundliche Umfangsgeschwindigkeit der Walzen mit v, die Walzenbreite mit b und die Spaltweite mit s bezeichnet, nach der Gleichung berechnen:

$$C_{\text{cbm}} = 3600 \cdot v \cdot b \cdot s.$$

Die wirklich erzielbaren Stundenleistungen hingegen betragen beim Grobschroten nur ca. $^1/_4$ bis $^1/_3$, beim Feinschroten ca. $^1/_2$ bis $^3/_4$ dieser theoretischen Leistung, da in der Praxis dem Walzwerk das Aufschüttgut niemals in einem vollkommen gleichmäßigen Strome zugeführt werden kann.

Die Wirkungsweise der Kollergänge, Glocken-, Schlag- und Schleudermühlen, sowie die der Pochwerke ist an anderer Stelle des ausführlicheren erläutert. Wir wenden uns deshalb jetzt der Betrachtung des Arbeitsvorganges in Brechtrommeln oder Kugelmühlen zu, welche für die Schwarzpulver- und Sprengsalpeterfabrikation immer noch in großem Umfange und zwar nicht nur zum Kleinen der Bestandteile, sondern auch zu verschiedenen anderen Zwecken, von denen später noch die Rede ist, benutzt werden. Diese zuerst auf französischen Pulverfabriken in Aufnahme gekommenen Zerkleinerungsvorrichtungen kennzeichnen sich dadurch, daß sich bei ihnen die Mahlorgane, die Kugeln, zusammen mit dem Mahlgut in der sich entsprechend schnell drehenden Mahltrommel befinden; diese Trommeln besitzen in der überwiegenden Mehrzahl der Fälle konzentrische Drehachsen und soll von einer abweichenden Konstruktion gleich noch die Rede sein. Der genauere Verlauf des Zerkleinerungsvorganges in Kugelmühlen ist merkwürdigerweise erst im Jahre 1904 in eingehender Weise untersucht worden und zwar aus Anlaß eines Patentstreites, wegen der sogenannten Rohrmühle, einer gleichsam vielfach verlängerten Kugelmühle, welche in großem Maßstabe in der Zementindustrie in Verwendung steht. Umfangreiche Versuche wurden nun aus dem erwähnten Anlasse in der Versuchsanstalt des Friedr. Krupp A.-G. Grusonwerkes durchgeführt, an denen Professor Hermann Fischer teilnahm und über die er in der Zeitschrift des Vereins deutscher Ingenieure Bd. 48 Nr. 13 in der Hauptsache folgendermaßen berichtet hat. Früher herrschte über den Arbeitsvorgang in Rohr-, bzw. Kugelmühlen durchweg folgende Auffassung: Die Kugeln rollen auf der Böschung des Trommelinhaltes und verschieben sich in dem Haufwerk gegeneinander, so das zwischen ihnen liegende Mahlgut zerkleinernd. Letzteres bewegt sich dann bei den kontinuierlich arbeitenden Rohrmühlen, vom Eintrittsende zum Austrittsende der Trommel, da die Öffnung an jenem Ende höher liegt, als an diesem. Diese Ansicht war aber grundfalsch, denn die auf dem Grusonwerk durchgeführten Versuche lehrten einwandfrei, daß insbesondere die Rohr-, bzw. Kugelmühle das Mahlgut weder an der

Böschung, noch im Inneren des Haufwerks nennenswert zerreibt, es vielmehr durch sogenannten schiefen Schlag zerkleinert und daß — bei der Rohrmühle — eine höhere Lage der Eintrittsöffnung gegenüber der Austrittsöffnung für die Förderung des Mahlgutes ohne Bedeutung ist. Es wurde für die in Rede stehenden Versuche zunächst eine größtenteils aus Glas bestehende Trommel verwendet, dann eine größere gebaut, bei welcher der Einblick in das Trommelinnere durch auswechselbare Gitter ermöglicht war und schließlich eine ähnlich der letzten eingerichtete Trommel von 1 m lichter Weite für die Versuche benützt. Man ließ die Trommel ohne Mahlgut und dann mit nicht staubendem Mahlgut verschiedener Art und mit verschiedener Drehgeschwindigkeit arbeiten. Im einzelnen ging man nun folgendermaßen vor: 1. Das Austragende der 1 m weiten Trommel war, wie unsere beiden nachstehenden Abbildungen (Figg. 67, 68) zeigen, nur durch

Fig. 67. Trommel von 1000 mm Durchmesser; Beginn der Drehung.

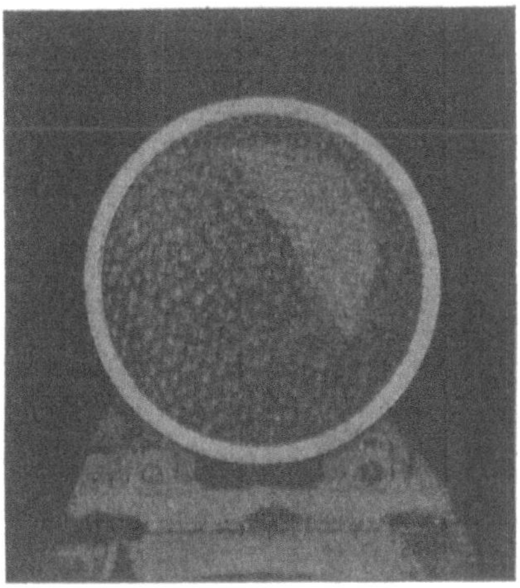

Fig. 68. Trommel von 1000 mm Durchmesser; 32 Uml./min.

(Nach Ztschr. des Vereins deutscher Ingenieure.)

ein Drahtgitter geschlossen, so daß man das Innere der Trommel gut beobachten konnte. In der Trommel befanden sich ausschließlich Flintsteinkugeln von etwa 60 mm Durchmesser, aber kein Mahlgut. Die Pfeilhöhe dieser Füllung betrug, solange sich die Trommel in Ruhe befand, etwa 450 mm. Man drehte nun die Trommel langsam mit der Hand, bis einige Kugeln an der Oberfläche des Haufwerks sich zu bewegen begannen. Unsere Fig. 67 stellt diesen Zustand dar. Dann wurde die Trommel in Betrieb gesetzt. Bei 21 und $23^1/_2$ Umläufen/minutlich rollten die Kugeln ziemlich träge am Hang hinab. Die Pfeilhöhe war ein wenig größer geworden. Bei weiterer Steigerung der Umlaufszahl auf 28, 30, 32 wurde die Bewegung an der freien Seite des Haufwerks lebhafter und trat eine mehr und mehr sichtbare Lockerung ein.

Die Pfeilhöhe stieg bis zu etwa 600 mm. Unsere Fig. 68 zeigt ein Augenblicksbild des Vorganges bei 32 Umläufen/minutlich der Trommel. Die Kugeln, welche unten und an der Steigseite die Trommelwand berühren, bewegen sich dieser gegenüber nicht, bis sie, auf einer gewissen Höhe angekommen, sich ablösen und einen ziemlich deutlichen Wurfbogen beschreiben. Bei den weiter nach innen belegenen Kugeln bemerkt man an der aufsteigenden Seite ebenfalls keine Verschiebung gegenüber der Trommel, an der absteigenden Seite ist ein Wurfbogen kaum noch zu erkennen. Vergleicht man Fig. 68 mit Fig. 67, so erkennt man sofort, daß der Trommelinhalt viel lockerer geworden ist. Mit weiterem Steigen der Geschwindigkeit bis zu 35 Umläufen/minutlich lockerte sich der Trommelinhalt noch mehr, so daß die Pfeilhöhe bis zu 650 mm wuchs. Der Wurfbogen der Kugeln, welche in Berührung

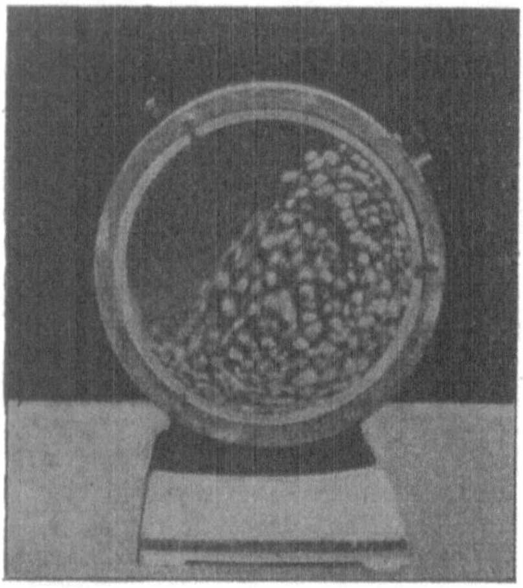

Fig. 69. Trommel von 300 mm Durchmesser; 59 Uml./min.

Fig. 70. Trommel von 300 mm Durchmesser; 66 Uml./min.

(Nach Ztschr. des Vereins deutscher Ingenieure.)

mit der Trommelwand gehoben wurden, wurde klar und auch die weiter nach innen belegenen Kugeln schieden sich in Schichten voneinander ab. Auf der Steigseite, etwa 200 mm von der Trommelwand, rollten die Kugeln in einem unvollkommenen Hohlraum nierenförmigen Querschnitts, ohne sich mit den weiter nach außen belegenen irgendwie zu mischen. Die Hohlräume zwischen den einzelnen Schichten auf der Fallseite waren ziemlich rein und man konnte hindurchblicken, während auf der Steigseite die Schichten fest aufeinander lagen. Vergleicht man nun die Abbildungen (Fig. 69 und 70), welche Augenblicksbilder darstellen, die mit einer 300 mm weiten Trommel bei 59 bzw. 66 Umläufen/minutlich gewonnen wurden, so erkennt man deutlich, wie die Lockerung des Trommelinhaltes mit der Umlaufszahl zunimmt. Steigert man die Drehgeschwindigkeit noch in einigem Grade, so bilden die

Kugeln einen mit der Trommel kreisenden festen Ring, wobei eine Verschiebung der Kugeln gegeneinander nicht zu bemerken ist. Diesen Vorgang veranschaulicht unsere Abbildung (Fig. 71), welche ein Augenblicksbild der Erscheinung in der 1000 mm weiten Trommel wiedergibt, wenn diese 55 Umläufe minutlich macht. Es wurde nun in die 1000 mm weite Trommel eine große Menge nicht staubenden Mahlgutes eingeworfen. Dies bewegte sich, wie zu erwarten war, ebenso, wie die Kugeln, legte sich in die zwischen den Kugeln befindlichen Hohlräume, wurde mit den Kugeln gehoben und fiel mit diesen nieder. Ein Unterschied war nur insofern zu bemerken, als die herabstürzenden Schichten weniger scharf begrenzt waren und die Mahlgutteile insbesondere an der Stelle, wo das wasserschlaucbartig herabsausende Gemisch auftraf, seitlich verspritzten. In dem verdrückt ovalen, unvollständigen Hohlraum bemerkte man fast gar kein Mahlgut.

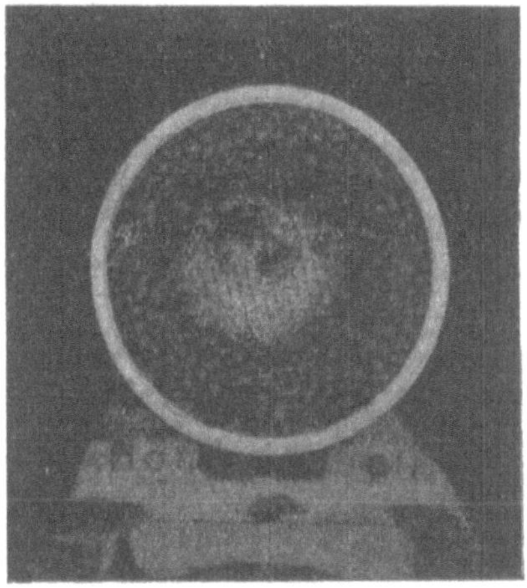

Fig. 71. Trommel von 1000 mm Durchmesser; 55 Uml./min. (Nach Ztschr. des Vereins deutscher Ingenieure.)

Weiter oben ist bereits hervorgehoben worden, daß ein Gleiten oder Rollen zwischen den Kugeln untereinander, also auch zwischen Kugeln und Mahlgut außer an der Auffallstelle und in dem länglich runden Hohlraum nicht vorkommt. Da letzterer fast frei von Mahlgut ist, so kann eine Zerkleinerung — wenigstens eine von Bedeutung — nur an der Auffallstelle stattfinden. Hier stoßen die niederfallenden Kugeln mit großer Heftigkeit auf das zwischen ihnen und den bereits tätig gewesenen Kugeln befindliche Mahlgut. Erstere vertreten die Stelle von Stempeln und die tätig gewesenen Kugeln die Pochsohle eines Pochwerkes. Das Zerkleinern findet durch Zerstampfen oder Zerschlagen statt. Der Vorgang weicht aber von dem in Pochwerken auftretenden insofern ab, als die niederfallenden Kugeln gegenüber den sich mit der Trommel drehenden eine entgegengesetzte, wagerechte Geschwindigkeit haben. In unserer Abbildung (Fig. 72) ist nun die Wurfbewegung der Kugeln so dargestellt, wie sie berechnet werden kann. Es ist angenommen, daß sich die 1000 m weite Trommel minutlich 34 mal dreht und es sind Störungen durch den Luftwiderstand, durch benachbarte Kugeln, sowie durch Mahlgut vernachlässigt. Eine an der Trommelwand liegende Kugel löst sich von dieser, sobald der in den Halbmesser fallende Zweig ihres Gewichtes, d. i.: $m \cdot g \cdot \sin \psi$ gleich der Schleuderkraft $\frac{mv^2}{r}$ geworden ist. Sie bewegt sich sodann in einer Wurflinie nach der Gleichung:

$$y = x \frac{\cos\psi}{\sin\psi} - x^2 \frac{g}{2\,v^2 \sin^2\psi}.$$

Es ist das die Linie A, A_1, A_2 in unserer letzten Abbildung Die lotrechte Geschwindigkeit der Kugel verzögert sich, bis sie im Scheitelpunkte A_1 der Wurflinie gleich 0 wird. Demnach wird auch die Geschwindigkeit in der Richtung der Wurfbahn verzögert und die Kugeln, welche am Trommelmantel mit in einigem Abstande voneinander lagerten, nähern sich einander. In unserer letzten Abbildung sind die an der Trommelwand liegenden Kugeln in solchem Abstande

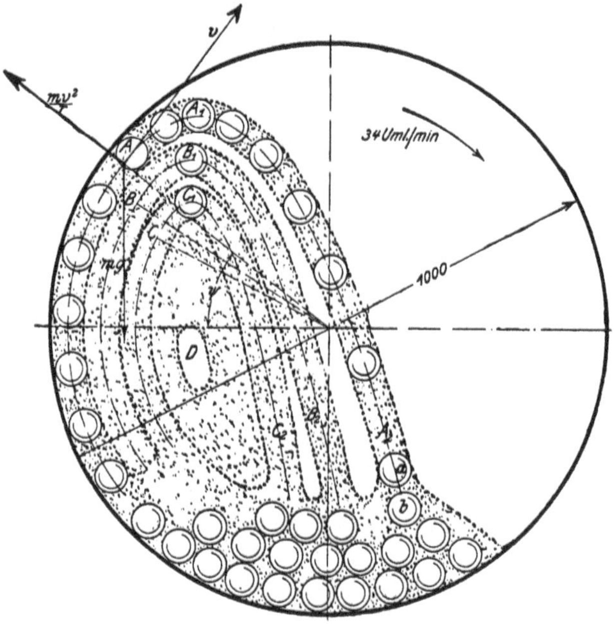

Fig. 72. Darstellung der Wurfbewegung der Kugeln. (Nach Ztschr. des Vereins deutscher Ingenieure.)

gezeichnet, daß sie sich im Scheitel A_1 berühren. Man sieht hieraus, daß zwischen den Kugeln befindliches Mahlgut zum Teil zur Seite gedrängt wird und daß die Kugeln, wenn sie an der Trommelwand einen kleinen Abstand hatten, aufeinanderstoßen und ihre Geschwindigkeit gegenseitig beeinflussen. Dadurch würde die Gestalt der Wurfbahn geändert werden. Nachdem eine Kugel ohne solche Störung den Scheitelpunkt A_1 erreicht hat, verfolgt sie die Wurfbahn unter zunehmender Geschwindigkeit, so daß der Abstand zweier benachbarter Kugeln größer und größer wird, wie die Abbildung genau nach der Rechnung darstellt. Eine zweite Kugelschicht beginnt ihre Wurfbahn im Punkte B, eine dritte im Punkte C usw. Diese Wurfbahnen fallen weniger rein aus, als A, A_1, A_2, weil sich die Kugeln, solange sie sich mit der Trommel bewegen, in Kreisen mit weniger bestimmtem Halbmesser befinden. Bei den Versuchen war aber, wie bereits angegeben, der die Bahn A, A_1, A_2 verfolgende Strom von dem folgenden B, B_1, B_2 sehr deutlich zu unterscheiden, so daß man zwischen ihnen hindurchsehen konnte. Zwischen anderen Strömen waren die Hohlräume wechselnd in Größe und Reinheit. Der früher schon erwähnte eiförmige Hohlraum D änderte seine Gestalt fortwährend, indem sich einzelne Kugeln regelmäßig darin bewegten. Für das Mahlgut liegt kein Grund vor, sich anders zu bewegen, als die Kugeln, wenn es nicht durch letztere verdrängt wird. Da Kugeln und Mahlgut bis zu den Ausgangspunkten A, B, C usw. der Wurfbahnen der Trommel gegenüber ruhen, so kann eine Mahlwirkung erst jenseits dieser Punkte stattfinden. Allein die Geschwindigkeitsabnahme zwischen A und A_1 usw. ist so gering, daß bis zu den Scheitelpunkten der Wurfbahnen nennenswerte Zerkleinerungen nicht erwartet werden können. Von den Scheitelpunkten bis zu den Auffallpunkten A_2, B_2 usw. verlängert sich aber der Strom und es ist auf diesem Wege jede Zerkleinerung ausgeschlossen. Hier aber, wo die herniedersausende Kugel a — siehe Abbildung (Fig. 73) — auf das von einer früher tätig gewesenen Kugel b oder dem Trommelmantel unmittelbar gestützte Mahlgut trifft, wird letzteres zerschlagen und — da sich das getroffene Gut mit seiner Stützfläche gleichzeitig quer gegen die Wurfrichtung bewegt — zerrieben. Nimmt man nach nebenstehender Fig. 73 den Fall an, daß die Wurfrichtung von a durch die Mitte von b geht, so gewinnt man etwa 3·5 m Geschwindigkeit der aufschlagenden Kugel a, während die quer dagegen gerichtete Geschwindigkeit von b etwa 1·2 m beträgt. Unter der Wucht der Schläge werden die in der Nähe der Schlagstelle befindlichen Kugeln eine gewisse Verschiebung erfahren, die jedoch eine nennenswerte Mahlwirkung kaum hervorbringen kann. Die Mahlwirkung hängt hiernach von der Fallhöhe der Kugeln, d. i. die Höhe des Wurfbahnscheitels über der Stelle, an welcher die Kugeln auftreffen, von der Geschwindigkeit der Trommel, dem Gewicht und der Zahl der Kugeln ab. Die Trommelgeschwindigkeit muß so bemessen werden, daß sich die Wurfbahnen gut entwickeln können. Kugelgewicht und Fallhöhe ergänzen sich insoweit, als sie Faktoren eines Produktes sind. Härteres Mahlgut erfordert schwerere Kugeln oder größere Fallhöhe als weicheres und Stahlkugeln können

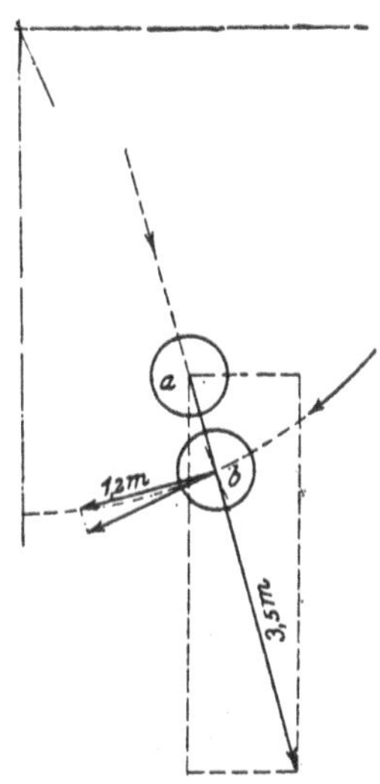

Fig. 73. Darstellung der Wurfbewegung für zwei einzelne Kugeln. (Nach Ztschr. d. Vereins deutscher Ingenieure.)

(bei Rohrmühlen) in kleineren Trommeln dasselbe leisten, wie Flintsteinkugeln in größeren Trommeln. Je größer die auf eine bestimmte Mahlgutmenge wirkende Kugelmenge ist, um so weiter wird die Zerkleinerung getrieben. Soll in einer bestimmten Zeit mehr Mahlgut derselben Art auf dieselbe Feinheit gebracht werden, so muß die Kugelmenge, also bei Rohrmühlen die Länge der Trommel entsprechend größer gewählt werden. Die entsprechenden Zahlenwerte können nur an Hand ausgedehnter Versuche gewonnen werden. Die Vermahlung des Gutes zu Mehl erfolgt also, wie wir gesehen haben, in den Brechtrommeln hauptsächlich durch eine genügend lang fortgesetzte Bearbeitung mittels Schlag und Stoß, nur in sehr geringem Maße aber mittels Reibung der Mahlkugeln. Die Umdrehungsgeschwindigkeit der Brechtrommeln darf eine gewisse obere Grenze nicht überschreiten. Auf der einen Seite sucht ja die rotierende Brechtrommel ihren aus Mahlgut und Kugeln bestehenden Inhalt mit in die Höhe zu nehmen, auf der anderen Seite sucht ihn aber die Schwerkraft dauernd nach dem tiefsten Punkte der Trommel zu befördern. Es spielt sich also ein steter Kampf zwischen den beiden gleichzeitig auf den Trommelinhalt einwirken wollenden Fliehkraftkomponente uud Schwerkraftkomponente ab.

Das Kleinen des Salpeters. Das Kleinen des Salpeters kann in Brechtrommeln, auf Kollern und mittels Mühlen von verschiedener Bauart erfolgen. Seine Zerkleinerung in Stampfwerken, die heute nur sehr selten anzutreffen ist, eignet sich nur für geschmolzenen Salpeter, nicht aber für das sogenannte Salpetermehl.

Das Kleinen des Salpeters wurde auf den deutschen Staatspulverfabriken früher durchweg, auf französischen Staatspulverfabriken und den verschiedenen Privatwerken der einzelnen Länder, sofern diese nicht genügend feingemahlenen Salpeter bereits fertig beziehen, heute noch häufig in Brechtrommeln vorgenommen. Diese Salpeterbrechtrommeln sind entweder aus Holz mit oder ohne Lederausfütterung, oder — seltener — ganz aus Leder, meist aber aus Eisen gefertigt. Die auf deutschen Staatspulverfabriken benutzten eisernen Salpeterbrechtrommeln waren aus 6 mm starkem Schmiedeeisenblech 1100 mm lang, bei einem Durchmesser von 1000 mm herstellt; innen besaßen sie 6 Leisten aus Weißbuchenholz. Die Beschickung und Entleerung erfolgte durch eine Öffnung im Mantel, welche während des Kleinens durch eine volle Eisenblechtür, während des Entleerens mit einer durchlochten Vorsatztür verschlossen war. In die Trommel wurden 100 kg Salpeter zusammen mit 100 kg Bronzekugeln von 13 mm Durchmesser eingebracht. Die Zeit des Kleinens betrug für Gewehrpulver M/71 drei Stunden. Die Trommeln machten hierbei 20 Umdrehungen in der Minute. Der gekleinte Salpeter passierte dann noch ein Zylindersieb, das mit Drahtgewebe von 0,68 mm Maschenweite bespannt war. Auch auf verschiedenen belgischen Pulverfabriken erfolgt das Kleinen des Salpeters heute noch häufiger in Brechtrommeln, die mit Bronzekugeln oder aber mitunter auch mit Kugeln aus dem sehr harten Guyacholz arbeiten. Einige weitere Ausführungsbeispiele

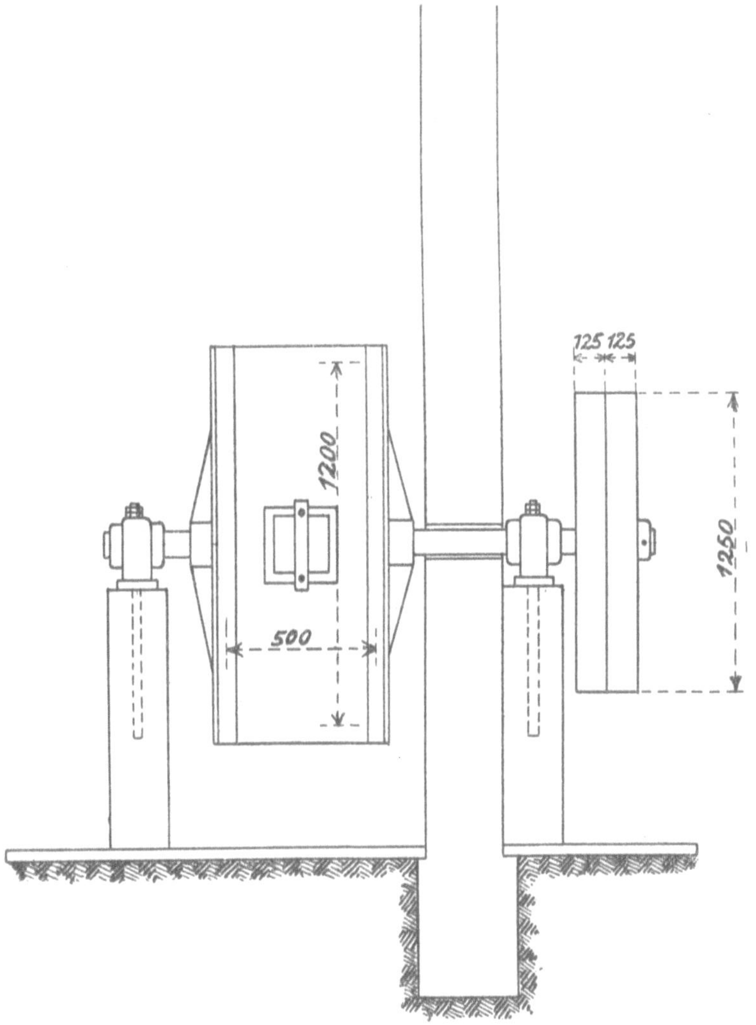

Fig. 74. **Kleine Salpeterbrechtrommel der Maschinenfabrik Wippermann.**

von eisernen Salpeterbrechtrommeln, wie sie auf verschiedenen Fabriken im Betriebe stehen und häufig gleichzeitig auch zum Kleinen der Kohle und des Schwefels mitbenutzt werden, seien dann hier noch angeführt. Unsere vorstehende Abbildung (Fig. 74) zeigt eine kleinere Salpeterbrechtrommel, die im Lichten gemessen 1200 mm Durchmesser und 500 mm Breite besitzt. Diese Trommel hat gußeiserne Seitenschilde, verstärkten Mantel und durchgehende Achse, die doppelt gelagert ist; der mit Fest- und Losscheibe ausgestattete Antrieb ist durch eine Schutzwand von dem Trommelraum getrennt. Eine von Friedr. Krupp A.-G. Grusonwerk gebaute eiserne Brechtrommel zeigt unsere folgende Abbildung (Fig. 75). Sie besitzt 1140 mm lichten Durchmesser bei 1100 mm lichter Breite; an ihrem inneren Umfang sind 12 Schlagleisten vorgesehen; zum Vermahlen des Aufschüttgutes werden Bronzekugeln benutzt. Die Auslaßöffnung der Trommel wird beim Kleinen mit einer vollen, beim Entleeren mit einem perforierten Deckel geschlossen. Das zerkleinerte Material fällt beim Entleeren der Trommel durch einen Schüttrumpf in einen darunter angeordneten Siebzylinder.

Fig. 75. Salpeterbrechtrommel des Kruppschen Grusonwerkes.

Eine eiserne Salpeterbrechtrommel der Maschinenfabrik Riedinger in Augsburg zeigt unsere Abbildung (Fig. 76). Bei ihr besitzt die in ein Holzgehäuse mit anschließendem unteren Schüttrumpf eingebaute Eisentrommel von 1100 mm lichtem Durchmesser und 1000 mm lichter Breite einen Mantel aus 5 mm starkem Schmiedeeisenblech, auf den innen sechs eiserne Pralleisten aufgenietet sind. Die Seitenschilde der Trommel sind aus 6 mm starkem Schmiedeeisenblech gefertigt und besitzen gußeiserne Naben, die auf die kräftige durchgehende Stahlwelle aufgekeilt sind; das Mannloch zum Füllen und Entleeren erstreckt sich über die ganze Breite der Trommel und wird beim Kleinen mit einer widerstandsfähigen vollen Vorsatztür geschlossen, die von 6 seitlich auszuschwenkenden, mit Schrauben feststellbaren Riegeln gehalten wird. Beim Entleeren wird die aus unserer Abbildung (Fig. 76) zu ersehende Siebtür eingesetzt, deren beide Öffnungen mit perforiertem Blech oder Drahtgewebe bespannt werden. Eine eiserne Salpeterbrechtrommel, deren Bauart von den bisher be-

Fig. 76. Salpeterbrechtrommel der Maschinenfabrik Riedinger; betriebsfertig auf Walzträgern montiert.

schriebenen Modellen gänzlich abweicht, findet sich beispielsweise auf der portugiesischen Pulverfabrik Barcarena im Betriebe. Diese in unserer nebenstehenden Abbildung (Fig. 77) wiedergegebene, mit zwei Mannlöchern ausgestattete Brechtrommel besitzt kreisrunden Querschnitt von 1·20 m bei 1·65 m Breite und liegt die Drehachse diagonal zum Längenschnitt der Trommel; hierdurch wird der Vorteil gewonnen, daß das Mahlgut fortwährend nach rechts oder links geworfen wird. Es erfährt also bei dieser Anordnung das Mahlgut auch in der Achsenrichtung eine sehr kräftige Verschiebung, während bei den sonst meist üblichen Trommeln mit konzentrischer Achse das Kleinen mehr oder weniger in derselben Querschnittebene stattfindet, also das Mahlgut, das sich an dem einen Trommelende befindet, nur in geringem Maße an das andere Trommelende gelangt.

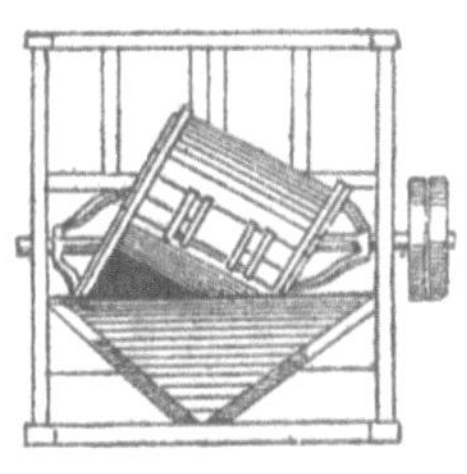

Fig. 77. Salpeterbrechtrommel mit Diagonalachse; Bauart Barcarena.

Außer den bisher von uns betrachteten Brechtrommeln, also intermittierend arbeitenden Kugelmühlen, dürften sich zum Kleinen des Salpeters auf größeren Werken besonders auch die kontinuierlich arbeitenden Kugelmühlen eignen, von denen zwei Arten, nämlich solche mit Sieben und solche ohne Siebe zu unterscheiden sind. Diese Kugelmühlen für ununterbrochene Vermahlung und Absiebung, die vielfach zum Kleinen der Rohstoffe in Sicherheitssprengstoffabriken in Benutzung stehen, eignen sich zum Kleinen von Materialien jeden

Fig. 78. Hartmühle Original Pfeiffer.

Härtegrades, bei denen es darauf ankommt, ein möglichst gleichmäßiges Mahlerzeugnis zu erzielen und wird in ihnen beispielsweise häufig der hygroskopische, vorher getrocknete Ammoniaksalpeter vermahlen. Über den Aufbau und die Wirkungsweise dieser kontinuierlich arbeitenden Kugelmühlen ist gleich beim Kleinen der Kohle noch das Nähere gesagt, wie sich denn überhaupt diese Mühlentype zum Vermahlen der verschiedenartigsten Rohstoffe mit bestem Erfolge verwenden läßt. Zum Vermahlen des Salpeters eignen sich von ihnen besonders die sieblosen Kugelmühlen in Verbindung mit Windsichtern. Hier sei von diesen eine sieblose Kugelmühle, Bauart Gebrüder Pfeiffer-Kaiserslautern angeführt, sowie gleichzeitig etwas näher auf den Entwicklungsgang der Windsichtung eingegangen. Die Pfeiffersche Original-Hartmühle, von der unsere vorstehende Abbildung (Fig. 78) eine betriebsfertige Anlage zeigt, besteht aus einer Trommel mit durchgehender, eiserner Stahlachse. Die schmiedeeisernen, innen durch Panzerplatten geschützten Endschilde der Trommel sind mittelst starker Naben auf der Achse befestigt. Die eine dieser Naben dient gleich-

Fig. 79. Hartmühle Original Pfeiffer. Mahlstufe.

zeitig als Einlauf für das Mahlgut, das in Stücken bis zu 150 mm Durchmesser zugeführt werden kann. Jede Mahlstufe der Trommel besteht, wie unsere Abbildung (Fig. 79) zeigt, aus einem einzigen Stück und besitzt keinerlei schwächende Durchlochungen, Schlitze oder dgl. Da sie aus Tiegelgußstahl bewährter Qualität hergestellt werden, so ermöglichen sie jahrelangen Betrieb ohne Auswechslung. Die Mahlplatten bilden, wie aus unserer umstehenden Abbildung (Fig. 80) zu ersehen, vor Kugelschlägen geschützte Längsschlitze, für den Mahlgutaustritt, deren Zuhämmern im Betriebe völlig ausgeschlossen ist. Die Längsschlitze für den Mahlgutaustritt lassen sich nach Bedarf mittelst Schieber enger oder weiter stellen, so daß durch sie nur ein Mahlprodukt von ganz bestimmter Korngröße durchtreten kann. Die Mahltrommel ist mit einem eisernen Staubmantel umgeben, dessen unterer, trichterförmig ausgebildeter Teil das austretende Gut aufnimmt und durch ein Becherwerk dem Windsichter zuführt, der mit Rücksicht auf Platzersparnis in der Regel unmittelbar oberhalb der Mühle angeordnet wird. Die Pfeifferschen sieblosen Kugelmühlen werden in acht verschiedenen Modellgrößen, die ca. 300 kg bis ca. 5000 kg Kugelfüllung besitzen und bis zu 90 PS. Kraftbedarf gebaut. Ihre eigentliche höchste Leistungsfähigkeit erhalten sie nun aber erst durch Kombination mit den Windsichtmaschinen. Das Prinzip dieser Maschinen beruht darauf, daß die bewegte Luft, ähnlich, wie das bewegte Wasser bei der Separation unter Wasser, die man bei verschiedenen Arten der Edelmetallgewinnung nach dem nassen Verfahren angewandt findet, je nach ihrer Strömungsgeschwindigkeit verschieden große Teilchen des Sichtgutes mit sich führt. Große und schwere Teilchen beispielsweise, die in einem schwachen Luftstrom sofort zu Boden sinken würden, vermag ein genügend kräftiger Luftstrom schwebend zu erhalten und mit sich zu führen. Man ist also in der Lage, durch geeignete Regelung der Stärke des Luftstromes, eine Absonderung des Sichtgutes nach verschiedenen Korngrößen herbeizuführen. Je reiner und schärfer diese Aussichtung erfolgen soll, um so gleichmäßiger muß das Sichtgut in dem Luftstrome verteilt werden, damit dieser jedes einzelne Teilchen allseitig zu umspülen und alles Mehlfeine fortzunehmen vermag. So einfach das Prinzip der Windsichtung, so schwierig war aber die praktische Ausführung, denn, in dem Sichtapparate muß der Luft eine ganz bestimmte Geschwindigkeit erteilt, ihre Menge geregelt, sie wieder zur Ruhe gebracht, sowie endlich leicht in jeder erforderlichen Richtung geführt werden. Bei Wasser, wie es die nasse Separation benutzt, ließ sich diesen mannigfachen Anforderungen viel leichter Rechnung tragen, wie bei Luft und erst ausgangs der achtziger Jahre gelang es den Engländern Mumford und Moodie den ersten brauchbaren Windseparator zu konstruieren, bei dem sich der ganze Sichtprozeß, der sich bis zu diesem Zeitpunkte durchweg in räumlich getrennten Vorrichtungen abspielte, im Inneren eines einzigen geschlossenen Apparates erfolgte. Aufgabe des Windseparators in Verbindung mit einer sieblosen Kugelmühle ist es nun, die ihm in geeigneter Weise, z. B. mittelst Elevator zugeführten vorgemahlenen Materialien in Feinmehl und Griese zu zerlegen, die Griese in den Mahlapparat zurückzuleiten, während das Mehl, also das genügend fein gekleinte Material der weiteren Verwendung zugeführt wird. Dies wird, wie bereits erwähnt, durch einen im Separator erzeugten, beständig umlaufenden Luftstrom bewirkt. Die erste Ausführung M/1888 des von Mumford und Moodie erfundenen, von der Firma Gebrüder Pfeiffer weiterentwickelten Windseparators zeigt

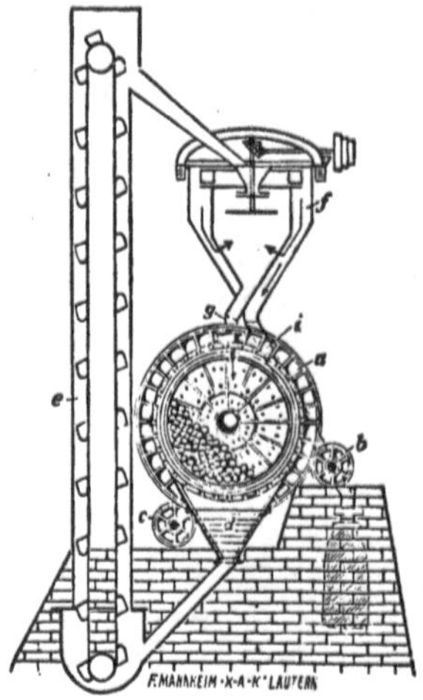

Fig. 80. Hartmühle Original Pfeiffer. Schemat. Schnitt.

unsere nachstehende Abbildung (Fig. 81). E ist der Ventilator, der mit dem Streuteller E_1 auf derselben Achse E_2 sitzt und in Umdrehung versetzt wird. Das Material tritt bei G ein, wird durch den Streuteller gegen einen Ring D geworfen und dadurch in eine Staubwolke aufgelöst. Der vom Ventilator erzeugte Luftstrom tritt in der Richtung der Pfeile nach oben, nimmt den feinen Staub auf und schleudert ihn gegen die Außenwand des Gehäuses, wo er niedersinkt, und durch den Mehlauslauf austritt, während die Luft auf dem mit Pfeilen bezeichneten Wege wieder unter den Streuteller zurückkehrt. Die vom Mehl befreiten Griese fallen in einen Trichter B und fließen durch den Griesauslauf ab. Diese erste Ausführungsform des Windseparators beschränkte sich auf das eigentliche Prinzip. Es sind bei ihr noch keinerlei Vorkehrungen getroffen, um die Staubaufnahme oder die Staubabscheidung besonders wirksam zu machen. Die Scheidewand D zwischen dem inneren (Staubaufnahme-) und dem äußeren (Staubabscheidungs-) Raume diente gleichzeitig als Anwurfring oder Verteiler. Dieser erste Separator lieferte eine ziemlich grobe Sichtung. Gebr. Pfeiffer verbesserten den Apparat nun im Laufe der Jahre wesentlich, wobei stets an dem Grundgedanken festgehalten wurde, der darin gipfelt, daß ein zirkulierender Luftstrom fortdauernd an einer Stelle Staub aufnimmt und an einer anderen Stelle wieder abgibt, wobei von der tunlichst vollkommenen Lösung dieser beiden Aufgaben naturgemäß die Leistungsfähigkeit des Apparates abhängt. Die Verbesserungsbestrebungen waren daher hauptsächlich darauf gerichtet, auf der einen Seite eine gründliche Durchtränkung des Luftstromes mit Staub, also eine möglichste Trennung des Feinmehles vom Gries, eine saubere Aussichtung somit zu erzielen, auf der anderen Seite aber den vollkommenen Niederschlag des aufgenommenen Staubes zu bewirken, derart, daß die rückkehrende Luft nahezu staubfrei ist und infolgedessen die höchste Aufnahme-, d. h. Sichtfähigkeit besitzt. Die beste Lösung dieser beiden Aufgaben bringt gleichzeitig die Erreichung der höchsten Leistungen mit sich. Gegenüber dem M/1888 stellte nun zunächst die Bauart M/1895 den ersten Fortschritt in dieser Richtung dar. Dieser Apparat, den unsere umstehende Abbildung (Fig. 82) im senkrechten Längenschnitte zeigt, enthält bereits einen besonderen Anwurfring zur besseren Verteilung des Sichtgutes im Luftstrom, ferner unterhalb des Streutellers einen birnenförmigen Doppelkonus, um eine gewisse Führung für den Luftstrom zu schaffen und Wirbelbildung in dem toten Raum unterhalb des Streutellers

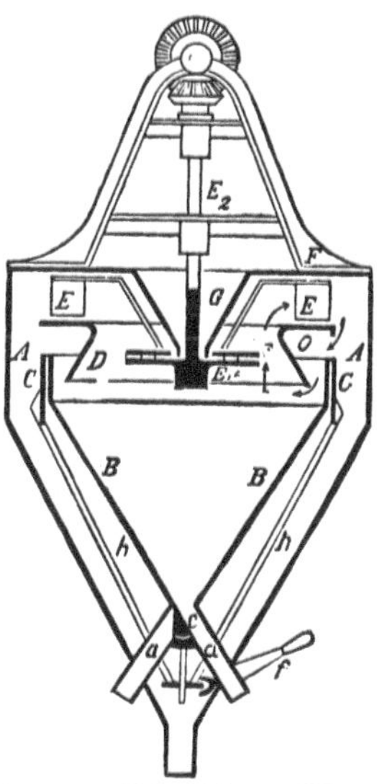

Fig. 81. Pfeiffers Windsichter M/88.

zu vermeiden. Weitere Verbesserungen erfuhr dann das in unserer Abbildung (Fig. 83) wiedergegebene M/1909. Dieser Separator hat einen Anwurfring, dessen innere, dem Streuteller zugekehrte Seite regelmäßig gekrümmt ist, so daß das an verschiedenen Stellen anprallende Material nach ebenso vielen verschiedenen Richtungen abgelenkt und auf diese Weise eine vollkommene Streuung und Auflösung erzielt wird, die dem Luftstrome gestattet, jedes einzelne Teilchen zu umspülen und die Staubpartikelchen mit fortzunehmen. Die fallenden Teilchen gelangen auf einen zweiten, größeren Streuteller und werden einer wiederholten, stärkeren Schleuderung unterworfen, um etwa an

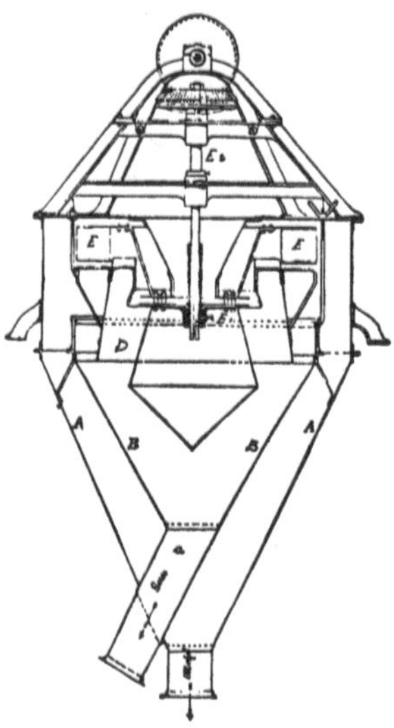

Fig. 82. Pfeiffers Windsichter M/95.

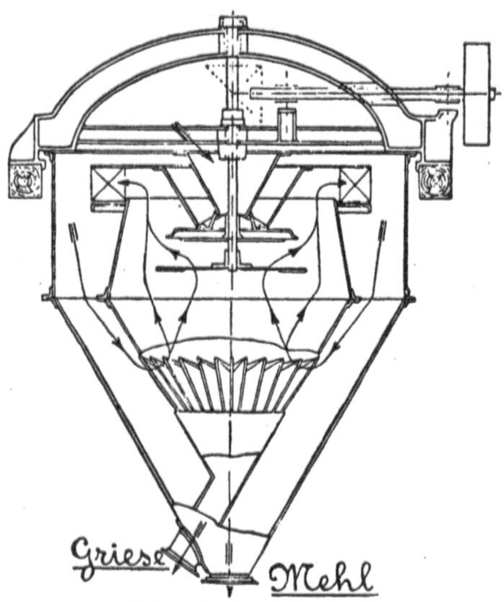

Fig. 83. Pfeiffers Windsichter M/09.

den Grieskörnern haftende Mehlteilchen loszulösen und dem Luftstrom zu übergeben. Dieser zweiten Sichtung folgt noch eine dritte, an der Stelle, wo die rückkehrende Luft in den Griestrichter eintritt und den nach unten rieselnden Griesen begegnet. Hier sind jalousieartige Durchlässe angeordnet, die dem doppelten Zwecke dienen, den Übertritt von Griesen in den Mehlraum zu verhindern und die Luft in wirksamer Strahlenform durch die Griese zu leiten, diese also so zum dritten Male gründlich sichtend. Die Sichtung erfolgt somit nach dem Prinzip des Gegenstroms. Die Luft geht von unten nach oben, das Sichtgut von oben nach unten. Die reinste, d. h. staubfreieste Luft, die mithin am besten Staub aufnimmt, wird zur letzten Nachsichtung benutzt. Die Reinsichtung wird bis auf den denkbar höchsten Grad getrieben, indem jedem Staubteilchen nach gründlicher Lockerung wiederholt Gelegenheit geboten wird, mit dem Luftstrome zu entschweben. Eine Hauptbedingung ist, daß die ständig kreisende Luft im Mehlraum auch wirklich gut vom Staub befreit und wieder aufnahmefähig gemacht wird. Von diesem Gesichtspunkte aus betrachtet, war und ist es ein Fehler, die Luft bereits unmittelbar unterhalb des Ventilators zurückzuführen oder gar eine Teilung des Luftstromes vorzunehmen und einen Teil oben, den anderen unten in den Griesraum zurückzuführen. Nach dieser neuen Bauart wird das Prinzip des „Cyclons", der übrigens den Windseparator als Vorbild benutzte, voll durchgeführt, indem der Staubluftstrom in einer langen Spirale mit kräftiger Wirbelung nach unten geleitet und so ganz systematisch und scharf in eine äußere Mehl- und eine innere Luftschicht zerlegt wird. Das Mehl setzt seinen Weg nach dem Auslauf fort, die gereinigte Luft wird in die Höhe der erwähnten Jalousien nach innen abgelenkt und tritt in den Griestrichter zurück. Man sieht also, daß bei den Verbesserungen des Separators von dem Grundsatze ausgegangen wurde, die beiden Hauptfunktionen, die Aufnahme und die Abscheidung des Staubes auf das höchste Maß zu vervollkommnen. Die Windseparatoren vorbeschriebener Bauart werden von Gebr. Pfeiffer in sechs verschiedenen Größen ausgeführt, leisten an Feinmehl pro Stunde ca. 500 bis 12 000 kg und verbrauchen zum Antrieb $^3/_4$ bis $4\,^1/_2$ PS. Ihre bauliche Ausführung erfolgt bis in die geringsten Einzelheiten sorgfältig mit unbedingter Genauigkeit und Zweckmäßigkeit unter Verwendung der geeignetsten Baustoffe. Alle beweglichen Teile werden genau ausbalanciert und von einem einzigen Kugellager besonderer Konstruktion getragen. Der die Antriebswelle enthaltende Oberbau ist besonders kräftig gehalten und sichert eine feste Lagerung, sowie ruhigen und sehr leichten Gang.

Handelt es sich nun darum, allerfeinste Produkte abzuscheiden, so empfiehlt es sich, an Stelle des Windseparators, da dieser allerdings wohl vorzugsweise die feinsten Teilchen abscheidet, daneben aber auch noch mehr oder weniger gröbere Teilchen mitgeführt werden, je nachdem man den Luftstrom verstärkt oder abschwächt, einen nahe verwandten Apparat, den „Selektor" zu benutzen, der gleichfalls von Moodie stammt. Dieser beruht auf einer eigenartigen Vorrichtung, durch die eine Nachseparation im Staubluftstrome vorgenommen wird, derart, daß nur der allerfeinste Staub in den Abscheideraum gelangen kann. Der Windseparator besteht bekanntlich, wie eben ausführlicher dargelegt, aus zwei Haupträumen, dem Staubsättigungs- oder Aufnahmeraume und dem Staubabscheideraume. Der im Separator angebrachte Ventilator bewirkt die ständige Zirkulation der Luft, die den Staub in dem einen Raume aufnimmt und ihn im zweiten Raume wieder abgibt, um dann das gleiche Spiel von neuem wieder zu beginnen. Der Selektor besitzt diese beiden Haupträume ebenfalls, weist aber neben anderen Unterschieden noch ein sehr wichtiges Element auf, das in unserer umstehenden Abbildung (Fig. 84) schematisch dargestellt ist. Es ist dies ein System von Scheiben oder Tellern, die in geringem Abstande voneinander so angeordnet sind, daß der Staubluftstrom sie auf dem Wege vom Sättigungs- nach dem Abscheideraume passieren muß. Diese Teller oder Ringe sind mit dem Ventilator und der Streuvorrichtung verbunden und werden mit dieser in Umdrehung versetzt. Der von unten in Richtung der Pfeile ankommende Staubluftstrom wird durch die Schleuderteller nun in viele dünne Schichten oder Strahlen zerlegt. Auf dem wagerechten Wege durch die Zwischenräume sinken naturgemäß die größeren und schwereren Teilchen jeder Schicht nach unten. Sie kommen so in Berührung mit den schnell umlaufenden Tellern, werden durch die Zentrifugalkraft nach außen geschleudert, wo der Luftstrom weniger stark ist und fallen hier nach unten in den Griestrichter. Die feinsten Staubteilchen hingegen unterliegen dem Einflusse der Zentrifugalkraft nicht, sondern werden durch die Teller in den Staubabscheideraum geführt. Die Regelung ihrer Feinheit kann sowohl durch den Luftstrom, wie durch die Einstellung der Teller auf größere oder geringere Abstände geschehen. Die Selektoren werden von Gebr. Pfeiffer in drei verschiedenen Größen gebaut, die in der Stunde je nach Feinheit annähernd 300 bis 5000 kg Feinmehl leisten. Erwähnt sei noch, daß

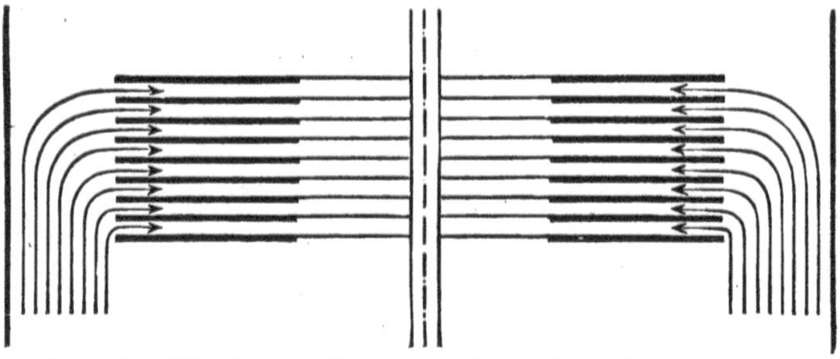

Fig. 84. Scheibenanordnung des Pfeifferschen Selektors.

mit diesen Apparaten in der Zementindustrie Feinmahlungen von 1% auf dem 5000 Maschensiebe laufend im Großbetriebe erzielt werden.

Sieblose Kugelmühlen, in Verbindung mit Windsichtern gestatten, in einem einzigen Mahlapparate die größten Leistungen zu bewältigen. Es gibt tatsächlich keine praktisch in Frage kommende Grenze, welche die Anwendung dieses Mahlsystems beschränken könnte. Des Interesses halber sei erwähnt, daß schon Leistungen von 20000 kg stündlich in einer einzigen solchen Mühle erzielt worden sind. Bei ihnen ist weder eine Vorbrechung, noch eine Nachfeinung des Mahlgutes erforderlich, denn die Mühle erfüllt erwiesenermaßen beide Aufgaben mit gleicher Vollkommenheit. Faustgroße Stücke werden in ihr direkt in Feinmehl verwandelt. Bei bester Ausnutzung der Betriebskraft und geringem Kraftbedarf ergibt der Apparat eine kräftige und vollkommene Mahlwirkung und größten Gehalt an Allerfeinstem im Mahlgut. Die Arbeitsweise ist stets gleichmäßig, bedarf keiner ständigen Beaufsichtigung, sowie Wartung und gibt die unbedingte Sicherheit, daß das gewünschte Produkt ununterbrochen in derselben Feinheit (event. auch in ein und derselben chemischen Zusammensetzung, da die Sichtung lediglich nach der Korngröße, nicht aber, wie häufig fälschlisch angenommen, nach dem spezifischen Gewichte erfolgt!) erzeugt wird. Infolge des Wegfalles aller einem mehr oder weniger raschem Verschleiß unterworfenen Teile und durch die bewährte Qualität und einfache Konstruktion der Mahlplatten stellen sich die Unterhaltungskosten eines solchen Mahlsystems sehr niedrig. Der zur Verwendung gelangende Windseparator hat nur drei Öffnungen, nämlich den Einlauf und die beiden Ausläufe für Mehl und Gries, erfordert keinen besonderen Exhaustor, keine Staubkammer oder sonstige Hilfsapparate. Er besitzt keine Siebe, die der Beschädigung und Abnutzung unterliegen und zu unangenehmen Betriebsstörungen Anlaß geben können. Die Feinheit des Fertigproduktes kann jederzeit leicht nach Belieben verändert werden. Die vom fertigen Mehl abgesonderten Griese kehren dann endlich noch selbsttätig zur weiteren Zerkleinerung in die Kugelmühle zurück.

Außer in Kugelmühlen der verschiedenen Bauarten wird dann ferner das Kleinen des Salpeters mitunter auf Kollergängen, sogen. Brechkollern, vorgenommen. Auf verschiedenen belgischen Pulverfabriken stehen hierzu beispielsweise Koller mit steinernen Läufern in Benutzung, während die meisten anderen in Betracht kommenden Werke, wie englische und deutsche, Koller mit Hartgußläufern im Betrieb haben. Letztere Bauart ist aus naheliegenden Gründen unbedingt vorzuziehen. Einen mit Hartgußläufern ausgerüsteten Brechkoller des Fried. Krupp A.-G. Grusonwerkes zeigt unsere nachstehende Abbildung (Fig. 85) in Ansicht. Er eignet sich selbstredend auch zum Kleinen der anderen Bestandteile, wie Schwefel, Kohle usw.; bei ihm sind die Läufer ungleichweit von der zentralen Königswelle, die Unterantrieb besitzt, entfernt. Die Königswelle trägt oben einen wagerechten Kreuzkopf, in dem die Wellen der Steine so gelagert sind, daß sich jede Welle, bezw. jeder Läufer unabhängig von dem anderen auf- und abwärts bewegen kann; zum Aufschütten des Mahlgutes auf die Läuferbahn wird zweckmäßig ein Schüttrumpf vorgesehen. Mit der Hauptwelle rotierende Schaber verhindern ein Festsetzen des Mahlgutes an der Läuferschale und führen es immer wieder von neuem unter die Läufer. Zum Entleeren des Fertigproduktes kann das Läuferbett an seinem Rande eine Öffnung mit angesetzter Ausschüttgosse, durch welche dasselbe gleich in die Sichtmaschine überführt wird, erhalten.

In großem Maßstabe hat sich dann in den letzten Jahren das Kleinen des Salpeters (und auch der anderen Bestandteile) in Schlag- und Schleudermühlen verschiedener Bauart auf den verschiedenen Pulverfabriken eingeführt, von denen die Exzelsiormühle und die Perplexmühle als wohl am weitesten verbreitete Typen hier näher betrachtet werden mögen. Was zunächst die Wirkungsweise dieser Mühlen anbetrifft, so beruht diese, wie der Name schon andeutet, darauf, daß bei den Schlagmühlen das Mahlgut der schlagenden und gleichzeitig scherenden Einwirkung sehr schnell umlaufender Schlagorgane ausgesetzt, bei den Schleudermühlen aber von einem mit hoher Umfangsgeschwindigkeit umlaufenden Teller gegen eine feststehende, entsprechend geformte Wand geschleudert wird, an der es zerstäubt. Die Schlagorgane der uns hier in erster Linie interessierenden Schlagmühlen und damit diese Mühlen selbst lassen sich in zwei Hauptgruppen unterteilen, nämlich in solche, die mit runden Stiften oder flügelartigen Armen und in solche, die mit eigentümlich geformten

Fig. 85. Trocken-Kollergang in Verbindung mit einer Siebtrommel.

Nasen ausgerüstet sind. Schlagmühlen, deren Organe aus flügelartigen Armen bestehen, sogen. Schlagkreuzmühlen, finden zum Mahlen des Salpeters, insbesondere des Natronsalpeters bei Sprengsalpeterfabrikation häufiger Verwendung. Ein Ausführungsbeispiel von ihnen ist später, in dem Abschnitte über das Kleinen der Kohle, zu dem sie sich gleichfalls sehr gut eignen, des näheren beschrieben. Schlagnasenmühlen, wie Exzelsior- und Perplexmühlen findet man meist in Pulverbetrieben, dann aber auch in Fabriken von schwarzpulverähnlichen Sprengstoffen in Benutzung. Von ihrer Benutzung zum Kleinen von Schwefel, Kohle, Holzmehl, Hipposin usw., wozu sie sich gleichfalls gut verwenden lassen, soll später noch die Rede sein. Alle diese Mühlentypen besitzen eine verhältnismäßig geringe Größe selbst bei beträchtlichen Leistungen, was sich ja ohne weiteres aus der hohen Umfangsgeschwindigkeit ihrer Mahlorgane ergibt. Bei ihrem Bau muß vor allem das Auftreten freier Fliehkräfte hintangehalten werden, da diese bei den großen in Betracht kommenden Geschwindigkeiten, welche bis zu 40 und mehr m/sec betragen, nicht nur den ruhigen Lauf der Mühle stark beeinträchtigen, sondern auch zu gefährlichen Zerstörungen Veranlassung geben könnten. Alle umlaufenden Teile der Mühle müssen deshalb auf das gewissenhafteste ausgewuchtet werden. Daß ferner zu den durch die Zentrifugalkraft häufig bis an die oberste Grenze des Zulässigen beanspruchten Mahlringen, Mahlkreuzen usw. nur bestgeeigneter Baustoff von höchster Zerreißfestigkeit und Dehnung verwandt werden darf, braucht wohl nicht noch besonders hervorgehoben zu werden. Naturgemäß sind diese sehr schnell laufenden Mahlorgane hochgradig empfindlich gegen etwaige harte Fremdkörper, die unbeabsichtigt mit dem Mahlgut in die Mühle eingedrungen sind, was besonders von Eisenteilen, wie Drahtstiften, Stiefelnägeln, Muttern usw. gilt. Beispielsweise geriet auf einer Pulverfabrik, die ihren zur Herstellung von Sprengsalpeter bestimmten Natronsalpeter auf einer Schlagkreuzmühle vermahlt, auf nicht aufgeklärte Weise mit dem Salpeter eine eiserne Schraube in die Mühle hinein und arbeitete sich dort glühend. Die glühende Schraube flog aus dem Ausschüttrichter heraus an die Decke und dann weiter auf Salpetersäcke, die sofort brannten. Auch der mit Salpeter durchtränkte hölzerne Fußboden stand so schnell in Flammen, daß die beiden im Raume befindlichen Arbeiter sich kaum retten konnten. — Es empfiehlt sich deshalb bei allen Schlagmühlen unbedingt das Mahlgut vor dem Einbringen in die Mühle in einer dünnen Schicht über Magnetapparate (meist Lamellen-, seltener Elektromagnete) laufen zu lassen, welche etwaige Eisenteile festhalten; diese werden dann von Zeit zu Zeit entfernt.

Was dann noch die Wirtschaftlichkeit des Betriebes der Schlagmühlen anbetrifft, so ist zu beachten, daß die Feinheit des Fertigproduktes mit zunehmender Umfangsgeschwindigkeit des Mahlorganes steigt, daß aber gleichzeitig die Leistung der Mühle sinkt und umgekehrt. Zunehmende Umfangsgeschwindigkeit der Mahlorgane hat dann aber leider auch noch eine mitunter sehr beträchtliche Steigerung des Kraftbedarfs, und zwar weniger infolge der Lager- und Zapfenreibung, als hauptsächlich infolge des stark anwachsenden Luftwiderstandes in den engen Mühlengehäusen zur Folge. Es empfiehlt sich deshalb, den Schlagmühlen das Mahlgut unter Luftabschluß zuzuführen und die Mahlkammer der Mühle zur Erzielung einer tunlichst hohen Luftverdünnung unter event. Zwischenschaltung eines Saugschlauchfilters oder dgl. zur Wiedergewinnung des Staubes an eine kräftig wirkende Aspirationsvorrichtung anzuschließen. Je höher man die Luftverdünnung in der Mahlkammer zu treiben vermag, um so geringer wird der überflüssige und schädliche Kraftverbrauch der Mühle ausfallen, um so mehr also ihr Wirkungsgrad steigen.

Die Exzelsior-Schlagmühlen des Fried. Krupp A.-G. Grusonwerkes, welche sich selbstredend nicht nur zum Kleinen des Salpeters, sondern auch zum Vermahlen der Kohle und des Schwefels usw. eignen, werden in verschiedenen Größen und Ausführungen für Hand-, Göpel- und Riemenbetrieb gebaut und zwar sowohl als einfache Mühlen, bei denen ein Paar Mahlringe — der eine fest, der andere umlaufend — im Mühlengehäuse angeordnet sind — siehe die Schnittzeichnung in unserer Abbildung (Fig. 86) — wie auch als Doppelmühlen, die mit zwei Paar Mahlringen arbeiten — siehe die Schnittzeichnung in unserer Abbildung (Fig. 87). Die Leistung richtet sich nach der Betriebsart der Mühle und dem Durchmesser der Mahlringe, der je nach der Größe der Mühle 160, 200, 260, 400 oder 600 mm beträgt,

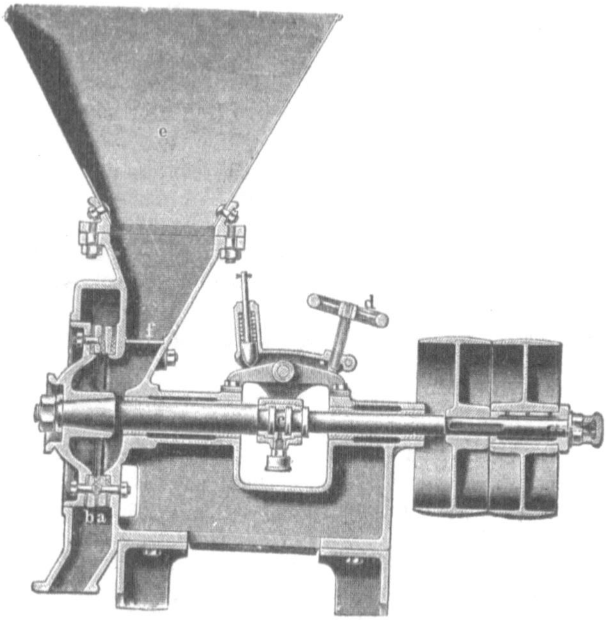

Fig. 86. Exzelsiormühle des Kruppschen Grusonwerkes. Einfache Mühle im Schnitt.

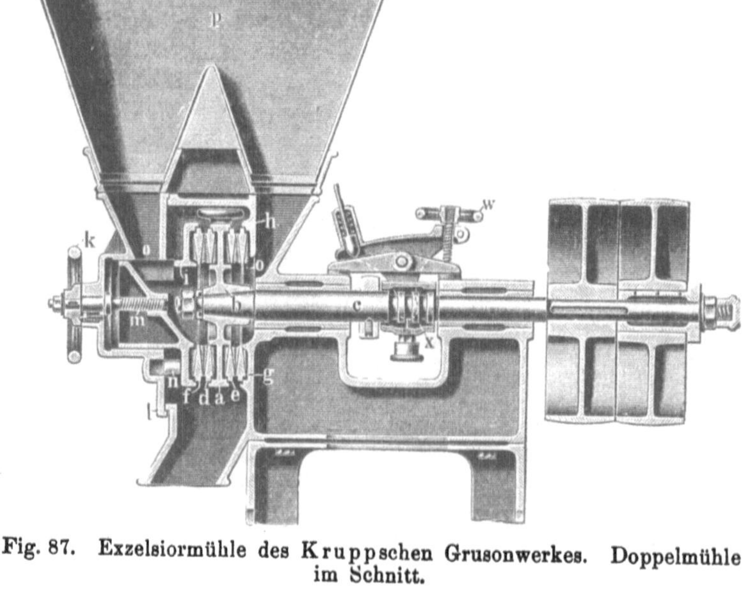

Fig. 87. Exzelsiormühle des Kruppschen Grusonwerkes. Doppelmühle im Schnitt.

ferner nach der Art des zu vermahlenden Stoffes und nach der verlangten Mahlfeinheit. Die vielseitige Anwendung, welche die Exzelsiormühlen seit nahezu 30 Jahren gefunden haben, ist sowohl auf die hohe Leistung in Menge und Güte, als auch auf die außergewöhnlich lange Gebrauchsfähigkeit der Mahlringe zurückzuführen. Diese werden aus dem vom Grusonwerk seit einer langen Reihe von Jahren als Besonderheit erzeugtem Harteisen hergestellt, das für den vorliegenden Zweck als unübertroffen anerkannt ist. Die Form der Mahlringe ist aus unserer nachstehenden Abbildung (Fig. 88) zu ersehen. Auf ihrer Mahlfläche erheben sich in mehreren gleichachsigen Kreisen Zähne von dreieckigem Querschnitt, die in gleichmäßigen Abständen von strahlenförmigen Gassen unterbrochen werden. Die Zahnreihen der umlaufenden Mahlringe greifen in die Lücken der feststehenden ein

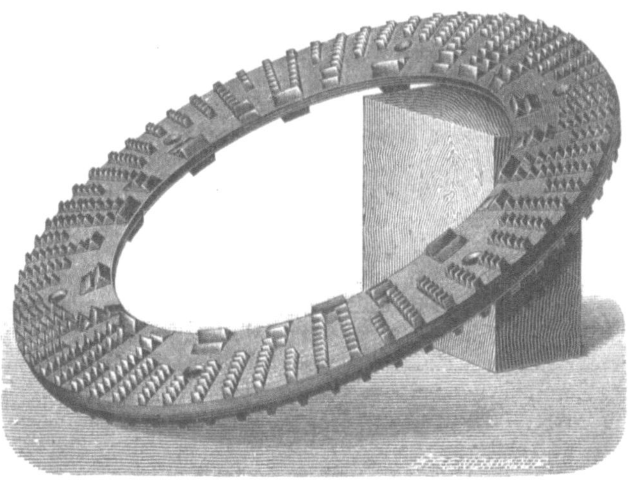

Fig. 88. Exzelsiormühle des Kruppschen Grusonwerkes. Mahlscheibe.

und umgekehrt. Um ein leichtes Einziehen des Mahlgutes zu erzielen, werden die Mahlringe nach innen zu allmählich schwächer und die Zähne entsprechend höher, stärker, sowie an Zahl geringer. Ein Hauptvorzug der Mahlringe liegt in der Möglichkeit ihrer gleichmäßigen und vorteilhaften Ausnutzung. Die schneidenden Kanten der Zähne kommen durch zeitweilige Änderung der Drehungsrichtung abwechselnd zur Tätigkeit und schärfen sich bis zur völligen Abnutzung von selbst nach. Die Mahlringe sind — mit Ausnahme von drei für besondere Zwecke bestimmten Arten — auf beiden Seiten mit Zähnen versehen, so daß sie, wenn die eine Seite abgenutzt ist, umgewendet werden können. Ein Ersatz ist somit erst erforderlich, wenn beide Seiten abgenutzt sind. Der Abstand zwischen den zusammenarbeitenden Mahlringen wird je nach der verlangten Mahlfeinheit eingestellt und kann auch während des Ganges der Mühle verändert werden. Diese

Einstellung geschieht bei den einfachen Mühlen durch ein über der Mahlringwelle angeordnetes Handrad *d*. Bei den Doppelmühlen wird die Einstellung durch zwei Handräder bewirkt, von denen das eine *K* am Mühlengehäusedeckel und das andere *w* über der Mahlringwelle angebracht ist. Das Mahlgut wird dem Trichter aufgegeben und durch den mittelst Schieber regelbaren Einlauf zwischen die Mahlringe geführt. Bei den Doppelmühlen von 160 bis 400 mm Mahlringdurchmesser ist der Einlauf gegabelt, so daß jedes Mahlringpaar für sich beschickt wird und bei entsprechender Einstellung des Schiebers auch nur mit einem einzelnen Mahlringpaar gearbeitet werden kann. Das Mahlgut wird zunächst von den starken Zähnen am inneren Umfang der Mahlringe erfaßt und vorgebrochen, gelangt dann, unterstützt von der Fliehkraft, zwangläufig in die strahlenförmigen Gassen der übrigen Zahnreihen und wird dort von den schnell aneinander vorbeistreichenden Zähnen durch Abscheren zerkleinert. Das fertige Mahlerzeugnis wird am Umfange der Mahlringe ausgeschleudert und fällt am unteren Teil des Mühlengehäuses heraus. Um das Mühlengehäuse im Inneren von sich etwa ansetzenden Stoffen rein zu halten, ist ein Abstreicher vorgesehen. Mit demselben Mahlringe kann sowohl grob, als auch fein gemahlen werden. Für körnige und besonders mehlreiche Vermahlung kommen Mahlringe mit verschiedener Verzahnung in Anwendung, die schnell gegeneinander ausgewechselt werden können. Die Exzelsiormühlen für Riemenbetrieb werden mit fester und loser Riemenscheibe geliefert. Die Losscheibe läuft auf einer Leerlaufbüchse, die nach dem Losschrauben der am Wellenende befindlichen Schmierkapsel von Zeit zu Zeit mit Schmierfett wieder zu füllen ist; das Füllen nimmt man zweckmäßig mit einer geeigneten Schmierspritze vor. Das Speisen der Exzelsiormühlen kann, wie eben bereits erwähnt, durch einfaches Einwerfen des Mahlgutes in den Aufschütttrichter erfolgen. Eine möglichst gleichmäßige und mit Rücksicht auf den Kraftverbrauch regelbare Zuführung erzielt man bei den für Riemenbetrieb eingerichteten Mühlen durch Ausrüstung mit einer selbsttätigen Speisevorrichtung, die unmittelbar durch die Mahlringwelle angetrieben wird und sich auch noch nachträglich nach Abnahme des Einwurftrichters anbringen läßt. Unsere nebenstehende Abbildung (Fig. 89) zeigt eine derartige selbsttätige Schüttelaufgabe für eine Exzelsior-Doppelmühle mit gegabeltem Einlauf. Um Beschädigungen der Mahlringe durch unversehens in das Mahlgut hineingeratene Eisenteile, Nägel usw. zu verhindern, empfiehlt es sich, wie bereits erwähnt, Magnetapparate anzubringen, welche das Mahlgut möglichst von diesen Eisenstücken befreien, ehe es zwischen die Mahlringe gelangt. Diese Magnetapparate werden bei Mühlen mit Speisevorrichtung und solchen mit Vorbrechern unmittelbar über dem Mühlengehäuse eingebaut und können bei den für Riemenbetrieb eingerichteten Modellen auch noch nachträglich mit Hilfe eines gußeisernen Zwischenstückes zwischen Rumpf und Schüttelaufgabe eingebaut werden. Bei den Doppelmühlen mit gegabeltem Einlauf für die beiden Mahlringpaare werden zwei Magnetapparate unmittelbar an den Schüttelschuhen mittels Laschen und Schrauben angebracht. Die Anwendung von Magnetapparaten bei nur mit Aufgabetrichter versehenen Mühlen hat zur Voraussetzung, daß zugleich auch eine Schüttelaufgabe eingebaut wird, da das Material in dünner Schicht über die Magnetflächen geführt werden muß. Die magnetische Fläche, auf denen die Eisenteile vor dem Eintritt in das Mühlengehäuse festgehalten werden, wird durch die Pole nebeneinander liegender starker Hufeisenmagnete gebildet; vor Beginn der Arbeit ist das auf diese Pole aufgelegte Flacheisenstück, das zur leichteren Handhabung einen

Fig. 89. Exzelsiormühle des Kruppschen Grusonwerkes. Selbsttätige Schüttelaufgabe.

Knopf oder Bügel trägt, abzustreichen; ein gewaltsames Abreißen ist zu vermeiden. Nach dem Stillsetzen der Mühle ist die magnetische Fläche zu reinigen und der Anker zur Erhaltung der magnetischen Kraft wieder daraufzulegen. Unsere nachstehende Abbildung (Fig. 90) zeigt eine einfache Exzelsiormühle mit selbsttätiger Schüttel-Speisevorrichtung, die mit einem derartigen Magnetapparate ausgerüstet ist.

Sollte der Salpeter, was heute nur noch sehr selten der Fall ist, in größeren Stücken (Brotform) zur Vermahlung gelangen, so werden die Exzelsiormühlen zweckmäßig mit einem Vorbrecher ausgerüstet. Dieser wird aus zwei Walzen gebildet, die aus gezahnten Scheiben zusammengesetzt und unterhalb des Einwurftrichters in einem gußeisernen Gehäuse gelagert sind. Für die gezahnten Scheiben wird Schalenguß (Harteisen) verwendet. Das vorzerkleinerte Gut fällt aus dem Vorbrecher unmittelbar zwischen die Mahlringe, die es bis zu der gewünschten Feinheit zermahlen. Der Antrieb des Vorbrechers erfolgt unabhängig von dem der Mahlringwelle durch ein Rädervorgelege mit fester und loser Riemenscheibe. Die Losscheibe läuft, wie bei den Mühlen, auf einer Leerlaufbüchse, die für Füllung mit Schmierfett eingerichtet ist. Was die verschiedenen Arten der Vorbrecher und ihre Leistung angeht, so sei dieserhalb auf die Benutzung der Exzelsiormühlen zum Kleinen des Schwefels verwiesen, wobei stets ein Vorbrecher zur Verwendung gelangt. Dort finden sich auch noch

Angaben über einfache Mühlen mit staubdichtem Gehäuse, während sämtliche Doppelmühlen schon an sich staubdichtes Gehäuse besitzen.

Fig. 90. Exzelsiormühle des Krupp-schen Grusonwerkes. Einfache Mühle mit Magnetapparat.

Exzelsiormühlen stehen unter anderem auf der Königl. Preuß. Pulverfabrik Spandau zum Kleinen des Salpeters in Benutzung und gestaltet sich der Betrieb des dortigen Salpeterbrechwerkes folgendermaßen. Vor Beginn der Arbeit werden bei stillstehendem Elektromotor, für dessen Bedienung eine besondere Vorschrift herausgegeben ist, die Maschinen nebst Wellenleitung geschmiert und auf ihren betriebsfähigen Zustand untersucht. Der Salpeter wird, nachdem die Maschinen eingerückt sind, mit einer Schaufel in den Fülltrichter der Exzelsiormühlen gegeben und geht dann selbsttätig durch die Mühle, die Transportschnecke und das Becherwerk in das Sieb und von da in die an der Seite aufgestellten Tonnen, wobei er gleichzeitig in Mengen von $3 \times 25 \cdot 33$ kg abgewogen wird. Von Zeit zu Zeit werden die Tonnen nachgesehen und volle durch leere ersetzt. Der in die letzte Tonne fallende Salpeter wird nach möglichster Entfernung fremder Körper am Schlusse des Tages durch ein Sieb von 1·5 bis 2 mm Maschenweite auf die enger gestellte Exzelsiormühle aufgegeben. Der Rest kommt nun zum Pulverkehricht. Sollte der in die Trichter der Exzelsiormühle aufgegebene Salpeter einmal nicht richtig nachrutschen, so wird er mittelst eines Stoßholzes nachgestoßen, niemals aber darf hierzu die bloße Hand benutzt werden. Der Meister überzeugt sich laufend davon, daß die Mühlen richtig eingestellt sind, die Transportschnecken zweckentsprechend arbeiten und sich das Siebgewebe in gutem Zustande befindet, ferner daß die Lager und Wellenleitungen regelmäßig geschmiert und gereinigt werden. Bei etwaigem Zerreißen des Drahtgewebes im Zylindersiebe wird die Maschine sofort ausgerückt und das Sieb ausgebessert. Bei eintretender Verstopfung der Transportschnecke ist gleichfalls sofort stillzusetzen und die Störung zu beheben.

Die von der Alpinen Maschinenfabriks-Gesellschaft Augsburg gebaute und zum Kleinen der Schwarzpulverkomponenten, insbesondere des Salpeters häufig benutzte Schlagnasenmühle „Perplex“, welche unsere vorstehende Abbildung (Fig. 91) in Ansicht zeigt, ist folgendermaßen aufgebaut. Den Hauptkörper der Mühle bildet das gußeiserne Gehäuse, das auf dem Fußboden durch vier Ankerschrauben befestigt wird. Auf der Vorderseite ist das Gehäuse mit dem um das Scharnier aufklappbaren oder abnehmbarem Deckel geschlossen, der gleichzeitig den Einlauf trägt. Zum dichten Anpressen des Deckels dienen die beiden Hebelverschlüsse. An der Rückseite des Gehäuses ist der Lagerschild für die Mahlwelle angeschlossen. In dem staubdicht abgeschlossenen Gehäuse befindet sich die schnellumlaufende Schlagscheibe auf das linke Ende der Welle mittelst der Schlagscheiben

Fig. 91. Perplexmühle mit aufklappbarem Deckel.

nabe einerseits und der Deckscheibe andererseits befestigt. Die die Deckscheibe haltende Mutter wird von der Verschlußhaube überdeckt, welche auf den Halsabsatz der Deckscheibe aufgeschraubt ist. Die Mahlwelle ist durchweg in Kugellagern gelagert und zwar nehmen die beiden Kugellager, welche in der vorderen Lagerschildnabe sitzen, sowie das hintere Kugellager, welches mittelst der Büchse auf der Welle sitzt, die radialen Drücke, das in einem besonderen, an die hintere Lagerschildnabe angeschraubten Gehäuse sitzende Doppeldrucklager die axialen Drücke auf. Gegen Verschmutzen ist das vordere Radiallagerpaar durch die beiden Lagerabschlußscheiben, das hintere Radiallager durch die Lagerabschlußscheibe geschützt. Die Buchse nebst Radiallager wird ebenso, wie das Doppeldrucklager durch auf die Welle aufgeschraubte Muttern nebst Gegenmuttern festgestellt; auf das innerhalb des Lagerschildes freiliegende Stück der Welle ist die zum Betriebe des Rüttelwerkes dienende Schnurrolle und die zum Antrieb der Mühle selbst dienende Riemenbulle aufgesetzt. Die richtigen Abstände zwischen Lagerabschlußscheibe, Schnurrolle, Riemenbulle und Lagerabschlußscheibe sichern auf die Welle aufgeschobene, aus Rohr gefertigte Zwischenstücke. Die auf dem linken Wellenende sitzende Schlagscheibe ist mit eigentümlich geformten Schlagnasen versehen, welche das zu vermahlende Gut stufenförmig vorzerkleinern und so allmählich den Zerkleinerungsprozeß durchführen, welcher sich also auf den altbewährten Erfahrungsgrundsatz stützt: „Vermahlung mit mehrfacher Vorzerkleinerung“. Auf der schmiedeeisernen Schlagscheibe sind in zwei gleichachsigen Kreisen die Schlagnasen, nämlich die drei äußeren Schlager und die drei inneren Schlager vorgesehen, welche aus Hartstahl gefertigt sind. Am Umfange der Schlagscheibe sitzen dann noch die gleichfalls aus Hartstahl bestehenden drei Rosträumer. Zwischen die zwei Schlagnasenreihen der Schlagscheibe sind die patentierten, durchbrochenen, aus Stahlguß bestehenden Mahlringe oder Knaggen, und zwar der äußere Mahlring, der innere Mahlring, sowie der hintere Mahlring eingeschaltet, welche den Raum bis zur Schlagscheibe vollständig ausfüllen, so daß das Mahlgut erst bei genügender Vorzerkleinerung durch die schlitzartigen Öffnungen nach außen tritt. Diese schlitzartigen Öffnungen, welche bei jedem folgenden Stufenring immer enger werden, haben die Form eines K, wodurch an dessen Querstegen besonders geeignete Wurfflächen entstehen, und zwar sowohl für die innere wie für die äußere Schlagnasenreihe. Dadurch ergibt sich naturgemäß eine mehrfache Vorzerkleinerung, indem die inneren und äußeren Schlagnasenreihen auf denselben Stufenring scherend, schleudernd und das Produkt in sich zerreibend einwirken, wobei das Material also selbst als Zerkleinerungsobjekt mitwirkt. Die Mahlkammer der Mühle ist ringsum durch einen Siebmantel abgeschlossen, welcher aus drei entsprechend perforierten stählernen Siebblechen gebildet wird. Am Rande wird dieser Rost von den beiden gußeisernen Rostringen, in der Mitte von dem Mittelrostring getragen und das ganze durch die drei Rostbacken gegeneinander abgesteift. Infolge Zusammenarbeitens der drei Rosträumer mit diesem Roste siebt die Mühle gleichzeitig in der Weise ab, daß die zu groben Teile in der Mahlkammer zur Nachmahlung verbleiben, zu Verstopfungen aber keinen Anlaß geben können. Bemerkt sei hier noch, daß die Mahlorgane der Mühle nie geschärft zu werden brauchen und daß sich die der Abnutzung unterworfenen Teile leicht und mit geringen Kosten ersetzen lassen. Die Speisung der Mühle erfolgt mittels des am Deckel sitzenden Einlaufs folgendermaßen. Auf den Einlauf ist eine Schurre aufgesetzt. Das Mahlgut wird in einen großen Fülltrichter aufgegeben, an den sich unten ein mittels Schnurtrieb von der Mahlwelle aus betätigtes Rüttelwerk anschließt. Ein mittelst Stellschraube einstellbarer Schieber gestattet, den Zulauf des Mahlgutes zu regeln. Die Arbeitsweise dieser Zuteilvorrichtung mittels Rüttelschuh beruht darauf, daß infolge der sehr schnell erfolgenden Rüttelbewegungen die vom unteren Rande des Fülltrichters ausgehende Böschung fortgesetzt zerstört und das sich ausbreitende Mahlgut gezwungen wird, allmählich auf der entsprechend geneigten Sohle des Rüttelschuhes der Abfallstelle zuzustreben. Der Zulauf des Mahlgutes läßt sich mit Hilfe des eben erwähnten Schiebers nach Wunsch verändern und so die Speisegeschwindigkeit regeln. Zwischen Fülltrichter und Mühle kann dann noch erforderlichenfalls zum Entfernen eiserner Fremdkörper auch ein Doppelmagnet eingeschaltet werden. Die Ideal-Perplexmühlen werden in vier verschiedenen Größen gebaut, welche je nach Material und Feinheit 30 bis 3000 kg stündlich zu vermahlen gestatten, und stellt sich der Kraftbedarf in entsprechender Weise auf 1 bis 15 PS. Die Aufstellung der Perplexmühlen in den Kleinwerken erfolgt zweckmäßig erhöht auf einem Zwischenboden oder dgl. in der in unserer nachstehenden Abbildung (Fig. 92) dargestellten Weise. Das unten aus dem Ausfalltrichter der Mühle herauskommende Material kann dann gleich bequem in den Fülltrichter *pp* des Sichtapparates eingeleitet werden. Den durch den sich oben an den Ausfalltrichter anschließenden Luftabzug entweichenden Staub des Mahlgutes kann man in rationeller Weise durch trockene Filtration der Luft wiedergewinnen. Die zum Trennen des Staubes von seinem Träger, der ihn mitführenden Luft, in mannigfachster Weise verwendbare trockene Filtrationsmethode beruht darauf, daß man die staubhaltige Luft durch entsprechend gewebte Filtertücher hindurchsaugt oder drückt. Auf der einen Seite des Filtertuches wird dann der Staub zurückgehalten, während auf der anderen Seite die gereinigte Luft austritt. Aus naheliegenden Gründen empfiehlt es sich nun in der Praxis, nicht ein einzelnes großes Filtertuch, sondern eine größere Anzahl kleinerer Filtertücher zu verwenden, mit anderen Worten, die zur Reinigung einer gewissen mit Staub geschwängerten Luftmenge erforderliche Filterfläche in eine Anzahl Einzelelemente oder Zellen zu zerlegen. Diese können entweder als Schlauchfilter oder als Sternfilter ausgebildet werden. Die Schlauchfilter bestehen, wie ihr Name schon besagt, aus einer Anzahl, z. B. vier oder acht, engen, zylindrischen Schläuchen, durch welche die staubhaltige Luft entweder hindurchgedrückt (Druckschlauchfilter) oder hindurchgesaugt wird (Saugschlauchfilter). Hierbei bleibt der von der Luft mitgeführte Staub vor dem Filtertuche liegen, während auf der anderen Seite die gereinigte Luft austritt. Selbstredend muß für eine in genügend kurzen Zwischenräumen stattfindende selbsttätige Abreinigung dieser Filterschläuche gesorgt werden. Die Druckschlauchfilter können entweder offen, d. h. ohne Umfassungsgehäuse, oder geschlossen, d. h. mit Umfassungsgehäuse ausgeführt werden, während Saugschlauchfilter stets eingeschlossen werden müssen. Es empfiehlt sich aber aus verschiedenen Gründen, auch bei Druckschlauchfiltern ein Gehäuse vorzusehen. Bei den offenen Druckschlauchfiltern sind die Schläuche meist fest zwischen die Böden zweier Kästen eingespannt, von denen der obere Kasten zur Zuführung der staubbeladenen Luft dient, während in dem unteren Kasten der Staub angesammelt wird. Um die Schläuche abzureinigen, ist jeder von ihnen durch die viereckige, kleiner wie der Schlauchdurchmesser gewählte Masche eines Drahtgewebes gezogen, welches in einen Rahmen eingespannt ist, der bei seinem selbsttätig bewirkten Auf- und Niedergehen

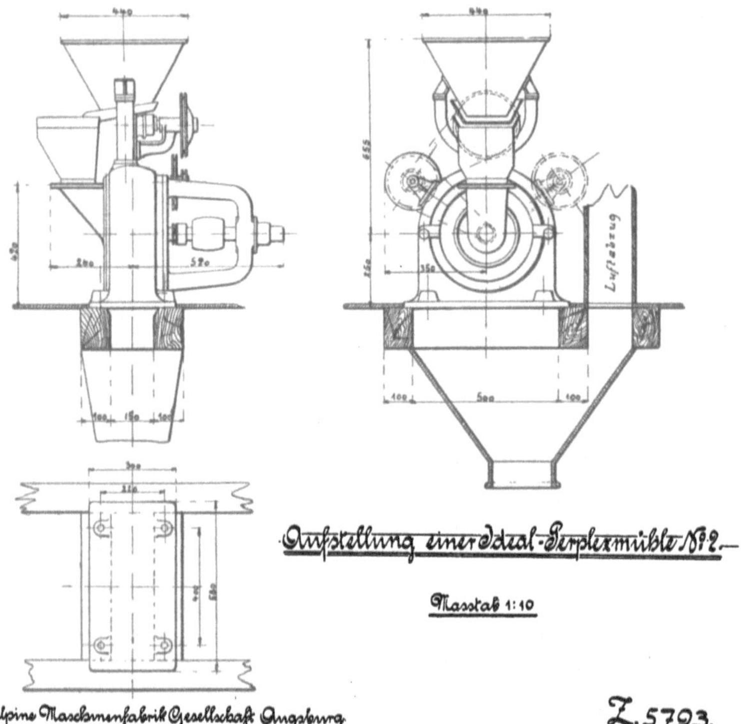

Fig. 92. Aufstellung der Perplexmühle.

die Schläuche einschnürt. Hierdurch löst sich der an der Innenwand der Schläuche sitzende Staub los und fällt, von dem nach abwärts gerichteten Luftstrome mitgerissen, nach unten in den Schlauchsammelkasten, aus dem ihn eine Schnecke oder ein Scharrwerk beständig heraus- und in einen Sammelbehälter hineintransportiert. Die gereinigte Luft tritt bei diesen offenen Druckschlauchfiltern durch die Schlauchporen nach außen. Sie eignen sich deshalb mehr zur Abscheidung leichter, aber gröberer Teile, die nicht durch die Schlauchporen hindurchgeblasen werden können. Bei geschlossenen Druckschlauchfiltern, sowie bei den stets in ein Gehäuse eingebauten Saugschlauchfiltern sind die unten offenen Schläuche in dem Boden eines schrankartigen Gehäuses befestigt, oben aber mit Holzdeckeln verschlossen, an die ein Schaltwerk angreift. Dieses Schaltwerk läßt nun in bestimmten Zeitabschnitten die Schläuche einigemale hintereinander fallen und hebt sie dann wieder an, wodurch der Staub von den Schlauchwandungen abgelöst wird. Um ein vorzeitiges Unbrauchbarwerden zu verhüten, dürfen die Schläuche bei diesem Abreinigen aber wohlgemerkt nur glatt, nicht aber straff gezogen werden, worauf beim Einstellen des Schaltwerkes genau zu achten ist. Gleichzeitig mit dieser Abreinigung der Schläuche durch Fallenlassen und Wiederanheben leitet man bei den Saugschlauchfiltern dann noch einen Strom reiner Außenluft von außen nach innen durch, welcher beim Durchströmen durch das Stoffgewebe die infolge der Erschütterung bereits gelockert in den Poren sitzenden Staubteilchen mit sich fortreißt und in den Sammelkasten fallen läßt. Die gleichfalls mit verschiedenartig angeordneten Filtergeweben arbeitenden Sternfilter können auch sowohl als Druck- wie als Saugfilter ausgeführt werden. Naturgemäß kann nur von Fall zu Fall entschieden werden, welche von den vorstehend erwähnten Filteranordnungen sich zum Abscheiden des aus Schlag- und Schleudermühlen, kontinuierlich mit Absiebung arbeitenden Kugelmühlen usw. entweichenden Staubes eignen. Auf alle Fälle empfiehlt sich aber dessen Auffangung und Wiedergewinnung nicht nur aus ökonomischen Gründen, sondern auch zur Erzielung staubfreier Arbeitsräume.

Das Kleinen des Schwefels. Das Kleinen des Schwefels kann man in verschiedener Weise vornehmen, nämlich erstens mit dem Schwefel allein oder zweitens mit dem Schwefel unter Zusatz von Kohle bzw., was meist üblich, Salpeter. In letzterem Falle vermeidet man die infolge der elektrischen Ladung des Schwefels besonders leicht im Sommer erfolgende Klumpenbildung und das Festsetzen des Schwefels an der Trommelwand. Wird der Schwefel für sich gekleint,[1] so empfiehlt es sich, diesen Prozeß in zwei zu zerlegen und den rohen Blockschwefel zuerst vorzubrechen, beispielsweise auf Kollern oder Brechwalzwerken, und den Stückenschwefel dann in Trommeln oder Mühlen entsprechend fein zu kleinen. In der Praxis haben sich nun auf den einzelnen Werken mehr oder weniger stark voneinander abweichende Ausführungsarten der Schwefelkleinung ausgebildet. Früher wurde, wie noch erwähnt sein möge, der in grobe Stücke zerschlagene Schwefel vielfach in Stampfwerken gekleint, jedoch findet diese unrationelle Methode heute nur noch auf einigen kleinen Werken Anwendung, soweit sie nicht inzwischen schon ganz verlassen worden ist, da diese kleinen Betriebe mehr und mehr dazu über-

[1] Die Zerkleinerung des Schwefels allein in eisernen Trommeln ist nach § 28 der Unfallversicherungsvorschriften nicht zulässig.

gehen, fein gemahlenen Schwefel zu beziehen und diesen nur auszusieben. Sehr verbreitet ist das Kleinen des Schwefels in Trommeln.

Hierzu hatte man früher auf der Staatspulverfabrik Spandau eine Eichenholztrommel von 654 mm Länge und 2275 mm Durchmesser; diese war innen mit Sohlleder bekleidet und besaß 24 Pralleisten aus Weißbuchenholz. Außen war sie zur Erhöhung der Festigkeit mit drei starken Eisenreifen gebunden; in ihrer Mantelfläche befand sich eine Öffnung, die während des Kleinens mit einer vollen hölzernen Vorsatztür verschlossen wurde, während in sie beim Entleeren ein mit Drahtgewebe von 3 mm Maschenweite bespannter Rahmen eingesetzt wurde. Für Gewehrpulver M/71 wurden 50 kg Schwefel mit 100 kg Bronzekugeln von 13 mm Durchmesser drei Stunden lang bei 8 bis 10 Umdrehungen in der Minute gekleint. Der gekleinte Schwefel passierte dann ein Zylindersieb, das mit Drahtgewebe von 0·2 mm Maschenweite bespannt war. Für grobkörniges und prismatisches Geschützpulver wurden 50 kg Schwefel mit 50 kg Salpeter zusammen mit 100 kg Bronzekugeln von 13 mm Durchmesser zwei Stunden lang bei 8 bis 10 Umdrehungen in der Minute gekleint. Brechtrommeln stehen gleichfalls auf den französischen Staatspulverfabriken für das Kleinen des Schwefels in Benutzung. Sie werden mit 30 kg Schwefel und 60 kg Bronzekugeln von 10 und 12 mm Durchmesser beschickt. Sie machen eine Stunde lang 20 bis 12 Umdrehungen in der Minute, worauf der gekleinte Schwefel noch gesiebt wird. Auf Schwarzpulverwerken in Spanien steht eine Schwefelbrechtrommel in Benutzung, welche unsere nebenstehende Abbildung (Fig. 93) in Seitenansicht und Querschnitt zeigt. Ihre innen mit 12 Pralleisten versehene Trommel wird in der Mitte durch eine zentrale Scheidewand in zwei Abteilungen zerlegt. Zur Verhinderung der Staubentwicklung ist die Trommel in einen allseitig geschlossenen Holzkasten eingebaut, der unten drei Ausschütttrichter besitzt. Pro Charge werden 15 kg Schwefel und 30 kg Bronzekugeln eingesetzt. Auch in der Schweiz wird der Schwefel in Rollfässern mit Bronzekugeln gekleint. Er passiert dann noch Siebe aus Seidenzeug mit wenigstens 700 Öffnungen pro Quadratzentimeter. Auf österreichischen Pulverfabriken nimmt man das Kleinen des Schwefels unter Zusatz von Kohle in den Brechtrommeln mit Bronzekugeln vor. Diese Trommeln machen 12 Umdrehungen in der Minute, und nach 2000 Umdrehungen, die in rund $2^3/_4$ Stunden gemacht sind, ist der gewünschte Feinheitsgrad erzielt. In Belgien wird das Kleinen des Schwefels ebenfalls häufig in Brechtrommeln mittelst Bronzekugeln vorgenommen, und zwar gibt es hiervon zwei verschiedene Arten. Bei

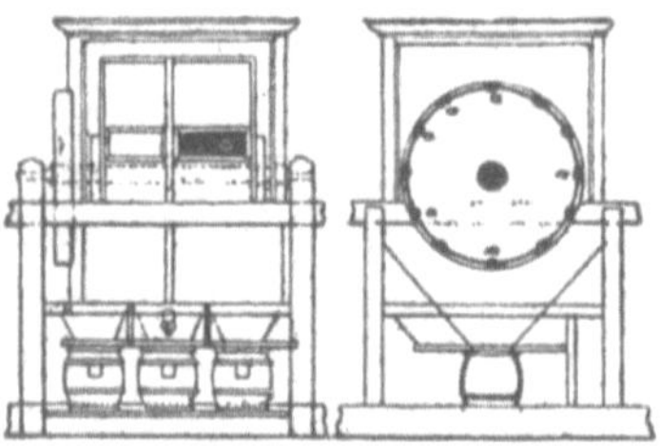

Fig. 93. Spanische Schwefelbrechtrommel.

der ersten ist die Trommel aus Eisenblech gefertigt. Diese Trommeln werden genau so betrieben, wie die vorbeschriebenen Holztrommeln und wird der aus ihnen entfallende Schwefel noch von Hand auf einem Rundsiebe ausgesiebt. Bei der zweiten Art von Schwefelbrechtrommeln, die beim Kleinen des Schwefels für feinste Jagdpulver verwandt werden, besitzen die Trommeln innen einen Porzellanmantel, um jede Erhitzung des Schwefels, welche die guten Eigenschaften des Endproduktes beeinflussen und unter Umständen ja auch Brände hervorrufen könnte, mit Sicherheit hintanzuhalten, sowie um eine Verunreinigung desselben durch Eisenpartikelchen usw. zu vermeiden. Der gekleinte Schwefel wird dann noch gesichtet (blutage). Außer in Brechtrommeln wird in Belgien der Schwefel mitunter auch auf Kollergängen, deren Läufer aus Stein bestehen, gekleint. Auf der belgischen Pulverfabrik Wetteren hat man dann die beiden Verfahren des Kleinens auf Kollern und in Trommeln miteinander verbunden. Dort wird der Stangenschwefel zunächst in Mengen von je 25 kg auf Kollergängen ungefähr 30 Minuten vorgebrochen (broyer). Die Koller machen drei Umdrehungen in der Minute und besitzen Läufersteine von ca. 1800 kg Gewicht. Man hat nämlich die Erfahrung gemacht, daß sich bei schwereren Läufern der Schwefel zu leicht auf den Laufflächen der Steine festsetzte und so die Arbeit erschwerte, wenn nicht ganz unmöglich machte. Der auf den Läufern vorgebrochene Schwefel kommt dann in Mengen von 50 kg zusammen mit rund 60 kg Bronzekugeln von verschiedenem Durchmesser in die Brechtrommeln (tonne de trituration). Diese sind aus Eisen gefertigt, besitzen 1300 mm Länge und 800 mm Durchmesser; im Innern enthalten sie acht eiserne Pralleisten gleichmäßig auf ihren Umfang verteilt. Sie machen 18 Umdrehungen in der Minute und nach Ablauf von rund 30 Minuten ist der Schwefel zu staubfeinem Pulver zermahlen (pulvériser). Der fertig gekleinte Schwefel wird hierauf noch auf Schüttelsieben (tamis de va et vient) gesichtet. Bei diesen sind je drei Siebe zusammen in einen Schwingrahmen eingebaut, der eine hin- und hergehende Bewegung macht und allseitig von einem Holzgehäuse umgeben ist. Man gibt in jedes Sieb 2 kg Schwefel und drei Holz- oder Bronzekugeln. Das Sieben selbst nimmt nur einige Minuten in Anspruch, so daß die Siebapparate laufend den von den Kollern bzw. Brechtrommeln kommenden Schwefel verarbeiten können. An Stelle dieser Schüttelsiebe kann auch ein Zylindersieb (blutoir mécanique) von ca. 4 m Länge benutzt werden. Dieses besteht aus zwei konzentrisch ineinandergesteckten Siebzylindern, von denen der innere 600 mm, der äußere 680 mm Durchmesser hat. Beide sitzen auf einer gemeinschaftlichen eisernen Achse, die sich in Lagern dreht. Das innere Sieb ist mit sehr feinem Metallgewebe, das äußere mit gleichfalls sehr feinem Seidengewebe bespannt. Dieser Doppelzylinder macht 40 Umdrehungen in der Minute. Man bringt nun den von den Brechtrommeln kommenden Schwefel in kleinen Mengen in den inneren Siebzylinder ein, der das genügend feine Korn durchfallen läßt, das zu grobe dagegen zurückhält. Durch eine leichte Neigung, welche der Siebachse gegeben ist, wird dafür gesorgt, daß sich erstens der zu sichtende Schwefel tunlichst gleichmäßig auf die ganze Länge des Innensiebes verteilt und daß zweitens der von dem inneren Zylindersiebe zurückgehaltene zu grobe Schwefel in eine Auslaufrinne und aus dieser in ein Sammelgefäß geleitet wird. Der durch das feine Seidengewebe des Außenzylinders fallende genügend gekleinte Schwefel wird in vier, unter den Sammelrumpf des den ganzen Apparat zur Vermeidung von Staubentwickung dicht umschließenden Holzgehäuses untergestellten Gefäßen aufgefangen.

Die von uns bisher betrachteten Verfahren des Schwefelkleinens kennzeichneten sich alle durch die Benutzung von intermittierend arbeitenden, also nicht kontinuierlich betriebenen, selbsttätig entleerenden und event. auch noch gleichzeitig sichtenden Zerkleinerungsvorrichtungen. Kontinuierlich arbeitende Zerkleinerungsvorrichtungen für Schwefel, die besonders auf größeren Fabriken sehr vorteilhaft arbeiten, kommen nun aber in letzter Zeit mehr und mehr in Aufnahme. Es kommen hierfür kontinuierlich arbeitende Brechtrommeln, selbsttätig entleerende Kollergänge (mit Siebrosten am Rande der Läuferbahn), Brechwalzwerke oder Walzenstühle, endlich Schlag- oder Schleudermühlen in Betracht.

Eine Anlage, die mit kontinuierlich arbeitenden Brechtrommeln ausgerüstet und auf der Kgl. Preuß. Pulverfabrik bei Hanau im Betrieb war, zeigt unsere nebenstehende Abbildung (Fig. 94) im Aufriß. Sie besaß zwei breite Holztrommeln von verhältnismäßig geringem Durchmesser, welche kontinuierlich mit grob vorgebrochenem Schwefel beschickt wurden und das staubförmige Material ebenso ununterbrochen abgaben. Ein Ventilator trieb letzteres in eine neben dem Trommelraum eingerichtete Fangkammer, in welcher es sich allmählich niederschlug. Um Luftpressungen zu vermeiden, entnahm jeder Ventilator die Gebläseluft selbst wieder der Fangkammer. Gegen das Zuführungsrohr sowie gegen das Gebläserohr war jede Trommel mit Lammfell abgedichtet. Selbsttätig entleerende Kollergänge haben sich bisher zum Kleinen des Schwefels, soweit bekannt geworden, nicht eingeführt, würden sich aber ganz gut zum Vorbrechen desselben eignen, wenn man dieses auf Kollern vorzunehmen beabsichtigt.

Hingegen kommen Brechwalzwerke oder Walzenstühle als Ersatz der Trommelkleinung, und zwar sowohl der intermittierend, wie der kontinuierlich arbeitenden mehr und mehr in Aufnahme. Unsere vorstehende Abbildung (Fig. 95) zeigt ein solches, seinerzeit auf der Kgl. Preuß. Pulverfabrik bei Hanau

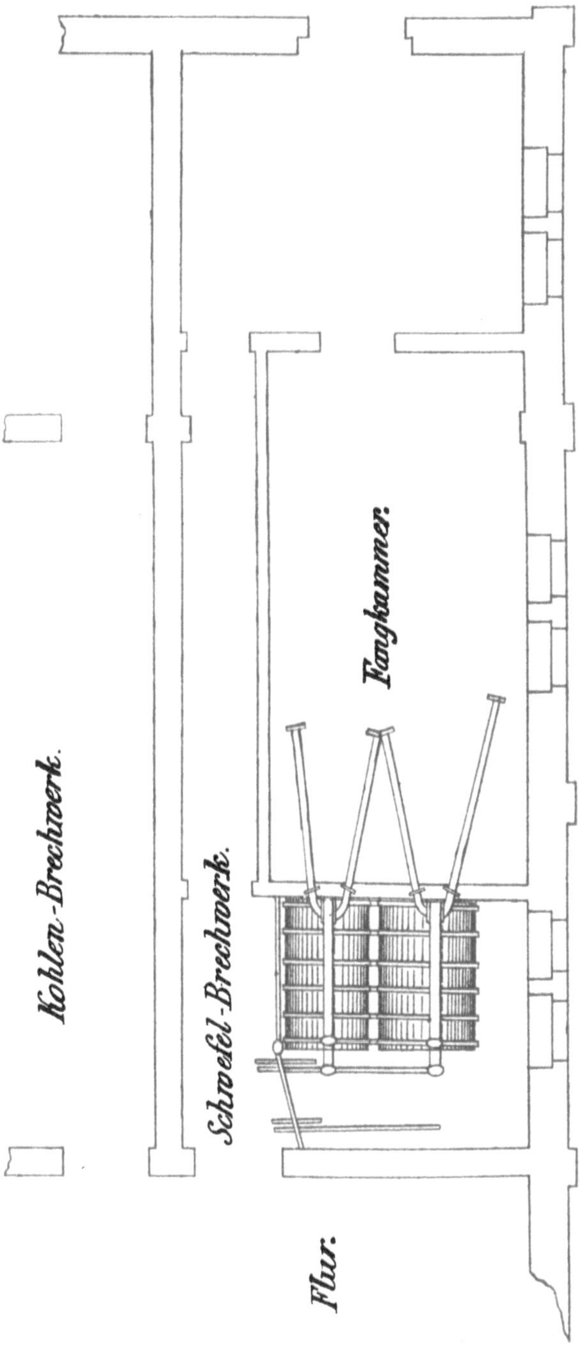

Fig. 94. Mit kontinuierlich arbeitenden Brechtrommeln ausgerüstetes Schwefelbrechwerk.

erbautes Schwefelbrechwerk. Bei diesem war der mit zwei horizontal nebeneinander gelagerten Walzen ausgerüstete Walzenstuhl erhöht auf dem ersten Stockwerke des Brechwerkes aufgestellt.

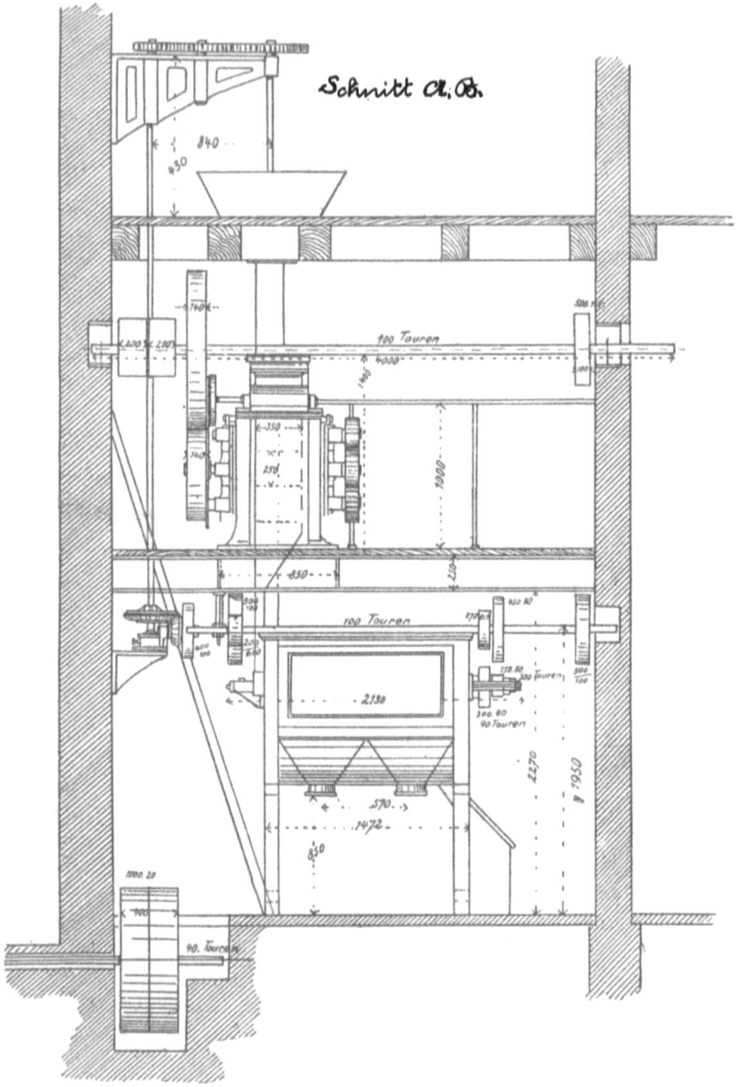

Fig. 95. Mit Walzenstuhl arbeitendes Schwefelbrechwerk.

Seine Beschickung erfolgte mittelst Aufschütttrichters vom zweiten Stockwerke aus. Das in ihm gekleinte Material fiel selbsttätig in den Aufschütttrichter der Sichtmaschine, welche zur ebenen

Erde stand und mit einem Zylindersiebe arbeitete. Meist erhält man aber durch einmaliges Vermahlen des Schwefels nicht ein genügend feines Produkt. Man sieht deshalb häufig, um eine mehrfache Vermahlung zu erleichtern, einen mechanischen Rücktransport des aus der Sichtmaschine entfallenden Mahlgutes auf den Walzenstuhl vor. Ähnlich wie das vorbeschriebene war auch das Schwefelbrechwerk auf der Kgl. Preuß. Pulverfabrik Spandau eingerichtet. Bei ihm war der Walzenstuhl gleichfalls so hoch aufgestellt, daß das Mahlgut in ein tiefer stehendes Zylindersieb abfließen konnte, in welchem es gesichtet wurde. Aus diesem fiel es in einen Kasten, dem es mittelst Schaufeln usw. entnommen werden konnte. Zum groben Vorbrechen des Schwefels diente eine Excelsiorschrotmühle. Der vorgebrochene Schwefel wurde von einer Transportschnecke horizontal an den Füllrumpf eines Becherwerkelevators befördert, welcher ihn mittelst einer Zuleitung selbsttätig auf den Walzenstuhl aufgab.

In neuester Zeit nun werden zum Kleinen des Schwefels mehr und mehr die verschiedenen Arten der Schlag- und Schleudermühlen eingeführt, von denen hier der Kürze halber nur die sogenannten Excelsiormühlen erwähnt sein mögen. Von deren konstruktivem Aufbau war eben bereits gelegentlich des Kleinens des Salpeters eingehender die Rede. Excelsiormühlen, welche zum Kleinen des meist in Brot- oder Stangenform angelieferten Schwefels benutzt werden sollen, müssen stets mit einem Vorbrecher ausgerüstet sein. Dieser wird, wenn man mit ein und derselben Mühle auch Salpeter und Kohle vermahlen will, zweckmäßig getrennt von der Mühle montiert, und zwar in geeigneter Weise erhöht über derselben, so daß der vorgebrochene Schwefel selbsttätig in den Aufschütttrichter der Excelsiormühle hineinläuft. Unsere nachstehende Abbildung (Fig. 96) zeigt einen solchen, für gesonderte Aufstellung auf einem gußeisernen Fußgestell bestimmten Vorbrecher der Firma Friedr. Krupp A.-G. Grusonwerk. Diese Vorbrecher werden für eine stündliche Leistung von etwa 25 bis 20000 kg bei einem Kraftverbrauch von 0·5 bis 3 PS. gebaut und werden durch zwei, aus gezahnten Hartgußscheiben zusammengesetzte Walzen gebildet, die unterhalb des Aufgabetrichters in einem Gußeisengehäuse gelagert sind. Wird die betreffende Excelsiormühle laufend zum Kleinen des Schwefels benutzt, so empfiehlt es sich, um an Platz und Aufstellungskosten zu sparen, den Vorbrecher direkt auf die Mühle aufzusetzen. Bei dieser Konstruktion fällt das den Vorbrecher, der je nach Größe mit Stücken bis zur halben Brotgröße beschickt werden kann, verlassende vorzerkleinerte Gut unmittelbar zwischen die

Mahlscheiben der Exzelsiormühle, die es bis zu der gewünschten Feinheit zermahlt. Unsere Abbildung (Fig. 97) zeigt eine derartig mit direkt aufgesetztem Vorbrecher ausgerüstete Excelsior-Doppelmühle des Grusonwerkes, bei welcher der Einlauf für beide Mahlscheibenpaare gegabelt ist. Diese Doppelmühlen werden für eine stündliche Leistung von etwa 250 kg bis 1500 kg bei einem Kraftbedarf von 5 bis 9 PS. gebaut. Wie aus der Abbildung ersichtlich, erfolgt der Antrieb des Vorbrechers unabhängig von dem der Mahlscheibenwelle durch ein Rädervorgelege mit fester und loser Riemscheibe. Die Leerlaufscheibe läuft genau wie bei den Mühlen selbst auf einer Leerlaufbüchse, die für Füllung mit Schmierfett eingerichtet ist. Außer den eben

Fig. 96. Vorbrecher für gesonderte Aufstellung zu Grusons Exzelsiormühlen.

erwähnten Exzelsiormühlen mit sogenanntem offenem Gehäuse baut das Grusonwerk auch noch Exzelsiormühlen mit besonders dicht geschlossenem Gehäuse, bei denen jede Staubentwicklung verhindert ist. Eine solche mit Vorbrecher ausgestattete Mühle zeigt unsere Abbildung (Fig. 98). Bei ihr ist das Mahlgehäuse vorn durch einen aufgeschraubten Deckel dicht verschlossen. Außerdem sind die Klappen am Gehäuse durch Leder- oder Gummieinlagen und das vordere Ende der Mahlringwelle durch eine Stopfbüchse abgedichtet.

Beim Betriebe von Schwefelbrechwerken können unter Umständen Brände und Explosionen auftreten, da erstens der feingepulverte, in Luft aufgewirbelte Schwefel an sich schon leicht

Fig. 97. Exzelsior-Doppelmühle des **Kruppschen** Grusonwerkes mit direkt aufgesetztem Vorbrecher.

Fig. 98. Exzelsiormühle des **Kruppschen** Grusonwerkes mit Vorbrecher und dicht geschlossenem Gehäuse.

explosibel ist und zweitens, bei unsachgemäßer Anordnung der Anlage durch elektrische Funkenbildung gezündet werden kann.

Eine solche Schwefelstaubexplosion ereignete sich beispielsweise im Jahre 1876 in dem Schwefelbrechwerk der Kgl. Preuß. Pulverfabrik Spandau, der im Jahre 1880 auf der Kgl. Preuß. Pulverfabrik bei Hanau drei weitere folgten. Beide Anlagen arbeiteten mit Brechtrommeln, unterschieden sich jedoch wesentlich voneinander durch Gestalt und Betriebsweise derselben. Die Brechtrommel in Spandau bestand in einer hölzernen Trommel von großem Durchmesser und verhältnismäßig geringer Breite, welche in ihren Abmessungen diejenige für Mengwerke (ca. 2000 mm Durchmesser bei einer Breite von ungefähr 650 mm, entsprechend ca. $^1/_3$ des Durchmessers) etwas übertraf. Sie arbeitete mit Bronzekugeln, wurde mit einer gewissen Menge Schwefel beschickt, und nachdem derselbe eine bestimmte Zeit gekleint war, durch ein Einsatzsieb entleert. In dem Spandauer Schwefelbrechwerk erfolgte nun am 22. November 1876, als die eine Brechtrommel Schwefel kleinte und die daneben befindliche mit Salpeter-Schwefel-Mengung lief, eine Explosion, welche lediglich von der mit Schwefel chargierten Trommel ausging. Das Innere des Gebäudes brannte aus. Die zweite, mit Salpeter-Schwefel-Mengung chargierte Trommel geriet nur äußerlich in Brand. Die Fensterscheiben wurden zertrümmert und die Fachwerkwand des Gebäudes in einzelnen Feldern herausgedrückt. Zwei im Arbeitsraum befindliche Arbeiter blieben unversehrt. Vermutet wurde als Ursache der Explosion eine Selbstentzündung des Schwefelstaubes nach Analogie des Weberschen Phänomens der Explosibilität stauberfüllter Atmosphären. Die erste Explosion in dem Schwefelbrechwerk der Kgl. Preuß. Pulverfabrik bei Hanau, dessen Einrichtung wir bereits an Hand seines in Fig. 94 wiedergegebenen Grundrisses kennen gelernt haben, erfolgte am 22. Juni 1880 während des Ganges beider Trommeln mit einem matten Knall und dem Austritt eines Feuerstrahls aus der Dichtungsmanschette der einen Trommel. Die Dichtungsmanschetten wurden sämtlich versengt. Im übrigen blieben die Trommeln mit Zubehör und die ganze sonstige maschinelle Anlage unversehrt. Im Trommelraum wurden die Scheiben zertrümmert, in der Fangkammer eine massive Wand teilweise, eine Fachwerkwand gänzlich niedergeworfen. Die Decke über der Fangkammer war in einer Ecke um 300 mm angehoben. Beim Abbrennen des Schwefels geriet das Holzwerk in leichten Brand. Bei der Erklärung dieser Explosion standen sich zwei Ansichten gegenüber. Auf der einen Seite vermutete man, daß die erste Entzündung im Trommelraume an warmgelaufenen Teilen der Ventilator- oder Trommelwellen bzw. Lager erfolgt sei. Auf der anderen Seite neigte man sich der Ansicht zu, daß sich in der Fangkammer Schwefelstaub an der Mündung eines Dampfrohres, welches angebracht war, um einen etwa entstehenden Brand mittels Dampf löschen zu können, entzündet habe. Eine starke Erwärmung dieses Rohrendes soll möglich gewesen sein, weil das Dampfventil nicht gehörig dichtete. Der so entzündete Schwefel habe dann nach dem Weberschen Phänomen die Explosion der Staubatmosphäre der Fangkammer eingeleitet.

Am 12. September desselben Jahres erfolgte dann wiederum eine Explosion, und zwar gleichfalls mit einem dumpfen Knall und dem Austritt eines scharfen Feuerstrahls aus der Dichtungsmanschette der einen Trommel. Der Arbeiter hatte soeben beide Brechtrommeln sowie den einen Ventilator ausgerückt und stand im Begriffe, auch den zweiten Ventilator auszurücken. Im Trommelraum wurde das Fenster und eine Tür beschädigt. In der Fangkammer wurde eine nach der vorherigen Explosion wiederhergestellte Zwischenwand oben um 10 mm herausgedrückt, auch zeigten die Wände vielfach Brandspuren. Die Ursachen der Explosion blieben unbekannt.

Am 8. Januar 1881 erfolgte dann die dritte Explosion, und zwar in der Fangkammer selbst. Eine der Trommeln war bis etwa 6 bzw. 10 Minuten vor Eintritt der Explosion in Betrieb gewesen und waren alle Sicherheitsmaßregeln vorschriftsmäßig getroffen worden. Durch die Explosion wurde die 250 mm starke massive Scheidewand, welche die bei der ersten Explosion 1880 zerstörte Fachwerkwand ersetzt hatte, teils zertrümmert, teils verrückt. Die Scheidewand zwischen der Fangkammer und dem Vorraum war nach letzterem herausgedrückt worden, zeigte mehrere durchgehende Sprünge und lag in der Mitte etwa 100 mm aus dem Lot. Die nach dem Trommel- und Vorraum führenden Türen, sowie die in diesen Räumen befindlichen Fenster waren zum größten Teile zerstört. Auch in diesem Falle blieben die Ursachen der Explosion unbekannt, jedoch wurde die Tatsache festgestellt, daß an diesem Tage sowohl, wie an den Tagen der beiden vorhergegangenen Explosionen die atmosphärische Luft einen hohen Feuchtigkeitsgehalt hatte. Aus verschiedenen Gründen, besonders aber auch im Hinblicke auf ein rationelleres Arbeiten wurden nun späterhin auf den Königl. Preuß. Pulverfabriken in Spandau und bei Hanau die Trommelbrechwerke für Schwefel durch Walzenbrechwerke ersetzt. Von diesen war eben bereits näher die Rede und sei dieserhalb auf die Ausführungen auf S. 264 hingewiesen. In der Spandauer Anlage ereignete sich nun am 17. Dezember 1880 gleichfalls eine, aber nur schwache Explosion, nachdem die Exzelsiorschrotmühle eben ausgerückt worden war. Sie äußerte sich am heftigsten im Elevator. Von dem hölzernen Brettergehäuse desselben wurden einzelne schwache Splitter abgerissen und eine Klappe am oberen Ende geöffnet. An den mit Fries gedichteten Stellen fanden sich Brandspuren, ferner einiger geschmolzener Schwefel an verschiedenen Stellen des Elevators, in der Schnecke und im Walzenstuhl bis zum unteren Walzenpaar. Der Betriebsraum wurde von dichtem Schwefeldampf erfüllt. Der angerichtete Schaden war gering. Als Ursache der Explosion vermutete man Entzündung durch Reibungen der Gurtscheiben- bzw. Schneckenwelle in ihren Holzlagern. Man traf daher die Maßregel, die betreffenden Gurtscheibenwellen nicht mehr zwischen Holz laufen zu lassen.

Wenn nun auch aus der letzterwähnten Explosion entnommen

werden kann, daß selbst bei Ausrüstung der Schwefelbrechwerke mit Walzenstühlen usw. unter Umständen Selbstentzündungen vorkommen können, so erscheint doch durch die weitgliedrigere Unterteilung dieser Anlagen mehr die Möglichkeit geboten, Selbstentzündungen auf ein Mindestmaß zu beschränken. Außerdem dürften sie sich aber auch dadurch als vorteilhaft erweisen, daß sich etwaige Selbstentzündungen nur zu schwachen Explosionen zu entwickeln vermögen.

Folgende Maßnahmen haben sich nun zur völligen Unterdrückung von Selbstentzündungen als zweckdienlich erwiesen. Beim Kleinen des Schwefels in Brechtrommeln empfiehlt es sich, nach Tunlichkeit nicht den Schwefel für sich allein zu behandeln, sondern ihm einen Teil des Salpeters bereits zuzusetzen. Meist werden nun die Selbstentzündungen, deren Ursache früher in der verschiedensten Weise zu erklären gesucht wurde, auf elektrische Erscheinungen zurückzuführen sein, worauf wohl zuerst Kommerzienrat Hermann Güttler hingewiesen hat. Er versah deshalb vor Jahren schon seine Schwefelbrechwerke mit einer Ableitung zur Erde und beobachtete dann keinerlei Brände mehr. Naturgemäß muß diese Ableitung der gesammelten statischen Elektrizität zur Erde in durchaus einwandfreier und betriebssicherer Weise erfolgen. Handelt es sich hierbei darum, was ja meistens der Fall ist, rotierende metallene Maschinenteile zu erden, beispielsweise durch Anschluß an eine Wasserleitung oder dgl., so benutzt man zweckmäßig folgende, in unserer nebenstehenden Abbildung (Fig. 99) dargestellte Einrichtung, bei welcher jegliche Funkenbildung am Stromabnehmer von der rotierenden Welle unbedingt zuverlässig verhindert ist. Diese Einrichtung beruht darauf, daß Wasser in Berührung mit Metallteilen, die selbstredend blank und fettfrei sein müssen, einen sehr guten Stromabnehmer bildet, durch welchen eine ausreichend sichere Erdung der Ableitung herbeigeführt wird. Sie besteht im wesentlichen darin, daß man mit der rotierenden Welle des betreffenden Apparates bzw. Maschine eine Metallscheibe *S* durch Anlöten oder Einschrauben in leitende Verbindung bringt. Durch geeignete Anordnung eines Wassergefäßes *W* ist dafür gesorgt, daß die rotierende Metallscheibe stets in Wasser taucht, welches eventuell direkt von der Wasserleitung aus, mit der das Gefäß in Verbindung steht, zugeführt oder auch einfach in das Gefäß eingeschüttet wird. Hierdurch ist eine völlig ausreichende Erdung des rotierenden Teils herbeigeführt und wird die angesammelte statische Elektrizität auf die Dauer sicher abgeleitet. Die Erdung der übrigen ruhenden Metallteile des betreffenden Apparates bzw. Maschine, insbesondere die der auf Holzgerüst montierten Lager, die außerdem noch unbedingt vorgenommen werden muß, kann durch Leitungsdrähte, die in der Zeichnung mit *a a a* bezeichnet sind, leicht in jedem Falle durch Anschluß an das Wassergefäß bzw. die Erdleitung erzielt werden. Das Wassergefäß wird durch einen ins Wasser tauchenden, eventuell metallischen Deckel staubdicht geschlossen. Um die genügende Höhe des Wasserstandes in dem Gefäß leicht und schnell feststellen zu können, bringt man an ihm eine mit Holzdeckel oder Stöpsel verschließbare Schauöffnung an.

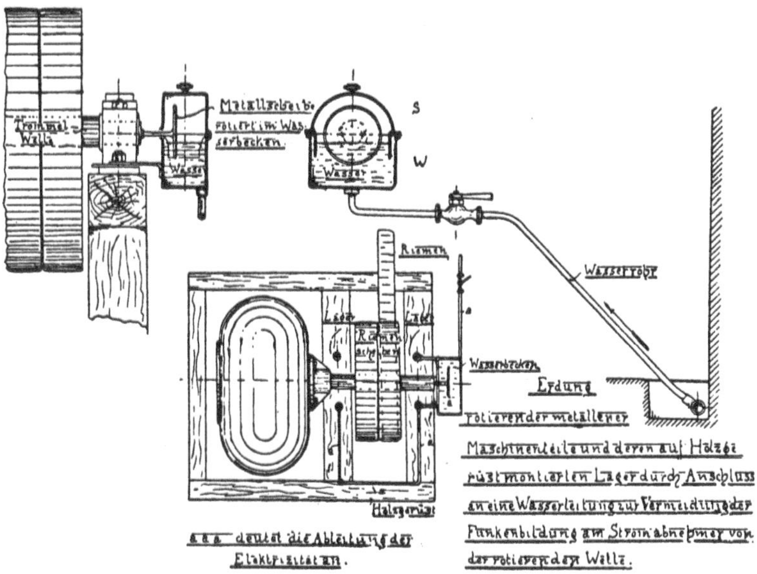

Fig. 99.

Naturgemäß bietet das gute Erden der Schwefelzerkleinerungsapparate schon einen sehr guten Schutz gegen das Auftreten von Explosionen oder Bränden. Völlig unmöglich gemacht werden diese aber erst dann, wenn man das Kleinen des Schwefels nach einem von Dr. A. Walter ausgearbeiteten Verfahren (D.R.P. Nr. 136547 vom 10. September 1901) in einer Atmosphäre von unverbrennbarem sogenanntem inerten Gas, wie beispielsweise Kohlensäure, vornimmt.

Dr. Walter ging bei seinen Arbeiten von der Tatsache aus, daß sich beim Kleinen und Sichten des Schwefels, die bei einigen anderen leicht entzündlichen Stoffen brauchbare Methode des Anfeuchtens mit Wasser, Einführens von Wasserdampf und dgl. nicht anwenden läßt. Das Anfeuchten des Schwefels würde nämlich ein derartiges Abschwächen der Stöße und Schläge der arbeitenden Flügel,

Zähne usw. bewirken, daß nur noch ein Mischen der eben schon vorher bereits zerkleinerten Teile stattfindet. Die Stoß- und Schlagarbeit, welche gerade beim Mahlen und Zerstäuben des Schwefels ungeschwächt erhalten werden muß, ginge dann verloren und der benutzte Apparat wäre trotzdem als betriebssichere Zerkleinerungsvorrichtung um so mehr unbrauchbar, als selbst hier die Gegenwart von Sauerstoff bzw. Luft und damit die Explosionsgefahr nicht ausgeschlossen sind, wenn aus irgend einer Ursache die Funkenbildung dennoch eintreten sollte. Die Gefahr der Explosion läßt sich nun gänzlich dadurch beseitigen, daß die Arbeit in einem geschlossenen Behälter vorgenommen wird, in den ein unbrennbares Gas, wie z. B. Kohlensäure oder auch entsprechend getrocknete und gereinigte Verbrennungsgase mit Überdruck während des Mahl- und Sichtprozesses eingeleitet werden. Dies inerte Gas verdrängt bzw. verdünnt die in dem Arbeitsraume enthaltene Luft so, daß das diesen nunmehr anfüllende Gasluftgemisch infolge Mangels an genügendem Sauerstoff jede Entzündung des Mahlgutes und jedes Eindringen neuer, sauerstoffreicher Luft verhindert. Wird nun der Schwefel in diesem inerten Gase zerkleinert, so entstehen zwar Funken, da die Stoß- und Schlagarbeit der arbeitenden Mahlorgane durch das Gas nicht abgeschwächt werden, ja auch nicht abgeschwächt werden dürfen. Diese Funken können aber nicht zünden, da der Schwefel nur in Gegenwart der genügenden Menge Sauerstoff brennen, also auch explodieren kann. Dieser Sauerstoff ist aber, wie bereits erwähnt, nicht vorhanden, sondern beseitigt und wird während des ganzen Arbeitsprozesses ferngehalten. Ist das zur Verwendung kommende Gas oder Gasgemisch leichter, als die atmosphärische Luft, so muß seine Einführung an der höchsten Stelle, im umgekehrten Falle an der tiefsten Stelle des Mahl- oder Sichtraumes erfolgen, wobei der Überdruck des Gases das Eindringen der Außenluft durch Undichtigkeiten der Behälterwandungen und beim Öffnen von Klappen verhindert. Den erforderlichen Verbrauch an inertem Gas kann man dadurch auf ein Minimum beschränken, daß man das den Arbeitsraum anfüllende inerte Druckgas in kontinuierlichem Strome in der Art durch den Arbeitsraum strömen läßt, daß es mit dem fertig gekleinten Schwefel entweicht, von einem Ventilator oder dgl. wieder angesogen und von neuem in den Arbeitsraum gedrückt wird, also bei geringstem Verlust einen vollständigen Kreislauf beschreibt. Nach Angaben von Dr. Walter gestattet sein Verfahren, ohne Schwierigkeiten im fabriksmäßigen Betrieb eine Tagesproduktion von 100 Doppelzentnern und darüber zu erzielen und läßt sich nach ihm der Schwefel so fein kleinen, daß er durch ein Seidensieb von 5000 Maschen pro Quadratzentimeter hindurchgeht. Eine solche Feinheit konnte man bisher der Entzündungsgefahr wegen nicht erreichen. In der Praxis läßt sich das Waltersche Verfahren des Schwefelkleinens in einer indifferenten Gasatmosphäre am zweckmäßigsten mit einer sieblosen Kugelmühle in Verbindung mit einem Windseparator durchführen. Über diese Zerkleinerungs- und Sichtapparate findet sich näheres in den Abschnitten über das

Zerkleinern des Salpeters und der Kohle. Soll das Sichten des Schwefels mittels Sieben erfolgen, so empfiehlt es sich, hierfür eine sogen. Bürsten-Siebmaschine zu benutzen.

Der Vollständigkeit halber möge hier noch erwähnt sein, daß ein dem vorbeschriebenen Verfahren ähnliches, das sogen. Meyerhoffersche Verfahren schon länger bekannt ist. aber nur gestattet, die zu zerkleinernden Materialien, bei denen der Zutritt von Luft schädlich wirken würde, in Portionen von einigen Hundert Gramm auf einmal in Räumen zu behandeln, die entweder mit irgendwelchen Gasen oder Dämpfen gefüllt sind. Es steht deshalb in der Hauptsache bisher nur für Laboratoriumszwecke in Benutzung. läßt sich aber nicht für den Großbetrieb nutzbar machen.

Was noch das Sieben des gekleinten Schwefels angeht, so benutzt man hierzu außer den bekannten Plan- und Zylindersieben, die entweder — seltener — von Hand oder — was meist der Fall ist — maschinell angetrieben werden, vielfach mit bestem Erfolge Bürsten-

Fig. 100. Bürsten-Siebmaschine System Werner-Pfleiderer; Unterteil herabgelassen; Sieb herausgenommen.

Siebmaschinen System Werner-Pfleiderer. Unsere nachstehende Abbildung (Fig. 100) zeigt eine solche für Handbetrieb eingerichtete Maschine mit geschlossenem Kasten und unsere Abbildung (Fig. 101) dieselbe

Maschine mit herabgelassenem Unterteil und herausgenommenem Siebe. Die Bürsten-Siebmaschine System Werner-Pfleiderer besteht aus einem Holzkasten, in dem eine Anzahl steilgängiger Bürsten arbeiten. Den Boden des Kastens bildet ein halbrundes Sieb, in das die Bürsten genau passen. Die Bürstenwelle ist in Gelenklagern (nach Art der Sellerslager) geführt und durch Nasenstellring gegen seitliche Verschiebung geschützt, so daß das bei anderen Systemen übliche Klemmen und Reiben ganz wegfällt. Das zu siebende Material wird oben hineingeschüttet und durch die Drehung der Bürsten mitgenommen. Alle weichen Klumpen werden zerdrückt und fallen als Siebgut unten aus

Fig. 101. Bürsten-Siebmaschine System Werner-Pfleiderer; Kasten geschlossen.

der Maschine heraus. Alle harten Klumpen und etwaiger Abfall werden durch eine seitliche Öffnung aus der Maschine entfernt. Der Druck der Bürsten auf das Sieb wird durch Schrauben an jedem Ende der Maschine reguliert, und zwar sollen die Borsten ziemlich fest auf dem Siebe streifen, aber nur ja nicht durch dasselbe hindurchgehen. Die Maschine wird mit Sieben von jeder Maschenweite geliefert. Da diese auswechselbar sind, so kann eine Maschine mit jeder beliebigen Anzahl von Sieben ausgerüstet werden. Unsere beiden Abbildungen zeigen die Aufstellung der Siebmaschine auf einem hölzernen Untergestell. Das gesiebte Material fällt direkt auf den Boden bzw. in einen untergestellten

Behälter oder eine Ausschüttgosse. Man kann jedoch die Siebmaschine auch unter der Decke aufhängen, so daß das Siebgut in einen untergehängten Sack oder dgl. fällt. Will man das Siebgut direkt in Säcke sieben, was bei allen Maschinen möglich ist, so werden die Unterteile entsprechend geformt und ein oder zwei Riemen mit Sackschnallen mitgeliefert. Die größeren Typen der Bürsten-Siebmaschine werden außerdem auf Verlangen, um jedes Stäuben zu vermeiden, mit hermetisch geschlossenem Kasten geliefert. Sie können auch Einfülltrichter nebst Speisevorrichtung erhalten und kann ihnen das Siebgut durch Elevatoren zugeführt werden. Folgende Zusammenstellung zeigt die Leistungsfähigkeit der verschiedenen Größen der Bürsten-Siebmaschinen System Werner-Pfleiderer:

Größe:	1	2	3	4	5
Leistung stündl. in mehlartigem Material					
bei Handbetrieb ca. kg	200	350	700	1000	—
bei Riemenantrieb ca. kg . . .	—	500	1000	1500	2000

Das Kleinen der Kohle. Das Kleinen der Kohle wird sowohl in Brechtrommeln oder Kugelmühlen, wie auf Kollergängen und in Glocken-, sowie Schlag- oder Schleudermühlen verschiedener Bauart durchgeführt. Das Kleinen der Kohle in Stampfwerken ist heute nur noch äußerst selten und zwar auf einigen kleineren Werken anzutreffen. Hierbei kamen ca. 10 kg Kohle, die mit ungefähr dem gleichen Gewicht Wasser angefeuchtet wurden, in ein Stampfloch und wurden mit etwa 1000 Schlägen gekleint, wozu ungefähr eine halbe Stunde erforderlich ist. Die zum Kleinen der Kohle benutzten, intermittierend arbeitenden Brechtrommeln sind entweder aus Holz, aus Leder oder aber aus Eisen gefertigt. Auf den Kgl. Preuß. Pulverfabriken standen bzw. stehen zu diesem Zwecke Brechtrommeln in Verwendung, welche unsere nachstehende Abbildung (Fig. 102) in teilweisem Längsschnitt zeigt. Diese Brechtrommel ist ähnlich wie die Schwefelbrechtrommel gebaut, besitzt einen Sohllederbelag und Pralleisten aus Weißbuchenholz. Um ein kontinuierliches Absieben des entstandenen Staubes zu erzielen, war bei ihr früher die Einsatztür aus einer Kupferplatte mit 4 mm weiten Löchern gefertigt. Bei dem Kleinen von Kohle für Gewehrpulver M/71 wurden in die Trommel drei Dämpfer Kohle (ca. 80 kg) mit 115 kg Bronzekugeln von 13 mm Durchmesser eingebracht und die Kohle drei Stunden lang gekleint. Die gekleinte Kohle passierte dann noch ein Zylindersieb, das mit Drahtgewebe von 0·2 mm Maschenweite bespannt war. Für Geschützpulver wurden dieselben Gewichtsverhältnisse an Kohle und Kugeln benutzt, anderthalb Stunden gekleint, aber das Sieben entfiel. Bei dem Kleinen der Kohle für neues Gewehrpulver M/71 wird folgendes Verfahren benutzt. Die Kohlenbrechtrommel, welche 115 kg Bronzekugeln von 13 mm Durchmesser enthält, wird mit dem Inhalt von zwei Dämpfern

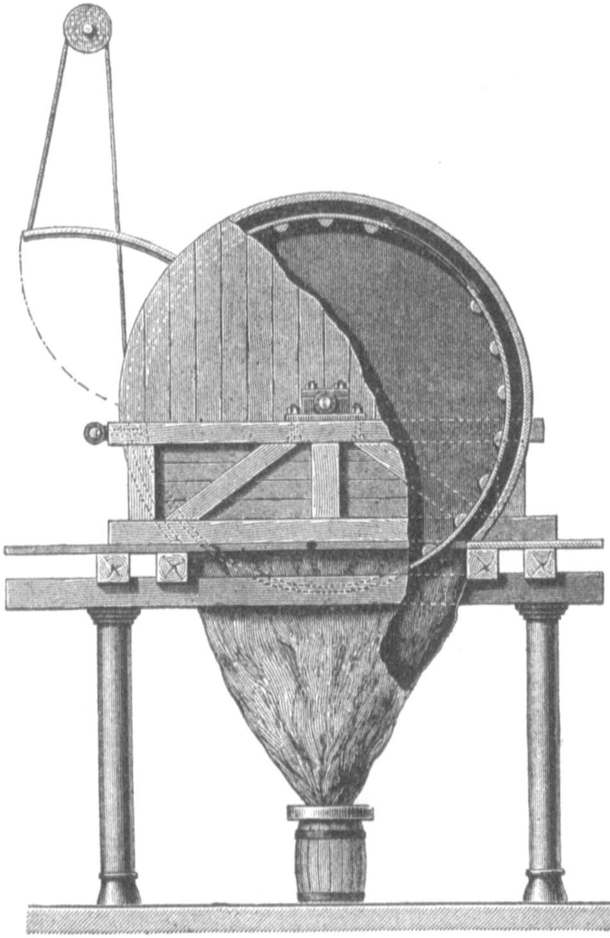

Fig. 102. Kohlenbrechtrommel der preußischen Staatspulverfabriken. (Nach: Guttmann, Explosivstoffe.)

beschickt, darauf mit der vollen Vorsatztür geschlossen, die Klappe des Gehäuses niedergelassen und die Trommel eingerückt. Diese soll bei 10 bis 12 Umdrehungen in der Minute $2^1/_2$ (mindestens 2) Stunden gehen. Nach beendetem Kleinen wird ein besonderes Sammelgefäß unter den Trichter gestellt, die Trommel ausgerückt und die volle Vorsatztür durch die mit Drahtgewebe bespannte ersetzt. Das Sammelgefäß soll die zwischen Vorsatztür und Trommelrand gelangten Bronzekugeln beim Öffnen der ersteren auffangen. Danach wird das Sammelgefäß gegen einen zur Aufnahme der gekleinten Kohle bestimmten leeren Dämpfer vertauscht und die Trommel zur Entleerung wieder eingerückt. Nach beendetem Auslassen der Kohle wird das Sammelgefäß dann abermals unter den Trichter der Kohlenbrechtrommel geschoben, der Drahtvorsatz herausgenommen und die Trommel von neuem beschickt. Wöchentlich zweimal wird der Inhalt des Sammelgefäßes in die Trommel entleert. In den ersten fünf Tagen eines jeden Monats werden die Bronzekugeln auf Gewicht und mit einem Leersieb von 10·2 mm Maschenweite auf ihre Abmessungen untersucht. Zu kleine oder zerschlagene Kugeln werden entfernt und das Gesamtgewicht der Kugelfüllung einer Trommel wieder auf 115 kg gebracht. Die hierzu benutzten neuen Kugeln werden vorher durch sorgfältiges Waschen von Staub und Sand gereinigt. Was den Verbrauch der Kugeln anbetrifft, so kann man annehmen, daß deren Abnutzung rund 180 g auf je 100 kg gekleinte Kohle beträgt.

In Österreich stehen zum Kleinen der Kohle gleichfalls Brechtrommeln in Benutzung, welche mit 50 kg Kohle und 75 kg Bronzekugeln von 6 bis 13 mm Durchmesser beschickt werden und 12 Umdrehungen in der Minute machen. Der erforderliche Feinheitsgrad ist in ungefähr $2^3/_4$ Stunden nach rund 2000 Umdrehungen erreicht. In der Schweiz werden die Kohlen auch für sich gekleint, aber nicht in ein und derselben Trommel, sondern in getrennten Mengen gleich in den Binärtrommeln, in denen später KNO_3 bzw. S zugesetzt werden. In diese gewöhnlich aus Eisenblech gefertigten Binärtonnen werden 100 kg Bronzekugeln von 7 bis 10 mm Durchmesser mit je 5 kg Kohle eingebracht und mit insgesamt je 500 Umdrehungen (15 Umdrehungen pro Minute) gekleint. Die Bronzekugeln werden alle drei Monate auf ihr Gesamtgewicht geprüft, hierbei die Kugeln unter 7 mm Durchmesser ausgeschieden und das Gesamtgewicht durch neue Kugeln von 10 mm Durchmesser wieder auf 100 kg gebracht. Auf den belgischen Pulverfabriken stehen mehrfach eiserne Kohlenbrechtrommeln in Benutzung, in welchen die Kohle mit Bronze- oder aber auch Eisenkugeln gekleint wird. Die gekleinte Kohle wird in einer Sichtmaschine durch ein genügend feinmaschiges Seidengewebe gelassen, um dann zur Vermeidung von Selbstentzündungen sofort in luftdicht abgeschlossene Gefäße eingefüllt zu werden. Auf den französischen Staatspulverfabriken finden sich Kohlenbrechtrommeln nach nachstehender Abbildung (Fig. 103), deren Trommel in bekannter Weise aufgebaut ist, sich aber dadurch von anderen Bauarten unterscheidet, daß sie durch eine zentrale Mittelwand in zwei getrennte Abteilungen zerlegt ist. Jede dieser Abteilungen wird mit 15 kg Kohle und 30 kg Kugeln von 7 mm Durchmesser beschickt. Die Trommel macht 20 bis 22 Umdrehungen in der Minute und läuft insgesamt eine Stunde. Handelt es sich um die Herstellung von Kohle für Jagdpulver, so werden 18 kg Kohle mit 150 kg Bronzekugeln von 4 mm Durchmesser bei 30 Umdrehungen in der Minute 12 Stunden lang bearbeitet.

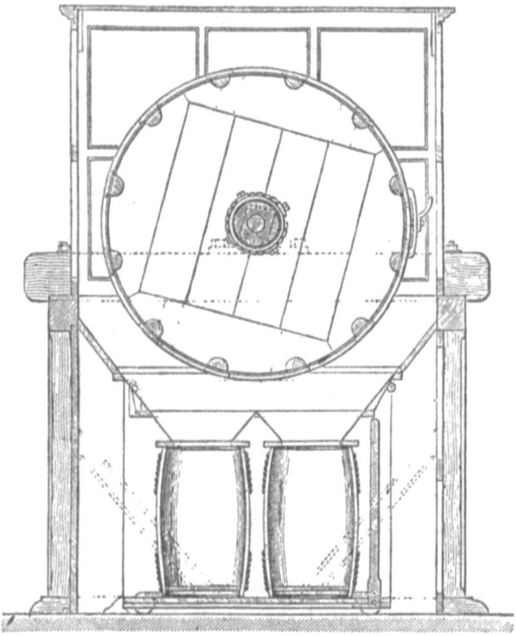

Fig. 103. Kohlenbrechtrommel der französischen Staatspulverfabriken. (Nach Guttmann, Explosivstoffe.)

Dann setzt man 15 kg Stückenschwefel zu und setzt das Kleinen weiter fort bis zur Erzielung des gewünschten Feinheitsgrades. Auf französischen Pulverfabriken hat man auch, wie hier bemerkt sein möge, den Zusammenhang zwischen Steigerung des kubischen Gewichtes und Dauer des Kleinens der Kohle näher verfolgt und hierbei folgendes gefunden:

Dauer des Kleinens:	Kubisches Gewicht:
2 Stunden	0·220
4 „	0·243
6 „	0·280
8 „	0·282
10 „	0·294
12 „	0·296

In Vorstehendem sahen wir, daß zum Kleinen der Kohle sowohl Trommeln aus Holz, und zwar solche mit oder ohne

Lederbelag, ferner Trommeln ganz aus Leder und endlich Eisentrommeln in Benutzung stehen. Die Ledertrommeln, bei welchen jede Holzverkleidung fehlt und die nur aus einem Holzgerippe bestehen, an dem die Sohlledertrommel mittels Bronzeschrauben befestigt wird, besitzen allerdings den Vorteil, daß man bei ihnen Beschädigungen der Trommel leicht auffinden und schnell beseitigen kann, leiden aber an zu geringer Widerstandsfähigkeit und Haltbarkeit. Unstreitig am widerstandsfähigsten sind die Eisentrommeln, jedoch können bei ihnen unter Umständen Eisenpartikelchen in die gekleinte Kohle hineingeraten. Eisenteilchen geraten aber mitunter auch noch aus einer anderen Quelle in die Pulverkohle hinein, nämlich in Gestalt abgeplatzter Nietköpfe von den schmiedeeisernen Dämpfern. Es empfiehlt sich also, die Kohle auf derartige gefährliche Fremdkörper aufmerksam zu beobachten und diese besonders, wenn das Kleinen in Glocken-, Schlag- oder Schleudermühlen erfolgen soll, durch geeignet eingebaute Magnetapparate, wie wir sie gelegentlich der Beschreibung der Exzelsiormühlen für das Salpeterkleinen schon näher kennen lernten, auszusondern, um Beschädigungen und Zerstörungen der schnelllaufenden Mahlorgane hintanzuhalten. Erfolgt das Kleinen der Kohle in Trommeln, so werden derartige Eisenteilchen erst beim Sichten aus dem gekleinten Material entfernt.

Eine sehr zweckmäßig konstruierte eiserne Brechtrommel, deren Konstruktion von der Maschinenfabrik Riedinger-Augsburg stammt, zeigt unsere umstehende Abbildung (Fig. 104) im Quer- und Längsschnitt. Bei ihr ist der innen mit 5 eisernen Pralleisten ausgestattete Trommelmantel aus 5 mm starkem Schmiedeeisen gebildet, welches mittels zweier Winkelringe an 2 bis 15 mm starke Seitenplatten, die ca. 20 cm Breite besitzen, angenietet sind. Die die Trommel quer durchsetzende Achse, die beiderseits gelagert ist, und einseitig den mit Los- und Festscheibe, sowie Handausrücker ausgerüsteten Antrieb trägt, ist auf beiden Seiten durch ein kräftig dimensioniertes Schmiedeeisenkreuz mit den ebenerwähnten Seitenplatten verbunden. Diese sind überdies nach innen durch Zwischenarme gegeneinander abgesteift. Die in beiden Trommelseiten von dem Achsenkreuz freigelassenen 4 Ringsegmente sind mit gelochtem Blech verschlossen, welches ein kontinuierliches Absieben des sich bildenden Staubes bewirkt. Die Beschickung und Entleerung der Trommel erfolgt durch ein großes Fülloch im Trommelmantel, welches durch eine volle Einsatztür bzw. beim Entleeren durch eine Siebtür verschlossen werden kann. Diese wird in sehr sicherer Weise durch einen sechsfachen Schraubenverschluß gehalten, der sich aber trotzdem leicht und schnell lösen läßt. Hierzu ist nämlich lediglich das Lösen der Muttern der sechs im Trommelmantel sitzenden Stiftschrauben erforderlich, worauf die Halteriegel beigeklappt und die Einsatztür herausgenommen werden

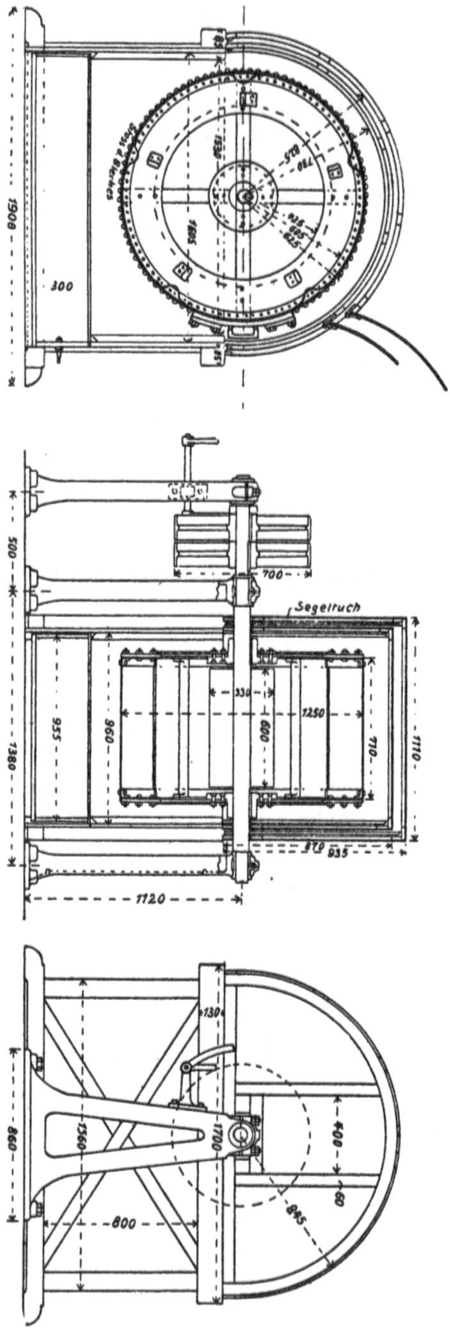

Querschnitt. Längenschnitt. Seitenansicht.

Fig. 104. Kohlenbrechtrommel der Maschinenfabrik Riedinger.

kann. Die Achse der Trommel ist mit ihren Achsschenkeln, wie bereits erwähnt, auf drei Lagerböcken gelagert und gestattet ein bequem zugänglicher Ausrücker den Antriebsriemen nach Wunsch von der Los- auf die Festscheibe und umgekehrt zu überführen. Unsere Abbildung (Fig. 105) zeigt die dergestalt fertig zusammengebaute Kohlenbrechtrommel in schräger Seitenansicht von der Antriebsseite aus. Um nun bei ihrem Betrieb die Staubentwicklung nach Möglichkeit

Fig. 105. **Kohlenbrechtrommel der Maschinenfabrik Riedinger; ohne Ummantelung. Ansicht von der Antriebseite aus.**

hintanzuhalten, wird sie, wie unsere Abbildung (Fig. 106) zeigt, in ein geeignetes Gehäuse eingebaut. Dieses besteht in seinem unteren Teil aus einem Holzkasten, in den am Fuße die Auffangmulde eingeschoben wird. Den oberen Abschluß der Trommel übernimmt eine doppelte Segeltuchhaube. Zur Bedienung der Trommel ist in dem Gehäuse in bequemer Handhöhe eine Öffnung vorgesehen, welche durch eine doppelte Eisenblechklappe verschlossen werden kann.

Bei der eben von uns betrachteten Kohlenbrechtrommel war der Trommelmantel aus 5 mm starkem Eisenblech gefertigt. Man findet nun auch Eisenblechtrommeln, die an ihrer Mantelfläche, um ihre Abnutzung zu erschweren, einen besonderen Einsatzring aus hartem Material, z. B. Stahl- oder Hartguß besitzen, der erforderlichenfalls leicht ausgewechselt werden kann. Unsere nachstehende Abbildung

(Fig. 107) zeigt eine derartige, vom Mägdesprunger Eisenhüttenwerk A. G. in Mägdesprung a. H. gebaute Trommel mit verstärktem Mantel im Querschnitt. Sie besitzt gußeiserne Seitenschilde, die mit ihren durch Rippen verstärkter Naben auf der kräftigen Stahlwelle sitzen. Diese Welle läuft in Ringschmierlagern, die auf hohen gußeisernen Böcken montiert sind. Um die Trommel schnell beschicken und entleeren, sowie im Inneren bequem reinigen zu können, ist ein

Fig. 106. Kohlenbrechtrommel der Maschinenfabrik Riedinger; betriebsfertig in Gehäuse eingebaut.

großes Mannloch vorgesehen. Der äußere Trommelmantel besitzt bei dieser Bauart einen Durchmesser von 1200 mm bei 600 oder 700 mm Breite. Die Antriebsriemscheibe hat 1200 mm Durchmesser und 130 mm Breite. Es wäre hier dann noch eine andere Bauart der Brechtrommeln oder Kugelmühlen zu erwähnen, von der unsere nebenstehende Abbildung (Fig. 108) ein Ausführungsbeispiel zeigt. Bei dieser Mühle ist die Mahltrommel fliegend auf die Antriebswelle aufgekeilt und besteht aus Stahlguß oder Hartguß. Ihr Inneres kann leicht mit Hartporzellan, Holz oder dgl ausgekleidet werden. In der vorderen Stirnwand besitzt die Trommel ein zentrales Mannloch, das mit einem Einsatzdeckel *e* mittels Traverse und Klemmschraube *f* geschlossen wird. Die Kugeln *c*, die am besten von verschiedenem Durchmesser gewählt werden, bestehen entweder aus geschmiedetem Stahl oder

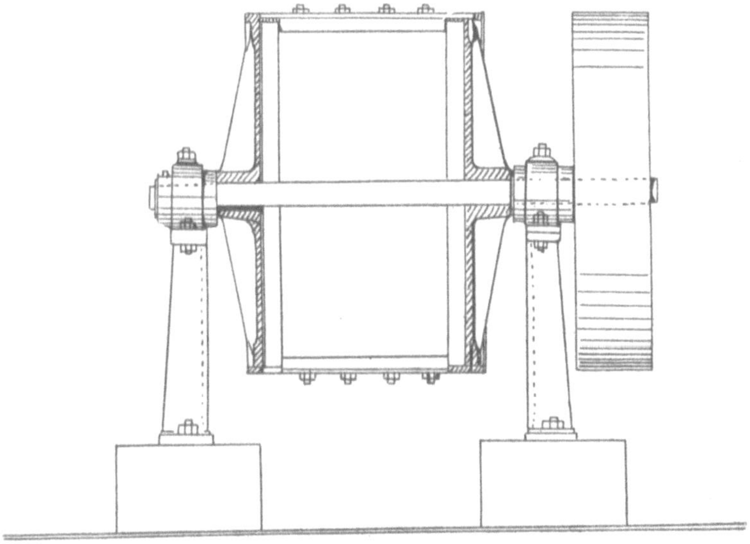

Fig. 107. Kohlenbrechtrommel; Bauart des Mägdesprunger Eisenhüttenwerks A.-G.

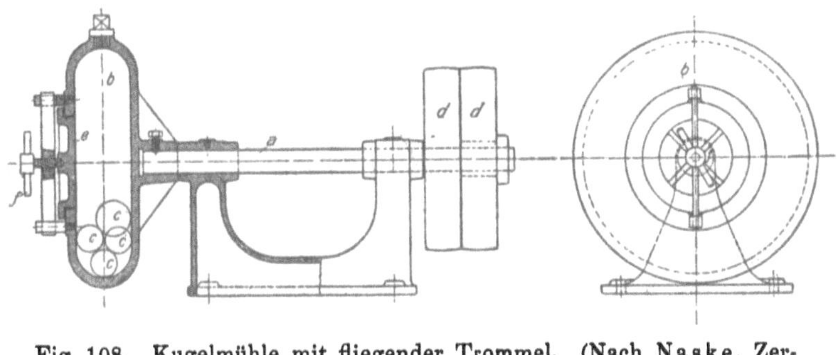

Fig. 108. Kugelmühle mit fliegender Trommel. (Nach Naske, Zerkleinerungsvorrichtungen.)

Bronze. Die Hauptwelle *a* ist in dem kräftig dimensionierten Lagerbock doppelt gelagert und trägt auf der vorderen Seite die zum Antrieb erforderliche Fest- und Losscheibe, event. auch bei kleineren, für Handbetrieb eingerichteten Mühlen eine Kurbel. Bei größeren Ausführungen kann man leicht eine Doppelmühle dieser Art bauen, indem man den Antrieb zwischen die Lagerböcke verlegt und auch auf das rechte Wellenende eine Mahltrommel aufsetzt. Eine mit einer Mahltrommel von 1000 mm Durchmesser und 1000 mm Breite ausgerüstete und für Kraftbetrieb eingerichtete Kugelmühle vorstehender Bauart mahlt pro Stunde 75 kg Holzkohle zu einem staubfeinen Pulver und braucht hierzu ungefähr $1\,^1/_2$ PS. Auch für Laboratoriumszwecke eignen sich diese Mühlen gut und werden dann vielfach für Handantrieb eingerichtet. Ein solches Modell mit einer Trommel von 500 mm Durchmesser und 130 mm Breite vermahlt in der Stunde 5 kg Holzkohle zu einem unfüllbaren Pulver.

Die bisher von uns betrachteten, intermittierend arbeitenden Kugelmühlen leiden nun naturgemäß alle an dem Übelstande, daß sie nur die gleichzeitige Behandlung eines ziemlich beschränkten Quantums gestatten. Wirklich rationell wird ihre Arbeitsweise erst dann, wenn sie für kontinuierlichen Betrieb eingerichtet werden, also eine ununterbrochene Vermahlung und Absichtung gestatten. Die erste derartige, für stetige Ein- und Austragung eingerichtete Kugelmühle wurde im Jahre 1876 von den Gebrüdern Sachsenberg in Roßlau a. d. E. und W. Brüchner in Ohrdruf bei Gotha gebaut. Sie wird heute zum Mahlen von weichen, mittelharten und harten Stoffen in der chemischen Industrie, in der Erzmüllerei, in Zementbetrieben usw. in größtem Umfange benutzt und eignet sich sicherlich auch sehr gut zum Kleinen der Schwarzpulverkomponenten, insbesondere der Kohle auf größeren Fabriken, da sie bei geeigneter Bauart ein sehr gleichmäßiges Mahlergebnis liefert und bei hoher Leistung einen nur mäßigen Kraftbedarf hat. Bei den Kugelmühlen mit kontinuierlichem Betrieb sind zwei Hauptarten zu unterscheiden, nämlich erstens Kugelmühlen mit Sieben und zweitens solche ohne Siebe. Bei den Kugelmühlen mit Sieben werden Mahlarbeit und Siebarbeit in ein und demselben Apparat durchgeführt. Bei den sieblosen Kugelmühlen hingegen erfolgt der Mahl- und Siebprozeß vollständig unabhängig voneinander in zwei getrennten Vorrichtungen, der Mühle und der Sichtvorrichtung.

Eine von Fried. Krupp A. G. Grusonwerk für ununterbrochene Vermahlung und Absiebung gebaute Kugelmühle auf Mauerunterbau (kleinere Modelle erhalten ein gußeisernes Gestell) zeigt unsere nebenstehende Abbildung (Fig. 109) im Betriebe. Sie wird in 13 Größen und in verschiedener Anordnung geliefert und bildet ihren Hauptbestandteil eine Mahltrommel mit durchgehender, stählerner Hauptachse. Der Mantel der Mahltrommel setzt sich, wie aus Abbildung (Fig. 110), die einen Längen- und Querschnitt der Mühle zeigt, zu ersehen, aus einzelnen übereinandergreifenden Stahlguß- oder Hartgußplatten, den sogen. Mahlplatten zusammen. Die Seitenwände sind aus Blechen hergestellt und mittels gußeiserner Naben auf der Hauptachse befestigt. Je nach Größe der Mühle werden sie auf der Innenseite mit Stahlguß- oder Hartgußplatten, den sogen. Seitenplatten bekleidet. Die Mahlplatten sind auf der einen Seite verstärkt und nach einwärts gebogen, auf der anderen Hälfte gelocht und mit nach rückwärts gerichteten Blechschaufeln, den sogen. Rücklaufschaufeln versehen. An den Stellen, wo sie übereinandergreifen, sind kanalförmige Zwischenräume freigelassen, die über die ganze Breite der Mahltrommel reichen und durch niedrige, auf den Blechschaufeln in Richtung des Halbmessers

Fig. 109. **Kugelmühle für ununterbrochene Vermahlung. Bauart des Kruppschen Grusonwerkes.**

angebrachte Rücklaufsiebe teilweise gesperrt werden. In gewissem Abstande von den Mahlplatten wird die Mahltrommel von einem zylindrischen Feinsiebe umgeben. Dieses ist aus einer Anzahl Siebrahmen zusammengesetzt und auf Winkeleisenringen befestigt, die die äußere Begrenzung der Seitenwände bilden. Die Siebrahmen werden gewöhnlich aus Holz, auf Verlangen aber auch aus Schmiedeeisen hergestellt und mit Phosphorbronze- oder Stahldrahtgewebe bespannt. Die Maschenweite des Gewebes wird der gewünschten Feinheit des Mahlerzeugnisses angepaßt. Zum Schutze des Feinsiebes ist dann bei den Mühlen des Grusonwerkes, abgesehen von den beiden kleinsten Modellen, zwischen Feinsieb und Mahlplatten noch ein Vorsieb angeordnet. Dieses besteht aus einzelnen enggeschlitzten Stahlblechen, die auf

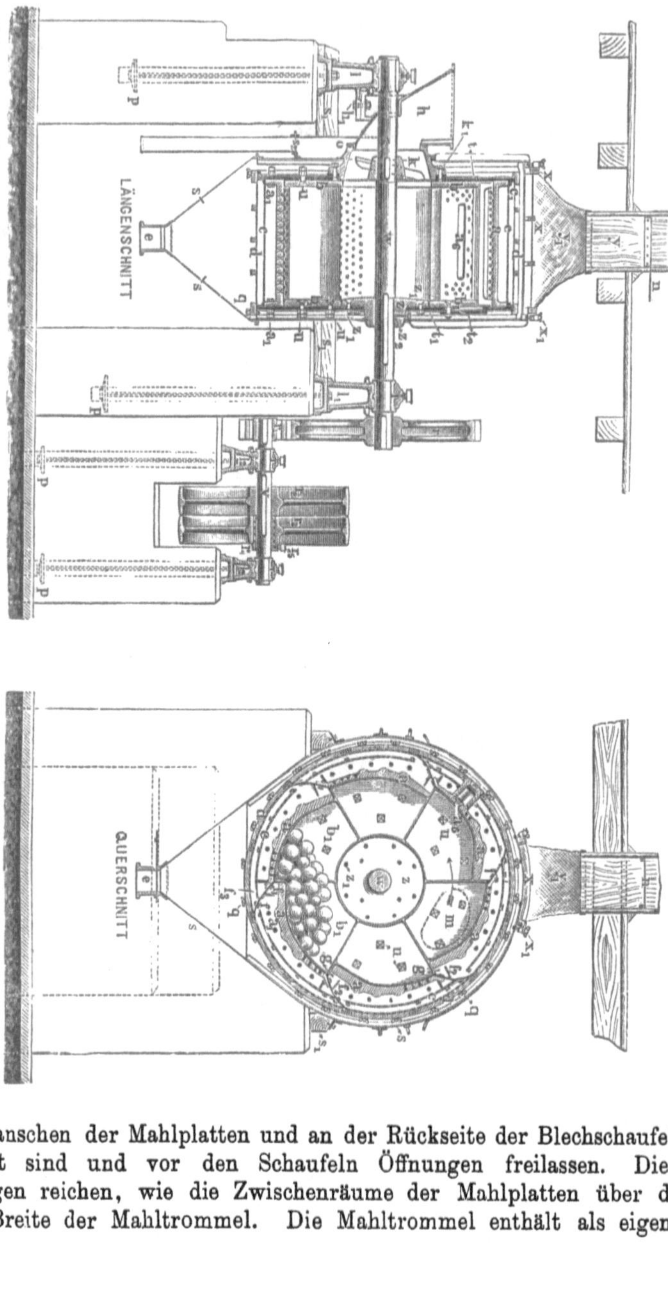

Fig. 110. Kugelmühle für ununterbrochene Vermahlung. Bauart des Kruppschen Grusonwerkes. Längen- und Querschnitt.

Seitenflanschen der Mahlplatten und an der Rückseite der Blechschaufeln befestigt sind und vor den Schaufeln Öffnungen freilassen. Diese Öffnungen reichen, wie die Zwischenräume der Mahlplatten über die ganze Breite der Mahltrommel. Die Mahltrommel enthält als eigentliche Mahlorgane eine Anzahl geschmiedeter Stahlkugeln von verschiedener Größe und bestimmtem Gesamtgewicht (35 bis 3000 kg). Für die Einführung des Mahlgutes in die Mahltrommel ist an der Nabe der vorderen Stirnwand ein Einlauftrichter angebracht und die Nabe selbst so durchbrochen, daß zwei eigenartige schräge Speichen gebildet werden, die als Förderschnecke wirken und ein Herausspringen der Kugeln aus der Mahltrommel verhüten. Die Mahltrommel ist von einem feststehenden, dichtschließenden Blechgehäuse umgeben, dessen unterer Teil zugleich zur Aufnahme und Austragung des Mahlerzeugnisses dient und mit einem durch Schieber verschließbaren Auslauf versehen ist. Bei den größeren Mühlen befindet sich auf dem Oberteil des Blechgehäuses ein viereckiger Ausschnitt, um die Mühle mit einem darüber befindlichen Luftschacht verbinden zu können. Den Anschluß vermittelt ein Schlauch aus Sackleinen, der auf dem Blechgehäuse durch Holzrahmen und Klemmschrauben befestigt ist. Der im Schachte erzeugte Luftstrom leitet den bei der Vermahlung entstehenden Staub und Dunst ab und verhindert den Austritt von Staub aus dem Einlauftrichter, sowie eine übermäßige Erwärmung der Mühle und des Mahlgutes. Um den Luftstrom je nach der Witterung regeln zu können, empfiehlt es sich, in dem Schachte einen Schieber anzubringen. Die dem Verschleiße unterworfenen Teile der Mühle, insbesondere Kugeln, Mahl- und Seitenplatten sind aus eingehend erprobten, äußerst widerstandsfähigen Stoffen hergestellt, so daß sich ihre Abnutzung auf das geringstmögliche Maß beschränkt. Um in das Innere der Mahltrommel zu gelangen, entfernt man bei den kleineren Mühlen den ganzen Oberteil des Blechgehäuses, bei den größeren aber nur einen Teil davon oder eine besonders dafür vorgesehene Klappe. Sodann ist der an der einen Seitenwand der Mühle angeordnete Mannlochdeckel loszuschrauben. Die sich beim Betriebe ergebende Gewichtsverminderung der Kugeln wird dadurch ausgeglichen, daß man von Zeit zu Zeit durch den Einlauftrichter eine neue Kugel in die Mahltrommel wirft. Das Mahlgut kann den Mühlen von Hand aufgegeben werden, es empfiehlt sich indessen, hierfür eine selbsttätige Aufgabevorrichtung anzuwenden, mit deren Hilfe die Mühlen zur besseren wirtschaftlichen Ausnutzung gleichmäßig und im richtigen Verhältnis zur Leistung beschickt werden. Die Arbeitsweise der Mühlen gestaltet sich derart, daß das durch den Einlauftrichter zugeführte Mahlgut bei der Umdrehung der Mahltrommel unter der Einwirkung der Stahlkugeln zerkleinert wird und hiernach durch die Löcher der Mahlplatten auf das Vorsieb fällt. Von dort gelangt es auf das Feinsieb und durch dieses endlich als fertiges Erzeugnis in den unteren Teil des Blechgehäuses. Aus diesem wird es durch den Auslauf abgezogen. Das noch nicht genügend vermahlene, vom Vorsiebe oder Feinsiebe zurückgehaltene Gut gelangt durch die Rücklaufschaufeln wieder in die Mahltrommel zur weiteren Verarbeitung. Es ist dann noch bei feinster Vermahlung, also großer Feinheit des Siebgewebes oder bei gewisser Beschaffenheit des Mahlgutes empfehlenswert, um ein Zusetzen der Siebe und eine dadurch bedingte Verminderung der Leistung hintanzuhalten, eine selbsttätige Abklopfvorrichtung, oder eine sogen. Ball-Siebreinigung einzubauen. Die selbsttätige Abklopfvorrichtung versetzt die Siebrahmen und damit zugleich auch die Siebe durch leichte Schläge in Schwingungen und hält so die Gewebe rein. Die Ball-Siebreinigung besteht aus einer größeren Anzahl von Gummibällen, die zwischen Vor- und Feinsieb der Mühle liegen und die Siebe beim Umlauf der Mahltrommel durch beständiges Anschlagen reinhalten. Besondere, jede Siebabteilung begrenzende Fangsiebe verhindern, daß die Bälle in den Mahlraum gelangen oder sich festklemmen.

Mit Sieben ausgestattete Kugelmühlen mit ununterbrochener Vermahlung und Absiebung werden außer vom Grusonwerk auch noch von verschiedenen anderen Firmen, z. B. dem Mägdesprunger Eisenhüttenwerk A. G. Mägdesprung i. H., Hermann Löhnert A. G. in Bromberg usw. gebaut. Trotz ihrer in den letzten Jahren immer weiter getriebenen Vervollkommnung leidet dieser mit Sieben ausgerüstete Typ aber immer noch an zwei Hauptnachteilen. Erstens bleibt bei Verwendung von feinen Sieben, wie sie hier in erster Linie in Betracht kommen, das Feinmehl zu lange in der Mühle. Es hemmt polsterartig die Schlagwirkung der Mahlkugeln und wird so die Leistung der Mühle in beachtenswerter Weise herabgesetzt, Zweitens tritt wegen der immerhin verhältnismäßig kleinen Siebfläche leicht Siebverstopfung, Überfüllung der Siebräume, Totmahlen und Schadhaftwerden der Siebe ein. Erst der sieblosen Kugelmühle blieb es in Verbindung mit einem Windsichter vorbehalten, alle Schwierigkeiten der Vermahlung und Siebsichtung mit einem Schlage zu beseitigen, da durch die Verlegung der Sichtung des Mahlgutes in einen gesonderten sieblosen Apparat außerhalb der Mühle die obenerwähnten Nachteile der Siebkugelmühle aufgehoben und ihre Leistungen beträchtlich gesteigert wurden. Als Beispiel einer solchen sieblosen Kugelmühle sei hier die Bauart der Alpinen Maschinenfabriks-Gesellschaft in Augsburg angeführt, von der unsere Abbildungen (Figg. 111 und 112) das Prinzip, sowie Längen- und Querschnitt veranschaulichen. Diese Patent-Orion-Mühle besteht aus einer Mahltrommel, bei der zwischen den Überhöhungen der Mahlbahn auf eine gewisse Länge Austrittsöffnungen für das Mahlgut und zwar an der Trichterseite *a* freigelassen werden, während der Rest der Mahltrommel ein geschlossenes Ganzes darstellt. Bei dieser Anordnung fällt das von den Kugeln zertrümmerte Mahlgut durch die Öffnungen *b* in den Staubgehäusetrichter *c* und wird von hier durch ein Becherwerk in einen Windseparator gehoben, der die Trennung des Grieses von dem Mehlfeinen

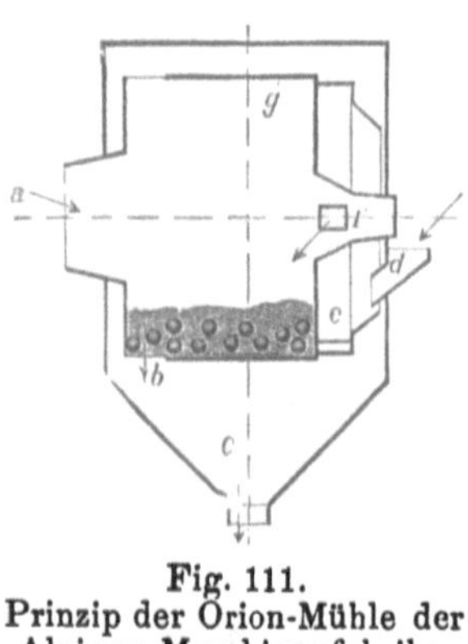

Fig. 111.
Prinzip der Orion-Mühle der Alpinen Maschinenfabriksgesellschaft.

besorgt. Während letzteres abgesackt oder sonstwie verpackt werden kann, treten die Griese durch ein Fallrohr und einen zweiten kleinen Aufschüttetrichter *d* in eine neben der Mahltrommel angeordnete Griessammelkammer zurück und werden von hier durch Rückführungsschaufeln *e* und Aussparungen *f* der hinteren Nabe wieder in die Mahltrommel geleitet. In der Mahltrommel haben nun die Griese den ungelochten Teil *g* der Mahlbahn zu passieren, werden auf derselben einer weiteren, sehr intensiven Nachmahlung unterzogen, bis sie durch die nachströmenden Griese vorgeschoben, wieder durch die Schlitze *b* die Mahltrommel verlassen, um den Kreislauf durch den

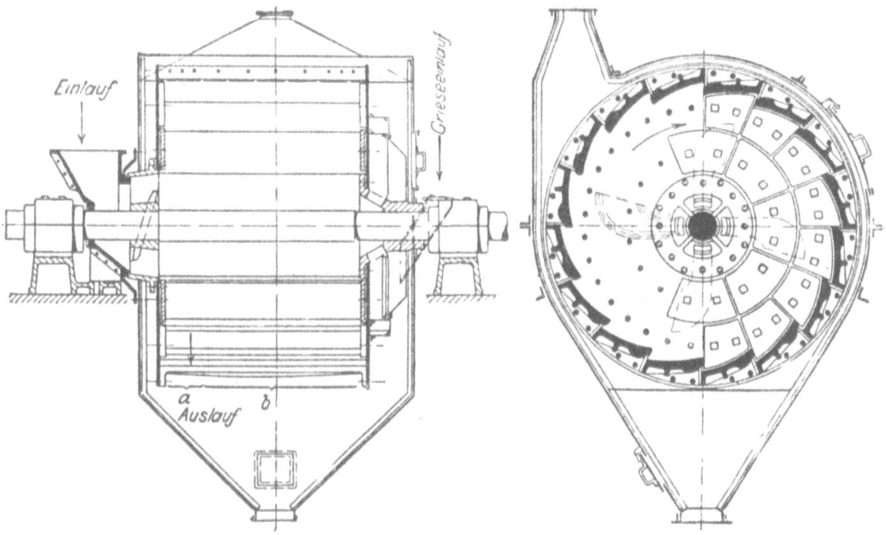

Fig. 112. Prinzip der Orion-Mühle der Alpinen Maschinenfabriks-Gesellschaft. Längen- und Querschnitt.

Sichter von neuem zu beginnen. Man hat es dabei, da sich die Öffnungen *b* in ihrer Längsrichtung verstellen lassen, ganz in der Hand, den ungelochten Teil der Mahlbahn *g* zu verlängern oder zu verkürzen, wodurch sich also die Mahltrommel der Mahlfähigkeit der Griese entsprechend ganz genau einstellen läßt. Einen weiteren wesentlichen konstruktiven Fortschritt bei der Orionmühle zeigt dann noch unsere nachstehende Abbildung (Fig. 113). Bekanntlich liegt bei allen Kugelmühlen und Brechtrommeln die ganze Menge der als Mahlkörper dienenden Kugeln am Umfange der Mahltrommel infolge der durch die Umdrehung der letzteren erzeugten Fliehkraft so lange fest, bis sie, auf eine gewisse Höhe emporgehoben, sich von der Wandung der Trommel loslösen und auf das Mahlgut herabstürzend, dasselbe durch den sogen. schiefen Schlag zertrümmern. Eine Zerreibung des Mahlgutes zwischen den Kugeln findet dabei, wie nachgewiesen ist und sicher feststeht, in nennenswerter Weise nicht statt. Die stufenförmige Gestalt der Mahlbahn der Orionmühle erfüllt nun zwei Aufgaben. Einmal ermöglicht sie es, die Kugeln höher als bei glatter Mahlbahn hochzuheben. Dann aber bewirken die nach dem Zentrum der Mühle exzentrisch vorspringenden Stufen der Mahlplatten einen verstärkten Fall der Kugeln, indem sie bei der Drehung der Mahltrommel durch den oberen Teil der Kugeln hindurchgerissen werden und diese beiseite drücken. Dieser heftige Fall der Kugeln ist wohl nötig oder wünschenswert, um größere Brocken des Mahlgutes, die in das Mühleninnere eingeführt werden, zu zerschlagen. Er ist aber nicht notwendig zur weiteren Zerkleinerung der entstandenen Griese auf Mehlfeinheit. Ist nämlich erst einmal das Mahlgut in Mehlform verwandelt, so genügen leichtere Schläge für die weitere Vermahlung und es bedeutet einen unnötigen Kraftaufwand für die Zerkleinerung dieser Griese die

Fig. 113. Prinzip der Orion-Mühle der Alpinen Maschinenfabriks-Gesellschaft. Anordnung der Beplattung.

Kugeln übermäßig hoch zu heben und sie heftig auf das Mahlgut herunterzuschleudern. Es ist dies der Grund gewesen, daß man vielfach für die Vorzerkleinerung von Materialien auf Griesform Kugelfallmühlen mit stufenförmiger Mahlbahn, dagegen für die Fertigmahlung der Griese zu Mehl Trommelmühlen verwendet. In der Orionmühle finden sich nun die Vorteile dieser beiden Mühlentypen vereinigt, da die Stufen an der Einlaufseite des Mahlgutes weiter in das Innere der Mahltrommel vorkragen, als am entgegengesetzten Ende. Hierdurch wird der Fall der Kugeln auf das neu eingeführte Gut sehr verstärkt, dagegen das sich bereits in vorzerkleinertem Zustande befindliche Gut durch leichtere aber zahlreichere Schläge leicht vermahlen, wobei das entstandene Mehl sofort aus der Mahltrommel entfernt wird. Aus unserer letzten Abbildung (Fig. 113) ist nun deutlich ersichtlich, wie die Kanten der Mahlplatten nicht parallel zur Achse der Mahltrommel laufen, sondern die Platte an der Einlaufseite des Mahlgutes weiter in das Mühleninnere vorkragt, wie an der entgegengesetzten Seite. Die Kugeln werden also auf der Aufgabeseite des Mahlgutes höher angehoben und mit größerer Kraft herabgeschleudert, als auf der Einlaufseite der Griese, wo die Zerkleinerung des Mahlgutes bereits weiter fortgeschritten ist. Hierdurch wird außer einer beträchtlichen Ersparnis an Betriebskraft noch der weitere Vorteil gewonnen, daß infolge der windschiefen Gestalt der Mahlplatten die Kugeln ähnlich wie der Ackerboden durch das Wendebrett eines Pfluges übereinander gestürzt werden und zwar von der Einlaufseite des Mahlgutes nach der entgegengesetzten Seite der Trommel hin. Trotzdem findet eine Anhäufung der Kugeln an dieser Stelle nicht statt, vielmehr nehmen dieselben, an einem bestimmten Punkte der Mahltrommel angelangt, eine Bewegung nach der Einlaufseite der Mühle an, um die daselbst durch das eben erwähnte Überstürzen der Kugeln entstandene Leere auszufüllen. Die Kugeln werden somit auch kräftig durcheinandergeworfen, wodurch das Mahlgut nicht nur zerschlagen, sondern auch zerrieben wird. Die Wirkung der Orionmühle könnte man in dieser Hinsicht mit der eines Mörsers vergleichen, bei dem das zu zerkleinernde Material zuerst zerstampft und dann zerrieben wird. Während des gesamten Mahlprozesses wird nun laufend das gekleinte Material aus der Mühle durch eine geeignete Fördervorrichtung in den Verbund-Windseparator geleitet, von dem unsere Abbildungen (Figg. 114 und 115) Prinzip und Längsschnitt des Modells 1910 wiedergeben. Bei ihm erfolgt die Zuführung des Sichtgutes bei *a* im Zentrum eines wagerecht angeordneten Ventilators *b*, mit dem, auf derselben Achse sitzend, ein Streuteller *c* rotiert, der das aufgegebene Material infolge der Zentrifugalkraft nach außen gegen einen Anwurfring *d* schleudert, von wo es nach unten abfließt. Im Fallen stößt es auf den feststehenden, dachförmig gestalteten Prallring *g*, wobei durch den Anprall auf letzteren eine intensive Auflockerung der den Griesen anhaftenden Mehlteilchen erreicht wird. Gleichzeitig erfolgt aber auch infolge der dachförmigen Gestalt des Prallringes eine Trennung des Materiales nach zwei Seiten. Ein Teil des Sichtgutes wird dadurch gegen den Blechmantel *i* abgeleitet, während der zweite Teil des Sichtgutes auf den Prallring *h* fällt, worauf sich der vorhin beschriebene Vorgang wiederholt. Ein System von ring- und kegelförmigen Blechteilen *m* und *m*, um den Streuteller und unter dem Ventilator angebracht,

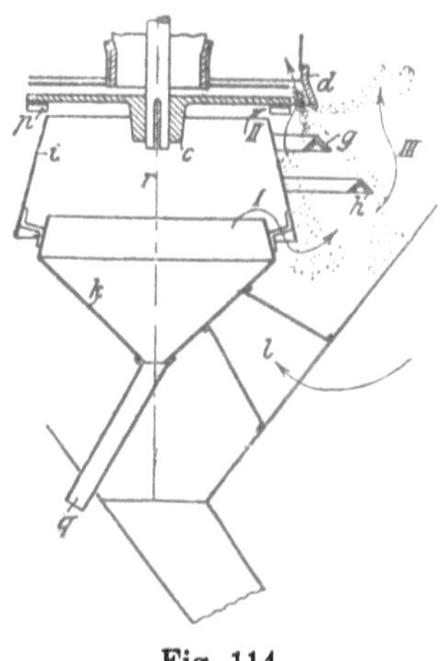

Fig. 114.
Prinzip des Verbund-Windseparators M/1910 der Alpinen Maschinenfabriks-Gesellschaft.

zwingt nun die von letzterem angesaugte Luft, das vom Streuteller und den Prallringen in breiter Schicht nach unten fallende aufgelockerte Material senkrecht zu durchströmen. Der Windstrom sättigt sich dabei mit den feinen Bestandteilen des Sichtgutes, während die gröberen Teile in den inneren Konus *n* des Sichters fallen und durch das Griesauslaufrohr *t* wieder nach der Mühle abfließen. Der mit Feinmehl

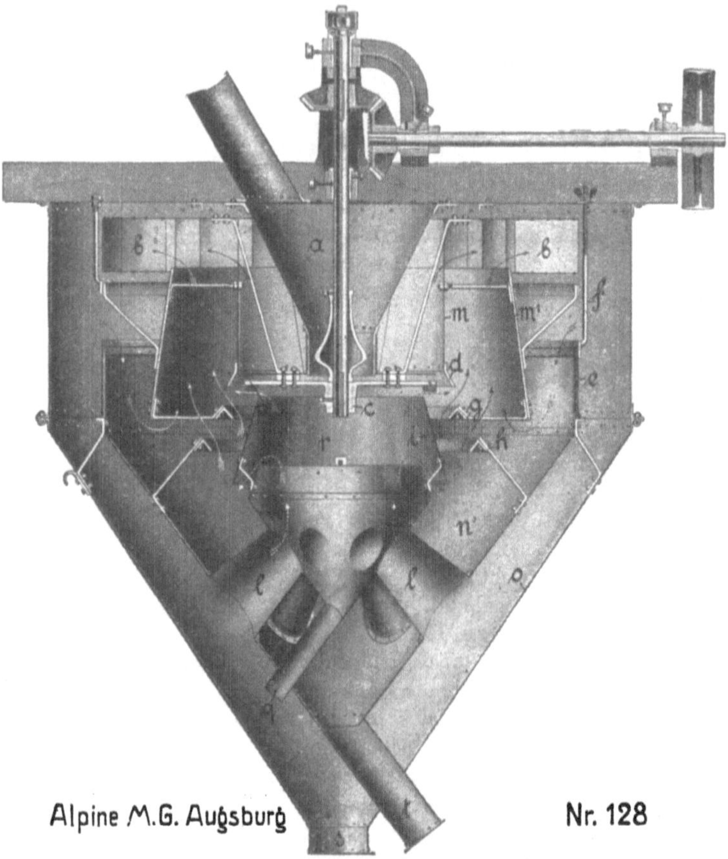

Fig. 115. Prinzip des Verbund-Windseparators M/1910 der Alpinen Maschinenfabriks-Gesellschaft. Senkrechter Längenschnitt.

gesättigte Luftstrom wird in den Ventilator *b* geführt und von letzterem an die Wand des zylindrischen Oberteils des äußeren Separatormantels *o* geblasen. Durch das große Volumen des Teils zwischen dem inneren und dem äußeren Separatormantel wird nun der Windstrom derartig verlangsamt, daß er nicht mehr imstande ist, das Mehl zu tragen, welches infolgedessen an der Wand des äußeren Blechkegels entlang durch den Mehlauslauf *s* den Separator verläßt. Die vom Mehl befreite Luft wird wieder unter den Streuteller und in den Ventilator geführt, wobei sie durch Rohrstutzen *l* in den von den Blechmänteln *i* und *k* gebildeten Raum *r* eintretend, den durch die gestrichelten Pfeile angedeuteten Weg zurücklegt. Die etwa noch mitgerissenen Mehlteilchen kommen in dem Raume *r* zur Ruhe und fließen durch das Rohr *q* in die Mehlkammer ab, während die reine Luft auf dem Wege der Pfeile I, II und III wieder mit dem Sichtgut in Berührung kommt und dieses somit mehrfach durchströmt. Um ferner die durch das Anschleudern an den Anwurfring gelockerten Mehlteilchen schneller fortzuleiten und zu verhindern, daß sie durch das nachströmende Sichtgut nach unten mitgerissen werden, sind unterhalb des Streutellers eine Anzahl Windleisten *P* angeordnet, die beim Rotieren des Streutellers Luftwirbel erzeugen, wobei die feinen Staubteilchen fortgeblasen und von dem in der Richtung der Pfeile IV nach aufwärts ziehenden Luftstrome in den Ventilator geführt werden. Diese Windleisten sind verstellbar und können nach Bedarf entweder senkrecht zur Achse des Streutellers oder schräg zu ihr eingestellt werden. In letzterem Falle unterstützen sie die saugende Wirkung des Ventilators auf den in Richtung der Pfeile III ziehenden Luftstrom. Hierdurch wird eine sehr scharfe Aussichtung des Mehlfeinen und eine bedeutend gesteigerte Leistungsfähigkeit des Sichters erreicht. Zu bemerken wäre noch, daß sich der mit dem Windsichter zu erzielende Feinheitsgrad durch die Wahl der Tourenzahl des Ventilators ein für allemal einstellen läßt, wobei kleine Änderungen in der Feinheit, deren Notwendigkeit sich etwa während des Sichtprozesses herausstellen sollte, durch Heben oder Senken des Ringschiebers *e* vermittels der Schrauben *f* bequem vorgenommen werden können. In weiteren Grenzen kann man aber bei dem in Frage stehenden Sichter die Änderung des Feinheitsgrades auch durch eine besondere, patentierte Vorrichtung in einfachster Weise bewirken. Bemerkt sei, daß man in solchen Fällen bei anderen Windseparatoren gezwungen war, hierbei eine Änderung der Tourenzahl des Ventilators eintreten zu lassen, um die Stärke des saugenden, die Sichtung bewirkenden Luftstromes zu vergrößern oder zu verringern. Mit dieser Änderung der Geschwindigkeit des Ventilators tritt natürlich auch eine Änderung der Umfangsgeschwindigkeit des mit dem Ventilator auf einer Achse sitzenden Streutellers ein. Dadurch wird der Übelstand bedingt, daß bei leichterem Material, dessen Sichtung eine geringere Umdrehungszahl des Ventilators erfordert, sobald feinste Mehle gewünscht werden, die Geschwindigkeit des Streutellers nicht mehr ausreicht, um das Material mit der erforderlichen Wucht gegen den Anwurfring zu schleudern, so daß das Material nicht genügend aufgelockert wird. Bei der vorliegenden Konstruktion ist nun in einfacher Weise erzielt, daß bei unveränderter Umfangsgeschwindigkeit des Streutellers die Stärke des Luftstroms ohne Änderung der Umlaufszahl des Ventilators geändert werden kann. Zu diesem Zwecke ist nämlich der Ventilator, wie aus unserer nachstehenden Abbildung (Fig. 116) zu ersehen, derart mit verstellbaren

Flügeln versehen, daß durch Verstellen derselben die Luftstromgeschwindigkeit verändert werden kann. Die Verstellung der Flügel erfolgt in wenigen Minuten nach erfolgtem Lösen der Flügelmuttern *c* durch Drehen der Flügel *a* um die Achse *b* und erneutes Anziehen der Flügelmuttern. Man ist also jederzeit in der Lage, den Grad der Feinheit, mit dem der Sichter arbeitet, zu verändern.

Fig. 116.
Prinzip des Verbund-Windseparators M/1910 der Alpinen Maschinenfabriks-Gesellschaft. Ausbildung des Ventilators.

Das Kleinen der Kohle wird ferner mehrfach auch auf Kollergängen vorgenommen, was aber im allgemeinen wegen der starken Staubentwicklung weniger empfehlenswert ist. Beispielsweise findet man das Kleinen der Kohle auf Kollern auf verschiedenen belgischen Pulverfabriken in Anwendung. Die dort hierzu benutzten Kollergänge besitzen meist steinerne Läufer.

Wahrscheinlich auf englischen Pulverfabriken kam dann zuerst das Kleinen der Kohle in Glockenmühlen auf und wurde diese sehr zweckmäßige Methode späterhin auch von deutschen Privatpulverfabriken und anderen ausländischen Werken übernommen. Diese Glockenmühlen sind nach dem Prinzip der allgemein üblichen Kaffeemühlen gebaut und eignen sich wegen ihrer abscherenden Arbeitsmethode nur zum Schroten von Stoffen bis Mittelhärte, die in Stücken bis zu etwa 30 cm Größe aufgegeben werden können.

Unsere nebenstehende Abbildung (Fig. 117 a b) zeigt eine Glockenmühle moderner Bauart, wie sie von Amme, Giesecke & Konegen A.-G.

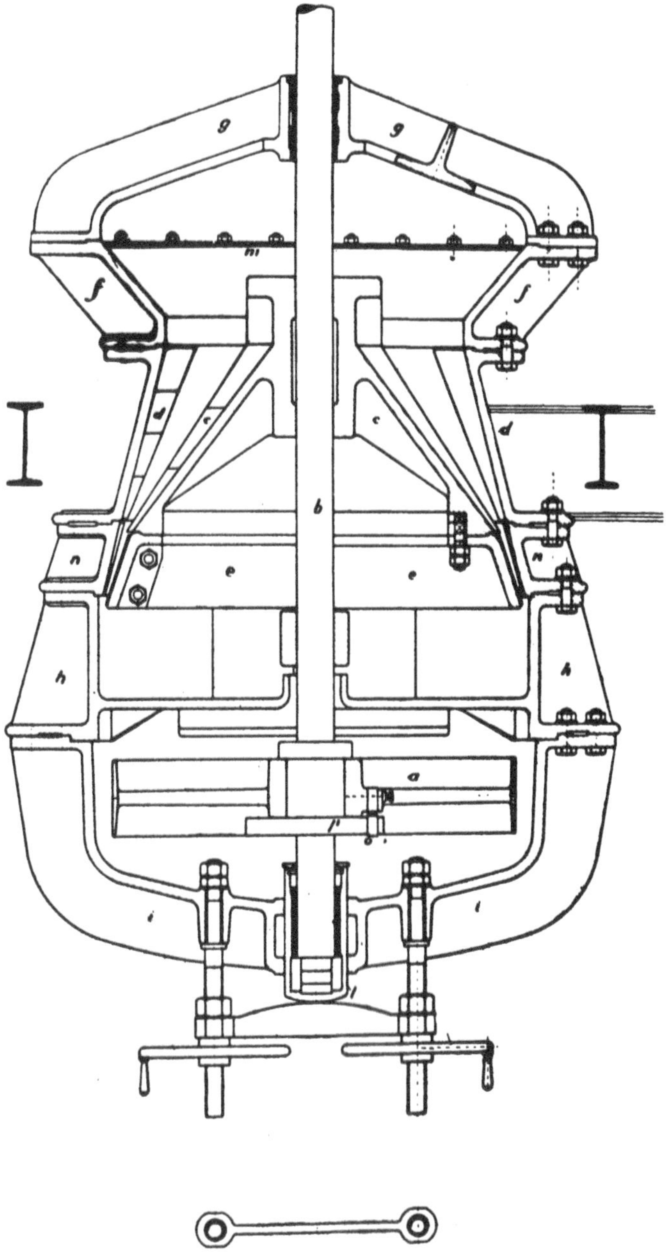

Fig. 117a. Glockenmühle von Amme, Giesecke & Konegen.

in Braunschweig gebaut wird, in senkrechtem Längenschnitt. Sie besitzt Unterantrieb mit halbgeschränktem Riemen und ruht mit am äußeren Mahlkegel *d* seitlich angegossenen Traglappen auf den aus

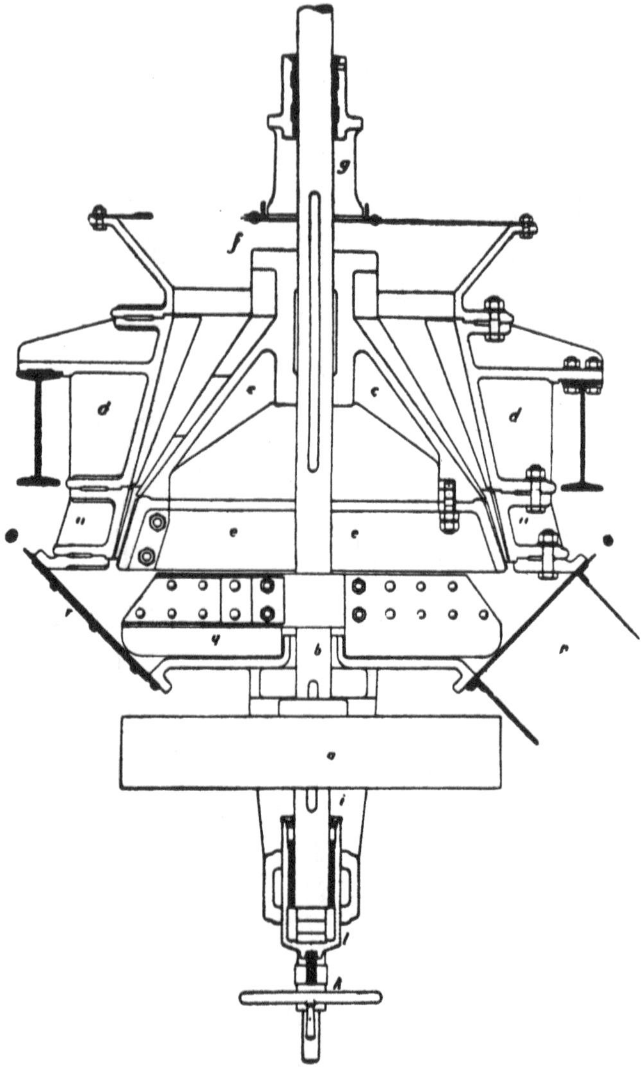

Fig. 117b. Glockenmühle von Amme, Giesecke & Konegen.

Doppel-T-Trägern bestehenden eisernen Deckenbalken des Kleinwerks. Der Antrieb der den inneren Mahlkegel *c* nebst unten angeschraubtem innerem Mahlkranze *e* tragenden Hauptwelle *b* erfolgt von der lose auf sie aufgeschobenen Riemscheibe *a* aus mittels Bajonettkupplung *p*, die bei etwa eintretenden Überlastungen der Mühle als Sicherheitsglied wirkt. In diesem Falle wird nämlich einer ihrer entsprechend dimensionierten Bolzen abgeschert und so der innere Brechkegel zum Stillstand gebracht. Das eigentliche Mahlorgan bildet der abgestumpfte, mit der Basis nach unten gestellte innere Mahlkegel *c*, dessen Mantelfläche mit scharfkantigen Leisten oder auch schraubenförmig geriefelten Verzahnungen versehen ist und der sich in einem entsprechend angeordneten Hohlkegel, dem äußeren Mahlkegel *d* dreht. Innerer und äußerer Mahlkegel dienen in der Hauptsache zum Vorbrechen und Einziehen des Mahlgutes, zu welchem Zwecke sich die Höhe der Leisten nach unten, dem Spalt zu, dauernd verengt. Das eigentliche Feinmahlen des Gutes besorgen dann die sich unten an den inneren, bzw. äußeren Mahlkegel ansetzenden, fein geriefelten Mahlkränze *e* und *n*. Mit Rücksicht auf die Abnutzung sind Mahlkegel und Mahlkränze aus besonders widerstandsfähigem Material, z. B. Koquillen-Hartguß gefertigt und die besonders starkem Verschleiß unterworfenen Mahlkränze von den Mahlkegeln getrennt, leicht auswechselbar angeordnet. Für die Feinheit des erhaltenen Produktes ist naturgemäß die Weite des Spaltes, also der Abstand der Mahlkränze voneinander maßgebend und gestattet eine geeignete Stellvorrichtung, die Spaltweite innerhalb gewisser Grenzen zu regeln. Die den inneren Mahlkegel mit angeschraubtem inneren Mahlkranz tragende Welle *b* ist nämlich, wie aus der Abbildung (Fig. 117b) ersichtlich, in ihren Lagern in den Bügeln *g* und *i* der Höhe nach verstellbar durch die Stellvorrichtung *k*, *k*, die mittels Traverse den Spurtopf *l* und damit Welle nebst Mahlkranz anzuheben oder zu senken gestattet. Oben ist auf den äußeren Mahlkegel der mit Blechplatte *m* geschlossene Einschüttrumpf *f* aufgeflanscht. In dieser Blechplatte wird eine Öffnung für die zwecks Erzielung höchster Leistungsfähigkeit sehr empfehlenswerte Speisevorrichtung, die meist aus einer von der Mühle selbst aus in Umdrehung versetzten Zuführungswalze nebst Schüttrumpf besteht, vorgesehen. Das aus dem Spalt zwischen den Mahlkränzen austretende gekleinte Gut sammelt sich in dem darunter liegenden Troge *h*, aus dem es von einem mit der Welle *b* sich drehenden Ausräumer *q* in die beliebig anzuordnenden Auslaufgossen befördert wird. Zum Schlusse sei noch erwähnt, daß sich gut gebaute Glockenmühlen durch große Leistung bei verhältnismäßig kleinen Abmessungen und geringem Kraftbedarf auszeichnen.

Außer den Glockenmühlen eignen sich zum Kleinen der Kohle dann auch noch andere Mühlenarten, wie Schlag- und Schleudermühlen, ferner Kugelmühlen. Von den Schlag- und Schleudermühlen findet man häufig Excelsior- und Perplexmühlen, die wir eben schon beim Kleinen des Salpeters kennen gelernt haben. Aber auch andere Schlagmühlen eignen sich sehr gut zum Kleinen der Kohle, wie beispielsweise der von

Th. Carr erfundene und schon um die Mitte des vorigen Jahrhunderts in Benutzung gekommene „Desintegrator" (auch „Disintegrator" geschrieben), ferner der „Dismembrator" und „Doppeldismembrator" des Eisenwerks vorm. Nagel & Kaemp A.-G. Hamburg, der „Dissipator" von G. Sauerbrey-Staßfurt, die verschiedenen Schlagkreuzmühlen, wie beispielsweise die Bauart der Alpinen Maschinenfabriks-Gesellschaft in Augsburg, die „Reformmühle" der Mühlenbauanstalt Gebr. Seck-Dresden und der Friedr. Krupp A.-G. Grusonwerk, die „Kaisermühlen" der Maschinenbauanstalt Humboldt, die „Vapartsche Schleudermühle" von C. Mehler-Aachen usw. Von diesen verschiedenen Typen der Schlag- und Schleudermühlen seien hier mit Rücksicht auf den zur Verfügung stehenden Raum nur einige Modelle herausgegriffen und näher beschrieben.

Die Desintegratoren, von denen unsere nachstehende Abbildung (Fig. 118) ein Ausführungsbeispiel der Maschinenfabrik Brink & Hübner-Mannheim mit ausziehbarem Spindelkasten bei vollständig abgenommenem Gehäuse zeigt, bestehen im wesentlichen aus 4, 6 oder 8 konzentrisch ineinanderlaufenden Trommeln, deren zylindrische Umfassungswände aus Stäben gebildet sind, welche an der einen Seite in Scheiben und an der anderen in Ringen vernietet sind. Die erste (innere), dritte und fünfte Trommel bilden ein zusammenhängendes Ganzes, welches mit der Nabe der Scheibe auf der einen Achse befestigt ist und von dieser mittels einer Riemscheibe in rotierende Bewegung versetzt wird. Ebenso sind auch die zweite, vierte und sechste Trommel als zusammenhängender Teil des Apparates auf der anderen Achse befestigt, um von einer zweiten Riemenscheibe betrieben zu werden. Der eine Riemen ist in gewöhnlicher Weise aufgelegt, während der andere gekreuzt wird, so daß die beiden Trommelapparate in entgegengesetzter Richtung rotieren. Der Betrieb erfolgt gewöhnlich durch eine gemeinschaftliche Vorgelegewelle, die von der Haupttransmissionswelle aus angetrieben wird. Das Mahlgut wird durch einen an dem Umhüllungskasten befindlichen Trichter laufend in das Innere des Apparates eingebracht und aus der ersten Trommel durch die entsprechend weiten Zwischenräume der Stäbe infolge der Zentrifugalkraft in die zweite, entgegengesetzt laufende Trommel geworfen, von wo es, teilweise zerschlagen, in die dritte, wieder in Richtung der ersten laufenden Trommel getrieben, immer weiter zerkleinert in die vierte usw. gelangt, um aus der letzten Trommel in pulverisiertem Zustande gleichmäßig an allen Punkten der Peripherie herausgeschleudert zu werden. Diese Operation dauert je nach der Größe und der Umfangsgeschwindigkeit der Trommel höchstens nur eine Sekunde, in welch kurzer Zeit die Materialien den Desintegrator passiert haben. Der Trommelapparat ist mit einem aus mehreren Teilen dicht zusammengeschraubten Blechkasten umhüllt, der sich aber behufs etwaiger Reinigung oder Untersuchung des Apparates leicht auseinandernehmen und abheben läßt. Beim Vermahlen der stark staubenden Kohle empfiehlt es sich, dieses Gehäuse aus Gußeisen zu machen und zwar aus 5 Teilen, die an ihren gehobelten Verbindungsflächen staubdicht aufeinander passen. Das pulverisierte Mahlgut fällt aus der Öffnung in der Grundplatte nach unten durch einen im Fundament angebrachten Kanal seitlich heraus und wird durch einen Elevator nach dem Sichtapparat hochgefördert oder auch in beliebigen Gefäßen aufgefangen. Die Größe der Trommeln, Zahl der Umdrehungen, Anordnung, Zahl und Stärke der Stäbe richtet sich nach der Festigkeit des Mahlgutes, dem zu verarbeitenden Quantum und nach dem Grade der zu erzielenden Feinheit. Je nachdem man dem Apparate eine größere oder geringere

Fig. 118. Desintegrator mit festem Spindelkasten von **Brink & Hübner**.

Geschwindigkeit gibt und je nachdem man die Entfernung der Stäbe voneinander wählt, kann man gröber oder feiner mahlen und läßt sich jede beliebige Korngröße erzielen. Mit Rücksicht auf die hohen Arbeitsgeschwindigkeiten des Apparates (250 bis 1200 Umdrehungen in der Minute je nach Größe der Trommel, die zwischen 2 m und 0·50 m schwankt), ist der Konstruktion der Lager die größte Aufmerksamkeit zugewandt worden und werden diese heute durchweg als Ringschmierlager ausgebildet. Die Desintegratoren werden mit feststehenden Spindelkästen, wie mit einem beweglichen Spindelkasten gebaut. Bei letzterer Anordnung, die unsere Abbildung (Fig. 119) veranschaulicht, läßt sich der abgehobelte Spindelkasten mit der Achse und dem zugehörigen halben Trommelapparat auf der ebenfalls an den betreffenden Stellen sauber abgehobelten Grundplatte leicht und schnell mittels einer Schraubenspindel ausziehen. Da beim Desintegrator alle feinen und empfindlichen Teile fehlen, sowie sein Aufbau sehr einfach ist, so besitzt er eine große Betriebssicherheit und erfordert nur selten Reparaturen. Allerdings muß er gut gebaut und seine umlaufenden Teile sorgfältig ausgewuchtet sein. Was seinen Nutzeffekt angeht, so ist zu beachten, daß bei ihm, wie schon bei unseren vorstehend gebrachten allgemeinen Betrachtungen über Schlagmühlen betont, mit zunehmender Feinheit des Produktes, also wachsender Umfangsgeschwindigkeit, der Luftwiderstand der in dem engen Gehäuse

Fig. 119.
Desintegrator mit ausziehbarem Spindelkasten von Brink & Hübner.

umlaufenden Trommeln sehr stark wächst und unter Umständen bis zu rund 40 % des gesamten Kraftbedarfs beanspruchen kann. Dieser Kraftverschwendung läßt sich aber in wirksamer Weise dadurch vorbeugen, daß man das Mahlgut unter Luftabschluß zuführt und im Apparatgehäuse durch Anschluß an eine kräftig wirkende Aspirationsleitung eine möglichst hohe Luftverdünnung erzeugt. Erwähnt sei, daß Brink und Hübner auch noch einen kleinen Desintegrator (Größe Nr. 12) bauen, der sich sehr gut für Laboratoriumszwecke eignet. Bei diesem Modell besitzt die äußere Trommel 350 mm Durchmesser und macht annähernd 1800 Touren in der Minute bei einem Kraftbedarf von ca. 1 PS.

B. Das Mengen der Bestandteile und das Läufern des Pulversatzes.

Die zerkleinerten und im entsprechenden Verhältnis abgewogenen Ausgangsstoffe (Schwefel, Salpeter und Kohle) gelangen in die Mengtrommeln, wo sie zu dem Pulversatz gemischt werden. Die Mengtrommeln werden jetzt gewöhnlich aus Holz gefertigt, mit Kupferbändern und Bronzebeschlägen versehen und auf einem Holzgestell drehbar gelagert. Das Pulver wird mit einer gleichen Menge Pockholzkugeln aufgegeben, die in Verbindung mit den im Innern der Trommel angebrachten Schlagleisten das Vermengen bewirken. Der Antrieb der Trommeln erfolgt durch Zahnräder und Riemenvorgelege.

Die Firma Krupp-Grusonwerk liefert ihre Mengtrommeln in zwei Größen — von 1500 und 1700 mm lichtem Durchmesser —, und zwar aus Hartholz gefertigt. Irgendwelche Eisenteile sind im Innern der Trommel vollständig vermieden. Die Trommelachse ist bei diesen Trommeln nicht durch diese hindurchgeführt, sondern endigt in an den Stirnwänden befestigten Naben (Fig. 120). Um ein inniges

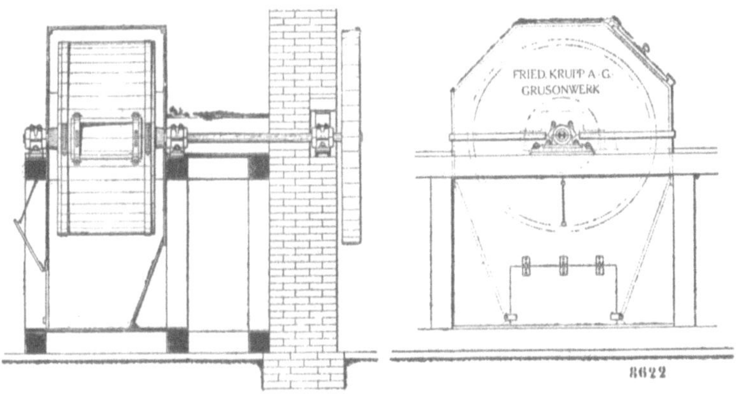

Fig. 120. Mengtrommel des Kruppschen Grusonwerkes.

Mischen des Pulversatzes bei mäßiger Umdrehungszahl zu bewirken, sind im Innern der Trommel Schlagleisten angeordnet; ohne diesen Einbau von Schlagleisten müßte die größere Trommel etwa 24·5 bis 26·5 Umdrehungen, die kleinere Trommel 26 bis 26·5 Umdrehungen in der Minute machen, um ein vorteilhaftes Mischen zu erreichen; infolge der Schlagleisten genügen 17 bzw. 19 Umdrehungen, woraus sich geringerer Kraftverbrauch ergibt. — Das Beschicken der Trommel erfolgt durch eine im Trommelmantel befindliche Öffnung, die während des Betriebes geschlossen ist und zum Entleeren der Trommel mit einem Siebeinsatz versehen wird. Die Beschickungsmenge und die Mengdauer sind je nach der Pulversorte — und auch für diese wieder in den einzelnen Fabriken verschieden.

Misch- oder Mengtrommeln werden auch von den Firmen Gebr. Burberg in Mettmann, Maschinenfabrik Geislingen a. St. u. a. geliefert.

Das in den Mengtrommeln erhaltene lockere Pulvermehl ist als sogen. Mehlpulver für Feuerwerkszwecke verwendbar, zum Schießen und Sprengen aber nicht geeignet; es erfolgt daher die weitere Verarbeitung auf Läuferwerken (Kollergängen). Das mit 10 bis 20% Wasser angefeuchtete und — zur Vermeidung von Explosionsgefahr dauernd feucht gehaltene — Pulver befindet sich auf einer gußeisernen Bodenplatte, dem sogen. Läuferteller;

Fig. 121. Läuferwerk des Kruppschen Grusonwerkes.

darüber bewegen sich zwei Hartgußwalzen, sogen. „Läufer" oder „Steine" von je etwa 5500 kg Gewicht, die bei schnellem Gang etwa 9, bei langsamem Gang $^1/_4$ Umläufe in der Minute machen. Die Läufer sind meist aufgehängt, damit sie zwar mit vollem Gewicht auf dem Pulversatz aufliegen, aber den Bodenteller nicht berühren; die Aufhängevorrichtungen werden gewöhnlich so eingestellt, daß sich die Steine auf höchstens 4 mm der Tellerfläche nähern können. Dadurch sollen Explosionen vermieden werden, die jedoch nicht selten vorkommen, sei es infolge zu starker Reibung zwischen Läufer und Teller, sei es durch Elektrischwerden des Schwefels und dadurch gebildete Funken; für gute Erdung der Maschinen (Ableitung der Elektrizität) ist jedenfalls zu sorgen; auch ist es zweckmäßig, sämtliche Läuferwerke sofort unter Wasser setzen zu können.

Bei den von Fr. Krupp-Grusonwerk gelieferten Läuferwerken dreht sich jeder Läufer auf einer mit dem Zapfen im Kreuzkopf der Königswelle gelagerten Kurbelachse und ist so in seinen Bewegungen vollkommen unabhängig von dem andern Läufer (Fig. 121). Die arbeitende Fläche des Läufers bleibt dabei stets parallel zur Bahn; außerdem sind beide Läufer an einer auf der Königswelle sitzenden Brücke doppelt aufgehängt, dergestalt, daß keine Berührung mit der Bahn eintreten kann, während der Abstand von dieser beliebig geregelt werden kann. — Die durch die Läufer zerteilte Pulvermasse wird durch zwei besonders geformte Pflüge aus Phosphorbronze stets wieder unter die Läufer geführt. Ferner ist an jedem Läufer ein Kratzer angebracht, der das Herauswerfen von Pulver aus dem Teller verhindert. Die Läufer sind aus bestem Hartguß hergestellt, abgedreht, geschliffen und poliert; die Lauffläche soll gegen die Einwirkung der Pulvermasse widerstandsfähig sein und sich im Betriebe glatt erhalten, so daß das Ansetzen von Pulverteilchen vermieden wird. Der Antrieb der Läuferwerke kann von oben oder von unten erfolgen, in beiden Fällen durch gußeiserne Kegelräder, welche auf die Königswelle gekeilt und vermittelst Phosphorbronze-Getriebe von einer wagerechten Welle in Umdrehung versetzt werden; die Welle ist verlängert, so daß der — für normalen und langsamen Gang eingerichtete — Antrieb in einem Nebenraum untergebracht werden kann. — Auch die Firma Gebr. Burberg in Mettmann liefert Kollergänge mit Aufhängevorrichtung und außenliegenden Antrieben. Die Maschinenfabrik Geislingen liefert Kollergänge in nebenstehender Ausführungsform, die sich durch die Art der Aufhängung der Läufer unterscheidet (Fig. 122); jeder Läufer wird hierbei durch nur eine Schraube getragen, die an dem verlängerten Arm der Schleppkurbel angreift: durch das gewählte Hebelverhältnis ist erreicht, daß jede dieser Schrauben nur mit dem halben Läufergewicht belastet wird.

Die Firma Gustav Wippermann in Köln-Kalk liefert ebenfalls Pulverkollergänge und macht darüber folgende Angaben: Die Läufer haben auswechselbare Läuferringe und sind mit Rotgußbüchsen ausgefüttert. Um nach längerer Betriebszeit das Schieflaufen der Läufer zu verhüten und auf die Dauer einen ruhigen Gang zu ermöglichen, sind die äußeren Befestigungen, welche die Läufer halten, nachstellbar eingerichtet. Die verstellbare Aufhängevorrichtung ist so konstruiert, daß jeder Läufer nur durch eine Schraube getragen und diese Schraube nur mit dem halben Läufergewicht belastet wird. Der Königskopf ist zweiteilig, so daß die Schleppkurbeln bequem eingelegt werden können; die Königswelle führt sich oben in einem mehrteiligen Halslager mit nachstellbaren Rotgußschalen, um einen einseitigen Verschleiß ausgleichen zu können. Unten ruht die Königswelle in einem Spurlager, das als Kugeldrucklager ausgebildet ist, wodurch die hier auftretende Reibung auf ein Minimum herabgedrückt und der Kraftverbrauch des Kollerganges wesentlich vermindert wird. Auf der Vorlegewelle — die in mit Weißmetall ausgegossenen Ringschmierlagern läuft — sitzen die Antriebsriemenscheiben oder bei Gruppenantrieb ein Kegelrad. Die Zahnradübersetzung zwischen Vorlegewelle und Königswelle ist 1 : 6 und ist das größere zweiteilige Rad

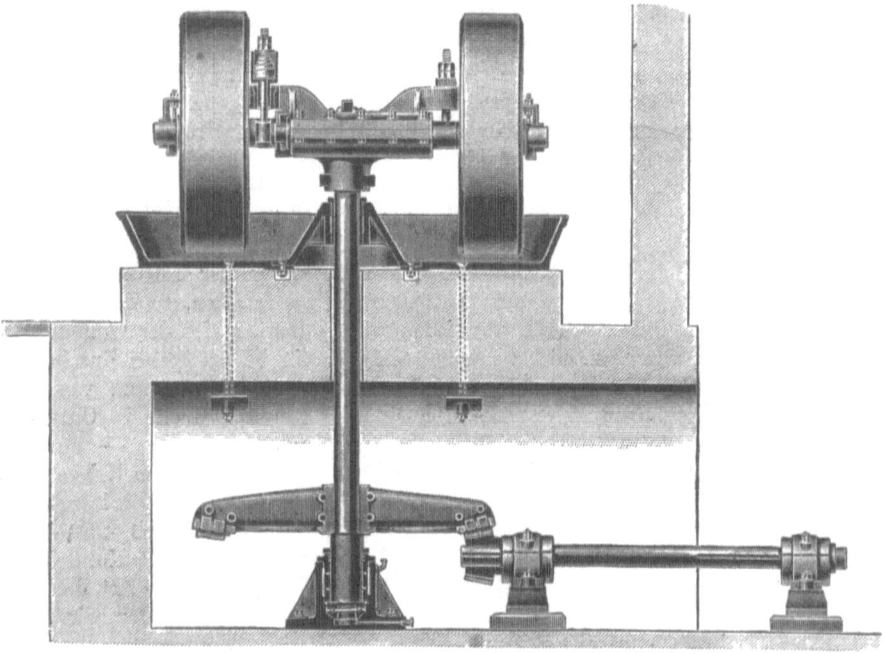

Fig. 122. Kollergang der Maschinenfabrik Geislingen.

mit Holzzähnen ausgerüstet. Die Schaufeln der Scharrwerke werden aus Phosphorbronze hergestellt. Die Läufer werden in der Regel mit 1600 mm Durchmesser und 440 mm Breite von je 6000 kg Gewicht ausgeführt. Um eventuell mit geringerem Druck arbeiten zu können, ist eine Entlastungsvorrichtung konstruiert. Die Arme der Schleppkurbeln sind verlängert im Verhältnis 1 : 3 und am Ende der Arme Federn eingebaut; sind diese Federn ungespannt, so arbeiten die Läufer mit ihrem vollen Gewicht von 6000 kg; sollen die Läufer jedoch z. B. nur einen Druck von 3000 kg ausüben, so werden die Federn auf einfache Weise angespannt, und zwar in diesem Falle mit 3000 : 3 = 1000 kg. Jeder Federlänge entspricht ein bestimmter Druck; aus einer Tabelle können die den verschiedenen Federlängen entsprechenden Belastungen ersehen werden, so daß also jeder gewünschte Druck der Läufer auf das Material schnell und leicht erreicht werden kann.

Die Dauer des Läuferns ist je nach den herzustellenden Pulversorten und auch je nach dem Lande verschieden. In deutschen Militärpulverfabriken wird der Satz (in Mengen von 30 kg) 1 bis $1^1/_2$ Stunden behandelt; er soll nach Beendigung der Operation 3 bis $4^0/_0$ Feuchtigkeit besitzen. In England erfolgt die Behandlung auf den „Incorporating mills" je nach dem herzustellenden Pulver während 3, 4 bis zu 8 Stunden (vgl. Treatise on Service Explosives). — Je länger das Pulver in den Kollermühlen behandelt wird, desto inniger erfolgt die Mischung; dagegen nimmt die Dichte des Pulversatzes bis zu einem gewissen Punkte stetig ab; so fand man in Spandau als das spezifische Gewicht des Pulversatzes nach

1 Stunde	48 Minuten	Mengzeit . . .	1·63
2 Stunden	40 „	„ . . .	1·42
5 „	24 „	„ . . .	1·36
7 „	12 „	„ . . .	1·36
9 „	36 „	„ . . .	1·30

Der beim Kollern entstehende Pulverkuchen wird mit hölzernen Hämmern in kleine Stücke zerschlagen und gelangt dann zur Vorbrechmaschine, aus zwei Paar geriffelten Bronzewalzen auf verschiebbaren Lagern bestehend, welche durch Gegengewicht gegeneinander gehalten werden; ein Tuch ohne Ende speist das obere Walzenpaar mit den Pulverstücken, die dann auf das zweite Walzenpaar und von da als feines Mehl durch einen Trichter in eine Kiste fallen. Die Behandluug in der Vorbrechmaschine wird eventuell wiederholt und durch Sieben durch ein feinmaschiges Sieb ergänzt.

Für das Mengen und Läufern sind besonders zu beachten die §§ 23, 29 und 74 bzw. 20 und 71 der später abgedruckten „Besonderen Unfallverhütungsvorschriften für Fabriken zur Herstellung von Schwarzpulver und schwarzpulverähnlichen Sprengstoffen."

C. Das Dichten des Pulversatzes.

Nach dem Mengen und Läufern wird der Pulversatz in Pressen gedichtet; hierfür benutzte man früher Schraubenpressen, dann Walzenpressen, jetzt fast ausschließlich hydraulische Pressen (Wasserdruckpressen). Das noch feuchte Pulver wird auf Kupfer- oder Bronzeplatten zu 9 cm hohen Lagen ausgebreitet, diese in größerer Zahl übereinandergestellt (wobei zwischen Platten und Pulver stets Preßtücher einzulegen sind) und der Pulversatz durch Pressen unter hohem Druck zu festen Kuchen vereinigt. (Vgl. §§ 22 und 72 der Unfallverhütungsvorschriften.)

Bei den von der Firma Fr. Krupp-Grusonwerk gelieferten Wasserdruckpressen bestehen die beiden Holme und der Preßtisch aus Harteisen, der Kolben aus Schalenguß, der Preßzylinder aus Stahlguß und die Säulen aus Flußstahl (Fig. 123). Der Kolbenaufsatz wird durch einen quadratischen Tisch mit gehobelter Oberfläche gebildet, der von der ebenfalls geradegehobelten Fläche des oberen Holms beim tiefsten Kolbenstand etwa 1100 mm entfernt ist. Das Pulver wird dieser Höhe entsprechend mit in gleichen Abständen dazwischen gelegten Kupfer- oder Messingplatten auf einen auf Schienen laufenden vierrädrigen Wagen gepackt, der in die Presse hineingefahren wird. Beim Steigen des Preßkolbens legt sich der Kolbenaufsatz unter die Plattform des Wagens und drückt diesen gegen die Preßform des oberen Holms, wodurch das Pulver verdichtet wird. — Man arbeitet meist mit einem Drucke von 25 und 30 kg pro Quadratzentimeter Plattenoberfläche, und zwar 30 bis 40 Minuten lang; eventuell wird die Pressung jedoch mehrere Male wiederholt. Bei einem Drucke von 100 bis 110 Atmosphären während $1^1/_2$ bis 2 Stunden erhält das Pulver so eine Dichte von 1·7 bis 1·8; für Sprengzwecke preßt man nur auf etwa 1·5. — Zum Betriebe der Pressen dienen Preßpumpwerke mit Riemenantrieb, eventuell in Verbindung mit Druckwassersammler.

Fig. 123. Kuchenpresse des Krupp-schen Grusonwerkes.

D. Das Körnen des Pulvers.

Das Körnen hat den Zweck, das Pulver vor Entmischung beim Transport zu bewahren, es von dem Einfluß von Feuchtigkeit zu schützen und die Verbrennung zu beschleunigen; die von den hydraulischen Pressen kommenden Pulverkuchen werden durch maschinelle Einrichtungen in Kornform übergeführt. Früher benutzte man meist die Lefebauresche Körnmaschine. Für Sprengsalpeter liefert die Firma Krupp-Grusonwerk eine Siebkörnmaschine, sowohl als einfaches, wie auch als doppeltes Schüttelsieb ausgebildet.

Nachstehende Abbildung (Fig. 124) zeigt ein einfaches Schüttelsieb mit vier Feldern, von denen zwei als Körn-, die beiden andern als Staubsieb dienen. Der Siebboden des Körnsiebes besteht aus verzinktem Eisendrahtgewebe, durch welches das Pulver mittels Pockholzscheiben gedrückt wird, während durch die feinmaschigen Siebe des Staubsiebes der beim Körnen entstehende Staub vom Korn getrennt wird. — Beim doppelten Schüttelsieb schwingen zwei Siebe unmittelbar nebeneinander;

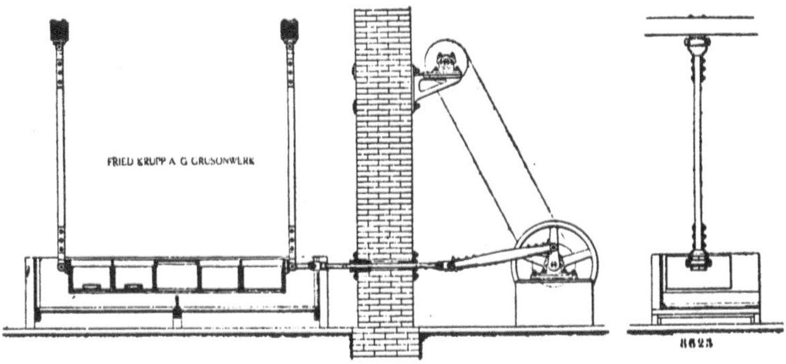

Fig. 124. Einfaches Schüttelsieb des Kruppschen Grusonwerkes.

das eine dient alsdann als Körn-, das andere als Staubsieb. Selbstverständlich muß bei diesen Sieben geeignete Vorkehrung gegen die Verbreitung des Staubes getroffen werden. — Bei dieser Gelegenheit sei bemerkt, daß bei Sprengsalpeter der Pulversatz von den Läufern vielfach unmittelbar zum Körnsiebe gelangt und nur der Staub in der Kuchenpresse gedichtet wird, bevor er in das Körnsieb kommt. Auch verwendet man zuweilen beim Sprengsalpeter an Stelle der Kuchenpresse ein Schleppwalzwerk, d. i. ein Walzwerk mit zwei nebeneinander liegenden Walzen, von welchen die eine angetrieben, während die andere Walze infolge der Reibung zwischen Pulversatz und Walze mitgenommen wird. Krupp liefert ein Walzwerk liegender Anordnung, bei welchen der Pulversatz den Walzen vermittelst eines Trichters zugegeben wird; derselbe gelangt dann in plattenförmigen Stücken heraus, um alsdann in der Siebkörnmaschine in die Kornform übergeführt zu werden.

In den meisten Schwarzpulverfabriken benutzt man die von Oberst Congrève im Jahre 1819 angegebenen Walzenkörnmaschinen.

Eine Walzenkörnmaschine von Krupp-Grusonwerk, die vielfach für mittlere Leistung und mittelfeine Körnung benutzt wird, ist in nachstehender Abbildung (Fig. 125) wiedergegeben. Sie ist mit zwei Paar stufenförmig übereinanderliegenden Körnwalzen versehen, von denen dem oberen das Pulver vermittelst eines Holztrichters zugeführt wird. Unter jedem Körnwalzenpaar ist ein Sieb angebracht, durch welches das genügend feine Pulver und der Staub hindurchfallen, während das grobe Pulver nach dem zweiten Walzenpaar bzw. dem Auslauf gelangt. Das feine Pulver und der Staub werden danach auf ein anderes Sieb geleitet, das den Staub durchfallen läßt und das brauchbare Pulver zum Auslauf bringt. Die Siebe sind in einem Kasten vereinigt, der am Gestell der Maschine aufgehängt ist und durch eine Kurbelwelle bewegt

Fig. 125. Walzenkörnmaschine des Kruppschen Grusonwerkes.

wird. — Soll die Maschine zur Herstellung feinsten Jagd- oder Gewehrpulvers dienen, so wird ein drittes Walzenpaar hinzugefügt. Handelt es sich um eine hohe Leistung, so kann auch noch ein sogen. Vorbrecher mit der Maschine verbunden werden; diese besteht dann aus einem Vorbrechwalzenpaar, einem Förderband, zwei oder drei Paar Körnwalzen und einer Schüttelsiebvorrichtung. Das Förderband befördert das durch die Vorbrechwalzen gegangene Pulver nach dem oberen Körnwalzenpaar. — Die Walzen der Körnmaschinen bestehen aus harter, an der Oberfläche gleichmäßig dichter Bronze und sind je nach ihrer Verwendung glatt, geriffelt oder gezahnt. Sie laufen mit gleicher oder verschiedener Geschwindigkeit und lassen sich mittels Schnecke und

Schneckenrades parallel zu ihren Achsen verstellen. Bei den größeren Körnmaschinen sind die Walzen in der Regel auf einem gußeisernen Gestell gelagert; auch wird meist noch ein zweites Gestell angeordnet, und zwar in einer solchen Entfernung vom andern, daß eine Wand des Gebäudes dazwischen Platz finden kann. Die Wellen der Walzen sind bis zu dem zweiten Gestell verlängert und auf diesem nochmals gelagert; infolgedessen kann der gesamte Antrieb außerhalb des Arbeitsraumes der Körnmaschine angebracht werden, wodurch die Sicherheit des Betriebes wesentlich erhöht wird.

E. Das Polieren, Trocknen, Ausstäuben, Sortieren und Vermengen des Pulvers.

Dem Polieren geht manchmal ein Vortrocknen voraus, wobei das Pulver auf Hürden ausgebreitet und entweder an freier Luft oder in sogen. Trockenhäusern so weit getrocknet wird, daß es nur noch 2·5 bis 3% Wasser enthält; grobkörniges Pulver wird bis zu 1·5 bis 1·75% Feuchtigkeitsgehalt vorgetrocknet.

Gewöhnlich wird das gekörnte Pulver sofort poliert; es wird hierbei geglättet, die scharfen und leicht abbrechenden Ecken werden etwas abgerundet, die Poren werden verstopft, die Oberfläche wird homogener und dichter. Das polierte Pulver zieht weniger Feuchtigkeit an und setzt weniger Staub ab; das Polieren erfolgt, indem man in rotierenden Eichenholztrommeln die Pulverkörner sich gegeneinander reiben läßt. Die Bauart der Poliertrommeln ist dieselbe wie die der Mengtrommeln, erstere unterscheiden sich jedoch durch das Fehlen der Schlagleisten im Innern der Trommel. Eine Poliertrommel faßt 20 kg Pulver und macht 12 bis 16 Umdrehungen in der Minute; das Polieren dauert 4 bis 20 Stunden.

Bei manchen Pulversorten, insbesondere Sprengpulver, gibt man beim Polieren eine geringe Menge fein verteilten Graphit zu; hierdurch wird der Glanz erhöht und die Oberfläche des Pulvers verdichtet; allerdings wird dadurch auch die Entzündlichkeit und die Triebkraft des Pulvers etwas beeinträchtigt. Nach dem D.R.P. 156979 der Firma du Pont (siehe S. 193—195) erfolgt das Polieren (Glasieren) des Schwarzpulvers unter Benutzung einer rotierenden Trommel in der Weise, daß die einen Dampfmantel tragende Trommel zuerst bis zur völligen Abscheidung des Pulvers erwärmt und danach zwecks Kondensierung der vom Pulver abgeschiedenen Feuchtigkeit gekühlt wird — event. unter Hindurchleiten eines Luftstromes.

Nach dem Polieren erfolgt die vollständige Trocknung bis zur Verringerung der Feuchtigkeit auf etwa 0·5%. Das Trocknen erfolgt meist in den sogenannten Trockenstuben, in denen das

Pulver auf mit Leinwand überspannten Rahmen in dünner Schicht verteilt wird; man bläst Luft durch einen Ventilator über einen Heizkörper und schickt dann den etwa 50° warmen Luftstrom durch die Leinwand hindurch; das Trocknen muß langsam und allmählich erfolgen.

Es folgt nun das Ausstäuben und Sortieren; hierfür sind sowohl Siebe gebräuchlich, welche entweder nur zum Stäuben oder nur zum Sieben, oder auch solche, welche zu beiden Zwecken dienen. Die Siebe bestehen aus einem sechsseitigen Prisma (Sortierzylinder trifft also eigentlich nicht zu), welches etwas geneigt, möglichst staubdicht in einem Kasten eingeschlossen und in diesem drehbar gelagert ist. Dieses Prisma ist mit auswechsel-

Fig. 126. Staub- und Sortierzylinder des Kruppschen Grusonwerkes.

baren Rahmen versehen, welche je nach Verwendungszweck des Siebes mit mehr oder weniger feinmaschigen Messingdrahtgeweben oder auch mit Kanevas bespannt sind. Die Firma Krupp Grusonwerk liefert Staub- und Sortierzylinder (wie Fig. 126) in Länge von 2 bzw. 4 m, mit auswechselbarem Siebrahmen, bespannt mit Metallgewebe, Holzgestell, Beschlagteilen ans Rotguß, Einlauf aus Kupferblech.

In den Sieb- und Sortierzylindern erfolgt zunächst ein Absieben des Pulverstaubes, dann erfolgt ein Sortieren nach der Korngröße. Zur Erzielung möglichster Gleichmäßigkeit in den verschiedenen Tagesproduktionen folgt noch ein Vermengen; man mischt z. B. je 50 kg jeder Pulvererzeugung in einem großen, 600 bis 700 kg fassenden Kasten. Eine in der Schweiz übliche

Mengvorrichtung besteht aus einem auf vier Füßen ruhenden viereckigen Kasten mit trichterförmigem Boden; auf die obere Öffnung des Trichters ist ein Blechrohr aufgesetzt, welches mit 12 bis 15 mm weiten und 9 bis 12 mm voneinander entfernten Öffnungen durchlocht ist; zwischen dem Rohre und der oberen Trichteröffnung ist ein Schieber angebracht. Man zieht letzteren weg, sobald der Apparat angefüllt ist, das Rohr entleert sich, das Pulver tritt von allen Seiten durch den gelöcherten Zylinder hindurch und mischt sich beim Herabfallen in die untergeschobene Lade. — In Frankreich läßt man die verschiedenen Pulversorten, die sich auf mehreren Holzrahmen befinden, auf ein endloses Transportband fallen, von da fällt das Pulver auf ein zweites Transportband und schließlich in die Vorratsgefäße.

Außer der Firma Fr. Krupp-Grusonwerk in Magdeburg-Buckau lieferte insbesondere noch die Firma Gebr. Burberg in Mettmann, Gustav Wippermann in Köln-Kalk sowie die Maschinenfabrik A.-G. Geislingen a. St. die vorstehend erwähnten verschiedenen Fabrikationsmaschinen für gekörntes Pulver.

b) Genauere Beschreibung einiger, in verschiedenen Ländern üblicher, bzw. in Benutzung gestandenen Verfahren.

1. Herstellung von gekörnten Kriegspulvern (für Geschütze und Gewehre).

In Deutschland werden derzeit von sämtlichen vier Staatspulverfabriken (Preußen: Spandau und Pulverfabrik bei Hanau, Bayern: Reichertshofen bei Ingolstadt, Sachsen: Gnaschwitz) nur noch in der kgl. preuß. Pulverfabrik Spandau verschiedene Sorten Schwarzpulver erzeugt. Die zahlreichen privaten Schwarzpulverwerke hingegen erzeugen außer Jagd-, Scheiben- und Sprengpulver, zum Teil noch Schwarzpulver in allen Arten, also auch Geschütz- und Gewehrpulver. In den preußischen Staatspulverfabriken wurde früher das Geschützpulver in folgender Weise hergestellt:

1. Kleinen (Brechen) der Bestandteile. Zum Kleinen des Salpeters diente eine aus 6 mm starkem Eisenblech gefertigte Trommel von 1100 mm Länge und 1000 mm Duchmesser, die innen sechs Leisten aus Weißbuchenholz besaß. In ihrer Mantelfläche befand sich eine Öffnung, welche während des Kleinens mit einer vollen Tür aus Eisenblech und während des Herauslassens der gekleinten Masse mit einer durchlochten Siebtür verschlossen werden konnte. Die Trommel wurde mit 100 kg Salpeter und 100 kg Bronzekugeln von 13 mm Durchmesser beschickt. Der Salpeter wurde nun ca. 15 Minuten gekleint und dann durch ein Zylindersieb mit Drahtgewebe von 0·86 mm

Maschenweite gesiebt. Der Schwefel wurde in einer mit drei starken Eisenbändern gebundenen Eichenholztrommel von 654 mm Länge und 2275 mm Durchmesser, die im Innern mit Sohlleder bekleidet war und 24 Leisten aus Weißbuchenholz besaß, gekleint. In die Trommel wurden 50 kg Schwefel und 50 kg Salpeter mit 100 kg Bronzekugeln von 13 mm Durchmesser eingebracht, die volle Vorsatztür eingesetzt und zwei Stunden lang bei 8 bis 10 Umdrehungen in der Minute gekleint. Die volle Tür wurde hierauf durch eine Siebtür von 3 mm Maschenweite ersetzt und die Trommel entleert. Die Kohle wurde in einer Trommel, die ähnlich wie die beim Schwefelkleinen benutzte gebaut war, gekleint. Diese besaß aber als Siebtür eine Kupferplatte mit 4 mm weiten Löchern. In diese Trommel wurden drei Dämpfer Kohle (ca. 80 kg) mit 115 kg Bronzekugeln von 13 mm Durchmesser eingebracht und $1^1/_2$ Stunden gekleint.

2. Mengen der Bestandteile. Die Mengetrommel bestand aus einem Holzgerippe, das innen mit Sohlleder ausgekleidet war und 24 Pralleisten besaß. Sämtliche Beschläge waren von Messing bzw. Bronze. In die Trommel wurden 64 kg KNO_3, 16 kg C und 20 kg binärer Salpeter-Schwefel-Satz mit 100 kg Pockholzkugeln (in früherer Zeit 150 kg Bronzekugeln von 6·5 mm Durchmesser!), und zwar 66 kg von 30 mm Durchmesser und 34 kg von 50 mm Durchmesser eingebracht. Die Trommel machte dann zwei Stunden lang 8 bis 10 Umdrehungen in der Minute.

3. Läufern des ternären Satzes. Die zur Verwendung gelangenden Läufer besaßen Steine von 1·5 m Höhe, 0·47 m Breite und 5250 kg Gewicht, die direkt auf dem eisernen Läuferbett liefen. Aus Bronze gefertigte Pflüge und Kratzer waren vorhanden. Auf die Läuferbahn wurden nun 30 kg Ternärsatz aus der Mengetrommel, der mit 8 % Wasser angefeuchtet wurde, aufgebracht. Nach dem Aufbringen des Satzes ließ man den Koller zunächst zwei langsame Umdrehungen (in je 5 Minuten) machen und rückte dann den schnellen Gang (7 bis 8 Umdrehungen in der Minute) ein. Sobald der Satz zu stauben begann, wurde eine entsprechende Menge Wasser mittels einer mit feiner Brause versehenen Gießkanne aufgegeben. Der Satz wurde je nach den Witterungsverhältnissen 1 bis $1^1/_2$ Stunden geläufert. Hierauf wurde der Koller stillgesetzt und die noch ca. 4 % Feuchtigkeit besitzende Läufermasse mit Holzmeißel und Holzschippe vom Bett genommen.

4. Quetschen der Läufermasse. Die Läufermasse wurde dann, um sie zum Pressen vorzubereiten, gequetscht, und zwar besaß das Quetschwerk zwei Paar längsgeriefelte Bronzewalzen übereinander. Die Läufermasse wurde in einen Aufschüttetrichter aufgegeben und gelangte aus diesem mittels eines Gurtelevators auf das oberste Walzenpaar. Bei beiden Walzenpaaren war je eine Walze beweglich und wurde von angehängten Gewichten mittels Hebelgestänges angedrückt.

5. Pressen des gequetschten Satzes. Aus dem gequetschten Satz wurde in bekannter Weise der Preßstapel (Kupferplatte, starke Segeltuchplatte, 20 mm Satz, Segeltuchplatte, Kupferplatte usw. usw.

bis zu 40 Schichten), welcher 50 cm im Quadrat erhielt, auf dem fahrbaren Pressentisch aufgebaut und dieser dann unter die hydraulische Presse gefahren. Grob- und feinkörniges Geschützpulver wurde dergestalt in hydraulischen Pressen zu Kuchen gepreßt. Der später auf prismatische Pulver weiterverarbeitete Satz hingegen wurde, wie wir später noch sehen werden, in Walzenpressen behandelt.

6. Körnen des gepreßten Pulverkuchens. Die von der Presse kommenden Pulverkuchen wurden zunächst von Hand zerbrochen und falls erforderlich mit Holzhämmern genügend zerkleinert, um zur eigentlichen Körnung in die Lefèbvresche Siebkörnmaschine oder in die Walzenkörnmaschine gebracht zu werden. Die in bekannter Weise aufgebaute Lefèbvresche Siebkörnmaschine besaß 12 Körnsiebe von 549·2 mm Durchmesser im Lichten. Jedes Körnsieb hatte drei Einsätze: Obersieb mit starkem Messingboden mit 6·5 mm weiten Löchern und zwei Rücktransportschaufeln für zu grobe Stücke, Mittel- oder eigentliches Körnsieb, bespannt mit Messingdrahtgewebe von 9 mm Maschenweite, Untersieb mit 4 mm Maschenweite. Die im Obersieb laufende Körnscheibe von 315 mm Durchmesser war aus Weißbuchenholz, an der Unterseite strahlenartig ausgearbeitet und durch Bleieinlage auf 1·5 kg Gewicht gebracht. Der vorgebrochene Pulverkuchen wurde nun in Mengen von 0·75 kg in die Einschüttetrichter gebracht und die Maschine mit 74 Umdrehungen in der Minute eingerückt. Das durch das Mittelsieb gegangene brauchbare Korn einerseits und der durch das Untersieb gefallene Abfall andererseits wurden in besonderen Schubladen aufgefangen. Die Walzenkörnmaschine war in bekannter Weise aufgebaut und besaß mehrere nachstellbare Bronzewalzenpaare, deren Mantelfläche, entsprechend verteilt, abgestumpfte Pyramiden aufgesetzt zeigte. Mit diesen Walzenpaaren arbeitete ein Siebapparat kontinuierlich zusammen.

7. Polieren des gekörnten Pulvers. Um die Dauerhaftigkeit des gekörnten Pulvers zu erhöhen und ein Stauben zu vermeiden, wurde das Pulver in einer mit zwei Kupferreifen gebundenen Poliertrommel von 1648 mm Durchmesser und 536·2 mm lichter Weite, welche keine durchgehende Eisenwelle besaß, poliert. Die Poliertrommel hatte in ihrer vorderen Seitenwand eine kreisrunde Öffnung von 496·9 mm Durchmesser mit einem Vorsetzer aus Messingblech. In ihrer Mantelfläche befand sich eine längliche, schmale Öffnung mit voller Metalltür zum Herauslassen des Pulvers. In die Trommel wurden nun 200 kg gekörntes Pulver eingebracht und ließ man die Trommel zunächst eine halbe Stunde lang 8 bis 9 Umdrehungen, dann aber bis höchstens 16 Umdrehungen in der Minute, und zwar insgesamt 3600 Umdrehungen machen. In der letzten halben Stunde wurde der Vorsetzer herausgenommen, damit die Wasserdämpfe aus der Trommel abziehen konnten. Zu beachten ist, daß mit der Schnelligkeit der Umdrehung die Staubfreiheit und das kubische Gewicht, ebenso aber auch der Rückstand an der Trommelwandung wächst. Ist das zu polierende Pulver zu trocken, so bildet sich zuviel Staub, ist es zu feucht, so verliert es später beim Trocknen die Politur.

8. Trocknen des polierten Pulvers. Das polierte Pulver wurde zunächst durch ein grobes Drahtsieb gelassen und in Mengen von je 25 kg auf aus Leinwand gefertigten Trockentafeln ausgebreitet. Die gefüllten Tafeln kamen auf den Trockenkasten (3·14 m lang, 1·15 m breit, vorn 81 cm, hinten 96·8 m hoch), von denen jeder oben durch einen hölzernen Rahmen mit Messingdrahtgewebe zugedeckt war. In jedem Trockenkasten lagen zwei geschlossene Kupferblechzylinder (483·9 mm Durchmesser, 1255·4 mm bzw. 1569·2 mm lang), in die der Länge nach 16 bzw. 15 Kupferrohre von 35·96 mm Durchmesser eingezogen waren. Diese Rohre wurden von außen mittels in die Blechzylinder eingelassenem Niederdruckdampf beheizt und wurde durch sie hindurch von zwei hölzernen Ventilatoren, die 140 Umdrehungen pro Minute machten und in einem durch eine Wand besonders abgetrennten Raume standen, Luft in den Trockenkasten gedrückt. Diese erhitzte sich hierbei selbstredend an den Rohrwandungen und erzeugte in dem Trockenkasten unterhalb der Decke eine Durchschnittstemperatur von 72·5° C, während in der darüber ausgebreiteten Pulverschicht im Mittel 60° C gemessen wurden.

9. Sortieren des getrockneten Pulvers. Nach erfolgter Trocknung wurde das Pulver, um die für die Korngröße jeder Sorte bestimmten Grenzen festzustellen, in einem, um seine Längsachse drehbaren, etwas zur Horizontalen geneigten Siebzylinder sortiert. Die ersten 600 mm dessen Mantelfläche waren mit Drahtgewebe von 4 mm Maschenweite, der Rest mit solchem von 10 mm Maschenweite bezogen. Am Ende des Zylinders befanden sich zwei Öffnungen zum Entleeren des zu groben Korns. Der Siebzylinder machte 12 Umdrehungen in der Minute. Das zu feine, das brauchbare und das zu grobe Korn wurden jedes für sich in untergestellten Pulvertonnen aufgefangen.

10. Vermengen des Pulvers. Jede Tagesarbeit wurde durch das ganze Jahr hindurch fortlaufend numeriert und blieb für sich. Nach erfolgter Sortierung wurde sie zum innigen Vermengen zweimal durch den Vermengungsapparat gelassen. Dieser bestand aus einem Bretterkranz mit sechs kreisrunden Öffnungen, in deren jeder ein Kupferblechtrichter steckte. Alle sechs Trichter mündeten in ein Sammelrohr, an dem ein kurzes Stück Lederschlauch saß. Nach erfolgter Vermengung wurde auf der Pulverprüfungsstelle für jede Tagesarbeit das spezifische und kubische Gewicht festgestellt und laufend in eine Liste eingetragen. Später wurde dann rechnungsmäßig ermittelt, welche von mehreren Tagesarbeiten zusammengesetzt ein möglichst normales Pulver lieferten. Diese Tagesarbeiten wurden dann ein zweitesmal vermengt und so eine Lieferung von gleichmäßiger Beschaffenheit erzielt, die von der Pulverprobierungskommission abgenommen und dem örtlichen Artilleriedepot übergeben wurde.

Bei der Herstellung von neuem Gewehrpulver M/71 (n. Gew.-P. M/71), welches die Dosierung: 76% KNO_3, 9% S, 15% C besitzt und heute in der Hauptsache noch bei der Laborierung von Artilleriegeschossen, Zündungen, als Zündladung für rauchschwache Kartuschen, ferner für Manöverkartuschen, Salutkartuschen usw. und endlich für Revolverpatronen Verwendung findet, wird in der königl. preuß. Pulverfabrik Spandau, welche dieses Pulver noch herstellt, folgendes Verfahren innegehalten:

1. Herstellung der Kohle. Die Herstellung der zur Verwendung gelangenden 36 % Faulbaumholzkohle haben wir bereits früher in dem Abschnitte: „Spezieller Teil der Holzverkohlung" näher kennen gelernt.

2. Brechen der Kohle. Der Meister verabfolgt am Morgen jeden Arbeitstages so viel Kohle in gefüllten Dämpfern an den Arbeiter des Kohlenbrechwerkes, als voraussichtlich bis zum Mittag des folgenden Tages von den Mengwerken verarbeitet wird. Die Kohlenbrechtrommel, welche 115 kg Bronzekugeln von 18 mm Durchmesser enthält, wird mit dem Inhalte von zwei Dämpfern beschickt, darauf mit der vollen Vorsatztür geschlossen, die Klappe des Gehäuses niedergelassen und die Trommel eingerückt. Diese soll bei 10 bis 12 Umdrehungen in der Minute $2^1/_2$ (mindestens 2) Stunden gehen. Nach beendetem Kleinen wird ein besonderes Sammelgefäß unter den Trichter gestellt, die Trommel ausgerückt und die volle Vorsatztür durch die mit Drahtgewebe versehene ersetzt. Das Sammelgefäß soll die zwischen Vorsatztür und Trommelrand gelangten Bronzekugeln beim Öffnen der ersteren auffangen. Danach wird das Sammelgefäß gegen einen zur Aufnahme der gekleinten Kohle bestimmten leeren Dämpfer vertauscht und die Trommel zur Entleerung wieder eingerückt. Nach beendetem Auslassen der Kohle wird diese in Mengen von 15 kg abgewogen, in Blechgefäße und diese in den feuersicheren Raum gebracht. Das Sammelgefäß wird dann abermals unter den Trichter der Kohlenbrechtrommel untergesetzt, der Drahtvorsatz herausgenommen und die Trommel von neuem beschickt. Wöchentlich zweimal wird der Inhalt des Sammelgefäßes in die Trommel entleert. Über Nacht darf keine Kohle im Brechraum verbleiben. In den ersten fünf Tagen eines jeden Monats werden die Bronzekugeln auf Gewicht und mit einem Leersieb von 10·2 mm Maschenweite auf ihre Abmessungen untersucht. Zu kleine oder zerschlagene Kugeln werden entfernt und das Gesamtgewicht der Kugelfüllung einer Trommel wieder auf 115 kg gebracht. Die hierzu benutzten neuen Kugeln werden vorher durch sorgfältiges Waschen von Staub und Sand gereinigt.

3. Brechen und Sieben des Salpeters. Vor Beginn der Arbeit werden bei stillstehendem Elektromotor, für dessen Bedienung eine besondere Vorschrift herausgegeben ist, die Maschinen nebst Wellenleitung geschmiert und auf ihren betriebsfertigen Zustand untersucht. Der Salpeter wird nun, nachdem die Maschinen eingerückt sind, mit einer Schaufel in den Fülltrichter einer der Exzelsiormühlen gegeben und geht dann selbsttätig durch die Mühle, die Transportschnecke und das Becherwerk in das Sieb und von da in die an der Seite auf-

gestellten Tonnen, wobei er gleichzeitig in Mengen von 3 mal 25·33 kg abgewogen wird. Von Zeit zu Zeit werden die Tonnen nachgesehen und volle durch leere ersetzt. Der in die letzte Tonne fallende Salpeter wird nach möglichster Entfernung fremder Körper am Schlusse des Tages durch ein Sieb mit 1·5 bis 2 mm Maschenweite auf die engergestellte Exzelsiormühle aufgegeben. Der Rest kommt nun zum Pulverkehricht. Sollte der in die Trichter der Exzelsiormühlen aufgegebene Salpeter einmal nicht richtig nachrutschen, so wird er mittels eines Stoßholzes nachgestoßen, niemals darf hierzu aber die bloße Hand benutzt werden. Der Meister hat sich öfters von der richtigen Einstellung der Mühlen, der Gangart der Transportschnecken und von dem guten Zustande des Siebgewebes sowie davon zu überzeugen, daß die Lager und Wellenleitungen regelmäßig geschmiert und gereinigt werden. Bei etwaigem Zerreißen des Drahtgewebes im Zylindersiebe wird die Maschine sofort ausgerückt und das Sieb ausgebessert. Bei eintretender Verstopfung der Transportschnecken ist gleichfalls sofort stillzusetzen und die Störung zu beheben.

4. Das Sieben des Schwefels. Der Schwefel wird in dem Abwiegeraum mit einem Handsieb von 1 mm Maschenweite über einem Kasten gesiebt, in den der Schwefel hineinfällt. Für je eine Mengung werden dann 9 kg in eine Arbeitstonne abgewogen.

5. Das Abwiegen der Sätze. Die gekleinte Kohle wird in dem feuersicheren Kohleabwiegeraum zu 15 kg in den für Gewehrpulver bestimmten blechenen, ovalen Kübeln bis zur Verarbeitung untergebracht. Es darf nicht mehr Kohle abgewogen werden, als am folgenden Tage zur Verarbeitung gelangt. Der im Salpeterbrechwerk abgewogene Salpeter und der abgewogene Schwefel wird nach den Ablageräumen der Mengewerke gebracht. Das genaue Abwiegen wird sowohl vom Meister, wie vom Betriebsführer öfters durch Nachwiegen kontrolliert.

6. Das Mengen. Vor Beginn der Arbeit wird die Mengetrommel auf ihren betriebsfähigen Zustand geprüft, die Lager gereinigt und geschmiert. Im Mengeraume darf nur das Material für eine Mengung vorhanden sein. Vor Heranbringung des Materials für eine neue Mengung ist die bereits fertige Mengung nach dem Ablageraum zu bringen. Die Kohle ist vor dem Einbringen in die Mengetrommel durch Hineinfassen mit der bloßen Hand auf etwaige Erwärmung zu prüfen. Es darf nur völlig kalte Kohle zur Verwendung gelangen. Zuerst wird nun der Salpeter und der Schwefel in die Trommel geschüttet, dann die Kohle vorsichtig mit kupfernen oder hölzernen Schaufeln eingebracht. Die Trommel wird mit der vollen Vorsatztür geschlossen und nach Entfernung des Stellholzes bei offenstehendem Gehäuse eingerückt. Das Mengen dauert bei 9 bis 10 Umdrehungen in der Minute $^1/_2$ Stunde. Nach beendeter Mengung wird der Gang der Trommel auf etwa 6 Umdrehungen ermäßigt, ein Sammelgefäß zum Auffangen der beim Öffnen der Trommel etwa herausfallenden Kugeln und Satzteilchen untergestellt und nach Feststellung der Trommel die Vorsatztür durch eine Siebtür ersetzt. Nun wird die

Trommel wieder eingerückt und der herausfallende Satz in untergestellte Arbeitstonnen so verteilt, daß die Füllung jeder Tonne einer ganzen oder halben Läuferbeschickung gleichkommt. Der Inhalt des Sammelgefäßes wird täglich der letzten Mengung beigegeben. Das Einrücken der Trommel muß langsam erfolgen, damit die mit dem plötzlichen Angehen verbundenen Stöße vermieden werden. Die zum Vermengen benutzten Pockholzkugeln werden in den ersten fünf Tagen jedes Monats mit der vorhandenen Leere untersucht, die unbrauchbaren entfernt und nach Wägung der zurückbleibenden das Gewicht auf 34 kg große Kugeln von 50 mm Durchmesser und 66 kg kleine Kugeln von 30 mm Durchmesser ergänzt. Gleichzeitig wird unter Aufsicht des Meisters die Mengetrommel im Innern gründlich gereinigt und untersucht. Fremde, in der Trommel gefundene Gegenstände sind dem Meister zur weiteren Veranlassung abzuliefern. Bei Schluß der Arbeit ist der Pulversatz unter allen Umständen aus dem Werk zu entfernen.

7. Das Läufern. Vor Beginn der Arbeit sind die Lager zu reinigen und zu schmieren, der feste Sitz von Schrauben und Splinten, sowie die Gangbarkeit und richtige Stellung der Pflüge und Kratzer zu prüfen. Die zum Antrieb dienende Dampfmaschine ist nach besonderer Vorschrift zu warten. Zur Beschickung werden die vor oder unter den Läufersteinen liegenden Lederunterlagen entfernt, aus einer Gießkanne mit feiner Brause die Hälfte der erforderlichen Wassermenge gleichmäßig auf die Läuferbahn gegossen, die bis dahin hochgestellten Pflüge herabgelassen und die befohlene Menge Pulversatz unter möglichster Vermeidung des Staubens gleichmäßig auf die Läuferbahn verteilt. Von vorhergegangenen Beschickungen noch vorhandene Kuchenstücke werden in der Hand mit dem Holzmeißel gekleint und beigegeben. Hierauf wird der Läufer auf langsamen Gang — eine Umdrehung in 5 Minuten — eingerückt. Es ist darauf zu achten, daß der Satz gleichmäßig verteilt ist, erforderlichenfalls ist mit Holzmeißel und Handfeger nachzuhelfen. Sobald die Pulvermasse gleichmäßig festgedrückt ist, wird nochmals Wasser in der vorgeschriebenen Menge gleichmäßig verteilt aufgegeben und der Läufer, nachdem sich die Arbeiter entfernt haben, auf schnellen Gang — 7 bis 9 Umdrehungen in der Minute — eingerückt. Wird das Mengen nicht, wie im vorhergehenden Absatz besprochen, in der Mengetrommel vorgenommen, so ist in entsprechender Weise zu verfahren, und zwar ist zuerst Schwefel und Salpeter, dann die Kohle aufzugeben und vor dem Einrücken auf schnellen Gang etwa ungemengte Teile von den Pflügen, Kratzern usw. auf die Bahn zu fegen. Das Abfegen ist zehn Minuten später zu wiederholen, nachdem der Läufer auf langsameren Gang gesetzt ist. Nun wird in gleicher Weise der zweite Läufer beschickt. Während des schnellen Ganges ist von der Tür des Maschinenhauses aus von Zeit zu Zeit durch das Gehör festzustellen, ob der Läufer noch gleichmäßig ruhig läuft. In bestimmten Zeitabschnitten ist, nachdem der Läufer auf langsamen Gang eingerückt ist, der Pulversatz von neuem gleichmäßig anzufeuchten. Alle außerhalb der Läuferbahn

befindlichen Satzteile sind hineinzufegen. Die Wassermenge ist so zu wählen, daß der Pulversatz eben nicht staubt, die Aufgabe zu großer Wassermengen ist zu vermeiden. Das Verweilen vor der Ausblaseseite der Läuferwerke, sowie ein Betreten der Läuferwerke während des schnellen Ganges ist unbedingt verboten. Nachdem der Satz die vom Betriebsführer befohlene Zeit (rund 2 bis 3 Stunden) bearbeitet ist, wird der Läufer ausgerückt, der Ausrücker zur Verhütung selbsttätigen Angehens mittels des Vorsteckers gesichert, der vor jedem Läuferstein befindliche Satz vorwärts geschoben, der freiwerdende Raum mit dem Handfeger gut gereinigt und mit den Lederunterlagen bedeckt. Nachdem nun die Läufersteine im langsamen Gange bis auf diese Unterlagen vorbewegt und dann ausgerückt sind, werden die harten Kuchenstücke, auf denen die Läufer nach dem Ausrücken standen, ausgesucht und in ein besonderes Gefäß getan. Sie werden der folgenden Läuferbeschickung beigegeben. Der übrige Pulversatz wird von der Läuferbahn in bereitstehende Tonnen gebracht, wozu Holzmeißel und Schippen, erstere zum Losstoßen des an der Bahn haftenden Satzes dienen. Die gefüllten Tonnen werden, mit Ausnahme der mit harten Pulverstücken gefüllten, sofort aus dem Werke entfernt und in einem am Läuferwerk in gedeckter Stellung befindlichen Schranke untergestellt. Von diesem gelangen sie mittels Transportwagens nach dem Ablageraum. Hierauf wird der Läufer von neuem beschickt, nachdem die Bahn mittels einer Gießkanne mit etwa $1^1/_2$ Liter Wasser vollständig gleichmäßig befeuchtet ist und die Läufersteine bei langsamem Gang von den danach zu entfernenden Unterlagen auf die Bahn abgelaufen sind. Bei diesem Herablassen der Läufer von den Lederunterlagen darf sich kein Arbeiter in dem Raume befinden. In derselben Weise wird der zweite Läufer beschickt. Die Sortierabgänge werden außer einer Umdrehung im langsamen Gang nur fünf Minuten im schnellen Gang geläufert. Beim Läufern wird die Bahn mit $1^1/_2$ Liter Wasser begossen und auf die Läuferbeschickung selbst ein Liter Wasser aufgegeben. Das zum Anfeuchten des Satzes benutzte Wasser muß im Winter eine Wärme von 12 bis 14° C erhalten. Nachdem die letzte Läuferbeschickung entfernt ist, werden die Läufer von der anhaftenden Pulverkruste gereinigt, wozu aber nur Handfeger, Holzmeißel und Holzschippe verwendet werden dürfen. Die Läufer bleiben hierzu auf den Lederunterlagen stehen. Alle Teile sind, soweit zugänglich, tüchtig abzufegen, der abgelöste Satz ist zusammenzukehren und in ein Kehrichtfaß abseits aufzustellen. Die noch anhaftenden Krusten werden mit dem Holzmeißel abgekratzt und gleichfalls beseitigt. Darauf werden die Läufer bei langsamem Gang von den Lederunterlagen auf eine reine, vorschriftsmäßig angefeuchtete Stelle gebracht und hierbei soweit gedreht, daß die vorher unten befindlichen und nicht erreichbar gewesenen Stellen der Läufer nach oben kommen und in gleicher Weise wie vorbeschrieben gereinigt werden können. Auch bei diesem Herablassen der Läufer von den Lederunterlagen darf sich kein Arbeiter im Läuferraume befinden. Zu bestimmten Zeiten, in der Regel wöchentlich einmal, werden die Läuferwerke gründlich gereinigt. Hierbei werden die Läufer durch Aufgabe von Sägespänen beim Läufern von der anhaftenden Pulverkruste befreit, die Decken aufgenommen und ausgeklopft, die Wände gefegt, sowie die Läuferpflüge abgenommen und gewaschen. Alsdann werden von den Läuferteilen mit einem vom Meister zu empfangenden kupfernen Meißel etwa noch anhaftende feste Pulverkrusten, welche sich mit dem Holzmeißel nicht entfernen ließen, abgeschabt, unter keinen Umständen aber etwa abgestoßen. Vor Beginn dieser Arbeit ist stets jeder Pulverkehricht aus dem Läuferraum zu entfernen. Pulversatz, der sich auch mit dem kupfernen Meißel nicht ohne besondere Anstrengung entfernen läßt, wird mit warmem Wasser aufgeweicht und dann abgeschabt. Nach Beendigung jeder Tagesarbeit und nach der Reinigung des Läuferwerkes werden die Läuferunterlagen dicht vor die Läufer gelegt. Bemerkt der Arbeiter während des Betriebes bei einem der Läufer ein außergewöhnliches Geräusch, so muß er ihn sofort ausrücken und genau besichtigen. Hat sich der Satz auf der Bahn unregelmäßig zusammengeschoben, so verteilt er ihn wieder ganz gleichmäßig, rückt dann den langsamen Gang ein und untersucht alle Teile des Läufers, welche sich warm laufen können, sowie die Kratzer und Pflüge. Bemerkt er hierbei nichts Auffallendes, so wird das Werk wieder auf den schnellen Gang eingerückt, andernfalls aber sofort wieder ausgerückt und dem Meister sowie Betriebsführer ungesäumt Meldung erstattet. Wird der Betrieb eines Läuferwerkes plötzlich unterbrochen und soll er nach eingetretener Pause wieder aufgenommen werden, so sind zunächst die Läufer in der für das Abdecken vorgeschriebenen Weise auf die Lederunterlagen zu bringen und die harten Kuchenstücke, auf denen die Läufer geruht haben, von der Bahn zu entfernen. Alsdann ist die Bahn bis dicht an die Lederunterlagen sorgfältig mit Pulversatz zu bedecken, worauf die Läufer mit langsamem Gang auf den Pulversatz gebracht werden. Nach Entfernung der Lederunterlagen wird die hierdurch entstandene Blöße mit Pulversatz bedeckt und nach einmaligem, langsamem Umgang der Läufer auf den schnellen Gang eingerückt. Wasserzusatz hierbei und Dauer des nachträglichen Läuferns bestimmt der Betriebsführer. Unregelmäßigkeiten, die an der Dampfmaschine oder der Transmission bemerkt werden, sind augenblicklich dem Maschinenmeister zu melden. Auch bei der kleinsten Herstellungsarbeit ist der Läuferraum vorher von jedem Pulversatz sorgfältig zu reinigen.

8. Das Quetschen. An das Quetschwerk dürfen gleichzeitig höchstens vier Arbeitstonnen mit Läufersatz herangebracht werden. Die Tonne wird auf den Bock an der Quetschmaschine aufgelegt und der Pulversatz nach und nach in die Aufgabeöffnung hineingescharrt. Hierbei sind größere Kuchenstücke einzeln einzuführen, die lose Masse dagegen möglichst auf die ganze Breite der Aufgabeöffnung zu verteilen. Während der Arbeit dürfen sich die Satzmassen über und in den Walzen nicht verstopfen und diese dadurch zum Stillstand gebracht werden. In einem solchen Falle ist die Quetsche sofort auszurücken

und der eingeklemmte Satz nach Entlastung der Puffer mittels eines Holzmeißels zu entfernen. Die unter die Quetsche gestellte Tonne ist nach dem Durchschütten einer Tonne Läufersatz durch eine leere zu ersetzen. Der gequetschte Satz gelangt nach den Mengetrommeln zum Kleinen oder nach dem Zylindersieb. Während der Arbeit ist darauf zu sehen, daß sich die Zapfen der Quetschwalzen in ihren Lagern nicht warm laufen. Tritt dieser Fall ein, so ist die Quetsche sofort auszurücken und dem Meister Meldung zu machen. Von Zeit zu Zeit werden die Walzen gereinigt, indem der Arbeiter mit einem entsprechend zugeschnittenen Holze die Rinnen von dem haftengebliebenen Pulversatze befreit. Findet ein ungenügendes Quetschen der Satzmasse durch zu starkes Ausweichen der einen verstellbaren Walze statt, so ist durch gleichmäßiges Zusammendrücken der Gummipuffer mit den Druckschrauben der Druck auf die verstellbare Walze zu verstärken. Soll auf der Quetsche Pulverkuchen vorgebrochen werden, so sind die Kuchenstücke einzeln den Walzen zuzuführen. Im übrigen ist die Vorbrechmaschine ebenso wie die Quetschmaschine zu behandeln.

9. Das Kleinen. Das Kleinen findet in der mit 100 kg Pockholzkugeln (66 kg kleine, 34 kg große) beschickten Mengetrommel statt. Vor Beginn der Arbeit sind deren Lager zu reinigen und zu schmieren und die Trommel selbst auf ihren betriebsfähigen Zustand zu prüfen. Die rund 100 kg wiegende Beschickung wird aus gequetschtem Satz und Körnstaub in jeweils zu bestimmenden Mengen zusammengesetzt aufgegeben, die Trommel mit der vollen Vorsatztür geschlossen, die Klappe des Gehäuses offen gelassen, das Stellholz entfernt und die Trommel auf 8 bis 10 Umdrehungen in der Minute eingerückt. Die Dauer des Kleinens wird besonders befohlen. Während des Ganges ist von Zeit zu Zeit mit dem mit Leder bezogenen Klopfer leicht gegen die Mantelfläche der Trommel zu klopfen, um ein Anballen des feuchten Satzes zu verhindern. Nach beendeter Kleinung wird die Trommel ausgerückt und durch Einstecken des Stellholzes festgestellt. Inzwischen ist ein Sammelgefäß unter die Auslaßöffnung gestellt worden, um die beim Öffnen der Vorsatztür etwa herausfallenden Pockholzkugeln und Satzteilchen aufzufangen. Die Vorsatztür wird nun gegen die mit Drahtgewebe bespannte Tür ausgetauscht, die Gehäuseklappe geschlossen, das Sammelgefäß durch eine Arbeitstonne ersetzt und die Trommel, um sie zu entleeren, wieder eingerückt. Nachdem der meiste Satz herausgefallen ist, wird die Gehäuseklappe geöffnet und durch leichtes Klopfen mittels des mit Leder überzogenen Klopfers das Ablösen etwa festhaftenden Satzes unterstützt. Nach beendetem Auslassen des Satzes wird das Sammelgefäß abermals untergestellt, die durchbrochene Vorsatztür entfernt und nach erfolgter Neubeschickung die volle Tür wieder eingesetzt. Der Inhalt des Sammelgefäßes wird täglich der letzten Füllung der Trommel beigegeben. Während des Auslassens des Satzes wird der Gang der Trommel bis auf sechs Umdrehungen in der Minute verlangsamt. Ist das Kleinen beendet, so wird der Gang der Trommel auf etwa sechs Umdrehungen vermindert, ein Sammelgefäß

zum Auffangen der beim Öffnen der Trommel etwa herausfallenden Kugeln und Satzteilchen untergestellt und nach Feststellung der Trommel die Vorsatztür durch eine Siebtür ersetzt. Nun wird die Trommel wieder eingerückt und der herausfallende Satz in untergestellten Arbeitstonnen aufgefangen. Das Einrücken der Trommel muß langsam erfolgen, damit die mit dem plötzlichen Angehen verbundenen Stöße vermieden werden. Die Pockholzkugeln sind in den ersten fünf Tagen jedes Monats mit der vorhandenen Leere zu untersuchen, die unbrauchbaren zu entfernen und nach Wägung der zurückbleibenden das Gewicht auf 34 kg große (50 mm Durchmesser) und 66 kg kleine (30 mm Durchmesser) zu ergänzen. Dabei hat unter Kontrolle des Meisters eine gründliche Reinigung und Untersuchung der Trommel im Innern stattzufinden. Fremde, in der Trommel gefundene Körper sind dem Meister abzuliefern. Bei Schluß der Arbeit ist der Pulversatz unter allen Umständen aus dem Werk zu entfernen.

10. Das Pressen. Der zum Pressen bestimmte Satz wird in den befohlenen Mengen auf die Tische entleert und, soweit dies nicht bereits beim Kleinen in der Mengetrommel geschehen ist, mit den hölzernen Satzschaufeln möglichst innig vermengt. Dann wird auf die Mitte des fahrbaren Tisches für den Aufbau des Satzstapels eine leinene Preßdecke, auf diese eine Hartgummiplatte und darauf der hölzerne Füllrahmen gelegt. Ein Arbeiter füllt den Rahmen mit der Satzschaufel gleichmäßig mit Pulversatz und der andere streicht mit dem Abstreichholze ab. Hierauf wird der Rahmen vorsichtig abgehoben, eine Hartgummiplatte auf den Satz gelegt, auf welche eine neue Satzschicht aufgebracht wird usw. Der ganze Stapel erhält so 35 Lagen Satz, von denen die oberste durch eine Hartgummiplatte und Preßdecke abgeschlossen ist. Der den fertigen Stapel tragende Tisch wird unter die Presse gefahren und das Preßventil geöffnet. Die Höhe des Druckes (rund 100 Atmosphären), Maß des Zusammendrückens (Preßhöhe) und die Zeitdauer der Pressung (bis vier Minuten) wird stets besonders befohlen. Schiefstehende oder sich beim Pressen schief stellende Stapel dürfen nicht weiter gepreßt werden. Zur Beendigung der Pressung wird das Ventil wieder geschlossen, wodurch einerseits der Dampfakkumulator stillgesetzt und andererseits die Preßflüssigkeit abgelassen wird. Der nach dem Sinken des Preßkolbens wieder auf die Laufschienen gelangte Tisch wird nun weggefahren und der Stapel abgedeckt. Hierbei hebt ein Arbeiter Platten und Kuchen ab, ein anderer ergreift den ihm gereichten Kuchen, streicht die lockeren (nicht genügend gepreßten) Kanten ab, bricht jeden Kuchen in vier gleiche Teile und packt die Stücke in Arbeitstonnen. Sobald diese gefüllt sind, werden sie mit der Nummer der Tagesarbeit versehen und sofort in den Ablageraum gebracht. Mindestens täglich einmal ist eine Probe des Preßkuchens nach der Pulverprüfungsstelle zur Ermittelung des spezifischen Gewichts zu bringen. Nach dem Ergebnis der Prüfung bestimmt der Meister den Anordnungen des Betriebsführers entsprechend die Preßhöhe mit Kreide an der Skala der Presse.

11. Das Körnen auf der Walzenkörnmaschine. Vor Beginn der Arbeit wird die Walzenkörnmaschine genau auf ihren betriebsfähigen Zustand geprüft. Dabei sind die Lager und Zahnräder zu reinigen und zu schmieren. Ganz besonders ist darauf zu achten, daß sich kein Maschinenteil gelockert hat. Nunmehr wird die Maschine eingerückt und läuft etwa zwei Minuten leer, damit sich die Schmiermittel gleichmäßig verteilen und etwaige Unregelmäßigkeiten im Gange entdeckt und abgestellt werden können. Für gewöhnlich erhalten die in die Maschine eingesetzten Obersiebe 1·5 mm, die Untersiebe 0·9 mm Maschenweite. Änderungen hierin sind nur auf besonderen Befehl vorzunehmen. Während der Arbeit dürfen höchstens drei Tonnen gleichzeitig herangebracht werden. Beim Einbringen ist nun stets darauf zu achten, daß die Kuchenstücke einzeln und auf die ganze Länge der Walze gleichmäßig verteilt aufgegeben werden, damit ein Verstopfen im zweiten oder dritten Walzenpaar vermieden wird. Der Durchgang der größeren Menge des jedesmal zwischen dem ersten Walzenpaar vorgebrochenen Kuchens macht sich dem Gehör bemerkbar und bietet einen genügenden Anhalt für die zweckmäßigste Regelung der Beschickung. Tritt dennoch ein Klemmen im zweiten oder dritten Walzenpaare ein, so ist die Maschine sofort auszurücken und sind die auf den betreffenden Walzen liegenden Kuchenstücke durch Auseinanderstellen der Walzen zu entfernen. Das zu grobe Korn wird entweder, nachdem die Walzen entsprechend enger gestellt sind, mittels einer Satzschaufel wiederholt aufgegeben, bis der vorhandene Kuchen völlig gekörnt ist, oder er gelangt auf Anordnung zur Siebkörnmaschine. Der gekörnte Pulversatz ist sogleich nach dem Ablageraum zu schaffen und neuer Kuchen erst heranzubringen, wenn der vorhandene aufgearbeitet ist. Der in die untergestellten Tonnen fallende gekörnte Pulversatz ist von Zeit zu Zeit darauf nachzusehen, ob das brauchbare oder zu grobe Korn viel Staub enthält. In diesem Falle sind nach Abstellen der Maschine die Untersiebe oder sämtliche Siebe zu reinigen. Eine halbe Stunde vor Schluß der Arbeit wird die ganze Maschine gereinigt. Es werden hierbei namentlich die Umgebungen der Lager mit einem Handblasebalg von Pulverstaub befreit, die Auffangekasten entleert, das Pulver und der Staub aus dem Werk entfernt und sämtliche Siebe gereinigt. Während des Betriebes verändert der Meister je nach Erfordern die Auseinanderstellung der Walzen und regelt die Schwingungen des Schüttelkastens. Finden sich im Staubkasten brauchbare Pulverkörner oder unter dem brauchbaren Korn grobe Stücke, so sind die Siebe zerrissen und müssen ersetzt werden. Liefert die Maschine wenig brauchbares Korn, aber viel Staub, so sind die Walzen zu reinigen, was ohnehin wöchentlich mindestens einmal vorzunehmen ist.

12. Das Körnen auf der Siebkörnmaschine. Vor Beginn der Arbeit sind die Lager zu schmieren und die gesamte Maschine auf ihren betriebsfähigen Zustand zu untersuchen. Der Wasserzufluß zum Krummzapfenlager ist vor dem Ingangsetzen der Maschine zu öffnen. Nachdem die Maschine eingerückt ist, werden die Fülltrichter nach

Angabe des Aufsichtspersonals beschickt. Durch öfteres Anfassen und Drücken der Füllschläuche haben die Arbeiter ein Festsetzen der Kuchenstücke zu verhindern. Wenn sich in dem Auffangekasten für das Korn ein Gemenge aus Korn und Staub zeigt, so ist das Aufgeben für kurze Zeit einzustellen. Hält dies länger an, so ist die Maschine auszurücken und eine Reinigung der Siebe mit der Siebbürste vorzunehmen, was auch an jedem Mittag und Abend zu geschehen hat. Das gewonnene Korn wird aus den Auffangekasten in Tonnen geschüttet, die außer der Nummer der Tagesarbeit keine Bezeichnung tragen dürfen. Der entstandene Körnstaub wird in besondere Tonnen eingefüllt. Alle dergestalt gefüllten Tonnen müssen sofort in das Ablagemagazin gebracht werden. Der Meister hat dafür Sorge zu tragen, daß alle Lager der Maschine gut in Schmiere gehalten werden und daß der Wasserzufluß zum Krummzapfenlager genügend und gleichmäßig erfolgt. Zur Erzielung eines möglichst gleichmäßigen Kornes ist ferner nachstehendes zu beachten. Die Siebe müssen öfter sorgfältig gereinigt und die Schläuche ausgestaubt werden. Der Körntisch soll wagerecht stehen, die Hängestangen gleichmäßig beansprucht werden. In der letzten Woche jeden Monats werden die Körnscheiben auf Durchmesser und Gewicht untersucht, die unbrauchbaren abgegeben und durch neue ersetzt. Das Gewicht einer Körnscheibe beträgt im neuen Zustande 3 kg bei 27·5 cm Durchmesser. Ein Ersatz ist erforderlich, wenn sich das Gewicht unter 2·25 kg, der Durchmesser unter 23·5 cm verringert haben. Die Obersiebe der Maschine haben 1·5 mm, die Untersiebe 0·9 mm Maschenweite und sind Änderungen hierin nur auf besonderen Befehl vorzunehmen.

13. Das Vorpolieren. Vor Beginn der Arbeit werden die Lager geschmiert und die Trommeln auf ihren betriebsfähigen Zustand geprüft. Jede Trommel wird jedesmal mit dem Inhalte von fünf Tonnen (rund 240 kg) beschickt, dann geschlossen und eingerückt. Sie macht 16 Umdrehungen in der Minute, dagegen beim Einbringen und Auslassen des Pulvers höchstens 12 Umdrehungen. Das Vorpolieren dauert 1 bis 2 Stunden. Dreiviertel Stunden vor Schluß der Arbeit wird die Vorsatztür entfernt, um den beim Polieren entwickelten Wasserdampf ausströmen zu lassen. Behufs Auslassens des vorpolierten Pulvers wird die Trommel in langsameren Gang versetzt und die Klappe geöffnet. Das Pulver gelangt alsdann durch den unteren Schlauch auf ein Sieb von 10 mm Maschenweite (zum Auffangen von Klumpen) und in die nach und nach untergestellten vier Arbeitstonnen. Sollte nach dem Ermessen des Betriebsführers ein Anfeuchten des Pulvers beim Vorpolieren erforderlich sein, so geschieht dies, wenn nur eine geringe Menge Wasser (bis höchstens 0·4 Liter) zugegeben werden soll, in der Weise, daß dasselbe mittels einer kleinen Gießkanne bei eingerückter Trommel eingebracht wird und die Beschickung der Trommel erst erfolgt, wenn das Wasser von den Trommelwandungen aufgenommen ist. Sollte eine größere Menge (über 0·4 Liter) Wasser zugegeben werden, so spritzt man dasselbe zweckmäßig nach und nach fein verteilt auf das rollende Pulver auf.

14. Das Vorsortieren. Der Vorsortierzylinder ist seiner ganzen Länge nach mit Drahtgewebe von 0·9 mm Maschenweite bezogen. Das Arbeiten geht nun folgendermaßen vor sich: Der Zylinder wird eingerückt und macht 15 Umdrehungen in der Minute. Ein Faß Pulver wird herangeholt und auf das Trittbrett des Zylinders gestellt. Aus diesem Faß werden mit einem Füllkessel jedesmal etwa 5 kg Pulver entnommen und in den Fülltrichter geschüttet. Die Beschickung erfolgt stetig in solchen Zwischenräumen, wie sie die Entleerung des Fülltrichters notwendig macht. Zum Auffangen des absortierten, zu feinen Kornes und zum Auffangen des vorsortierten Pulvers dienen Tonnen, die nach Bedarf zu wechseln sind. Das Gewebe des Vorsortierzylinders wird täglich viermal durch Klopfen mittels einen kleinen Stockes und durch Abbürsten gereinigt. Die mit vorsortiertem Pulver und mit abgesiebtem, zu feinem Korn gefüllten Tonnen werden nach dem Ablageraum gebracht. Ersteres gelangt von hier aus zum Polierwerk, letzteres zu den Läufern zur nochmaligen Bearbeitung.

15. Das Trocknen. Das Pulver wird in Mengen zu ca. 20 kg auf den Trockentafeln ausgebreitet und diese in den Trockenständern aufgestellt. Die Dauer des Trocknens beträgt ungefähr 14 Stunden bei einer Temperatur im Trockenraum von 40 bis 50° C. Täglich ist eine Probe des getrockneten Pulvers in der Pulverprüfungsstelle auf ihren Feuchtigkeitsgehalt zu untersuchen, welcher nie mehr als 0·5 % betragen darf. Nach beendetem Trocknen werden die Trockentafeln immer zu je fünf aus den Trockenständern herausgenommen, in den Nebenraum getragen und dort auf zwei hölzerne Böcke niedergelegt. Jetzt ergreifen zwei Arbeiter nach und nach eine Trockentafel und schütten das Pulver in eine Abschüttevorrichtung, aus der es in die untergestellten Pulvertonnen gelangt.

16. Das Sortieren. Der Sortierzylinder, welcher von einem nach besonderer Vorschrift zu bedienenden Elektromotor in Umdrehung versetzt wird, ist auf eine Länge von 0·85 m mit Gewebe von 0·76 mm Maschenweite und auf 2·7 m Länge mit Gewebe von 1·5 mm bespannt. Es werden nun zunächst vier Faß (rund 240 kg) an den Zylinder gebracht, ein Faß auf das Trittbrett gestellt und der Zylinder, welcher 16 Umdrehungen in der Minute macht, in Gang gesetzt. Aus dem auf dem Trittbrette stehenden Fasse wird das Pulver mit einem Füllkessel in Mengen zu je etwa 5 kg in den Fülltrichter geschüttet. Die Größe der Auslaßöffnung ist mit einem Schieber verstellbar. Die Beschickung erfolgt stetig in solchen Zwischenräumen, wie sie die Entleerung des Fülltrichters notwendig erscheinen läßt. Das Reinigen des Siebes während der Drehung des Zylinders wird durch Anklopfen an das Gewebe mit einem Holzstäbchen oder durch Abstreichen mit einem flachen Holzkratzer bewirkt. Sind 12 Faß Pulver sortiert, so wird der Zylinder angehalten und das Siebgewebe mit einer Siebbürste gereinigt. Das sortierte Pulver wird in Tonnen von rund 50 kg zum Beschicken der beim Ausstauben benutzten Kanevaszylinder aufgefangen. Jede mit sortiertem Pulver angefüllte Pulvertonne wird gleich nach dem

Ablageraum gebracht und das Sortieren fortgesetzt. Die mit zu feinem bzw. zu grobem Korn gefüllten Tonnen kommen ebenfalls in den Ablageraum. Das Pulver mit zu feinem Korn geht zur nochmaligen Verarbeitung auf den Läufern zurück. Das Pulver mit zu grobem Korn wird, nachdem sich vier Faß von ihm ergeben haben, zu der Siebkörnmaschine zurückgebracht und in dieser nach mäßiger Anfeuchtung nochmals gekörnt. Diese Anfeuchtung erfolgt 24 Stunden vor dem Körnen und bestimmt der Meister nach Anweisung des Betriebsführers die beizugebende Wassermenge. Beim Sortieren hat der Meister die gute Beschaffenheit des Siebgewebes, sowie die gleichmäßige Beschickung des Zylinders zu überwachen. Er regelt ferner nach dem Ausfall der Voruntersuchung des auf dem Sortierzylinder sortierten Pulvers die Stellung des Schiebers im Füllkasten.

17. Das Ausstauben und Glätten. Das Ausstauben, worunter hier im wesentlichen ein Aussondern des zu feinen Korns zu verstehen ist, und das Glätten des sortierten Pulvers erfolgt in Staubzylindern die von einem nach besonderer Vorschrift zu bedienenden Elektromotor in Umdrehung versetzt werden. Die Staubzylinder sind mit Kanevas von 0·76 mm Maschenweite bezogen. An jeden Staubzylinder werden nun zwei Fässer mit sortiertem Pulver (etwa 100 kg) gebracht. Der, Zylinder wird horizontal gestellt und die Auslaßöffnungen im hinteren Boden geschlossen. Die Füllöffnung wird nach der Seite gedreht, die Fülltür herausgenommen, der Fülltrichter eingesetzt und in diesen das Pulver eingeschüttet. Nach vollendeter Füllung wird die Fülltür wieder vorgesetzt und der Zylinder durch langsames Drehen der Kurbel eingerückt. Er macht 40 Umdrehungen in der Minute. Zum Auffangen des durchfallenden zu feinen Korns wird unter jedem Auslaßschlauch des Gestelles eine Pulverarbeitstonne gestellt. Nach etwa $^1/_2$ bis 1 Stunde ist die Arbeit beendet. Alsdann wird der Staubzylinder ausgerückt, die Pulverarbeitstonne am Auslauf des Zylinders durch eine Pulvertonne ersetzt, die Auslaßöffnungen im hinteren Boden des Zylinders geöffnet, die Traverse heruntergelassen und der Zylinder wieder eingerückt, bis er entleert ist. Hat das herausfließende Pulver die untergestellte Pulvertonne gefüllt, so wird sie durch eine zweite ersetzt. Hierauf wird der Zylinder von neuem beschickt. Das geglättete Pulver muß einen lebhaften Glanz und eine tiefschwarze Farbe zeigen. Ist dies nicht in ausreichendem Maße der Fall, so ist das Pulver zurückzustellen und dem Meister vorzustellen, welcher das Weitere zu veranlassen hat. Das geglättete und für gut befundene Pulver wird nach dem Vermengeraum gebracht. Allabendlich wird der Bezug der Staubzylinder durch mäßiges Klopfen mit einem Holzstäbchen gereinigt und das abgesonderte feine Korn vom Boden des Gestells zusammengefegt und nach den Läufern zum Umarbeiten gebracht. Auf gute Beschaffenheit des Kanevas und sicheres Arbeiten der Hebevorrichtung für die bewegliche Traverse ist besonders zu achten.

18. Das Vermengen. Nach Anordnung des Betriebsführers bestimmt der Meister die miteinander zu vermengenden Tonnen. Vo

diesen werden jedesmal acht Tonnen in den Vermengeapparat geschüttet und das eingeschüttete Pulver möglichst gleichmäßig in acht untergestellten Tonnen aufgefangen. Das aufgefangene Pulver wird nun so in Reihen aufgestellt, daß möglichst acht Reihen entstehen, wobei die jeweils vermengten acht Faß möglichst in einer, zwei oder vier ganzen Reihen stehen müssen. Nun werden in der zur Aufstellungsrichtung senkrechten Richtung acht Tonnen entnommen und vermengt, bis das zu vermengende Pulver wieder ganz durch den Apparat durchgegangen ist. Diese Arbeit wird mehrmals — nach Anordnung — ausgeführt. Ist eine große Anzahl Tonnen Pulver, welche im Vermengungsraume nicht untergebracht werden dürfen, zu vermengen, so ist von den bereits gebildeten Vermengungen, Tagesarbeiten oder Spezialvermengungen jedesmal die gleiche Anzahl zu einer Teilvermengung zusammenzunehmen und in der eingangs angegebenen Weise zu behandeln. Von jeder fertiggestellten Vermengung wird dann aus einer Anzahl — 6 bis 8 — Tonnen eine Durchschnittsprobe zur physikalischen und ballistischen Prüfung entnommen. Zur Aufnahme des vermengten Pulvers hat der Meister nur solche Tonnen auszugeben, welche zur endgültigen Verpackung und zum Transport geeignet sind.

19. Das Zusammenstellen der Lieferungen und Verpacken. Der Betriebsführer bestimmt die für eine Lieferung zu verwendenden Spezialvermengungen. Diese werden nach der eben angeführten Vorschrift über Vermengen unter Berücksichtigung etwaiger Sonderbestimmungen des Betriebsführers vermengt. Das fertig vermengte Pulver wird hierauf verpackt, und zwar in der Weise, wie wir es bereits in dem Abschnitte: „Verpacken des Pulvers“ geschildert haben.

Zum Schlusse sei dann noch eine übersichtliche Zusammenstellung der bei der Herstellung von n. Gew.-P. M/71 in Betracht kommenden Verfahren sowie ihrer Ausführung gegeben:

Lfde. Nr.	Verfahren	Ausführung
1.	Herstellung der Kohle	36 %ige Faulbaumholzkohle.
2.	Brechen der Kohle	Arbeitsdauer: 2—2½ Stunden.
3.	Brechen u. Sieben des Salpeters	—
4.	Sieben des Schwefels	—
5.	Abwiegen der Sätze	76 kg KNO_3, 9 kg S, 15 kg C.
6.	Mengen	—
7.	Läufern	Arbeitsdauer rund 2—3 Stunden.
8.	Quetschen	—
9.	Kleinen	—
10.	Pressen	Druck rund 10 Atm. Zeitdauer bis 4 Minuten.
11.	Körnen auf der Walzenkörnmaschine	Körnergröße: 0·9—1·5 mm.
12.	Körnen auf der Siebkörnmaschine	Desgl.
13.	Vorpolieren	—
14.	Vorsortieren	Maschenweite der Siebe bis 0·9 mm.

Lfde. Nr.	Verfahren	Ausführung
15.	Trocknen	Rund 14 Stunden bei 40—50° C.
16.	Sortieren	Drahtgewebe von 0·76 u. 1·5 mm Maschenweite.
17.	Ausstauben und Glätten . . .	Kanevas von 0·76 mm Maschenw.
18.	Vermengen	—
19.	Zusammenstellen der Lieferungen und Verpacken	—

In Österreich wird Schwarzpulver für Geschütze und Handfeuerwaffen noch in der k. k. Pulverfabrik zu Stein bei Laibach und verschiedenen anderen, meist kleineren Werken erzeugt und hierbei in der Hauptsache folgendermaßen vorgegangen:

Von den zur Fertigung von grobkörnigem Geschützpulver (event. auch Würfelpulver und prismatischem Pulver) erforderlichen Bestandteilen werden Salpeter und Schwefel in raffiniertem Zustande aus dem Handel bezogen, die Kohle hingegen, wie von uns bereits in dem Abschnitte: „Spezieller Teil der Holzverkohlung" beschrieben, auf den Werken selbst in Retortenöfen gewonnen. Kohle und Salpeter werden in Mengen von 50 kg mit 75 kg Bronzekugeln von 6 bis 13 mm Durchmesser in Brechtrommeln bekannter Bauart gekleint. Der Schwefel wird nicht für sich gekleint, sondern mit der bereits gebrochenen Kohle zusammen. Die Brechtrommeln machen 12 Umdrehungen in der Minute und ist der erforderliche Feinheitsgrad nach rund 2000 Umdrehungen (in ungefähr $2^3/_4$ Stunden) erreicht. Die gekleinten Bestandteile werden nun in Mengetrommeln mit Kugeln aus Pockholz (lignum sanctum) vorgemengt und der ternäre Satz dann mit $5\,^0/_0$ Feuchtigkeitsgehalt in Mengen von je 25 kg auf Kollergängen (Läufergewicht je ca. 5000 kg) geläufert. Die Läufermasse wird hierauf in hydraulischen Pressen 1 bis 2 Stunden lang unter 150 Atmosphären Druck zu Pulverkuchen gepreßt. Die Pulverkuchen erhalten je nach der zu erzeugenden Pulvergattung Dicken von 7·13 oder 21 mm. Die vorgebrochenen Pulverkuchen werden in Lefèbvreschen Körnmaschinen zu grobkörnigen Geschützpulvern gekörnt. Das gekörnte Pulver wird in üblicher Weise getrocknet, sortiert, ausgestaubt, geglättet, vermengt und graphitiert.

In der Schweiz wird Schwarzpulver für Geschütze und Handfeuerwaffen in der eidgenössischen Pulverfabrik zu Chur noch in folgender Weise gefertigt:

Zur Fertigung der Geschütz- und Gewehrpulver wird der Salpeter als sogenanntes Salpetermehl in genügend feinem Zustande unmittelbar aus den Fabriken oder Raffinerien bezogen. Vor seiner Verwendung bzw. vor dem Abwiegen wird er durch Aussieben von zufällig hineingeratenen fremden Körpern, wie Papier, Nägeln, Steinchen usw., die während der Arbeit gefährlich werden könnten, befreit.

Der in Broten aus dem Handel bezogene Schwefel wird in besonderen Rollfässern mit Bronzekugeln gekleint und durch Siebe von Seidenzeug mit wenigstens 700 Maschen pro Quadratzentimeter gelassen. Die Kohlen werden von Fall zu Fall in den binären Tonnen in der erforderlichen Menge unmittelbar vor Zusatz des Salpeters oder Schwefels gekleint. Von den binären Tonnen, d. h. den Tonnen, in denen die binären Sätze gemischt werden, werden zwei getrennte Sorten, einerseits für Salpeter und Kohle, andererseits für Schwefel und Kohle, benutzt. Beide werden gewöhnlich aus Eisenblech gefertigt und mit einer verschließbaren Öffnung zum Einbringen und Entleeren der Materialien ausgerüstet. Innen befinden sich in den Tonnen Anschlagleisten für die Bronzekugeln. Jede Tonne erhält 100 kg Bronzekugeln von 7 bis 10 mm Durchmesser, welche alle drei Monate auf ihr Gesamtgewicht geprüft werden. Hierbei werden die Kugeln unter 7 mm Durchmesser ausgeschieden und das Gesamtgewicht durch Zusatz von neuen Kugeln mit 10 mm Durchmesser wieder auf 100 kg gebracht. Die Beschickung der Tonnen ist nun folgende:

Binärtonnen für Salpeter und Kohle:

Gewehrpulver: 75 kg KNO_3, 5 kg C. Insgesamt: 80 kg.
Geschützpulver: 75 kg KNO_3, 5 kg C. Insgesamt: 80 kg.

Binärtonnen für Schwefel und Kohle:

Gewehrpulver: 33 kg S, 27 kg C. Insgesamt: 60 kg.
Geschützpulver: 30 kg S, 30 kg C. Insgesamt: 60 kg.

Zuerst wird, wie bereits erwähnt, die für jede Chargierung erforderliche Menge Kohle in die betreffende Tonne eingebracht und mit je 500 Umdrehungen für sich gekleint, hierauf erst die abgewogenen Mengen Salpeter bzw. Schwefel zugesetzt. Die Tonnen machen 15 Umdrehungen in der Minute und machen insgesamt (einschließlich der 500 Umdrehungen zur Bearbeitung der Kohle) bei Gewehrpulver 3000, bei Geschützpulver 1500 Umdrehungen. Sind die binären Sätze fertiggestellt, so gelangen sie in die ternären Tonnen. Diese Tonnen sind in der Regel kleiner wie die binären und entweder ganz aus Leder, oder aber von Holz und inwendig mit Leder ausgekleidet. Sie erhalten ungefähr je 25 kg Kugeln aus Buchsbaumholz von 20 mm Durchmesser. Die Beschickung der ternären Tonnen ist bei Gewehrpulver 80 kg binärer Salpeter-Kohle-Satz und 20 kg Schwefel-Kohle-Satz. Bei Geschützpulver wird dasselbe Verhältnis benutzt. Die Ternärtonnen machen gleichfalls durchschnittlich 15 Umdrehungen in der Minute und zwar insgesamt bei Gewehrpulver 3000, bei Geschützpulver 1000 Umdrehungen. Der so gemischte Pulversatz wurde nun bis Mitte der achtziger Jahre des verflossenen Jahrhunderts noch in Stampfmühlen bearbeitet, neuerdings aber durchweg auf Kollergängen. Hierbei wird der ternäre Satz auf 5 bis 7 % Feuchtigkeit gehalten und bei einer Tourenzahl des Kollers von 8 bis 10 Umgängen in der Minute:

in Mengen von 40 kg bei Gewehrpulver mit 1000 Umgängen,
„ „ „ 50 kg „ Geschützpulver „ 300 „

bearbeitet. Auf den Kollern wird bei Gewehrpulver der Satz zum Schlusse noch gedichtet, d. h. der Pulverkuchen gebildet. Zu diesem Zwecke läßt man den Koller während der letzten 10 Minuten nur noch 2 bis 3 Umdrehungen in der Minute machen. Bei Geschützpulver hingegen wird die Läufermasse auf hydraulischen oder Walzenpressen zu Kuchen gepreßt. Bei der hydraulischen Pressung besteht der Stapel aus 10 bis 20 quadratischen Pulverschichten von je 25 mm Höhe und 40 bis 50 cm Seitenlänge, die mit Kupferplatten und Preßtüchern abwechseln. Der Preßdruck beträgt rund 30 kg/qcm. An Stelle der hydraulischen Pressen werden auch Walzenpressen von einer Maximaldruckkraft bis 30000 kg benutzt. Bei diesen wird das kubische und spezifische Gewicht des Pulverkuchens je nach Wunsch durch Veränderung der angewandten Belastung, der Umdrehungsgeschwindigkeit der Druckwalze und der Dicke der zu pressenden Pulverschicht beeinflußt. Die auf dem einen oder anderen Wege erzielten Pulverkuchen werden nun entweder auf Siebkörnmaschinen besonderer Bauart oder auf Walzenkörnmaschinen gekörnt. Die Siebkörnmaschine besitzt 2 bis 4 Körnsiebe von 60 cm Länge und 40 bis 50 cm Breite, welche auf einem an vier beweglichen Tragleisten hängenden Holzrahmen aufliegen und maschinell hin- und herbewegt werden. Die Chargierung beträgt jedesmal 3 bis 4 kg Pulverkuchen. Die Körnscheibe wiegt rund 1 kg. Das gekörnte Pulver wird dann mittels zweier Siebe von entsprechender Maschenweite, die übereinander auf den Rahmen der Körnmaschine gesetzt und so in hin- und hergehende Bewegung versetzt werden, entstaubt, oder besser gesagt, von dem Staub und dem zu feinem Korn befreit, also vorsortiert. Auf dem oberen Sieb bleibt das zu grobe Korn, auf dem zweiten Sieb die gewünschte Korngröße liegen, während der Staub und das zu feine Korn durch das untere Sieb hindurchfallen. Dieser Vorsortierabfall geht zu den Läufern zurück. Während nun das grobkörnige Geschützpulver früher nach erfolgter Körnung vorsortiert wurde, und zwar auf ein und derselben Maschine, bei der, wie eben beschrieben, lediglich die Siebe gewechselt wurden, ging man später für es zur gleichzeitigen Körnung und Vorsortierung auf Congreveschen Walzenkörnmaschinen mit Siebapparat, die mit 2 bis 4 Walzenpaaren arbeiten, über. Das Gewehrpulver hingegen wird nach erfolgter Körnung nicht erst vorsortiert, sondern sofort zur Erzielung des vorschriftsmäßigen runden Kornes rundiert. Dies erfolgt in Mengen von 40 bis 60 kg in dem aus Zwillich gefertigten Rundiersack, der 45 cm Durchmesser und 60 cm Länge besitzt. Der Rundiersack macht 12 bis 15 Umgänge pro Minute und dreht sich gleichzeitig um seine wagrechte Längsachse. Hierbei bildet sich die runde Form der Körner durch gegenseitiges Abschleifen der Ecken und Kanten, sowie durch Agglomerierung von Pulverstaub auf die Oberflächen der Körner. Die Rundierarbeit ist in 20 bis 30 Minuten beendet und wird das Gewehrpulver dann in gleicher Weise wie das übrige entstaubt und vorsortiert. Das entstaubte Pulver wird nunmehr der Vor- oder Feuchtpolitur in Mengen von 100 kg in Rollfässern, die ungefähr 60 cm Durchmesser und 90 cm Länge besitzen, unterzogen. Diese Fässer machen 12 bis 15 Umdrehungen in der Minute, und zwar dauert das Feuchtpolieren 2 bis 3 Stunden. Das dem Feuchtpolierfaß entnommene Pulver enthält noch ca. 5 % Feuchtigkeit, zu deren Beseitigung es einer ersten oder Vortrocknung unterworfen wird. Diese wird nur langsam durchgeführt, um eine Salpeterauswitterung zu vermeiden. Im Winter und bei regnerischer Witterung trocknet man das in dünnen Schichten ausgebreitete Pulver in dem durch Heißwasserheizung erwärmten Trockenhause, bei günstiger Witterung im Schatten unter Luftzug und bei gewöhnlicher Temperatur 15 bis 20 Stunden lang in einem besonderen Trockenschuppen. Durch dieses Vortrocknen sinkt der Feuchtigkeitsgehalt des Pulvers bis auf 1 bis 1½ %. Das Pulver ist somit, wie man zu sagen pflegt, lufttrocken. Es gelangt jetzt in Mengen von 100 bis 120 kg zur eigentlichen oder Trockenpolitur, die gleichfalls in Rollfässern erfolgt. Diese machen 12 bis 15 Umdrehungen in der Minute, und zwar dauert die Bearbeitung je nach Witterungsverhältnissen und Pulversorte 6 bis 12 Stunden. Während der trockenen Jahreszeit ist die gänzliche Entstaubung des trockenen Pulvers in den Poliertrommeln nur schwer zu erreichen. Man hilft sich dann damit, daß man der Charge ca. 10 % grobkörniges sogenanntes grünes Pulver aus den Feuchtpolierfässern zusetzt, an welches das zu polierende Pulver seinen Staubgehalt leicht und vollständig abgibt. Die feuchten Körner siebt man nachher wieder aus und trennt sie von dem fertigpolierten Korn. Dieses wird nun entweder auf Tischen im Freien an der Sonne oder auf Hürden in einem Trockenhause bei 35 bis 40° C 24 Stunden lang getrocknet, bis es nur noch ca. ½ % Feuchtigkeit enthält. Das fertiggetrocknete Pulver wird nunmehr mittels Sieben von folgenden vorgeschriebenen Maximal- und Minimalmaschenweiten endgültig sortiert:

Pulver Nr. 1 (78 % KNO_3, 9 S, 13 C).	
Verwendung: 10·4 bzw. 7·5 mm Revolverpatronen	bis 0·6 mm.
Pulver Nr. 2 (78 % KNO_3, 9 S, 13 C).	
Verwendung: Graphitiertes Sprengladungspulver für Schrapnels	0·6 bis 0·9 mm.
Pulver Nr. 3	0·9 bis 1·2 mm.
Pulver Nr. 4 (74 % KNO_3, 11 S, 15 C).	
Verwendung: Ladung für Gewehrpatronen	1·2 bis 1·5 mm.
Pulver Nr. 5 (77·5 % KNO_3, 9 S, 13·5 C).	
Verwendung: für Bleimantelgeschosse aller Kaliber und 7·5 cm sowie bei:	
Ringmunition; Sprengladung für Granaten	1·5 bis 1·8 mm.
Pulver für Feldgeschütze (75 % KNO_3, 10 S, 15 C)	5 bis 9 mm.
Pulver für Positionsgeschütze (75 % KNO_3, 10 S, 15 C)	12 bis 16 mm.

Das fertigsortierte Pulver wird nun noch bei Gewehrpulver zu Lieferungen von mindestens 5000 kg, bei Geschützpulver zu solchen von mindestens 15000 kg vermengt. Dieses Vermengen der einzelnen Tagesarbeiten erfolgt in einem Mischapparat, dessen viereckiger Kasten von 600 bis 700 kg Fassungsvermögen unten einen trichterförmigen Boden mit kreisrunder Öffnung in der Mitte besitzt. Auf dieser Öffnung erhebt sich, zentral im Kasten, ein oben mit Deckel geschlossenes Blechrohr, das auf seiner ganzen Länge in Abständen von 9 bis 12 mm voneinander runde, 12 bis 15 mm weite Öffnungen besitzt. Unten ist dieses Rohr mit einem Schieber verschließbar. Man füllt den Kasten nun in Mengen von je 50 kg mit den verschiedenen Tageslieferungen und zieht dann den Schieber. Das Rohr entleert sich zunächst und von nun an tritt auf der ganzen Höhe desselben das Pulver aus allen Schichten gleichmäßig in den Blechzylinder und vermengt sich so im Herabfallen gründlich. Für die grobkörnigen Pulversorten tritt an die Stelle des Blechrohres ein aus Holzstäben entsprechend zusammengebautes Gitter.

Zum Schlusse geben wir dann noch eine übersichtliche Zusammenstellung der bei der Herstellung von Geschütz- und Gewehrpulver in der Schweiz üblichen Verfahren sowie ihrer Ausführung:

Pulversorte	Dosierung			Bearbeitung			
	KNO_3	S	C	binäre Tonnen (Umgänge)	ternäre Tonnen (Umgänge)	Läufer (Umgänge)	Pressung
Nr. 1.	78	9	13	4000	4000	1000	Walzenpresse
Nr. 2.	78	9	13	4000	4000	1000	„
Nr. 4.	74	11	15	3000	3000	1000	Läufer
Nr. 5.	77·5	5	13·5	3000	3000	1000	Hydraul. Presse
Grobk. Gesch.-P.	75	10	15	1000	1000	300	„

Pulversorte	Körnung		
	Kornform	Korngröße	Körnerzahl
Nr. 1.	eckig	0·3—0·6 mm	5—10000 pro 1 g
Nr. 2.	eckig	0·6—0·9 mm	3— 5000 pro 1 g
Nr. 4.	rund	1·2—1·5 mm	440—480 pro 1 g
Nr. 5.	eckig	1·5—1·8 mm	250—280 pro 1 g
Grobk. Gesch.-P.	eckig	5·0—9·0 mm	280—300 pro 100 g

In England fertigen die Staatspulverfabriken gekörntes Geschütz- und Gewehrpulver in folgender Weise:

1. Dosieren und Mengen (Weighing and mixing de ingredients). Die Dosierung aller gekörnten Pulver ist 75% KNO_3, 10 S, 15 C.

Beim Abwiegen dieser Bestandteile wird dem Salpeter ein geringes Übergewicht zugebilligt, um dessen unvermeidbaren Feuchtigkeitsgehalt auszugleichen. An Holzkohle kommen drei verschiedene Sorten zur Verwendung, nämlich Faulbaumholzkohle für die Pulversorten R.F.G.², Blank F.G. und Q.F., shell F.G.; Erlen- und Weidenholzkohle für die Sorten: S.P., R.L.G.⁴, R.L.G.², Blank L.G. und shell P. Die einzelnen Bestandteile werden in die aus Bronze oder Kupfer gefertigte Mengetrommel eingetragen, und zwar beträgt die maximal zulässige Charge 80 lb = 36·29 kg. Die Mengetrommel hat einen Durchmesser von 2 Fuß 9 Zoll = 0·84 m und eine Länge von 1 Fuß 6 Zoll = 0·46 m; an ihrer, sie quer durchsetzenden Achse sitzen acht Reihen von gabelförmigen Mengeflügeln aus Bronze. Die Mengetrommel selbst dreht sich nun unabhängig von dieser Achse, und zwar so, daß sich Mengeflügel und Trommel gegeneinander bewegen. Hierbei macht die Trommel ungefähr 40, die Flügel hingegen dreimal so viel, nämlich 120 Umdrehungen in der Minute. Die Mengedauer beträgt ungefähr fünf Minuten. Der fertiggemengte Satz fällt aus der Trommel nach Entfernung der Vorsatztür in einen Sammelrumpf, in dem ein achtmaschiges Kupferdrahtsieb sitzt, um bei der Raffination in den Salpeter hineingeratene Holzsplitter, kleine Kupfernägel oder andere Fremdkörper auszuscheiden; unterhalb dieses Siebes befindet sich ein Trichter, an den ein Sack angehängt wird, um den gemengten Satz, die sogenannte „green charge", aufzunehmen.

2. Läufern (Incorporating, or milling). Die zum Läufern des gemengten Satzes benutzten Kollergänge besitzen ein gut verankertes kreisrundes Eisen- oder Steinbett von etwa 7 Fuß = 2·14 m Durchmesser, auf dem die aus Stein oder Eisen gefertigten Läufer umlaufen; die älteren Kollergänge besitzen durchweg Betten und Läufer aus Stein, die neueren aber nur solche aus Eisen. Die Steinläufer haben 5 Fuß 10 Zoll = 1·78 m Durchmesser und 14 bis 18 Zoll = 356 bis 457 mm Breite; die eisernen Läufer haben $6^1/_2$ Fuß = 1·98 m Durchmesser und 15 Zoll = 381 mm Breite. Bemerkt sei noch, daß steinerne Läufer stets auf Steinbetten, eiserne Läufer aber stets auf Eisenbetten arbeiten. Die steinernen Läufer wiegen ungefähr 3 tons = 3050 kg und machen etwa $7^1/_2$ Umdrehungen in der Minute; die eisernen Läufer wiegen ungefähr 4 tons = 4060 kg und machen 8 Umdrehungen in der Minute. Die beiden Läufer eines Kollers haben eine gemeinsame Achse, die in einem mit Bronzelagern versehenen Querhaupt des das Bett durchsetzenden Königsbaumes gelagert ist. Der Antrieb des Kollers erfolgt bei den älteren, mit Wasserkraft arbeitenden Läuferwerken von oben, bei den neueren, mit Dampfkraft arbeitenden Werken aber von unten, und zwar ist der ganze Antrieb in einem gußeisernen Gehäuse unterhalb des Bettes eingebaut. Das Läuferbett hat außen einen ziemlich hohen kegelförmigen Rand, in der Mitte einen einfachen hochgezogenen Stutzen zum Durchführen der vertikalen Welle. Die beiden Läufer besitzen verschiedenen Abstand von der Vertikalwelle; um einen größeren Radius des Bettes zu bestreichen, greifen sie mit ihren Laufkreisen

ineinander über. Um die Pulvermasse gleichmäßig vor die Läufer zu führen, sind am Querhaupt entsprechend lang bemessene, aus Holz gefertigte und mit Leder überzogene Arme befestigt, von denen der eine mit seinem Pflug mehr im Zentrum des Bettes, der andere aber an dessen Rande arbeitet. Die aus dem Mengwerk kommende „green charge“ wird nun auf dem Bett gleichmäßig mittels eines Holzrechens verteilt und mit destilliertem Wasser angefeuchtet. Für gewöhnlich wird rund vier Stunden lang geläufert, nur R.F.G.^{2}-Pulver wird acht Stunden und die gekörnten Geschützpulver R.L.G.^{2} und R.L.G.^{4} werden drei Stunden lang bearbeitet. Sollen diese Pulversorten unter steinernen Läufern bearbeitet werden, so wird die Läuferzeit um eine halbe Stunde verlängert. Pulverabfälle, die aus den Körn-, Sieb-, Polier-usw.-Werken zurückkommen, werden 40 Minuten geläufert. Die zur Verarbeitung gelangende „green charge“ erhält ungefähr zwei Pinten (1 Pinte = $^1/_2$ Quart = $^1/_8$ Imp. Gallon = 2·2718 Liter Wasser). Während der Arbeit werden dann noch nach der Art des Pulvers und dem Feuchtigkeitsgehalte der Luft, um das Läufern zu erleichtern und die Staubbildung zu vermindern, zwei bis sieben Pinten Wasser zugesetzt. Zu stark darf die Läufermasse aber auch nicht angefeuchtet werden, da sie sich dann zu leicht an den Läufern festsetzt. Während des Läuferns achtet der Arbeiter besonders auf eine gleichmäßige Verteilung des Satzes und schiebt diesen mit einem Spatel vom Bettrande in das Bett dauernd zurück. Um im Falle eines Brandes oder einer Explosion sofort selbsttätig Wasser über den Pulversatz zu schütten, ist über jedem einzelnen Koller ein sogenannter „Drenching Apparatus“ angebracht, und zwar stehen diese Apparate durch eine gemeinsame Wellenleitung in jeder Gruppe von Läuferwerken miteinander in Verbindung, um sie im Explosionsfalle alle gleichzeitig in Tätigkeit treten zu lassen. Erforderlichenfalls können diese Apparate auch von Hand mittels eines Schnurzuges in Tätigkeit gesetzt werden. Gegen Ende der Läuferarbeit wird nun verlangt, daß die Läufermasse, der sogenannte „mille cake“, ein durchaus gleichmäßiges Aussehen, ohne Salpeter- bzw. Schwefelflecken, besitzt und je nach der verwandten Kohlensorte gräulich oder bräunlich aussieht. Um ein gutes und inniges Verarbeiten des Satzes auf dem Koller sicherzustellen, werden diese nur von durchaus erfahrenen Arbeitern bedient, Außerdem wird die Läufermasse täglich genau auf ihren Feuchtigkeitsgehalt — der bei den feinkörnigen Pulversorten zwischen $1^1/_2$ bis $3\,^0/_0$, bei den grobkörnigen zwischen 3 bis $6\,^0/_0$ liegen soll — im Laboratorium untersucht.

3. Quetschen (Breaking down the mill-cake). Die fertige Läufermasse wird in Holzfässern sofort aus den Läuferwerken in Ablagemagazine entfernt und nun zunächst gequetscht. Die Quetschmaschine ist in bekannter Weise, ähnlich wie eine Walzenkörnmaschine, aufgebaut, aber einfacher ausgeführt. Ihr Gestell ist aus Bronze gegossen und besitzt sie zwei gegeneinander arbeitende Paare Bronzewalzen, von denen jedesmal die eine Walze, um Entzündung bzw. eine Explosion beim Passieren von Fremdkörpern oder allzu harten Kuchenstücken zu

vermeiden, beweglich gelagert ist und durch Hebelgewicht unter einem Druck von ungefähr 56 lb = 25·43 kg steht. Da die beiden Walzenpaare des Quetschwerkes übereinander gelagert sind, so ist die Maschine zwecks ihrer leichteren Bedienung mit einem Aufschüttetrichter, der ein Fassungsvermögen von 500 lb = 227 kg besitzt, und einem Gurtelevator ausgerüstet. Dieser Elevator besitzt ein aus Gewebe oder Segeltuch gefertigtes Transportband von 2 Fuß 6 Zoll = 0·76 m Breite, über das in Abständen von 6 Zoll = 152·4 mm voneinander quer Lederstreifen genäht sind, um die Läufermasse aus dem Aufschüttetrichter mit in die Höhe zu nehmen. Diese passiert dann zunächst das obere geriefelte, dann das zweite glatte Walzenpaar. Das gequetschte Korn wird in Kasten aufgefangen, die auf einem in die Maschine eingeschobenen fahrbaren Rahmengestell stehen. Stücke der Läufermasse, welche zu dick sind, um das obere Walzenpaar zu passieren, fallen durch eine Rutsche von diesem in einen besonderen Sammelkasten. Das gequetschte Korn, welches für alle Pulversorten in genau derselben Weise gefertigt wird, gelangt nun zunächst in das Ablagemagazin.

4. Pressen (Pressing). Der gequetschte Satz wird nunmehr zu Kuchen gepreßt, und zwar erfolgt dies nicht, wie sonst meist üblich, in einem lose aufgeschichteten Preßstapel, sondern in einem geschlossenen Preßkasten. Dieser Preßkasten ist aus kräftigem Eichenholz gefertigt und wird von einem bronzenen Rahmen zusammengehalten. Seine Bodenfläche mißt 2 Fuß 6 Zoll = 0·76 m im Quadrat. Seine Tiefe beträgt 2 Fuß 9 Zoll = 0·84 m. In der Mitte ist dieser Kasten durch eine senkrechte Scheidewand in zwei Teile geteilt. Drei Seiten des Kastens sind mit Scharnieren zum Aufklappen versehen, lassen sich aber mit Schrauben sicher festsetzen, um so die Haltbarkeit des geschlossenen Kastens zu erhöhen. Soll der Preßkasten gefüllt werden, so wird er nun zunächst auf die Seite gelegt und seine obere, sonst freie Öffnung einstweilen mit einem Brettstück abgedeckt. Hierauf wird die nach oben zeigende Kastenseite geöffnet und nunmehr ein bronzener Rost eingesetzt, der später nach erfolgter Füllung wieder entfernt wird. In die Rillen dieses Rostes werden die aus Kupfer oder Bronze gefertigten Preßplatten, welche 14 × 30 Zoll = 355·6 × 761·9 mm groß sind, eingeschoben. Der Abstand dieser Preßplatten bzw. der Rillen in dem Hilfsroste ist je nach der zu pressenden Pulversorte verschieden. Nun werden die Zwischenräume zwischen den senkrecht stehenden Preßplatten mit rund 800 lb = 363·2 kg gequetschtem Satz angefüllt, der Hilfsrost herausgezogen, die Seitenwand zugeklappt und mittels der Bronzeschrauben fest zugeschraubt. Hierauf wird der Preßkasten so herumgedreht, daß die nunmehr nur durch die zwischenliegenden Pulverschichten voneinander getrennten Preßplatten wagerecht liegen und der ebenerwähnte Abschlußdeckel entfernt. Der so vorbereitete Preßkasten wird jetzt mittels zweier Gabeln des an einer Deckenschiene laufenden Hebezeuges angehoben und in die hydraulische Presse gefahren. Das zu deren Betrieb erforderliche Preßwasser liefern von Wasserrädern angetriebene

Preßpumpen. die als Reserve noch Handantrieb besitzen und in einem besonderen Raume untergebracht sind. Die Pressung des Satzes erfolgt nun nach „Maß“. Zu diesem Zwecke befindet sich an dem Preßklotz, der an der oberen Traverse der Presse sitzt und in den Preßkasten eindringt, eine Skala. Diesem Verfahren, nach Maß zu pressen, haften aber auch Nachteile an, da der Widerstand, welchen das Pulver gegen seine Zusammenpressung oder Dichtung leistet, ganz wesentlich von seinem Feuchtigkeitsgehalte bzw. dem der Luft abhängt. Wollte man eine ganz genau gleiche Dichte der Preßkuchen erzielen, so müßte man gleiche Mengen Pulver von genau demselben Feuchtigkeitsgehalt in gleichem Verhältnis in dasselbe Volumen pressen. In der Praxis ist dies jedoch unmöglich, da sich der Feuchtigkeitsgehalt fortgesetzt ändert und beispielsweise der Feuchtigkeitsgehalt des direkt vom Koller kommenden, sofort gequetschten Satzes, bis er gepreßt wird, sehr schnell durch die mehr oder weniger hohe Luftfeuchtigkeit beeinflußt wird. Außerdem steht fest, daß außer diesem Feuchtigkeitsgehalt der Pulvermasse an sich auch noch die atmosphärischen Einflüsse auf den Gang der Preßarbeit wesentlich einwirken, so daß man am zweckmäßigsten das Maß, um das der Preßklotz in den Preßkasten eindringt, je nach der Jahreszeit und selbst der gerade herrschenden Witterung verändert. Alle diese Umstände werden nun beim Einstellen der Skala am Preßklotz berücksichtigt. Sobald dieser seinen gewünschten Stand im Preßkasten erreicht hat, löst er eine Vorrichtung aus, so daß eine Glocke ertönt, um der Pumpenbedienung die Erreichung des erforderlichen Preßdruckes anzuzeigen, welchen man nun einige Minuten lang konstant hält. Hierauf wird das Preßwasserventil geöffnet und der Preßkasten mittels des Hebezeuges aus der Presse herausgefahren. Der Preßkasten wird dann auf die Seite gelegt, seine Schrauben gelöst und seine drei beweglichen Seitenwände aufgeklappt. Hierauf kann man ihm die Preßkuchen, welche für später zu körnendes Pulver durchweg in einer Dicke von $^1/_2$ Zoll = 12·7 mm gefertigt werden, entnehmen. Diese werden gleich von Hand in Stücke zerbrochen und in Fässer gefüllt.

5. Körnen (Granulating). Zur Körnung der Preßkuchen wird eine Walzenkörnmaschine benutzt. Diese besitzt ein kräftiges, aus Bronze gegossenes Gestell, auf dem in bekannter Weise etagenförmig drei Paare Körnwalzen gelagert sind. Die Oberflächen der Körnwalzen sind je nach der Korngröße des zu erzeugenden Pulvers verschieden gerauht. Will man beispielsweise feinkörniges Pulver erzielen — wobei sämtliche drei Walzenpaare benutzt werden —, so erhält das unterste Walzenpaar keine Zähne, also einen glatten Mantel, das mittlere Walzenpaar kleine Zähne, welche $^1/_4$ Zoll = 6·35 mm voneinander stehen, und das oberste Walzenpaar endlich die größten Zähne, die $^1/_2$ Zoll = 12·7 mm Abstand voneinander haben. Jedes Körnwalzenpaar enthält, ähnlich wie bei der Quetschmaschine, je eine bewegliche, durch Gewichtsbelastung angedrückte Walze, um Verstopfungen, Walzenbrüche oder gar Explosionen durch Fremdkörper usw. zu vermeiden. Um das erste, ziemlich hoch belegene Walzenpaar bequem beschicken zu können, ist ein

Gurtelevator vorgesehen, und zwar wird dieser von einem, neben der eigentlichen Körnmaschine getrennt aufgestellten, mit einem horizontal gelagerten Walzenpaare ausgerüsteten Vorbrecher aus gespeist. Der von dem Gurtelevator hochgeförderte vorgebrochene Pulverkuchen gelangt in einen kleinen Aufschüttetrichter und gelangt aus diesem in das oberste Körnwalzenpaar. Das durch dieses durchgegangene Korn fällt auf ein kurzes Transportsieb, welches über der Einlauföffnung des mittleren Walzenpaares endet. Ein ähnliches Sieb stellt die Verbindung zwischen dem mittleren und dem unteren Walzenpaar her. Diese beiden Transportsiebe sind nun beispielsweise bei Fertigung feinkörniger Pulver mit einem zehnmaschigem Kupferdrahtsieb bezogen. Alles Pulver, welches auf dem Wege von dem einen zu dem anderen Walzenpaare durch diese beiden Siebe durchfällt, gelangt auf zwei andere, unter sämtlichen Walzenpaaren schrägstehend durchlaufende Siebe, deren oberes mit einem 10 maschigem, deren unteres mit einem 20 maschigem Kupferdrahtsieb bezogen ist. Der Abstand dieser beiden Siebe voneinander beträgt ungefähr 3 Zoll = 76·2 mm. Alle Siebe, sowohl die beiden kurzen Transportsiebe (Obersiebe), wie die zwei langen Siebe (Untersiebe), sind in einen federnd aufgehängtem Holzrahmen eingesetzt, welcher von einem vieleckigen Exzentertriebe in schwingende Bewegungen versetzt wird. Das auf dem 20 maschigem Untersieb liegenbleibende und in einem untergestellten Holzkasten aufgefangene Korn ist R. F. G.^{2}-Pulver. Das auf dem 10 maschigem Obersieb liegenbleibende und gesondert aufgefangene zu grobe Korn wird nochmals gekörnt, während das durch das 20 maschige Untersieb durchgefallene und in einer Lade aufgefangene zu feine Korn nebst dem Körnstaub in Mengen von 60 lb = 27·24 kg zu den Kollern zurückgeht und 40 Minuten lang geläufert wird. Die eben angegebenen Maschenweiten für Ober- und Untersiebe gelten selbstredend nur für R. F. G.^{2}-Pulver. Fertigt man andere Pulversorten, so werden Siebe anderer Maschenweiten benutzt, beispielsweise bei den Sorten R. L. G.^{2} und R. L. G.^{4}.

6. Ausstäuben (Dusting-Fine grain powders only!). Die mit Faulbaumholzpulver gefertigten Sorten: Blank F. G., Q. F., Shell F. G. und R. F, G.^{2} besitzen nach der Körnung einen größeren Staubgehalt wie die Pulversorten für großkalibrige Geschütze und werden deshalb in Ausstäubezylindern entstäubt. Die Ausstäubezylinder bestehen aus einem drehbaren, um 4^0 gegen die Horizontale geneigten und an beiden Enden offenem Zylindersieb von 7 Fuß 10 Zoll = 2·39 m Länge und 1 Fuß 5 Zoll = 0·43 m Durchmesser. Die Mantelfläche des Siebzylinders ist bei R. F. G.^{2}-Pulver mit einem 20 maschigem, bei Blank- und Shell-Pulver mit einem 36 maschigem Kupferdrahtgewebe überzogen. Das Zylindersieb macht 40 Umdrehungen in der Minute. Der Siebstaub, welcher in dem Gehäuse aufgefangen wird, geht zu den Läufern zurück.

7. Polieren (Glazing). Nachdem die vorstehend erwähnten drei Pulversorten ausgestaubt worden sind, werden sie in Rollfässern poliert. Diese Poliertrommeln haben eine Länge von 5 Fuß = 1·53 m und einen Durchmesser von $2^1/_2$ Fuß = 0·76 m. Sie machen 34 Umdrehungen

in der Minute und werden mit je 500 lb = 227 kg beschickt. Die Blank- und Shell-Pulver werden 5 Stunden, R.F.G.²-Pulver 8 bis 10 Stunden poliert. und zwar ohne irgend einen Zusatz, lediglich im eigenen Staub. Die beiden Pulversorten R.L.G.² und R.L.G.⁴ hingegen erhalten einen Graphitzusatz von einer Unze (0.2835 kg) auf 100 lb (45·4 kg), entsprechend ca. 0·06 %, und werden 2 bis 3 Stunden poliert. Bemerkt sei noch, daß die Polierfässer zwecks leichteren Füllens und Entleerens in einem Holzgehäuse eingebaut sind. Je vier Polierfässer werden zusammen in einem Polierwerke aufgestellt. Die gesamte, gleichzeitig in einem Werke zu polierende Charge beträgt somit 4 × 227 = 908 kg. Das polierte Pulver wird nochmals entstäubt, und zwar das R.F.G.²-Pulver in einem mit 20 maschigem Gewebe, die Blank- und Shell-Pulver in einem mit 36 maschigem Gewebe bespannten Siebzylinder. Alle Sorten werden dann noch, um zu grobes Korn zurückzuhalten, durch ein 11 maschiges Sieb in Fässer gelassen und sind nun fertig zum Trocknen.

8. Trocknen (Stoving, or drying). Alle Sorten Schwarzpulver werden in gleicher Weise in mit Dampf beheizten Trockenräumen von ihrem überschüssigen Feuchtigkeitsgehalt befreit. In diesen Trockenräumen sind 7 bis 8 Etagen hohe Trockengestelle vorhanden, in denen die mit Segeltuch überzogenen und 3 Fuß = 0·92 m langen, 1 Fuß 6 Zoll = 0·457 m breiten und $2^1/_2$ Zoll = 63·5 mm tiefen Trockenrahmen, die mit je 20 lb = 9·08 kg Pulver beschickt sind, eingeschoben werden. Sämtliche Trockengestelle eines Raumes nehmen 5 tons = 5080 kg Pulver gleichzeitig auf. Unterhalb der Trockengestelle laufen die Dampfheizungsrohre und am Boden sowohl wie an der Decke sind Ventilatoren vorgesehen, welche die beim Trocknen entstehenden Wasserdämpfe absaugen und für eine gleichmäßige Luftzirkulation im ganzen Raume sorgen. Auf das gute und vollständige Absaugen der Wasserdämpfe durch die Ventilation wird besonderes Gewicht gelegt, um beim Sinken der Temperatur zu verhüten, daß sich der Wasserdampf wieder auf dem Pulver niederschlägt. Im allgemeinen wird das Pulver nun bei 100° F = 37·8° C getrocknet. Diese Temperatur wird allmählich hergestellt und gegen Ende des Trockenprozesses auch allmählich erniedrigt. Die Trockendauer ist für die einzelnen Pulversorten verschieden, und zwar werden Black F.G. und Q.F., Shell F.G. eine Stunde, R.F.G.² zwei Stunden. R.L.G.² und R.L.G.⁴ 2 bis 4 Stunden getrocknet.

9. Glätten (Glazing). Um aus dem getrockneten Pulver den hierbei entstandenen Staub zu entfernen und gleichzeitig dem Korn die letzte Politur zu geben, wird es nunmehr noch geglättet. Dieses Glätten erfolgt in einem drehbaren, horizontal gelagerten Holzzylinder von 8 Fuß 2 Zoll = 2·49 m Länge und 2 Fuß 2 Zoll = 0·66 m Durchmesser, welcher mit 7 maschigem Gewebe bespannt ist und 45 Umdrehungen in der Minute macht. In der Mantelfläche der Trommel befindet sich in der Mitte eine Öffnung, welche zum Einbringen des Pulvers in Mengen von 300 lb = 136·2 kg dient. Dies Einbringen erfolgt durch einen Aufgabetrichter in dem Gehäuse, welches den Zylinder zum Auffangen des Staubes umschließt. Um den Zylinder

zu entleeren, läßt sich sein rückwärtiger Boden entfernen. R.F.G.[2]-Pulver wird $2^1/_2$ Stunden geglättet und zeigt dann ein tiefschwarzes, glänzendes Aussehen, ohne daß Graphit zugesetzt wurde. R.L.G.[2]- und R.L.G.[4]-Pulver werden $1^1/_2$ Stunden lang geglättet.

10. Vermengen (Blending). Sämtliche Tagesarbeiten werden, um eine große Lieferung von durchaus gleichmäßiger Beschaffenheit zu erzielen, miteinander vermengt, und zwar erfolgt dieses Vermengen nicht, wie sonst meist üblich, lediglich zum Schlusse der Fabrikation, sondern bereits einmal vor dem Trocknen. Hierbei werden 6 Faß à je 100 lb = 45·4 kg, insgesamt somit rund 2906 kg Pulver vermengt. Bei der Schlußvermengung hingegen werden 100, 200 oder 400 Fässer miteinander vermengt, wobei je nach dem Ausfall der einzelnen Prüfungen vorgegangen wird. Das Vermengen erfolgt in einem Vermengungsapparat bekannter Bauart, welcher aus einem hohen, in vier gleiche Fächer geteilten Kasten besteht. Jedes Fach wird für sich unten von einem Schieber abgeschlossen. Nachdem nun in jedes Fach ein Faß Pulver eingeschüttet worden ist, werden die Schieber gleichzeitig gezogen. Das Pulver läuft heraus, vermengt sich und wird in einem großen Fasse aufgefangen. Dieser Prozeß wird so oft, als erforderlich, wiederholt und so eine gleichmäßige Lieferung erzielt.

In Frankreich wurde bei der Herstellung gekörnter Schwarzpulver für Kriegszwecke ähnlich wie in den anderen Staaten vorgegangen; als Beispiel sei hier die Fertigung des Geschützpulvers Typ MC kurz angeführt, welche Pulversorte heute noch zur Herstellung komprimierten Sprengpulvers (poudres comprimées) gefertigt wird. 1. Kleinen der Bestandteile und Herstellen der binären Sätze (Trituration simples et binaires). Die Bestandteile werden zum Kleinen und zur Herstellung der binären Sätze in eisernen oder kupfernen Trommeln, die 20 bis 25 Umdrehungen in der Minute machen, 2 bis 6 Stunden lang bearbeitet. 2. Sieben der Sätze (Tamisage). 3. Läufern (Trituration sous les meules). In Mengen von 25 kg wird der mit 5 bis 6 % Wasser angefeuchtete Satz 45 Minuten geläufert. Aus der Fabrikation zurückkommender Pulverstaub usw. wird 15 Minuten geläufert. 4. Dichten (Galetage). Das Dichten des Satzes erfolgt direkt auf dem Läufer. 5. Körnen (Grenage). Das Körnen erfolgt in Körnfässern, deren Siebe 2·5 mm Lochweite besitzen. 6. Sortieren (Tamisage). Der gekörnte Satz wird mit Sieben von 1·4 mm Maschenweite aussortiert. 7. Polieren (Lissage). Das sortierte Korn wird in Mengen von 600 kg 1 bis $1^1/_2$ Stunden lang in Rollfässern, die 10 Umdrehungen in der Minute machen, poliert. 8. Trocknen (Séchage). Das polierte Pulver wird bis auf einen Feuchtigkeitsgehalt von 1 % getrocknet. 9. Ausstauben (Epoussetage). Das getrocknete Pulver wird nochmals bis auf 1·4 mm Korngröße ausgesiebt und ausgestaubt. Hierbei erhält man im Durchschnitt eine Ausbeute von 44 % Korn.

Außer dieser Geschützpulversorte „MC" gibt es noch eine Sorte „MC_{15}", bei welcher der neugefertigte Satz nur 15 Minuten, die Fabrikationsabgänge nur 5 Minuten lang geläufert werden.

Diese beiden Sorten unterscheiden sich in folgender Weise:

„MC"	gravimetrische Dichte:	0·90 bis 0·92.
„MC_{15}"	desgl.	0·86 bis 0·89.
„MC"	spezifisches Gewicht:	1·63 bis 1·65.
„MC_{15}"	desgl.	1·52 bis 1·58.

Durch das hohe spezifische Gewicht bzw. die bedeutende gravimetrische Dichte von „MC" wird eine langsamere Umsetzung desselben im Bohrloche bewirkt gegenüber dem gewöhnlichen französischen Sprengpulver — poudre de mine ronde —, welches im Durchschnitt 0·76 bis 0·82 gravimetrische Dichte und ca. 1·50 spezifisches Gewicht aufweist.

In **Belgien** wurden gekörnte Schießpulver in der Pulverfabrik Wetteren bis ausgangs des Jahres 1885 ausschließlich, seitdem aber nur noch einige bestimmte Sorten in folgender Weise gefertigt:

Schwefel und Kohle werden zunächst genügend gekleint. Als Schwefel findet Stangenschwefel Verwendung, der in Marseille, Paris, Rouen oder in Antwerpen raffiniert ist. Der Stangenschwefel wird nun zunächst in Mengen von je 25 kg auf Kollergängen (meules) ungefähr 30 Minuten lang vorgebrochen (broyer). Die Koller machen drei Umdrehungen in der Minute und besitzen Läufersteine von ca. 1800 kg Gewicht. Man hat nämlich die Erfahrung gemacht, daß sich bei schwereren Läufern der Schwefel gern auf den Laufflächen der Steine festsetzte und so die Arbeit erschwerte, wenn nicht ganz unmöglich machte. Der auf dem Koller vorgebrochene Schwefel kommt dann in Mengen von 50 kg mit rund 60 kg Bronzekugeln von verschiedenem Durchmesser in die Brechtrommel (tonne de trituration); diese sind aus Eisen gefertigt, besitzen 1·30 m Länge und 0·80 m Durchmesser. Im Innern enthalten sie acht eiserne Prallleisten; sie machen 18 Umdrehungen in der Minute und nach Ablauf von rund 30 Minuten ist der Schwefel zu staubfeinem Pulver zermahlen (pulvériser). Der fertig gekleinte Schwefel wird hierauf noch auf Schüttelsieben (tamis de va et vient) gesichtet; bei diesen sind je drei Siebe zusammen in einen Schwingrahmen eingebaut, der eine hin- und hergehende Bewegung macht und von einem Holzgehäuse allseitig umgeben ist. Man gibt in jedes Sieb 2 kg Schwefel und drei Holz- oder Bronzekugeln. Das Sieben selbst nimmt nur einige Minuten in Anspruch, so daß die Siebapparate laufend den von den Kollern bzw. Brechtrommeln kommenden Schwefel verarbeiten können. An Stelle dieser Schüttelsiebe kann auch ein Zylindersieb (blutoir mécanique) von ca. 4 m Länge benutzt werden; dieses besteht aus zwei konzentrisch ineinander gesteckten Siebzylindern, von denen der innere 60 cm, der äußere 68 cm Durchmesser hat. Beide sitzen auf einer gemeinschaftlichen eisernen Achse, die sich in Lagern dreht. Das innere Sieb ist mit sehr feinem Metallgewebe, das äußere mit gleichfalls sehr feinem Seidengewebe bespannt; dieser Doppelzylinder macht 40 Umdrehungen in der Minute. Man bringt nun den von den Brechtrommeln kommenden Schwefel in kleinen Mengen in den inneren Siebzylinder ein, der das genügend feine Korn durchfallen läßt, das zu grobe hingegen zurückhält. Durch eine leichte Neigung, welche der Siebachse gegeben ist, wird dafür gesorgt, daß sich erstens der zu sichtende Schwefel tunlichst gleichmäßig auf die ganze Länge des Innensiebes verteilt und daß zweitens der von dem inneren Zylindersiebe zurückgehaltene zu grobe Schwefel in eine Auslaufrinne und aus dieser in ein Sammelgefäß geleitet wird. Der durch das feine Seidengewebe des Außenzylinders fallende, genügend gekleinte Schwefel wird in vier unter den Sammelrumpf des den ganzen Apparat zur Vermeidung der Staubentwicklung dicht einschließenden Holzgehäuses untergestellten Gefäßen aufgefangen. Nachdem nun Schwefel und Kohle genügend gekleint und gesichtet sind, werden zunächst zwei binäre Sätze hergestellt, die nochmals besonders jeder für sich gekleint werden. Diese binären Sätze (Dosage des composés binaires) setzen sich zusammen aus:

I.	45·735 kg	entsprechend	44·265 %	KNO_3
	5·925 kg	entsprechend	5·735 %	C
	51·660 kg	entsprechend	50·000 %	KNO_3 + C.
II.	37·500 kg	entsprechend	36·058 %	S
	14·500 kg	entsprechend	13·942 %	C
	52·000 kg	entsprechend	50·000 %	S + C.

Das Kleinen dieser binären Sätze erfolgt in eisernen Brechtrommeln, die 1 m lang sind und 1·165 m Durchmesser besitzen, mit Bronzekugeln von 10, 15 und 20 mm Durchmesser. Von dem Salpeter-Kohle-Satz werden zwei Säcke = 103·32 kg in zwei Brechtrommeln zusammen mit 100 kg Bronzekugeln eingebracht. Diese Trommeln machen 23 Umdrehungen in der Minute und dauert die Bearbeitung rund $2^1/_2$ Stunden. Von dem Schwefel-Kohle-Satz werden gleichfalls zwei Säcke = 104 kg zusammen mit 100 kg Bronzekugeln bei 23 Umdrehungen in der Minute, aber $3^1/_2$ Stunden lang gekleint. Da man nun hierbei den Satz auf fünf Brechtrommeln verteilt, so erfordert das Kleinen beider binären Satzsorten dieselbe Zeit. Ist das Brechen beendet, so werden die Brechtrommeln stillgesetzt, die vollen Vorsatztüren durch solche aus grobem Drahtgewebe ersetzt und der Inhalt in bekannter Weise in untergestellte Sammelgefäße entleert, wobei die Bronzekugeln auf den Siebtüren liegen bleiben. Die gekleinten binären Sätze werden nun zu dem ternären Satz in folgender Weise weiterverarbeitet (Dosage des composés ternaires):

$$
\begin{array}{l}
41^{2}/_{3}\ \text{kg}\ KNO_3 + C \\
\underline{8^{1}/_{3}\ \text{kg}\ S + C} \\
50\ \ \text{kg}
\end{array}
$$

Diese Dosierung entspricht einer Ausgangszusammensetzung von:

$$
\begin{array}{l}
73\cdot775\,\%\ KNO_3 \\
12\cdot020\,\%\ S \\
\underline{14\cdot205\,\%\ C} \\
100\cdot000\,\%
\end{array}
$$

Das fertige Pulver weicht aber naturgemäß infolge des Verstaubens der Kohle bei der Fabrikation, ferner deren Salz- und Aschengehaltes, sowie dem wechselnden Feuchtigkeitsgehalte der einzelnen Ausgangsprodukte in seiner Zusammensetzung von der eben angeführten ab. Im allgemeinen setzt sich das nach obiger Dosierung gefertigte Pulver zum Schlusse zusammen aus:

$$
\begin{array}{l}
75\cdot000\,\%\ KNO_3 \\
12\cdot500\,\%\ S \\
\underline{12\cdot200\,\%\ C} \\
100\cdot000\,\%
\end{array}
$$

Die binären Sätze werden in dem eben angegebenen Verhältnis jetzt zunächst in Mengetrommeln (tonnes mélangeoires) gemengt (Trituration et mélange des composés ternaires). Die Mengetrommeln bestehen aus einem Holzgerippe mit durchgehender Achse, das mit Kuhleder überzogen ist und 1·20 m Länge bei 1·30 m Durchmesser besitzt. Der Lederbelag ist zwischen je 12 innen bzw. außen angeordneten Holzleisten eingespannt, die 4 cm Vorsprung besitzen. Jede Mengetrommel ist durch eine eichene Zwischenwand in zwei Räume geteilt, von denen jeder eine volle Vorsatztür und eine (einsetzbare) Gittertür besitzt. Die Trommelachse ist mit Holz bekleidet und mit Leder überzogen. In jedes Trommelabteil werden 25 kg Holzkugeln mit einem Sack = 50 kg Ternärsatz eingebracht. Die Trommel läuft dann bei 12 Umdrehungen in der Minute eine Stunde lang oder länger. Der aus den Mengetrommeln kommende Ternärsatz wird in Mengen von 25 kg auf Läuferwerken weiter verarbeitet. Von jeder solchen Charge bestehen $^{2}/_{3}$ aus dem in den Mengetrommeln hergestellten Ternärsatz, $^{1}/_{3}$ aber aus Staubabfällen von der Siebkörnmaschine usw. Jede Charge wird auf dem Läuferbett aus einer kleinen Gießkanne mit $1^{1}/_{2}$ bis $2^{1}/_{2}$ Liter Regenwasser angefeuchtet und dann der Läufer eingerückt. Die Läufer machen gewöhnlich drei, höchstens aber fünf Umdrehungen in der Minute und dauert die Bearbeitung des Satzes rund drei Stunden. Während dieser ganzen Zeit befindet sich ein Arbeiter im Läuferwerk, welcher erforderlichenfalls der Arbeit der Pflüge und Abstreicher nachhilft und den Satz anfeuchtet. Der Feuchtigkeitsgehalt des Satzes wird je nach der Luftfeuchtigkeit auf 8 bis 14 % gehalten. Bei zu geringer Anfeuchtung staubt der Satz, bei zu starker schmiert er und hängt sich an die Steine. Nachdem der Satz 2 Stunden 52 Minuten geläufert worden ist — also 8 Minuten vor Beendigung der Arbeit —, ertönt ein Läutewerk und sofort werden alle Koller auf den langsamen Gang gebracht, bei dem sie nur eine einzige Umdrehung pro Minute machen. Hierbei wird der geläuferte Satz gedichtet und zu einem Kuchen gepreßt. Nachdem die Koller diese 8 Minuten langsam gelaufen haben, ertönt das Läutewerk wieder und sämtliche Koller werden nunmehr stillgesetzt. Hierauf werden die Kuchenstücke in Kübel gefüllt, um sie zu den Körnwerken zu schaffen. Auf die Läuferteller wird dann sofort die nächste von den Mengewerken kommende Charge aufgebracht. Zu bemerken ist, daß der dergestalt auf dem Koller selbst gewonnene Pulverkuchen nicht ganz gleichmäßig in seiner Dichte und diese auch nicht hoch ist, seine Herstellung aber erfordert nur wenig Zeit. Der Feuchtigkeitsgehalt des Kuchens beträgt 7 bis 8 % und gelangt er so zu den Körnmaschinen.

Außer nach der eben beschriebenen älteren Fabrikationsmethode arbeitete bzw. arbeitet man bei verschiedenen Pulversorten auch noch nach einem etwas vereinfachten Verfahren, bei welchem die Herstellung eines der Binärsätze in Wegfall kommt. Hierbei geht man in folgender Weise vor. Der Schwefel wird auf dem Koller vorgebrochen und dann in einer Brechtrommel gekleint. Hierauf wird er mit der Holzkohle vermischt und dieser Binärsatz in eisernen Blechtrommeln drei Stunden lang gekleint. Der fertiggekleinte Schwefel-Kohle-Satz wird jetzt in die lederne Mengetrommel gebracht und der gleich in Mehlform zur Verwendung gelangende Salpeter zugesetzt. Ist der Ternärsatz fertig gemengt, so kommt er auf die Läufer und wird auf diesen auch gleich zu Kuchen gepreßt.

Bei dem neuen, in Wetteren seit dem Jahre 1885 für die Mehrzahl der Pulversorten eingeführten verbesserten Verfahren wird das Kleinen der Bestandteile und das Mischen in der eben beschriebenen Weise auf Kollern und auf Trommeln durchgeführt, der Pulverkuchen aber mit Hilfe einer hydraulischen Presse (presse hydraulique) erzeugt. Die von den Kollern kommende Läufermasse wird, um eine leichtere und sichere Weiterverarbeitung zu erzielen, sowie um ein zu starkes Stauben zu verhüten, erforderlichenfalls etwas angefeuchtet und auf durchschnittlich 6 % Feuchtigkeit gehalten. Der Aufbau des Preßstapels erfolgt in bekannter Weise mit einem losen, hölzernen Hilfsrahmen. Als Preßplatten fanden früher quadratische Kupfer- oder Zinkplatten von 42 cm Seitenlänge in Verbindung mit leinenen Preßtüchern Verwendung, neuerdings aber nur noch Ebonit- oder Hartgummiplatten ohne Preßtuchzwischenlagen. Der Preßstapel enthält ungefähr 60 Satzschichten übereinander. Der fertig aufgebaute Satzstapel wird nun in der hydraulischen Satzpresse 20 bis 60 Minuten lang mit ungefähr 96 Atmosphären gepreßt. Man kann beim Pressen sowohl den Druck an einem Manometer ablesen, wie auch „nach Maß“ pressen, indem man einfach die Verkürzung des Satzstapels beim Pressen als Anhalt nimmt. Hierbei kann man im allgemeinen annehmen, daß der fertig gepreßte Pulverkuchen durchschnittlich nur halb so hoch ist, wie die lose Satzschicht im Stapel vor der Pressung. Je nach der gewünschten Korngröße des Pulvers wählt man die Stärke des Pulverkuchens verschieden und hat man beispielsweise fünf verschiedene Preßkuchenstärken für Korngrößen von 10 bis 13 mm, 13 bis 16 mm, 16 bis 20 mm, 20 bis 25 mm und 25 bis 30 mm. Der aus der hydraulischen Satzpresse kommende Pulverkuchen wird nun, nachdem er zunächst mit Holzhämmern grob zerkleinert ist, entweder auf Körnmaschinen System Lefèvre oder Congrève gekörnt oder aber — bei den sehr grobkörnigen bzw. Würfelpulvern — auf einer Schneidemaschine zerschnitten. Die Körnmaschine System Lefèvre (Grenoir Lefèvre, Grenoir à retour, Grenoir mécanique) besitzt einen aus Holz gefertigten achteckigen Tisch von 2·50 m Durchmesser, der mit acht Seilen an der Decke des Körnwerkes aufgehängt ist und in bekannter Weise von einer vertikalen Triebachse, die in der Mitte gekröpft ist (Schenkellänge 16 cm) mit einer Geschwindigkeit von 70 bis 75 Umdrehungen in der Minute gedreht und gerüttelt. In diesen Tisch sind nun die acht Körnsiebe eingesetzt, von denen es eine ältere und eine neuere Bauart gibt, die aber beide Etagensiebe gebräuchlicher Art vorstellen. Bei der älteren Bauart besitzt das oberste Sieb — „guillaume“ genannt — einen Siebboden aus Nußbaumholz mit 6 mm-Löchern. In diesem Obersieb läuft eine 700 g schwere Weißbuchenscheibe, um die Kuchenstücke zu zerkleinern und durch die Sieblöcher zu drücken. Unter dem Obersiebe sitzt das Mittelsieb — „grenoir en guerre“ genannt —, welches mit Metallgewebe bespannt ist. Unter dem Mittelsiebe sitzt das mit einem Haarsiebe bespannte Untersieb, das zuweilen auch aus einer genügend fein gelochten Zinkplatte besteht. Dieses Untersieb hält alle Körner zurück und läßt nur den Staub durchfallen. Bei der neueren Bauart sind die Siebe nun genau so eingerichtet, wie eben beschrieben, jedoch ist zwischen Ober- und Untersieb eine entsprechend geformte Rückführschaufel eingebaut, auf welcher durch das Obersieb vielleicht passierte zu grobe Stücke durch die Zentrifugalkraft selbsttätig wieder nach oben in das Obersieb zurückbefördert und so nochmals der kleinenden Wirkung der Körnscheibe ausgesetzt werden. Bei beiden Siebarten erhält das Obersieb einen trichterförmigen Lederschlauch aufgesetzt, in welchen die grob vorgebrochenen Pulverkuchenstücke aufgegeben werden.

Betriebssicherer und leistungsfähiger wie die Lefèvresche Körnmaschine hat sich die Walzenkörnmaschine (grénoir Congrève) bewährt. Besonders ist das von ihr gelieferte Korn besser geformt und gleichmäßiger, so daß sich auch die Vergasung dieses Kornes beim Schuß gleichmäßiger gestaltet. Bei der Walzenkörnmaschine sind zwischen zwei kräftigen Seitenwänden acht horizontale Walzen paarweise etagenförmig gelagert. Die Verbindungslinie der Walzenmitten schließt einen Winkel von ungefähr 35° gegen die Horizontale ein und stehen die einzelnen Walzenpaare, in der Vertikalen gemessen, 0·736 m voneinander ab. Die Walzen besitzen bei einer Länge von 762 mm einen

Durchmesser von 178 mm. Auf ihrer Oberfläche sind sie mit rosettenartigen, 6·2 bis 6·4 mm hohen Zähnen besetzt, und zwar greifen beim ersten Walzenpaare die Zähne der ersten Walze in die Zahnlücken der zweiten Walze ein, damit die Pulverkuchenstücke zerbrochen, nicht aber zermahlen werden. Bei den anderen Walzenpaaren sind die Zähne 3 bis 4 mm hoch und arbeiten bei diesen Walzen die Zähne mit ihren Spitzen nebeneinander. Bei jedem der vier Walzenpaare ist die den Antrieb erhaltende Walze festgelagert, die andere aber — um beim Passieren zu grober Kuchenstücke oder harter Fremdkörper einen Bruch zu vermeiden — beweglich gelagert, und zwar wird sie von einem Gegengewicht angedrückt. Eine Stellschraube gestattet, den Abstand zwischen den Walzen eines Paares genau einzustellen. Zum Transport der Kuchenstücke bzw. des Kornes von einem Walzenpaare der Maschine zum anderen dienen endlose Metallsiebe oder auch geneigte Schüttelsiebe, die in ruckweise Bewegung versetzt werden. Um den zu körnenden Pulverkuchen bequem auf das oberste Walzenpaar aufgeben zu können, ist die Körnmaschine mit einem Gurtelevator bekannter Bauart ausgerüstet. Die Leistungsfähigkeit einer Walzenkörnmaschine vorbeschriebener Bauart beträgt bei ununterbrochenem Betrieb 3000 bis 4000 kg Pulverkuchen pro Tag. Hierbei sei noch erwähnt, daß sich bei 100 kg Pulverkuchen die Ausbeute — bereits unter Berücksichtigung der späterhin noch beim Polieren, Trocknen, Sortieren usw. auftretenden Verluste — beläuft auf:

40 kg Geschützpulverkorn,
20 kg Gewehrpulverkorn,
40 kg Staub.

Der aus der Körnmaschine entfallende Staub geht zu den Kollern zurück, das fertige Korn aber kommt einstweilen in das zugehörige Ablagemagazin (magasin des poudres vertes). Es wird dann zunächst vorpoliert (lissage premier). Diese Arbeit erfolgt in hölzernen Vorpoliertrommeln, die 2·25 m lang sind und 60 cm Durchmesser besitzen. Sie besitzen eine quer durchgehende eiserne Drehachse, die mit Holz umkleidet ist. Jede Tonne ist aus 24 Dauben zusammengesetzt, von denen 12 nach dem Inneren der Trommel zu vorspringen, um ein Anbacken der Körner an die Trommelinnenwand zu verhindern. Jede Tonne ist dann endlich noch durch Scheidewände in drei Abteilungen geteilt, von denen jede zum Ein- und Ausbringen des Satzes eine Tür besitzt. Nachdem nun in jedes Trommelabteil 50 kg Korn eingebracht sind, läuft die Trommel $2^1/_2$ Stunden lang mit 20 Umdrehungen in der Minute.

Das vorpolierte Pulver wird jetzt der ersten Trocknung (premier séchage) unterzogen, welche eine Stunde dauert und bei der mit der Temperatur nicht über 30° C gegangen wird. Das Trocknen erfolgt in einem Trockenhaus (séchoir). dessen Temperatur im Maximum vorschriftsmäßig 60° C nicht überschreiten darf. Der Trockenprozeß selbst wird mittels heißer Luft durchgeführt, welche durch das in 2 bis 3 cm hoher Schicht ausgebreitete Pulver durchgeblasen wird. Um die Trockenluft vorzuwärmen, benutzt man einen Apparat folgender Bauart. In einen genügend großen Gußeisenzylinder sind mit einigem Abstande von den echten Böden sogenannte falsche Böden oder, besser gesagt, Rohrwände eingesetzt, in welche rund 100 kupferne Rohre kleinen Querschnitts eingezogen sind. Diese kupfernen Rohre werden auf ihrer Außenfläche mit Dampf beheizt. Ein Ventilator drückt nun Luft, die er aus dem Freien ansaugt, durch diese Kupferrohre hindurch und dann diese hierbei erwärmte Luft durch eine Rohrleitung weiter in die aus Holz gefertigten, allseits geschlossenen und nur oben offenen Trockenapparate. Die etwas geneigte Oberfläche dieser Apparate ist mit Drahtgewebe bespannt, auf welches ein Stück Serge oder Segeltuch aufgelegt ist. Auf dieser Tuchlage wird das Pulver in dünner Schicht ausgebreitet und so der warme Luftstrom zwischen den einzelnen Pulverkörnern hindurchgeblasen. Auf diese Weise erzielt man eine sehr schnelle Trocknung, beispielsweise 300 kg Pulver in einer Stunde.

Ist das Pulver nun vorgetrocknet, so wird es fertig poliert (second lissage) und zwar erfolgt dies in großen hölzernen Fertigpoliertrommeln, die bei einer Länge von 1·40 m einen Durchmesser von 1·65 m besitzen und durch eine Scheidewand in zwei Abteilungen zerlegt sind. Die Holzdauben dieser Fertigpoliertrommeln sind auf der Innenseite gewellt. In jedes Abteil der Trommeln werden 50 kg Korn eingebracht und vier Stunden lang bei 16 Umdrehungen in der Minute poliert. Die hierbei erzielte Politur des Korns ist dank dem großen Durchmesser und der großen Umdrehungsgeschwindigkeit der benutzten Trommeln eine sehr gute.

Das fertig polierte Pulver wird nun der zweiten Trocknung (second séchage) unterzogen, welche drei Stunden dauert und bei einer Temperatur von 50 bis 60° C durchgeführt wird. Das fertig getrocknete Pulver wird dann sortiert (égaliser, classer). Die Sortiersiebe werden von Hand betrieben und bestehen aus einem geeigneten Holzrahmenwerk, welches mit vier Seilen an der Decke des Sortierwerks pendelnd aufgehängt ist und in das drei Siebe von verschiedener Maschenweite eingesetzt sind. Um dem Arbeiter die Betätigung der Sortiervorrichtung zu erleichtern, ist an der Decke eine federnde Holzschiene befestigt, gegen welche der von ihm vorgestoßene Apparat anstößt. Infolge ihrer Federkraft sucht die Schiene dann den Apparat wieder in seine frühere Lage zurückzuführen. Dergestalt bewegt sich also der Apparat während des Sortierens dauernd ruckweise hin und her. Soll in diesem Apparat Gewehr- und Geschützpulver, jedes für sich, aussortiert werden, so erhält das Obersieb 2·5 mm, das Mittelsieb 1·5 mm und das Untersieb 1 mm Maschenweite. Auf dem Mittelsiebe bleibt dann das Geschützpulver und auf dem Untersiebe das Gewehrpulver liegen, während das zu feine Korn und der Staub durch das Untersieb hindurchfallen.

Das sortierte Pulver wird dann noch, um es von dem beim Körnen und Sortieren noch nicht abgeschiedenem Staube zu befreien, nochmals einer besonderen Entstaubung (époussetage) unterzogen. Diese kann sowohl auf Rüttel- oder Zylindersieben, wie auch dergestalt durchgeführt werden, daß man die Körner über einen mit Stramin bezogenen geneigten Rahmen hinunterrollen läßt.

Das ausgestaubte Pulver wird zum Schlusse in Mengen von 5500 kg zu Lieferungen zusammengestellt und in den Magazinen auf Lager genommen.

B. Herstellung der komprimierten Schwarzpulver sowie der Sprengpulver.

1. Für Kriegstechnik.

Mit der Einführung der großkalibrigen Geschütze wuchs auch die Menge des für die Ladung nötigen Pulvers; man konnte jedoch das kleinkörnige, rasch verbrennende Pulver nicht in beliebigen Mengen anwenden, weil damit eine dem Geschütze gefährliche Vergrößerung des Gasdruckes verbunden ist. Der amerikanische Artillerie-Kapitän Rodmann stellte daher im Jahre 1861 ein sehr großkörniges Pulver her, das sog. Mammuth-Pulver, das nicht augenblicklich, sondern allmählich abbrennen sollte. Die Vergrößerung des Pulverkornes allein genügte jedoch nicht, man bemühte sich daher, gleichzeitig ein besonders dichtes Pulver herzustellen, da ja die Verbrennungsgeschwindigkeit in umgekehrtem Verhältnis zum spezifischen Gewicht steht. In Verfolgung des Grundsatzes, daß die Größe und Dichtigkeit der einzelnen Pulverkörner mit der absoluten Größe der Ladung wachsen müsse, entstand das Prismatische Pulver. Damit nicht Teile der Ladung unverbrannt mit dem Geschoß herausgeschleudert werden, ist es nötig, den Pulverkörper mit Durchbohrungen zu versehen und dadurch der Verbrennung größere Angriffsflächen darzubieten.

Anfangs benutzte man das von dem Italiener Paolo di San Roberto im Jahre 1852 vorgeschlagene Verfahren, das Pulver bei etwa 100° zu pressen, so daß der bei dieser Temperatur erweichende und plastisch werdende Schwefel es zu einer festen Masse vereinigte. Später zeigten Doremus und Budt, daß sich das Schwarzpulver auch ohne Schmelzen des Schwefels durch einfaches Pressen unter genügendem Druck zu festen Blöcken komprimieren ließ. In Deutschland stellte man anfänglich das P. P. C/68 her (prismatisches Pulver von 1868); die sechsseitigen Prismen hatten eine Höhe von 25 mm, eine Seitenlänge von 20 mm; Zusammensetzung: 74 KNO_3 : 16 C : 10 S; spezifisches Gewicht: 1·66; absolutes Gewicht eines Prismas: 38·2 g; natürlicher Feuchtigkeitsgehalt: 0·75 %; hauptsächliche Verwendung: kurze Kanonen bis 21 cm aufwärts, 10·5 cm-Kanonen

L/35. Dieses P. P. C/68 hatte sieben schwach konische Kanäle von 4·2 bis 4·7 mm Durchmesser und war von grauschwarzer Farbe. (Fig. 127.)

Dieses Pulver verbrannte in den größeren Geschützen etwas zu schnell und man ersetzte daher im Jahre 1875 die 7 Kanäle durch einen konischen Mittelkanal von 8·5 bis 10·5 mm Durchmesser. Das P. P. C/75 hatte im übrigen die gleichen Abmessungen

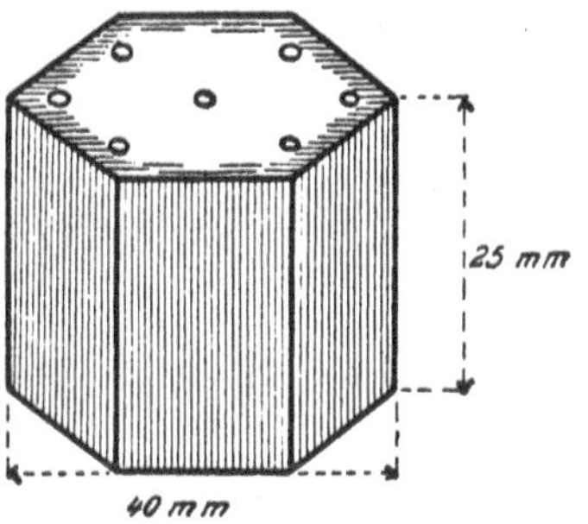

Fig. 127. P. P. C/68.

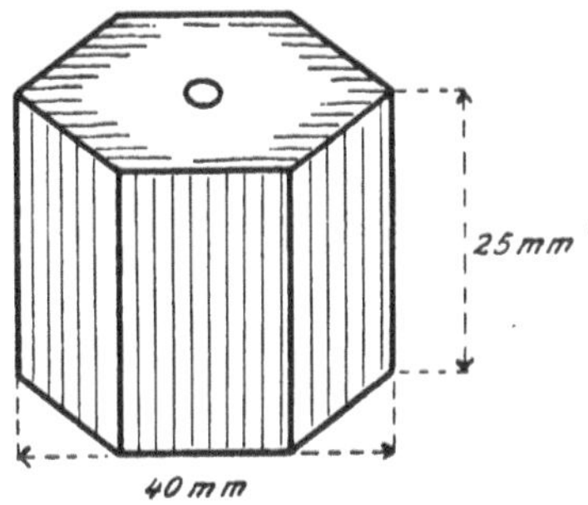

Fig. 128. P. P. C/75.

und die gleichen Bestandteile wie C/68, jedoch ist es stärker gepreßt und hat ein spezifisches Gewicht von 1·76. Ein Prisma wiegt 42·2 g; die hauptsächliche Verwendung war für kurze Kanonen der Küstenartillerie von 24 cm aufwärts, 10·5 cm Kanonen L/30. (Fig. 128).

Einige Jahre später brachten die Köln-Rottweiler Pulverfabriken das braune prismatische Pulver C/82, das etwas weniger Schwefel enthält und durch die Art der Kohle charakterisiert ist; letztere ist nur bis zur schokoladebraunen Färbung erhitzt und noch reich an empyreumatischen Stoffen. Die äußeren Abmessungen sind die gleichen wie bei C/75, die Farbe jedoch braun, die Bestandteile 78 KNO_3 : 19 braune Kohle : 3 Schwefel. Das spezifische Gewicht ist 1·86, das absolute Gewicht eines Prismas beträgt 45 g, der natürliche Feuchtigkeitsgehalt 1·75 %, die hauptsächliche Verwendung war für 21 cm bis 30·5 cm kurze Kanonen sowie für lange Kanonen mittleren Kalibers; das Pulver bedurfte einer Zündladung von P. P. C/68. Einige Jahre später wurde dann noch das P. P. C/85 hergestellt, ohne Schwefel, mit 80 KNO_3 : 20 KNO_3, spezifisches Gewicht 1·88, absolutes Gewicht eines Prismas: 45·3 g, natürlicher Feuchtigkeitsgehalt 1·80, Verwendung für 30·5 cm-Kanonen L/35 der Küstenartillerie, 28 cm-Kanonen L/35 und L/40, Zündladung aus P. P. C/75.

Prismatisches Pulver wird meist durch hydraulische

Pressen hergestellt, wobei die in einer Preßform befindlichen Pulverkörner durch Unterstempel und Oberstempel zusammengedrückt werden und durch gleichzeitig eingeführte Nadeln die erforderlichen Kanäle erhalten. Derartige Maschinen sind auf S. 197 bis 203 beschrieben; das Vorbild war eine von Wischnegradsky im Jahre 1879 konstruierte Presse.

Auch in Frankreich verwendete man für die schwerkalibrigen Kanonen braunes oder Schokoladenpulver (poudre brune, poudre chocolat), die Pb_1, Pb_2, Pb_3 bezeichnet wurden; ihre Dosierung betrug in der Hauptsache: 78 Salpeter, 3 Schwefel, 19 Kohle, jedoch mit Variationen bei den einzelnen Sorten zur Erzielung verschiedener Brenngeschwindigkeiten. Auch diese Braunpulver besaßen sechsseitige Prismenform (Höhe 24·2 bis 25·8 mm) mit großem zentralen Zündkanal; sie werden für scharfe Schüsse der 32 cm Kanone M 1870/81 und zum Verfeuern der „obus de rupture" (Panzergranaten) aus den verschiedenen Mustern der 240 mm-Kanone, das Poudre Pb_2 insbesondere noch zu scharfen Schüssen der schweren Küstengeschütze benutzt. Alle diese Braunpulver sind sehr schwer entzündlich und erhalten deshalb eine besondere Zündladung, welche aus in entsprechende Prismenform gepreßtem Schwarzpulver besteht.

Das grobkörnige Sprengladungspulver, das zu Sprengladungen der Granaten früher in Deutschland benutzt wurde, besteht aus unregelmäßigen, tief schwarzen, stark polierten Körnern von 6 bis 10 mm Größe; Zusammensetzung: 74 KNO_3:16 C: 10 S; spezifisches Gewicht 1·75; absolutes Gewicht eines Liters (ohne alle atmosphärische Luft): 975 g; natürlicher Feuchtigkeitsgehalt 0·75 %. (Dosierung der Sprengpulver vgl. S. 164/65.)

Bekanntlich unterscheidet man Pulvergranaten und Brisanzgranaten, letztere mit brisanten Sprengstoffen gefüllt. Die Pulvergranate hat einen dickwandigen Gußeisenkern mit Schwarzpulver-Sprengladung; sie wird nur noch bei der Schiffsartillerie verwandt.

Erwähnt sei noch das Zylinderpulver, d. h. in Hohlzylinder gepreßtes Schwarzpulver, das in Schrapnells zur Feuerübertragung nach der Sprengladung dient.

Das englische Kieselpulver (Pebble Powder) wird dargestellt, indem man den Pulversatz auf eine Dichte von 1·8 zusammenpreßt und den Pulverkuchen in Stücke zerschlägt, welche durch ein Sieb von 10 mm Maschenweite noch hindurchgehen, aber auf einem 15 mm Sieb liegen bleiben. Diese Brocken werden in einer Rotiertrommel mit etwas Graphit rolliert, bis sie das Ansehen von schwarzen abgerundeten Kieselsteinen erhalten. — Ein ähnliches Pulver wird in Deutschland zur Ladung von Torpedo-Ausstoß-Patronen verwendet (cf. S. 166).

2. Für zivile Sprengtechnik.

a) Sprengpulver. Es sollen hier die gekörnten und komprimierten Sprengpulver zusammen besprochen werden. Beim Sprengpulver für Steinbruch, Bergbau usw. verlangt man vor allem einen billigen Preis; man hat früher dies durch einen geringeren Gehalt an Kalisalpeter zu erreichen versucht (vgl. Tabelle S. 164). Es ist aber zu bedenken, daß bei schwachem Salpetergehalt (65 %) die Kohle vorwiegend zu dem giftigen Kohlenoxydgas (CO) verbrennt, während bei normalem Salpetergehalt (75 % KNO_3) eine Verbrennung zu Kohlensäure (CO_2) stattfindet. Heise gibt folgende Tabelle der in den verschiedenen Ländern für Sprengpulver gebräuchlichen Mischungsverhältnisse.

	Kalisalpeter %	Schwefel %	Kohle %
Deutschland . . .	65	15	20
	70	14	16
	75	10	15
Österreich-Ungarn .	62·5	19·4	18·1
Belgien	65	15	20
	70	14	16
Frankreich	62	18	20
	70	15	15
England	75	10	15

Je härter das zu sprengende Gestein ist, um so hochprozentiger (an Kalisalpeter) muß das Sprengpulver gewählt werden.

Das Sprengpulver wird in eckiger oder runder Kornform, unpoliert (rauh) oder hell oder mattglänzend poliert in den Handel gebracht in Körnern von 1—10 mm. Politur und zunehmende Größe des Korns verlangsamen die Verbrennungsgeschwindigkeit.

Die Form ist im allgemeinen eckig; rundes Pulver verbrennt weniger plötzlich und findet da Anwendung, wo ein stückreiches Lösen des zu sprengenden Steines oder der Kohle gewünscht wird. Überhaupt wirkt das Sprengpulver (im Gegensatz zu den brisanten Sprengstoffen) nicht zerschmetternd auf das Gestein, sondern mehr lösend und schiebend; nötig ist aber ein zweckentsprechender Besatz, da sonst die Pulvergase entweichen würden, ohne Sprengarbeit zu verrichten.

Komprimiertes Sprengpulver wird (nach Heise) besonders in zähem geschlossenen Gestein oder in entsprechender Kohle verwendet, wo die Pulvergase im Bohrloche Zeit haben, sich anzuspannen; man nimmt hierzu hochprozentige (an KNO_3)

Mischungen, die sehr gut durchgearbeitet werden, um eine dem Kornpulver überlegene Sprengkraft zu erzielen.

Das spezifische Gewicht des gekörnten Pulvers ist 1·45 bis 1·60, das des komprimierten 1·55 bis 1·85; das Ladegewicht (d. h. die erreichbare höchste Ladedichte) beträgt 0·95 bis 1·0 bei Kornpulver und 1·1 bis 1·3 bei gepreßtem Pulver; aus der höheren Ladedichte des letzteren folgert besonders die höhere Sprengkraft.

Die Herstellung der komprimierten Pulver geschieht in besonderen Pressen mit entsprechenden Stempeln und Matrizen, in welchen das noch feuchte Korn zu Zylindern zusammengedrückt wird; letztere werden dann getrocknet. Die Patronen komprimierten Pulvers erhalten zum Zwecke der schnelleren Fortpflanzung der Zündung einen in der Mitte oder seitlich liegenden Zündkanal, dem man evtl. zum Festklemmen des umgebogenen Endes der Zündschnur eine stark konische Form gibt. Sprengladungen aus komprimiertem Pulver gestatten eine besonders bequeme Handhabung beim Laden und Besetzen, da man die übrigen Patronen nach oben auf die Zündschnur aufreihen und sie so zusammen in das Bohrloch schieben kann. Die Firma Fr. Krupp Grusonwerk liefert Pressen für verdichtetes Sprengpulver in nebenstehender Ausführung (Fig. 129).

Fig. 129. Presse für verdichtetes Sprengpulver.

Diese Pressen sind mit 10, 6 oder 4 Stempeln versehen und gewöhnlich so eingerichtet, daß darauf Patronen bis zu 50 mm Durchmesser und 80 mm Höhe hergestellt werden können. Die Pressen arbeiten mittelst Räder und Kurbeln vollständig selbsttätig und werden meist durch Riemenscheibe angetrieben. Die Pressung erfolgt, während die Kurbel durch den toten Punkt geht, wodurch die Kraft zur Pressung am leichtesten ausgeübt und das Pulver während der Pressung in der Preßform nicht mehr als nötig verschoben wird. Die Stempel, Preßformen und Nadeln können eingesetzt oder entfernt werden, ohne daß die Maschine auseinandergenommen zu werden braucht.

Auch das Mägdesprunger Eisenhüttenwerk liefert derartige Pressen und macht darüber folgende Angaben: Das fertige ungepreßte Pulver kommt in einen Messingtrichter und füllt die Löcher eines mittelst Exzenter bewegten Füllschiebers; letzterer entleert das nunmehr genau abgemessene Pulver in die leeren Stahlmatrizen einer Matrizenplatte, geht dann wieder zurück und füllt sie wieder. Während dieser Zeit heben und senken sich die oberen sowie die unteren Druckstempel und pressen das lose Pulver zu kleinen Walzen je nach gewünschter Größe, welche in der Mitte gleich mit einem Loch zur Aufnahme der Zündschnur versehen sind; diese kleinen Walzen werden von den unteren Stempeln herausgestoßen und vom Füllschieber weitergeschoben. Die Pressen erhalten gewöhnlich 6 Stück Einsatzstempel und Matrizen aus Phosphorbronze; sie arbeiten vollständig automatisch, so daß bei jeder Umdrehung 6 Stück Sprengstoffpatronen fertig gepreßt sind. Die Pressen erhalten je nach dem Material 4—16 Umdrehungen (Rädervorgelege 12 bis 48), demnach bei sechs Stempeln eine Leistung von 24 bis 96 Patronen in der Minute bzw. 1440 bis 5860 in der Stunde.

Die Maschinenfabrik „Maschinen für Massenverpackung" in Berlin liefert eine Maschine zum Einrollen von komprimierter Sprengmasse, wobei gewöhnlich vier nebeneinanderliegende zylindrische Preßlinge eingewickelt werden.

Die Maschine besorgt das Einrollen dieser Preßlinge in eine gemeinsame Umhüllung vollkommen selbsttätig, d. h. die Bedienung hat weiter nichts zu tun als die Preßkörper nebeneinander in die Maschine einzusetzen, welche sie selbsttätig in die Einrollvorrichtung befördert. Die Einschlagblätter werden in einem Stapel in die Maschine eingesetzt, selbsttätig Blatt für Blatt abgehoben und dem Rollwerk zugeführt. Hier werden die Preßkörper mit einer Leistung von minutlich 25—30 fertigen Rollen eingeschlagen, in der Längsnaht auf Wunsch entweder verklebt oder nicht verklebt, und an den beiden Stirnflächen zugefaltet. (Fig. 130.)

Sollte ein Paraffinieren der Patronen gewünscht werden, so ist u. a. ein Apparat der Firma Gebr. Burberg in Mettmann zu empfehlen, wobei die Patronen in Bügel eingeklemmt werden, welche von einer endlosen Transportkette getragen und durch das Paraffinbad gezogen werden.

Anhangsweise seien hier noch folgende Sprengstoffe erwähnt:

a) Bobbinit, hergestellt von der englischen Firma Curtis and Harvey. Zusammensetzung: 62 bis 65 Teile Kaliumnitrat, 17 bis 19·5 Holzkohle, 1·5 bis 2·5 Schwefel, 13 bis 17 Teile eines Gemisches von Ammonsulfat und Kupfersulfat, 0 bis 2·5 Feuchtigkeit (der Gehalt an Ammonsulfat darf 11 % des Gewichtes des fertigen Sprengstoffes nicht überschreiten) oder (zweite Zusammensetzung): 63 bis 65 Kaliumnitrat, 18 bis 20·5 Holzkohle, 1·5 bis 2·5 Schwefel, 7 bis 9 Reis- oder Maisstärke, 2·5 bis 3·5 Paraffinwachs, 0 bis 3 Teile Feuchtigkeit. Bei

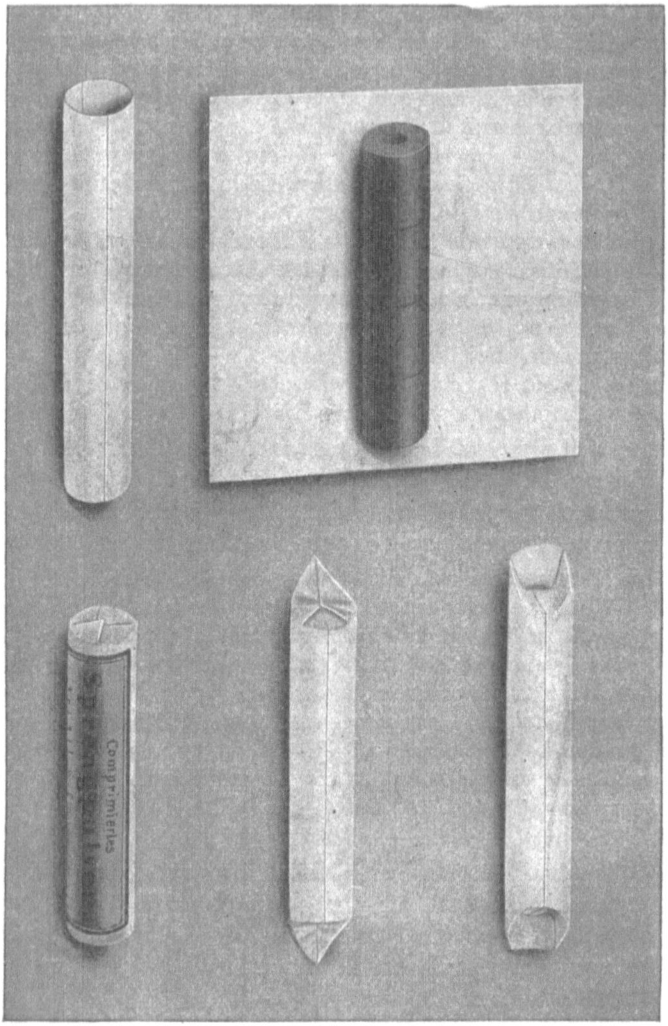

Fig. 130. Einrollen von komprimiertem Sprengpulver.

der ersten Zusammensetzung darf die Dichte der gepreßten Patronen nicht größer sein als 1·42, bei der zweiten nicht größer als 1·48. Jede gepreßte Patrone ist mit Paraffinwachs, das nicht unter 120° F. schmilzt, überzogen und außerdem von braunem Papier umhüllt.

Ausführliche Angaben über Bobbinit finden sich in dem „Report of the Departmental Committee on Bobbinite" (London 1907), (cf. Zeitschrift für das gesamte Schieß- und Sprengstoffwesen 1907).

β) Das Cahücit, hergestellt von L. Cahüc in Neumarkt, ein Gemenge aus Kalisalpeter, Schwefel, Ruß, Zellulose und Eisensulfat, das in unregelmäßigen porösen Bruchstücken und in gepreßten Patronen in den Handel kommt.

γ) Das Präposit, fabriziert von den Deutschen Präpositwerken G. m. b. H. zu Ettlingen (Baden), bestehend aus etwa 72 % Kalisalpeter, 18 % Schwefel, 5 % Holzkohlenpulver und 5 % Hipposin (Pferdedungmehl).

b) Sprengsalpeter. Um ein billigeres Produkt zu erzielen, kann man auch, statt die Menge des Kalisalpeters zu verringern, letzteren durch den wohlfeileren Natronsalpeter ersetzen. Derartige Sprengpulver mit Natronsalpeter, Schwefel und Kohle werden unter der Bezeichnung Sprengsalpeter, Natronsalpeterpulver usw. viel verwendet. Ein Nachteil liegt allerdings in den hygroskopischen Eigenschaften des Natronsalpeters, doch hat man demselben durch bessere Verpackung in Paraffinpapier sowie schnelleren Verbrauch zu begegnen gelernt. Besonders beim Kalisalzbergbau, wo andere noch hygroskopischere Salze die Luft trocken halten, wird viel Sprengsalpeter verwendet, der im allgemeinen eine langsamere Wirkung als Schwarzpulver besitzt und daher mehr schiebend als zertrümmernd wirkt. Viel gebrauchte Mischungen sind:

	in Deutschland	in den Vereinigten Staaten
Natronsalpeter	76 %	73 %
Schwefel	10 %	11 %
Kohle	14 %	16 %

Eine große amerikanische Firma bringt diese Sprengsalpeter als „B" Blasting Powder (zum Unterschied von Sprengpulver mit Kalisalpeter, die als „A" Blasting Powder bezeichnet werden) in den Handel. (Fig. 131.)

Dem Sprengsalpeter ähnlich sind folgende in Deutschland hergestellte Sprengstoffe:

α) Der braune Sprengsalpeter der Vereinigten Köln-Rottweiler Pulverfabriken, bestehend aus 75 % Natronsalpeter, 15 % trockenem Brunkohlenstaub und 10 % Schwefel. Er wird sowohl in Kornform, in Patronenhülsen gefüllt, als in Form von komprimierten Zylindern mit zentralem Kanal in den

Handel gebracht, meist in 35 mm Durchmesser, doch auch in Zylindern vom Durchmesser 29, 32, 38 und 40 mm;

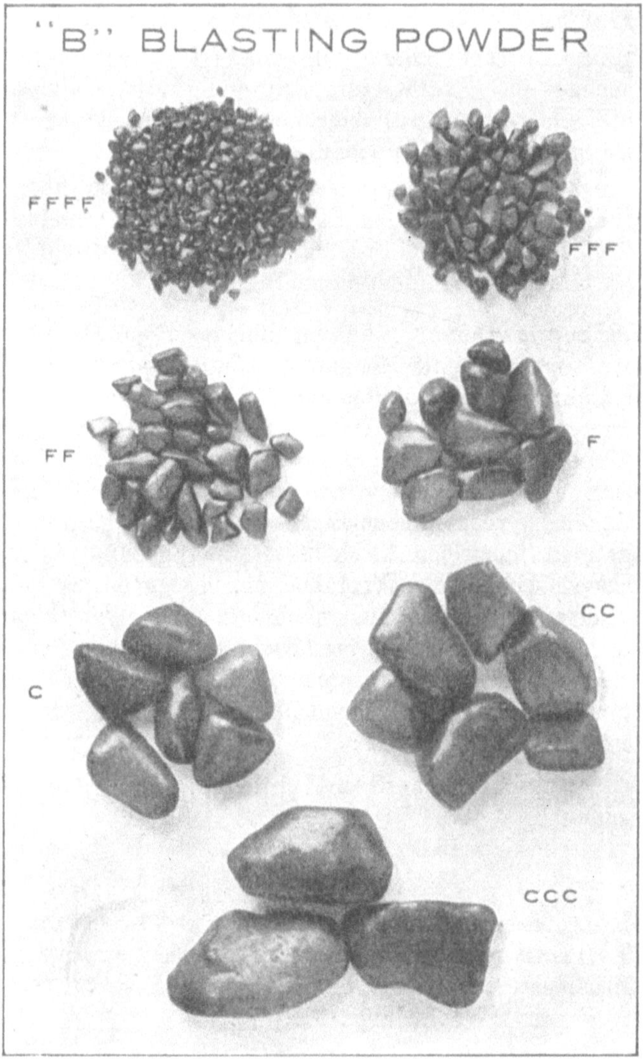

Fig. 131.

β) Der Castroper Sprengsalpeter (auch „Hagener Löwenpulver“ genannt) der Westdeutschen Sprengstoffwerke A.-G. zu Hagen (dem vorstehenden ähnlich);

γ) Der Petroklastit (wegen seiner Verwendung beim Salzbergbau auch Haloklastit genannt), hergestellt von der Westfälisch-Anhaltischen Sprengstoff-A.-G., bestehend aus 69 % Natronsalpeter, 5 % Kalisalpeter, 10 % Schwefel, 15 % Steinkohlenpech und 1 % Kaliumbichromat. Lieferung in grobkörniger Form und in komprimierten zylindrischen Körpern.

C. Allgemeines über Fabrikanlagen zur Herstellung von Schwarzpulver und ähnlichen Mischungen.

Nebenstehend geben wir das Modell einer Schwarzpulver-Fabrik, wie ein solches im Kölner Museum für Handel und Industrie ausgestellt ist. (Fig. 132).

Fig. 132. Modell einer Schwarzpulverfabrik.

Das Pulverwerk besitzt folgende Einrichtungen:

1. Ein Kesselhaus mit einem Dampfkessel von ca. 80 qm Heizfläche; 2. ein Maschinenhaus für eine Dampfmaschine von ca. 85 Pferdekräften; die Übertragung der Kraft erfolgt durch eine Transmission, die sich über den ganzen Wall hinzieht und von hier an die einzelnen Werke die Kraft abgibt; 3. ein Gebäude für den Akkumulator; der Druck wird von hier aus nach dem Setz- und Preßhaus, in welchem sich die hydraulische Presse befindet, fortgeleitet; 4. eine Verkohlungsanlage mit vier Retorten zur Herstellung von Faulbaumkohle; 5. ein Zerkleinerungswerk, in dem zwei Tonnen mit Binärsatz (Gemisch von Kohle und Salpeter) Aufstellung finden; 6. ein Mengwerk, in dem zwei Tonnen mit Ternärsatz (Kohle, Salpeter, Schwefel) Aufstellung finden; 7. zwei Ablagemagazine zur Aufnahme

von unfertigem Pulver; 8. zwei Läuferwerke mit Wasser-Kippvorrichtung; 9. ein Setz- und Preßhaus mit hydraulischer Presse; 10. ein Siebwerk mit zwei Siebschlitten; 11. zwei Körnwerke mit zwei Körnmaschinen; 12. ein Abschleifwerk; 13. ein Polierwerk; 14. ein Trockenhaus mit Heißwasser-Heizungsanlage; 15. ein Sortier- und Packhaus; 16. eine Patronenpresse; 17. ein Materialienlager für Kohle, Salpeter und Schwefel; 18. ein Wiegehaus; 19. ein Faulbaumlager; 20. Arbeiter-Aufenthaltsräume und Badehaus; 21. Verwaltungsgebäude mit Büro und Laboratorium. — Alle Gebäude haben Metalldächer mit Erdleitung als Blitzschutz. Über das ganze Fabrikterrain führt eine Schmalspurbahn zur Verbindung der einzelnen Fabrikgebäude. Vor den Gebäuden befinden sich Hydranten, die im Falle der Feuersgefahr sofort in Aktion treten können. Die Beleuchtung der Fabrik und der Gebäude bzw. Fabrikräume ist durch Bogenlampen und von außerhalb vor den Fenstern angebrachten Glühlampen gedacht.

Von großer Bedeutung sind die

Besonderen Unfallverhütungsvorschriften

für Fabriken zur Herstellung von Schwarzpulver und schwarzpulverähnlichen Sprengstoffen, welche die „Berufsgenossenschaft der chemischen Industrie“ aufgestellt hat (27. Juni 1911, genehmigt vom Reichsversicherungsamt am 7. November 1911).

A. Vorschriften für Arbeitgeber.

I. Lage und bauliche Einrichtungen der Pulverfabriken.

§ 1. Warnungstafeln. Das Fabrikgelände ist, soweit dies seine Lage erfordert, gegen unbeabsichtigtes Betreten in geeigneter Weise zu schützen. An den Zugängen und öffentlichen Verkehrswegen müssen Schilder augenfällig angebracht sein, welche das Gelände als Pulverfabrik bezeichnen sowie das Rauchen und den Zutritt Unbefugter verbieten.

§ 2. Abgrenzung. Die Fabrik ist, sofern sie nicht eingezäunt ist, durch die Anordnung der Gebäude oder durch Schranken, Warnungstafeln oder in sonst erkennbarer Weise in das Gebiet des explosionsgefährlichen und ungefährlichen Betriebes zu trennen. Wo eine solche Trennung wegen der örtlichen Lage bei bestehenden Werken nicht möglich ist, sind die einzelnen Gebäude mit Explosionsgefahr durch geeignete Absperrungen oder Warnungstafeln gegen das unbefugte Betreten zu sichern. Unter Gebäuden mit Explosionsgefahr sind solche zu verstehen, in denen Pulversätze hergestellt, verarbeitet oder aufbewahrt werden, sowie solche, in denen fertiges Pulver gelagert wird.

§ 3. Umkleideräume. Den Pulverarbeitern sind geeignete Räume zum Waschen und Umkleiden sowie für den Aufenthalt während eines Gewitters zur Verfügung zu stellen.

§ 4. Schutz gegen die Übertragung von Explosionen. Bei Neuanlagen sind die Gebäude mit Explosionsgefahr einzeln mit einem Erdschutzwall oder einer Erdschutzwand zu umgeben. Diese Schutzeinrichtungen müssen die Dachtraufe der eingeschlossenen Gebäude um mindestens 1 m überragen. Erdschutzwälle sind mit mindestens 0·5 m starker Krone bei entsprechender Basis herzustellen und sorgfältigst, möglichst mit Mutterboden und Quecken, zu bekleiden. Die Erdschutzwälle oder Erdschutzwände können bei Gebäuden, in welchen Mengen von nicht über 500 kg Pulver gleichzeitig verarbeitet werden, durch Mauern ersetzt werden. Den letzteren ist eine Kronenbreite von mindestens 0·75 m und eine Basis von mindestens 1 m zu geben (siehe auch § 8, Absatz 2). Erdschutzwände und Schutzmauern müssen einen Abstand von mindestens 1 m von der Gebäudewand haben. Bei bestehenden Anlagen sind Gebäude mit Explosionsgefahr, sofern sie nicht nach dem Ausblasesystem (§ 8) gebaut sind und ihr Abstand voneinander weniger als 50 m beträgt, gegen die Übertragung einer Explosion auf Nachbarwerke in geeigneter Weise durch Wälle usw., wie vorstehend, zu sichern. Pulverwerke mit Kraftbetrieb (Körnwerk, Preßwerk, Stampfwerk usw.), sofern sie nicht nach dem Ausblasesystem gebaut sind, dürfen nur dann baulich miteinander verbunden sein, wenn in ihnen insgesamt nicht mehr als 4 Arbeiter beschäftigt werden und die Räume durch massive Wände von genügender Stärke voneinander getrennt sind. Die Aufstellung mehrer Pulverbearbeitungsmaschinen in einem Raum ist nur zulässig, wenn entweder zu ihrer Bedienung nicht mehr als zwei Arbeiter im Raume anwesend zu sein brauchen, oder durch die Maschinen eine ineinandergreifende, zusammengehörige Bearbeitung verrichtet wird, deren Trennung nicht möglich oder nur unter unverhältnismäßiger Arbeitserschwerung ausführbar ist. In diesem Falle darf die Zahl der im Raume beschäftigten Arbeiter nicht über vier betragen.

§ 5. Ablagestellen. In der Nähe der Pulverarbeitshäuser und gegen diese geschützt sind nach Bedarf (siehe § 31) Ablagestellen zur einstweiligen Unterbringung der aus einer Arbeitsstätte in die andere übergehenden Zwischenfabrikate anzulegen.

§ 6. Umgebung. Das Fabrikgelände ist, soweit es die Art des Geländes gestattet, mit Laubholzbäumen und Strauchwerk zu bepflanzen; außerdem ist, besonders in der nächsten Umgebung der Pulverhäuser, für die Unterhaltung eines guten, kurz zu haltenden Graswuchses zu sorgen. Liegt die Fabrik in einem Nadelholzwalde, so sind Vorkehrungen zur Verhütung der Feuerübertragung durch Lauffeuer zu treffen, z. B. durch Abholzung eines entsprechend großen Streifens um die gefährlichen Werke und durch Anlage eines kleinen, von Pflanzenwuchs freizuhaltenden Sicherheitsgrabens am Rande des Nadelholzes.

§ 7. Vorplätze. Zur Verhütung des Einwehens von Sand, Staub usw. sind die Gebäude mit Explosionsgefahr mit einem Vorflur zu versehen und die unmittelbar an den Pulverarbeits- und Aufbewahrungsgebäuden liegenden Wege mit Gerberlohe, einem ähnlichen Material oder Brettlagen zu bedecken, oder es ist auf sonst geeignete Weise der erwähnten Gefahr vorzubeugen.

§ 8. Bauart. Bei Neuanlagen sind Gebäude mit Feuerstätten massiv zu erbauen. Die Gebäude mit Explosionsgefahr sind möglichst leicht herzustellen und leicht zu überdachen. Gebäude, in denen nicht mehr als 500 kg Pulver gleichzeitig bearbeitet werden, können bei geeigneter örtlicher Lage nach dem sogenannten Ausblasesystem, nämlich aus drei mindestens 75 cm starken, massiv gemauerten Wänden und einer leichten Glasfensterwand sowie aus einem leichten Pultdache von schwer verbrennlichem Material hergestellt werden. Die Mauern müssen die Dachfläche mindestens um 0·5 m überragen. — Nach dem Ausblasesystem gebaute Packhäuser für Schwarzpulver- und Sprengsalpeterpatronen können bei einem Inhalt von nicht über 100 kg statt der leichten Bedachung eine Decke aus Eisenbeton erhalten.

§ 9. Türen. Fenster. Türen und Fenster müssen möglichst groß sein und erstere nach außen aufschlagen. Zu den Fenstern ist blasen- und warzenfreies Glas zu verwenden. Die der Sonnenseite zu belegenen Fensterscheiben müssen aus Mattglas hergestellt und geblendet sein.

§ 10. Innenanstrich. Die Innenwände und Decken der Gebäude mit Explosionsgefahr, in denen sich Pulverstaub entwickelt, sind mit Ausnahme von älteren Werken, bei denen es nicht ausführbar ist, mit einem hellen Firnis-, Emaillefarben- oder sonstigen abwaschbaren Anstrich zu versehen. Das Holzwerk ist gegen die erste Einwirkung des Feuers widerstandsfähig zu machen.

§ 11. Fußböden. Die Fußböden in den Gebäuden mit Explosionsgefahr sind aus Holz ohne eiserne Befestigungsmittel, aus Asphalt oder ähnlichem elastischen Material herzustellen. Dieselben sind glatt und dicht zu halten, Fugen mit Holz oder elastischem Material sorgfältig auszufüllen. Die nicht aus Holz, Asphalt oder ähnlichem fugenlosen elastischen Material bestehenden Fußböden oder Gebäude mit Explosionsgefahr sind mit Linoleum oder einem ähnlichen weichen Belag zu versehen, der die Eigenschaft hat, bei einem Brande nicht nachzuglimmen.

§ 12. Eiserne Beschläge usw. In Gebäuden mit Explosionsgefahr sind die Beschläge für Fenster und Türen so herzustellen, daß eine Reibung von Eisen auf Eisen ausgeschlossen ist. Bei Neubauten und Reparaturen ist die Verwendung eiserner Nägel, Schrauben, Klammern verboten. Die Verwendung von Eisen ist in diesen Gebäuden in reibender Verbindung nur mit Kupfer, Bronze, Weißmetall oder Messing gestattet.

§ 13. Wege. Der Weg für den Pulvertransport muß von Feuerungsanlagen so weit entfernt bleiben, daß eine Gefährdung durch Funken ausgeschlossen ist; auch darf er, soweit das Gelände es zuläßt, nicht an den gefährlichen Seiten der nach dem Ausblasesystem gebauten Werke oder an anderen gefährdeten Stellen vorbeiführen.

§ 14. Blitzschutz. Gebäude mit Explosionsgefahr sind mit einer zuverlässigen Blitzschutzanlage zu versehen, wenn sie bei der örtlichen Lage, Bodenbeschaffenheit und Bauart geboten erscheint. Die Blitzschutzanlagen sind stets in gutem Zustande zu erhalten und müssen jährlich mindestens einmal sachverständig geprüft werden. Die Prüfung hat sich sowohl auf die oberirdische wie auf die Erdleitung zu erstrecken. Das Ergebnis ist in ein dauernd aufzubewahrendes Buch einzutragen, das dem Aufsichtsbeamten auf Verlangen vorzulegen ist.

II. Beleuchtung.

§ 15. Beleuchtung. Die Beleuchtung darf entweder durch elektrisches Glühlicht in Doppelbirnen, deren Hauptleitung, Ausschaltung und Sicherung außerhalb des Gebäudes liegt, oder von außen durch Lampen oder Kerzen geschehen, die durch ein Gehäuse geschützt und durch starke, dichtschließende Glasscheiben von den Pulverräumen abgeschlossen sind. Lampen dürfen nur mit Rüböl oder solchen Brennstoffen gespeist werden, bei denen eine Explosion ausgeschlossen ist. Als bewegliche Beleuchtungskörper im Innern der Gebäude sind nur elektrische, mit Elementen oder Akkumulatoren versehene Glühlampen zulässig. Jede Ablagerung von explosivem Staub an der Lichtquelle ist zu verhüten. Elektrische Beleuchtungen müssen stets in gutem Zustande erhalten und daraufhin alle Jahre einmal sachverständig geprüft werden. Die Besorgung der Laternen und Lampen hat in einem dafür bestimmten Raume zu geschehen, und sind damit besondere Arbeiter zu beauftragen, welche sie brennend wieder an Ort und Stelle zu schaffen haben. Den Laternenanzündern ist das Betreten der Räume mit Explosivgefahr zu verbieten.

III. Heizung.

§ 16. Heizung. Bei Neuanlagen sind zur Erwärmung der Räume mit Explosionsgefahr Dampf- oder Warmwasserheizungen zulässig, die auch als Luftheizung ausgebildet sein können. Die Heizkörper, die in genügender Entfernung von Holz und anderen brennbaren Materialien angebracht sein müssen, sind mit einem weißen Anstrich zu versehen. — Bei bestehenden Anlagen sind auch andere Heizeinrichtungen gestattet, sofern sie ein Dichthalten der Heizkörper und Feuerzüge sowie ein Innehalten der vorgeschriebenen Temperatur gewährleisten. — Die Feuerstellen selbst müssen durch eine massive Wand vom Trockenraum getrennt sein. — Die Feuerung der Wasser- oder Dampfheizung muß sich in einem besonderen, massiv gebauten Raume befinden. — Die Durchgänge der Leitungsrohre durch die Mauern sind dicht zu halten. Die Feuerzüge der Heizanlage und der Schornsteine dürfen nicht in die Umfassungsmauer der Betriebs- oder Lagerräume eingebaut sein. Die Schornsteine, deren Höhe nicht mindestens 20 m beträgt, sind mit Funkenfängern zu versehen. An den Heizapparaten sind Thermometer anzubringen. Die Bedienung der Feuerung ist besonderen Arbeitern zu übertragen, welche Räume mit Explosionsgefahr nicht betreten dürfen. Zum Anheizen der Feuerungen ist die Verwendung von Stroh, Hobelspänen oder anderen leicht funkengebenden Brennmaterialien zu verbieten. Die Heizkörper sind nach Möglichkeit gegen das Ablagern von Pulverstaub zu schützen. Ein häufiges, regelmäßig zu wiederholendes Abwischen derselben ist anzuordnen. In den Pulvertrockenräumen müssen Thermometer so angebracht sein, daß die Temperatur von außen beobachtet werden kann; außerdem sind in der Nähe der Heizkörper Thermometer anzubringen. Die Temperatur in der Trockenkammer darf 75° C. nicht überschreiten. Die Schornsteine sind häufig zu fegen, die Anhäufung von Brennmaterialien in den Heizräumen ist zu vermeiden.

IV. Maschinen.

§ 17. Kraftmaschinen, Vorgelege, Ausrücker. In den Pulverherstellungsräumen dürfen keine Kraftmaschinen aufgestellt werden, Elektromotoren auch nicht in Nebenräumen, in denen sich Pulverstaub ablagern könnte. Transmissionen und Vorgelege sind, soweit der Betrieb oder die Räumlichkeit es nicht unbedingt anders erfordern, in Nebenräumen unterzubringen. Riemen- und sonstige Transmissionsöffnungen in den Wänden müssen abgedichtet werden. Ausschalter und Reguliervorrichtungen der Elektromotoren sind außerhalb der Gebäude in dichtschließenden Kästen unterzubringen.

Pulverbearbeitungsmaschinen, die eine fortlaufende Bedienung erfordern, wie Körnwerke, Patronenpressen, Sortiermaschinen usw. müssen sowohl vom Arbeitsraum aus wie auch vom Vorgelegeraum bzw. Maschinenraum aus herausgerückt werden können. Bei Pulverarbeitsmaschinen, die nach der Beschickung einer dauernden Bedienung nicht bedürfen, wie Läuferwerke, Stampfwerke, Meng- und Polierwerke, ist eine Ausrückvorrichtung nur außerhalb des Arbeitsraumes erforderlich.

§ 18. Schmierung, Regulatoren. An den Pulverarbeitsmaschinen ist die Reibung von Eisen auf Eisen zu vermeiden sowie für zuverlässige Schmierung der sich reibenden Teile, für leichte Zugänglichkeit derselben und für möglichste Fernhaltung des Pulverstaubes zu sorgen. Wasserräder, Turbinen und sonstige Triebwerke ohne Regulator, deren Umdrehungszahl Schwankungen ausgesetzt sind, müssen mit Vorrichtungen versehen sein, welche eine leichte Regulierung von Hand ermöglichen.

§ 19. Stampfwerke. Bei Neuanlagen ist die Aufstellung von mehr als 36 Stampfen in einem Raume nicht zulässig; auch darf sich in der Stampfmühle nicht zugleich eine andere Arbeitsmaschine befinden. Für die Schuhe der Stampfwerke darf Eisen nicht verwendet werden. Zulässig sind Kupfer, Zink, Bronze oder entsprechende Legierungen. Die Schuhe müssen stets fest an den Stampfen sitzen.

§ 20. Kollergänge. Läuferwerke (Kollergänge), deren Läufer aus Gußeisen oder Hartguß bestehen und keine Aufhängevorrichtung besitzen, müssen eine hölzerne, mit Messingschrauben befestigte Läuferbahn haben; bei eisernem Läuferteller sind die Läufer so aufzuhängen, daß eine direkte Berührung zwischen Läufer und Läuferteller ausgeschlossen ist. Den Arbeitern ist der Aufenthalt in dem Arbeitsraum während schnellen Betriebsganges zu verbieten.

§ 21. Körnwalzen. Die Walzen der Körnmaschinen dürfen weder aus Eisen noch aus Porzellan bestehen und sind derart einzurichten, daß sie sich beim Laufen nicht berühren können.

§ 22. Hydraulische Pressen. Bei den hydraulischen Pulverpressen ist die Verwendung eiserner oder stählerner Preßplatten oder solcher aus Hartgummi nicht gestattet. Die unmittelbare Berührung von Metall mit Metall ist zu vermeiden. Beim Pressen der Pulvermasse sind zwischen Platten und Pulver Preßtücher einzulegen. Das Pressen der Massen in Kästen ist unstatthaft. An der Preßleitung müssen Manometer angebracht sein, deren Beobachtung im Preßraum möglich ist und die mit Maximalmarke versehen sind. Es sind Vorrichtungen (Wasserwage oder Senkel) am Holm der Presse anzubringen, die eine Kontrolle der wagerechten Lage derselben ermöglichen. Die eisernen Säulen der Pressen sind mit Leder oder einem ähnlichen Material zu verkleiden.

§ 23. Meng- und Poliertrommeln. Die Mengtrommeln für Pulversatz dürfen nur aus Holz mit oder ohne Ledereinlage hergestellt sein. Eisenteile im Innern der Trommel sind zu vermeiden. Die etwa durch die Trommel geführte eiserne Achse ist mit Leder zu überziehen oder mit Holz ohne eiserne Befestigungsteile zu verkleiden. Zu den Verschlußteilen darf Eisen in reibender Verbindung mit Eisen nicht verwendet werden. Die zum Mischen des Pulversatzes erforderlichen Kugeln müssen aus Holz (Pockholz) hergestellt sein. Von den Poliertrommeln gilt bezüglich des Materials und der Verschlüsse das für Mengetrommeln Bestimmte.

V. Gefäße, Transport- und Arbeitsgeräte.

§ 24. Transportgefäße. Die zum Transport und bei der Herstellung von Pulver und Pulversatz benutzten Gefäße dürfen nicht aus Eisen bestehen und müssen haltbar und dicht sein. Die Verwendung von eisernen Stiften oder Nägeln zu diesen Gefäßen, besonders zum Dübeln der Faßdeckel und Faßböden ist nicht gestattet. An Gefäßen und Behältern, in denen sich Pulver oder Pulversatz befindet, dürfen keine Lötarbeiten vorgenommen werden. Zum Transport der Pulvermasse von einem Werk zum andern sind nur gut geschlossene Gefäße oder dichte Säcke zu verwenden.

§ 25. Sonstige Gefäße und Geräte. Die in den Gebäuden mit Explosionsgefahr benutzten Gefäße und Geräte dürfen nicht von Eisen hergestellt sein, auch keinen Beschlag aus Eisen und keine eisernen Nägel, Schrauben oder Nieten haben. Ebenso ist für dieselben die Verwendung von verzinntem oder verzinktem Eisen unstatthaft. Weich gelötete Gefäße oder Geräte, welche mit Pulver in Berührung kommen könnten, dürfen in Pulverwerken nicht benutzt werden,

§ 26. Wagen. Die für den Pulvertransport von einem zum

andern Werk zu benutzenden Karren oder Wagen dürfen, sofern sie auf eisernen Schienen laufen, keine eisernen Laufflächen haben.

VI. Rohstoffe und Pulversätze.

§ 27. Verunreinigungen der Rohmaterialien. Die Rohmaterialien sind vor dem Vermahlen gründlich von mechanischen Beimengungen zu reinigen. Holzkohle, Küchen- und Stangenschwefel sind sorgfältig auszulesen, und Fremdkörper wie Steine oder dergl. zu entfernen. Salpeter, pulverisierter Schwefel, Kohle und Graphit sind durch entsprechend feine Siebe durchzulassen. Die Siebe dürfen nicht aus Eisen bestehen.

§ 28. Zerkleinerung. Die Zerkleinerung von Sätzen aus Schwefel und Salpeter oder aus Schwefel und Holzkohle in eisernen Trommeln bei Anwendung von Bronzekugeln ist zulässig. Frisch gebrannte Pulverkohle darf nicht vor Ablauf von 8 Tagen gekleint werden.

§ 29. Verunreinigung der Pulversätze. Die in den Zerkleinerungs- und Mengtrommeln hergestellten Pulversätze müssen vor ihrer weiteren Verarbeitung durch engmaschige Siebe, die nicht aus Eisen bestehen dürfen, durchgelassen werden.

VII. Abfallstoffe.

§ 30. Verschüttetes. Durch Unvorsichtigkeit verschüttete Satzmaterialien und Pulvermasse dürfen, soweit dieselben als verunreinigt anzusehen sind, zur weiteren Verarbeitung nicht verwendet werden. Das Verunreinigte ist in ein besonderes dafür bestimmtes Kehrichtfaß zu schütten, welches sich in oder bei jedem Pulberarbeitsraum befinden muß. Der Inhalt des Kehrichtfasses ist sofort anzufeuchten und so oft als nötig, spätestens bei der wöchentlichen Reinigung, an den dafür bestimmten Ort zu schaffen.

VIII. Besondere Vorschriften für den Betrieb.

§ 31. Anhäufung von Materialien. In den Pulverherstellungs- und Verpackungsräumen ist jede durch den Betrieb nicht gebotene Anhäufung von Pulver und Rohstoffen zu vermeiden. Pulver und Pulversätze, deren Bearbeitung in einem Arbeitsraum beendet ist, sind aus diesem sofort zu entfernen. Zur einstweiligen Unterbringung sowohl der fertigen als der zu bearbeitenden Sätze sind, soweit erforderlich, die Ablagestellen zu benutzen.

§ 32. Ordnung und Reinlichkeit. In den Pulverfabriken muß überall die größte Ordnung und Reinlichkeit herrschen. Das Hineintragen oder Hineinwehen von Erde oder Sand in die Räume mit Explosionsgefahr ist zu verhindern. Vor den Eingängen müssen geeignete Vorrichtungen zum Reinigen des Schuhzeuges vorhanden sein. (Matten, Decken, hölzerne Abstreichroste.)

§ 33. Fußbekleidung. Jeder in ein Gebäude mit Explosionsgefahr Eintretende hat vorher seine Fußbekleidung zu reinigen. Er muß Filzschuhe oder Lederschuhe ohne Eisenstifte und ohne eiserne

Beschläge oder ebensolche Pantoffeln tragen oder sein Schuhzeug ablegen. Filz- oder Lederschuhe oder Pantoffeln vorgenannter Art müssen am Eingang zu jedem Pulverraum in genügender Anzahl vorrätig gehalten werden.

§ 34. Reinigung der Räume. Sämtliche Werke und Arbeitsräume müssen mindestens in jeder Woche einmal gründlich gereinigt werden. Hierbei sind die Fußdecken aufzunehmen und an einem geeigneten Orte auszuklopfen. Der Fußboden, die Wände, Decken, Maschinen usw. sind vom Staube zu reinigen.

§ 35. Umgang mit Gefäßen. Fässer und andere Gefäße müssen vor dem Hineinbringen in ein Pulverhaus sorgfältig von Sand und Erde befreit, die leeren Gefäße auch innen gut gereinigt werden. In Pulverherstellungs- und Lagerräumen darf während des Betriebes nicht gescharrt, geschoben, geworfen oder mit Metallgefäßen geklopft werden. Die Gefäße sind unter Vermeidung von Stoßen und Schieben behutsam fortzubewegen.

§ 36. Naßhalten der Vorplätze. Bei anhaltend trockener Witterung müssen die Türschwellen und die unmittelbare Umgebung der Pulverhäuser ausreichend genäßt werden. Vor den Pulverwerken muß stets Wasser zur Verfügung stehen, soweit die Temperaturverhältnisse es gestatten.

§ 37. Freihalten der Ausgänge. Türen und Vorplätze der Gebäude mit Explosionsgefahr müssen stets frei bleiben und dürfen auch vorübergehend nicht verstellt, die Türen während der Arbeitszeit nicht verschlossen werden.

§ 38. Putzwolle. Gebrauchte Putzwolle und gebrauchte Putzlappen sind am Tage im Arbeitsraum in besonderen Behältern aufzubewahren und abends aus den Betriebsgebäude zu entfernen. Auch die Anhäufung leicht brennbarer Stoffe neben diesen Gebäuden ist unstatthaft.

§ 39. Wirkungskreis der Arbeiter. In den Arbeitsstätten dürfen sich nur diejenigen Arbeiter aufhalten, welche darin nach den Bestimmungen der Betriebsleitung beschäftigt werden. Jedem Arbeiter ist ein bestimmter Wirkungskreis anzuweisen. Der Betrieb ist so anzuordnen, daß die Arbeiten regelmäßig ineinander greifen und nirgends Verwirrung oder eine größere Ansammlung von Menschen und Material entstehen kann. Die Anzahl der in jedem Gebäude mit Explosionsgefahr beschäftigten Arbeiter ist auf das äußerste Maß zu beschränken. In gehenden Pulverherstellungswerken, mit Ausnahme der hydraulischen Pressen und der im § 4, Abs. 6 bezeichneten Werke, sollen nicht mehr als zwei Arbeiter beschäftigt werden. Zuträger sind anzuweisen, das Werk sofort nach Ausführung ihrer Verrichtung zu verlassen.

§ 40. Gewitter. Während der Dauer eines Gewitters, welches sich über dem Betriebsort entladet, ist die Arbeit in den Räumen mit Explosionsgefahr sowie die Verlade- und Packarbeit einzustellen. Maschinen, die unter Aufsicht arbeiten müssen, sind still zu setzen.

§ 41. Verhalten bei Brand. Explosionen. Sämtliche Arbeiter sind über ihr Verhalten bei vorkommenden Explosionen und bei Brandunglück genau zu belehren.

§ 42. Abschließen der Türen. Nach Schluß der Arbeit sind die Türen der Werke zu verschließen und die Schlüssel an den dazu bestimmten Ort zu bringen.

IX. Ausbesserungs- und Erneuerungsarbeiten.

§ 43. Reparaturen. Wenn in und an Pulverwerken Ausbesserungsarbeiten auszuführen sind, so ist sämtliches Pulver aus dem Raume zu entfernen und dieser sowie der auszubessernde Gegenstand von Pulver und Pulverstaub zu reinigen. Ist bei den Arbeiten die Benutzung von Feuer, z. B. bei Verwendung von Feldschmieden oder Lötöfen, nicht zu umgehen, so darf sich, wenn die Arbeiten außerhalb des Gebäudes auszuführen sind, in den Nachbarwerken und auf dem Gelände im Umkreise von 50 m kein Pulver befinden. Lötöfen oder Feldschmieden usw. sind erst an der Verwendungsstelle in Gegenwart des Betriebsführers oder Meisters anzuzünden und müssen daselbst nach Benutzung wieder ausgelöscht werden. Der auszubessernde Gegenstand, soweit es sich nicht um Lötarbeiten handelt, sowie die Stelle im Umkreise von 3 m ist mit Wasser zu begießen und während der Ausbesserungsarbeiten so naß zu erhalten, daß ein etwa entstehender Funke keine Entzündung bewirken kann. Während der Dauer der Reparatur ist an der Arbeitsstelle eine mit Wasser gefüllte Brandspritze oder Gießkanne bereit zu halten. Alle Reparaturarbeiten dürfen erst dann begonnen werden, nachdem der zuständige Betriebsführer oder Meister auf Grund vorher erlangter Überzeugung, daß alle Vorsichtsmaßregeln genau erfüllt sind, die besondere Erlaubnis dazu erteilt hat.

X. Sonstige Vorschriften.

§ 44. Fremde Personen. Frauen und Kindern der Arbeiter sowie fremden Personen, soweit nicht gesetzliche Vorschriften dem entgegenstehen, ist der Zutritt zu dem Gebiet des gefährlichen Betriebes nur mit Genehmigung der Betriebsleitung und in Gegenwart eines Betriebsbeamten gestattet.

§ 45. Pulverarbeiter. Bei Herstellung und Verpackung des Pulvers sind nur nüchterne und zuverlässige Leute zu beschäftigen. Jugendliche Arbeiter dürfen dazu nicht verwendet werden.

§ 46. Geistige Getränke. Mahlzeiten. In der Fabrik ist der Genuß geistiger Getränke, außer Bier und Obstwein, zu verbieten, bei der Arbeit auch der Genuß der letzteren. Das Einnehmen der Mahlzeiten in den Räumen mit Explosionsgefahr ist zu verbieten.

§ 47. Rauchen. Soweit das Rauchen überhaupt gestattet ist, darf es nur in den von den Betriebsleitern angewiesenen Räumen geschehen, woselbst dann eine Gelegenheit zur Aufbewahrung der Rauchgeräte vorhanden sein muß.

§ 48. Streichhölzer. Innerhalb des Fabrikgeländes dürfen nur Sicherheitszündhölzer verwendet werden.

§ 49. Mitbringen eiserner Gegenstände. Feuerzeug und eiserne Gegenstände, wie Schlüssel, Messer und dergl. dürfen in die Betriebsräume nicht mitgenommen werden. Es ist hierüber eine geeignete Kontrolle auszuüben.

§ 50. Arbeitsanzüge. Den Pulverarbeitern sind taschenlose Arbeitsanzüge, den Pulverarbeiterinnen Schürzen zur Verfügung zu stellen, die nach Beendigung der Arbeit im Umkleideraum zurückzubehalten sind.

§ 51. Dienstvorschrift für Beamte, Meister. Betriebsbeamte und Meister sind mit ausführlicher Dienstvorschrift zu versehen und hierauf durch Handschlag von der Betriebsleitung zu verpflichten.

§ 52. Feuerlöschgeräte. Die Fabrik muß mit stets gebrauchsfähigen Feuerlöschgerätschaften versehen sein, welche monatlich mindestens einmal einer Prüfung auf ihre Brauchbarkeit zu unterziehen sind.

§ 53. Anzünden von Feuer. Innerhalb des gefährlichen Betriebes ist mit Ausnahme der in § 43 vorgesehenen besonderen Fälle kein offenes Feuer gestattet. Es ist darauf zu halten, daß auch im Umkreis von 300 m um die Fabrik keine Feuer im Freien angezündet werden.

B. Vorschriften für Arbeitnehmer.

§ 54. Geistige Getränke. In der Fabrik ist der Genuß geistiger Getränke, außer Bier und Obstwein, streng untersagt, bei der Arbeit auch der Genuß der letzteren.

§ 55. Rauchen. Mitbringen eiserner Gegenstände. Zündhölzer. Soweit das Rauchen überhaupt gestattet ist, darf es nur in den von den Betriebsleitern angewiesenen Räumen geschehen. Pfeifen, Zigarren, Zündhölzer und Feuerzeug, ebenfalls Schlüssel, Messer und sonstige eiserne Gegenstände dürfen in das Gebiet des gefährlichen Betriebes nicht mitgenommen werden, sondern sind in den dafür angewiesenen Räumen im Gebiet des ungefährlichen Betriebes zurückzulassen. Auf Arbeiter zur Bedienung der Feuerungen findet die vorstehende Bestimmung bezüglich der Zündhölzer keine Anwendung, doch dürfen sie nur Sicherheitszündhölzer benutzen; sie sind dafür verantwortlich, daß letztere im Betriebe nicht in die Hände der Pulverarbeiter kommen.

§ 56. Arbeitsanzüge und Schuhzeug. In gehenden Werken müssen die Arbeiter anschließende Kleider tragen. Kittel, lose hängende Halstücher und sonstige lose Kleidungsstücke sind verboten. Die mit der Herstellung von Pulver beschäftigten Arbeiter haben vor Beginn der Arbeit die ihnen von der Fabrikleitung angewiesenen Anzüge ohne Taschen und eiserne Bestandteile anzuziehen und nach beendeter Arbeit im Umkleideraum zurückzulassen. In den Pulverräumen darf keine Fußbekleidung, die mit Eisenstiften genagelt oder mit eisernem Beschlag versehen ist, getragen werden. Entspricht das eigene Schuhzeug diesen Bestimmungen nicht, so ist dasselbe vor dem Betreten der Pulverräume gegen dort vorhandenes vorschriftsmäßiges zu vertauschen und nach Schluß der Arbeit wieder auszuwechseln. Vor dem Betreten der für das Rauchen zugelassenen, sowie der Speise- und Umkleideräume ist die Kleidung vom Pulverstaub zu reinigen. Es hat dies gleich nach dem Verlassen der Pulverräume zu geschehen. Hände und Gesicht sind zu waschen oder wenigstens von Pulverstaub zu befreien.

§ 57. Wirkungskreis. Die Arbeiter haben den ihnen zugewiesenen Wirkungskreis einzuhalten; sie dürfen andere Arbeitsstellen und Räume mit Explosionsgefahr, in denen sie nicht zu arbeiten haben, ohne besondere Erlaubnis nicht betreten. Zuträger müssen das Werk sofort nach Ausübung ihrer Verrichtung verlassen. Den in Pulverherstellungsräumen beschäftigten Arbeitern ist der Eintritt in die Räume der Feuerungsanlagen strengstens verboten, ebenso ist den in letzteren tätigen Arbeitern sowie den Laternenanzündern verboten, Pulverwerke zu betreten.

§ 58. Ordnung und Reinlichkeit. In den Pulverräumen ist die größte Reinlichkeit und Ordnung zu beachten. Jeder Arbeiter hat sich der an den Eingängen der Pulverherstellungsräume angebrachten Vorrichtungen zum Reinigen des Schuhzeuges auf das sorgfältigste zu bedienen. Wo bei der Beschaffenheit der Wege das Hineintragen von Schmutz oder Sand durch Abtreten der Füße nicht verhindert werden kann, ist beim Betreten der Räume das Schuhzeug abzulegen oder zu wechseln, oder es sind die vorhandenen Überschuhe zu benutzen. Pulvermagazine und Trockenkammern dürfen nur mit Filzschuhen oder ohne Schuhzeug betreten werden. Die auf dem Boden liegenden Decken und Läufer sind sorgfältig zu reinigen und, wenn nötig, auszuklopfen.

§ 59. Verschüttetes. Jedes Verstreuen von Materialien in Pulverwerken ist sorgfältig zu vermeiden. Durch Unvorsichtigkeit verschüttete Satzmaterialien und Pulvermasse, soweit sie als verunreinigt anzusehen sind, dürfen zur weiteren Verarbeitung nicht verwendet werden; sie sind sofort aufzunehmen, in das Kehrichtfaß zu schütten und anzufeuchten. Der Inhalt des letzteren ist nach Bedarf, spätestens bei der wöchentlichen gründlichen Reinigung, an die dafür von der Fabrikleitung bestimmte Stelle zu schaffen.

§ 60. Anhäufung von Materialien. In der Pulverherstellungs- und Verpackungsräumen ist jede durch den Betrieb nicht gebotene Anhäufung von Pulver und Rohstoffen verboten. Pulver und Pulversätze, deren Bearbeitung in einem Arbeitsraum beendet ist, sind aus diesem sofort zu entfernen. Zur einstweiligen Unterbringung sowohl der fertigen als der zu bearbeitenden Sätze sind, soweit erforderlich, die Ablagestellen zu benutzen.

§ 61. Freihalten der Ausgänge. Türe und Vorplätze der Gebäude mit Explosionsgefahr müssen stets frei bleiben und dürfen auch vorübergehend nicht verstellt, die Türen während der Arbeitszeit auch nicht verschlossen werden.

§ 62. Putzwolle. Gebrauchte Putzwolle und gebrauchte Putzlappen sind am Tage im Arbeitsraum in besonderen Behältern aufzubewahren und abends aus den Betriebsgebäuden zu entfernen. Holzstapel, trockenes Gras und sonstige leicht entzündliche Stoffe dürfen neben diesen Gebäuden nicht lagern.

§ 63. Naßhalten der Vorplätze. Bei anhaltend trockener Witterung müssen die Türschwellen und die unmittelbare Umgebung der Pulverhäuser ausreichend genäßt werden. Wo sich bei den Pulverräumen Wasserbehälter befinden, sind dieselben, soweit die Temperaturverhältnisse es gestatten, stets gefüllt zu halten.

§ 64. Gewitter. Während eines Gewitters, welches sich über dem Betriebsort entladet, darf sich niemand in den Räumen mit Explosionsgefahr aufhalten, die Pack- und Verladearbeit ist einzustellen. Es sind die dafür angewiesenen Räume aufzusuchen. Maschinen, die unter Aufsicht arbeiten müssen, sind still zu setzen.

§ 65. Heizung. Zum Anheizen der Feuerungen ist die Verwendung von Stroh, Hobelspänen und derartigem Funken erzeugenden Material verboten. Ruß und Asche aus den Heizapparaten und Öfen sind nach Ablöschung mit Wasser an den dafür bestimmten Ort zu bringen.

§ 66. Beleuchtung. Das Anzünden der Laternen und Lampen darf nur von den dafür bestimmten Arbeitern und nur in den hierzu angewiesenen Räumen geschehen.

§ 67. Trockenhaus. Heizrohre und Öfen der Trockenhäuser sind frei von Pulverstaub zu halten. Die Temperatur in der Trockenkammer darf 75° C. nicht übersteigen.

§ 68. Triebwerke. Maschinen. Verbot eigenmächtiger Reparaturen. Wo Pulverarbeitsmaschinen durch Wasserkraft bewegt werden, ist darauf zu achten, daß die normale Geschwindigkeit nicht erheblich überschritten wird. Jedes Warmlaufen der Lager in Pulverherstellungsräumen ist besonders gefährlich. Die Lager sind daher gut zu schmieren und häufig nachzusehen. Tritt trotzdem ein Warmlaufen ein, so ist das Werk stillzusetzen und Meldung davon zu machen. Bei sonstigen Unregelmäßigkeiten im Gang der Maschinen ist in gleicher Weise zu verfahren. Keinesfalls dürfen Reparaturen an den Maschinen und Gebäuden von den Arbeitern ausgeführt werden, bevor der zuständige Betriebsführer oder Meister die ausdrückliche Erlaubnis dazu erteilt hat.

§ 69. Hämmer. Die Benutzung metallener Hämmer zu Arbeiten in Pulverherstellungsräumen ist streng untersagt, ausgenommen bei Reparaturen, die auf ausdrückliche Anordnung nach vorhergegangener Ausräumung des Gebäudes vorgenommen werden.

§ 70. Stampfwerke. An den Stampfschuhen oder in den Kamplöchern (Trögen) festsitzende harte Pulverkrusten sind durch Aufweichen mit Wasser und mittels hölzerner Schaber oder solcher aus Kupfer, Zink oder entsprechender Legierung herauszunehmen.

§ 71. Läuferwerke. Beim Beschicken der Läuferwerke ist die Pulvermasse von vornherein auf dem Läuferteller gleichmäßig zu verteilen. Die Schicht, auf welcher die Läufer sich bewegen, darf nie weniger als 1 cm stark sein. Das Ausnehmen der Läuferwerke hat im

Stillstande oder bei langsamem Gang zu erfolgen. Die an den Läufern festsitzenden Krusten dürfen nur nach vorherigem Aufweichen mittels hölzerner Spatel ohne Anwendung von Hämmern entfernt werden. Die durch das Stehen der Läufer unter diesen entstandenen harten Pulverkuchen sind ebenfalls nur mittels hölzerner Spatel, wenn notwendig, unter Anwendung bleierner oder hölzerner Hämmer herauszuholen. Jeder nicht durch den Betrieb bedingte Aufenthalt im Läuferwerk ist verboten.

§ 72. Hydraulische Pressen. Schief aufgesetzte Stapel dürfen nicht gepreßt werden. Der Druck darf die von der Betriebsleitung festgesetzte, auf dem Zifferblatt des Manometers durch die rote Marke bezeichnete Grenze nicht überschreiten. Die Pulvermasse darf nicht unmittelbar zwischen den Preßplatten gepreßt werden, sondern es sind zwischen Platten und Pulver Preßtücher einzulegen.

§ 73. Prismen- und Patronen-Pressen. Es ist den Arbeitern der Prismen- und Patronenpresse streng verboten, bei gehender Presse zwischen die Stempel zu greifen oder Pulverkörper mit der Hand von den Unterstempeln abzuheben. Verstopfte Kanäle der Stempel und Traversen der Pressen sind nur mit Holzstäbchen und Wasser oder Öl frei zu machen. Im Gange befindliche Prismen- und Patronenpressen dürfen nie ohne Aufsicht gelassen werden.

§ 74. Trommeln. Die über den Meng-, Körn- und Poliertrommeln angebrachten hölzernen Schutzhauben gegen das Verstauben sowie die Auslauftrichter sind wiederholt darauf zu untersuchen, daß sie mit der rotierenden Trommel nicht in Berührung kommen und daran schleifen.

§ 75. Transport. Fässer und andere Gefäße müssen vor dem Hineinbringen in ein Pulverhaus sorgfältig von Sand und Erde befreit, die leeren Gefäße auch innen gut gereinigt werden. In Pulverherstellungs- und Lagerräumen darf während des Betriebes nicht gescharrt, geworfen oder mit Metallgeräten geklopft werden. Die Gefäße sind unter Vermeidung von Stoßen und Schieben behutsam fortzubewegen.

Anhangsweise sei noch über Entstaubungs-Anlagen in Schwarzpulverfabriken berichtet,[1] wie solche bei der Pulverfabrik Spandau in mehrjährigem Betriebe sich bewährt haben. Eine systematisch durchgearbeitete Entstaubung aller Pulverarbeitsmaschinen einer Schwarzpulverfabrik bietet neben Besserung der gesundheitlichen Verhältnisse eine nicht zu unterschätzende Sicherheit gegen die so gefährlichen Staubablagerungen innerhalb und außerhalb der Arbeitsräume. Auch kann eine Entstaubungsanlage dadurch, daß ein möglichst großer Teil des sonst verlorenen Pulversatzes in verwendbarem Zustande wiedergewonnen wird, hohe wirtschaftliche Vorteile bieten. Infolge der Empfindlichkeit des bei der Schwarzpulverfabrikation entstehenden Staubes gegen

[1] Ztschr. Schieß-Sprengstoffe 1908, S. 27.

Stoß, Reibung und starke Erhitzung stellt die Praxis bei der Einrichtung von Entstaubungsanlagen in jedem einzelnen Falle besondere Aufgaben, zu deren Lösung folgende Mittel einzeln oder zusammen angewandt werden müssen: 1. Ausführung der Arbeit in völlig abgeschlossenem Raume; 2. Vermeidung starker Bewegung des Pulversatzes; 3. Absaugung des entstehenden Staubes.

1. Arbeitsausführung im geschlossenen Raum. Alle Mengungsarbeiten mit staubförmigem Pulversatze, wie das Mengen der Einzelbestandteile, ferner das Mengen des beim Körnen entstehenden feinen Kornes und Staubes (des Kornstaubes) mit neuem Pulversatze sind in geschlossenen Trommeln vorzunehmen. Ein Vermengen auf offenen Tischen oder in offenen Kästen ist zu vermeiden; auch jedes offene Umschütten staubigen Materials ist zu unterlassen. Das Umschütten ist überhaupt nach Möglichkeit einzuschränken; sollte es in besonderen Fällen unvermeidlich sein, so ist hierzu eine Vorrichtung nach Fig. 133 zweckmäßig. Sie besteht aus einem staubdichten Kasten *A* mit einer Verschlußklappe *B* und einer Öffnung im Boden mit angehängtem Tuchtrichter *D*; in der Bodenöffnung ruht ein von außen mittels Handgriff *E* kippbarer Rahmen *C*; der Tuchtrichter endigt in einem mit Pelzbesatz versehenen Deckel für die Tonne oder irgendein anderes Gefäß. Der Behälter mit dem umzuschüttenden Pulver wird durch die offene Klappe in den Rahmen eingeführt, die Klappe geschlossen, der Rahmen umgekippt und wieder zurückgedreht. Nach einigen Sekunden kann der leere Behälter fast ohne eine Spur von Staub aus dem Apparat entfernt werden.

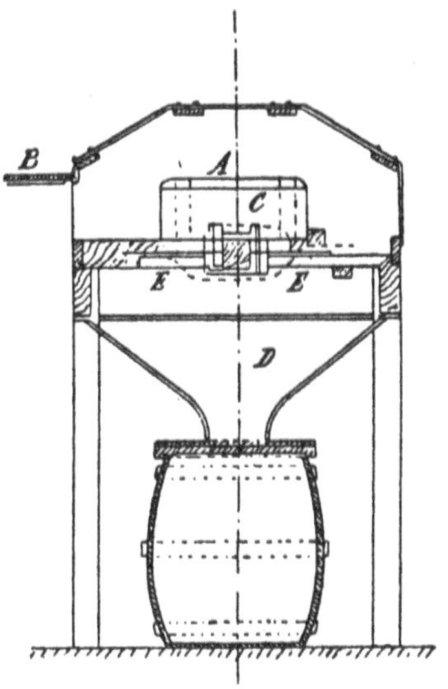

Fig. 133.
Vorrichtung zum Umschütten.

2. Vermeidung starker Bewegung des Pulversatzes. Wie diese Forderung erfüllt werden kann, zeigt die folgende einfache Maßnahme (Fig. 134): Zum staubfreien Aufschütten des auf der hydraulischen Presse zu Platten zu verdichtenden Pulversatzes wird der sonst übliche einfache Holzrahmen erheblich verbreitert und mit einer rinnenartigen Aussparung versehen. Diese Rinne nimmt den abgestrichenen Pulversatz auf, sie wird von Zeit zu Zeit auf den mit Staubabsaugung versehenen Arbeitstisch ausgeschüttet. Bei Verwendung des bisher üblichen schmalen Aufschütterahmens wurde ein sog. Satzfänger zwischen zwei

bereits beschickte Preßplatten eingeschoben und beim Höherwerden des Stapels zeitweise nachgedrückt. Hierbei war es unvermeidlich, daß der abgestrichene Pulversatz unter starker Staubentwicklung hoch herabfiel. Dieser Übelstand wird durch die beschriebene Einrichtung verhütet und damit eine der unbequemsten Staubquellen bei der Schwarzpulververfertigung beseitigt. Für Siebarbeiten werden im allgemeinen die leicht einhüllbaren ruhig laufenden Zylindersiebe den viel Staub erzeugenden Rüttelsieben vorzuziehen sein.

3. Absaugung des Pulverstaubes. Wo die unter 1. und 2. erwähnten Maßnahmen nicht ausreichen, um eine Verbreitung von Pulverstaub an der Arbeitsstelle zu verhüten, ist dieser durch Absaugung unschädlich zu machen. Zur Erzeugung der für die Absaugung des Staubes erforderlichen Luftbewegung müssen wegen der Explosions-

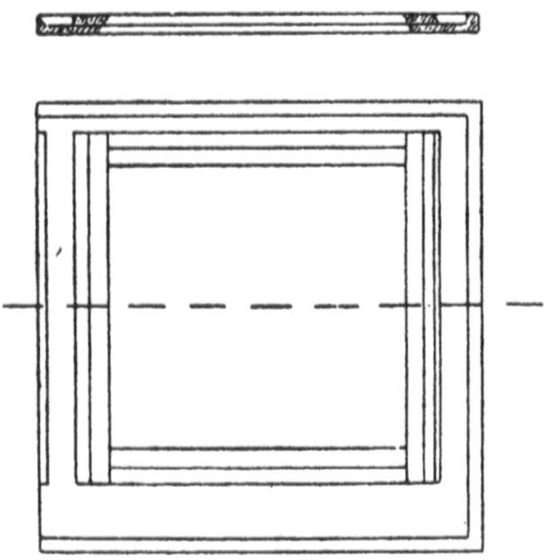

Fig. 134.
Vorrichtung zum staubfreien Aufschütten.

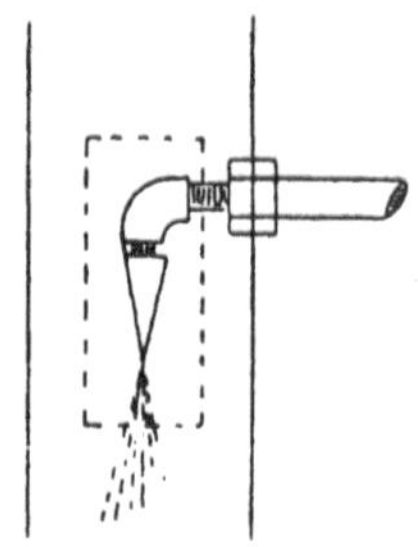

Fig. 135.
Düse zum Absaugen.

gefahr alle mechanisch angetriebenen Ventilatoren von vornherein ausgeschlossen werden; es bleiben daher nur Strahlapparate verwendbar. Da sich der Pulversatz schon bei Vorhandensein geringer Luftfeuchtigkeit leicht an Flächen, die den Luftstrom von seiner Bahn ablenken, festsetzt, ist es nicht zweckmäßig, die bekannten, mit mehreren Düsen versehenen Saugapparate zu verwenden, sondern es empfiehlt sich, in die Saugleitung eine einfache Düse, wie sie Fig. 135 zeigt, zentrisch einzubauen. In der Wandung der Saugleitung ist in Höhe der Düse eine durch Klapp- oder Schiebetür dicht verschließbare Öffnung vorhanden, die den Einbau, die Reinigung und erforderliche Instandsetzung erleichtert. Bei der Herstellung der Saugleitung ist darauf zu achten, daß weder Weißblech noch Weißlot zur Anwendung kommen, da sich sonst evtl. das hochexplosible salpetersaure Zinnoxydul bilden kann; am besten haben sich gefalzte Kupferleitungen bewährt. — Am zweckmäßigsten wird Druckluft zum Absaugen angewandt; der Pulverstaub passiert ein Filter nach Fig. 136. Die Staubluft tritt von der Seite in einen geräumigen Sammelkasten ein; ein Blechschirm *a* verhindert, daß der Staub mit seiner vollen lebendigen Kraft gegen das über einen kastenförmigen

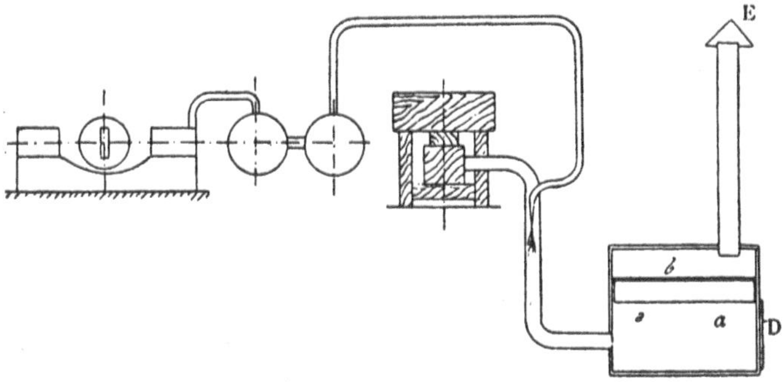

Fig. 136. Filter zum Aufsaugen des Pulverstaubes.

Deckel gespannte Filter *b* (aus Müllertuch) geworfen wird; die von Staub gereinigte Luft zieht bei *E* ab; durch die Türe bei *D* ist der Staubsammler von Zeit zu Zeit zu entleeren. Fig. 137 zeigt die entsprechende Einrichtung einer Walzenkörnmaschine.

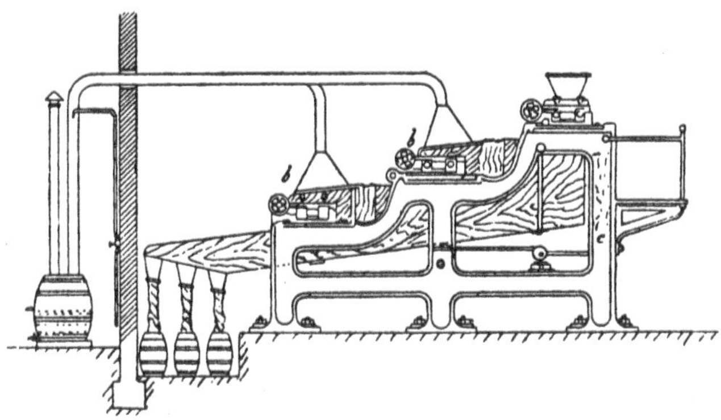

Fig. 137.

In Schwarzpulverfabriken kann unter Umständen beim Zerkleinern und Mischen der Bestandteile eine Explosion eintreten; verhängnisvoll wird meist die Anwesenheit von harten Fremdkörpern im Satz, die durch Reibung zur Funkenbildung Veranlassung geben und für deren Entfernung gewissenhafteste Vorsicht nötig ist (vgl. § 27 der Vorschriften). Unglücksfälle können aber auch eintreten durch Bildung statischer Elektrizität. A. Voigt weist in der Zeitschrift für Schieß- u. Sprengstoffe

(1911, S. 204) auf zwei wahrscheinlich damit im Zusammenhang stehende Explosionen hin.

Die eine Explosion ereignete sich in einem Setzraum. Hier wird der vom Läufer kommende Pulversatz in schwach angefeuchtetem Zustande in Holzrahmen eingefüllt, letztere — durch Kupferplatten und eventuell durch feuchte Preßtücher voneinander getrennt — in die Pressen gebracht. Da Schwefel durch Reibung elektrisch wird, so ist elektrische Entladung möglich. — Die andere Explosion fand in einem Läuferwerk statt. In beiden Fällen war die Luft besonders trocken, es herrschte tagelang trockener Ostwind bei warmem sonnigen Wetter. Da trockene Luft ein schlechter Leiter der Elektrizität ist, so konnte freie Elektrizität, die an bestimmten Teilen der Apparatur sich gebildet hatte, nicht abfließen, häufte sich vielmehr zu einem Spannungszustand an, bis Funkenentladung eintrat.

Voigt empfiehlt daher Erdung der Pulverarbeitsmaschinen, wobei jedoch alle Metallteile der Apparatur leitend untereinander verbunden sein müssen. — Manternach (Zeitschrift Sprengst. 1914, S. 41) berichtet über Explosionen in den Schüttelräumen der Pulverfabrik in Kockelscheuer (im Sommer 1913), welche darauf zurückgeführt wurden, daß Schwefel ein Dielektrikum ist, welches durch Reibung sehr leicht in den elektrischen Zustand versetzt wird; da nun die Schüttelsiebe etwa 80 bis 90 Bewegungen in der Minute ausführen, liegt die Annahme nahe, daß durch diese mechanische Bewegung des Pulvergemisches eine elektrostatische Ladung hervorgerufen wird, die eventuell eine Entzündung des Sprengstoffes bewirken kann.

Manternach kommt zum Schlusse seiner Untersuchung zu folgenden Vorschlägen:

Um die starke Ionisation der Luft im Innern der Schüttelräume zu vermindern, ist eine kontinuierliche Luftzirkulation von innen nach außen zu bewirken. Da sich im Innern Ventilatoren wegen der damit verbundenen Gefahren nicht aufstellen lassen, könnten sie in den Maueröffnungen angebracht werden und eine solche Wirkung haben, daß sie die Luft von innen nach außen aufsaugen. — Der Boden und die Wände der Auffangkisten können mit Kupferbelag ausgeschlagen werden, um die Erdung zu verbessern. Die Erdleitungen, welche durch die Lager der Maschinen führen, können so abgelenkt werden, daß sie direkt zum Boden führen.

Von großer Wichtigkeit sind natürlich geeignete Blitzschutzvorrichtungen. Auf Grund von Vorschlägen des Berliner elektrotechnischen Vereins hat der preußische Minister für Handel und Gewerbe am 13. Nov. 1906 eine „Anleitung zu Vorschriften über Blitzschutzvorrichtungen für Pulver- und Sprengstoff-Fabriken, sowie für Pulver- und Sprengstoffmagazine" erlassen. Hiervon bezieht sich Teil A insbesondere auf Nitroglyzerin- und Schießwollefabriken. Durch Verfügung vom 1. Juni 1907 wird ausgeführt, daß in der Mehrzahl der Betriebsgebäude der Schwarzpulverfabrikation die Gefahr weit geringer ist wie in der Nitroglyzerinfabrikation; einerseits kommen meist geringere Mengen von Pulver zur Verarbeitung, das Pulver wird vielfach feucht verarbeitet und man bedarf nicht so vieler langgestreckter Metallleitungen; andererseits lassen die baulichen Verhältnisse hier oft das Anbringen eines doppelten Blitzschutznetzes gar nicht zu. Für Fabriken von Schwarzpulver, sowie für Pulver und Sprengstoffmagazine werden daher im allgemeinen die Vorschriften des zweiten Teiles (B) für genügend erachtet, die nachstehend mitgeteilt seien:

Blitzschutzvorschriften für Gebäude, die nicht mit besonderen Erdschutzwällen oder Erdschutzwänden umgeben zu werden brauchen.

1. Auffangvorschriften und Gebäudeleitungen. Alle voraussichtlichen Einschlagstellen des Blitzes (Firstkanten, bei Dachneigungen von weniger als 45° auch die Giebel- und Traufkanten, Schornsteine, Dunstabzugsrohre, Türmchen, stehende Dachfenster und sonstige die Dachfläche überragende Gebäudeteile) sind durch Auffangleitungen oder andere an den gefährdeten Stellen angebrachte Auffangvorrichtungen zu schützen. Derartige Stellen bedürfen, wenn sie bereits mit Metall überdeckt sind, keiner besonderen Schutzvorrichtungen, sind aber an das allgemeine System anzuschließen. Von den Enden der Firstkanten und dazwischen in Abständen von höchstens 5 m, sowie von allen die Dachflächen überragenden Gebäudeteilen sind Gebäudeleitungen auf dem zulässig kürzesten Wege und unter tunlichster Vermeidung schärferer Krümmungen zur Erde zu führen. Sofern Auffangstangen verwendet werden, sind sie in den Kreuzungspunkten des Leitungsnetzes, in den Firstkanten und bei Dachneigungen von weniger als 45° auch in den Traufkanten, sowie auf den die Dachfläche überragenden, nicht schon anderweitig geschützten Gebäudeteilen zu errichten. Ihre Höhe ist zweckmäßigerweise auf etwa 1 m zu beschränken. Die Stangen sind nach Möglichkeit so einzurichten, daß sie das Dach nicht durchdringen; läßt sich dies nicht vermeiden, so dürfen sie höchstens 20 cm in das Innere hineinragen. Sämtliche Auffangvorrichtungen und Leitungen müssen so unter sich und mit der Erdleitung verbunden sein, daß ein einschlagender Blitz sich von der Einschlagstelle aus über das ganze Leitungsnetz ausbreiten kann.

2. Erdleitungen. Die Erdleitungen bestehen aus langgestreckten, strahlenförmig unter der Erdoberfläche verlegten metallischen Bändern, Drähten oder Drahtnetzen oder aus haltbaren metallenen großflächigen Platten, die in das Grundwasser, in fließendes Wasser oder in ständig feuchtes Erdreich zu legen sind. Sofern es die örtlichen Verhältnisse

erlauben, sind die Gebäude statt dessen mit einer ringsherum laufenden metallischen Leitung zu umgeben, welche 30 bis 50 cm unter der Erdoberfläche zu verlegen ist. Diese Ringleitungen sind einerseits mit sämtlichen Gebäudeleitungen, andererseits mit vorhandenen unterirdischen Rohrleitungen und außerdem, wo es möglich ist, durch besondere Zuleitungen mit fließendem Wasser oder Grundwasser in großflächige Verbindung zu bringen. Solche Verbindungsleitungen zu vorüberführenden Rohrleitungen und zum Grundwasser sind stets mehrere anzulegen und auf den Umfang der Ringleitung zu verteilen. In Ermangelung von Rohrleitungen oder dauernd feuchten Stellen sind von diesen Leitungen etwa 10 m lange Leiter in Abständen von etwa 10 m oder mehrere strahlenförmige Ausläufer mit einer Länge von je etwa 5 m abzuzweigen. Die in geringer Tiefe verlegte Erdleitung kann durch eine Koksschüttung oder Einlage von Alteisen verbessert werden. Wo angängig, sind die Erdleitungen benachbarter Gebäude unter sich zu verbinden.

3. Anschluß von Metallmassen. Alle größeren Metallteile der äußeren Hausfläche (Dachrinnen, Abfallrohre, eiserne Türen, Beleuchtungskästen u. dergl.) sind an die Blitzableitung anzuschließen, kleinere Metallteile nur dann, wenn sie sich nahe der Leitung befinden. Insoweit die metallenen Gebäudeteile den Anforderungen an Auffangvorrichtungen und Gebäudeleitungen entsprechen (Wellblechdächer, Dachrinnen, Abfallrohre usw.), sind besondere Auffangvorrichtungen und Gebäudeleitungen entbehrlich. Die in die Gebäude hineinragenden unteren Enden von Auffangstangen, die Auffang- und Gebäudeleitungen, sowie deren Befestigungsmittel sind möglichst weit, mindestens aber 1 m entfernt von inneren Metallmassen anzubringen. Ist dies nicht durchführbar (z. B. bei eisernen Dachkonstruktionen), so müssen diese Metallmassen doppelseitig an den Blitzableiter angeschlossen werden und es ist streng zu vermeiden, Sprengstoffe mit ihnen in Berührung zu bringen.

4. Besondere Blitzschutzvorrichtungen. Die Sicherheit wird erhöht, wenn außer den oben beschriebenen, an den Gebäuden selbst angebrachten Blitzableitern neben dem zu schützenden Gebäude auf freistehenden, das Gebäude überragenden Masten besondere Auffangvorrichtungen mit Ableitungen und guten mit denjenigen der Gebäude zusammenhängenden Erdleitungen angebracht werden. Für kleinere Gebäude, welche Explosivstoffe, aber keine größeren Metallmassen enthalten, genügen als Schutz freistehende Maste mit Auffangvorrichtung und Erdleitung, wenn die Maste die Gebäude um das Maß ihres wagrechten Abstands vom Gebäude überragen. Bäume, deren Zweige näher als 5 m an Gebäude heranreichen, sind mit einer, etwa in der Mitte der Krone beginnenden und an die Erdleitung des Gebäudes anzuschließenden Blitzableitung zu versehen. Außerdem sind da, wo Zweige in größere Nähe des Gebäudes kommen, diesen gegenüber Auffangvorrichtungen mit den erforderlichen Gebäude- und Erdleitungen anzuordnen.

5. Ausführung der Blitzableiter und besondere Vorsichtsmaßregeln. Als Material für Blitzableiter ist Kupfer oder Eisen (verzinktes Eisen) zu wählen. Zu natürlichen Gebäudeleitungen (Dachrinnen, Abfallröhren u. dergl.) kann auch Zink, zu Erdleitungen außerdem Blei verwendet werden. Verzweigte Leitungen aus Eisen sollen nicht unter 50 qmm, unverzweigte nicht unter 100 qmm stark sein. Für Kupfer ist die Hälfte dieser Querschnitte ausreichend; Zink ist mindestens vom ein- und einhalbfachen, Blei vom dreifachen Querschnitt des Eisens zu wählen. Der Leiter soll nach Form und Befestigung sturmsicher sein. Leitungsverbindungen und Anschlüsse sind dauerhaft, fest, dicht und möglichst großflächig herzustellen. Nicht geschweißte oder gelötete Verbindungsstellen sollen metallische Berührungsflächen von nicht unter 10 qcm erhalten. Die Gebäudeleitungen können auf den Dach- und Wandflächen aufliegend angeordnet werden; auf weicher Dachung aber (z. B. bei Dächern aus Asphaltpappe) sind sie in einem Abstand von mindestens 10 cm von der Dachfläche zu führen. Die Leitungen brauchen nicht isoliert zu werden. Metallene Schutzbekleidungen der Leitungen sind mit diesen an beiden Enden metallisch zu verbinden. Soweit keine praktischen Gründe entgegenstehen, ist großflächigen band- und blechförmigen, in größeren Längen hergestellten Leitern der Vorzug von Drähten zu geben. Bei der Aufstapelung von Pulvern und Sprengstoffen in Magazinen ist die unmittelbare Berührung der Verpackungsgefäße mit Metallteilen zu vermeiden.

Zu den gesetzlichen Vorschriften betreffs Bauart (cf. S. 357/8) sei noch folgendes bemerkt: Oscar Guttmann empfiehlt (vgl. Zeitschrift Sprengst. 1908, S. 266 und 1910, S. 265) die Verwendung von Eisenbeton aus feinem Flußkies (vgl. auch engl. Pat. 4094/1909). In einer deutschen Fabrik wurden in einer Packkammer Versuche angestellt, um zu ermitteln, ob Dächer aus Beton mit dazwischen eingelagerter Kiesschüttung sehr vorteilhaft wären.

Durch die Versuche (Zeitschrift Sprengst. 1910, S. 34) wurde festgestellt, daß eine Betondecke unbedingt da von großem Werte ist, wo es sich darum handelt, die Übertragung eines Brandes von einem Raum auf einen anderen zu verhindern; Voraussetzung ist dabei, daß die in dem Raum gelagerten Sprengstoffmengen und Sprengstoffarten derart sind, daß eine eigentliche Explosionswirkung nicht eintritt. Sodann hat sich als sehr vorteilhaft erwiesen, daß die Zwischenwände zwischen den Packkammern nicht nur 1 m — wie es die Vorschrift besagt — über die Ausblaseseite hinausragen, sondern daß dieselben um noch 2 m verlängert werden. Diese verlängerte Wand braucht dann nicht die Stärke derjenigen Mauern zu haben, welche einer Explosion Widerstand leisten sollen, sondern dieselbe soll zum Schutz gegen das Überspringen der Flamme dienen; es genügt daher, wenn sie ein Stein stark ist. Ferner hat sich unzweifelhaft Glas mit Drahteinlage außerordentlich bewährt; es zeigte sich nicht nur bei den ersten Versuchen widerstandsfähiger als gewöhnliches Glas, sondern bot auch den großen Vorteil, daß es beim Zubruchgehen keine Sprengstücke lieferte. Endlich wurde festgestellt, daß ein feuerschützender Anstrich von Holzteilen zweifellos einen gewissen Schutz gegen Brandübertragung gewährt.

Auf die Vorschläge, die Waldmann über Anlage von Gebäuden, in welchen explosible Materialien verarbeitet werden, gemacht hat (Mitt. Artillerie-Geniewesen, referiert Zeitschrift Sprengst. 1909, S. 12) sei noch kurz hingewiesen.

Fünfter Abschnitt.

Aufbewahrung und Lagerung des Pulvers.

Das Verpacken des Pulvers geschieht vielfach in Holzfässern (Pulvertonnen); gewöhnlich füllt man das Pulver erst in Säcke und setzt letztere in die Fässer ein. Man verwendet auch — besonders für Sprengpulver und Sprengsalpeter — viereckige, mit Zink ausgeschlagene Holzkisten. — Jagdpulver wird in kleinen Blechbüchsen verpackt. — Über Verpackung von Kriegspulver gelten die militärischen Vorschriften, z. B. die österreichische Vorschrift über die Deponierung, Konservierung, den Umsatz und Transport der Spreng- und Zündmittel des K. u. K. Heeres. — Militärpulver wird meist in Metallgefäßen (aus Zinkblech oder verzinntem Kupfer) von zylindrischer oder viereckiger Form aufbewahrt.

Magazine. Bei der Frage, wo Pulvermagazine angelegt werden dürfen, ist zu berücksichtigen, inwieweit eventuelle Explosionsfernwirkungen in Betracht kommen. Untersuchungen hierüber wurden in den Jahren 1896, 1897 und 1899 auf dem Schießplatze Kummersdorf angestellt und in den „Verhandlungen des Vereins zur Förderung des Gewerbefleißes" veröffentlicht. In England hat man auf Grund der bei Explosionsunfällen gesammelten Erfahrungen die Entfernungen zusammengestellt, welche für Sprengstoffmagazine einzuhalten sind.

Das englische Verzeichnis teilt die zu schützenden Gebäude in acht bestimmte Klassen, welchen sehr verschiedene Entfernungen entsprechen; die der Klasse 6 dürften die Grenzen der schweren Beschädigungen an festen Bauten darstellen (Bruch von Fensterscheiben, Eindrücken von Türen, Erschütterung von Wänden und Decken). Ein Unterschied für die verschiedenen Explosivstoffe ist nicht gemacht. Die Entfernungen der Liste dürfen (bei Mengen über 450 kg) um die Hälfte verkleinert werden, wenn die zu schützenden Baulichkeiten schon wirksam geschützt sind, sei es durch die Geländegestaltung, sei es durch einen guten und starken Wall aus Erde oder Schutt (Abraum). Auf alle Fälle müssen diese Schutzwände so hoch sein, daß eine von irgend einem Punkt des Magazins aus nach irgend einem Punkt der zu schützenden Baulichkeit gezogene Linie durch sie hindurchgeht. Die englische Tabelle, sowie die nähere Bezeichnung der acht Klassen von Gebäuden ist abgedruckt in der Zeitschrift Sprengst. 1908, S. 135.

Auch die französische Pulverkommission hat Untersuchungen über Explosionsfernwirkungen angestellt, als deren Resultat für die gefährdeten Zonen die Formel $d = K\sqrt{c}$ aufgestellt wird (Wurzel aus c, worin d bedeutet: Entfernung in Meter, c: Sprengstoffmenge in Kilogramm, K: ein gleichzeitig von der Natur des Sprengstoffs und dem Grade der Sicherheit abhängender Koeffizient, der für Schwarzpulver $\frac{10}{\sqrt{2}}$ beträgt). Näheres findet sich in der Zeitschrift Sprengstoffe 1907.

Von den deutschen Vorschriften über Lagerung sei hier beispielsweise die bayerische Verordnung mitgeteilt. Hier werden die Sprengstoffe unterschieden nach

Klasse I: Dynamite, Chlorat- und Perchloratsprengstoffe,
Klasse II: Schwarzpulver,
Klasse III: Ammonsalpetersprengstoffe.

Im allgemeinen sollen Sprengstoffe der Klasse I nicht mit solchen der Klassen II und III, Sprengstoffe der drei Klassen nicht mit Zündmitteln zusammengelagert werden. Von der Anlage eines besonderen Aufbewahrungsmagazines kann bei vorübergehender Aufbewahrung von 1 bis $2\,^1/_2$ kg Schwarzpulver abgesehen werden, der Sprengstoff ist dann in einer hölzernen, starken, gut verschließbaren Kiste einzulagern. Bei Anlage von Magazinen ist polizeiliche Genehmigung erforderlich; als Unterlagen sind anzugeben: die Lage nach allen Seiten, um die Stellung des Magazins genau bestimmen zu können, sowie Grundriß und Durchschnitt des Magazins mit Angabe der Einteilung der Räume, der wesentlichen Maße und des Bau- und Eindeckungsmateriales. Von Wohn- und Arbeitsstätten, Eisenbahnen und öffentlichen Wegen sind bei Schwarzpulvermagazinen folgende Entfernungen einzuhalten:

bis zu	100	kg	Sprengstoff	100 m
„ „	250	„	„	250 „
„ „	1000	„	„	500 „
über	1000	„	„	1000 „

Mehrere Magazine, die in freier, ungedeckter Lage errichtet werden, sollen in der Regel mindestens 100 m voneinander entfernt sein. An den

Zugängen zu den Arbeitsstätten dürfen Magazine nicht errichtet werden. Die Zugänge zu den Magazinen müssen so hergestellt und stets so in Ordnung gehalten werden, daß die Sprengstoffe sicher transportiert werden können; insbesondere ist die Anlage von Stufen verboten. Magazine für Einlagerung bis zu 100 kg Schwarzpulver können aus festen, gut verschließbaren, trocken gelegten Bretterverschlägen bestehen, die (mit Ausnahme der Türe) bis zur Höhe des Firstes von einer 1 m dicken Schicht Sand oder steinfreier Erde umgeben sein müssen. Bei größeren Mengen müssen die Magazine folgenden Anforderungen entsprechen: Die Magazine sind je nach der Örtlichkeit entweder als freistehende Gebäude zu errichten oder im festen Gestein als einbruchsichere Nischen auszuarbeiten oder aber teilweise in den gewachsenen Boden zu versenken; in letzterem Falle sind Wände und Boden durch Isolierschichten gegen Feuchtigkeit zu schützen. Die Magazine sind mit einem bis zur Höhe des Firstes reichenden Erdwall, sowie mit einer mindestens $2^1/_4$ m hohen, durch Stacheldraht gesicherten Einfriedigung außerhalb des Walles zu umgeben (wovon eventuell Ausnahmen gestattet werden kann); der Wall ist aus Sand oder aus einem anderen, möglichst klein zerteilten Material herzustellen, er muß bei einer Kronenbreite von 1 m ein- bis anderthalbfache Böschung haben und mit Rasen bedeckt oder durch Reisigflechtwerk befestigt sein. Zwischen dem Wall und dem Gebäude ist ein 1 m breiter Raum zu belassen, in dem brennbare Stoffe nicht gelagert werden dürfen; der Zugang zum Magazin durch den Wall ist in gerader Linie seitlich vom Magazin anzulegen. Die Wände eines Magazins sollen, wenn es nicht ganz im festen Gestein als einbruchssichere Nische angelegt wird, aus leichten Material, wie aus Bimssandsteinen (Schwemmsteinen), leichten Tuffsteinen, Kiesbeton oder als Riegelfachwerk ausgeführt werden; zur Herstellung des Betons darf nur Kies von höchstens 2 cm Korngröße verwendet werden. Im Innern sind die Wände mit glattem Zementverputz oder einer glattgehobelten Holzverschalung zu versehen. Das Dach ist aus leichtem Material (Holz-, Zement- oder Betonbohlen, Gipsdielen) herzustellen; es ist mit Asphaltpappe, präpariertem Segeltuche oder mit Asbest zu bekleiden und darf mit Steinen nicht beschwert werden. Das Dach ist mit einer leichten Erdschüttung zu überdecken oder mit Kalk oder weißer Ölfarbe anzustreichen. Der Fußboden muß aus dicht gefugten Brettern, in denen die Nägel zu versenken und einzukitten sind, oder aus einem Lehm-, Gips- oder Asphaltestrich ohne Steinbeimischung bestehen; er ist in seiner ganzen Fläche mit Linoleum zu belegen. Gegen das Eindringen von Bodenfeuchtigkeit ist der Fußboden durch eine wasserdichte Schichte zu schützen. Der Verschluß der Magazine muß durch zwei hintereinanderliegende, nach außen aufgehende, möglichst einbruchsichere Türen von mindestens 1·8 m Höhe und 0·8 m Breite gebildet werden; zwischen beiden Türen hat ein Vorraum von mindestens 1 m Tiefe zu verbleiben. In Pulvermagazinen muß die innere Türe aus Holz gefertigt und auf der Außenseite mit Zinkblech verkleidet sein; die Türbeschläge und

Schwellen sind so einzurichten, daß Funkenbildungen oder gefährliche Erwärmungen durch Reibungen von Eisenteilen auf Stein oder Eisen ausgeschlossen sind. Eine künstliche Beleuchtung des Magazins darf nur vom Vorraume aus und nur durch Sicherheitslampen oder elektrische Glühlampen mit besonders starker Fassung und mit Schutzglocken erfolgen. Die Ein- und Ausschalter für die elektrischen Glühlampen müssen sich außerhalb des Lagerhauses befinden. Auch eine Außenbeleuchtung mittels Laternen hinter zuverlässigen, dichten Glasfenstern ist erlaubt. Nahe der Decke und über dem Fußboden sind Ventilationsöffnungen anzuordnen, gekrümmt anzulegen, fest zu vergittern und innen mit einem Drahtnetz zu verschließen. In jedem Magazin muß ein brauchbares Celsiusthermometer angebracht sein. Die Magazine sind mit der Aufschrift zu versehen: „Vorsicht! Sprengstoffe! Nicht rauchen! Feuer und Licht fernhalten!" Die Magazine müssen in allen Teilen stets in gutem Zustand erhalten werden. In den Magazinen, sowie innerhalb der Einfriedigungen muß die größte Ordnung und Reinlichkeit herrschen; leere Behälter, loses Packmaterial, Holz- oder Papierabfälle sind daraus zu entfernen. Werden Sprengstoffe der Klasse I mit solchen der Klassen II und III, und Sprengstoffe einer der drei Klassen mit Zündmitteln in einem Magazin gelagert, so müssen die Sprengstoffe der Klasse I und die Zündmittel je in gesonderten, durch Zwischenwände von mindestens 12 cm (= $^1/_2$ Stein) Stärke hergestellte Lagerräume untergebracht werden; in Felsnischen, die als Lagerräume dienen, muß die Zwischenwand mindestens 50 cm (= 2 Stein) stark sein. Die Zündmittel sind überdies in einer dichten Holzkiste unter Verschluß aufzubewahren. Fässer sind so zu stellen oder so festzulegen, daß sie nicht rollen; andere Sprengstoffbehälter müssen auf Holzunterlagen ruhen. Es dürfen höchstens fünf Reihen übereinander gestellt werden, zwischen den Reihen sind glatte, hölzerne Zwischenlager anzubringen. Die Sprengstoffbehälter dürfen niemals ganz an der Wand anliegen und nicht gestürzt, gekollert oder geschoben werden; sie sind mit großer Vorsicht zu tragen und vor jedem Stoß zu schützen. In den Magazinen dürfen Arbeiten, die außerhalb des Lagers ausgeführt werden können, wie das Herrichten oder Umarbeiten von Patronen, das Ausklopfen von Sprengkapseln nicht vorgenommen werden. Pulver ist in den Versandgefäßen oder in einer gut verschlossenen Kanne aus Zinkblech, Holz oder Leder (nicht aus Eisen oder Weißblech) aufzubewahren. Gefäße zum Abmessen des Pulvers dürfen nicht aus Eisen bestehen. Enthält der eigentliche Lagerraum mehr als ein Faß Pulver in der Originalpackung, so ist das Umfüllen von Pulver sowohl im Lagerraum als im Vorraum verboten. Der Fußboden der Pulvermagazine ist von verstreutem Pulver sorgfältig zu reinigen. Außerhalb des Magazins liegendes Pulver ist zu entfernen. Wer ein Magazin betritt, hat vorher alle feuergefährlichen Gegenstände abzulegen. Pulvermagazine dürfen nur mit Filzschuhen betreten werden; solche sind im Vorraum bereit zu halten. Der Zutritt zu den Magazinen ist außer den Kontrollbeamten nur dem Verwalter des Magazins und unter der Aufsicht des Verwalters den mit dem Heraus- und Hineinbringen von Sprengstoffen und Zündmitteln beauftragten Hilfskräften gestattet. Der Verwalter hat allein den Schlüssel zu führen.

Der Verwalter hat über die Einlagerung und Verausgabung von Sprengstoffen und Zündmitteln ein Buch zu führen, welches den Zeitpunkt des Empfangs und der Verausgabung, den Namen des Lieferanten und Empfängers, die Art und Menge der Sprengstoffe, sowie bei Sprengpatronen deren Jahreszahl und Nummer angibt. Aus den Magazinen dürfen nur Sprengstoffe und Zündmittel von tadelloser Beschaffenheit und diese nur in Mengen, die dem Tagesbedarf entsprechen, abgegeben werden. Verdorbene Sprengstoffe sind möglichst bald unter der Aufsicht des Verwalters zu vernichten. Über die Art und Menge der vernichteten Sprengstoffe ist Buch zu führen. Die Verpackung ist entweder im Vorraum oder außerhalb des Magazins zu öffnen; hierzu dürfen — mit Ausnahme von Nagelzangen und Schraubenziehern — keine eisernen Werkzeuge, sondern nur solche aus Kupfer, Messing, Bronze, Zink oder Holz verwendet werden. Sprengstoffe, die aus der Verpackung gekommen sind, müssen ganz besonders vor Feuchtigkeit geschützt werden. Zu diesem Zwecke sind kleinere Pulvermengen in Zinkblechkannen, andere Sprengstoffe in trocknen und dichten, mit Deckel versehenen Holzkisten oder in Zinkblechbüchsen aufzubewahren. Erst nach vollständigem Verbrauche des losen Vorrates an Sprengstoffen darf eine neue Verpackung gleicher Art geöffnet werden. Die am längsten lagernden Sprengstoffe sind stets zuerst zu verwenden.

Den bayrischen Vorschriften sind Skizzen von Normalmagazinen beigefügt für Mengen bis zu 100 kg, über 100 kg und für Magazine, die verschiedene Sprengstoffe enthalten.

Eine Übersicht über österreichische Verordnungen gibt das Büchlein von Ingenieur Rudolf Feuchtinger: „Spreng- und Zündmittelmagazine", Wien 1907, Verlag Spielhagen-Schurig; dieses Buch bringt eine Reihe von Tafeln mit Zeichnungen von Pulvermagazinen. — Ein unterirdisches Sprengstofflager, wie solches auf einer lothringischen Zeche sich befindet, ist in der Zeitschrift „Glückauf" 1906, S. 1684 näher beschrieben.

Sechster Abschnitt.

Physikalische und chemische Untersuchung des Schwarzpulvers.

A. Physikalische Untersuchung.

a) Die äußere Beschaffenheit. Gutes Schwarzpulver soll vollkommen gleichmäßige Schieferfarbe besitzen; geht die Farbe ins Bläuliche oder ganz Schwarze, so enthält das Pulver zu viel Kohle oder es ist zu feucht. — Aus Rotkohle hergestelltes Pulver ist bräunlichschwarz. Zerreibt man etwas Pulver, so darf man — auch unter der Lupe — keine Verschiedenheit in der Farbe (welche auf ungleiche Mischung hinweisen würde) wahrnehmen; einzelne schimmernde Punkte oder bläulich-weiße Fleckchen zeigen an, daß durch Feuchtwerden und darauffolgendes Trocknen Salpeter aus dem Pulver ausgewittert ist oder die Bestandteile ungenügend zerkleinert sind. Das Pulver darf nicht abfärben, wenn man es über den Handrücken oder Papier rollen läßt, sonst enthält es Staub oder zu viel Feuchtigkeit. — Ein kleines Häufchen Pulver, auf weißem Papier entzündet, muß schnell verbrennen, ohne einen Rückstand zu hinterlassen und ohne das Papier in Brand zu setzen. Schwarze Flecken deuten auf zu viel oder schlecht gemengte Kohle; gelbe, nach dem Abbrennen des Pulvers sich zeigende Streifen weisen auf zu viel oder schlecht gemengten Schwefel hin. Feuchtes oder schlechtes Pulver brennt bei diesem Versuch Löcher in das Papier. — Probe mit blausaurem Eisenpapier (die bei der Verbrennung des Pulvers entstehenden Schwefelalkalien und Thiosulfate zerstören die blaue Farbe des Papiers und erzeugen gelbe und weiße Flecken): Nach E. Munroe wird ein quadratisches Stück solchen Papieres von 15—20 cm Seitenlänge angefeuchtet und auf eine Glas- oder Kupferplatte gelegt; ein abgestumpfter Bleikegel von 3 ccm Inhalt wird an der Spitze mit dem Finger verschlossen, mit Pulver gefüllt und auf das Papier umgestürzt, wodurch auf demselben ein kugelförmiges Häufchen entsteht, welches mit einem glühenden Draht entzündet wird. Nach dem Abbrennen bleibt das Papier noch 30 Sekunden der Einwirkung des Rückstandes ausgesetzt und wird dann sofort in fließendem Wasser gewaschen. War das Pulver gut gemengt, so sind die Flecken klein und ganz gleichmäßig über die Oberfläche verteilt, so daß letztere nun ein lichtes Blau mit einzelnen Flecken und lichten Streifen zeigt; bei schlecht gemengtem Pulver sind die Flecken groß, von unregelmäßiger Gestalt und Verteilung. — Unter der Lupe soll sich keine ungleichmäßige Mischung wahrnehmen lassen.

Man unterscheidet Schwarzpulver „mit Glanz“ und „ohne Glanz“. Der Glanz wird durch Graphitierung des Pulvers erreicht, wodurch dessen Festigkeit, Widerstandsfähigkeit gegen Feuchtigkeitsaufnahme, sowie Dichte und Gleitbarkeit erhöht, Staubbildung vermindert wird.

b) Kornfestigkeit. Das Pulver darf beim Drücken mit der Hand nicht knirschen und sich mit den Fingern nicht zu leicht verreiben lassen; dabei soll es nicht sofort in Staub zerfallen, sondern sich zunächst in eckige Splitter zerteilen. — Zur Prüfung auf Kornfestigkeit bringt man ein halbes Kilogramm Pulver in einen ledernen Beutel und läßt denselben in der Abrundetrommel $^1/_4$ Stunde herumgehen; der Gewichtsverlust hierbei darf nur 1·55% betragen.

c) Korngröße. Die Korngröße ist von Wichtigkeit einmal wegen ihres Einflusses auf die Entzündungsgeschwindigkeit (Schnelligkeit der Feuerübertragung von Korn zu Korn), dann wegen der Verbrennungsdauer und damit Entwicklung des Gasdruckes. Man ermittelt die Korngröße durch Siebrahmen, welche mit Messingdrahtgeweben bezogen sind und durch maschinellen Antrieb in eine stoßweise Rüttelbewegung versetzt werden. Man verwendet einen Satz von Sortiersieben mit verschiedener Maschenweite, in Deutschland z. B. drei Siebe von 1·3, 1·2 und 0·68 Maschenweite und ein Haarsieb; die nach einer bestimmten Zeit auf jedem Siebe zurückbleibende Pulvermenge wird gewogen.

d) Kubisches Gewicht. Das kubische oder Raumgewicht ist das Gewicht des Pulvers, welches in der Raumeinheit untergebracht werden kann und entspricht der mittleren Dichte der Pulverkörner samt Zwischenräumen; das Raumgewicht gibt also an, welches Gewicht Pulverkörner mit Zwischenräumen eine bestimmte Maßeinheit (Liter) ausfüllt.

In Deutschland bedient man sich zur Bestimmung des kubischen Gewichtes eines Kupfer- oder Messinggefäßes mit Henkel, das genau 1 Liter faßt und auf das ein etwas größeres, unten konisch zulaufendes Gefäß — das Trichtergefäß — aufgesetzt wird. Die untere enge Basis des Trichtergefäßes kann mittels eines Schiebers geöffnet und geschlossen werden. Man stellt nach genauer Tarierung das Litergefäß auf eine horizontale feste Unterlage, setzt das mit dem Pulvergefäß gefüllte Trichtergefäß darauf und läßt das Pulver langsam in das Litergefäß einfließen, bis es über den Rand überläuft; man nimmt dann das Trichtergefäß herunter, streicht mit einem Holzstab ab und wägt; das Gewicht eines Liters Geschützpulver beträgt etwa 925 g, neuen Geschützpulvers 940—950 g, grobkörnigen Pulvers 970 g. — In den Vereinigten Staaten verwendet man zur Bestimmung des Raumgewichtes nebenstehende Schnellwage (Fig. 138), an deren kürzerem Balken das Messinggefäß aufgehängt, während an dem anderen Balken ein Laufgewicht angebracht ist. Hierbei kann das kubische Gewicht des Pulvers direkt an der Teilung abgelesen werden.

e) Spezifisches Gewicht. Man unterscheidet hier zwischen scheinbarem (sog. relativem) und wirklichem (sog. absolutem) spezifischen Gewicht; ersteres liegt bei den einzelnen Schwarzpulversorten zwischen 1·62 bis 1·68, letzteres zwischen 1·7 bis 1·9.

α) Relatives (bzw. scheinbares) spezifisches Gewicht. Dieses besagt, wievielmal schwerer als die gleiche Maßeinheit Wasser die Maßeinheit Pulver ist, wobei das Pulver mit den Poren, jedoch ohne die

Zwischenräume zwischen den einzelnen Pulverkörnern gewogen wird. — Der hier meist gebrauchte Apparat ist der Dichtigkeitsmesser von Bianchi, bestehend aus einer Stahlkapsel, einem eisernen Gefäß zur Aufnahme des Quecksilbers, einer Barometerröhre, Verbindungsschlauch und einer einstiefeligen Luftpumpe mit Barometerprobe. Mittels dieses Apparates wird das Gewicht einer Quecksilbermenge bestimmt, welche durch das zu untersuchende Pulver verdrängt wird, also diesem an Volumen gleich ist; dividiert man dieses Gewicht mit

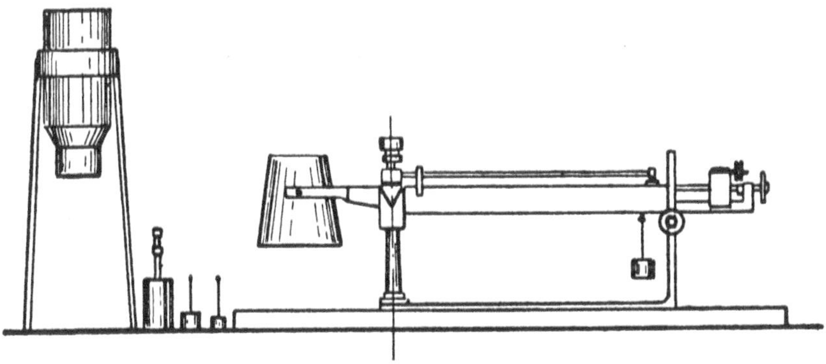

Fig. 138. Schnellwage.

dem der jedesmaligen Temperatur entsprechenden spezifischen Gewicht des Quecksilbers, so erhält man das Gewicht eines Wasserquantums von der Größe des untersuchten Pulvers. Nähere Angaben über Konstruktion und Handhabung des Apparates finden sich in dem Kataloge der Akt.-Ges. Hahn für Optik und Mechanik in Kassel. — Kast gibt folgende Beschreibung des Bianchischen Dichtigkeitsmessers:

Ein längliches Stahlgefäß trägt an seinen beiden Enden zwei Stahlhähne, von denen der untere in eine Saugspitze ausläuft, die in gut gereinigtes Quecksilber eintaucht, während am oberen Ende ein Barometerrohr befestigt ist, das mit einer Luftpumpe in Verbindung steht. Durch Auspumpen der Luft füllt man das Stahlgefäß mit Quecksilber, schließt die Hähne, schraubt die Ansätze ab und wägt. Nach dem Entleeren bringt man in das Gefäß eine abgewogene Pulvermenge und füllt dann aufs neue durch Auspumpen mit Quecksilber; das Aufsteigen des Pulvers durch die Hahnbohrungen wird durch eingelegte Drahtnetze verhindert. Die Wägung ergibt nun ein anderes Gewicht, weil das Pulver ein bestimmtes Volumen Quecksilber verdrängt hat. Aus dem Gewicht der mit Quecksilber allein (Hg) und der mit Pulver und Quecksilber (HgP) gefüllten Stahlkapsel ergibt sich das relative spezifische Gewicht des Pulvers (D) nach der Formel $D = G\frac{d}{Hg - HgP + G}$, wobei G das Gewicht des Pulvers und d das mittlere spezifische Gewicht des Quecksilbers ist.

Der früher für grobstückiges Pulver benutzte Apparat von Bode ist in dem Hahnschen Katalog ausführlich beschrieben, während sich über den in Österreich verwendeten Dichtigkeitsmesser von Holeček ausführliche Angaben in den Mitteil. Art.-Geniewesen 1872, S. 792 finden.

β) Absolutes (wirkliches) spezifisches Gewicht. Hierbei ermittelt man das spezifische Gewicht nach Entfernung der Luft aus

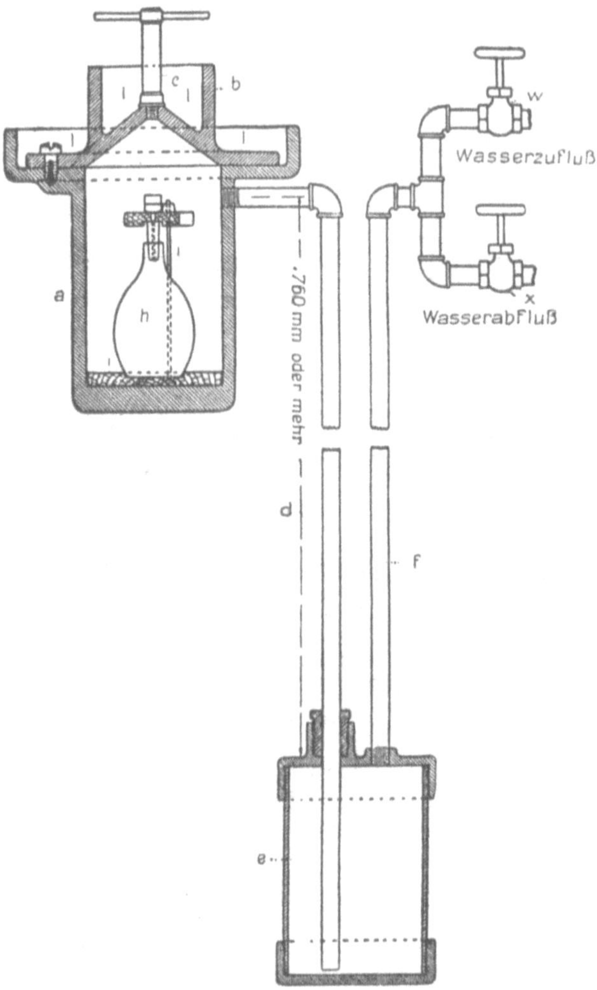

Fig. 139. Densimeter nach Walter O. Snelling.

den Poren der Pulverkörner. Ein verbessertes Densimeter hierfür hat Walter O. Snelling angegeben (Fig. 139) (Zeitschr. Sprengst. 1913, S. 234).

Der Behälter *a*, der zur Aufnahme der Pyknometerflasche *h* dient, ist mit einem Deckel *b* zu verschließen, der in das Ventil *c* ausläuft und ebenso wie Behälter *a* mit ringförmiger Umwallung *l*, *l* versehen ist. Durch die über 76 cm lange Röhre *d* steht der Behälter *a* mit dem Quecksilberbehälter *e* in Verbindung, aus dem die Röhre *f* zu dem Wasserzuflußhahn *w* und dem Wasserabflußhahn *x* führt. Man füllt zuerst die Pyknometerflasche, nachdem man sie leer und mit Quecksilber gefüllt gewogen und dann wieder entleert hat, mit dem Pulver, dessen spezifisches Gewicht bestimmt werden soll, und stellt sie in den Behälter *a*, wo sie an den Rahmen *i* und mit dem Bolzen *i* festgehalten wird; hierauf wird der Deckel *b* aufgeschraubt, das Ventil *c* aber offen gelassen. Die Hähne *w* und *x* werden geöffnet, so daß Wasser, das unter Leitungsdruck steht, durchfließt; wird dann der Hahn *x* geschlossen, so strömt das Wasser nach dem Behälter *e* und treibt das Quecksilber durch die Röhre *d* in die Höhe, so daß dieses den Behälter *a* mit der Pyknometerflasche und die Umwallungen *l*, *l* die dann einen dichten Abschluß gegen die Außenwelt bilden, ausfüllt. Nun schließt man das Ventil *c* und den Zuflußhahn *w*, öffnet dagegen den Abflußhahn *x*; von dem Quecksilber, das im Behälter *a* höher als 760 mm steht, fließt ein Teil durch die Röhre *d* zurück, weil der Wasserdruck aufhört, und im Behälter *a* wird ein partielles Vakuum gebildet, wodurch die im Pyknometer zurückgebliebene Luft wegen ihres Überdrucks durch das Quecksilber emporsteigt und sich im oberen Teil des Deckels *b* sammelt. Von hier wird sie ausgetrieben, indem man das Ventil *c* wieder öffnet, ebenso wie den Hahn *w* und das ganze Verfahren wiederholt; dies wird so lange fortgesetzt, bis keine Blasen mehr aus dem Quecksilber kommen. Der Behälter *a* wird dann geöffnet, die Pyknometerflasche, gefüllt mit Pulver und Quecksilber, herausgenommen und gewogen und aus den drei Wägungen das spezifische Gewicht in bekannter Weise berechnet.

f) Verhalten gegen Feuchtigkeit. Vollständig getrocknetes Pulver hat das Bestreben, Wasserdampf aus der Luft zu absorbieren; es ist dies eine Eigenschaft der Kohle; Kalisalpeter nimmt nur, wenn er unrein ist, Feuchtigkeit auf. Der Feuchtigkeitsgehalt des in gewöhnlicher Weise gelagerten Pulvers ist abhängig vom Feuchtigkeitsgehalt der Luft und beträgt durchschnittlich für gutes Pulver 1 bis $1^1/_2$%. Die Neigung zur Feuchtigkeitsaufnahme wird geprüft, indem man eine abgewogene Menge getrockneten Pulvers in einer flachen Glas- oder Porzellanschale ausgebreitet in einem mit Wasserdampf gesättigten Raum (Exsikkator oder Glasglocke mit einem Gefäß Wasser) placiert und die durch Feuchtigkeitsaufnahme bedingte Gewichtsvermehrung mit derjenigen eines Normalpulvers vergleicht. Die Resultate sind jedoch nicht genau, weil außer der Reinheit der Materialien und der Art der verwendeten Kohle noch besonders die Dichtigkeit, Form und Größe der Körner usw. mit von Einfluß auf die Feuchtigkeitsaufnahme sind. Eine ausführliche Arbeit über die Einwirkung der atmosphärischen Feuchtigkeit auf den Feuchtigkeitsgehalt des Schwarzpulvers ist von Kullgren veröffentlicht (Zeitschrift Schieß-Sprengstoffe 1911, S. 364). Obwohl Schwarzpulver, besonders bei guter Glättung nicht stark hygroskopisch ist, so büßt es doch, offen den atmosphärischen Einflüssen ausgesetzt, in kurzer Zeit bedeutend an seiner Leistungsfähigkeit ein, ja wird gänzlich unbrauchbar. Die unterscheidenden Kennzeichen des guten und des verdorbenen Pulvers sind insbesondere beim Kornpulver sehr deutlich erkennbar: Das gute Pulver hat eine schwarze, schieferglänzende Farbe, es staubt nicht, färbt nicht ab und läßt sich zwischen den Fingern nicht leicht zerreiben; die Farbe des verdorbenen Pulvers ist dunkler, matt und zeigt bei hochgradiger Verschlechterung weiße Flecken, welche vom effloreszierenden Salpeter herrühren; es staubt, färbt ab, läßt sich zwischen den Fingern leicht zerreiben, backt zusammen und bildet Knollen; außerdem läßt sich die Verschlechterung des Pulvers an der Abnahme der Dichte und per Zunahme des Feuchtigkeitsgehaltes erkennen; letzterer soll keinesfalls 2% übersteigen.

g) Mikroskopische Untersuchung. Bei mehrjähriger Lagerung findet im Pulver eine Art Wanderung des Salpeters vom Innern der Pulverkörner an deren Oberfläche und Kristallisation daselbst statt; die sich absetzenden Salpeterkristalle bilden eine schimmelähnliche Kruste. Cronquist empfiehlt zur Untersuchung Schnittproben von Pulver herzustellen und letztere im Mikroskop bei 50 bis 100 facher Vergrößerung zu untersuchen; auf die betr. Publikation (Ztschr. Sprengstoffe 1906, S. 53) wird verwiesen.

Thörner hat einen Apparat zur optischen Untersuchung von Schießpulver angegeben (Ztschr. Sprengstoffe 1907, S. 421). Nachstehende Photogramme (Figg. 140 bis 145) sind mit sechsfacher Vergrößerung gemacht.

Fig. 140.
1. Sprengpulver der Vereinigten Köln-Rottweiler Pulverfabriken.
Aussehen: schwarz glänzend, linsen- bzw. kirschkerngroß, runde Körnung.

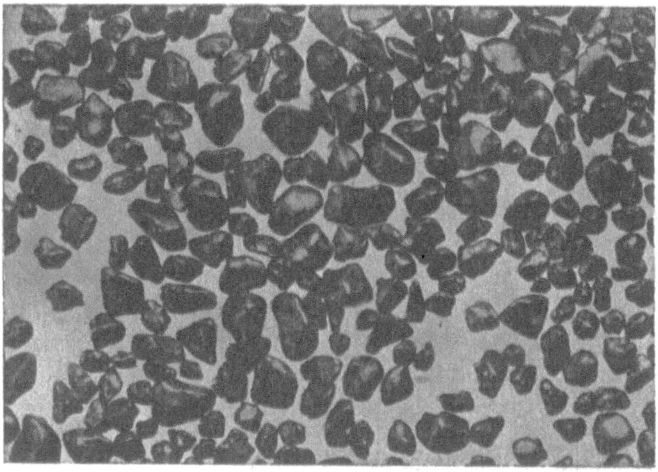

Fig. 141.
2. Jagdpulver der Vereinigten Köln-Rottweiler Pulverfabriken.
Aussehen: schwarz glänzend, mittelgroße, kantige Körnung.

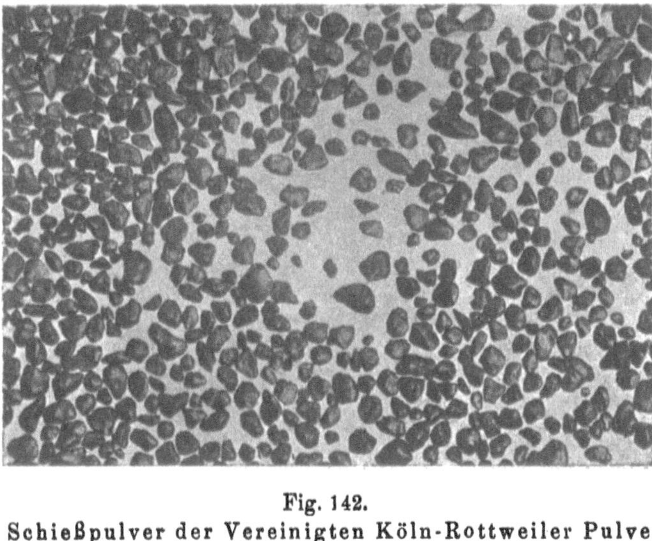

Fig. 142.
3. Schießpulver der Vereinigten Köln-Rottweiler Pulverfabriken.
Aussehen: schwarz, mattglänzend, feine Körnung.

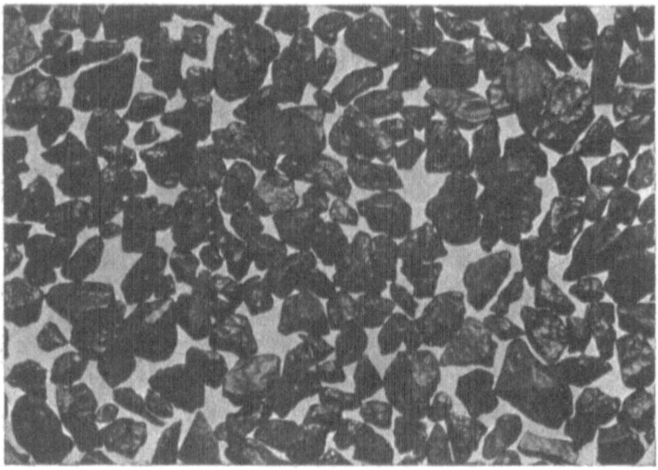

Fig. 143.
4. Jagdpulver, Körnung 4, Adler-Marke, der Pulverfabrik W. Güttler in Reichenstein.
Aussehen: schwarz, schwachglänzend, kantige, mittelgroße Körnung.

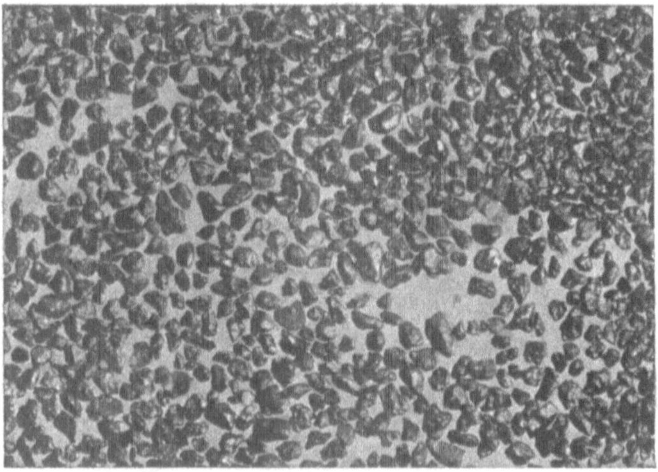

Fig. 144.
5. Jagd- und Scheibenpulver Nr. 1 von Cramer & Buchholz in Rönsahl.
Aussehen: schwarz und glänzend, feine Körnung.

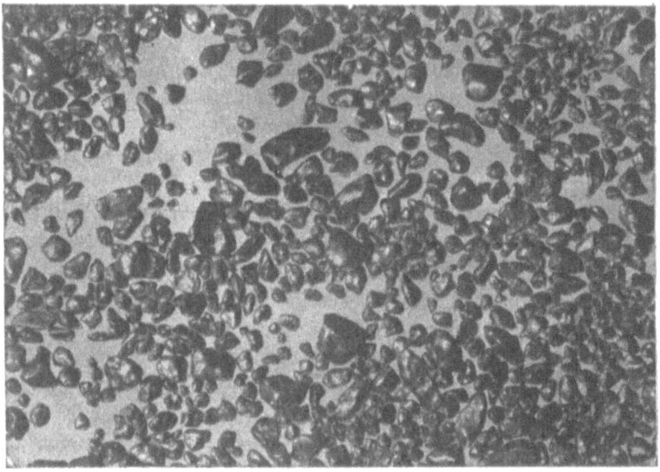

Fig. 145.
6. Jagd- und Scheibenpulver von Cramer & Buchholz in Rönsahl.
Aussehen: schwarz und glänzend, mittelfeine Körnung.

B. Chemische Untersuchung.

a) Probenahme. 50 bis 100 g der Originalprobe werden in einem Porzellanmörser portionenweise zerkleinert, durch ein 80-Maschensieb getrieben und sofort nach dem Sieben in eine gutschließende Stöpselflasche geschüttet. Vor der eigentlichen Analyse wird dann das ganze pulverisierte Durchschnittsmuster noch gut durchgemischt.

b) Feuchtigkeitsgehalt. 2 g des feinzerriebenen Pulvers (nach a) werden im Vakuum-Exsikkator über Schwefelsäure drei Tage getrocknet; gewöhnlich tritt schon früher (nach 24 Stunden) Gewichtskonstanz ein. — Eventuell kann man auch bei höherer Temperatur, aber nicht über 70° C., durch fünfstündiges Trocknen in einem doppelwandigen Trockenschrank mit Warmwasserheizung die Feuchtigkeit bestimmen. Bei höherer Temperatur erhält man infolge Verflüchtigung des Schwefels unrichtige Zahlen.

c) Wasserlösliches. Nitrate. 10 g feinstes Pulver werden (nach Snelling und Storm) in einem gewogenen, mit Asbest beschickten Gooch-Tiegel aus Porzellan mit 200 ccm heißem Wasser in Portionen von je 15 bis 20 ccm ausgelaugt, bis das Filtrat keinen Rückstand bzw. keine Diphenylaminreaktion (in konz. H_2SO_4) mehr gibt. Der beim Trocknen des Filterrückstandes bei 70° über Nacht (bzw. während 5 Stunden) sich ergebende Gewichtsverlust entspricht dem Gesamtgehalt an Feuchtigkeit, Kalium- oder Natriumnitrat, eventuell geringer Mengen wasserlöslichen organischen Substanzen aus der Kohle. Spuren von Chloriden und Sulfaten aus dem Salpeter.

Bestimmung des Salpeters im Filtrat. Die Lösung wird auf dem Wasserbade in einer gewogenen Schale verdampft, der Rückstand gut getrocknet, bis zum beginnenden Schmelzen erhitzt (Vorsicht wegen Spritzen!) und gewogen. Ein etwaiges Perchlorat in Salpeter wird, wie S. 63 angegeben, bestimmt.

Bei exakten Analysen kann man den Nitratgehalt auch noch vermittelst des Nitrometers bestimmen.

Sollen in Gemischen von Kali- und Natronsalpeter die Alkalien einzeln festgestellt werden, so bedient man sich zur Kalibestimmung am besten der Kobaltnitrit-Methode von Drushel-Bowser.

Das Verhältnis von Kalium- und Natriumnitrat kann mit annähernder Genauigkeit festgestellt werden aus dem durch Eindampfen gefundenen Gesamtgewicht der Nitrate und dem im Nitrometer bestimmten Gesamtstickstoffgehalt dieser Nitrate. Für die Berechnung gelten folgende Beziehungen: 1. Aus a = Gewicht beider Nitrate und x = Gewicht des Natriumnitrats folgt: $a - x$ = Kaliumnitrat. 2. Aus b = % N in Kaliumnitrat folgt: $0{\cdot}1647\,x + 0{\cdot}1387\,(a - x) = ba/100$. Durch Auflösung nach x erhält man $NaNO_3$; dieser Wert in Gleichung 1 eingesetzt, ergibt KNO_3.

d) Schwefel.

α) Bestimmung durch Oxydation. 1—2 g des feinzerriebenen Pulvers (genau abgewogen) werden auf dem Wasserbad mit Königswasser eingedampft, der mit etwas Salzsäure befeuchtete Rückstand wird zwecks Entfernung der Salpetersäure nochmals eingedampft, der Rückstand mit Wasser aufgenommen, filtriert und mit Chlorbarium versetzt; aus dem gefundenen Bariumsulfat wird der Schwefelgehalt berechnet.

β) Bestimmung durch Extraktion. Diese Methode ist dann nicht anwendbar, wenn statt des gewöhnlichen Stangenschwefels zur Pulverbereitung Schwefelblumen genommen wurden, die bis zu 35% unlöslichen, amorphen Schwefel enthalten. Andernfalls kann man mit Schwefelkohlenstoff oder Anilin extrahieren und im Extrakt den Schwefel bestimmen. — Nach Kast werden 5 g Pulver in einem Soxhletschen Extraktionsapparat mit Schwefelkohlenstoff ausgelaugt, die Lösung eingedampft und der Schwefel entweder danach oder als Gewichtsverlust bestimmt. Nach Snelling und Storm wird der nitratfreie, nur noch Schwefel und Holzkohle enthaltende Rückstand des Gooch-Tiegels $^3/_4$ Stunden lang mit CS_2 im Extraktionsapparat von Wiley behandelt, einer Batterie von 6 Zylindern, die mit ihrem unteren, den Schwefelkohlenstoff enthaltenden Teil in ein Wasserbad oder eine elektrische Heizvorrichtung eingesetzt sind. Durch den Deckel der Zylinder ist eine Kühlvorrichtung geführt, die an zwei Häkchen eine Kupferdrahtschleife zum Einsetzen der Gooch-Tiegel trägt. Die Temperatur des Bades wird am besten so geregelt, daß der sich kondensierende, in die Tiegel abtropfende CS_2 die Proben ständig bedeckt, ohne jedoch den Tiegelrand zu überschwemmen. — In der Regel errechnet man indirekt aus dem Gewichtsverlust des getrockneten

Tiegels den Schwefelgehalt; bei Anwendung von frisch destilliertem CS_2 kann man auch direkt den Verdampfungsrückstand bestimmen. — Auch Extraktion mit Anilin wird empfohlen; man saugt 50 bis 125 cm heißes Anilin (130—135°) in kleinen Portionen durch den Tiegel mit dem nitratfreien Rückstand; die letzten Anilinspuren werden mit Alkohol entfernt und dann der Tiegel bei 100° C getrocknet. Es empfiehlt sich, die Bestimmung des Schwefels durch Extraktion erst nach Entfernung der Nitrate vorzunehmen.

e) Kohle. Der nach dem Behandeln mit Schwefelkohlenstoff verbleibende Rückstand wird mit Alkohol ausgewaschen, bei 100° getrocknet und gewogen (ursprüngliches Filtergewicht abziehen!). Will man noch die Asche der Holzkohle bestimmen, so verbrennt man letztere über einer Bunsenflamme; gewöhnlich bewegt sich der Aschegehalt zwischen 0·5 bis 1% (auf das ursprüngliche Pulver bezogen). Genauere Untersuchung der Kohle (Bestimmung von C und H), kann durch Elementaranalyse erfolgen. Mittelst Kalilauge läßt sich feststellen, ob Schwarz- oder Rotkohle vorliegt, indem letztere in kochender Kalilauge größtenteils löslich ist.

Siebenter Abschnitt.

Ballistische und sprengtechnische Untersuchung.

A. Entzündlichkeit.

Wenn man Schwarzpulver auf höhere Temperatur (ca. 300°) erhitzt, so tritt Entflammung ein, die dann durch unmittelbare Wärmeübertragung von Schicht zu Schicht in explosionsartige Verbrennung oder Deflagration übergeht; Schwarzpulver gehört nicht zu den brisanten Explosivstoffen, sondern zu den langsam explodierenden (poudres lents, explosifs de premier ordre). Die Entzündungsgeschwindigkeit ist verschieden, schneller bei feinkörnigem Pulver als bei grobkörnigem, bei porösem als bei gepreßtem Pulver.

Glühende und glimmende Körper entzünden das Pulver leichter als eine Flamme, weil erstere eine stärkere Temperaturerhöhung an einer Stelle hervorbringen als letztere. Hält man eine Leuchtgasflamme dicht über eine kleine Probe Schwarzpulver, so vergehen erst einige Sekunden, bis das Pulver sich entzündet, weil letzteres erst auf die Entflammungstemperatur sich erwärmen muß. Schießwolle kann über Schwarzpulver abgebrannt werden, ohne daß letzteres sich entzündet. — Auch

Stoß, Schlag oder Reibung können genügend hohe Temperaturen an der Angriffsstelle erzeugen, um die Entzündung zu bewirken.

Bei der Prüfung auf Transportsicherheit muß die Sensibilität berücksichtigt werden. Nach den Prüfungsvorschriften der deutschen Eisenbahnverkehrsverwaltung[1] werden folgende Proben vorgenommen:

a) Verhalten gegen mechanische Einwirkung.

α) Gegen Stoß und Schlag unter dem Fallhammer. Die Proben müssen fein zerteilt sein und — höchstens 1 cm hoch geschichtet — im Vakuumexsikkator über Chlorkalzium 24 Stunden lang vorgetrocknet werden. Die Fallhammervorrichtung besteht aus einem Fallgewicht mit Aufhängevorrichtung, zwei Schienen zur Führung des fallenden Gewichtes und einem Amboß aus gehärtetem Stahl, der in eine gußeiserne, in solidem Mauerwerk verankerte Unterlage eingelassen ist. Etwa 0·05 bis 0·1 g Pulver werden in dünner Schicht auf den Amboß ausgebreitet und mit einem kurzen, gehärteten Stahlstempel bedeckt. Anstatt den Sprengstoff lose auf den Amboß zu legen, kann man sich auch des Stempelapparates bedienen. Die Prüfung erfolgt mit einem 2 Kilo- und einem 10 Kilo-Fallhammer. Bei jeder Fallhöhe sind 6 Versuche (jedesmal mit einer neuen Probe) auszuführen, bei jedem Versuch darf jedes Gewicht nur einmal auffallen. Die Versuchstemperatur muß 15 bis 20° betragen. Diejenige Fallhöhe, bei welcher die Probe anfängt, regelmäßig (unter 6 Versuchen einmal) zu detonieren (deutlicher Knall oder vollständige Verpuffung) ist für den Empfindlichkeitsgrad maßgebend. Bei jedem Versuch sind Amboß und Stempel sorgfältig zu reinigen. — Nach Will (Ztschr. Sprengstoffe 1906, S. 209) kommt unter einem 2 Kilo-Fallhammer Schwarzpulver zur Explosion:

---

[1] Nach der Deutschen Eisenbahnverkehrsordnung (vom 23. Dezember 1908) werden die Sprengmittel in drei Gruppen eingeteilt. Die der ersten Gruppe können als handhabungssichere Sprengstoffe in unbeschränkten Mengen als Stückgut befördert werden; hierher gehören auch schwarzpulverähnliche, handhabungssichere Sprengstoffe, soweit sie sich unter dem Einfluß von Stoß, Reibung oder Entzündung nicht gefährlicher erweisen als Sprengsalpeter mit 75% $NaNO_3$, 10% S, 15% Braunkohle. — Die Sprengstoffe der zweiten Gruppe können nur in Mengen bis zu 200 kg als Stückgut befördert werden. — Zu den Sprengstoffen der dritten Gruppe, die nur in Wagenladungen befördert werden dürfen, gehört Schwarzpulver in Mehlform, gekörnt oder gepreßt, als Vergleichssprengstoff dient staubfein gemahlenes Jagdpulver mit 75% KNO_3, 10% S und 15% Faulbaumholzkohle.

bei 70 cm Fallhöhe: Jagdpulver, Hirschmarke 4
85 cm „ Sprengpulver
100 cm „ Schwarzpulver, grobkörnig.

β) Gegen Reibung im unglasierten Porzellanmörser. Vorbereitung wie bei *α*. Versuchsanordnung: Unglasierter Porzellanmörser von 10 cm innerem Durchmesser und 6 cm Höhe, mit unglasiertem Pistill: der Mörser ist vor dem Versuche sorgfältig zu reinigen. — Die Reibprobe wird mit je 0·05 g Substanz bei gewöhnlicher Temperatur ausgeführt; der Versuch ist zweimal zu wiederholen. — Das Vergleichspulver ergibt keine wahrnehmbare Reaktion.

b) Verhalten bei Warmlagerung. Zwei Proben von je 10 g des nicht vorgetrockneten Pulvers sind in lose verschlossene Wägegläschen von 35 mm Durchmesser und 50 mm Höhe unterzubringen. Die Wägegläschen sind 48 Stunden lang in einem auf 75° C erwärmten Trockenschrank zu lagern. Darauf ist festzustellen, ob Beschaffenheit (Aussehen, Reaktion, Geruch) oder Gewicht der Proben verändert ist. Das Vergleichspulver erleidet nur einen unwesentlichen Gewichtsverlust.

c) Verhalten bei Zündung.

α) Zündversuch mit Schwarzpulverzündschnur. 3 g des pulverisierten Schwarzpulvers werden in ein gewöhnliches Reagenzglas gefüllt, durch leichtes Aufstoßen wird eine ebene Oberfläche hergestellt. Auf die Mitte der Probe wird dann eine 20 cm lange, langsam (1 m in 100 Sekunden) brennende Schwarzpulverzündschnur lose aufgesetzt und entzündet. Das Vergleichspulver verpufft, detoniert aber nicht.

β) Einwerfen von Proben des Pulvers in eine rotglühende Eisenschale (Abzug, Schutzbrille!). Eine halbkugelförmige Schale aus 1 mm starkem Eisenblech mit 12 cm Durchmesser wird durch einen gutbrennenden Dreibrenner auf einem Stativring zur Rotglut erhitzt. Man beginnt mit dem Einwerfen kleiner Proben (0·5 g) und erhöht die Menge, wenn keine Detonation erfolgt, bis zu 5 g, die auf einmal einzuwerfen sind. Der Versuch wird zweimal wiederholt. Der Sprengsalpeter entzündet sich nach wenigen Sekunden und brennt rasch ab, detoniert aber nicht; das Jagdpulver verpufft sofort, explodiert aber nicht.

γ) Erhitzen kleiner, in Reagenzgläsern untergebrachter Proben im Woodschen Metallbad bis zum Zersetzungs-(Verpuffungs-)punkt (Schutzwand bei Probe!).

Eine eiserne Schale von 14 cm Durchmesser und 7 cm Höhe wird bis 2 cm unter den Rand mit Woodschem Metall gefüllt.

In die Mitte des Bades wird ein in ganze Grade eingeteiltes und gegen Explosionswirkung geschütztes Thermometer (0 bis 360°) 50 mm tief eingetaucht. Jedes Reagenzglas wird mit 0·2 bis 0·5 g der Probe beschickt und bei 100° in das Metallbad eingesetzt; die Temperatur des Bades wird dann in der Minute um 20° gesteigert, bis Verpuffung erfolgt oder die Temperatur von 320° erreicht ist. Das Vergleichspulver verpufft bei etwa 300° C.

Entzündungsgeschwindigkeit. Cronquist bestimmt den Grad der Entzündungsleichtigkeit verschiedener Pulver in folgender Weise (Zeitschr. Sprengstoffe 1906, S. 106): Ein einfaches, etwa $2^1/_2$ bis 3 m langes Pendel, bestehend aus einem 2 bis 3 mm starken Bleirohr und einem 500 g schweren Bleigewicht ruht in einer Schneide mit freier Bewegungsmöglichkeit. Am untern Ende des Pendels ist eine seidene Öse mit einem Kork im Rohr befestigt zur Festhaltung des zu prüfenden Pulverkorns. In der Bahn, welche das Pendel mit der Öse bei der Bewegung beschreibt, wird eine Anzahl Spiritusflammen mit einfachem, 10 cm breitem Docht so aufgestellt, daß die Öse möglichst vollkommen durch die Flammen hindurchgeht. Ein Pulverkorn wird in der Öse befestigt und beschreibt dann einen Bogen von ca. 70 cm Sehnenlänge bei einer Geschwindigkeit von 1 cm pro $^1/_{50}$ Sekunde. Nehmen wir an, das Korn entzünde sich inmitten der zweiten Flamme, so hat es einen Weg von ca. 15 cm, entsprechend 0·30 Sekunde zurückgelegt. Cronquist erhielt folgende Resultate:

	Entzündungsschnelligkeit in hundertstel Sekunden
Prisma schwarz, deutsch	736 bis 900
„ braun „	600 bis 650
„ „ belgisch	540 bis 600
Geschützpulver kleinkörnig, norwegisch	450
„ „ englisch	400 bis 420
„ „ deutsch	360
„ „ schwedisch	320 bis 380
Jagdpulver englisch hartpoliert	400
„ norwegisch „	320
„ schwedisch „	190 bis 220
sog. schwedisches Bauernpulver (1774)	66
schwedisches Sprengpulver	50

N. L. Hansen hat einen etwas anderen Apparat angegeben (Ztschr. Sprengstoffe 1913, S. 165). Hierbei schwingt das Pendel über einem mit einer Skala versehenen Bogen, in dessen Nullpunkt die genau regulierbare Flamme eines Bunsenbrenners gestellt ist. Befestigt man ein Pulverblättchen an der Nadel und läßt dann von einem Teilstrich der Skala aus das Pendel schwingen, so wird das Blättchen die Flamme mit einer Geschwindigkeit passieren, die von der Größe der Amplitude abhängig ist. Liegt der Teilstrich, an welchem die Schwingung beginnt, von der Flamme hinreichend entfernt, so passiert das Blättchen das Feuer, ohne entzündet zu werden. Bei der Wiederholung des Versuches mit einem neuen Pulverblättchen (durch mehrmaliges Passieren der Flamme wird die Entzündlichkeit vergrößert) wird ein kürzerer Abstand des Pendelgewichtes von der Flamme gewählt und zuletzt derjenige Punkt der Skala fixiert, von dem aus in Schwingung versetzt das Pulverblättchen sich entzündet. — Die Entzündlichkeit ist um so geringer, je größer die Körner sind und je glatter und härter deren Oberfläche ist. Rundes Korn ist an sich schwerer entzündlich; dafür bietet es aber regelmäßige Zwischenräume, die ein leichteres Durchschlagen der Pulverflamme und Entzündung der Gesamtladung ermöglichen. Eckiges Korn ist infolge der größeren Oberfläche, sowie der Kanten und Ecken leichter feuerfangend, bietet aber durch seine kleineren unregelmäßigen Zwischenräume dem schnellen Durchschlagen der heißen Flamme mehr Schwierigkeit. Ferner ist die Feuchtigkeit von Einfluß.

B. Verbrennungsgeschwindigkeit.

Von der Entzündungsgeschwindigkeit (d. h. der Entzündung von Korn zu Korn) ist zu unterscheiden die Verbrennung nach dem Innern des Korns; für die Verbrennung von außen nach innen ist stets eine gewisse, wenn auch äußerst kurze Zeit erforderlich; feinkörniges Pulver verbrennt daher rascher als grobkörniges, Größerer Feuchtigkeitsgehalt setzt die Verbrennungsgeschwindigkeit herab, während Trockenheit dieselbe beschleunigt. Bei gleicher Bearbeitung verbrennt mit Schwarzkohle fabriziertes Pulver rascher als solches mit Rotkohle. Poröses Pulver verbrennt schneller als dichtes. Unter sonst gleichen Umständen steht die Verbrennungsgeschwindigkeit im umgekehrten Verhältnis zum spezifischen Gewicht. Die Verbrennungsgeschwindiekeit ist besonders auch vom Druck abhängig, jedoch wird beim Schwarzpulver die Verbrennung durch den Druck relativ weniger beschleunigt als bei den rauchschwachen Pulvern, was für die Erhaltung der Feuerwaffen günstig ist. Die gelatinierten Pulver brennen (nach Vieille) in konzentrischen Schichten ab, während Schwarzpulver unter hohen Drucken nicht in so regelmäßiger Weise abbrennt. Brunswig gibt die auf Seite 396 folgende Tabelle über die Verbrennungsgeschwindigkeit von Pulvern bei verschiedenen Drucken.

Die Verbrennungsgeschwindigkeit wird nicht unwesentlich von der Feuchtigkeit des Pulvers beeinflußt. Kullgren bestimmte die Verbrennungszeit von Schwarzpulver verschiedenen Feuchtigkeitsgehalts und ermittelte solche bei je 40 g Pulver

mit 0·84% Feuchtigkeit zu 13·06 Sekunden
„ 1·10% „ „ 13·26 „
„ 1·34% „ „ 13·38 „
(als Mittel von fünf Versuchen).

Verbrennungsgeschwindigkeit bei verschiedenen Drucken.

Druck in Atmosphären	Schwarzpulver		Nitrozellulosepulver	Nitroglyzerinpulver	
	Gewehrpulver	Braunes prismat. Pulver		mit 40% Nitroglyzerin	mit 58% Nitroglyzerin
	cm/sec	cm/sec	cm/sec	cm/sec	cm/sec
1	0·80	0·90	0·08	0·27	0·5
500	6	4	5	10	15·5
1000	8	4·5	7·5	16·5	23
1500	9	5	10	21·5	29
2000	10	6	12	26	35
2500	—	6·5	13·5	30	39
3000	—	7	15	—	42
3500	—	—	17	—	46
4000	—	—	18	—	49

C. Detonationsgeschwindigkeit.

Während die Verbrennung des Pulvers eine Funktion des Druckes und der Temperatur ist, man daher von einer Verbrennungsgeschwindigkeit bei Treibmitteln als einer Konstanten nicht sprechen kann, ist da, wo die Zersetzung durch Initialimpuls als Detonation vorgenommen wird, die Detonationsgeschwindigkeit bei genügend großem Patronenquerschnitt des Sprengstoffs konstant, für eine bestimmte Dichte, mit deren Zunahme sie wächst. Übrigens kann eine Detonation von Schwarzpulver in gleichem Sinne wie bei Dynamit und andern brisanten Sprengstoffen nur bedingt herbeigeführt werden, wenn man eine sehr kräftige Einschließung des Schwarzpulvers und eine Initiierung durch Knallquecksilberkapsel vornimmt. Die Messung der Detonationsgeschwindigkeit von Schwarzpulver unter solchen Bedingungen ergab ca. 300 m pro Sekunde (gegenüber 4500 m für Gelatinedynamit).

Ein von Dr. Mettegang (Spr.-A.-G. Carbonit) konstruierter Apparat zur Messung der Detonationsgeschwindigkeit (vgl. Ztschr. Schieß-Sprengstoffe 1908, S. 403) besteht in der Hauptsache aus vier Teilen, und zwar aus einer berußten Trommel mit Platinspitzen, Zahntrieb und Meßvorrichtung, aus einem Elektrometer, einem Vibrationstachometer und zwei oder mehreren Funkeninduktoren. Ein elektrischer Strom geht durch je 10 parallel geschaltete Glühlampen als Widerstand nach den Primärspulen der Funkeninduktoren und von dort wieder zurück zur Stromquelle; die Sekundärspulen sind mit einem

Pol an je eine Platinspitze vor der berußten Trommel, mit dem andern Pol an das Lager desselben angeschlossen. Die Drähte zu den Primärspulen gehen durch die zu durchschießende Patronenreihe. Wird nun der Primärstrom durch die Detonation der Patronenreihe und Zerreißen der Drähte unterbrochen, so springt gleichzeitig in den Sekundärleitungen je ein Funke von den Platinspitzen auf die berußte Trommel über. Die überspringenden Funken zeigen sich auf der berußten Trommel nicht als einzelne Punkte, sondern durch die oszillatorische Entladung der Elektrizität als Punktreihen. Es sei nun angenommen, der beschriebene Apparat habe zwei Platinspitzen, mithin auch zwei Funkeninduktoren; da bei der Detonation der Patronenreihe zunächst der erste Draht reißt und nach einem Zeitteilchen erst der zweite, dabei aber die Trommel weiter rotiert, haben die Anfänge der Funkenreihen eine gewisse Entfernung von einander. Diese zeitliche Entfernung der Punktreihen, bezogen auf die Länge des Rohres, in welchem die Patronenreihen bzw. der Sprengstoff liegt, gibt die Detonationsgeschwindigkeit des betr. Sprengstoffs in Metern per Sekunde an.

D. Der von den Explosionsgasen ausgeübte Druck.

1. Theoretisches. Der Druck der Gase hängt in erster Linie von der Ladedichte $\varDelta$ (densité de chargement) ab, welch letztere ergibt, wieviel Gewichtseinheiten des Sprengstoffs in der Raumeinheit untergebracht sind. $\varDelta = \frac{w}{V}$ (Verhältnis des Sprengstoffgewichts zum Explosionsraum). Die bei einem Sprengstoff erreichbare höchste Ladedichte heißt das Ladegewicht (L); ist L z. B. 0·88, so können bei der üblichen Patronisierung in 100 ccm Laderaum 88 g Sprengstoff untergebracht werden. Kornpulver hat ein Ladegewicht von 0·80 bis 1·15, während sein spezifisches Gewicht zwischen 1·45 und 1·6 liegt. — Der von der Gewichtseinheit des Sprengstoffs bei der Explosion in der Raumeinheit ausgeübte Druck f (sog. spezifischer Druck) ist für jeden Sprengstoff charakteristisch und beträgt bei Schwarzpulver (mit 75% KNO_3) 2884 kg. Explodieren w Gewichtseinheiten Pulver in dem Explosionsraum V, so ergibt sich der Druck $p = \frac{f \cdot w}{V} = f \cdot \varDelta$. Der Wert von f kann berechnet werden, wenn man kennt v_0 (Volumen der von 1000 g Sprengstoff gelieferten Explosionsgase bei 0° C und 760 mm Druck), sowie t (Explosionstemperatur); $f = \frac{1{,}033 \cdot V_0 (273 + t)}{273}$. — Zu berücksichtigen sind jedoch noch Kovolumen und fester Rückstand; das Kovolumen ist der von den Gasmolekülen nach größter Zusammenpressung eingenommene Raum, etwa $^1/_{1000}$ des von der betreffenden Gasmenge bei 0° und 760 mm Druck eingenommenen Volumens. Kovolumen und fester Rückstand vermindern den den Gasen zur Verfügung stehenden Raum und erhöhen somit den Gasdruck, was besonders bei höheren Ladedichten sehr in Betracht kommt.

Sarrau berechnete folgende Tabelle für Schwarzpulver:

Ladedichte	0·1	0·2	0·3	0·4	0·5	0·6	0·7	0·8	0·9	1·0	1·2	1·4	1·6
Druck in kg	336	708	1123	1587	2112	2708	3393	4201	5126	6236	9255	14130	29340

2. Messung des Gasdrucks. Bei dem von dem englischen Kapitän Noble im Jahre 1868 angegebenen Quetschapparat (crusher gauge) wird die freihängende Sprengladung in einer geschlossenen Kammer elektrisch gezündet. Das Wesentliche der Vorrichtung zur Registrierung des maximalen Explosionsdruckes besteht in einem Zylinder aus weichem Kupfer von 13 (15) mm Höhe und 8 (10) mm Durchmesser, auf den ein von den Explosionsgasen vorgetriebener beweglicher Stempel drückt und so zusammenquetscht. Der Grad der Stauchung (durch Vergleich mit andern, durch Quetschmaschine entsprechend zusammengedrückten Kupferzylindern ermittelt) bildet den Maßstab für die Spannung der Gase.

Noble und Abel ermittelten (für Pebble- und RLG-Pulver) Gasdrucke, die mit den berechneten gut übereinstimmen:

Ladedichte		0·1	0·2	0·3	0·4	0·5	0·6	0·7	0·8	0·9	1·0
Druck in kg auf qcm	gemessen	231	513	839	1220	1684	2266	3006	3912	5112	6569
	berechnet	235	508	828	1207	1666	2230	2963	3839	5127	6926

C. E. Bichel (Untersuchungsmethoden für Sprengstoffe 1902) benutzt einen Druckmesser, der für größere Mengen, jedoch nur für geringe Ladedichten (in der Regel $^1/_{150}$) anwendbar ist. Die Explosion geht in einem geschlossenen festen Behälter vor sich, worin Mengen bis zu $1^1/_2$ kg Pulver gezündet werden können. Der Druck der Explosionsgase wirkt auf den Kolben eines Indikators, welcher auf einer mit genau bestimmbarer Geschwindigkeit gedrehten Schreibtrommel ein Diagramm aufzeichnet. Die Explosionskammer wird vor dem Versuche luftleer gemacht, so daß der Sprengstoff ohne Mitwirkung atmosphärischer Luft explodiert. Als Druck einer Patrone von 100 g in der 15 Liter-Kammer fand Bichel (nach Ausschaltung der Oberflächenwirkung) bei $\Delta = {}^1/_{150}$ folgende Zahlen:

für Schwarzpulver 18·7 kg auf 1 qcm
„ Gurdynamit 48·2 „ „ „
„ Sprenggelatine 70·4 „ „ „

Auf die günstigste Ladedichte umgerechnet ergeben sich dann folgende Zahlen:

	Günstigste Ladedichte	Druck im eigenen Volumen
Schwarzpulver	1·04	2917
Gurdynamit	1·58	11420
Sprenggelatine	1·63	17218

Speziell bei Gewehren (z. B. Jagdgewehren) mißt man die Höhe des Gasdrucks mit dem Nobleschen Stauchapparat. Ein dem Flintenlauf entsprechendes Rohr ist mit einer Seitenbohrung versehen; es wird ein leichtgehender, gut eingeschliffener Stahlstempel in die Bohrung eingesetzt, auf diesen ein Kupferzylinder und hierauf eine Halteschraube; durch den Gasdruck wird der Stempel vorgedrückt und der Kupferzylinder zusammengepreßt. Man mißt die Stauchung des Kupferzylinders und erhält daraus — auf Grund der Eichung mit Hilfe einer Hebelpresse — den Druck an der angebohrten Stelle, allerdings in Verbindung mit mehreren, zum Teil noch nicht völlig gesetzmäßig erforschten Fehlerquellen. Der Gasdruck wird angegeben in Atmosphären (1 Atm. = der Druck, den 1 kg auf 1 qcm ausübt). Ist die Höhe des Gasdruckes auch nicht absolut richtig, so ergibt diese Methode doch praktisch genügende Vergleichswerte.

Neuerdings ist für Schrotflinten ein Normalgasdruckmesser eingeführt. Während der gewöhnliche Messer am Übergangskonus 65 mm vom Kammerende mit einer Bohrung versehen ist, ist der neue Normalmesser im Pulverraum (17 mm vom Kammerende) und vor dem Konus (162 mm vom Kammerende) angebohrt, mißt also den Gasdruck an zwei verschiedenen Stellen und zwar gibt er offenbar nicht den Maximal-Gasdruck an.

Ausführliche Beschreibungen über Gasdruckmesser (nach Nobleschem Prinzip) für Treibmittel (Gewehrpulver, Geschützpulver und Jagdpulver) finden sich in den Katalogen der Akt.-Ges. Hahn für Optik und Mechanik.

Man muß hierbei ein eigens hergerichtetes Gewehr für die Messungen verwenden; für den Schuß aus Kanonen, deren Wände aus ökonomischen Gründen nicht angebohrt werden, wird der Stauchapparat in das Rohr hineingegeben, wozu die Kruppschen Meßeier dienen, von einem Kupfermantel umumgebene hohle Stahlkapseln, in deren aufschraubbarem Kopfe der auf den Kupferzylinder drückende Stempel sitzt. — Bei den Schnitt- oder Meißel-Apparaten von Rodman und Uchatius wird durch den Gasdruck auf ein senkrecht zu einer Kupferplatte stehendes Messer ein Druck und dadurch in der Platte selbst ein Schnitt von verschiedener Länge bzw. Tiefe erzeugt.

Eine indirekte Bestimmung des Gasdrucks gleichzeitig mit einer Geschwindigkeitsmessung kann erfolgen durch Messung des Rücklaufs einer Waffe; vgl. Arbeiten von Sébert

(Mitt. Art. Gen. 1879, S. 363) für Geschütze und Wolff (Ztschr. Sprengstoffe 1907, S. 1) für Gewehre.

Den Nobleschen Quetschapparat hat Wolff etwas abgeändert (Jahresber. Militärversuchsamt 1900, S. 144 und Kriegst. Ztschr. 1903, S. 8); er mißt nicht den Maximaldruck, sondern durch eine Registriervorrichtung den Stauchungsverlauf während der Explosion; aus der erhaltenen Kurve kann der Druckverlauf berechnet werden; aus letzterer läßt sich noch die Verbrennungsdauer des Pulvers direkt ableiten und die Verbrennungsgeschwindigkeit berechnen.

E. Bestimmung des Gasvolumens.

1. Theoretische Berechnung des Volumens der Explosionsgase auf Grund der Zersetzungsgleichung.

Legt man eine bestimmte Zersetzungsgleichung zugrunde, so kann man danach das Volumen der Explosionsgase (Nachschwaden) berechnen. Nehmen wir für Schwarzpulver die Zersetzungsgleichung an:

$$20\,KNO_3 + 10\,S + 30\,C = 6\,K_2CO_3 + K_2SO_4 + 3\,K_2S_3 + 14\,CO_2 + 10\,CO + 10\,N_2,$$

so ergibt sich aus den Gewichten, daß $(20 \times 101) + (10 \times 32) + (30 \times 12)$, also 2700 g Schwarzpulver geben (abgesehen von den festen Explosionsprodukten):

$14 \times 44 = 616$ g Kohlensäure
$10 \times 28 = 280$ g Kohlenoxyd
$10 \times 28 = 280$ g Stickstoff;

aus den Gasgewichten lassen sich dann die Gasvolumina (bei bestimmter Temperatur und gegebenem Druck) berechnen. — Aus der Zersetzungsgleichung kann man auch mit Hilfe des Avogadroschen Gesetzes direkt die Gasvolumina berechnen, da solche sich verhalten wie die Zahl der nach der Gleichung vorhandenen Moleküle. Das in Gramm ausgedrückte Molekulargewicht irgend eines Gases nimmt bei 0° und 760 mm Druck einen Raum von 22·32 Liter ein (bei höherer Temperatur t einen Raum von $22{\cdot}32\,(1 + \frac{1}{273}\,t)$, bei 15° z. B. 23·55 Liter.

Nach der obigen Zersetzungsgleichung des Schwarzpulvers würden also von 2700 g Pulver für die Temperatur 15° folgende Gasmengen gebildet:

$14 \times 23{\cdot}55 = 329{\cdot}7$ Liter Kohlensäure
$10 \times 23{\cdot}55 = 235{\cdot}5$ „ Kohlenoxyd
$10 \times 23{\cdot}55 = 235{\cdot}5$ „ Stickstoff;

Dementsprechend aus 1000 g Schwarzpulver rund 122 Liter Kohlensäure, 87 Liter Kohlenoxyd und 87 Liter Stickstoff, zusammen 296 Liter Gase; außerdem entstehen 564 g fester Rückstand.

2. Zur praktischen Bestimmung des Gasvolumens fängt man die bei der Explosion in einer Bombe entstehenden Gase in einem Gasometer auf. Unter Berücksichtigung des Volumens der Bombe und der Tension des Wasserdampfes erhält man dann — nach Umrechnung auf 0° und 760 mm — das Volumen der Gase bei 0° und 760 mm Druck = V_0. — Noble und Abel beschreiben Versuchsbombe und Gasometer (deutsch in Zeitschrift Sprengstoffe 1911, S. 162); sie fanden als Volumina pro Gramm trocknes Pulver, auf 0° und 760 mm Druck bezogen, folgende:

Kieselpulver	278·3 ccm
R. L. G.	274·2 „
F. G.	263·1 „
Curtis-Harvey Nr. 6	241·0 „
Spanisches Zylinderpulver . .	234·2 „
Sprengpulver	360·3 „

F. Bestimmung der Verbrennungswärme (Explosionswärme).

Man läßt in einer Versuchsbombe, die in einem Wasserkalorimeter steht, eine abgewogene Menge Pulver explodieren und beobachtet die Temperatursteigerung des Wassers an einem empfindlichen Kalorimeter; die gefundene Zahl ergibt, mit dem sog. Wasserwert des Systems multipliziert, die freigewordene Wärmemenge, von der noch die Kondensationswärme des bei der Zersetzung entstandenen Wassers in Abzug zu bringen ist. Die erhaltene Kalorienzahl ist die Verbrennungswärme Q (für H_2O als Dampf); Noble und Abel bestimmten solche zu etwa 705 Kalorien.

Roux und Sarrau[1] verbrannten Pulver folgender Zusammensetzung:

	Salpeter	Schwefel	Kohle
Feines Jagdpulver	78	10	12
Geschützpulver	75	12·5	12·5
Gewehrpulver	74	10·5	15·5
Ausländisches Pulver	72	13	15
Sprengpulver	62	20	18

Bei der Verbrennung ergaben dieselben:

	Gasvolumen	Wärmemenge
Feines Jagdpulver	234 cbm	807·3 Kal.
Geschützpulver	261 „	752·9 „
Gewehrpulver	280 „	730·8 „
Ausländisches Pulver	281 „	694·2 „
Sprengpulver	307 „	570·2 „

[1] Compt. rend. Bd. 77. S. 138.

Sir Andrew Noble hat in einem Vortrage: „Fünfzig Jahre Explosivstoffe“ (deutsch in Zeitschrift Schieß-Sprengstoffe 1907, S. 363) sowohl über Verbrennungswärme, als Gasdruck, Gasvolumen usw. Angaben gemacht, auf die hingewiesen wird.

G. Größe und Dauer der Explosionsflamme und Verbrennungstemperatur.

Mit Rücksicht auf den Zusammenhang der Zündung schlagender Wetter und des Kohlenstaubs mit Flammengröße und Flammendauer legt man Wert auf Wiedergabe der Explosionsflammen von Sprengstoffen. Ausführliches hierüber siehe „Ztschr. für Schieß- u. Sprengstoffe“ 1907, S. 141 (Wilkoszewski), 1908, S. 408 (Bichel) und 1909, S. 323 (Will). Schwarzpulver zeigt ein sehr großes, lang andauerndes Flammenbild. Die Maximaltemperatur der Pulvergase ist nach den von Heydenreich publizierten Versuchen des Militärversuchsamtes 2000° C.

H. Fluggeschwindigkeit des Geschosses in einem bestimmten Abstande von der Rohrmündung (ballistische Arbeitsleistung).

Der Flugzeitenmesser (Chronograph) des belgischen Obersten Le Boulengé (1863 erfunden) beruht auf dem Gedanken, die Zeit, welche ein Geschoß zum Durchfliegen einer bestimmten Strecke, z. B. von 50 m, gebraucht, an dem Wege zu messen, den ein frei fallender Körper in derselben Zeit zurücklegt. Vor dem Geschütz sind in einem Abstand von 50 m unter sich zwei Gitterrahmen aufgestellt, welche mit dem Meßapparat durch elektrische Leitung verbunden sind. Diese Leitungen werden nun nacheinander unterbrochen, so wie das Geschoß durch die beiden Rahmen hindurchfliegt. Sind beide Strömungen geschlossen, so beginnt der Flugzeitenmesser in dem Augenblick zu fallen, in dem das Geschoß einen Draht im ersten Gitterrahmen zerreißt; sobald das Geschoß den zweiten Gitterrahmen passiert, fällt ein kleines Gewicht, dadurch wird eine Nase ausgehoben, ein Messer schnellt vor und schlägt mit seiner Schneide eine Marke in die obere Zinkhülse des vorbeifallenden Flugzeitenmessers. Je schneller also das Geschoß die beiden Rahmen durcheilt, um so näher liegt die vom Messer eingeschlagene Marke dem untern Rand der Zinkhülse. — Zur Messung der Geschwindigkeit von Gewehrgeschossen wird quer vor der Mündung der Waffe mittelst Klemmvorrichtung ein dünner, versilberter Kupferdraht angebracht, den das Geschoß beim Schuß zerreißt, wodurch der eine Stromkreis unterbrochen wird. In bestimmter Entfernung von der Mündung (in der Regel 50 m) ist eine Stahlplatte (Scheibe) aufgehängt, die sich im Ruhezustande gegen zwei Kontakte lehnt und so den Stromkreis schließt; das gegen die Scheibe schlagende Geschoß hebt die Scheibe von den Kontakten ab und unterbricht somit den zweiten Stromkreis. — Die Fluggeschwindigkeit läßt sich aus der Höhe der Schußmarke über dem Nullpunkt berechnen (unter Berücksichtigung der erforderlichen Korrekturen). Aus berechneten Tabellen kann man — nach dem gemessenen Abstand der Schußmarke vom Nullpunkt — die Fluggeschwindigkeit ohne weiteres ablesen.

Unter Beibehaltung des Grundprinzips des Boulengéschen Chronographen sind in neuerer Zeit — entsprechend den Fortschritten der Elektrizität und Mechanik — bedeutende Fortschritte sowohl am Flugzeitenmesser selbst als seinen Hilfsapparaten vorgenommen worden. Neben dem Funkenchronographen von Siemens ist zu erwähnen der Kondensator-Chronograph von Sabine-Radakovic, mit dem es neuerdings gelungen ist, eine Geschwindigkeit auf der kurzen Strecke von 20 cm vor der Mündung mit einem wahrscheinlichen Fehler der Einzelmessung von 0·2% genau zu messen. Ein Aufsatz über die Entwicklung des Flugzeitenmessers findet sich in der Ztschr. Schieß- u. Sprengstoffe 1912, Nr. 24, S. 489 (von Otto Maretsch). Über die relative und absolute Genauigkeit verschiedener Flugzeitmesser hat Geh. Rat Prof. Dr. Cranz in der gleichen Zeitschrift berichtet (1908, S. 7). Ferner finden sich nähere Angaben in den Katalogen der Akt.-Ges. Hahn für Optik und Mechanik, besonders in einer im Januar 1912 erschienenen, von Dr. H. Joachim bearbeiteten Broschüre: Der Flugzeitenmesser Le Boulengé und seine Hilfsapparate.

Der erste Teil des Büchleins geht zunächst in einer Einführung auf das Meßprinzip und das Schema des Flugzeitenmessers ein und gibt die Versuchsanordnung; hierauf folgt — unterstützt von zahlreichen Abbildungen — die Beschreibung des Flugzeitenmessers, des Ausschalters, Doppelumschalters, der Widerstände, Schalttafel, Schießzwinge, der elektrischen Scheibe und der Rahmenzielscheiben. Daran reiht sich die Gebrauchsanweisung, ein weiteres Kapitel geht auf die Theorie des Apparates ein. — Der zweite Teil der Broschüre behandelt die Hilfsapparate zum Flugzeitenmesser, nämlich den Pendelapparat, den Meßapparat und den Schießbock.

I. Sprengkraft.

Die Sprengkraft ist ein Produkt aus Gasvolumen V_0 und Wärmemenge Q und umgekehrt proportional der Verbrennungsgeschwindigkeit. Zur experimentellen Messung sind bei

Schwarzpulver die für brisante Sprengmittel üblichen Methoden, besonders die Trauzlsche Bleiblock-Ausbauchung nicht anwendbar. Oscar Guttmann hat einen Kraftmesser für Schwarzpulver angegeben (Industrie der Explosivstoffe, S. 627), wobei man 20 g Pulver zwischen zwei Bleizylinder bringt und sie im vollständig geschlossenen Raum explodieren läßt; hierbei werden die Bleizylinder mehr oder weniger in konische Hohlräume eingedrückt; die Höhe der zwei Bleikonusse wird mit einer Schubleere gemessen und gibt unmittelbar ein Maß für die Kraft des versuchten Pulvers im Verhältnis zu derjenigen einer bereits erprobten Pulversorte (bzw. Normalpulver).

Auch das ballistische Pendel kann (bei allen Arten von Sprengstoffen) zur Untersuchung der Sprengkraft benutzt werden. Ein derartiger, auf der englischen Versuchsstrecke in Woolwich gebrauchter Apparat besteht aus einem alten 5 Tonnen-Mörser (mit Stahlstangen an einer horizontalen, in Kugellagern auf zwei Backsteinmauern laufenden Achse pendelnd aufgehängt) und einem dagegen gerichteten Schußapparat, der auf eine bestimmte Entfernung (bis auf 5 cm) der Mündung des Mörsers gegenüber aufgestellt und abgefeuert wird. Der Schußapparat ist mit einer bestimmten Menge des zu untersuchenden Pulvers geladen und mit einem genau abgewogenen Lettenbesatze verdämmt. Der größte Ausschlag des Mörsers kann an einem sich zusammenschiebenden Maßstabe abgelesen werden. Das Verhältnis der Sprengkraft von Schwarzpulver zu Dynamit wurde in Woolwich als 1 : 2·3 ermittelt. — Ein im Eastern Laboratory zu Chester (Pa.) im Gebrauch befindliches ballistisches Pendel wird von Comey und Holmes in der Ztschr. Schieß- u. Sprengstoffe 1913, S. 265 beschrieben.

Bei der Mörserprobe oder Wurfprobe wird eine abgewogene Menge Pulver in einen unter 45° geneigten Mörser von Bronze eingefüllt und auf das Pulver eine Kugel von bekanntem Gewicht gesetzt; man feuert nun ab und bildet die Entfernung, bis zu welcher die Kugel geworfen wird, im Vergleich zur Wurfweite eines Normalpulvers, einen Maßstab für die Energie des Pulvers. Z. B. wurde bei einem Mörser von 191·2 mm Rohrdurchmesser, mit 92 g Pulverladung, einer Bronzekugel von 29·4 kg Gewicht und 189·5 mm Durchmesser, bei einem Erhöhungswinkel des Mörsers von 45° die Wurfweite des früheren Geschützpulvers zu 278 bis 286, des Gewehrpulvers zu 286 bis 293 m gefunden.

Der Wagnersche Pulvergradierungsapparat (hauptsächlich in Österreich in Gebrauch) besteht aus einer auf einer Unterlagsplatte (die durch Schrauben vollständig horizontal gestellt werden kann) befestigten Säule. In dieser Säule ist ein Winkelhebel, welcher mit einem Gewicht um ein Scharnier drehbar ist, aufgehängt. Der unbelastete Schenkel trägt einen kleinen Mörser oder Böller und eine Sperrklinke, welche in einen an der Bodenplatte befestigten Gradbogen eingreift. Bei der Explosion des Pulvers wird der Hebel durch den Rückstoß nach abwärts gedrückt und in der sich durch den Aufschlag ergebenden Lage durch die Sperrklinke festgehalten. Die Pulverladung für jeden Schuß beträgt 2·2 g, die sog. Grädigkeit des Pulvers kann man direkt an dem Gradbogen ablesen.

Achter Abschnitt.

Die Verbrennungsprodukte des Schwarzpulvers.

Bei der Verbrennung des Schwarzpulvers entstehen aus den drei Bestandteilen (Salpeter, Schwefel und Kohle) dem Gewicht nach etwa 43% gasförmige und 57% feste Verbrennungsprodukte; erstere bilden die treibenden Pulvergase und bestehen hauptsächlich aus Kohlensäure, Stickstoff und Kohlenoxyd. Die festen Bestandteile, aus Kaliumsulfat, Kaliumkarbonat, Kaliumthiosulfat, Kaliumsulfid, Rhodankalium, Schwefel und Kohle bestehend, bilden den Pulverrauch und den Pulverrückstand. Da wir es bei der Verbrennung des Schwarzpulvers mit einer vom Druck abhängigen Gleichgewichtsreaktion zu tun haben, so ergeben unter wechselnden Bedingungen ausgeführte Versuche auch verschiedene Resultate.

Eine Übersicht der älteren Untersuchungen über die Verbrennung des Schwarzpulvers haben Noble und Abel gegeben; hieraus sei folgendes mitgeteilt:

Im Jahre 1823 legte Gay-Lussac dem „Comité des Poudres et Salpêtres" einen Bericht über seine die Zersetzung des Schießpulvers betreffenden Untersuchungen vor. Gay-Lussac erhielt seine Produkte, indem er kleine Mengen Schießpulver in ein zur Aufnahme der Gase eingerichtetes, zur Rotglut erhitztes Rohr fallen ließ. Die Analyse der gesammelten permanenten Gase ergab in 100 Raumteilen 52·6 Raumteile Kohlensäureanhydrid, 5 Kohlenoxyd und 42·4 Stickstoff. Gay-Lussac gab an, daß das Volumen dieser Gase bei der Temperatur 0° und einem Barometerstand von 760 mm das 450 fache des von dem Pulver bei der Ladedichte 0·9 erfüllten Raumes einnahm. Piobert weist dagegen nach, daß die so angegebenen Resultate Gay-Lussacs nicht möglich sind und legt den Schluß nahe, daß durch ein Versehen die tatsächlich gefundene Gasmenge verdoppelt worden ist. Pioberts Andeutung ist nach verschiedenen bestärkenden Umständen außerordentlich wahrscheinlich und wird durch die Tatsache bestätigt, daß Gay-Lussac selbst die permanenten Gase auf 250 Volumina schätzte.

Im Jahre 1825 macht Chevreul auf den Unterschied in der Zersetzung des Schießpulvers aufmerksam, wenn diese wie in dem Lauf einer Kanone explosionsartig auftritt, oder wenn sie wie bei der Entzündung an freier Luft langsam vor sich geht, und vermutet, daß im ersteren Falle die Zersetzung durch die Gleichung

$$2\,KNO_3 + S + C_3 = K_2S + N_2 + 3\,CO_2$$

dargestellt werden konnte. Er führt aus, daß die wirksamen Bestandteile des Schießpulvers in Mengen angewandt werden, welche in fast genauer Übereinstimmung mit dieser Formel stehen; und dieselbe Ansicht scheint Graham vertreten zu haben, welcher des weiteren annimmt, daß das Kaliumsulfid durch die Berührung mit der Luft in Sulfat umgewandelt wird. Chevreul gibt an, daß Kaliumsulfid, -sulfat, -karbonat, -cyanid, -nitrat oder -hyponitrit und Kohle den festen Rückstand des Schießpulvers bilden, wenn dieses langsam verbrannt wird; und gibt ferner als das Ergebnis einiger eigenen Versuche für die gasförmigen Produkte folgende prozentische Zusammensetzung an:

Kohlensäureanhydrid	45·41 Vol.
Stickstoff	37·53 „
Stickoxyd	8·10 „
Schwefelwasserstoff	0·59 „
Sumpfgas (Methan)	3·50 „
Kohlenoxyd	4·87 „

Im Jahre 1857 veröffentlichten Bunsen und Schischkoff[1] ihre sehr wichtigen Untersuchungen über das Schießpulver. Ihre Versuche waren darauf gerichtet, 1. die Natur und die Mengenverhältnisse der permanenten Gase zu bestimmen, welche durch die Explosion des Schießpulvers erzeugt werden; 2. die durch diese Umwandlung erzeugte Wärmemenge zu bestimmen. Mit Hilfe dieser experimentellen Daten leiteten sie aus theoretischen Betrachtungen die Explosionstemperatur, den Maximaldruck in einem geschlossenen Raume und die theoretische Gesamtarbeitsmenge ab, welche das Schießpulver auf ein Geschoß auszuüben vermag. Das Pulver wurde in diesen Versuchen nicht zur Explosion gebracht, sondern verbrannt, indem es in dünnem Strahl in eine erhitzte Kugel fallen gelassen wurde, und in dieser und in den damit verbundenen Röhren wurden die Verbrennungsprodukte gesammelt. Die Umwandlung, welche das Schießpulver nach diesen Forschern bei der Explosion erfährt, ist in folgender Übersicht (Tabelle I) dargestellt. Es ist zu bemerken, daß die permanenten Gase ungefähr 31% vom Gewicht des Pulvers ausmachten und bei 0° und

[1] Poggendorffs Ann. Bd. 102, S. 325.

760 mm nur 193 ccm einnahmen — das ist annähernd das 193fache des Volumens, welches das nicht explodierte Pulver einnahm.

Tabelle I.

Umwandlung des Schießpulvers bei der Verbrennung (nach Bunsen und Schischkoff).

1 g Pulver		gab bei der Explosion			
Salpeter	0·7899	Rückstand 0·6806 g	K_2CO_3	0·1264 g	
Schwefel	0·0984		$K_2S_2O_3$	0·0327 „	
Holzkohle C	0·0769		K_2SO_4	0·4227 „	
Holzkohle H	0·0041		K_2S	0·0213 „	
Holzkohle O	0·0307		KCNS	0·0030 „	
			KNO_3	0·0372 „	
			$(NH_4)_2CO_3$	0·0286 „	
			S	0·0014 „	
			C	0·0073 „	
		Gase 0·3138 g	SH_2	0·0018 „	= 1·16 ccm
			O	0·0014 „	= 1·00 „
			CO	0·0094 „	= 7·49 „
			CO_2	0·2012 „	= 101·71 „
			H	0·0002 „	= 2·34 „
		0·9944 g	N	0·0998 „	= 79·40 „
					193·10 ccm

Im Jahre 1858 wiederholte Dr. J. Linck[1] mit württembergischem Kriegspulver die Analyse Bunsens und Schischkoffs der Verbrennungsprodukte, welche nach derselben Methode erhalten wurden. Die Zusammensetzung des angewandten Pulvers ist in Tabelle II gegeben.

Lincks Ergebnisse (vgl. Tabelle III) wichen in verschiedenen Punkten, hauptsächlich aber in der gefundenen viel kleineren Menge Kaliumsulfat, von denen dieser Chemiker ab. Linck kam zu dem Ergebnis, daß 1 g des angewandten Pulvers 218·3 ccm Gas entwickelte.

Im Jahre 1863 untersuchte M. von Karolyi[2] die Verbrennungsprodukte des österreichischen Musketen- und Geschützpulvers. M. von Karolyis Methode zur Gewinnung der Verbrennungsprodukte bestand darin, daß in einer kugelförmigen Bombe ein kleiner Behälter aufgehängt wurde, welcher die Pulverladung enthielt, mit welcher der Versuch ausgeführt werden sollte. Vor dem Anzünden der Ladung wurde die in der Schale enthaltene Luft ausgepumpt; das Pulver wurde auf elektrischem Wege gezündet. Nach der Verbrennung wurden die Gase zur Untersuchung mit Hilfe eines Hahnes entnommen, während der feste, in der Bombe verbleibende Rückstand daraus durch Wasser entfernt und filtriert wurde.

Die Zusammensetzung der angewandten Pulver ist in Tabelle II, die Analysenresultate sind in Tabelle III angegeben. Von Karolyi berechnete, daß 1 g Gewehrpulver 226·6 ccm und 1 g Geschützpulver 200·9 ccm an Gasen erzeugte.

[1] Ann. d. Chem. Bd. 109, S. 53.

[2] Poggendorffs Ann. April 1863.

Im Jahre 1869 wurden in der „Zeitschrift für Chemie“ die Ergebnisse einiger Versuche veröffentlicht, welche der Oberst Fedorow in der Absicht vorgenommen hatte, zu bestimmen, ob sich die Verbrennungsprodukte mit der Art der Verbrennung veränderten.

Fedorow arbeitete, 1. indem er eine Pistole mit einer blinden Ladung in ein 4 Fuß langes Glasrohr abschoß, und 2. indem er eine mit einer Kugel geladene neunpfündige Bronzekanone mit 3 Pfund Pulver abschoß; die Rückstände wurden in jedem von beiden Fällen in Wasser gelöst und analysiert. Die Zusammensetzung des von Fedorow angewandten Pulvers ist in Tabelle II, seine Analysenresultate sind in Tabelle III angegeben.

Aus den Versuchen mit dem Geschütz berechnete Fedorow, daß die gasförmigen Produkte aus 82·6 ccm N, 162·1 ccm CO_2 und 14 ccm SO_2 und O bestanden. Er nimmt an, daß mehrere aufeinander folgende Reaktionen während der Verbrennung eintreten, daß zuerst Kaliumsulfat und Kohlensäureanhydrid gebildet werden, während der überschüssige Kohlenstoff das Sulfat zu Karbonat, Hyposulfit und Kohlensäureanhydrid reduziert.

Tabelle II.

Ergebnisse der Analyse der von Bunsen und Schischkoff, Karolyi, Linck und Fedorow untersuchten Pulver.

Der Prozentgehalt an folgenden Bestandteilen betrug	bei folgenden Forschern und Pulvern:									
	Bunsen und Schischkoff Jagdpulver		Karolyi Österr. Geschützpulver		Karolyi Österr. Gewehrpulver		Linck Württembergisches Geschützpulver		Fedorow Russisches Pulver	
Salpeter . .		77·88		73·78		77·15		74·66		74·18
Schwefel . .		9·84		12·80		8·63		12·49		9·89
Kohle: C . .	7·69		10·88		11·78		12·31		10·75	
Kohle: H . .	0·41	11·17	0·38	13·39	0·42	14·27		12·85	0·43	14·83
Kohle: O . .	3·07		1·82		1·79		0·54		3·31	
Kohle: Asche	Spuren		0·31		0·28				0·34	
Wasser . . .		—		—		—		—		1·10

Berthelot drückt (unter Zugrundelegung der Versuche von Bunsen und Schischkoff) die Zersetzung des Schießpulvers durch folgende Gleichung aus:

$$16\,KNO_3 + 6\,S + 13\,C =$$
$$5\,K_2SO_4 + 2\,K_2CO_3 + K_2S + 16\,N + 11\,CO_2$$

Aus den Versuchen von Bunsen und Schischkoff kann man schließen, daß die Zusammensetzung des Schießpulvers keine bestimmte ist, sondern innerhalb gewisser Grenzen veränderlich sein kann. Bunsen

Tabelle III.

Ergebnisse der Analyse der Verbrennungsprodukte der in Tabelle II genannten Pulver.

Forscher und Pulver	Gehalt der Verbrennungsgase in Volumprozenten an:							Gehalt des festen Rückstandes in Gewichtsprozenten an:									Gesamtmenge der Verbrennungsgase in %	Gesamtmenge des festen Rückstandes in %
	CO_2	CO	N	SO_2	CH_4	H	O	K_2CO_3	K_2SO_4	$K_2S_2O_3$	K_2S	KCNS	KNO_3	$(NH_4)_2 \cdot CO_3$	S	C		
Bunsen u. Schischkoff, Jagdpulver .	52·69	3·88	41·12	0·60	—	1·21	0·52	27·02	56·62	7·57	1·06	0·86	5·19	(KOH: 1·26)	—	0·97	31·38	86·05
Karolyi, Österreich. Geschützpulver . .	42·74	10·19	37·58	0·86	2·70	5·93	—	28·02	53·37	4·11	0·15	—	—	—	6·78	3·70	—	—
Österreich. Gewehrpulver	48·90	5·18	35·33	0·67	3·02	6·90	—	31·90	55·53	2·71	—	—	—	4·09	1·78	3·99	—	—
Linck, Württemberg. Kriegspulver . . .	52·14	4·33	34·68	7·18	—	1·63	0·04	23·97	45·06	14·96	5·82	1·80	1·87	3·18	0·48	2·86	35·51	64·15
Fedorows russisches Kriegspulver . . .	—	—	—	—	—	—	—	37·00	15·00	8·28	38·19	0·33	—	—	0·09	—	—	—
3 lb. aus einer 9 pfünd. Kanone geschossen, Rückstand	—	—	—	—	—	—	—	36·20	15·15	7·44	39·55	0·33	—	—	0·09	1·02	—	—
Rückstand eines mit blinder Patrone in ein langes Glasrohr abgegebenen Pistolenschusses	—	—	—	—	—	—	—	23·44	48·25	16·53	0·97	0·54	5·81	—	9·30	4·08	—	—

und Schischkoff hatten ihr Pulver aber bei gewöhnlichem Drucke verbrannt, während in den Feuerwaffen höherer Druck vorhanden ist. Craig und Fedorow glaubten gefunden zu haben, daß die Natur der Verbrennungsprodukte vom Druck abhänge; Karolyi schloß aus seinen Untersuchungen[1], daß die Qualität der Verwandlungsprodukte nur von der Zusammensetzung des Pulvers und nicht vom Druck abhängig sei.

Sehr eingehende Untersuchungen über die Explosionsgase des Schwarzpulvers und den Einfluß des Explosionsdruckes auf dieselben haben Andrew Noble und Frederik Abel angestellt, indem sie Schwarzpulver verschiedener Herkunft und Zusammensetzung bei wechselnden Ladedichten in der Explosionsbombe zur Verpuffung brachten.[2]

Sie bedienten sich dazu eines Apparates bestehend aus einem starkwandigen Gefäß aus weichem Stahl, dessen Hauptöffnung nach Einfüllung des Pulvers mit einer Schraube luftdicht verschlossen wurde; durch letztere gingen zwei isolierte Platindrähte, um das Pulver durch den elektrischen Funken entzünden zu können. Die Kammer besaß noch zwei andere Öffnungen, von denen die eine dazu diente, den Druck bei der Explosion mittels Quetschapparates zu messen, während die andere gestattete, die Gase entweichen zu lassen, um sie in einem besonderen Gasometer aufzufangen. Der Rückstand wurde in der Regel mit Hammer und Meißel losgelöst, gepulvert und in trockenen Flaschen aufbewahrt.

Noble und Able analysierten folgende Pulversorten:

Pulvergattung	Salpeter	Schwefel	Kohle					Kaliumsulfat	Chlorkalium	Wasser
			Gesamtkohle	Kohlenstoff	Wasserstoff	Sauerstoff	Asche			
Kieselpulver W. A. .	74·67	10·07	14·22	12·12	0·42	1·45	0·23	0·09	—	0·95
R. L. G., W. A. . .	74·43	10·09	14·29	12·40	0·40	1·27	0·22	0·13	—	1·06
F. G., W. A.	73·55	10·02	14·59	11·36	0·49	2·57	0·17	0·36	—	1·48
Curtis-Harvey Nr. 6 .	74·40	10·37	13·78	10·66	0·52	2·29	0·31	0·29	Spur	1·17
Span. Zylinderpulver	75·30	12·42	11·34	8·65	0·38	1·68	0·63	0·27	0·02	0·65
Sprengpulver. . . .	61·66	15·06	21·41	17·93	0·66	2·23	0·59	0·12	0·14	1·61

und erhielten folgende Resultate:

---

[1] Jahresbericht der Chemie **1863.** S. 743.

[2] Die Arbeiten sind publiziert in den „Philosophical Transactions" 1875 und 1880; zusammengestellt finden sie sich in dem Buche Artillery and Explosives by Sir Andrews Noble. London 1906.

Verbrennungsprodukte		Kieselpulver		R. L. G.		F. G.		Curtis u. Harvey Nr. 6	Span. Zylinderpulver	Sprengpulver
		Maximum	Minimum	Maximum	Minimum	Maximum	Minimum			
Gasförmige Produkte	CO_2	27·85	25·05	27·60	24·80	28·92	24·90	25·93	24·57	22·79
	CO	5·72	3·67	5·81	3·09	5·80	2·59	2·47	1·36	15·22
	N_2	11·76	11·03	12·26	10·51	11·71	10·65	11·32	11·08	8·58
	H_2S	1·83	0·71	1·77	0·62	1·53	0·82	0·83	0·97	3·89
	CH_4	0·14	—	0·17	0·01	0·10	—	0·46	—	0·70
	H_2	0·09	0·04	0·40	0·03	0·10	0·05	0·08	0·03	0·17
	O_2	—	—	0·22	—	0·10	—	—	0·07	—
Summe der gasförmigen Produkte		**44·84**	**43·18**	**43·69**	**42·15**	**43·72**	**41·47**	**41·09**	**38·08**	**51.35**
feste Produkte	K_2CO_3	37·11	29·77	38·02	28·77	34·34	25·08	34·13	21·86	19·45
	K_2SO_4	8·58	5·28	14·03	2·76	14·01	10·42	12·50	29·75	0·28
	K_2S_2	12·49	6·66	10·83	6·20	12·14	4·73	7·17	4·73	17·45
	KCNS	0·33	0·03	0·21	—	0·15	—	—	0·02	1·39
	KNO_3	0·27	—	0·33	—	0·16	0·05	0·17	0·58	0·04
	K_2O	—	—	—	—	3·15	—	—	—	—
	$(NH_4)_2CO_3$	0·09	0·03	0·08	0·02	0·09	0·01	0·05	0·02	0·84
	S	6·17	2·34	7·18	2·72	5·79	2·33	3·72	4·31	6·64
	C	—	—	0·41	—	—	—	—	—	0·95
		56·82	**55·13**	**57·86**	**56·31**	**58·53**	**56·28**	**58·91**	**61·92**	**48·65**

Die Versuche von Noble und Abel bestätigten die Annahme Karolyis, daß die Qualität der Verbrennungsprodukte nur von der Zusammensetzung des Pulvers, nicht aber vom Druck abhängig sei.

Dagegen erhielten Noble und Abel wohl die gleichen Verbrennungsprodukte, aber bei verschiedenen Versuchen in ungleichen Mengen, so daß sie schlossen, die Pulververbrennung verlaufe sehr unregelmäßig. Sie folgerten daher: 1. Die Verschiedenheit in der Zusammensetzung der Explosionsprodukte, wenn dieselbe Pulversorte unter verschiedenem Druck oder ähnlich zusammengesetzte Pulver unter gleichem Druck im geschlossenen Raum verbrannt wurden, sind so bedeutend, daß jede chemische Gleichung, welche die Metamorphose eines Pulvers von normaler Zusammensetzung ausdrücken soll, völlig wertlos sein würde.

2. Die Zusammensetzung der festen Verbrennungsprodukte wird in gleichem Maße von kleinen und zufälligen Verschiedenheiten der Bedingungen, unter denen die Verbrennung vor sich geht, wie von den ausgesprochenen Unterschieden in den Mischungsverhältnissen und der Korngröße des Pulvers beeinflußt.

Berthelot[1] entwickelte auf Grund der Versuche von Noble und Abel folgende Theorie:

Wenn man sich aus allen Versuchen zwei Grenzfälle auswählt, wo in einem Falle die größte Menge K_2CO_3 und eine zu vernachlässigende Quantität K_2SO_4, im anderen Falle ein Maximum von Sulfat und ein Minimum von Karbonat gebildet wird, so kann man sich im ersten Falle vorstellen, daß $^1/_3$ des Pulvers nach der Gleichung

$$(I) \quad 2\,KNO_3 + 3\,C + S = K_2S + 3\,CO_2 + N_2,$$

die Hälfte des Pulvers nach der Gleichung

$$(II) \quad 2\,KNO_3 + 3\,C + S = K_2CO_3 + CO_2 + CO + N_2 + S$$

und $^1/_6$ des Pulvers nach der Gleichung

$$(III) \quad 2\,KNO_3 + 3\,C + S = K_2CO_3 + 1^1/_2\,CO_2 + {}^1/_2\,C + S + N_2$$

verbrannt.

Für den zweiten der obigen Fälle soll

$^1/_3$	des Pulvers nach Gleichung	I
$^1/_2$	„ „ „ „	III
$^1/_8$	„ „ „ „	IV
$^1/_{12}$	„ „ „ „	V verbrennen.

Die letzteren Gleichungen sind:

$$(IV) \quad 2\,KNO_3 + 3\,C + S = K_2SO_4 + 2\,CO + C + N_2$$

$$(V) \quad 2\,KNO_3 + 3\,C + S = K_2SO_4 + CO_2 + C_2 + N_2$$

Da die örtlichen Bedingungen in einer explodierenden Pulvermasse nicht an allen Stellen gleich sind, auch die Abkühlung zu schnell vonstatten geht, um den Produkten die zur Erreichung eines Gleichgewichtszustandes nötige Zeit zu lassen, so nimmt Berthelot an, daß Bruchteile des Pulvers nach verschiedenen Gleichungen zersetzt werden, doch werden nach Debus die Gleichungen III, IV und V von den Tatsachen nicht bestätigt.

H. Debus[2] erklärt die von Noble und Abel gefundene Veränderlichkeit in dem relativen Verhältnis der Verbrennungsprodukte in anderer Weise; er weist auf den Umstand hin, daß Pulver in hermetisch verschlossenen Gefäßen einen Teil seines Schwefels an das Metall abgibt (und zwar bei verschiedenen Versuchen verschieden), ferner sucht er die Ursache in Ungenauigkeiten der analytischen Methoden. Nach Debus hängt die Qualität und Quantität der Verbrennungsprodukte nur von der Zusammensetzung des Pulvers ab. In seiner ersten, im Royal Naval College in Greenwich im Dezember 1881 fertiggestellten Arbeit kommt Debus zu folgenden Schlüssen:

---

[1] Compt. rend. 82, p. 487.

[2] Liebigs Annalen 212, 257 und 213, 15 (1882).

1. Die mittlere Zusammensetzung der Pulver von Waltham Abbey läßt sich durch die Symbole: $16\,KNO_3 + 21\cdot18\,C + 6\cdot63\,S$ darstellen, und ein so zusammengesetztes Pulver verbrennt im Noble-Abelschen Apparat (hermetisch verschlossener stählerner Zylinder) nach der Gleichung:

$$\text{(I)}\quad 16\,KNO_3 + 21\,C + 5\,S = 5\,K_2CO_3 + K_2SO_4 + 2\,K_2S_2 + 13\,CO_2 + 3\,CO + 8\,N_2.$$

Der Rest des Schwefels (1·63 Atome) verbindet sich teilweise mit dem Wasserstoff der Kohle, teilweise mit dem Eisen des Apparats.

2. Die üblichen Jagd- und Militärpulver enthalten auf 16 Mol. Salpeter von 13 bis 22 Atome Kohlenstoff und von 6 bis 8·4 Atome Schwefel.

3. Ein aus Salpeter, reinem Kohlenstoff und Schwefel zusammengesetztes Pulver liefert nach vollendeter Verwandlung kohlensaures Kali, schwefelsaures Kali, zweifach Schwefelkalium, Kohlensäure, Kohlenoxyd und Stickstoff als Verbrennungsprodukte.

4. Eine Erhöhung des Drucks während der Verbrennung scheint (ceteris paribus) die Menge des Kohlenoxyds zu verringern und damit, nach Gleichung 8, die Menge des kohlensauren Kalis, zweifach Schwefelkaliums und der Kohlensäure zu vergrößern, die aber des schwefelsauren Kalis zu vermindern. Diese Schwankungen in den Verbrennungsprodukten sind jedoch unbedeutend.

5. Die Pulververbrennung besteht aus zwei verschiedenen, nach einander stattfindenden Prozessen:

a) einem Oxydationsprozeß, während dessen schwefelsaures Kali, kohlensaures Kali, Kohlensäure und Stickstoff, vielleicht auch ein Teil des Kohlenoxyds, aber kein Schwefelkalium gebildet werden;

b) einem Reduktionsprozeß, während dessen frei gebildeter Kohlenstoff reduzierend auf das im ersten Stadium der Verbrennung gebildete schwefelsaure Kali und freier Schwefel zersetzend auf das kohlensaure Kali einwirken. Das Zweifach-Schwefelkalium wird während diesen zweiten Aktes der Verbrennung gebildet.

6. Das erste Stadium der Verbrennung, die eigentliche Explosion des Pulvers, findet selbst bei Schießpulvern von sehr verschiedener Zusammensetzung nach der Gleichung

$$\text{(II)}\quad 10\,KNO_3 + 8\,C + 3\,S = 2\,K_2CO_3 + 3\,K_2SO_4 + 6\,CO_2 + 5\,N_2$$

statt. Da sich jedoch wahrscheinlich zugleich Kohlenoxyd bildet, so gilt noch folgende Gleichung, bei der die Pulverbestandteile und die Verbrennungsprodukte in denselben Verhältnissen stehen:

$$\text{(III)}\quad 16\,KNO_3 + 13\,C + 5\,S = 3\,K_2CO_3 + 5\,K_2SO_4 + 9\,CO_2 + CO + 8\,N_2.$$

7. Das Verhältnis des Sauerstoffs im Karbonat zu dem im Sulfat und der CO_2, wie es nach Gleichung II besteht, ist das einfachste Sauerstoffverhältnis, welches durch Verbrennung einer Mischung von Sal-

peter, Kohlenstoff und Schwefel gebildet werden kann, während das nach III dem möglich einfachsten nahe entspricht.

8. Erfolgt die Verbrennung nach Gleichung III, also ohne Bildung von Schwefelkalium, so ist die Wärmeentwicklung die möglich größte, welche eine Mischung von Salpeter, Kohlenstoff und Schwefel unter der Bedingung hervorbringen kann, daß die Bildungswärmen von CO_2, K_2SO_4 und K_2CO_3 im möglichst einfachen Verhältnis zu einander stehen. Dieses Verhältnis der Bildungswärmen ist

$$3\,K_2CO_3 : 5\,K_2SO_4 : 9\,CO_2 = 1 : 2{\cdot}05 : 1{\cdot}04\,.$$

Die erwähnten Beziehungen der Wärmeentwicklung und Sauerstoffverteilung bedingen vielleicht die größere Brennbarkeit der Mischungen $16\,KNO_3 + 13\,C + 5\,S$ und veranlassen so, daß die Bestandteile von Pulversorten sehr verschiedener Zusammensetzung im ersten Stadium im Verhältnis dieser Mischung nach Gleichung III verbrennen.

9. Die gebräuchlichen Pulversorten enthalten aber mehr Kohlenstoff und Schwefel, als Gleichung III verlangt; dieser Mehrbetrag an S und C bleibt am Ende des ersten Aktes der Verbrennung übrig. Der Kohlenstoff wirkt nun auf das schwefelsaure Kali nach der Gleichung

$$\text{(IV)} \qquad 4\,K_2SO_4 + 7\,C = 2\,K_2CO_3 + 2\,K_2S_2 + 5\,CO_2,$$

der Schwefel auf das kohlensaure Alkali nach

$$\text{(V)} \qquad 4\,K_2CO_3 + 7\,S = K_2SO_4 + 3\,K_2S_2 + 4\,CO_2$$

und beide vereinigt bilden das **zweite Stadium** der Pulververbrennung. Diese Reaktionen sind endothermische, Wärme wird nicht entwickelt, sondern verbraucht, sie sind nicht explosiver Natur, sondern verlaufen verhältnismäßig langsam, so daß sie in der Praxis wohl selten zum Abschluß kommen. Die Reaktionen während des zweiten Stadiums der Verbrennung setzen einen Teil des Wärmevorrats der festen Produkte, K_2CO_3 und K_2SO_4, in Gasdruck um.

10. Bezeichnen x, y und z positive Zahlen und a die Zahl, welche anzeigt, wieviel Moleküle Kohlenoxyd bei vollständiger Metamorphose einer gegebenen Pulvermischung von Salpeter, reinem Kohlenstoff und Schwefel entwickelt werden, dann berechnen sich die Quantitäten der Verbrennungsprodukte in Molekülen nach der Gleichung:

$$x\,KNO_3 + y\,C + z\,S = \left\{ \begin{array}{l} {}^1/_{28}\,(4\,x + 8\,y - 16\,z - 4\,a)\,K_2CO_3 \\ + {}^1/_{28}\,(20\,x - 16\,y + 4\,z + 8\,a)\,K_2SO_4 \\ + {}^1/_{28}\,(-10\,x + 8\,y + 12\,z - 4\,a)\,K_2S_2 \\ + {}^1/_{28}\,(-4\,x + 20\,y + 16\,z - 24\,a)\,CO_2 \\ + a\cdot CO \\ + {}^1/_2\,x\,N_2 \end{array} \right.$$

11. Unter der Voraussetzung, daß $x = 16$ und $a = 0$ berechnet sich das Volumen des bei der Verbrennung entwickelten Gases nach der Gleichung

$$V = \frac{160 + 20y + 16z}{14}$$

und die der Wärmeeinheiten nach

$$W = 1000\,(1827{,}154 - 16{,}925\,y - 8{,}788\,z).$$

Mit einer Zunahme von y und z wächst die Gas- und vermindert sich die Wärmemenge, und umgekehrt. Eine Mischung von $16\,KNO_3 + 8\,C + 8\,S$ entwickelt von allen möglichen Mischungen, welche 16 Moleküle Salpeter enthalten und gerade auf zu K_2CO_3, K_2SO_4, K_2S_2, CO_2 und N_2, oder nur zu drei oder vier von diesen Produkten verbrennen können, die größte Wärme- und kleinste Gasmenge, umgekehrt eine Mischung $16\,KNO_3 + 24\,C + 16\,S$ die größte Gas- und kleinste Wärmemenge.

12. Das Produkt der Gas- und Wärmemengen läßt sich als Maß für die Leistungsfähigkeit oder Arbeit bei Vergleichung verschiedener Pulversorten benutzen. Von allen Mischungen von KNO_3, C und S werden die nach der Gleichung $16\,KNO_3 + 8\,C + 8\,S$ die kleinste, und die nach Formel $16\,KNO_3 + 24\,C + 16\,S$ die größte Leistungsfähigkeit oder Arbeit bei vollständiger Verbrennung entwickeln.

13. Will man ein Pulver herstellen, das bei möglichst kleinem Kohlenstoff- und Schwefelgehalt mit nahe der größten Leistungsfähigkeit ausgerüstet ist, so wäre die Mischung zu wählen: $16\,KNO_3 + 22\,C + 8\,S$. Die Militärpulver der meisten Nationen enthalten $16\,KNO_3 + 21{\cdot}2\,C + 6{\cdot}6\,S$, also ein dem theoretischen sehr nahe liegendes Verhältnis.

14. Das Schießpulver enthält jedoch keinen reinen Kohlenstoff, sondern neben diesem noch Wasserstoff und Sauerstoff in der Holzkohle. Der Sauerstoff wird mit einem Teil des Wasserstoffs als Wasser eliminiert, der Rest des Wasserstoffs aber gibt zur Entstehung von Ammoniak, Grubengas und Schwefelwasserstoff Veranlassung.

Diese Nebenprodukte, welche nur 1 bis 2% vom verbrannten Pulver betragen und mit der Explosion in keinem direkten Zusammenhang stehen, dürfen mithin unberücksichtigt bleiben.

15. Die Sprengpulver, welche einen Überschuß an Kohle enthalten, sollten in Folge davon langsamer verbrennen. Durch einen größeren Wasserstoffgehalt der Kohle, d. h. weniger starkes Brennen derselben, sucht man die Brennbarkeit zu erhöhen. Der Sauerstoffgehalt der Kohle wird nicht als Wasser, sondern in Verbindung mit Kohlenstoff als CO und CO_2 während der Verbrennung dieser Sorten ausgeschieden. Ein Sprengpulver verbrannte im Noble-Abelschen Apparate nach der einfachen Gleichung

$$4\,KNO_3 + 7\,C + 2\,S = K_2CO_3 + K_2S_2 + 3\,CO_2 + 3\,CO + 2\,N_2$$

mit der einfachen Sauerstoffverteilung:

$$K_2CO_3 : 3\,CO : 3\,CO_2 = 3 : 3 : 6.$$

Die zweite Arbeit[1] faßt Debus wie folgt zusammen:

1. Die quantitative Zusammensetzung des Schießpulvers ist innerhalb gewisser Grenzen veränderlich.

2. Der Sauerstoff der Kohle wird während der Verbrennung der Jagd- und Militärpulver in Verbindung mit Wasserstoff als Wasser abgeschieden; die chemische Theorie berücksichtigt nur die Reaktionen zwischen Salpeter, reinem Kohlenstoff und Schwefel.

3. Enthält aber das Pulver einen Überschuß an Kohlenstoff, d. h. mehr als auf Kosten des Sauerstoffs im Salpeter zu Kohlensäure verbrennen kann, so zerlegt derselbe die Feuchtigkeit der Kohle und das von dem Wasserstoff und Sauerstoff der letzteren gebildete Wasser. Die Pulvergase werden verhältnismäßig reich an CO, H und H_2S.

4. Die Verbrennungsprodukte der Jagd-und Militärpulver sind nach den übereinstimmenden Resultaten der besten Arbeiten: K_2CO_3, K_2SO_4, K_2S_2, CO_2, CO und N_2.

5. Die relativen Mengen dieser Verbrennungsprodukte sind nur von der Zusammensetzung des Pulvers und nicht von dem während der Verbrennung herrschenden Drucke abhängig.

6. Das Kohlenoxyd, welches in verhältnismäßig geringen Mengen gebildet wird, kann man sich durch eine sekundäre Reaktion, durch Reduktion von CO_2 durch C oder K_2S_2 entstanden denken und demgemäß als Nebenprodukt betrachten.

7. Die Bildung der Hauptprodukte der Pulvermetamorphose läßt sich dann durch drei einfache Reaktionen:

$$4\,KNO_3 + 5\,C = 2\,K_2CO_3 + 3\,CO_2 + 2\,N_2$$
$$2\,KNO_3 + 1\,C + 1\,S = K_2SO_4 + 1\,CO_2 + N_2$$
$$2\,KNO_3 + 3\,C + 2\,S = K_2S_2 + 3\,CO_2 + N_2$$

erklären.

8. Bezeichnet man

$$4\,KNO_3 + 5\,C \text{ mit } P,$$
$$2\,KNO_3 + 1\,C + 1\,S \text{ mit } Q,$$
$$2\,KNO_3 + 3\,C + 2\,S \text{ mit } R,$$

dann lassen sich alle möglichen Schießpulver von rationeller Zusammensetzung als Mischungen der Sätze P, Q und R in verschiedenen Verhältnissen betrachten.

9. Die Eigenschaften des Schießpulvers leiten sich von den Eigenschaften der darin angenommenen Sätze P, Q und R ab. Die Verbrennung des Schießpulvers ist also aus der Verbrennung der in demselben angenommenen Sätze P, Q und R zusammengesetzt. P liefert die größte Energie, Q die größte Wärme und R die größte Gasmenge bei Vergleichung gleicher Gewichte.

---

[1] Liebigs Annalen **265**, S. 257 (1891).

10. Als Beispiel mag das Pulver von L. Bouchet dienen, das sich durch die Symbole $P + Q + R$ ausdrücken läßt, wenn man in der Kohle $75^0/_0$ Kohlenstoff annimmt.

Die Verbrennung dieses Pulvers erklärt sich dann in folgender Weise:

$$P = 4\,KNO_3 + 5\,C = 2\,K_2CO_3 + 3\,CO_2 + 2\,N_2$$
$$Q = 2\,KNO_3 + 1\,C + 1\,S = K_2SO_4 + 1\,CO_2 + 1\,N_2$$
$$R = 2\,KNO_3 + 3\,C + 2\,S = K_2S_2 + 3\,CO_2 + 1\,N_2$$
$$8\,KNO_3 + 9\,C + 3\,S = 2\,K_2CO_3 + K_2SO_4 + K_2S_2 + 7\,CO_2 + 4\,N_2.$$

11. Es gibt Pulversorten, welche nur einen oder zwei der genannten Sätze enthalten. Das in Frankreich verbrauchte Sprengpulver besteht nur aus Satz R, das braune westfälische Pulver aus $2\,P + Q$.

Gasförmige Zersetzungsprodukte des Sprengsalpeters.

Eine genaue Untersuchung der Explosionsgase von Natronsalpeter-Pulver ist erst neuerdings von Clinton M. Young durchgeführt worden[1]; besonders kam es Young darauf an, festzustellen, ob bei geringerem Gasdruck die Menge des Kohlendioxyds ab —, diejenige des Kohlenoxyds zunimmt; dies festzustellen schien von größerer Bedeutung, weil dann ein ausblasender Schuß oder ein Schuß, bei welchem die Menge des Pulvers so groß ist, daß die Kohle schon nachgibt, ehe noch die ganze Pulvermenge verbrannt ist, eine große Menge brennbares CO-Gas entwickeln würde.

Die untersuchten Pulver hatten folgende Zusammensetzung:

Nummer des Pulvers	Feuchtigkeit	$NaNO_3$	S	Holzkohle	Summe
1	$0·6^0/_0$	$71·9^0/_0$	$11·5^0/_0$	$15·8^0/_0$	$99·8^0/_0$
2	$0·8^0/_0$	$71·7^0/_0$	$11·4^0/_0$	$16·1^0/_0$	$100·0^0/_0$
3	$0·7^0/_0$	$72·1^0/_0$	$11·1^0/_0$	$15·9^0/_0$	$99·8^0/_0$
4	$0·7^0/_0$	$71·7^0/_0$	$10·7^0/_0$	$16·3^0/_0$	$99·4^0/_0$
5	$0·7^0/_0$	$71·7^0/_0$	$10·8^0/_0$	$16·9^0/_0$	$100·1^0/_0$

Die Untersuchung bei wechselndem Gasdrucke wurde in einer Bombe vorgenommen, ähnlich der von Noble und Abel benutzten. — Die Analyse der Gase wurde folgendermaßen ausgeführt:

Kohlendioxyd und Schwefelwasserstoff ließ man durch Ätzkali absorbieren. In den meisten Fällen wurde der Schwefelwasserstoff nicht bestimmt, da er für die vorliegenden Untersuchungen ziemlich bedeutungslos war. Wo in den nachfolgenden Zahlen Schwefelwasserstoff nicht besonders erwähnt wird, schließen die für CO_2 gemachten

[1] Bulletin of the American Institute of Mining Engeneers, 1910, Nr. 44.

Angaben H_2S mit in sich. In den Fällen, wo der Schwefelwasserstoff bestimmt wurde, fand man, daß seine Menge sich auf 3 bis 6% belief. Bei der Bestimmung ließ man ein gesondertes Quantum Gas durch eine Lösung von Kadmiumchlorid gehen, das CdS wurde dann ausfiltriert und der Schwefel als $BaSO_4$ bestimmt. Nach der Entfernung CO_2 und H_2S ließ man die ungesättigten Kohlenwasserstoffe durch rauchende Schwefelsäure absorbieren; in den Analysen werden diese Kohlenwasserstoffe als C_2H_6 bezeichnet; ein Versuch, ihre wirkliche Zusammenstellung zu bestimmen, ist nicht gemacht worden; bei Pulvergasen ist die Menge dieser Kohlenwasserstoffe stets gering.

Sodann ließ man den Sauerstoff durch pyrogallussaures Kalium und das Kohlenoxyd durch Kupferchloridlösung absorbieren. Mit Rücksicht auf die zuweilen vorhandenen großen Mengen CO benutzte man 2 Pipetten mit Kupferchloridlösung, und bei den späteren Analysen ließ man sich, für den Fall, daß die Absorbierung unvollständig gewesen sein möchte, die Bestimmung des CO angelegen sein.

CH_4 und H wurden bestimmt durch Verbrennung in einer Explosionspipette, und bei allen späteren Analysen, worunter sich gerade die wichtigsten befinden, wurde auch für CO eine Berechnung vorgenommen.

Die nachstehenden Analysen zeigen die Zusammensetzung der Gase der Pulversorten. Es wurde einheitlich eine Ladung von 10 g Pulver benutzt. Da das Fassungsvermögen der Explosionskammer bei der Bombe Nr. 1 sich auf 22 ccm belief und da das spezifische Gewicht des Pulvers ungefähr = 1 ist, so erkennt man, daß die Ladung ungefähr 45% des Raumes der Kammer einnahm.

	Nr. 1	Nr. 2	Nr. 3	Nr. 4		Nr. 5
	%	%	%	%	%	%
CO_2	53·1	54·9	51·5	57·5	54·6	54·0
H_2S	3·9	9·8	0·1	0·0	0·0	0·0
C_2H_6	0·0	0·0	5·5	3·7	4·0	4·0
O_2	0·2	0·3	0·6	1·1	0·4	0·3
CO	7·4	6·4	6·0	7·0	7·2	7·2
CH_4	0·0	1·6	6·0	1·2	0·4	2·0
N_2	34·5	33·0	34·8	33·8	33·0	32·5
Zusammen	99·1	100·0	99·6	99·3	99·6	100·0
Verbrennbar	11·3	11·8	12·7	11·9	11·6	13·2

Versuche betreffs Einfluß des Explosionsdruckes auf den Kohlenoxydgehalt (in Bombe Nr. 1 vorgenommen) zeigen, daß die Abnahme des Prozentsatzes CO Hand in Hand geht mit der Abnahme des Gasdruckes. Eine Ausnahme macht das in der Retorte zur Explosion gebrachte Pulver Nr. 4, aber auch bei diesem ist der Prozentsatz CO sehr niedrig. Wie man sieht, stellt sich dagegen der Prozentsatz Stickstoff bei den aus der Retorte erhaltenen Gasen sehr hoch. Offensichtlich sind die Explosionsbedingungen in der Retorte wesentlich andere als diejenigen in der Bombe.

Ergebnisse der Explosion verschieden bemessener Pulvermengen in der gleichen Explosionskammer.

Ladung	Prozente des Rauminhalts der Kammer, vom Pulver in Anspruch genommen	CO_2+H_2S	C_2H_6	O_2	CO	CH_4	H_2	N_2	Total	Brennbar
				Pulver Nr. 3.						
	%	%	%	%	%	%	%	%	%	%
10 g	45·5	57·0	0·1	0·6	6·0	1·1	0·0	34·8	99·6	7·2
2·5 g	11·3	61·6	0·2	0·1	4·9	0·3	0·0	34·3	100·5	4·7
In der Retorte, ohne Luftabschluß . .	0·0	54·5	0·0	0·0	3·3	0·0	0·0	42·4	100·2	3·3
				Pulver Nr. 4						
10 g	45·5	58·6	0·0	0·4	7·2	0·4	0·0	33·0	99·6	7·6
5 g	22·7	61·2	0·6	0·6	4·2	0·0	0·0	33·9	100·5	4·8
2·5 g	11·3	62·2	0·0	1·0	1·5	··0	0·0	35·0	99·7	1·5
In der Retorte, ohne Luftabschluß . .	0·0	45·5	0·4	1·6	1·9	0·2	0·0	51·1	100·7	2·5
				Pulver Nr. 5.						
10 g	45·5	58·0	0·0	0·3	7·2	2·0	0·0	32·5	100·0	9·2
5 g	22·7	58·9	0·4	0·2	6·7	0·0	0·0	33·4	99·6	7·1
2·5 g	11·3	61·7	0·2	0·1	4·0	0·3	0·0	34·3	100·6	4·5
In der Retorte, ohne Luftabschluß . .	0·0	43·2	·02	1·6	3·0	0·2	0·0	51·7	99·9	3·4
				Pulver Nr. 6.						
10 g	45·5	58·7	0·0	0·0	7·2	0·3	0·4	33·4	100·0	7·9
In der Retorte, ohne Luftabschluß . .	0·0	41·7	1·1	0·0	6·3	0·7	1·5	49·5	100·2	9·6

Weitere Versuche, mit einem anderen Handelspulver in der zweiten Bombe (Explosionskammer etwa 50 ccm Inhalt) vorgenommen, ergaben folgende Resultate:

Ladung	Vom Pulver beanspruchter Raumteil der Kammer	CO_2+H_2S	C_2H_6	O_2	CO	CH_2	H_2	N_2	Total	Brennbar	
	%	%	%	%	%	%	%	%	%	%	ccm
16 g	32·0	59·7	0·4	0·1	3·7	0·7	0·3	35·2	100·0	5·1	4·200
8 g	16·0	61·6	0·3	0·4	2·8	0·8	0·0	34·1	100·0	3·9	3·300
4 g	8·0	60·8	0·2	0·3	1·2	0·3	0·1	37·1	100·0	1·8	800
Retorte bei gewöhnlichem Luftdrucke .	0·0	43·0	0·0	0·0	5·7	1·8	1·8	47·8	100·1	9·3	—

Wie die voraufgegangenen Resultate, so zeigen auch die letzten, daß eine Abnahme des Prozentsatzes CO Hand in Hand geht mit der

Abnahme des Gasdruckes im verschlossenen Raume. Man sieht, wie der Gehalt an CO zunimmt, wenn das Pulver in einer Retorte abgebrannt wird, und wie dann der Gehalt an Stickstoff ebenfalls zunimmt. Auch ist zu bemerken, daß das Pulver im geschlossenen Raume einen sehr geringen Prozentsatz CO liefert.

Diese Versuche bieten Ergebnisse, welche den von Noble und Abel gefundenen entgegenstehen, denn von letzteren wurde beobachtet, daß der Prozentsatz CO zunimmt, wenn der Gasdruck abnimmt. Offensichtlich ergibt sich diese Abweichung aus der verschiedenartigen Beschaffenheit der benutzten Pulver. Die amerikanischen Pulver enthalten mehr Nitrate als die englischen Bergwerkspulver.

Neunter Abschnitt.

Die Verwendung des Schwarzpulvers als Treibmittel.

Während Schwarzpulver als Treibmittel in der Kriegstechnik durch die rauchlosen Pulver nahezu verdrängt ist, wird dasselbe als Jagd- und Scheibenpulver noch viel verwendet und zwar aus folgenden Gründen. Beim Schwarzpulver entsteht ein relativ niedriger Gasdruck, was besonders für ältere Flinten sehr in Betracht kommt; ferner ist Schwarzpulver leichter entzündlich, und seine Wirkung wird durch strenge Kälte weniger beeinflußt als bei den rauchschwachen Pulvern; das Schwarzpulver gibt im allgemeinen eine gleichmäßigere Leistung und ist weniger empfindlich beim Laden; endlich spielt auch der niedrigere Preis eine Rolle.

Jagdpulver und Scheibenpulver werden aus den besten Rohstoffen, d.i. Kalisalpeter, Schwefel und einer aus feineren Pulverholzsorten gebrannten Kohle hergestellt. Zumeist wird für letztere das Faulbaumholz (rhamnus frangulae) gebraucht. Das Jagdpulver wird in feinster und etwas gröberer Körnung, aber nicht über 15 mm, matt oder blank poliert in den Handel gebracht und je nach der Körnung mit Nr. 0, 00, 1, 2, 3, 4 bezeichnet. Je nach der Feinheit der Körnung dient das Jagdpulver zum Laden von Patronen mit feineren oder gröberen Schrot- oder Kugelsorten.

Trotz der zunehmenden Verwendung rauchschwacher Jagdpulversorten wird Schwarzpulver von Jägern wegen seiner Sommer und Winter, bei Hitze oder Kälte stets gleichbleibenden Triebkraft stellenweise bevorzugt. Wird zur Herstellung des Jagdpulvers weniger wie 78 oder 75% Kalisalpeter und eine aus anderem Pulverholz hergestellte Kohle verwendet und das Pulver weniger intensiv verarbeitet, so entstehen dadurch die IIa und IIIa Jagdpulversorten, welche in Flinten oder Gewehren älteren Systems verfeuert werden. Zu dieser Sorte von Jagdpulver zählen die Musket-, Flinten- und Freudenpulver, von welchen besondere ballistische Leistungen nicht gefordert werden. — Das Scheibenpulver ist ein aus erstklassigem Rohmaterial hergestelltes Schwarzpulver zumeist in runder Körnung, welches durch die Wahl einer besonders gebrannten hochprozentigen Kohle die Eigenschaft besitzt, im Scheibenbüchsenlauf keinen trockenen, sondern einen feuchten schleimigen Rückstand zu hinterlassen, der die Treffgenauigkeit bei Serienschüssen nicht beeinträchtigt. Ein derartiges Scheibenpulver nennt man dann naßbrandig. Es kommt poliert oder matt in den Handel, stellenweise auch in splittriger Körnung, in welch letzterem Falle es als gepreßtes Scheibenpulver bezeichnet wird. Die Verwendung des Scheibenpulvers ist in letzter Zeit allerdings zugunsten der neuen auf den Markt gebrachten rauchschwachen Scheibenpulver zurückgegangen. — In Deutschland ist durch Gesetz vom 19. Mai 1891 für jedes Gewehr eine Beschußprobe mit Schwarzpulver vorgeschrieben, die wie folgt ausgeführt wird:

Kaliber	I. Beschußprobe		II. Beschußprobe		Vorschriftsmäßige Ladung	
	Pulver g	Schrot g	Pulver g	Schrot g	Pulver g	Schrot g
12	17·4	71·0	11·6	47·3	5·8	35·5
16	14·7	56·6	9·8	37·7	4·9	28·3

Hat das zu prüfende Gewehr diese beiden Proben ausgehalten, so wird auf dem Laufe ein U mit einer Krone eingeschlagen.

Besonders wichtig ist natürlich, daß durch das Treibmittel keine Laufsprengungen erfolgen; es ist daher äußerst wichtig, die Höhe des Gasdrucks zu messen. — Um das Pulver in einer Feuerwaffe bei möglichst niederer Gasspannung zur vollen Wirksamkeit gelangen zu lassen, ist es notwendig, Größe und Dichte des verwendeten Pulvers so zu wählen, daß die Verbrennung der Pulverladung gerade beendet ist, wenn das Geschoß die Mündung der Waffe verläßt; aus diesem Grunde verlangen kurze Rohre feineres, lange Rohre gröberes Korn. Jagdpulver für Schrotvorlage soll sich rasch entzünden und rasch verbrennen, also offensiv sein, um die lockere, geringen Widerstand leistende Schrotvorlage rasch in Bewegung zu setzen und den geringe

Führung besitzenden Schrotkörnchen hohe Anfangsgeschwindigkeit zu erteilen. Während man also hier feineres Korn nimmt, verwendet man zum Kugelschuß und zu Scheibenpulver größeres oder bei gleicher Größe dichteres Korn, da die Geschoßvorlage (Kugel) größeren Widerstand bietet; besonders bei gezogenen Waffen, wo noch die Arbeit des Einpressens in die Züge zu erledigen ist, wird gröberes und dichteres Pulver verwandt.

Nachstehend geben wir eine Übersicht der in Österreich von den staatlichen Fabriken hergestellten Jagd- und Scheibenpulver.

1. Extrafeines Jagd- und Scheibenpulver (mit Rotkohle bereitet), eckig-splitterig, Oberfläche ohne Graphit matt geglättet, Dichte 1·50 bis 1·60, für Schrot- und Kugelmunition; Nr. II und III besonders als Scheibenpulver verwendbar, Anfangsgeschwindigkeit V_{25} = 400 bis 415 m/sek.

2. Extrafeines Scheibenpulver, Rundkorn Nr. 6, 8/I und 8/II (die beiden ersteren mit Schwarzkohle[1], 8/II mit Rotkohle[2] hergestellt). Das Korn ist regelmäßig rund, die Oberfläche geglättet, jedoch nicht graphitiert. — Rundkorn Nr. 6 (V_{25} = 390 m/sek.) wird wenig geführt, nur bei Scheibenstutzen usw. — Nr. 8/I und besonders 8/II sind die besten österreichischen Schwarzpulver. 8/I scheint sich besonders für große Kaliber und Weichbleigeschosse (Kaliber 500 und 577 zu eignen; es hat auffallend gute Präzision. 8/II genügt allen Anforderungen, welche man an ein gutes Schwarzpulver überhaupt stellen kann. Infolge der lockern Beschaffenheit und des bedeutenden Wasserstoffgehaltes der Rotkohle entzündet es sich leicht und verbrennt regelmäßig und zwar durch die relativ große Kornoberfläche schichtenweise; dadurch entsteht die schiebende, erst im Fortschreiten der Abtrennung und Gasentwicklung sich steigernde Kraftentwicklung und progressive Fortbewegung des Geschosses. Die Geschoßgeschwindigkeit läßt sich allerdings wie bei allen Schwarzpulvern, nicht über 450 m/sek. steigern.

3. Jagdpulver. 4. rundes Scheibenpulver mit Glanz. 5. rundes Scheibenpulver ohne Glanz. Die Eigenschaften dieser drei Gruppen sind ziemlich gleiche, zu allen wird Schwarzkohle verwendet. Die Pulver mit Glanz sind unter Anwendung von Graphit poliert, die übrigen matt geglättet. Die Dichte des Jagdpulvers beträgt 1·65, die der runden Scheibenpulver ist mit 1·67 bei Nr. 0 die größte, nimmt mit jeder Nr. ab und beträgt bei Nr. 8 nur noch 1·45 (die kleinere Nummer wird stets der geringeren Korngröße gegeben).

Das Jagdpulver eignet sich in erster Linie zum Schrotschusse und erteilt im Kaliber 16 bei einer Ladung von $4^1/_2$ g den Schroten eine Geschwindigkeit V_{12} = 280 m/sek., eine Leistung, welche für den Durchschnitt des praktischen Jagdgebrauches vollkommen ausreicht.

---

[1] Schwarzkohle, aus Weißerlenholz hergestellt, mit ca. 80% C.
[2] Rotkohle, aus Faulbaumholz hergestellt, mit ca. 65% C.

Die regelmäßige, für den Schrotschuß zwar etwas langsame Verbrennung ermöglicht es, dieses Pulver auch für den Kugelschuß zu verwenden; allerdings sind hohe Anfangsgeschwindigkeiten damit nicht zu erreichen. Bei einem Ladequotienten von 1 :·5 und Anwendung von Bleigeschossen findet die Geschoßgeschwindigkeit mit $V_{25} = 410$ m/sek. ihre obere Grenze. Kleinkalibrige Geschosse, welche eine hohe Geschwindigkeit erfordern, lassen sich mit diesem Pulver nicht gut verfeuern; dagegen leistet es bei Verwendung der sehr anpassungsfähigen Kupfermantel-Geschosse, welche auch eine bedeutend stärkere Ladung (1 : 4) erlauben, recht gute Dienste, verlangt jedoch wegen der immerhin brisanten Eigenschaften peinlichere Ermittlung des Ladequotienten als etwa das vorzügliche Pulver 8/II. — Die ballistischen Eigenschaften der Scheibenpulver (Gruppe 4 und 5) sind im allgemeinen dieselben wie die des „Jagdpulvers". Die Brisanz der kleineren Nummern, speziell 0 und 1, ist eine ziemlich große, daher deren Verwendung bei größeren Ladungen und Kalibern nicht tunlich erscheint; bei mittleren Kalibern bringt man es unter einer Ladeproportion wie 1 : 5 höchstens auf 400 bis 420 m/sek. bei nicht ganz einwandfreier Präzision; stärkere Ladungen werfen das Geschoß einfach ohne Führung über die Züge. Für das Verfeuern kleinkalibriger Geschosse bis etwa 6 g Gewicht eignet es sich recht gut, hat aber den auch beim extrafeinen Jagd- und Scheibenpulver Nr. 1 vorhandenen Nachteil, die Züge der ohnehin engen Bohrung arg zu verschmutzen. Für den Schrotschuß gilt von allen Nummern der Pulver Gruppe 4 und 5 dasselbe wie vom Jagdpulver, die erreichbaren Geschwindigkeiten sind $V_{12} = 280$ bis 290 m/sek. Die gröberen Nummern (4 bis 8) verbrennen zwar progressiver und kommen einem Scheibenpulver schon näher, bringen aber auch nicht viel über 390/400 m/sek. zustande, eignen sich daher wegen der geringen — aus den niedrigen Geschoßgeschwindigkeiten resultierenden — Rasanz nur für Scheibenstutzen.

Von Interesse ist folgende Vergleichs-Tabelle über die Wirkung von Schwarzpulver (extrafeinem Jagd- und Scheibenpulver) einerseits, rauchlosem Jagd- und Scheibenpulver andererseits, die von der österreichischen Kriegsverwaltung (als Monopolbehörde für Treibmittel) mitgeteilt wurde (s. S. 424).

In Frankreich werden für Jagdzwecke ebenfalls Schwarzpulver in den staatlichen Fabriken hergestellt; Zusammensetzung: 78 Salpeter, 10 Schwefel, 12 Faulbaumholzkohle; absolute Dichte nicht unter 1·725, gravimetrische Dichte nicht unter 0·900. Die Korngröße ist verschieden, die Zahl der Körner in einem Gramm beträgt

a) bei gewöhnlichem Pulver

Nr. 0	Nr. 1	Nr. 2	Nr. 3
650 bis 950	2000 bis 3000	4000 bis 6000	8000 bis 10000

b) bei starkem Pulver

Nr. 1	Nr. 2	Nr. 3	Nr. 4
2000 bis 3000	4000 bis 6000	8000 bis 12000	20000 bis 30000

Vergleichstabelle über die Wirkung von Schwarzpulver und rauchlosem Pulver.

Kaliber	Durchmesser in mm	Gattung des Pulvers	Nr.	Gewicht der Pulverladung	Gewicht der Schrotladung	Gewicht der Kugel	Mittlere Geschwindigkeit in m ($V_{12\cdot5}$ für Schrot, V_{25} für Kugel)	Bodendruck in Atmosphären
				in Gramm	in Gramm	in Gramm		
12	18·8	Schwarzpulver	I	5·5—6	40—44	—	300—310	360—430
		Rauchl. Pulver	I	2·5—3	36—40	—	300—320	413—500
16	17·6	Schwarzpulver	I	4·5—5	32—36	—	300—320	450—480
		Rauchl. Pulver	I	2·3—2·5	28—32	—	300—320	400—450
20	16·6	Schwarzpulver	I	4—4·25	24—38	—	290—300	400—450
		Rauchl. Pulver	I	1·8—2	24—28	—	300—320	400—450
24	15·8	Schwarzpulver	I	3·5—4	20—24	—	300—320	350—400
		Rauchl. Pulver	I	1·5—1·7	20—24	—	300—310	450—480
9·6 mm Scheibenstutzen Syst. Martini		Schwarzpulver (extrafeines Jagd- und Scheibenpulver)	8 II	2·3	—	13·9	390	—
		Rauchl. Pulver	I	1	—	13·9	408	—
			II	1	—	13·9	420	—
450 engl. (11·43 mm) Büchsflinte		Schwarzpulver (extrafeines Jagd- und Scheibenpulver)	II	4·75	—	20	477	—
		Schwarzpulver (extrafeines Scheibenpulver)	8 II	4·3	—	20	446	—
		Rauchloses Jagd- und Scheibenpulver	I	1·7	—	20	441·4	—
			II	1·6	—	20	446·7	—
8 mm Mannlicher Pürschstutzen		Schwarzpulver (Gewehrpulver M. 86)	—	4	—	15·8	475	2700
		Rauchloses Jagd- und Scheibenpulver)	I	1·5	—	15·8	450	2700
			II	1·5	—	15·8	480	2800
8 mm Scheibenstutzen Syst. Martini		Schwarzpulver (extrafeines Jagd- und Scheibenpulver)	8 II	1·9	—	10·5	410	—
		Rauchloses Jagd- und Scheibenpulver	I	0·7	—	10·5	410	—
			II	0·6	—	10·5	410	—

Die Maximalladung Schwarzpulver für die 65 mm lange Hülse beträgt in Frankreich:

für Kaliber 12: 5·27 g
„ „ 16: 5·00 g
„ „ 20: 4·75 g

Schwarzpulver in der deutschen Marine.

Abgekürzte Benennung	Körner- oder Prismengröße in mm	Äußere Beschaffenheit	Bestandteile KNO_3 C S	Spezifisches Gewicht	Absolutes Gewicht	Natürlicher Feuchtigkeitsgehalt	Hauptsächliche Verwendung
Gew.P. M/71	bis 1·3	unregelmäßig, schwarz glänzend	74 : 16 : 10	nicht unter 1·655	1 l = 915	0·75	wird nicht mehr in der Marine verwendet
N. Gew.-P. M/71	0·7—1·60	rundlich eckige Körner, schwarz poliert	76 : 15 : 9	nicht unter 1·755	1 l = 945	0·75—0·85	Handfeuerwaffen, Revolver-Kanonen
Gesch.-P.	0·68—1·30	rundlich eckige Körner, schwarzgrau	74 : 16 : 10	1·60	1 l = 925	0·75	Salut- und Kartätschschüsse, Sprengladungen kleinerer Granaten
Grobk. P.	4—10	rundlich eckige Körner, schwarz, stark poliert	74 : 16 : 10	1·66	1 l = 970	0·75	6 cm-Bts.-Kan. L/21 15 cm-Haubitzen L/12
Grobk. Sprldgs.-P.	6—10	unregelmäßig, tiefschwarz, stark poliert	74 : 16 : 10	1·75	1 l = 975	0·75	Sprengladungen der Granaten
P.P. C/68	40×25	sechsseitige, regelmäßige Prismen mit 7 schwach konischen Kanälen von 4·2 bis 4·7 mm Durchmesser, grauschwarz	74 : 16 : 10	1·66	1 Pr = 38·2	0·75	kurze Kanonen bis 21 cm aufwärts, 10·5 cm-Kan. L/35
P.P. C/75	40×25	wie C/68, aber nur ein konischer Kanal von 8·5—10·5 mm Durchmesser, grau	74 : 16 : 10	1·76	1 Pr = 42·2	0·75	kurze Kanonen von 24 cm aufwärts, 15 cm-Kanonen L/30 } Küstenartillerie
P.P. C/82	40×25	wie C/75, braun	78 : 19 : 3	1·86	1 Pr = 45	1·75	21·5 cm bis 30·5 cm kurze Kanonen; lange Kanonen mittleren Kalibers, Zündladung aus P.P. C/68
P.P. C/85	40×25	wie C/75, braun	80 : 20 : 0	1·88	1 Pr = 45·3	1·80	30·5 cm-Kanonen L/35 der Küstenartillerie, 28 cm-Kanonen L/35 u. L/40, Zündladung aus P.P. C/75

In der Kriegstechnik wird Schwarzpulver wenig mehr verwendet. Die deutsche Armee benutzt dasselbe als Treibmittel nur noch für Revolver, dann als Beiladung zur sicheren Entzündung von rauchschwachem Pulver. In der deutschen Marine wurden bzw. werden die in der vorstehenden Tabelle (S. 425) aufgeführten Sorten verwendet.

In der österreichischen Armee sind bzw. waren folgende Sorten Schwarzpulver für Friedenszwecke im Gebrauche (nach Marschner, Waffenlehre, 1903):

1. Das Gewehrpulver M 81, ein feinkörniges Pulver (Korngröße 0·57 bis 1·5 mm) mit einer Korndichte von 1·5.

2. Das gewöhnliche (ordinäre) Geschützpulver, ein feinkörniges Pulver (Korngröße 1·2 bis 1·5 mm), Korndichte 1·5 bis 1·6.

3. Das Würfelpulver mit würfelförmigen, polierten Körnern und zwar:

a) das 7 mm Würfelpulver, Korndichte 1·65
b) „ 13 „ „ „ 1·69
c) „ 21 „ „ „ 1·75

4. Das schwarze prismatische Pulver M 80, Prisma 25 : 40, ein axialer Kanal, Korndichte 1·75 bis 1·8.

5. Das braune prismatische Pulver M 82, Form wie 4., jedoch von hellbrauner Farbe, Korndichte 1·8 bis 1·86.

Näheres über französische Kriegspulver ist aus einem Aufsatze von Neumann (Zeitschr. Sprengstoffe 1910, 449) zu ersehen.

Zehnter Abschnitt.

Die Verwendung des Schwarzpulvers als Sprengmittel.

Das Schwarzpulver findet gegenwärtig, wenn auch in einem geringeren Umfange wie früher, noch ziemlich bedeutende Verwendung in der Sprengtechnik. Das aus Kalisalpeter, Schwefel und Holzkohle hergestellte Sprengpulver dient als Sprengmittel im Steinbruch, im Grubenbetrieb und bei Eisenbahnbauten. Es wird in runder oder eckiger Körnung von 1, 5, 8, 10 mm, matt oder blank poliert in den Handel gebracht und erhält sonach die Bezeichnung als feinkörniges oder grobkörniges, mattes oder blankes Sprengpulver. Je nach dem Gehalt an Kalisalpeter bezeichnet man es dann noch als 65-, 70- oder 75%iges Sprengpulver. Die Zusammensetzung der in Deutschland verwendeten Sprengpulver ist folgende:

65% KNO_3, 15% S, 20% C
70% KNO_3, 14% S, 16% C
75% KNO_3, 10% S, 15% C.

Die französischen Fabriken stellen folgende Sprengpulver her:

	KNO_3	S	C
Starkes Pulver { rund oder eckig . .	75	10	15
Starkes Pulver { M. C.	75	12·5	12·5
Gewöhnliches Pulver (rund oder eckig)	62	20	18
Schwaches Pulver (rund oder eckig) .	52	30	18

Je feinkörniger das Pulver, desto offensiver, je grobkörniger und dichter, desto langsamer wirkt das Pulver bei seiner Zersetzung (Explosion) im Bohrloch.

Gerade durch diese Eigenschaft, die sich in einer nicht zerschmetternden, sondern lösenden, schiebenden Wirkung äußert, ist das Sprengpulver für manche Betriebe fast unersetzbar und kann jedenfalls durch Dynamit oder brisante Sicherheitssprengstoffe nicht gänzlich verdrängt werden, beispielsweise in Kalk-, Marmor-, Granit- und Schieferbrüchen, wo es darauf ankommt, große Blöcke oder Platten zu gewinnen, die nicht durch Haarrisse oder Sprünge in ihrem Gefüge gelockert sind. Auch bei Eis-Sprengungen bewährt sich das Schwarzpulver besser wie brisante Sprengstoffe. — Beim sog. Lassen- und Kesselschießen wird Sprengpulver in großen Mengen verwendet, um ganze Bergteile abzutrennen. In sehr hartem Gestein, wo es darauf ankommt, eine möglichst hohe Ladedichte anzuwenden, wird Sprengpulver in Form von gepreßten Zylindern mit zentralem oder seitlichem Kanal verwendet, welche einen äußeren Durchmesser von 22, 29, 32, 35, 38, 40 oder 45 mm besitzen.

In weichen Gesteinsarten oder Gebirgen wie z. B. im Minette-Gebirge (sehr weicher Eisenstein) oder im Kali-Bergbau hat sich das Bedürfnis herausgestellt, einen noch etwas langsamer explodierenden Sprengstoff wie das Sprengpulver zu verwenden, und zwar hat sich hierzu der Sprengsalpeter (Natronsalpeter, Schwefel und schwarze bzw. braune Kohle) am besten bewährt. Dieser Sprengsalpeter wird ebenfalls wie das Sprengpulver in gekörnter oder komprimierter Form in bedeutenden Mengen verwendet und ist wegen seines im Vergleich zu den brisanten Sprengstoffen geringen Preises sehr beliebt.

Loses Pulver muß in geschlossenen, feuersicheren Behältern zur Verwendungsstelle gebracht werden, damit einerseits das Entflammen des Pulvers durch Funken usw., andrerseits auch ein Verstreuen desselben verhindert wird. Zweckmäßig sind gut verschlossene Kannen aus Zinkblech. Bei Steinbrucharbeiten darf loses Pulver nur bei in die Tiefe gehenden Bohrlöchern und Lassen, in welche es beim Einschütten von selbst hinabrollt, verwendet werden, dabei ist das Pulver mittelst eines Zinktrichters einzuschütten, dessen Länge der Tiefe des Bohrloches entspricht, damit das Pulver bis auf den Grund des Hohlraumes gelangt. Zum Anfertigen von Patronen aus losem Sprengpulver oder Sprengsalpeter darf nur kräftiges und gut geleimtes Papier (oder ähnliche, nicht fortglimmende Stoffe) verwendet werden, damit beim Laden kein Zerreißen und Verstreuen des Pulvers erfolgt. Wenn man mit Papier umhüllte komprimierte Pulverzylinder verwendet, so ist darauf zu achten, daß die Seitenhüllen möglichst intakt bleiben, um eine Trennschicht gegen die Gesteinswand zu bilden, daß aber die Papierenden an den Köpfen und Böden der Patronen abgetrennt werden, so daß im Bohrloch Pulver mit Pulver in Berührung kommt; zweckmäßig reiht man die ganze Säule der Pulverzylinder auf eine durch den zentralen Kanal geführte Zündschnur auf.

Bei Sprengpulver beträgt

	spez. Gewicht	Ladegewicht
gekörntes Pulver	1·45 bis 1·60	0·95 bis 1·0
komprimiertes Pulver	1·55 bis 1·85	1·1 bis 1·3,

woraus die höhere Sprengkraft des komprimierten Pulvers hervorgeht.

Auf die Sprengarbeit selbst kann hier nicht näher eingegangen werden. Das richtige Ansetzen, das Laden und Besetzen der Bohrlöcher ist jedenfalls von großer Bedeutung. Man schießt entweder „aus dem Vollen", d. h. sämtliche Schüsse werden senkrecht auf die zu bohrende Steinwand parallel zueinander abgebohrt und gleichzeitig abgefeuert; oder man schießt zunächst einen sog. „Einbruch", d. h. es wird durch einen oder mehrere Schüsse ein Stück aus dem vollen Gebirge herausgesprengt und die folgenden Bohrlöcher parallel zu den auf diese Weise freigelegten Flächen angesetzt. Die Bohrlöcher zur Aufnahme des Sprengstoffes werden entweder durch Hand- oder durch Maschinenbetrieb hergestellt. Das Bohrloch muß vor Einbringen der Patronen vom Bohrmehl gut gereinigt sein. Bei naßen Bohrlöchern verpackt man die Schwarzpulverpatronen in wasserdichte Patronenhülsen. — Bei Schwarzpulver muß eine beträchtliche Menge von Besatz fest in das Bohrloch gedämmt werden, um die zur Erreichung der Höchstwirkung eines Sprengschusses nötige Absperrung zu erzeugen. Die Höhe des Besatzes richtet sich nach der Tiefe der Bohrlöcher und soll bei tiefen Löchern mindestens $^2/_3$ bis $^3/_4$ des freien Raumes über der Sprengladung einnehmen. Die Schießinstruktion der Steinbruch-Berufsgenossenschaft sagt: „Zum Besetzen dürfen nur lose eingeschütteter, trockner Sand oder solche Stoffe Verwendung finden, die keine Funken reißen. Sowohl die Patronen wie der Besatz dürfen nur mittels eines hölzernen Ladestockes und ohne Anwendung größerer Gewalt in die Bohrlöcher eingebracht werden." Als zweckmäßigster Besatz galt früher allgemein Letten oder fein gemahlener, zu Nudeln geformter Tonschiefer; neuerdings wird vielfach lose eingeschütteter, trockner Sand empfohlen. Der k. k. technische Unterricht sagt: Bei der Ladung kommt auf die oberste Patrone (Zündpatrone), welche mit der Zündschnur bzw. dem elektrischen Minenzünder adjustiert ist, zunächst ein Pfropf aus Werg, Moos, Letten u. dgl. und darauf der Besatz. Der Besatz (die Verdämmung) der Bohrlöcher ist entweder fest (aus Letten, Lehm, Erde) oder lose (mit Sand hergestellt). Der feste Besatz kommt in kleinen Schichten auf den Pfropf, so daß er jedesmal 4 bis 5 cm Höhe gibt; die ersten Schichten werden mit einem Ladestocke leicht gedrückt, die höheren — immer mit Rücksicht auf die Sicherung der Zündleitung — festgerammt bzw. eingepreßt. — Zum losen Besatz nimmt man erdfreien reschen Sand, der schichtenweise auf die Ladung geschüttet und gepreßt wird; der lose Besatz bietet den Vorteil der schnellen und gefahrlosen Herstellung, ersetzt jedoch keineswegs den Widerstand des festen Besatzes. Die meisten Sprengtechniker sind der Ansicht, daß Schwarzpulver mit Rücksicht auf seine langsame Deflagration einen festen Besatz (wie Letten oder gestampfte Erde) verlangt; loser Sand wird oft einfach herausgeschleudert, ohne daß der Schuß eine weitere Wirkung hervorbringt. — Über den Einfluß des Besatzes auf die Wirksamkeit von Sprengstoffen haben Snelling und Hall eine Untersuchung angestellt (Zeitschrift Sprengstoffe 1913, S. 45). — Nicht unerwähnt darf bleiben, daß die Verwendung von Schwarzpulver zum Sprengen auch Schattenseiten hat; bei feuchtem Wetter (oder wenn sich Wasser im Bohrloch befindet) ist Schwarzpulver ein unzuverlässiger Sprengstoff. Seine leichte Entzündbarkeit in normalem Zustande bildet eine Gefahrenquelle, da ein schwacher Schlag oder Druck, geringe Reibung, ein vom Werkzeug abspringender Funke, hohe Temperatur oder ein noch warmes Bohrloch vorzeitige Explosionen zur Folge haben können; besonders häufig sind beim sog. Schnür- und Kesselschießen Unfälle zu verzeichnen.

Übr die Anwendung von Sprengpulver in der Sprengtechnik der Pioniere äußert sich die deutsche Sprengvorschrift (Berlin 1911, bei A. Bath) folgendermaßen:

Sprengpulver (Spr.P.) zersetzt sich in Gase wesentlich langsamer als brisante Sprengstoffe. Frei angelegte Ladungen wirken nur unerheblich; eine Verdämmung ist daher stets erforderlich. Das Spr.P. wird nur zu besonderen Zwecken (Eissprengungen, Sprengung von Brücken mit Ladebüchsen, zur Minenverteidigung) noch verwendet. — Zur Verdämmung benutzt man bei Minengängen: Holz, Ziegelsteine, Sandsäcke usw., in festem Gestein und in Mauerwerk eine Zumauerung mit Gips oder Zement; Bohrlöcher werden verdämmt, indem man das Bohrloch mit feinem, trockenem Sande anfüllt oder schichtweise Zement, Gips, Steinmehl in Papierpatronen einbringt; zum Feststampfen benutzt man einen hölzernen Stock. — Sprengpulverladungen werden, abgesehen von Bohrladungen, nur in geballter Form angebracht, und zwar wegen der großen Empfindlichkeit des Spr.P. gegen Feuchtigkeit meist in wasserdichten Gefäßen (gedichtete Holzkasten, Blechbüchsen, Glasballons, Flaschen usw.), die Gefäße werden durch einen Kork verschlossen, durch den ein oder mehrere Löcher zur Aufnahme der Zündung gebohrt oder mit einem Draht gebaut sind.

Geballte Ladungen werden nach der Formel

$$L = W^3 \cdot c \cdot d$$

berechnet; hierin bedeutet L die gesuchte Ladung in kg, W den Wirkungshalbmesser in m, c die Festigkeitsziffer, die das Verhältnis berücksichtigt, in dem die Festigkeit der Masse zur Kraft des Sprengstoffes steht, d die Verdämmungsziffer, die von der Lage der Ladung und der Art der Verdämmung abhängt. Die Werte von c sind für Sprengpulverladungen folgende:

In Erde je nach der Festigkeit	1·5 bis 2·5
In sehr zähem Letten und bei Futtermauern unter Berücksichtigung des Erddruckes . . .	3·0
In gewöhnlichem Mauerwerk je nach der Festigkeit	3·5 bis 5·0
In stark belastetem und verspanntem Mauerwerk (Gewölben)	5·0 bis 6·0
In Fels je nach der Festigkeit	4·0 bis 7·0

Bohrladungen. Die Größe derselben ist durch Probeschüsse festzustellen. Die Bohrlöcher werden schräg nach unten gesetzt, um eine genügende Verdämmungslänge zu erzielen und das Pulver einschütten zu können. Das Bohrloch wird auf $^1/_4$ bis $^1/_5$ seiner Länge mit Pulver gefüllt, die Zündschnur eingeführt, ein Papierpfropfen aufgesetzt und dann verdämmt. Ist das Bohrloch innen feucht, so schüttet man das Pulver in eine Papier- oder Blechhülse.

Elfter Abschnitt.

Die Verwendung von Schwarzpulver in der Feuerwerkerei, der Laborierung von Artilleriemunition und der Zündschnurfabrikation.

A. Feuerwerkerei (Kunst- oder Luftfeuerwerkerei und Kriegsfeuerwerkerei).

Die meisten Feuerwerkssätze sollen keine Sprengwirkung ergeben, also schwächer wirkende Gemenge von Salpeter, Schwefel und Kohle enthalten. Man verwendet[1]:

1. Schwarzpulver (mit Kalisalpeter) als Kornpulver oder als Mehlpulver. Gekörntes Pulver wird gebraucht zu Stoßladungen, also zum Herausschleudern von Feuerwerkskörpern aus Bomben, Mörsern usw. oder zur Hervorbringung eines Knalles (Kanonenschläge, Knallsatz in Raketen, Schwärmern usw.). Da man gewöhnlich ein langsameres Abbrennen wünscht, so verwendet man im übrigen meist Mehlpulver in wechselnder Zusammensetzung, z. B.:

Salpeter	Schwefel	Kohle
70	18	12
60·2	18·4	21·4

2. Salpeterschwefel, ein Gemenge von 3 Teilen Salpeter und 1 Teil Schwefel; er liefert bei der Verbrennung nur wenig Gas und dient als Grundlage für die meisten Leuchtsätze. — 3. Grauer Satz, eine Mischung von 7 Teilen Mehlpulver auf 100 Teile Salpeterschwefel; er dient z. B. zur Herstellung von Feuerballen und (nach Zusatz von Schwefelantimon) zur Herstellung von Leuchtfackeln. — 4. Faule oder matte Sätze bestehen aus Mehlpulver, dem man zur Verlangsamung der Wirkung Kohle zusetzt. Der sog. Kohlensatz besteht aus 500 Teilen Mehlpulver und 6 bis 8 Teilen Kohle. — 5. Treibsätze für Signalraketen in der Kriegsfeuerwerkerei und Raketen in der Kunstfeuerwerkerei; dieselben bestehen aus Mehlpulver, Salpeter, Kohle (und zuweilen etwas chlorsaurem Kali). Die preuß. Vorschrift für Kriegsraketen ist: 32 Teile Mehlpulver, 32 Teile Salpeter, 16 Teile Hartholzkohle und 12 Teile Schwefel. — 6. Funkensätze zur Herstellung von sog. Bränden; sie sind ähnlich den Treibsätzen zusammengemischt und geben durch die in ihnen

[1] Ztschr. Schieß-Sprengstoffe 1909, S. 164.

enthaltene gröblich gepulverte Kohle ein rötliches Licht; durch Zusatz von Metallspänen erhält man die sog. Brillantsätze.

Über die Verwendung von Metallgeräten (bes. zinnhaltigen Legierungen) in der Feuerwerkerei hat Geh. Rat Will eingehende Versuche angestellt, worauf verwiesen sei (Zeitschrift Sprengstoffe 1912, S. 289).

B. Satzscheibenpulver.

Zur Entzündung von Sprengladungen aller Geschosse, welche erst eine gewisse Zeit nach dem Verlassen der Geschützmündung explodieren sollen, bedient man sich der sog. Satzscheibenpulver, welche in Säulenform, flacher Ringform oder auch in Spiralform in entsprechende Körper gepreßt eine gewisse, der Flugzeit des Geschosses entsprechende Zeit brennen, um dann durch ihren Feuerstrahl die Sprengladung zu entzünden. Früher verwandte man einen Satz mit einer Durchschnittsbrennzeit von ca. 20 Sekunden auf 10 Zentimeter Satz. Schwarzes Kornpulver von jener Dosierung, welche theoretisch die vollständige Zersetzung der einzelnen Bestandteile erwirken soll, also 74·81 Salpeter, 13·33 Schwefel und 11·86 Kohle hat eine Brennzeit von 18·35 Sekunden und Brenndifferenzen von 0·41 Sekunden; letztere bewirken, daß eine Granate früher explodiert als eine andere. Nach Oberst Dolleczek[1] sind an einen langsam brennenden Satz folgende Anforderungen zu stellen: Der Satz muß möglichst gleichmäßig brennen, d. h. die größten Brenndifferenzen einer Gruppe müssen sehr geringe sein; ein Satzscheibenpulver soll in einem ca. 10 Zentimeter langen Satzkanale in ca. 40 Sekunden abbrennen und bei vollständigem Abbrennen nur eine Brenndifferenz von höchstens einer Sekunde haben. Dolleczek stellte mit 6 verschieden zusammengesetzten Pulvern Versuche an, die nachstehende Resultate ergaben:

Zusammensetzung des Pulvers in Prozenten			Dichte des Pulvers	Brennzeit für 10 cm in Sekunden	Brenndifferenz in Sekunden
Salpeter	Schwefel	72%ige Faulbaumkohle			
59	37	4	1·845	33·82	0·76
75	19	6	1·877	30·11	1·11
73	22	5	1·828	29·63	1·48
76	17	7	1·836	29·00	1·27
77	15·5	7·5	1·854	28·29	1·17
67	27	6	1·825	26·52	0·58

[1] Ztschr. Schieß-Sprengstoffe 1910. S. 246 u. 273.

Dolleczek empfiehlt folgenden Erzeugungsweg für langsam brennendes Satzscheibenpulver:

Bestandteile: bester, doppelt geläuterter Kalisalpeter, für hohe Brennzeiten zu $^1/_3$ durch Barytsalpeter zu ersetzen; reinen, einfach geläuterten Schwefel; als Kohle Korkkohle oder Faulbaumholzkohle, für höhere Brennzeiten Erlenholzkohle; eventuell ist Zusatz von 1 bis 2% feinsten Graphit und 1% heißer Vaseline zu empfehlen. Dosierung: Vorgeschlagen wird die sonst normale Dosierung 75 : 10 : 15; Graphit und Vaseline auf Kosten der Kohle und des Schwefels. Zur Verlängerung der Brennzeit wird Salpeter zugesetzt, Kohle vermindert, doch leidet dadurch die Entzündlichkeit. Zerkleinerung. Hoch gebrannte Kohle ist wegen ihrer Härte zuerst zu läufern, dann für sich ca. 2 Stunden und dann mit Schwefel und Kugeleinwage noch durch 4 bis 6 Stunden zu zerkleinern; die Zerkleinerung der Kohle ist der schwierigste, gleichzeitig aber auch der entscheidendste Teil der ganzen Pulverarbeit bei Satzscheibenpulver.

Vormengen. Statt des sonst üblichen Vormengens wird zur Vermeidung der Verunreinigung durch Holzteilchen ein stundenlanges Überschaufeln von je 100 kg Satz partienweise vorgenommen. — Läufern. Das Satzscheibenpulver wird je nach der Jahreszeit länger oder kürzer geläufert, mindestens aber 6 Stunden, um neben der innigen Inkorporation auch jene Wärme hervorzubringen, welche den Schwefel erweicht, und so Bindung der Bestandteile bewirkt. Vaseline wird evtl. während des Läuferns beigemischt. Zur Verhinderung des Verstaubens gießt man während des Läuferns 4 bis 5 Liter warmes Regenwasser in das Läufergut. — Quetschen. Beim Zerbrechen des Läuferkuchens sollen die unteren Siebgarnituren der Körnmaschine höchstens 1 mm große Maschenweite haben, wodurch das Quetschgut mit Übergehung der Operation des Nachmengens direkt zur Presse gelangen kann.

Pressen. Das auf 1·5% Feuchtigkeit abgetrocknete Quetschgut (grünes Pulver) wird auf der hydraulischen Presse mit kleineren Preßplatten gepreßt bis zu einer Dichte von 1·8. Es folgt dann Körnen auf der Walzenkörnmaschine mit 0·30 bis 0·65 mm Korngröße, zum Schluß Glätten während 95 Stunden.

Die Untersuchung des Satzscheibenpulvers soll womöglich unter den gleichen Wetterbedingungen in einem immer gleich temperierten Lokale erfolgen und sich auf die Brennzeit, die Brenngleichmäßigkeit (Brenndifferenz) und auf die Entzündlichkeit des Pulvers beschränken.

C. Zünderpulver oder Zündschnurpulver.

Als Zündleitung sowohl bei mit Schwarzpulver als mit brisanten Sprengstoffen geladenen Bohrlöchern werden vielfach Zündschnüre verwendet, deren Seele aus einem sehr feinkörnigen Schwarzpulver (0·2 bis 0·6 mm Korngröße) besteht. Die jetzt bekannte Zündschnur wurde im Jahre 1831 von William Bickford in Cornwall (England) erfunden. Vorher hatte man zur Entzündung von Sprengpulver-Ladungen Strohhalme angewandt, die feinpulvriges Schwarzpulver enthielten; mittelst Metall-Nadeln stellte man von der Ladung durch den Besatz bis zur Bohrlochmündung eine Öffnung her, in welche der Strohhalm gesteckt wurde, um als Pulverleitung zur Entzündung der Ladung zu dienen; zum Inbrandsetzen des Strohhalms benützte man ein langsam brennendes Papier, damit der Bergmann sich zurückziehen konnte, ehe die oft unregelmäßige Verbrennung der Pulverleitung erfolgte. — Wesentlich besser und sicherer gestaltete sich dann die Entzündung der Sprengladung durch eine Zündschnur. Für letztere verwendet man gewöhnlich sog. Mehlpulver, eventl. nach Zusatz von die Verbrennung verlangsamenden Stoffen (wie Schwerspat). Dieses Pulver muß sehr gleichmäßig und ruhig abbrennen, so daß sich feststellen läßt, welche Länge der Zündschnur in einer bestimmten Zeitdauer (Minute) abbrennt bzw. wie viele Zeit (in Sekunden) das Abbrennen einer bestimmten Länge in Anspruch nimmt; die normale Brennzeit beträgt ca. 1 Sekunde pro 1 cm Zündschnur; in England beträgt die vorgeschriebene Verbrennungsgeschwindigkeit der Zündschnur etwa 90 Sekunden pro Yard (98·4 Sekunden pro Meter); in einer Minute (60 Sekunden) verbrennen also etwa 60 cm Zündschnur. Ausführlichere Arbeiten über Zündschnüre und deren Herstellung sind in der „Zeitschrift für das gesamte Schieß- und Sprengstoffwesen" veröffentlicht, und zwar 1908, S. 347, 1910, S. 87, 321, 1912, S. 285 und 1913, S. 105; den letzteren Arbeiten entnehmen wir folgendes:

Der wesentlichste Bestandteil aller Zündschnüre ist ein Kern aus feingekörntem Schwarzpulver, der mit Hanf-, Jute- oder Kammwollfäden umsponnen ist. Die Zündschnur wird durch eine Maschine hergestellt, in der eine Anzahl — gewöhnlich 10 — Jutefäden um das Auslaßrohr eines trichterförmigen Gefäßes oder Trichters herumgesponnen werden, durch welches das feingekörnte Schwarzpulver herabfällt. Das Auslaßrohr ist an den sich umdrehenden Fäden — „Spinnfäden" genannt — so angeordnet, daß der aus dem Trichter herabfallende Schwarzpulverstrahl in einem Kanal von Fäden aufgefangen wird. Ein zweiter Satz von Fäden — „Umspinnung" genannt — gewöhnlich aus Baumwolle, wird in der entgegengesetzten Richtung um den ersten, den Pulverkern enthaltenden Satz herumgesponnen und mittelst dieser beiden, in entgegengesetzten Richtungen gesponnenen Sätzen von Fäden wird der Kern aus feinem Pulver festgehalten. Die Zusammensetzung des Zündschnurpulvers ist beispielsweise: 74·5% Kalisalpeter, 12% Schwefel, 13% Holzkohle, 0·5% Feuchtigkeit. Versuche mit Korngröße: vom Sieb mit 40 Maschen per Zoll wurden zurückgehalten 7·71%, vom 60-Maschensieb 40·53%, vom 80-Maschensieb 13·95%, vom 100-Maschensieb zurückgehalten 27·50%, durch das 100-Maschensieb gingen 10·31%. — Die Verbrennungsgeschwindigkeit der Zündschnur hängt in gewissem Sinne von der Zusammensetzung des angewandten Schwarzpulvers ab; eine Vergrößerung des Prozentgehalts an Holzkohle wie auch an Kalisalpeter verringert die Verbrennungsgeschwindigkeit, ebenso unvollständige Durchmischung der Bestandteile des Pulvers. Die Hinzufügung unwirksamer Bestandteile (wie Ziegelmehl oder Talkum in fein gepulverter Form) setzt die Verbrennungsgeschwindigkeit der Zündschnurpulver gleichfalls herab, ebenso eine Verkleinerung der Korngröße des Pulvers. Die Dichte des Pulvers hat wahrscheinlich wenig Einfluß auf seine Verbrennungsdauer, doch soll Pulver von hoher Dichte mit etwas gleichmäßigerer Geschwindigkeit verbrennen als solches von niederer Dichte.

Die Menge des in der Zündschnur angewandten Schwarzpulvers schwankt in den verschiedenen Zündschnurtypen zwischen 4·67 g und 5·10 g per Meter, analog die Menge des Teers, Asphalts oder anderer wasserdicht machenden Stoffen. Die relative Menge (in Gewichtsprozenten) der verschiedenen Bestandteile von dreifach umwickelter Zündschnur ist: 15·2% Pulver, 46·2% wasserdicht machendes Material und 38·6% Garn und Wicklungen. — Beim Verbrennen von Zündschnur wird viel Rauch entwickelt, zum Teil vom festen Rückstand des Schwarzpulvers herrührend, zum anderen Teil jedoch bestehend aus verdampftem Teer und seinen Zersetzungsprodukten aus der Umhüllung der Zündschnur; deshalb enthalten die Verbrennungsgase auch viel Kohlenoxyd. Ein Meter Zündschnur erzeugt etwa 3·4 Liter Gase.

Normale Verbrennungsgeschwindigkeit. Die einzelnen Arten Zündschnur haben im allgemeinen ihnen eigentümliche Verbrennungsgeschwindigkeiten, die für jeden Zündschnurtypus unter normalen Bedingungen konstant sind, aber bei verschiedenen Zündschnurtypen beträchtlich voneinander abweichen. Die normale Verbrennungsgeschwindigkeit mehrerer Zündschnurtypen ist in folgender Tabelle (S. 436) angegeben.

Als Erkennungszeichen für gut gearbeitete Zündschnüre werden von einer norddeutschen Firma folgende angegeben: Gute Zündschnüre müssen hart und fest gesponnen sein und dürfen beim Biegen nicht brechen. — Beim Drehen an den beiden Enden eines etwa 5 cm langen Stückes soll sich die Schnur in der Spinnung nicht lockern. — Die Pulverfüllung soll im Querschnitt möglichst rund, nicht sternförmig sein. — Die Querschnitte der Schnur sollen gleich starke Pulverfüllung aufweisen. — Nur Zündschnüre, welche vorstehende Bedingungen erfüllen, haben gleichmäßige, ruhe Brenndauer bei kräftiger, schußartiger Zündung und lassen das Pulver nicht seitwärts durchsprühen. — Die Zündkraft eines glatt im Querschnitt abgeschnittenen Stückes soll mindestens 5 cm betragen, also auf 5 cm Entfernung vom Zündungs-

Art der Zündschnur	Verbrennungsgeschwindigkeit in Sekunden pro Meter
Baumwollzündschnur	85·0
Hanfzündschnur	105·0
Einfach umwickelte Zündschnur	99·0
Doppelt „ „	101·0
Dreifach „ „	91·8
Gelb überzogene, doppelt umsponnene Zündschnur	104·0
Schwarz „ „ „ „	131·5
Weiß „ „ „ „	106·0
Weiß überzogene, umwickelte, doppelt umsponnene Zündschnur C	111·5
Desgl. A	81·2
Weiß überzogene, doppelt umsponnene Guttaperchazündschnur	100·0 99·0

ende ein Häufchen (1 bis 2 g) Pulver entzünden. — Bei einer zwischen den Schraubstockbacken befindlichen, flach gepreßten Schnur darf das Feuer in der Schnur nach dem Anzünden nicht erlöschen. — Guttaperchazündschnüre sollen selbst nach achttägigem Lagern in Wasser (aber so, daß die beiden Enden nicht vom Wasser berührt werden) noch tadellos funktionieren. — Unregelmäßigkeiten beim Gebrauch von Zündschnüren sind (nach Heise) in folgender Weise zu erklären: a) Stärkere Verlangsamung der Brenngeschwindigkeit kommt daher, daß die Pulverseele auf eine kürzere oder längere Strecke unterbrochen ist; die Schnur kann alsdann in sich weiterglimmen, bis der Funke wieder die Pulverspur erreicht und mit der üblichen Geschwindigkeit weiter läuft. Auch feuchte Lagerung kann Verlangsamung herbeiführen. b) Steigerungen der normalen Brenngeschwindigkeit können als Folge einer zu dünnen Pulverseele in einer lockeren Wickelung auftreten; die Entzündung läuft über eine dünne, aber ununterbrochene Pulverseele mit großer Geschwindigkeit hinweg. Andererseits ist eine Vergrößerung möglich durch Steigerung des Gasdrucks bes. wenn die Schnüre übermäßig fest gewickelt sind oder wenn durch zu festen Besatz die Zündschnur stark zusammengepreßt wird.

Die Zündschnurfabriken in Deutschland und Belgien haben sich zu einem Verband zusammengeschlossen und zur Unterscheidung der Fabrikate besonders gefärbte Erkennungsfäden, sog. „Markenfäden“ eingeführt; nachstehend eine Übersicht der Fabriken und der Farbe ihrer Markenfäden:

W. Güttler in Reichenstein: blau, blau-gelb, blau-grün, blau-rot, blau-weiß, violett-weiß-rot.

Franz Winterholler in Rosenheim: blau-weiß, braun.

Kabelwerke Duisburg a. Rh.: braun-weiß, weiß-rot.

Ver. Fabriken engl. Sicherheitszünder Meißen: gelb, orange-weiß, violett-weiß.

Heino Carl Marx in Harburg a. E.: gelb-weiß-rot, schwarz-weiß-rot.

Brücker & Zinke in Meißen: grau-gelb, rot, rot-gelb.
Fritz Schnatz in Ars an der Mosel: grün.
Westdeutsche Sicherheitszündschnurfabrik in Haan i. Rhld.: grün.
Bickford & Co. in Meißen: grün-weiß.
Soc. an. Muller & Co. in Clermont: rot, rot-gelb-schwarz, rot-weiß.
Ernst Brün in Crefeld: schwarz.
Norddeutsche Zündschnur-Industrie in Wennigsen: schwarz-gelb.
Brücker & Zschetzsche in Minden: schwarz-rot, schwarz-weiß.
Fabrique des mèches de Visé in Lixhe-lez-Visé: weiß.
Nienhuis et Halen in Lixhe-lez-Visé: weiß.
Torgauer Zündwerwerke: weiß.

Zwölfter Abschnitt.

Schwarzpulverähnliche Sprengstoffe.

A. Mischungen von Salpeter, Kohle und Schwefel.

Es wurde in vorstehenden Abschnitten wiederholt darauf hingewiesen, daß neben dem als Sprengpulver dienenden Schwarzpulver (mit Kalisalpeter, Schwefel und Kohle) verschiedene ähnlich zusammengesetzte Präparate in Gebrauch sind, besonders der mit Natronsalpeter, Schwefel und Kohle erzeugte Sprengsalpeter. Weitere Angaben finden sich auf S. 167 bis 171, dann auf S. 351 bis 355, sowie S. 417 und 427. Im folgenden sind einige schwarzpulverähnliche Sprengstoffe noch genauer beschrieben. Diese Sprengstoffe sind nach dem Typus: Salpeter, Kohle und Schwefel zusammengesetzt; als Salpeter wird meist der billigere Natronsalpeter verwendet, als Kohle nimmt man statt der teuren Holzkohle billigere Materialien, bes. Braunkohle oder Pech; diese Sprengstoffe enthalten meist ca. 10% Schwefel.

Brauner Sprengsalpeter der Vereinigten Köln-Rottweiler Pulverfabriken. Derselbe wird sowohl in Kornform als auch in Form von gepreßten Zylindern mit zentralem Kanal in den Handel gebracht. Die gekörnte Ware wird in Patronen (Hülsen) von Papier, die komprimierte Ware in Zylindern im Durchmesser von 29, 32, 35, 38 und 40 mm laboriert; der gebräuchlichste Durchmesser ist 35 mm. Der braune Sprengsalpeter ist dem gewöhnlichen Sprengsalpeter analog zusammengesetzt, enthält jedoch Braunkohle statt Holzkohle; seine Bestandteile sind also Natronsalpeter, Braunkohle und Schwefel.

Die herstellende Firma macht über ihr Fabrikat folgende Angaben: Der braune Sprengsalpeter ist sowohl gegen Stoß, Schlag oder Reibung, als auch gegen die Einwirkung einer offenen Flamme erheblich unempfindlicher wie das Schwarzpulver. In Kisten verpackter Sprengsalpeter wird beim Beschießen aus einem Infanteriegewehr auf 25 m Entfernung nicht zur Entzündung gebracht; beim Reiben in einer Reibeschale tritt eine Entzündung nicht ein. Bei langsamer Erhitzung bis auf 200° C. und darauffolgender Entzündung durch eine Flamme brennt der braune Sprengsalpeter langsam ab; auf rotglühendes Eisen geworfen, brennt er lebhaft, aber ohne Verpuffungserscheinungen ab. Gegen Feuchtigkeit ist der braune Sprengsalpeter etwas empfindlicher wie das gewöhnliche Schwarzpulver; die Sprengkraft ist — namentlich im frischen Zustande — ungefähr die gleiche wie bei Sprengpulver. Der braune Sprengsalpeter ist zum Eisenbahnversand als Stückgut und Eilgut zugelassen; zum Bezug und Vertrieb ist ein Sprengstoff-Erlaubnisschein nicht erforderlich, da derselbe nicht unter das Reichsgesetz betr. Sprengstoffmißbrauch (9. VI. 84) fällt.

Diese beiden Punkte sind praktisch von großer Bedeutung. Nach der Deutschen Eisenbahn-Verkehrsordnung dürfen Schwarzpulver (Gemenge von Kalisalpeter, Schwefel und Kohle) in Mehlform, gekörnt oder gepreßt, ferner schwarzpulverähnliche Gemenge im allgemeinen nur in ganzen Wagenladungen befördert werden.

Es ist aber für den Fabrikanten wichtig, Sprengstoffe in beliebigen Mengen als Stückgut befördern zu dürfen.

Es ist nun festgestellt, daß der braune Sprengsalpeter von der Zusammensetzung: 75 % Natronsalpeter, 10 % Schwefel und 15 % Braunkohle so handhabungssicher ist, daß derselbe unter dem Einfluß von Stoß, Reibung oder Entzündung sich relativ ungefährlich erweist. Die Eisenbahnverwaltung hat daher den braunen Sprengsalpeter in die erste Gruppe der Sprengmittel aufgenommen, d. h. handhabungssichere Sprengstoffe, die in unbeschränkten Mengen als Stückgut befördert werden dürfen.

Den gleichen Vorzug genießen andere schwarzpulverähnliche, handhabungssichere Sprengstoffe, die sich nicht gefährlicher erweisen als brauner Sprengsalpeter. Es sind daher folgende ähnliche Sprengstoffe in die erste Klasse zugelassen:

Cahücit (festgepreßtes Gemenge von höchstens 70 % Kalisalpeter — der ganz oder teilweise durch Natronsalpeter ersetzt werden kann —, 8 % Ruß, etwa 12 % Schwefelblume, mindestens 10 % Zellulose und geringen Mengen Eisensulfat).

Castroper Sprengsalpeter oder Hagener Löwenpulver, bestehend aus Natronsalpeter, Schwefel, Braunkohle und Braunstein in wechselnden Mengen; einige Sorten enthalten außerdem Kalisalpeter und Holzmehl. Das Löwenpulver wird sowohl gekörnt als auch in Zylinder gepreßt geliefert.

Kriewalder Sprengsalpeter (festgepreßtes Gemenge von Natronsalpeter, Schwefel und Braunkohle mit Zusatz von Kalisalpeter).

Petroklastit (Haloklastit) (I, II, III usw.), (festgepreßtes Gemenge von Natronsalpeter, Schwefel, Steinkohlenpech, Kalisalpeter und höchstens 1 % Kaliumbichromat, auch mit Zusatz von höchstens 10 % Holzkohle.)

Präposit, ein aus 12 Tln. Salpeter, 3 Tln. Schwefel, 1 Tl. Holzkohle und 1 Tl. Hipposin (ein aus vorgetrocknetem Pferdedünger gewonnener staubfreier Körper).

Rosenheimer Sicherheitssprengpulver (Gemenge von Kalisalpeter, Schwefel, Holzmehl und Holzkohle).

Rotpulver (I, II, III usw.), festgepreßtes Gemenge von Natronsalpeter, Schwefel und Holzmehl, auch mit Zusatz von gelbem Blutlaugensalz und Kolophonium oder einem diesem ähnlichen Harze.

(Die handhabungssicheren Ammonsalpeter-Sprengstoffe, von denen eine sehr große Zahl zum Stückgutsverkehr zugelassen ist, sind in Heft IV erwähnt.)

Ferner spielt beim Verkehr mit Sprengstoffen das sog. Sprengstoff-Gesetz, d. h. das Gesetz gegen den verbrecherischen und gemeingefährlichen Gebrauch von Sprengstoffen vom 9. Juni 1884 eine große Rolle. Danach sind die Herstellung, der Vertrieb und der Besitz von Sprengstoffen nur mit polizeilicher Genehmigung gestattet, so daß Erlaubnisscheine nötig sind. Hiervon hat der Bundesrat jedoch Ausnahmen gemacht für solche Stoffe, welche vorzugsweise als Schießmittel gebraucht werden und es sind auch die handhabungssicheren, schwarzpulverähnlichen Sprengpulver von den Bestimmungen des Sprengstoffgesetzes befreit; die betr. Verordnung ist im letzten Abschnitt mitgeteilt.

Bei vorstehend angeführten schwarzpulverähnlichen, handhabungssicheren Sprengstoffen ist gewöhnlich Natronsalpeter verwandt. Von den Kalisalpeter-Pulvern möge der Sprengstoff Präposit näher erwähnt sein, über den die herstellende Firma folgende Angaben macht:

„Präposit ersetzt in seiner gekörnten und polierten Form nach vielen Erfahrungen erster Fachleute das Schwarzpulver sehr wohl und hat vor diesem insbesondere den Vorteil der Handhabungssicherheit und leichteren Beförderungsmöglichkeit für sich; hinzu kommen in wirkungstechnischer Hinsicht, daß Präposit infolge seiner ganz besonderen Zusammensetzung bzw. Mischung trotz seiner sehr schonenden, ruhigen und schiebenden Explosions-Äußerung, welche die Gewinnung wertvollerer Gesteinstücke veranlaßt, gegenüber der heftigeren Stoßwirkung des lange nicht so auf das Gestein schonend arbeitenden Schwarzpulvers, dennoch eine ganz bemerkenswerte Sprengkraft ausübt, die eben vermöge ihrer Eigenart sich vorteilhaft in der Richtung des Bohrloches fortpflanzt und dadurch sich vielfach in einem weit größeren Umkreise als wie das gewöhnliche Schwarzpulver nutzbar macht. — Einige andere Schwarzpulver-Ersatze haben versucht, dem Schwarzpulver dadurch den Boden abzugewinnen, daß in ihnen der bei letzterem enthaltene Kalisalpeter durch Natronsalpeter und die Holzkohle durch Holzmehl, Kleie, Stroh-Kohle, Gerberlohe u. dgl. mehr ganz oder teilweise ersetzt wurde, was in der Regel gestattete, die neuen Sprengstoff-Mischungen billiger herzustellen; aber alle diese Sprengmaterialien sind natürlich zufolge der hygroskopischen Eigenschaft des Natronsalpeters nur sehr wenig lagerbeständig und verlieren daher, falls sie nicht in großen Mengen rasch aufgebraucht werden können, bald die Sprengwirkung. — Das dem Präposit charakteristische Hipposin unterscheidet sich von den bei den anderen sogen. Schwarzpulverersatzen angewandten Holzmehlen u. dgl. durch seinen größeren Gehalt an stickstoffhaltigen Substanzen, an sonstigen organischen Bestandteilen und Mineralsubstanzen, sowie durch seinen geringeren Gehalt an Cellulose, die ja den größten Teil der Materialien bildet, welche bei anderen sogen. Schwarzpulver-Ersatzen angewendet werden, um bei der Explosion eine hemmende Rolle zu spielen; die Art und Weise, wie Hipposin aber diese Aufgabe erfüllt, ist eine verschiedene von derjenigen der anderen sogenannten Substitute. Ammoniumbikarbonat mag vielleicht theoretisch eine ähnliche Rolle spielen, es kommt aber für die Ersetzung des Hipposin, ob mit oder ohne Cellulose verwandt, in der Praxis nicht in Betracht."

Dem entgegen hat sich der technische Aufsichtsbeamte der Sektion IV der Steinbruch-Berufsgenossenschaft Kollewe wie folgt geäußert:

„Qualitativ und quantitativ stellt sich das Präposit als ein Sprengstoff dar, der an Sprengwirkung sicherlich nicht die des gewöhnlichen Schwarzpulvers übertrifft, in bezug auf langsame Verbrennung und die davon abhängigen Erscheinungen anderen bekannten Sprengstoffen (Sprengsalpeter, Petroklastit, Cahücit) an die Seite gestellt werden kann."

B. Pulver mit geringem Schwefelgehalt und schwefelfreie Pulver.

Sir Andrew Noble sagt in seinem Vortrag: Fünfzig Jahre Explosivstoffe folgendes: „Ich habe es niemals verstehen können, warum der Schwefel so lange als Bestandteil des Schießpulvers beibehalten worden ist. Im englischen Heere wurde er kurz vor der Einführung der modernen Pulver fast gänzlich fortgelassen im Kakao-Pulver, in welchem die Menge des Schwefels auf 2 % reduziert wurde. Ich selbst ließ mir Vergleichspulver anfertigen, wovon zwei (*A* und *B*) ohne Schwefel (bzw. minimalen Verunreinigungen durch Schwefel, aus der Mischtrommel herrührend), ein drittes (*C*) mit höherem, ein viertes (*D*) mit niedrigerem Schwefelgehalt als der übliche. Die Resultate mit diesen Pulvern im Vergleich mit den gewöhnlichen englischen Schwarzpulvern folgen. Ein vollständig schwefelfreies Pulver ist das Amidpulver (aus Kalisalpeter, Ammonsalpeter und Kohle bestehend,) dessen potentielle Energie um etwa 65 % größer ist als die der alten Schwarzpulver und das vielleicht zur Einführung gelangt wäre, wenn nicht die Nitrozellulose- und Nitroglyzerinpulver gekommen wären."

Sir Noble teilt folgende Resultate mit:

a) Zusammensetzung der Pulver:

	Pulver A	Pulver B	Pulver C	Pulver D	Braunes Prismenpulver (Kakao-Pulver)
Kalisalpeter . .	81·30	77·83	63·74	77·24	78·73
Schwefel	0·18	0·28	14·69	6·15	2·04
Kohle	16·71	19·72	20·18	15·43	17·80
Feuchtigkeit . .	1·81	2·17	1·39	1·18	1·33

	Kieselpulver (Pebble-Pulver)	Englisches R.L.G.-Pulver	Englisches F.G.-Pulver	Spanisches Pulver	Curtis-Harvey-Pulver	Sprengpulver	Amidpulver
Kalisalpeter	74·76	74·56	73·91	75·59	74·68	61·92	40 Kalisalpeter 38 Ammonsalpeter 22 Kohle
Schwefel . .	10·07	10·09	10·02	12·42	10·37	15·06	
Kohle	14·22	14·29	14·59	11·34	13·78	21·41	
Feuchtigkeit	0·95	1·06	1·48	0·65	1·17	1·61	

b) Gasvolumina, entwickelte Wärme, berechnete Energie der verschiedenen Pulver.

	Amid-Pulver	Pulver B	Pulver D	Pulver A	Pebble	R.L.G.
Gasvolumen . .	400	315	282	254	278	274
Wärmeeinheiten	832	715	745	800	721	726
Energie	332 800	225 225	210 000	203 200	200 438	198 924

	F.G.	Spreng-pulver	Curtis-Harvey Nr. 6	Pulver C	Spanisches Pulver	Kakao-Pulver
Gasvolumen . .	263	360	241	347	234	198
Wärmeeinheiten	738	517	764	525	767	837
Energie	194 094	186 120	184 124	182 175	179 478	165 726

Ausführliche Angaben über Salpeterpulver mit verringertem Schwefelgehalt finden sich im ersten Abschnitt des Buches von S. J. von Romoki: „Die rauchschwachen Pulver in ihrer Entwicklung bis zur Gegenwart“ (Hannover 1896).

Zu den schwefelarmen Pulvern gehört der im englischen Bergbau vielgebrauchte Sprengstoff Bobbinit, der bereits S. 354 unten erwähnt ist. Die Zusammensetzung des im Handel befindlichen Sprengstoffs soll sein: 68% Kalisalpeter (grob zerkleinert), 14 bis 18% Holzkohle, 2 bis 3% Schwefel und 10 bis 15% Kupfersulfat. Der Sprengstoff kommt in Zylindern gepreßt zur Verwendung und ist — im Gegensatz zum gewöhnlichen Schwarzpulver — in Kohlengruben als wettersicher zugelassen; Näheres hierüber Zeitschrift Schieß- und Sprengst. 1907, S. 154, 351, 353.

In England werden auch andere, wenig Schwefel enthaltende Schwarzpulverarten hergestellt, die zum größten Teil aus Salpeter und Kohle, daneben aus wenig Schwefel und Ammonoxalat bestehen. Diese Sprengstoffe werden vielfach in Gemeinschaft mit einem sog. „Chemical Cooler“ angewandt, indem unmittelbar nach der Ladung eine an Gewicht der halben Ladung gleichkommende Menge Soda, Kaliumbikarbonat oder Ammonoxalat in das Bohrloch eingeführt wird; dann wird der Schuß noch mit trockenem Lehm besetzt.

Unter der Bezeichnung Haloxylin wurde früher in Österreich von Fehleisen ein schwefelfreies Sprengpulver hergestellt; es besteht aus 75% Kali- (oder auch Natronsalpeter), 15% Sägemehl, $8\frac{1}{3}$% Holzkohle und $1\frac{2}{3}$% Ferrizyankalium. — Sägemehl Salpeter und Holzkohle werden zunächst innig gemengt, worauf per 100 kg 2 Liter Wasser, bzw. Ferrizyankaliumlösung hinzugefügt werden. Die Masse wird dann wie gewöhnliches Pulver gedichtet, gekörnt, getrocknet und eventuell poliert. Haloxylin soll Schwarzpulver an Sprengwirkung übertreffen; jedoch dürfte vor allem das österreichisch-ungarische Pulvermonopol zu seiner Herstellung Veranlassung gegeben haben.

Das Amidpulver (in England Chilworth Special Powder genannt) hat eine Zeitlang in der Schießtechnik eine Rolle gespielt.

Dieses Pulver besteht aus 40 bis 45% Kalisalpeter,
35 bis 38% Ammonsalpeter,
14 bis 22% Holzkohle.

Bei der Entzündung dieses Pulvers soll sich Kaliumamid, eine bei höherer Temperatur flüchtige Verbindung von explosivem Stickstoffkalium mit Ammoniak bilden, die den Nutzeffekt des Pulvers erhöht. Die Explosionsgleichung soll folgende sein:

$$KNO_3 + NH_4NO_3 + 3C = KNH_2 + H_2 + N_2 + CO_2 + CO.$$

Dieses Pulver wurde von Gaens in Hamburg zuerst hergestellt (D. R. P. 37631 vom 14. Okt. 1885) und dann im Jahre 1886 für Geschütze kleineren Kalibers eingeführt; das Amidpulver verbrennt mit geringem Rauch und ist von großer Energie. — Castner sagt hierüber folgendes: Die vorteilhaften Eigenschaften des braunen Pulvers *C*/82 blieben auf die großen Geschützkaliber beschränkt, kamen also im wesentlichen nur der Küsten- und Schiffsartillerie zugute; es lag nahe, in den hiermit erreichten Fortschritt auch die kleinen Kaliber einzuschließen; die bezüglichen Versuche mit geänderter Körnergröße und Körnerform, anderer Zusammensetzung und Herstellungsweise hatten nicht den erhofften Erfolg. Endlich brachten die Vereinigten Rheinisch-Westphälischen Fabriken ein neues Pulver in den Handel, welches bei kleinem Gasdruck wesentlich mehr leistete als alle bisherigen Pulver. Dieses sog. Amid-Pulver *C*/86 stimmt in Form und Farbe der Körner mit dem deutschen grobkörnigen Pulver *C*/73 ziemlich überein; es hinterläßt im Rohr nur wenig leicht zu beseitigenden Rückstand und erzeugt beim Schießen nur wenig dünnen, schnell versteigenden Rauch. Die Kruppsche Fabrik erlangte mit diesem Pulver *C*/86 in allen kleinen Kalibern überraschend günstige Ergebnisse. Während das braune Prismapulver in der 15 cm Kanone *L*/35 der 51·25 kg schweren Granate mit 17 kg Ladung bei 2205 Atm. Gasdruck 540·5 m Anfangsgeschwindigkeit oder 763 m lebendige Kraft gab, wurden mit 14 kg Pulver *C*/86 (Amidpulver) bei 2490 Atm. Gasdruck 617 m Anfangsgeschwindigkeit und 1000 m lebendige Kraft erzielt. Das grobkörnige Pulver *C*/86 bildete in seiner Arbeitsleistung und seinem Verhalten den Übergang zu den heutigen rauchlosen Pulvern, mit welchen 1888 eine neue Epoche anhebt.

Treibmittel aus Ammonsalpeter und Holzkohle, sog. Ammonpulver, wurden in der österreichischen Kriegsmarine in den Jahren 1890 bis 1896 für mehrere Geschützkaliber eingeführt, zeigten aber verschiedene Übelstände und wurden daher wieder abgeschafft; Näheres siehe Bd. IV dieses Werkes, S. 214ff.

Dagegen haben Sprengstoffe aus Ammonsalpeter und Kohle (bzw. verbrennlicher Substanz) eine außerordentlich große Bedeutung erlangt; denselben ist daher ein eigner Band (IV: Ammonsalpetersprengstoffe) gewidmet. Auch schwefelfreie Sprengstoffe, die aber als Sauerstoffträger kein Nitrat, sondern ein Chlorat oder Perchlorat enthalten, spielen in der Sprengtechnik eine wichtige Rolle; dieselben sind in Heft V dieses Werkes: Chloratsprengstoffe eingehender behandelt.

Erwähnt seien hier noch die Pikratpulver. Die Pikrinsäure (Trinitrophenol $C_6H_2(NO_2)_3OH$) und auch ihre Salze, soweit sie für sich als Sprengstoffe dienen und durch Initialzündung zur Detonation gebracht werden, bleiben hier außer Betracht; es sollen hier nur die Schwarzpulversurrogate behandelt werden, also Gemenge von Kalisalpeter und pikrinsauren Salzen, wie solche zuerst von Désignolle im Jahre 1861 hergestellt wurden; 7 Jahre später erfolgte die Herstellung in der französischen Staatsfabrik in Le Bouchet auf ziemlich großem Fuße.

Man stellte vier Arten des Désignolleschen Pulvers her:

1. Sprengpulver für Torpedos und Hohlgeschosse, ungefähr aus gleichen Teilen Kalisalpeter und Kaliumpikrat bestehend;

2. rasch wirkendes Kanonenpulver für Geschütze mit kurzem Rohr;

3. langsam wirkendes Kanonenpulver für Geschütze mit langem Rohr;

4. Gewehrpulver.

Die Schießpulver 2, 3 und 4 enthielten sämtlich zur Verminderung der Brisanz auch Kohle und zwar 7 bis 10%; die Kanonenpulver enthielten 9 bis 16% Kaliumpikrat, das Gewehrpulver ungefähr 23%.

Die Herstellung der Pikratpulver geschah auf folgende Weise: Die Mischung der einzelnen Bestandteile wurde unter Zusatz von 6 bis 14% Wasser 3 bis 6 Stunden lang gestampft, dann mittelst einer hydraulischen Presse gedichtet, gekörnt und in der gewöhnlichen Weise in rotierenden Tonnen poliert. — Im deutsch-französischen Kriege 1870/71 soll einige aus Désignolleschen Pulver verfertigte Gewehrmunition verbraucht worden sein; man scheint aber hierbei keine günstigen Erfahrungen gesammelt zu haben, da die Fabrikation des Pulvers in den 70er Jahren nicht fortgesetzt wurde. Der Erfinder bezeichnet als Vorzüge seines Pulvers den alten gegenüber eine größere ballistische, bzw. Sprengwirkung bei verhältnismäßig geringem und wenig schädlichem Rauch; außerdem wird infolge der Abwesenheit von Schwefel das Metall der Gewehre und Geschütze durch die Verbrennungsprodukte nicht so angegriffen wie bei den schwefelhaltigen Mischungen.

Um die Menge der festen Explosionsprodukte zu verringern, ersetzte im Jahre 1869 Brugère das von Désignolle gebrauchte Kaliumpikrat durch Ammoniumpikrat; er stellte ein Pulver her aus 54 Teilen Ammoniumpikrat und 46 Teilen Kaliumsalpeter. Das Poudre Brugère wurde im Jahre 1886 versuchsweise in der französischen Armee für das Lebel-Gewehr benützt; die damit gemachten Erfahrungen waren nicht ungünstig; die ballistische Wirkung übertrifft diejenige des Schwarzpulvers um etwa das dreifache; die Verbrennung geht beinahe rauchlos vor sich; dagegen sind die Pikratmischpulver gegen Reibung, Stoß und Erhitzen sehr empfindlich, auch stellt sich bei ihnen ohne nachweisbaren fremden Einfluß allmählich eine freiwillige Zersetzung ein; auch der hohe Preis des Ammoniumpikrats kommt in Betracht. Besonders aber war es ungünstig für die Pikratpulver, daß man 1885 in den kolloidalen Zellulosenitraten ein für den erstrebten Zweck geeigneteres Material gefunden hatte. — Die später in Deutschland genommenen Patente D. R. P. 1954 vom 30. Aug. 1877 (Dieckerhoff) und D. R. P. 32891 vom 26. Okt. 1884 (Broncs), haben schon aus dem Grunde keine praktische Bedeutung für die Explosivstofftechnik, weil die betreffenden Präparate Pikrate der fixen Alkalien enthalten; diese Salze sind gegen Stoß und Schlag außerordentlich empfindlich und detonieren auch direkt beim Berühren mit einem brennenden Körper, so daß sie mit besonderer Vorsicht gehandhabt werden müssen und deshalb vom Eisenbahntransport ausgeschlossen sind. Nur das Ammoniumpikrat ist verhältnismäßig wenig sensibel und besitzt Eigenschaften, welche es zu einer Verwendung als Geschoßtreibmittel geeignet erscheinen lassen; es wird auch zurzeit wieder verwendet, z. B. in England bei dem picria powder von Abel; in Amerika stellt man nach dem U. S. P. 527563 ein Pulver aus Ammoniumpikrat und Kaliumbichromat her; das D. R. P. 96568 vom 7. Okt. 1896 (Halsey u. Savage) hat zum Patentanspruch: „ein rauchloses Pulver, welches in bekannter Weise aus Ammoniumpikrat und Kaliumbichromat besteht, gekennzeichnet durch einen Zusatz von Kalium- bzw. Natriumpermanganat oder Hyperwolframat, welcher Mischung noch ein Nitrat der alkalischen Erden zugesetzt werden kann."

Eine Mischung von 80% Natronsalpeter mit 20% Mononitronaphtalin wird in den französischen staatlichen Pulverfabriken als Sprengstoff Nr. 2 hergestellt. — A. Voigt hat neuerdings Sprengstoffgemische vorgeschlagen, die aus Nitraten (vorzugsweise Natronsalpeter) und den Salzen nitrierter Sulfosäuren, besonders den Mononitrophenol- und Mononitrokresolsulfosäuren bestehen. Die Patente Voigts sind an die Vereinigten Köln-Rottweiler Pulverfabriken übergegangen; es sind dies D.R.P. 260311 (als Anmeldung V 9650 auf S. 180 mitgeteilt), D.R.P. 260312 (als Anmeldung V 9738 auf S. 182 mitgeteilt) und D.R.P. 267542 (vom 28. April 1912). Nach letzterem Patent werden direkte Sprengstoffe hergestellt aus Salzen der Mononitronaphthalinsulfosäuren und Sauerstoffträgern. Bei der Herstellung der Sprengstoffe verfährt man derart, daß man entweder das Nitronaphthalinsulfosalz mit der erforderlichen Menge Salpeter (z. B. 25% Salz und 75% Chilesalpeter) in üblicher Weise miteinander vermengt oder indem man 1 Mol. Sulfosäure in Wasser löst zusammen mit 7 Mol. Nitrat und das ganze Gemisch zur Trockne dampft; man erhält auf diese Weise mononitronaphthalinsulfosaures Natron zusammen mit 6 Mol. Nitrat in genügend inniger Mischung, die ohne weiteres als Sprengstoff verwertet werden kann.

Das D. R. P. 260313 (vom 9. XII. 1911) hat folgende Patentansprüche:

1. Abänderung des durch D. R. P. 260312 geschützten Verfahrens zur Herstellung von Sprengstoffen, welche schon mit Zündschnur allein ohne Sprengkapsel detonieren, dadurch gekennzeichnet, daß Ammonsalpeter mit den Salzen der Mono-, Bi- und Trinitrophenole oder der Mono-, Bi- und Trinitrokresole

(mit Ausnahme des Ammonsalzes des Trinitrophenols oder Trinitrokresols) vermischt wird.

2. Abänderung des Verfahrens nach Anspruch 1 dadurch gekennzeichnet, daß Salze der Mono-, Bi- und Trinitrophenol- oder Mono-, Bi- und Trinitrokresolsulfosäuren zur Verwendung gelangen.

Während also in dem D. R. P. 260311 und 260312 hauptsächlich Natronsalpeter mit den Alkalisalzen der Nitrokresolsulfosäuren gemengt werden, wird in D. R. P. 260313 Ammonsalpeter zur Herstellung deflagrierender, also direkter Sprengstoffe benutzt; als Beispiele werden angegeben: 68 % Ammonsalpeter und 32 % Mononitrophenol- oder Mononitrokresolnatrium oder Kalium; 75 % Ammonsalpeter und 25 % mononitrophenol- oder mononitrokresolsulfosaure Salze; 75 % Ammonsalpeter und 25 % Binitrophenol- oder Binitrokresolsalze; 80 % Ammonsalpeter und 20 % binitrophenol- oder binitrokresolsulfosaure Salze; 78 % Ammonsalpeter und 22 % trinitrophenol- oder trinitrokresolsulfosaure Salze.

Durch D. R. P. 260313 wird nach Voigt ein neuer Typ von Sprengstoffen geschaffen, nämlich leicht entzündliche, direkt detonierende und deflagrierend abbrennende Ammonsalpetersprengstoffe mit analoger Wirkung (nur etwas stärker) wie Schwarzpulver.

Über die Sprengstoffe nach D. R. P. 260311, 260312 und 260313 (von denen die beiden ersteren Gemenge von Nitrokresolsulfosäuren mit Natronsalpeter, das letztere solche mit Ammonsalpeter darstellen) sagt Voigt folgendes: Diese Gemische detonieren durch Funken wie Schwarzpulver, brennen an der Luft, besonders in komprimiertem Zustande, langsam wie Sprengsalpeter ab, entwickeln unter Besatz aber eine wesentlich höhere Kraft als jener, ohne jedoch brisante, zertrümmernde Wirkung zu äußern. Bei der Herstellung verfährt man wie folgt: 1 kg Kresolsulfosäure löst man in etwa 1200 g Wasser völlig auf, fügt hinzu portionsweise 450 g Chilesalpeter unter ständigem Umrühren, wobei man darauf achtet, daß die Temperatur nicht zu hoch steigt; nötigenfalls kühlt man durch einfaches Nachgießen von kaltem Wasser. Die Flüssigkeit färbt sich zuerst braun, dann tiefrot unter Bildung von mononitrokresolsulfosaurem Natrium nach der Gleichung $C_7H_6OHSO_3H + NaNO_3 = C_7H_5NO_2OHNaSO_3 + H_2O$. Sobald alles Nitrat eingetragen und die Reaktion beendet ist, gibt man weitere 6 Mol. Nitrat (2·7 kg) hinzu, mischt gründlich durch und trocknet den dicken Brei ein. Das Nitrosalz kristallisiert mit 2 Mol. Kristallwasser, die erst bei 105° C etwa entweichen. Solange noch Kristallwasser vorhanden, ist die Masse in warmem Zustande teigig und läßt sich ohne Schwierigkeiten pressen, so daß der Sprengstoff in die für den jeweiligen Gebrauch geeignete Form gebracht werden kann, alles Brechen, Sortieren, Körnen usw. fällt fort. Man kann dem Sprengstoff eine Dichte von 1·8 und darüber erteilen, ohne daß die Entzündungsfähigkeit vermindert wird.

Sprengstoffe Raschig. Nach den Patentanmeldungen von Dr. Raschig werden Sprengstoffe hergestellt, die als Sauerstoffträger Natronsalpeter enthalten, als Brennstoff aber nicht Kohle und Schwefel, sondern entweder sulfosaure oder disulfosaure Salze der höheren Phenole, oder aber Trockensubstanz von Sulfitzellstoffablaugen; die betr. Patentanmeldungen sind auf S. 184 bis 187 im Wortlaut mitgeteilt. Der unter dem Namen „Raschit II" von Dr. F. Raschig-Ludwigshafen a. Rh. in den Handel gebrachte schwarzpulverähnliche Sprengstoff wird fabrikmäßig von der Sprengstofffabrik Pniowitz G. m. b. H. in Pniowitz O. S. und der „Hassia" Sprengstoff-Fabrik G. m. b. H. Hetzbach i. O. hergestellt.

Raschit II setzt sich zusammen aus 70% Chilesalpeter und 30% kresol-sulfosaurem Natrium. Mit gleichem Erfolge kann statt des kresolsulfosauren Natriums auch xylenolsulfosaures Natrium oder die diesem entsprechenden disulfosauren Salze verwendet werden.

Die Herstellung der kresol- bzw. xylenolsulfosauren Salze geschieht in der Weise, daß Schwefelsäure in die gleiche Gewichtsmenge Kresol eingetragen wird. Die unter bedeutender Temperaturerhöhung sich bildende Sulfosäure wird durch kaustische Soda neutralisiert und somit in kresolsulfosaures Natrium übergeführt.

$$C_6H_4OHCH_3 + H_2SO_4 = C_6H_3OHCH_3SO_3H + H_2O$$
$$C_6H_3OHCH_3SO_3H + NaOH = 6_6H_3OHCH_3SO_3Na + H_2O.$$

In analoger Weise werden die xylenolsulfosauren Salze, bzw. die kresol- und xylenoldisulfosauren Salze gewonnen.

Zur Fabrikation des Raschits schlägt Dr. Raschig folgenden Weg ein. Der Sprengstoff wird nicht durch feines mechanisches Mahlen und Mischen hergestellt, sondern die in Wasser gelösten Komponenten werden zur Trockne verdampft unter Umständen, wo sich beide gelöste Substanzen in homogener Mischung miteinander ausscheiden. Die Sprengstofflösung läßt man in dünner Schicht auf sich drehende, durch Innendampf über 100° erhitzte Walzen laufen. Hierbei verdampft das Lösungsmittel augenblicklich und die Sprengstoffkomponenten bleiben in bisher unerreicht inniger Mischung als dünner Überzug an den Walzen haften. Während des Weiterdrehens der Walzen wird diese dünne Schicht des Trockenrückstandes an passender Stelle durch Messer abgeschabt. Er fällt dann auf endlose Bänder, die ihn zu Sammelbehältern befördern. Der so erhaltene Sprengstoff wird ohne jede Zwischenbehandlung auf bekannte Weise zu Zylindern gepreßt und verpackt.

Raschit II ist gegen Stoß und Schlag sehr unempfindlich. Es kann z. B. auf dem Kastschen Fallapparat durch das 10 Kilo-Gewicht selbst bei 100 cm Fallhöhe nicht zur Explosion gebracht werden.

Die Schwaden sind nach Angabe der herstellenden Firma besonders günstig und enthalten nicht wie die des Schwarzpulvers und des Sprengsalpeters schweflige Säure. Der nur im geringen Maße auftretende dünne Rauch besteht aus feinst verteiltem Natriumsulfat. Verwendung findet Raschit überall da, wo bisher Schwarzpulver oder Sprengsalpeter benutzt wurde, also hauptsächlich in Kali, in der Oberschlesischen Kohle, in der Mitteldeutschen Braunkohle, in der Minette und in Steinbrüchen.

Das Raschigsche Verfahren, Sprengstoffe durch Verdampfen von Lösungen herzustellen, ist in dem D. R. P. 257319 (S. 195 dieses Buches) beschrieben. Es sei an dieser Stelle folgendes aus einem Vortrage wiedergegeben, den Dr. Raschig am 1. Juni 1912 in Freiburg i. Br. über wasserlösliches Schießpulver gehalten hat:

Dr. Neumann[1] aus Wittenberg hat im November 1911 den Unterschied zwischen schwarzpulverartigen und brisanten Sprengstoffen klar herausgearbeitet; er legt dar, daß aller Fortschritt in der Herstellung der Explosivstoffe, wie er sich schon geltend machte von den Raketensätzen bis zu Berthold Schwarz, darin bestand, daß man die Mischung zwischen Sauerstoff abgebenden und Sauerstoff aufnehmenden Substanzen allmählich immer inniger zu gestalten lernte. Aber selbstverständlich kam man beim Mischen von Salpeter mit Schwefel und Kohle an eine Grenze, wo ein weiteres Mischen nicht mehr wirtschaftlich und wohl auch nicht mehr ausführbar war. Damit war das Schwarzpulver auf den Gipfel der für seine Zusammensetzung möglichen Vollkommenheit angelangt. Es war aber noch lange nicht eine theoretisch vollkommene Mischung. Denn eine solche sieht Neumann mit Recht erst dann erreicht, wenn sie so innig wird, daß Molekül Sauerstoff abgebender neben Molekül Sauerstoff aufnehmender Substanz gelagert ist.

Da nun — wie Neumann meint — eine derartige Nebeneinanderlagerung auf mechanischem Wege praktisch unausführbar ist, so war ein weiterer Fortschritt in der Herstellung von Explosivstoffen nur auf dem Wege denkbar, daß man Sauerstoff abgebende und Sauerstoff aufnehmende Atomgruppen im selben Molekül vereinigte.

[1] Zeitschrift für angewandte Chemie 24, 2233 (1911).

So legte Schönbein die Nitrogruppe mit ihren beiden labilen Sauerstoffatomen in dasselbe Molekül, in dem sich die verbrennbaren Kohlenstoff- und Wasserstoffatome der Baumwolle befanden, und schuf so die Schießbaumwolle. So entstand später das Nitroglyzerin, und so ist am letzten Ende auch salpetersaures Ammonium ein Sprengstoff dieser Art, da es im selben Molekül die verbrennbaren Wasserstoffatome des Ammoniaks mit den Sauerstoffatomen der Salpetersäure vereinigt zeigt. Allerdings ist seine Sprengkraft nicht sehr groß, weil es erheblich mehr Sauerstoff enthält, als zum Verbrennen seines Wasserstoffgehaltes nötig ist. Zur vollen Entfaltung kommt die Sprengkraft des salpetersauren Ammoniums daher erst dann, wenn man ihm noch geringe Mengen anderer verbrennbarer Substanzen zufügt.

Freilich fand das Erfinden aller dieser Sprengstoffe nicht etwa so statt, daß man bewußt die von Neumann angegebenen Regeln verfolgte. Die Sprengstoffe wurden vielmehr auf empirischem Wege gefunden und erst viel später kam die Erkenntnis, daß ihre große Explosionsgeschwindigkeit, ihre Brisanz, dem Umstande zu verdanken ist, daß diese Sprengstoffe eine ganz besonders innige Mischung von Sauerstoff abgebenden und Sauerstoff aufnehmenden Atomgruppen dadurch besitzen, daß beide im selben Molekül sich vereinigt finden.

Noch einen anderen Vorteil außer der Explosionsgeschwindigkeit zeigen die brisanten Sprengstoffe vor dem Schwarzpulver darin, daß sie rauchlos verbrennen. Bei der Explosion des Schwarzpulvers bleibt stets ein Teil seines Kohlenstoffes unverbrannt und bildet den bekannten Pulverdampf, besser Pulverrauch genannt. Die Kohlenteilchen des Schwarzpulvers können eben nicht so klein hergestellt werden, und die Explosion verläuft doch noch so schnell, daß bis zu ihrem Ablauf die Kohlenteilchen nicht durch und durch verbrannt sind. Der übrigbleibende Kohlenrest bildet im Gemisch mit den bei dem Verbrennen des Pulvers auftretenden anorganischen Salzen, wie Kaliumkarbonat, eben den Pulverdampf.

Neumann hält nun bei den schwarzpulverartigen Sprengstoffen die Fortführung des Mischprozesses bis zu seinem Ideal, nämlich der Nebeneinanderlagerung der verschiedenen Moleküle nur für theoretisch denkbar, für praktisch aber undurchführbar. In Wirklichkeit ist eine derartige ideale Mischung sehr wohl ausführbar, und man kommt bei ihr zu Sprengstoffen, die man im Gegensatz zu den beiden genannten Klassen als homogen gemischte bezeichnen könnte, und die in der Mitte zwischen den mechanisch gemischten und den chemisch gemischten stehen. Man erhält sie einfach in der Weise, daß man Sauerstoff abgebende und Sauerstoff aufnehmende Substanzen in derselben Flüssigkeit löst und diese zur Trockne dampft unter Umständen, wo sich beide gelöste Substanzen in homogener Mischung miteinander ausscheiden. Praktisch dürfte als Lösungsmittel für solche Zwecke nur das Wasser in Betracht kommen.

Selbstverständlich kann man das Berthold Schwarzsche Schießpulver auf diesem Wege nicht darstellen. Denn von seinen Bestandteilen löst sich nur der Salpeter im Wasser, Schwefel und Kohle aber nicht. Dagegen gibt es eine ganze Reihe von brennbaren organischen Substanzen, die in Wasser löslich sind, und die zugleich so niedrig im Preise stehen, daß sie tatsächlich mit der Kohle und dem Schwefel konkurrieren und folglich zur Pulverdarstellung verwandt werden können. Es kommen hier in erster Linie die sulfosauren Salze gewisser billiger Bestandteile des Steinkohlenteers in Betracht.

Schon im Jahre 1893 ließ sich Seidler[1] einen Sprengstoff patentieren, der entstand durch Eindampfen einer Lösung, die Salpeter und naphthalinsulfosaure Salze enthielt. Er ist sich vollkommen bewußt, daß auf diesem Wege eine weit innigere Mischung der beiden Bestandteile zu erzielen ist, als durch mechanisches Mischen der beiden. Er spricht diesen Gedanken in seiner Patentanmeldung klar aus und muß daher mit Fug und Recht als Erfinder dieser homogen gemischten Sprengstoffe bezeichnet werden.

Durchgeführt wurde die Sprengstoffherstellung nach dem Seidlerschen Patent meines Wissens nicht. Augenscheinlich hat sie sich nicht bewährt, und es kommen meines Erachtens für das Fehlschlagen drei Momente in Betracht: Einmal sind naphthalinsolfusaure Salze recht schwerlösliche Körper. Um sie im Gemisch mit den zur vollständigen Verbrennung notwendigen Salpetermengen im Wasser aufzulösen, muß man schon recht beträchtliche Wassermengen anwenden, deren vollkommenes Wegdampfen die Sprengstoffe beträchtlich verteuert und sich auch als ziemlich umständlich erweist. Dann aber hat sich herausgestellt, daß die Herstellung nach dem Seidlerschen Verfahren im großen viel schlechter verläuft als im kleinen Maßstabe. Seidler dampft die Lösung von Salpeter und naphthalinsulfosaurem Salz unter stetem Umrühren bis zur Trockne ein. Das geht im Laboratorium ganz gut, und man erhält so in der Tat ein recht homogenes Gemisch der beiden Bestandteile. Wiederholt man aber den Versuch im großen Maßstabe, so gelingt er nicht so gut, und man erhält einen langsamer abbrennenden Sprengstoff. Es kommt hier nämlich eine Erscheinung in Betracht, die man erst neuerdings genauer kennen gelernt hat und mit dem Namen der Kristallisation in Bewegung bezeichnet. Durch diese Bewegung werden die zuerst entstehenden Kristallteilchen der schwerer löslichen Substanz, z. B. von Zucker, an alle Stellen der eindampfenden Flüssigkeit hingeführt und haben allerorten Gelegenheit, sich allmählich zu vergrößern und zu kompakten praktisch abscheidbaren Kristallen auszuwachsen. Bewegt man die Flüssigkeit nicht, so findet das Wachstum nicht in diesem Maße statt. Eine ähnliche Erscheinung tritt ein, wenn man Salpeter und naphthalinsulfosaure Salze in gemeinschaftlicher Lösung eindampft. Trotz des Rührens oder vielmehr gerade wegen des Rührens, scheidet sich das schwerer lösliche naphthalinsulfosaure Salz zuerst in Kristallkörnern aus, die später von dem sich

---

[1] D. R. P. 78679 vom 12./10. 1893.

dann abscheidenden Salpeter eingehüllt werden und mit ihm zusammen keineswegs ein homogenes Gemisch hinterlassen.

Und schließlich mag ein dritter Umstand noch mit daran Schuld gewesen sein, daß man dem Seidlerschen Pulver nicht näher getreten ist, nämlich, die Gefahrenfrage. Es ist klar, daß die Herstellung keineswegs ungefährlicher ist, wie die des Schwarzpulvers, sondern im Gegenteil gefährlicher, wenn man so verfährt wie Seidler es tut. Denn beim Schwarzpulver werden die Bestandteile desselben wenigstens in kaltem Zustande miteinander gemischt. Seidler dagegen hat in dem Beispiele seiner Patentbeschreibung zum Schluß 100 kg eines auf 100^0 erwärmten Gemenges von 77 kg Kalisalpeter und 23 kg naphthalinsulfosaurem Natrium in einem Apparat, in dem sich ein Rührwerk bewegt. Es ist klar, daß die Selbstentzündung eines derartigen auf 100^0 erhitzten Sprengstoffgemisches leichter erfolgt und verheerendere Wirkung im Gefolge haben mag, als die einer kalten Schwarzpulvermischung.

Ausführbar wird der Seidlersche Gedanke erst dadurch, daß man ein sulfosaures Salz anwendet, das sich an Löslichkeit in Wasser vom Salpeter nicht wesentlich unterscheidet, so daß beide sich wirklich zu gleicher Zeit aus dem Wasser abscheiden. Solche Salze sind namentlich die kresolsulfosauren und die xylenolsulfosauren Natriumsalze, die leicht und zu billigem Preise herstellbar sind. Dann aber darf man den Eindampfprozeß nicht diskontinuierlich gestalten, wie Seidler es vorschlug, wo man dann zum Schluß eine große Menge hocherhitzten Sprengstoffes beieinander hat, sondern man muß den Eindampfprozeß in einem besonderen Apparat kontinuierlich vornehmen, so daß jeweils die kleinste Menge der Sprengstofflösung momentan in Trockensubstanz übergeführt und dann sofort dem Einfluß der Heizung entzogen wird. Derartige Eindampfapparate sind meines Wissens zuerst von Venuleth & Ellenberger in Darmstadt gebaut worden; sie werden jetzt aber auch von anderen Maschinenfabriken, wie Paßburg, geliefert. Sie beruhen auf dem Prinzip, daß man eine Lösung in dünner Schicht auf eine sich drehende, durch Innendampf über 100^0 erhitzte Walze laufen läßt. Während des Weiterdrehens der Walze trocknet die Lösung auf ihrer Oberfläche ein und hinterläßt eine dünne Schicht des Trockenrückstandes, der dann an passender Stelle durch Messer abgeschabt wird. Er fällt dann herunter und kann in den kleinsten Mengen aufgefangen, fortbefördert und weiterbehandelt werden.

Es ist klar, daß dieses Verfahren gerade für Sprengstoffauflösungen das einzig gegebene ist, denn erstens einmal hat die Erfahrung gezeigt, daß der Eindampfprozeß auf derartig erhitzten Walzen so rapid verläuft, daß an eine Kristallisation in Bewegung nicht mehr zu denken ist. Beide gelösten Salze scheiden sich geradezu momentan und in vollkommen homogener Mischung auf der Walze ab. Zweitens ist aber bei dieser Darstellungsweise jedes Gefahrenmoment ausgeschlossen. Denn der Sprengstoff entsteht nur in außerordentlich kleinen Mengen und kann gleich nach seiner Entstehung von dem geheizten Apparat entfernt werden.

Ein so hergestelltes Pulver aus 65% Natronsalpeter und 35% kresolsulfosaurem Natrium verbrennt wie Schwarzpulver und kann analoge Verwendung finden wie Schwarzpulver (mit KNO_3) bzw. Sprengsalpeter (mit $NaNO_3$); da das neue Weißpulver den billigeren Natronsalpeter enthält, so ist es verhältnismäßig billig, allerdings auch hygroskopisch, und muß in wasserdichten Packungen bzw. in paraffinierten Hülsen vor Wasseranziehung beim Lagern geschützt werden; in nassen Bohrlöchern bzw. besonders feuchten Orten wird man es nicht gebrauchen können. In Steinbrüchen, Erzbergwerken, Salzbergwerken dürfte das neue Pulver gut Verwendung finden. Wesentlich ist der billige Preis, denn die Arbeit, welche das Mischen der Bestandteile macht, ist bei dem neuen Pulver auf ein Minimum beschränkt, während der Preis des Schwarzpulvers wie auch des Sprengsalpeters zum wesentlichen Teil nicht etwa durch den Preis der Bestandteile bestimmt wird, sondern durch die Kosten der verhältnismäßig großen Arbeit des Mischens.

Dreizehnter Abschnitt.

Verkehrsbestimmungen.

I. Verzeichnis der Explosivstoffe, die nach Entscheidung des Bundesrats nicht unter das Sprengstoffgesetz fallen, auf die daher die Bestimmungen betreff polizeilicher Besitzerlaubnis und Registerführung keine Anwendung finden.

A. Folgende Pulversorten:

1. alle zum Schießen aus Handfeuerwaffen und Böllern, sowie zur Feuerwerkerei und zum Sprengen dienenden, aus Salpeter, Schwefel und Kohle hergestellten Pulver;

2. die zum Schießen aus Jagd- und Scheibengewehren dienenden rauchschwachen (Nitrozellulose-)Pulver.

3. Die verschiedenen Sorten handhabungssicherer, schwarzpulverähnlicher Sprengpulver, wenn sie sich unter dem Einfluß von Stoß, Reibung oder Entzündung nicht gefährlicher erweisen als Sprengsalpeter mit 75% Natronsalpeter, 10% Schwefel, 15% Braunkohle; hierher gehören Petroklastit, Cahücit, Castroper Sprengsalpeter, Präposit u. a.

B, C und D betreffen Zündhütchen für Gewehrpatronen, sowie fertige Patronen.

II. Polizeiverordnung, betreffend den Verkehr mit Sprengstoffen im Königreich Preußen.

Der Minister für Handel und Gewerbe, sowie der Minister des Innern haben unter dem 14. September 1905 eine wichtige Verordnung erlassen, betreffend

a) die Versendung von Sprengstoffen auf Land- und Wasserwegen (mit Ausnahme des Eisenbahn- und Postverkehrs und des unter militärischer Begleitung stattfindenden Verkehrs mit Sprengstoffen und Munitionsgegenständen der Militär- und Marineverwaltung, sowie der Versendung von Sprengstoffen in Kauffahrteischiffen),

b) den Handel mit Sprengstoffen,

c) die Aufbewahrung und Verausgabung von Sprengstoffen innerhalb des Betriebes von Bergwerken, Steinbrüchen, Bauten und gewerblichen Anlagen.

d) die Lagerung von Sprengstoffen — mit Ausnahme der Lagerung in Niederlagen oder Magazinen der Militär- und Marineverwaltung.

Diese Verordnung hat sich inzwischen als abänderungsbedürftig erwiesen und es ist neuerdings ein vorläufiger Entwurf einer Abänderung erschienen[1]; zu diesem Entwurf haben sich die Handelskammern auf ministerielle Aufforderung geäußert und es ist in Bälde eine neue Verordnung zu erwarten, so daß hier von Veröffentlichung der Polizeiverordnung vom 14. September 1905 Abstand genommen wird. Die neue Verordnung soll auch die Beförderung mit Automobilen (Kraftwagen) berücksichtigen.

III. Eisenbahn-Verkehr. Hier gilt die Eisenbahn-Verkehrsordnung vom 23. Dezember 1908, worin die Anlage C behandelt: Vorschriften über bedingungsweise zur Beförderung zugelassene Gegenstände. I. Explosionsgefährliche Gegenstände.

Wie schon früher mitgeteilt, wird Schwarzpulver[2] nur in Wagenladungen befördert, während die schwarzpulverähnlichen, handhabungssicheren Sprengstoffe (brauner Sprengsalpeter usw.) zur ersten Gruppe der Sprengmittel gehören und daher zum Stückgutverkehr zugelassen sind; letztere Sprengstoffe dürfen auch als Eilgut befördert werden. Betreff Verpackung sagt die Eisenbahn-Verkehrsordnung u. a. folgendes:

1. Schwarzpulver und schwarzpulverähnliche Sprengstoffe, die nicht als handhabungssicher zugelassen sind (Spreng-

---

[1] Abgedruckt im Ministerialblatt der Handels- und Gewerbeverwaltung vom 6. Nov. 1912 (Nr. 24, S. 508 bis 521)

[2] Schwarzpulver als Sprengpulver gehört nach der Eisenbahn-Verkehrsordnung zu Sprengmittel, dritte Gruppe, d); Schwarzpulver als Treibmittel gehört zu Schießmittel, zweite Gruppe; die dritte Gruppe der Sprengmittel und die zweite Gruppe der Schießmittel darf nur in Wagenladungen befördert werden.

mittel, dritte Gruppe). Die Stoffe müssen in haltbaren, dichten, sicher verschlossenen Holzbehältern fest verpackt sein, die das Verstreuen oder Verstauben des Inhalts sicher verhindern. Auch sogenannte amerikanische Pappgefäße sind zulässig. Die Behälter dürfen keine eisernen Nägel, Schrauben oder sonstige eiserne Befestigungsmittel haben. (Reifen, Bänder oder dergl.) Auch metallene Packgefäße (mit Ausnahme von eisernen) sind zulässig, wenn ihr Verschluß zwar völlig dicht ist, jedoch im Falle eines Brandes dem Drucke der sich im Innern entwickelnden Pulvergase nachgeben kann. Vor der Verpackung in Holzbehälter muß loses Kornpulver in dichte, haltbare Säcke, Mehlpulver in Lederbeutel geschüttet werden. Das Rohgewicht eines Behälters darf höchstens 90 kg betragen. Die Behälter müssen die deutliche, gedruckte oder schablonierte Aufschrift: „Sprengpulver, 3. Gruppe“ tragen.

2. Schwarzpulver als Treibmittel (Schießmittel, zweite Gruppe). Hierfür gelten ähnliche Vorschriften wie für Schwarzpulver, das zur dritten Gruppe der Sprengmittel gehört (siehe vorstehend). Bei den für prismatisches Pulver zur Verwendung kommenden Holzbehältern müssen die Wände der Behälter gezinkt, Boden und Deckel durch verleimte hölzerne Nägel oder durch Messingschrauben gut befestigt sein. Innerhalb des Behälters müssen sich zur Festlegung der Pulverprismen zwei Platten von Filz oder einem ähnlichen elastischen Stoffe, die eine an einer Kopfwand, die andere unter dem Deckel befinden.

3. Handhabungssichere, schwarzpulverähnliche Sprengstoffe. Die Sprengstoffe müssen patroniert sein; die Patronen sind in luftdicht verschlossenen Blechbüchsen, und diese in haltbare Holzbehälter fest zu verpacken. Mit Paraffin oder Zeresin getränkte Patronen können auch durch eine feste Umhüllung von Papier zu Paketen vereinigt werden. Auch nicht getränkte Patronen bis zum Gesamtgewicht von $2\frac{1}{2}$ kg dürfen zu Paketen vereinigt werden, wenn diese durch einen Überzug von Zeresin oder Harz völlig von der Luft abgeschlossen sind. Die Pakete sind in starke, dichte, sicher verschlossene Holzbehälter fest zu verpacken. Der Inhalt eines Behälters darf höchstens 50 kg betragen. Die Aufschrift auf den Packgefäßen hat zu lauten: Schwarzpulverähnliche, handhabungssichere Sprengstoffe (Name), erste Gruppe.

Im übrigen sei auf die Eisenbahn-Verkehrsordnung hingewiesen, die im Buchhandel zu haben ist (Verlag Emil Roth in Gießen).

IV. Verordnung, betreffend die Beförderung gefährlicher Gegenstände mit Kauffahrteischiffen.

Diese vom preußischen Minister für Handel und Gewerbe am 30. März 1912 erlassene Verordnung ist abgedruckt im betr. Ministerialblatt sowie in der Zeitschrift Schieß- und Sprengstoffe 1912, S. 228.

V. Verfügung vom 14. April 1904, betreffend die Führer von Sprengstoff- und Pulvertransporten.

Mit Rücksicht auf Transportgefahren (bes. bei unbewachten Eisenbahnübergängen) sind von den vereinigten Pulver- u. Sprengstofffabriken Dienstanweisungen ausgearbeitet worden; die Ortspolizeibehörden sind anzuweisen, Anträge auf Erteilung von Erlaubnisscheinen zum Besitze von Sprengstoffen an Transportführer nur dann zu genehmigen, wenn der Arbeitgeber einen mit seiner und der Unterschrift des betr. Transportführers versehenen Vertrag vorlegt, der den von den vereinigten Sprengstoff- und Pulverfabriken aufgestellten Anstellungsbedingungen entsprechen muß. Mit der Unterschrift hat der Arbeitgeber die schriftliche Versicherung abzugeben, daß der Transportführer mit den einschlägigen behördlichen Vorschriften genau vertraut und ihm als besonders zuverlässig bekannt ist.

Vierzehnter Abschnitt.

Wirtschaftliche Mitteilungen.

Über die Verwaltung des Salpeterwesens in früherer Zeit, besonders in Frankreich und Preußen, berichtet ausführlich Dr. Ottomar Thiele in seinem Buche: Salpeterwirtschaft und Salpeterpolitik (Tübingen 1905); er weist darauf hin, daß die große Bedeutung des Schießpulvers für das gesamte Kriegswesen sozusagen von selbst die Vereinigung der Verwaltung des Pulver- und Salpeterwesens mit der des Kriegswesens, speziell mit der Artillerieverwaltung ergab, eine Eigentümlichkeit, die man nicht nur in Frankreich, sondern auch in Österreich, Preußen, Württemberg und Bayern beobachten kann. — Im gleichen Buche findet sich noch ein Abschnitt über das Salpeter-Regal, sowie in den Anlagen interessante Salpetersieder-Patente.

Über die Entwicklung des noch heute in Frankreich bestehenden Pulvermonopols gibt das Buch von Thiele eingehende Mitteilungen; die heutige Gestalt des Monopols beruht im Wesentlichen auf dem Gesetz vom 13. Fructidor des Jahres V (30. August 1797), wodurch die „Administration des poudres et salpêtres“ eingeführt wurde. Eine genaue Übersicht der in Frankreich erlassenen Gesetze und Verordnungen findet sich in dem Buche von André Dejean und Pierre Le Play: Code des Explosifs (Arras 1906). Die Fabrikation des Pulvers ist in Frankreich heute dem Kriegsministerium, der Verkauf dem Finanzministerium (Generaldirektion der indirekten Steuern) unterstellt;

die Preise für die verschiedenen Sorten Sprengpulver, Jagdpulver und Kriegspulver für Frankreich, Kolonien und Export werden im Journal officiel und dann auch im Mémorial des poudres et Salpêtres (Paris bei Gauthier-Villars) bekannt gemacht. Die Einfuhr von Pulver ist verboten.

In Österreich wurde seit 1650 ein Salpeter- und Pulvermonopol ausgebildet, 1853 wurde ersteres aufgehoben, das Pulvermonopol aber speziell für Treibmittel (Schießmittel) beibehalten und zwar als Fabrikations- und Verschleißmonopol; die Kriegsverwaltung bzw. das k. und k. technische Militärkomitee ist Zentralbehörde. Dem Monopol unterstehen alle für Schießzwecke verwendbare Stoffe; solche Explosivstoffe, die lediglich für Sprengzwecke verwendbar sind, können der Privatindustrie konzessioniert werden; jedoch hat die Kriegsverwaltung das Begutachtungsrecht, kraft dessen die meisten Explosivstoffe als unter das Schießpulver-Monopol fallend erklärt werden. Die Einfuhr von Pulver kann unter besonderen Bedingungen gestattet werden. — In Deutschland besteht kein staatliches Monopol, jedoch hat die wirtschaftliche Entwicklung zur Kartellierung der Privatindustrie geführt. Nähere Angaben hierüber finden sich in der Dissertation von Dr. Gustav Martin: Geschichtliche Entwicklung der Kartellbildung in der deutschen Sprengstoff-Industrie (Heidelberg 1903), worin sowohl die Unternehmerverbände in der Schwarzpulver- und Militärpulver-Industrie geschildert, als die Wirkung der Kartellierung dargelegt wird. (Gemeinsame Unternehmungen. Innere Verhältnisse der Kartellgesellschaften. Konkurrenz. Technik. Produktion und Arbeitsteilung. Handel. Preise. Konsumenten. Arbeiter.) Im Anhang werden verschiedene Kartellverträge mitgeteilt.

Weitere diesbezügliche Angaben wurden gemacht von F. A. Spiecker („Kartellverbindungen im Pulvergeschäft und verwandten Produktionszweigen“ in den Schriften des Vereins für Sozialpolitik, Band 60, S. 245) sowie von Georg Feuchter („Der deutsche Pulverring“, Göppingen 1896).

Was den historischen Werdegang in Deutschland betrifft, so sei folgendes bemerkt. Zunächst wurde das Schwarzpulver innerhalb der Städte von Pulvermüllern erzeugt; im Jahre 1360 geriet das Rathaus zu Lübeck durch die Nachlässigkeit derer „qui pulveres pro bombardis parabant“ in Brand; es scheint, daß man 200 Jahre lang die Herstellung von Pulver in bewohnten Stadtteilen geduldet hat. Später ergingen Verordnungen, so z. B. im Jahre 1528 in Breslau, wonach kein Pulver mehr in der Stadt gemacht werden solle. Die Pulvermühlen wurden dann hauptsächlich an solchen Orten angelegt, wo größere Wasserkräfte zur Verfügung waren. Eine der ältesten deutschen Pulverfabriken dürfte wohl jene von W. Güttler zu Reichenstein (Preuß. Schlesien) sein; deren Erlaubnisurkunde vom 16. Juni 1695 datiert. In den Jahren 1760 bis 1770 wurden die Werke von Cramer & Buchholz in Rönsahl in Westfalen gegründet, 1793 die Pulverfabrik von L. Ritter in Hamm i. W., die später von den Ver. Köln-Rottweiler Pulverfabriken angekauft wurde. Alten Bestandes sind auch die Pulverfabriken von Wolff & Co. in Walsrode sowie von Gebr. Martin in St. Ingbert (Pfalz), welch letztere später in die Pfälzischen Pulverfabriken A.-G. umgewandelt wurden und dann auch von der Firma Raab, Karcher & Co. deren Pulverfabrik in Schopp in der Pfalz übernahmen. Die im Jahre 1886 gegründete Rheinisch-Westfälische Sprengstoff-Akt.-Ges. in Köln (Fabriken in Rönsahl) ist aus der im Jahre 1784 gegründeten Rönsahler Pulverfabrik hervorgegangen. Die in Oberbayern gelegene Pulverfabrik Rosenheim wurde 1830 gegründet. Am interessantesten ist die Entwicklung der Vereinigten Köln-Rottweiler Pulverfabriken, in welcher Firma eine große Anzahl früherer kleinerer Betriebe im Laufe der Zeit aufgegangen sind.

Diese kleinen Pulvermühlen, welche, wie wir gesehen haben, außerhalb bewohnter Orte angelegt werden mußten, möglichst an Stellen, wo Wasserkraft zur Verfügung stand (der Dampfbetrieb in Pulverfabriken gehört erst der neueren Zeit an), waren in Beziehung auf ihre geographische Lage nach folgenden Gegenden gruppiert:[1]

1. Westdeutschland mit Rheinland und Westfalen,
2. Thüringen und Sachsen,
3. Süddeutschland, besonders Württemberg und Bayern,
4. Schlesien,
5. Norddeutschland, besonders Schleswig-Holstein und Hannover.

Die Gründe wirtschaftlicher Art für die Entstehung der Pulverfabriken innerhalb dieser Gruppen liegen, abgesehen von einzelnen Jagdpulverfabriken, zunächst für den Absatz von Sprengpulver für Bergbau in dem Bestreben, zur Verminderung der Kosten der Anlieferung, welche zur Zeit nur mittels Fuhre erfolgen konnte, dem Absatzgebiete möglichst nahe zu kommen. Als solche Absatzgebiete sind namentlich zu bezeichnen:

a) in Westdeutschland die Bezirke des Eisenbergbaues an der Sieg, des Kohlenbergbaues an der Ruhr und an der Saar;

b) in Thüringen und Sachsen die Kupferbergwerke bei Mansfeld am Harz, der Bezirk des sächsischen Erzbergbaues bei Freiberg i. S., die sächsischen Kohlenbergwerke bei Zwickau und in Potschappel bei Dresden;

c) in Schlesien die oberschlesischen Kohlenreviere;

---

[1] Vgl. Dr. Karl Hampke in Deutsche Wirtschaftskunde, Band III, S. 529.

d) in Württemberg und Bayern ist die Entstehung der Pulver fabriken von Salzbergwerken, ganz bedeutenden Straßen- und Eisenbahnbauten und großartigen Steinbruchbetrieben abhängig gewesen;

e) in Norddeutschland ist für die Anlage von Pulverfabriken an ihren jetzigen Betriebsorten die für den Export günstige Lage in der Nähe von Hamburg und Bremen bestimmend gewesen.

Im Laufe der Zeit bildete sich nun in Süddeutschland einerseits, am Rhein andererseits je eine bedeutende Firma, welche eine große Zahl kleiner Betriebe in sich aufnahm. In Süddeutschland war es der unlängst verstorbene Max Duttenhofer in Rottweil, welcher Anfang der 60er Jahre eine kleine Pulvermühle als sein väterliches Erbe übernahm; es war dies unmittelbar vor dem Ausbruch dreier, in kurzen Zwischenräumen sich folgender Kriege, und da Duttenhofer es verstand, in den maßgebenden militärischen Kreisen sich Eingang zu verschaffen, so kam seine Fabrik durch Lieferungen von Kriegspulver bald in Blüte. Schon im Jahre 1872 ging die Rottweiler Pulverfabrik in den Besitz einer Aktiengesellschaft über mit Duttenhofer als Generaldirektor an der Spitze; das Aktienkapital wurde auf die verhältnismäßig geringe Summe von 210000 Gulden festgesetzt.

Inzwischen steigerten sich aber die Militärpulveraufträge von Jahr zu Jahr, so daß die Rottweiler Pulverfabrik bald verschiedene kleinere, in Württemberg, Baden und Bayern zerstreute Pulverwerke aufkaufen und entweder niederreißen oder zur ausschließlichen Fabrikation von Handelspulver einrichten konnte, während sich Rottweil selbst mit voller Wucht auf die Militärpulverfabrikation warf. Im Jahre 1876 wurde, um dem Weltverkehr näher zu sein, von der Rottweiler Aktiengesellschaft die Pulverfabrik Düneberg bei Hamburg gegründet und sowohl zur Militär- als zur Exportpulverfabrikation in großem Maßstabe eingerichtet; nach Hamburg selbst wurde das kaufmännische Exportbureau verlegt, während in Rottweil das Zentralbureau verblieb. Von diesem Zeitpunkt ab führte die Gesellschaft den Namen Pulverfabrik Rottweil-Hamburg. Das Aktienkapital wurde allmählich erhöht und betrug im Jahre 1884 2700000 Mark.

Ungefähr zur gleichen Zeit, als die Rottweiler Pulverfabrik an eine Aktiengesellschaft überging, vollzog sich am deutschen Unterrhein ein ähnlicher Prozeß, nämlich die 1873 erfolgte Vereinigung von 19 in Rheinland und Westfalen zerstreuten Pulverfabriken zu einer Aktiengesellschaft unter dem Namen „Vereinigte Rheinisch-Westfälische Pulverfabriken" mit dem Zentralsitz in Köln und J. N. Heidemann als Generaldirektor an der Spitze.

Auf Anregung der Ver. Rhein.-Westf. Pulverfabriken Köln wurde von den Pulverfabriken des rheinisch-westfälischen Kohlenreviers am 24. März 1878 eine Preis-Konvention abgeschlossen, woraus sich dann das Rhein.-Westfäl. Sprengpulver-Syndikat vom 1. Juli 1881 entwickelte, das aber am 2. März 1889 sein Ende erreichte. Am gleichen Tage wurde dann ein Südwestdeutscher Syndikats-Vertrag abgeschlossen zwischen den Ver. rhein.-westfäl. Pulverfabriken in Köln, der Pulverfabrik Rottweil-Hamburg in Rottweil, den Firmen Gebr. Martin (St. Ingbert), Raab, Karcher & Co. (Kaiserslautern), Norbert Reuter & Co. (Luxemburg), nachdem schon vorher (am 14. März 1882) zwischen den beiden größten Firmen (Köln und Rottweil-Hamburg) ein „beschränkter Kartellvertrag" vereinbart war.

Am 24. Mai 1889 wurde auf die Dauer von 37 Jahren (also bis Ende 1925) zwischen den

1. Vereinigten Rheinisch-Westfälischen Pulverfabriken in Köln,
2. der Pulverfabrik Rottweil-Hamburg,
3. der Fabrik Cramer & Buchholz in Rönsahl und Rübeland,
4. der Firma Wolff & Co. in Walsrode.

ein Pulver-Kartellvertrag abgeschlossen, durch welchen jedem der vier Kontrahenten, bei voller Wahrung seiner Unabhängigkeit und Selbständigkeit ein prozentual festgesetzter Anteil an dem gesamten Geschäftsergebnis der vier Firmen zugesichert wurde.

Bald darauf vollzog sich die Fusion der Rheinischen Gesellschaft mit der Rottweil-Hamburger; am 1. Juli 1889 wurde zunächst eine Personalunion herbeigeführt, indem Duttenhofer zugunsten von Heidemann als Generaldirektor abdankte; am 1. Januar 1890 fand die Verschmelzung der beiden Firmen, nämlich der Rheinisch-Westfälischen Pulverfabrik mit 7·2 Millionen Mark Aktienkapital und der Pulverfabrik Rottweil-Hamburg mit 9 Millionen Mark Aktienkapital unter dem Namen Vereinigte Köln-Rottweiler Pulverfabriken statt; die neue Gesellschaft war mit 300000 Mark gegründet worden, hatte aber nach Aufnahme der beiden großen Firmen über ein Kapital von $16\frac{1}{2}$ Millionen Mark zu verfügen.

Im Eigentum der neuen Gesellschaft befinden sich ferner die Pulverfabriken Tinsdal in Holstein und Kunigunde im Harz, beide mit abgesonderter Verrechnung und Verwaltung.

Mit den Firmen Cramer & Buchholz sowie Wolff & Co. bildet die Köln-Rottweiler Firma die sog. „Pulvergruppe". — Diese Pulvergruppe war schon kurz vor der Fusion Köln-Rottweil weiterhin mit der sog. „Sprengstoffgruppe", welche sich nach Einführung des Dynamits gebildet hatte und durch die weitere Erfindung des rauchlosen Pulvers von noch größerer Bedeutung geworden war, einen Kartellvertrag eingegangen, der mit Wirkung vom 1. Juli 1889 bis 31. Dezember 1925 geschlossen und als sog. „General-Kartellvertrag" von der größten Wichtigkeit geworden ist.

Für die Schwarzpulver-Industrie kommen, außer dem Kartell vom Mai 1889, noch Preiskonventionen zwischen den Kartellierten einerseits, den außerhalb stehenden Firmen (Pfälzische Pulverfabrik, W. Güttler usw. usw.) andererseits in Betracht.

Noch zu erwähnen sind die staatlichen Pulverfabriken in Spandau, Hanau, Gnaschwitz und Ingolstadt. Die Herstellung des Schwarzpulvers aus Salpeter, Kohle und Schwefel auf dem Wege rein mechanischer Vermischung stellte keine zu großen Anforderungen an das technische Können und so konnten diese Fabriken gut von Offizieren geleitet werden, die als Leutnants zu Direktionsassistenten, als Hauptleute zu Unterdirektoren, als Stabsoffiziere zu Direktoren der einzelnen Fabriken avancierten; einzelne Offiziere, wie General Küster, Oberst Castenholz u. a. erwarben sich hierbei einen besonderen Namen.

Die neuen Erfindungen auf dem Gebiete der Explosionstechnik haben auch hier neue Bedürfnisse gezeitigt, und es wurde auf den Rat von General Küster in Spandau ein für Chemiker und Physiker bestimmtes Militärversuchsamt (früher Versuchsstelle für Sprengstoffe benannt) gegründet.

Die deutsche Gesamtproduktion an Schwarzpulver gibt K. Hampke in dem „Handbuch der Wirtschaftskunde Deutschlands" mit 11 Millionen kg an, hiervon wurden 2 Millionen kg ausgeführt. Da in der Exportstatistik Schwarzpulver zusammen mit rauchlosem Pulver, Sprengmittel zusammen mit Dynamit und anderen Sprengmitteln angegeben werden, sind genauere Einzelangaben nicht möglich. — Die oberschlesischen Steinkohlengruben benötigten an Schwarzpulver

im Jahre 1897: 3464 t
„ „ 1904: 4482 t

England. Nähere Angaben über die englische Schwarzpulver-Industrie finden sich in dem Buche: „The rise and progress of the British Explosives Industry". (London 1909 bei Whittaker & Co.) In diesem Buche hat Sir Nathan nähere Angaben über The Royal Gunpowder Factory, Waltham Abbey gemacht; von privaten Fabriken sind beschrieben: The Chilworth Gunpowder Co., Curtis's and Harvey Ltd. (eine im Jahre 1898 durch Vereinigung von 9 Fabriken entstandene Firma mit etwa 12 Betrieben), Kynoch Ltd., Nobels' Explosives Co. Ltd., W. H. Wakefield & Co., Ltd. u. a., dann große Feuerwerksfirmen, wie C. T. Brock and Co., Sutton. Über den jährlichen Verbrauch von Schwarzpulver zum Sprengen beim Bergbau und Steinbruchsarbeiten in England geben Auskunft: The Annual Reports of His Majesty's Inspectors of Explosives. (London bei Eyre and Spottiswoode). Danach wurden im Jahre 1911 verbraucht

insgesamt: 31 297 888 Pfund,

Hiervon

Schwarzpulver: 17 305 073 Pfund
Bobbinit: 1 199 407 „

Über die Schwarzpulverindustrie in Belgien gibt Aufschluß das vom belgischen Ministerium herausgegebene Buch: Fabrication des explosifs (Brüssel 1909). Danach gibt es in Belgien acht Schwarzpulverfabriken, außerdem zwei Fabriken, die nebenbei Mehlpulver herstellen; in dieser Industrie sind etwa 300 Arbeiter tätig, die motorische Kraft beträgt 625 H.P. Es werden ungefähr 1·1 Mill. kg Sprengpulver hergestellt, 700000 kg Kriegspulver und 200000 kg Jagdpulver, außerdem 70 bis 80000 kg Mehlpulver; der Gesamtwert der Produktion beträgt etwa $2^3/_4$ Millionen Francs.

Frankreich. Nach einem Aufsatze von Barthélemy (Zeitschrift Sprengstoffe 1908, S. 69) über: „Die Explosivstoff-Industrie in Frankreich“ wurden im Jahre 1905 hergestellt:

a) Jagdpulver

fein	305079 kg	zus. 456333 kg,
sehr fein	146948 „	
extrafein	4266 „	

b) Sprengpulver

gewöhnlich	2651910	zus. 2788830 kg.
stark	12392	
schwach	13175	
Typ G zum Wetterschießen	21410	
feinpulverig	81443	

Die staatliche Abgabe beträgt 0·50 fr. für das Kilo Schwarzpulver; andere Sprengstoffe entsprechend ihrer größeren Wirksamkeit entsprechend mehr, da die Steuer nach der Sprengkraft berechnet wird.

Über die Industrie der Explosivstoffe in der Schweiz hat Zschokke nähere Angaben gemacht (Zeitschrift Sprengstoffe 1909, S. 142); danach bestehen eidg. Schwarzpulverfabriken in Chur (Graubünden) und Aubonne (Waadt). Im Jahre 1905 wurden insgesamt 317283 kg hergestellt, davon 12578 kg Jagdpulver, 4318 kg Gewehrpulver, 4000 kg Art.-Pulver Nr. 5, 6100 kg Schießpulver und 290287 kg Sprengpulver (hauptsächlich für Steinbrüche).

Italien. Schwarzpulver (Jagd- und Sprengpulver) wird erzeugt von folgenden größeren Firmen: Société Italienne des Produits Explosifs in Forte dei Marmi und Spilamberto, Soc. Explosifs de la Versilia in Valdicastello, Ermoto Pierruccetti in Gallicano, Pocai und Deri in Stazzena, Bernardo Piloni in Lecco, Léon Beaux Co. in Mailand, Fratelli Stacchini bei Rom und in der Provinz Pesaro, Mattée in Mercatino Talamello, Felice Briganzoli in Caprino Bergamasco, Salvago in Messina. Daneben gibt es noch eine große Anzahl von kleineren Fabriken. Im Jahre 1909 betrug die Produktion an Schwarzpulver und Feuerwerkskörpern ca. 2400 Tonnen. Der Preis für Sprengpulver betrug 0·50 fr., der für Jagdpulver 1·25 fr. — Näheres siehe Zeitschrift Sprengstoffe 1913, S. 459, nach dem Buche von E. Molinari und F. Quartieri: „Notices sur les Explosifs en Italie".

In den Vereinigten Staaten von Nordamerika wurde die erste Pulvermühle im Jahre 1802 von dem Franzosen Eleuthère du Pont am Brandywine in Delaware, in der Nähe der Stadt Wilmington begründet. Daraus hat sich die größte amerikanische Explosivstofffabrik der E. J. du Pont de Nemours Powder Co entwickelt — Über den gesamten gegenwärtigen Umfang des Explosivstoffwesens in den Vereinigten Staaten hat Charles E. Munroe näheres mitgeteilt, vgl. Zeitschrift Sprengstoffe 1910, S. 1 und 1913, S. 328. Danach wurden an Sprengpulver (Sprengsalpeter) (Blasting Powder) erzeugt:

1899:	3907012	Kegs	im	Wert	von	3857974	Dollars
1900:	4774948	„	„	„	„	4780903	„
1905:	8217448	„	„	„	„	7377977	„
1909:	9339087	„	„	„	„	9608265	„

(1 Keg enthält 25 engl. Pfund).

Ferner an Schwarzpulver (Gunpowder):

1900:	5450773	engl.	Pfund	im	Wert	von	614290	Dollars
1905:	10383944	„	„	„	„	„	1541483	„

Literatur.

G. W. Muncke, Über das Schießpulver. Marburg 1817.

Kriegsfeuerwerkerei. Vorschriften für die Anfertigung, Untersuchung, Verpackung und Aufbewahrung der Kriegsfeuer. Berlin 1872 bis 1877.

Dr. W. F. Gintl, Die Zündwaren und Explosivstoffe. (Ausstellungsbericht.) Wien 1873.

Dr. J. Upmann, Das Schießpulver. Braunschweig 1874.

Dr. E. von Meyer, Die Explosivkörper und die Feuerwerkerei. Braunschweig 1874.

E. Sarrau, Effets de la poudre et des substances explosives. Paris 1874.

A. Noble und F. Abel, Researches on Explosives. London 1875 und 1879.

Handbuch für die Offiziere der Kgl. Preußischen Artillerie. Berlin 1877.

Marcelin Berthelot, Sur la force des matières explosives. Paris 1883.

M. Georgi, Mitteilungen über die theoretische Bewertung und praktische Untersuchung der Sprengstoffe. Freiberg 1887.

Schenker, Schießpulver (Handbuch für schweizerische Artillerie-Offiziere). Aarau 1887.

Dr. B. Lepsius, Das alte und das neue Pulver. Leipzig 1891.

J. Castner, Das Schießpulver in seinen Beziehungen zur Entwicklung der gezogenen Geschütze. Berlin 1892.

Cundill-Désortiaux, Dictionnaire des Explosifs. Paris 1893.

Dr. C. Haeussermann, Sprengstoffe und Zündwaren. Stuttgart 1894.

Dr. C. Haeussermann, Artikel über Schwarzpulver in Fehlings neues Handwörterbuch der Chemie.

Sprengstoff-Versendungsvorschrift. Berlin 1894.

Oscar Guttmann, Die Industrie der Explosivstoffe. Braunschweig 1895

Dr. Fr. Böckmann, Die explosiven Stoffe. Wien 1895.

Hans Maudry, Waffenlehre für Offiziere aller Waffen. I. Heft. Wien 1895.

W. Güttler, Pulverfabriken. Denkschrift. Reichenstein 1895.

S. J. von Romocki, Geschichte der Explosivstoffe. Band I und II. Berlin-Hannover 1895 bis 1896.

v. Helmolt, Artikel über „Sprengstoffe" in Dammers Chemische Technologie. I. Auflage. Stuttgart 1896.

Jules Polain, Des Poudres noires et des Poudres Pyroxylées pour fusils de chasse. Liège 1897.

E. O. von Lippmann, Zur Geschichte des Schießpulvers und der älteren Feuerwaffen. Stuttgart 1899.

Dr. Alfons Bujard, Leitfaden der Pyrotechnik. Stuttgart 1899.

Technischer Unterricht für die k. u. k. Eisenbahntruppe. 6. Teil. Sprengarbeiten. Wien 1900.

Oscar Guttmann, Schieß- und Sprengmittel. Braunschweig 1900.

Inspektion des Bildungswesens der Marine. Leitfaden für den Unterricht in der Artillerie an Bord des Artillerie-Schulschiffs. Zweiter Teil: Pulver und Munition. Berlin 1902.

Vereinigte Köln-Rottweiler Pulverfabriken, Ausstellungsbroschüre. Düsseldorf 1902.

Dr. J. Daniel, Dictionnaire des matières explosives. Paris 1902.

Laflin and Rand Powder Co., Orange Sporting and Blasting Powders. Newyork 1902.

Dr. Gustav Martin, Geschichtliche Entwicklung der Kartellbildung in der deutschen Sprengstoff-Industrie. Heidelberg 1903.

Eduard Marschner, Lehrbuch der Waffenlehre. Band I. Dritte Auflage. Wien 1903.

Vorschrift über Deponierung und Konservierung der Spreng- und Zündmittel des k. u. k. Heeres. Wien 1903.

Taschenbuch für den Pionieroffizier. Berlin 1904.

Dr. R. Escales, Das Schwarzpulver und ähnliche Mischungen. Leipzig 1904.

F. Heise, Sprengstoffe und Zündung der Sprengschüsse. Berlin 1904.

Semper und Michels, Die Salpeterindustrie Chiles. Berlin 1904.

Henry W. L. Hime, Gunpowder and Ammunition. London 1904.

Simões, Curso elementar sobre Substancias explosivas. Lisboa 1904.

Vorschrift über den Militärtransport explosiver Gegenstände. Wien 1905.

R. Wille, Waffenlehre. Berlin 1905.

A. Plagemann, Der Chilesalpeter. Berlin 1905.

Dr. Ottomar Thiele, Salpeterwirtschaft und Salpeterpolitik. Tübingen 1905.

Oscar Guttmann, Monumenta Pulveris Pyrii. London 1906.

Maretsch, Die Lehre vom Schuß (unter besonderer Berücksichtigung des Schrotschusses). Berlin 1906.

Die Vorschriften über den Verkehr mit Sprengstoffen. Düsseldorf 1906.

Sir A. Noble, Artillery and Explosives. London 1906.

R. Villanis, Stato e le condizioni dell' Industria degli Explosivi in Italia. Roma 1906.

Dr. H. Wichelhaus, Vorlesungen über chemische Technologie. Berlin 1906.

H. v. Jüptner, Lehrbuch der chemischen Technologie der Energien. Band II. Wien 1906.

A. Dejean und P. Le Play, Code des Explosifs. Arras 1906.

Oscar Guttmann, Handbuch der Sprengarbeit. Braunschweig 1906.

Rudolf Feuchtinger, Spreng- und Zündmittelmagazine. Wien 1907.

Léon Gody, Traité théorique et pratique des matières explosives. Namur 1907.

Report of the Departmental Committee on Bobbinite. London 1907.

Dr. H. Ost, Lehrbuch der chemischen Technologie. 1907.

Dr. H. Brunswig, Die Explosivstoffe. Einführung in die Chemie der explosiven Vorgänge. Leipzig 1907.

Sir A. Noble, Fifty Years of Explosives. London 1907.

Gesell, Kannte Moses das Pulver? Altona 1907.

Treatise on Service Explosives. London 1907.

Dr. K. W. Jurisch, Salpeter und sein Ersatz. Leipzig 1908.

Heydenreich, Die Lehre vom Schuß für Gewehr und Geschütz. Berlin 1908.

Berlin, Handbuch der Waffenlehre. Berlin 1908.

Verordnungen und Zollsätze betreffend Feuerwaffen und Munition für die deutschen Schutzgebiete in Afrika. Berlin 1908.

E. J. du Pont de Nemours Powder Co., Du Pont Blasting Powder. Wilmington 1908.

F. Binder, Lose Kapitel aus dem Waffen- und Schießwesen. Innsbruck 1908.

Weiß, Waffenkunde.
Teil I. Treibmittel und Sprengstoffe. Berlin 1908.
Teil II. Wirkung und Gebrauch der Feuerwaffen. Berlin 1909.

Eisenbahn-Verkehrsordnung vom 23. Dez. 1908. Gießen 1909.

Bestimmungen über die Prüfung von Sprengstoffen gemäß Anlage C Ia der Eisenbahn-Verkehrsordnung. Berlin.

Dr. H. Kast, Anleitung zur chemischen und physikalischen Untersuchung der Spreng- und Zündstoffe. Braunschweig 1909.

Charles E. Munroe und Clarence Hall, A Primer of Explosives for coal miners. Washington 1909.

R. Wille, Waffenlehre. — 5. Ergänzungsheft. Literaturnachweis. Berlin 1909.

K. v. Baltz, Die Ballistik des Büchsenmachers. Ferlach 1909.

Oscar Guttmann, Zwanzig Jahre Fortschritte in Explosivstoffen. Berlin 1909.

Dr. E. Kedesdy, Die Sprengstoffe. Hannover 1909.

Dr. H. Brunswig, Explosivstoffe. Leipzig 1909.

Belgisches Ministerium, Monographies industrielles belgiques. — Fabrication des explosifs. Bruxelles 1909.

The Rise and Progress of the British Explosives Industry. London 1909.

Denecke, Geschichte der Kgl. Preußischen Artillerie-Prüfungskommission. Berlin 1909.

Hartmann Falbesoner, Lustfeuerwerkerei. Wien 1909.

Dr. G. Lunge und Dr. E. Berl, Chemisch-technische Untersuchungsmethoden. Berlin 1910.

Dr. Rudolf Biedermann, Die Sprengstoffe, ihre Chemie und Technologie. Leipzig 1910.

Dr. Karl Jacobs, Das Aufkommen der Feuerwaffen am Niederrheine bis zum Jahre 1400. Bonn 1910.

Dr. R. Escales, Artikel über Explosivstoffe in Dammers Chemischer Technologie der Neuzeit. Stuttgart 1911.

Sprengvorschrift. Berlin 1911.

Paul F. Chalon, Les Explosifs modernes. Paris 1911.

Dr. Hermann Fischer, Mischen, Rühren, Kneten und die dazu verwendeten Maschinen. Leipzig 1911.

Bruno Zschokke, Handbuch der militärischen Sprengtechnik. Leipzig 1911.

The History of the E. J. du Pont de Nemours Powder Company. Newyork 1912.

Die Unfallverhütungsvorschriften der Berufsgenossenschaft der chemischen Industrie. Berlin 1912.

Zagajewski, Militär-Technisches Handbuch. Heft VI: Sprengwesen. Przemysł 1913.

E. Molinari et F. Quartieri, Notices sur les Explosifs en Italie. Milan 1913.

A. Voigt, Die Herstellung der Sprengstoffe. I. Teil. Halle a. S. 1913.

Berichte der internationalen Kongresse für angewandte Chemie. Berlin 1903. Rom 1906. London 1909. Washington 1912.

A. u. R. Hahn, Untersuchungsapparate für Waffen und Pulver. Kassel.

E. A. Lentz, Sonderpreislisten über Untersuchungs-Apparate. Berlin,

Fr. Krupp-Grusonwerk, Spezial-Katalog über Pulvermaschinen. Magdeburg-Buckau.

Gebr. Burberg, Haupt-Katalog über Zerkleinerungs-Maschinen, Misch-Maschinen usw. Mettmann bei Düsseldorf.

Gebr. Burberg, Spezialmaschinen für die Sprengstoff- und Pulverindustrie.

Maschinenfabrik A. G. Geislingen, Spezial-Preisliste für Maschinen und Apparate der Sprengstoff-Industrie.

Mitteilungen zur Geschichte der Medizin und Naturwissenschaften. Hamburg.

Zeitschrift für angewandte Chemie. Leipzig.

Chemiker-Zeitung. Cöthen.

Die chemische Industrie. Berlin.

Proceedings of the Chemical Society. London.

Zeitschrift für das gesamte Schieß- und Sprengstoffwesen. München.

Mémorial des Poudres et Salpêtres. Paris.

Arms and Explosives. London.

Mitteilungen über Gegenstände des Artillerie- und Geniewesens. Wien.

Kriegstechnische Zeitschrift. Berlin.

Dinglers polytechnisches Journal. Stuttgart. Berlin.

Prometheus. Berlin. Leipzig.

Monatsschrift für die Steinbruchs-Berufsgenossenschaft. Berlin.

„Kugel und Schrot", Mitteilungen der deutschen Versuchsanstalt für Handfeuerwaffen. Berlin-Halensee.

L'Armurerie Liégeoise. Liège.

Glückauf, Berg- und hüttenmännische Zeitschrift. Essen (Ruhr).

Zeitschrift des oberschlesischen Berg- und Hüttenmännischen Vereins. Kattowitz.

Berg- und Hüttenmännische Rundschau. Kattowitz.

Transactions of the American Institute of mining Engeneers. Newyork.

Annales des mines de Belgique. Bruxelles.

Ministerialblatt der Handels- und Gewerbeverwaltung. Berlin.

Reichs-Gesetzblatt. Berlin.

Patente.

Autorenregister.

Sachregister.

www.ingramcontent.com/pod-product-compliance
Lightning Source LLC
LaVergne TN
LVHW092151300926
849161LV00002B/242
9783112432174